TGAU MATHEMATEG
HAEN UWCH ar gyfer
CBAC

TGAU MATHEMATEG
HAEN UWCH ar gyfer
CBAC

Wyn Brice, Linda Mason,
Tony Timbrell

Cyhoeddwyd dan nawdd
Cynllun Cyhoeddiadau Cyd-bwyllgor Addysg Cymru

Hodder Murray
www.hoddereducation.co.uk

TGAU Mathemateg
Haen Uwch ar gyfer CBAC
Addasiad Cymraeg o *Higher GCSE Mathematics for WJEC* a gyhoeddwyd gan Hodder Murray.

Noddwyd gan Lywodraeth Cynulliad Cymru

Cyhoeddwyd dan nawdd
Cynllun Cyhoeddiadau Cyd-bwyllgor Addysg Cymru

Hoffai'r Cyhoeddwyr ddiolch i'r canlynol am ganiatâd i gynhyrchu deunydd sydd dan hawlfraint:
Cydnabyddiaeth t. 367 Kidshealth.org/The Nemours Foundation

Ymdrechwyd i olrhain deiliaid hawlfreintiau. Os oes rhai nas cydnabuwyd yma trwy amryfusedd, bydd y Cyhoeddwyr yn falch o wneud y trefniadau priodol ar y cyfle cyntaf.

Ymdrechwyd i sicrhau bod cyfeiriadau gwefannau'n gywir adeg mynd i'r wasg, ond ni ellid dal Hodder Murray yn gyfrifol am gynnwys unrhyw wefan a grybwyllir yn y llyfr hwn. Gall fod yn bosibl dod o hyd i dudalen we a adleolwyd trwy deipio cyfeiriad tudalen gartref gwefan yn ffenestr LlAU (*URL*) eich porwr.

Polisi Hodder Headline yw defnyddio papurau sydd yn gynhyrchion naturiol, adnewyddadwy ac ailgylchadwy o goed a dyfwyd mewn coedwigoedd cynaliadwy. Disgwylir i'r prosesau torri coed a'u gweithgynhyrchu gydymffurfio â rheoliadau amgylcheddol y mae'r cynnyrch yn tarddu ohoni.

Archebion: cysyllter â Bookpoint Ltd, 130 Milton Park, Abingdon, Oxon OX14 4SB. Ffôn: (44) 01235 827720. Ffacs: (44) 01235 400454. Mae'r llinellau ar agor 9.00–5.00, dydd Llun i ddydd Sadwrn, ac mae gwasanaeth ateb negeseuon 24-awr. Ewch i'n gwefan www.hoddereducation.co.uk.

© Howard Baxter, Michael Handbury, John Jeskins, Jean Matthews, Mark Patmore, Brian Seager 2006 (Yr argraffiad gwreiddiol)
© Wyn Brice, Linda Mason, Tony Timbrell 2006 (Yr argraffiad Saesneg ar gyfer CBAC)
© Cyd-bwyllgor Addysg Cymru 2007 (Yr argraffiad hwn ar gyfer CBAC)
Cyhoeddwyd gyntaf yn 2007 gan
Hodder Murray, un o wasgnodau Hodder Education,
ac aelod o Hodder Headline Group,
338 Euston Road
London NW1 3BH

Rhif yr argraffiad   10 9 8 7 6 5 4 3 2 1
Blwyddyn   2011 2010 2009 2008 2007

Addasiad Cymraeg gan Colin Isaac a Huw Roberts

Llun y clawr © Garry Gay/Photographer's Choice/Getty Images

Darluniau © Barking Dog Art

Cysodwyd yn 10/12 pt TimesTen gan Tech-Set Ltd, Gateshead, Tyne a Wear.

Argraffwyd ym Mhrydain Fawr gan CPI Bath.

Mae cofnod catalog ar gael gan y Llyfrgell Brydeinig.

ISBN: 978 0340 927 366

→ CYNNWYS

Ynglŷn â'r llyfr hwn

Mae'r llyfr hwn yn ymdrin â'r fanyleb gyfan ar gyfer TGAU Mathemateg Haen Uwch. Cafodd ei ysgrifennu'n arbennig ar gyfer myfyrwyr sy'n dilyn Manyleb Linol 2006 CBAC.

- Mae pob pennod yn cael ei chyflwyno mewn ffordd a fydd yn eich helpu i ddeall y fathemateg, gydag esboniadau syml ac enghreifftiau sy'n ymdrin â phob math o broblem.

- Ar ddechrau pob pennod mae dwy restr, y naill yn dangos yr hyn y dylech fod yn ei wybod cyn cychwyn a'r llall yn dangos y pynciau y byddwch yn dysgu amdanynt yn y bennod honno.

- Mae blychau 'Prawf sydyn' i wirio eich bod yn deall gwaith sydd wedi ei wneud eisoes.

- Bydd adrannau 'Sylwi' yn eich annog i ddarganfod rhywbeth drosoch chi eich hun, naill ai o ffynhonnell allanol fel y rhyngrwyd, neu drwy weithgaredd y cewch eich arwain trwyddo.

- Mae blychau 'Her' ychydig yn fwy treiddgar gyda'r bwriad o wneud i chi feddwl mewn ffordd fathemategol.

- Mae digonedd o ymarferion i chi weithio trwyddynt er mwyn ymarfer eich sgiliau.

- Ni ddylech ddefnyddio cyfrifiannell i ateb cwestiynau sy'n dangos y symbol ddi-gyfrifiannell, er mwyn i chi ymarfer ar gyfer y papur lle na chewch ddefnyddio cyfrifiannell.

- Nodwch yr adrannau 'Awgrym' – mae'r rhain yn rhoi cyngor sut i wella'ch perfformiad mewn arholiad, a hynny gan yr arholwyr profiadol a ysgrifennodd y llyfr hwn.

- Ar ddiwedd pob pennod mae crynodeb byr o'r hyn a ddysgoch yn y bennod.

- Yn olaf, mae 'Ymarfer cymysg' i'ch helpu i adolygu'r holl bynciau sydd yn y bennod honno.

Cydrannau eraill yn y gyfres

- Llyfr Gwaith Cartref
  Mae hwn yn cynnwys ymarferion sy'n debyg i'r rhai yn y llyfr hwn i roi mwy o ymarfer i chi.

Deg awgrym gwerthfawr

Dyma rai awgrymiadau cyffredinol gan yr arholwyr a ysgrifennodd y llyfr hwn i'ch helpu i wneud yn dda yn eich profion a'ch arholiadau.

Dylech ymarfer
1 **cymryd amser** i weithio trwy bob cwestiwn yn ofalus;
2 ateb cwestiynau **heb** gyfrifiannell;
3 ateb cwestiynau lle mae angen **gwaith egluro**;
4 ateb cwestiynau **sydd heb eu strwythuro**;
5 lluniadu **manwl gywir**;
6 ateb cwestiynau lle mae **angen cyfrifiannell**, gan geisio ei ddefnyddio yn effeithlon;
7 **gwirio atebion**, yn enwedig ar gyfer maint a manwl gywirdeb priodol;
8 sicrhau bod eich gwaith **yn gryno** ac wedi ei osod allan yn dda;
9 gwirio eich bod wedi **ateb y cwestiwn**;
10 **talgrynnu** rhifau, ond ar yr adeg briodol yn unig.

YN Y BENNOD HON

- **Rhifau cysefin a ffactorau**
- **Ysgrifennu rhif fel lluoswm ei ffactorau cysefin**
- **Ffactorau cyffredin mwyaf a lluosrifau cyffredin lleiaf**
- **Lluosi a rhannu â rhifau negatif**
- **Pwerau, israddau a chilyddion**

DYLECH WYBOD YN BAROD

- sut i adio a thynnu, lluosi a rhannu cyfanrifau
- sut i ddefnyddio nodiant indecs ar gyfer rhifau sgwâr, rhifau ciwb a phwerau 10
- ystyr y geiriau *ffactor, lluosrif, rhif sgwâr, rhif ciwb, ail isradd*

Rhifau cysefin a ffactorau

Dylech wybod yn barod mai **ffactor** rhif yw unrhyw rif sy'n rhannu'n union i'r rhif hwnnw. Mae hyn yn cynnwys 1 a'r rhif ei hun.

Prawf sydyn 1.1

Ffactorau 2 yw 1 a 2.
Ffactorau 22 yw 1, 2, 11 a 22.

Ysgrifennwch holl ffactorau'r rhifau hyn.

(a) 14   **(b)** 16   **(c)** 40

Sylwi 1.1

(a) Ysgrifennwch holl ffactorau'r rhifau eraill o 1 i 20.

(b) Ysgrifennwch yr holl rifau dan 20 sydd â dau ffactor gwahanol yn unig.

Byddwn yn galw'r rhifau a gawsoch yn rhan **(b)** o Sylwi 1.1 yn **rhifau cysefin**. Sylwch nad yw 1 yn rhif cysefin gan mai un ffactor yn unig sydd ganddo.

AWGRYM

Mae'n ddefnyddiol dysgu'r rhifau cysefin hyd at 50.

Darganfyddwch yr holl rifau cysefin hyd at 50.

Os oes gennych amser, ewch ymhellach na hynny.

Ysgrifennu rhif fel lluoswm ei ffactorau cysefin

Pan fyddwn yn lluosi dau neu fwy o rifau â'i gilydd **lluoswm** yw'r canlyniad.

Pan fyddwn yn ysgrifennu rhif fel lluoswm ei ffactorau cysefin byddwn yn cyfrifo pa rifau cysefin sy'n cael eu lluosi â'i gilydd i roi'r rhif hwnnw.

Y rhif 6 wedi ei ysgrifennu fel lluoswm ei ffactorau cysefin yw 2×3.

Mae'n hawdd ysgrifennu ffactorau cysefin 6 oherwydd ei fod yn rhif bach. I ysgrifennu rhif mwy fel lluoswm ei ffactorau cysefin, defnyddiwch y dull canlynol.

- Rhoi cynnig ar rannu'r rhif â 2.
- Os gallwch ei rannu â 2 yn union, ceisio ei rannu â 2 eto.
- Parhau i rannu â 2 nes methu rhannu'r ateb â 2.
- Wedyn rhoi cynnig ar rannu â 3.
- Parhau i rannu â 3 nes methu rhannu'r ateb â 3.
- Wedyn rhoi cynnig ar rannu â 5.
- Parhau i rannu â 5 nes methu rhannu'r ateb â 5.
- Parhau i weithio'n systematig fel hyn trwy'r rhifau cysefin.
- Rhoi'r gorau iddi pan fydd yr ateb yn 1.

ENGHRAIFFT 1.1

(a) Ysgrifennwch 12 fel lluoswm ei ffactorau cysefin.

(b) Ysgrifennwch 126 fel lluoswm ei ffactorau cysefin.

Datrysiad

(a) $2\overline{)12}$

$\quad 2\overline{)6}$

$\quad 3\overline{)3}$

$\qquad 1$

$12 = 2 \times 2 \times 3$

Rydych yn gwybod yn barod y gallwch ysgrifennu 2×2 fel 2^2.

Felly gallwch ysgrifennu $2 \times 2 \times 3$ yn fwy cryno fel $2^2 \times 3$.

(b)

$$2)\overline{126}$$
$$3)\overline{63}$$
$$3)\overline{21}$$
$$7)\overline{7}$$
$$1$$

$126 = 2 \times 3 \times 3 \times 7 = 2 \times 3^2 \times 7$

Cofiwch fod 3^2 yn golygu 3 wedi ei sgwario a dyma'r enw arbennig ar 3 i'r pŵer 2.

Yr enw ar y pŵer, sef 2 yn yr achos hwn, yw'r **indecs**.

⊙ YMARFER 1.1

Ysgrifennwch bob un o'r rhifau hyn fel lluoswm ei ffactorau cysefin.

1 6   **2** 10   **3** 15   **4** 21   **5** 32

6 36   **7** 140   **8** 250   **9** 315   **10** 420

Her 1.1 ?

Ffactorau 24 yw 1, 2, 3, 4, 6, 8, 12, 24.

Dyma wyth ffactor gwahanol. Gallwch ysgrifennu hyn fel F(24) = 8.

24 wedi ei ysgrifennu fel lluoswm ei ffactorau cysefin yw $2 \times 2 \times 2 \times 3 = 2^3 \times 3^1$.

(Os 1 yw'r indecs ni fyddwn, fel arfer, yn ei nodi ond mae ei angen ar gyfer y gweithgaredd hwn.)

Nawr adiwch 1 at bob un o'r indecsau: (3 + 1) = 4 ac (1 + 1) = 2.
Wedyn lluoswch y rhifau hyn: $4 \times 2 = 8$.

Mae'r ateb yr un fath ag F(24), sef sawl ffactor sydd gan 24.

Dyma enghraifft arall.

Ffactorau 8 yw 1, 2, 4, 8.

Dyma bedwar ffactor gwahanol, felly F(8) = 4.

8 wedi ei ysgrifennu fel lluoswm ei ffactorau cysefin yw 2^3.

Dim ond un pŵer sydd y tro hwn.

Adiwch 1 at yr indecs: (3 + 1) = 4.

yn parhau ...

Mae hwn yr un fath ag F(8), sef sawl ffactor sydd gan 8.

(a) Rhowch gynnig ar hyn ar gyfer 40.

(b) Ymchwiliwch i weld a oes cysylltiad tebyg rhwng nifer y ffactorau a phwerau'r ffactorau cysefin ar gyfer ychydig o rifau eraill.

Ffactorau cyffredin mwyaf a lluosrifau cyffredin lleiaf

Ffactor cyffredin mwyaf (FfCM) set o rifau yw'r rhif mwyaf fydd yn rhannu'n union i bob un o'r rhifau hynny.

Y rhif mwyaf fydd yn rhannu i 8 ac 12 yw 4.
Felly 4 yw ffactor cyffredin mwyaf 8 ac 12.

Gallwn ddarganfod ffactor cyffredin mwyaf 8 ac 12 heb ddefnyddio unrhyw ddulliau arbennig. Rhestrwch ffactorau 8 ac 12, efallai yn eich meddwl, a chymharwch y rhestri i ddarganfod y rhif mwyaf sydd i'w weld yn y ddwy restr.

Pan fyddwch yn gallu rhoi'r ateb heb ddefnyddio unrhyw ddulliau arbennig, y term am hynny yw darganfod **trwy archwiliad**.

Darganfyddwch, trwy archwiliad, ffactor cyffredin mwyaf (FfCM) y parau hyn o rifau.

(a) 12 ac 18   **(b)** 27 a 36   **(c)** 48 ac 80

AWGRYM

Nid yw'r ffactor cyffredin mwyaf byth yn fwy na'r lleiaf o'r rhifau.

Mae'n debyg y cawsoch rannau **(a)** a **(b)** o Brawf Sydyn 1.3 yn weddol hawdd ond y cawsoch ran **(c)** yn fwy anodd.

Dyma'r dull i'w ddefnyddio pan nad yw'n hawdd darganfod y ffactor cyffredin mwyaf trwy archwiliad.

• Ysgrifennu pob rhif fel lluoswm ei ffactorau cysefin.
• Dewis y ffactorau cyffredin.
• Eu lluosi nhw â'i gilydd.

Mae'r enghraifft nesaf yn dangos y dull hwn.

Darganfyddwch ffactor cyffredin mwyaf y parau hyn o rifau.

(a) 28 a 72   **(b)** 96 a 180

Datrysiad

(a) Ysgrifennwch bob rhif fel lluoswm ei ffactorau cysefin.

$28 = ②×②× 7$ $= 2^2 × 7$

$72 = ②×②× 2 × 3 × 3$ $= 2^3 × 3^2$

Y ffactorau cyffredin yw 2 a 2.

Y ffactor cyffredin mwyaf yw $2 × 2 = 2^2 = 4$.

(b) Ysgrifennwch bob rhif fel lluoswm ei ffactorau cysefin.

$96 = ②×②× 2 × 2 × 2 ×③$ $= 2^5 × 3$

$180 = ②×②×③× 3 × 5$ $= 2^2 × 3^2 × 5$

Y ffactorau cyffredin yw 2, 2 a 3.

Y ffactor cyffredin mwyaf yw $2 × 2 × 3 = 2^2 × 3 = 12$.

Lluosrif cyffredin lleiaf (**LlCLl**) set o rifau yw'r rhif lleiaf y bydd pob aelod o'r set yn rhannu iddo.

Y rhif lleiaf y bydd 8 ac 12 yn rhannu iddo yw 24.

Felly 24 yw lluosrif cyffredin lleiaf 8 ac 12.

Fel yn achos y ffactor cyffredin mwyaf, gallwch ddarganfod lluosrif cyffredin lleiaf rhifau bach trwy archwiliad. Un ffordd yw rhestru lluosrifau pob un o'r rhifau a chymharu'r rhestri i ddarganfod y rhif lleiaf sydd i'w weld yn y ddwy restr.

Prawf sydyn 1.4

Trwy archwiliad, darganfyddwch luosrif cyffredin lleiaf y parau hyn o rifau.

(a) 3 a 5   **(b)** 12 ac 16   **(c)** 48 ac 80

AWGRYM

Nid yw'r lluosrif cyffredin lleiaf byth yn llai na'r mwyaf o'r rhifau.

Mae'n debyg y cawsoch rannau **(a)** a **(b)** o Brawf Sydyn 1.4 yn weddol hawdd ond y cawsoch ran **(c)** yn fwy anodd.

Dyma'r dull i'w ddefnyddio pan nad yw'n hawdd darganfod y lluosrif cyffredin lleiaf trwy archwiliad.

- Ysgrifennu pob rhif fel lluoswm ei ffactorau cysefin.
- Dewis pŵer mwyaf pob un o'r ffactorau sydd i'w gweld yn y naill restr a'r llall.
- Lluosi â'i gilydd y rhifau a ddewiswch.

Mae'r enghraifft nesaf yn dangos y dull hwn.

ENGHRAIFFT 1.3

Darganfyddwch luosrif cyffredin lleiaf y parau hyn o rifau.

(a) 28 a 42 **(b)** 96 a 180

Datrysiad

(a) Ysgrifennwch bob rhif fel lluoswm ei ffactorau cysefin.

$28 = 2 \times 2 \times 7 = (2^2) \times 7$

$42 = 2 \times (3) \times (7)$

Pŵer mwyaf 2 yw 2^2.
Pŵer mwyaf 3 yw $3^1 = 3$.
Pŵer mwyaf 7 yw $7^1 = 7$.

Y lluosrif cyffredin lleiaf yw $2^2 \times 3 \times 7 = 84$.

Sylwch fod rhif yn gallu cael ei ysgrifennu fel y rhif hwnnw i'r pŵer 1. Er enghraifft, cafodd 3 ei ysgrifennu fel 3^1. Mae rhif i'r pŵer 1 yn hafal i'r rhif hwnnw. $3^1 = 3$.

(b) Ysgrifennwch bob rhif fel lluoswm ei ffactorau cysefin.

$96 = 2 \times 2 \times 2 \times 2 \times 2 \times 3 = (2^5) \times 3$

$180 = 2 \times 2 \times 3 \times 3 \times 5 = 2^2 \times (3^2) \times (5)$

Pŵer mwyaf 2 yw 2^5.
Pŵer mwyaf 3 yw 3^2.
Pŵer mwyaf 5 yw $5^1 = 5$.

Y lluosrif cyffredin lleiaf yw $2^5 \times 3^2 \times 5 = 1440$.

Crynodeb

- I ddarganfod y ffactor cyffredin mwyaf (FfCM), defnyddiwch y rhifau cysefin sydd i'w gweld yn y *ddwy* restr a defnyddiwch bŵer *lleiaf* pob rhif cysefin.
- I ddarganfod y lluosrif cyffredin lleiaf (LlCLl), defnyddiwch yr holl rifau cysefin sydd i'w gweld yn y rhestri a defnyddiwch bŵer *mwyaf* pob rhif cysefin.

AWGRYM

Cofiwch wirio eich atebion.

Ydy'r FfCM yn rhannu i'r ddau rif?

Ydy'r ddau rif yn rhannu i'r LlCLl?

Ar gyfer pob un o'r parau hyn o rifau
- ysgrifennwch y rhifau fel lluosymiau eu ffactorau cysefin.
- nodwch y ffactor cyffredin mwyaf.
- nodwch y lluosrif cyffredin lleiaf.

1 4 a 6   **2** 12 ac 16   **3** 10 ac 15   **4** 32 a 40   **5** 35 a 45

6 27 a 63   **7** 20 a 50   **8** 48 ac 84   **9** 50 a 64   **10** 42 a 49

Her 1.2

Mae disgyblion Blwyddyn 11 mewn ysgol i gael eu rhannu'n grwpiau o faint cyfartal. Dau faint posibl ar gyfer y grwpiau yw 16 a 22.

Beth yw'r nifer lleiaf o ddisgyblion sy'n gallu bod ym Mlwyddyn 11?

Lluosi a rhannu â rhifau negatif

Sylwi 1.2

(a) Cyfrifwch y dilyniant hwn o gyfrifiadau.

$5 \times 5 = 25$
$5 \times 4 = 20$
$5 \times 3 =$
$5 \times 2 =$
$5 \times 1 =$
$5 \times 0 =$

Beth yw'r patrwm yn yr atebion?
Defnyddiwch y patrwm i barhau'r dilyniant.

$5 \times -1 =$
$5 \times -2 =$
$5 \times -3 =$
$5 \times -4 =$

(b) Cyfrifwch y dilyniant hwn o gyfrifiadau.

$5 \times 4 =$
$4 \times 4 =$
$3 \times 4 =$
$2 \times 4 =$
$1 \times 4 =$
$0 \times 4 =$

Nodwch y patrwm a pharhewch y dilyniant.

Dylech fod wedi gweld yn Sylwi 1.2 fod lluosi rhif positif â rhif negatif yn rhoi ateb negatif.

Sylwi 1.3

 Cyfrifwch y dilyniant hwn o gyfrifiadau.

$$-3 \times 5 =$$
$$-3 \times 4 =$$
$$-3 \times 3 =$$
$$-3 \times 2 =$$
$$-3 \times 1 =$$
$$-3 \times 0 =$$

Beth yw'r patrwm yn yr atebion?
Defnyddiwch y patrwm i barhau'r dilyniant.

$$-3 \times -1 =$$
$$-3 \times -2 =$$
$$-3 \times -3 =$$
$$-3 \times -4 =$$
$$-3 \times -5 =$$

Mae'r atebion i Sylwi 1.2 a Sylwi 1.3 yn awgrymu'r rheolau hyn.

$$+ \times - = -$$
a
$$- \times + = -$$

$$+ \times + = +$$
a
$$- \times - = +$$

ENGHRAIFFT 1.4

Cyfrifwch y rhain.
(a) 6×-4 **(b)** -7×-3 **(c)** -5×8

Datrysiad

(a) $+ \times - = -$
$6 \times 4 = 24$
Felly $6 \times -4 = -24$

(b) $- \times - = +$
$7 \times 3 = 21$
Felly $-7 \times -3 = +21 = 21$

(c) $- \times + = -$
$5 \times 8 = 40$
Felly $-5 \times 8 = -40$

$4 \times 3 = 12$ O'r cyfrifiad hwn gallwn ddweud bod $12 \div 4 = 3$ a bod $12 \div 3 = 4$.

$10 \times 6 = 60$ O'r cyfrifiad hwn gallwn ddweud bod $60 \div 6 = 10$ a bod $60 \div 10 = 6$.

Yn Enghraifft 1.4 gwelsom fod $6 \times -4 = -24$.

Felly, yn yr un ffordd ag ar gyfer y cyfrifiadau uchod, gallwn ddweud bod

$$-24 \div 6 = -4 \quad \text{a bod} \quad -24 \div -4 = 6$$

(a) Cyfrifwch 2×-9.
  Wedyn ysgrifennwch ddau gyfrifiad rhannu yn yr un ffordd â'r uchod.

(b) Cyfrifwch -7×-4.
  Wedyn ysgrifennwch ddau gyfrifiad rhannu yn yr un ffordd â'r uchod.

Mae'r atebion i Sylwi 1.4 yn awgrymu'r rheolau hyn.

$$+ \div - = -$$
$$\text{a}$$
$$- \div + = -$$

$$+ \div + = +$$
$$\text{a}$$
$$- \div - = +$$

Nawr mae gennym set gyflawn o reolau ar gyfer lluosi a rhannu rhifau positif a negatif.

$$+ \times - = -$$
$$+ \div - = -$$
$$- \times + = -$$
$$- \div + = -$$

$$+ \times + = +$$
$$+ \div + = +$$
$$- \times - = +$$
$$- \div - = +$$

Dyma ffordd arall o feddwl am y rheolau hyn.

Arwyddion gwahanol: ateb negatif.   Arwyddion yr un fath: ateb positif.

ENGHRAIFFT 1.5

Cyfrifwch y rhain.
(a) 5×-3 (b) -2×-3 (c) $-10 \div 2$ (ch) $-15 \div -3$

Datrysiad

Yn gyntaf, datryswch yr arwyddion. Wedyn, cyfrifwch y rhifau.

(a) -15 $(+ \times - = -)$ (b) $+6 = 6$ $(- \times - = +)$

(c) -5 $(- \div + = -)$ (ch) $+5 = 5$ $(- \div - = +)$

Gallwn estyn y rheolau i gyfrifiadau sydd â mwy na dau rif.

Os oes nifer eilrif o arwyddion negatif mae'r ateb yn bositif.
Os oes nifer odrif o arwyddion negatif mae'r ateb yn negatif.

ENGHRAIFFT 1.6

Cyfrifwch $-2 \times 6 \div -4$.

Datrysiad

Gallwch gyfrifo hyn trwy gymryd pob rhan o'r gwaith cyfrifo yn ei thro.

$$-2 \times 6 = -12 \qquad (- \times + = -)$$
$$-12 \div -4 = 3 \qquad (- \div - = +)$$

Neu gallwch gyfrif nifer yr arwyddion negatif ac yna cyfrifo'r rhifau.

Mae dau arwydd negatif felly mae'r ateb yn bositif.

$$-2 \times 6 \div -4 = 3$$

YMARFER 1.3

Cyfrifwch y rhain.

1 4×3	**2** -5×4	**3** -6×-5
4 -9×6	**5** 4×-7	**6** -2×8
7 -3×-6	**8** $24 \div -6$	**9** $-25 \div -5$
10 $-32 \div 4$	**11** $18 \div 6$	**12** $-14 \div -7$
13 $-45 \div 5$	**14** $49 \div -7$	**15** $36 \div -9$
16 $6 \times 10 \div -5$	**17** $-84 \div -12 \times -3$	**18** $4 \times 9 \div -6$
19 $-3 \times -6 \div -2$	**20** $-6 \times 2 \times -5 \div -3$	

Her 1.3

Darganfyddwch werth pob un o'r mynegiadau hyn pan fo $x = -3$, $y = 4$ a $z = -1$.

(a) $5xy$ **(b)** $x^2 + 2x$ **(c)** $2y^2 - 2yz$ **(ch)** $3xz - 2xy + 3yz$ **(d)** $4xyz$

Pwerau ac israddau

Rhif wedi ei **sgwario** yw'r rhif wedi ei luosi â'i hun.
Er enghraifft, ysgrifennwn 2 wedi ei sgwario fel 2^2 ac mae'n hafal i $2 \times 2 = 4$.
Rhif wedi ei **giwbio** yw y rhif $\times$ y rhif $\times$ y rhif.
Er enghraifft, ysgrifennwn 2 wedi ei giwbio fel 2^3 ac mae'n hafal i $2 \times 2 \times 2 = 8$.
Mae'n ddefnyddiol gwybod beth yw gwerth y rhifau 1 i 15 wedi eu sgwario, y rhifau
1 i 5 wedi eu ciwbio, a 10 wedi ei giwbio.

Prawf sydyn 1.5

(a) Beth yw'r rhifau 1 i 15 wedi eu sgwario?

(b) Beth yw'r rhifau 1 i 5 wedi eu ciwbio, a 10 wedi ei giwbio?

Rydym yn galw cyfanrifau wedi eu sgwario yn **rhifau sgwâr**.

Rydym yn galw cyfanrifau wedi eu ciwbio yn **rhifau ciwb**.

Oherwydd bod $4^2 = 4 \times 4 = 16$, **ail isradd** 16 yw 4.
Ysgrifennwn hyn fel $\sqrt{16} = 4$.

Ond mae $(-4)^2 = -4 \times -4 = 16$.
Felly mae ail isradd 16 yn -4 hefyd.

Yn aml ysgrifennwn hyn fel $\sqrt{16} = \pm 4$.
Yn yr un ffordd, mae $\sqrt{81} = \pm 9$ ac yn y blaen.

Mewn llawer o broblemau ymarferol lle mae'r ateb yn ail isradd, nid oes
ystyr i'r ateb negatif. Dylech nodi nad oes ystyr i'r gwerth negatif yn y
cyd-destun ac yna ystyried yr atebion positif yn unig.

Oherwydd bod $5^3 = 5 \times 5 \times 5 = 125$, **trydydd isradd** 125 yw 5.
Ysgrifennwn hyn fel $\sqrt[3]{125} = 5$.
Mae hwn ond yn gallu bod yn rhif positif.

$(-5)^3 = -5 \times -5 \times -5 = -125$.
Felly mae $\sqrt[3]{-125} = -5$.

Y gwrthdro i sgwario rhif yw darganfod yr ail isradd. Hefyd, y gwrthdro i giwbio yw darganfod y trydydd isradd. Felly gallwn ddarganfod ail israddau a thrydydd israddau y rhifau sgwâr a'r rhifau ciwb rydym yn eu gwybod.

Gwnewch yn siŵr hefyd eich bod yn gwybod sut i ddefnyddio cyfrifiannell i gyfrifo ail israddau a thrydydd israddau.

AWGRYM
Gwall cyffredin yw meddwl bod $1^2 = 2$ yn hytrach nag 1.

ENGHRAIFFT 1.7

(a) Darganfyddwch ail isradd 57. Rhowch eich ateb yn gywir i 2 le degol.
(b) Darganfyddwch drydydd isradd 86. Rhowch eich ateb yn gywir i 2 le degol.

Datrysiad

(a) $\sqrt{57} = \pm7.55$ Gwasgwch $\boxed{\sqrt{}}$ $\boxed{5}$ $\boxed{7}$ ar eich cyfrifiannell.

(b) $\sqrt[3]{86} = 4.41$ Gwasgwch $\boxed{\sqrt[3]{}}$ $\boxed{8}$ $\boxed{6}$ ar eich cyfrifiannell.

YMARFER 1.4

Peidiwch â defnyddio cyfrifiannell i ateb cwestiynau **1** a **2**.

1 Ysgrifennwch werth pob un o'r rhain.
  (a) 7^2 **(b)** 11^2 **(c)** $\sqrt{36}$ **(ch)** $\sqrt{144}$
  (d) 2^3 **(dd)** 10^3 **(e)** $\sqrt[3]{64}$ **(f)** $\sqrt[3]{1}$

2 Arwynebedd sgwâr yw 36 cm². Beth yw hyd un o'r ochrau?

Cewch ddefnyddio cyfrifiannell i ateb cwestiynau **3** i **7**.

3 Sgwariwch bob un o'r rhifau hyn.
  (a) 25   **(b)** 40   **(c)** 35   **(ch)** 32   **(d)** 1.2

4 Ciwbiwch bob un o'r rhifau hyn.
  (a) 12   **(b)** 2.5   **(c)** 6.1   **(ch)** 30   **(d)** 5.4

5 Darganfyddwch ail isradd pob un o'r rhifau hyn.
  Lle bo angen, rhowch eich ateb yn gywir i 2 le degol.
  (a) 400   **(b)** 575   **(c)** 1284   **(ch)** 3684   **(d)** 15 376

6 Darganfyddwch drydydd isradd pob un o'r rhifau hyn.
Lle bo angen, rhowch eich ateb yn gywir i 2 le degol.

    (a) 512   **(b)** 676   **(c)** 8000   **(ch)** 9463   **(d)** 10 000

7 Darganfyddwch ddau rif sy'n llai na 200 ac sy'n rhif sgwâr a hefyd yn rhif ciwb.

Her 1.4

(a) Hyd ochr sgwâr yw 2.2 m.
Beth yw arwynebedd y sgwâr?

(b) Hyd ymylon ciwb yw 14 cm.
Beth yw ei gyfaint?

(c) Arwynebedd sgwâr yw 29 cm^2.
Beth yw hyd pob ochr? Rhowch eich ateb yn gywir i 2 le degol.

(ch) Cyfaint ciwb yw 96 cm^3.
Beth yw arwynebedd un o wynebau'r ciwb? Rhowch eich ateb yn gywir i 2 le degol.

Sylwi 1.5

$2^2 \times 2^5 = (2 \times 2) \times (2 \times 2 \times 2 \times 2 \times 2) = (2 \times 2 \times 2 \times 2 \times 2 \times 2 \times 2) = 2^7$

$3^5 \div 3^2 = (3 \times 3 \times 3 \times 3 \times 3) \div (3 \times 3) = (3 \times 3 \times 3\ ) = 3^3$

Copïwch a chwblhewch y canlynol.

(a) $5^2 \times 5^3 = (5 \times 5) \times ($.........................$) = ($.........................$) = $.........................

(b) $2^4 \times 2^2 = $ **(c)** $6^5 \times 6^3 = $ **(ch)** $5^5 \div 5^3 = $ **(d)** $3^6 \div 3^3 = $ **(dd)** $7^5 \div 7^2 = $

Beth welwch chi?

Roedd yr atebion i Sylwi 1.5 yn enghreifftiau o'r ddwy reol hyn.

$$n^a \times n^b = n^{a+b} \quad \text{ac} \quad n^a \div n^b = n^{a-b}$$

Rydym eisoes wedi gweld rhif sydd â'r indecs 1 yn Enghraifft 1.3.
Mae rhif i'r pŵer 1 yn hafal i'r rhif ei hun.

$n^1 = n$ Er enghraifft $3^1 = 3$.

Mae unrhyw rif sydd â'r indecs 0 yn 1.

$n^0 = 1$ Er enghraifft $3^0 = 1$.

AWGRYM

I gadarnhau hyn, rhowch $a = b$ yn
$n^a \div n^b = n^{a-b}$.
$n^a \div n^a = 1$ ac $n^{a-a} = n^0$.

Ysgrifennwch bob un o'r rhain fel 3 i bŵer sengl.

(a) $3^4 \times 3^2$ (b) $3^7 \div 3^2$ (c) $\dfrac{3^5 \times 3}{3^6}$

Datrysiad

(a) Wrth luosi pwerau, adiwch yr indecsau.
$3^4 \times 3^2 = 3^{4+2} = 3^6$

(b) Wrth rannu pwerau, tynnwch yr indecsau.
$3^7 \div 3^2 = 3^{7-2} = 3^5$

(c) Gallwch gyfuno'r ddau hefyd.
$\dfrac{3^5 \times 3}{3^6} = 3^{5+1-6} = 3^0$

AWGRYM

$3^0 = 1$, ond roedd y cwestiwn yn gofyn i chi ysgrifennu'r ateb fel pŵer 3. Felly rhowch yr ateb fel 3^0.

Os bydd cwestiwn yn gofyn i chi symleiddio'r mynegiad, ysgrifennwch $3^0 = 1$.

YMARFER 1.5

1 Ysgrifennwch y rhain ar ffurf symlach gan ddefnyddio indecsau.
(a) $3 \times 3 \times 3 \times 3 \times 3$
(b) $7 \times 7 \times 7$
(c) $3 \times 3 \times 3 \times 3 \times 5 \times 5$
Awgrym: Ysgrifennwch y digidau 3 ar wahân i'r digidau 5.

2 Cyfrifwch y rhain, gan roi eich atebion ar ffurf indecs.
(a) $5^2 \times 5^3$ (b) $10^5 \times 10^2$ (c) 8×8^3
(ch) $3^6 \times 3^4$ (d) $2^5 \times 2$

3 Cyfrifwch y rhain, gan roi eich atebion ar ffurf indecs.
(a) $5^4 \div 5^2$ (b) $10^5 \div 10^2$ (c) $8^6 \div 8^3$
(ch) $3^6 \div 3^4$ (d) $2^3 \div 2^3$

4 Cyfrifwch y rhain, gan roi eich atebion ar ffurf indecs.
(a) $5^4 \times 5^2 \div 5^2$ (b) $10^7 \times 10^6 \div 10^2$ (c) $8^4 \times 8 \div 8^3$ (ch) $3^5 \times 3^3 \div 3^4$

5 Cyfrifwch y rhain, gan roi eich atebion ar ffurf indecs.
(a) $\dfrac{2^6 \times 2^3}{2^4}$ (b) $\dfrac{3^6}{3^2 \times 3^2}$ (c) $\dfrac{5^3 \times 5^4}{5 \times 5^2}$ (ch) $\dfrac{7^4 \times 7^4}{7^2 \times 7^3}$

Cilyddion

Cilydd rhif yw $\dfrac{1}{\text{y rhif}}$.

Er enghraifft, cilydd 2 yw $\frac{1}{2}$.

Cilydd n yw $\dfrac{1}{n}$.

Cilydd $\dfrac{1}{n}$ yw n.

Cilydd $\dfrac{a}{b}$ yw $\dfrac{b}{a}$.

Nid oes cilydd gan 0.

I ddarganfod cilydd rhif heb ddefnyddio cyfrifiannell byddwn yn rhannu 1 â'r rhif. I ddarganfod cilydd rhif â chyfrifiannell byddwn yn defnyddio'r botwm $\boxed{x^{-1}}$.

ENGHRAIFFT 1.9

Heb ddefnyddio cyfrifiannell, darganfyddwch y cilydd ar gyfer pob un o'r rhain.

(a) 5   **(b)** $\frac{5}{8}$ **(c)** $1\frac{1}{8}$

Datrysiad

(a) I ddarganfod cilydd rhif, rhannwch 1 â'r rhif.
Cilydd 5 yw $\frac{1}{5}$ neu 0.2.

(b) Cilydd $\frac{5}{8}$ yw $\frac{8}{5} = 1\frac{3}{5}$.
Sylwch: Dylech drawsnewid ffracsiynau pendrwm yn rhifau cymysg bob tro oni bai bod y cwestiwn yn dweud wrthych am beidio â gwneud hynny.

(c) Yn gyntaf trawsnewidiwch $1\frac{1}{8}$ yn ffracsiwn pendrwm: $1\frac{1}{8} = \frac{9}{8}$
Cilydd $\frac{9}{8} = \frac{8}{9}$.

ENGHRAIFFT 1.10

Defnyddiwch gyfrifiannell i ddarganfod cilydd 1.25.
Rhowch eich ateb fel degolyn.

Datrysiad

Dyma drefn gwasgu'r botymau.

$\boxed{1}$ $\boxed{.}$ $\boxed{2}$ $\boxed{5}$ $\boxed{x^{-1}}$ $\boxed{=}$

Dylai'r sgrin ddangos 0.8.

Ysgrifennwch y cilydd i bob un o'r rhifau hyn.

(a) 2 **(b)** 5 **(c)** 10 **(ch)** $\frac{3}{5}$

Sylwi 1.6

(a) Lluoswch bob rhif ym Mhrawf Sydyn 1.6 â chilydd y rhif.
Beth mae eich atebion yn ei ddangos?

(b) Nawr rhowch gynnig ar y lluosymiau hyn ar gyfrifiannell.

(i) 55×2 (gwasgwch $\boxed{=}$) $\times \frac{1}{2}$ (gwasgwch $\boxed{=}$)

(ii) 15×4 (gwasgwch $\boxed{=}$) $\times \frac{1}{4}$ (gwasgwch $\boxed{=}$)

(iii) 8×10 (gwasgwch $\boxed{=}$) $\times 0.1$ (gwasgwch $\boxed{=}$)

Beth mae eich atebion yn ei ddangos?

(c) Rhowch gynnig ar fwy o gyfrifiadau ac eglurwch beth sy'n digwydd.

Her 1.5

Mae **gweithrediad gwrthdro** yn mynd â ni yn ôl at y rhif blaenorol.

Mae lluosi â rhif a lluosi â chilydd y rhif hwnnw yn weithrediadau gwrthdro.

Ysgrifennwch gymaint ag y gallwch o weithrediadau a'u gweithrediadau gwrthdro.

YMARFER 1.6

Peidiwch â defnyddio cyfrifiannell i ateb cwestiynau **1** i **3**.

1 Ysgrifennwch y cilydd i bob un o'r rhifau hyn.

   (a) 3   **(b)** 6   **(c)** 49   **(ch)** 100   **(d)** 640

2 Ysgrifennwch y rhifau y mae pob un o'r rhain yn gilyddion iddynt.

   (a) $\frac{1}{16}$ **(b)** $\frac{1}{9}$ **(c)** $\frac{1}{52}$ **(ch)** $\frac{1}{67}$ **(d)** $\frac{1}{1000}$

3 Darganfyddwch y cilydd i bob un o'r rhifau hyn.
Rhowch eich atebion fel ffracsiynau neu rifau cymysg.

   (a) $\frac{4}{5}$ **(b)** $\frac{3}{8}$ **(c)** $1\frac{3}{5}$ **(ch)** $3\frac{1}{3}$ **(d)** $\frac{2}{25}$

Cewch ddefnyddio cyfrifiannell i ateb cwestiwn **4**.

4 Darganfyddwch y cilydd i bob un o'r rhifau hyn.
Rhowch eich atebion fel degolion.

   (a) 2.5   **(b)** 0.5   **(c)** 125   **(ch)** 0.16   **(d)** 3.2

RYDYCH WEDI DYSGU

- bod gan rif cysefin ddau ffactor yn unig, sef 1 a'r rhif ei hun
- sut i ysgrifennu rhif fel lluoswm ei ffactorau cysefin
- mai ffactor cyffredin mwyaf (FfCM) set o rifau yw'r rhif mwyaf fydd yn rhannu'n union i bob un o'r rhifau
- sut i ddefnyddio ffactorau cysefin i ddarganfod ffactor cyffredin mwyaf pâr o rifau
- mai lluosrif cyffredin lleiaf (LlCLl) set o rifau yw'r rhif lleiaf y bydd pob aelod o'r set yn rhannu'n union iddo
- sut i ddefnyddio ffactorau cysefin i ddarganfod y lluosrif cyffredin lleiaf
- wrth luosi neu rannu rhifau positif a negatif, bod

   $+ \times + = +$ $- \times - = +$ $+ \times - = -$ $- \times + = -$
   $+ \div + = +$ $- \div - = +$ $+ \div - = -$ $- \div + = -$

- bod $5^3 = 5 \times 5 \times 5 = 125$, felly trydydd isradd 125 yw 5
- wrth luosi a rhannu pwerau, bod

   $n^a \times n^b = n^{a+b}$ ac $n^a \div n^b = n^{a-b}$

- mai cilydd rhif yw 1 wedi ei rannu â'r rhif: cilydd n yw $\dfrac{1}{n}$
- mai cilydd $\dfrac{a}{b}$ yw $\dfrac{b}{a}$
- nad oes cilydd gan 0

1 Ysgrifennwch bob un o'r rhifau hyn fel lluoswm ei ffactorau cysefin.

(**a**) 75   (**b**) 140   (**c**) 420

2 I bob un o'r parau hyn o rifau
 • ysgrifennwch y rhifau fel lluoswm ei ffactorau cysefin.
 • nodwch y ffactor cyffredin mwyaf.
 • nodwch y lluosrif cyffredin lleiaf.

(**a**) 24 a 60   (**b**) 100 a 150   (**c**) 81 a 135

Peidiwch â defnyddio cyfrifiannell i ateb cwestiynau **3** i **6**.

3 Cyfrifwch y rhain.

(**a**) 4×-3 (**b**) -2×8 (**c**) $-48 \div -6$ (**ch**) $2 \times -6 \div -4$

4 Sgwariwch a chiwbiwch bob un o'r rhifau hyn.

(**a**) 4   (**b**) 6   (**c**) 10

5 Ysgrifennwch ail isradd pob un o'r rhifau hyn.

(**a**) 64   (**b**) 196

6 Ysgrifennwch drydydd isradd pob un o'r rhifau hyn.

(**a**) 125   (**b**) 27

Cewch ddefnyddio cyfrifiannell i ateb cwestiynau **7** ac **8**.

7 Sgwariwch a chiwbiwch bob un o'r rhifau hyn.

(**a**) 4.6   (**b**) 21   (**c**) 2.9

8 Darganfyddwch ail isradd a thrydydd isradd pob un o'r rhifau hyn.
Rhowch eich atebion yn gywir i 2 le degol.

(**a**) 89   (**b**) 124   (**c**) 986

9 Cyfrifwch y rhain, gan roi eich atebion ar ffurf indecs.

(**a**) $5^5 \times 5^2$ (**b**) $10^5 \div 10^2$ (**c**) $8^4 \times 8^3 \div 8^5$

(**ch**) $\dfrac{2^4 \times 2^4}{2^2}$ (**d**) $\dfrac{3^9}{3^4 \times 3^2}$

10 Darganfyddwch y cilydd i bob un o'r rhifau hyn.

(**a**) 5   (**b**) 8   (**c**) $\frac{1}{8}$ (**ch**) 0.1   (**d**) 1.6

2 → TRIN ALGEBRA 1

YN Y BENNOD HON

- **Ehangu cromfachau mewn algebra**
- **Ffactorio mynegiadau**
- **Nodiant indecs mewn algebra**

DYLECH WYBOD YN BAROD

- **fod llythrennau'n gallu cael eu defnyddio i gynrychioli rhifau**

Ehangu cromfachau

Gwaith Iwan yw gwneud brechdanau caws.
Mae'n defnyddio dwy dafell o fara ac un dafell o gaws ar gyfer pob brechdan.
Mae arno eisiau gwybod beth fydd cost gwneud 25 brechdan.

Mae Iwan yn defnyddio 50 tafell o fara a 25 tafell o gaws i wneud 25 brechdan.

Gallwn ddefnyddio llythrennau i gynrychioli cost cynhwysion y brechdanau.
Gall b gynrychioli cost pob tafell o fara mewn ceiniogau.
Gall c gynrychioli cost pob tafell o gaws mewn ceiniogau.

Yna gallwn ysgrifennu bod un frechdan yn costio $b + b + c = 2b + c$.

(Byddwn yn ysgrifennu $1c$ fel c yn unig.)

Mae 25 brechdan yn costio 25 gwaith y swm hwn. Gallwn ysgrifennu $25(2b + c)$.

Byddwn yn galw'r $2b$ a'r c yn **dermau**, ac yn galw'r $25(2b + c)$ yn **fynegiad**.

I gyfrifo cost 25 brechdan gallwn ysgrifennu

$$25(2b + c) = 25 \times 2b + 25 \times c = 50b + 25c.$$

Mae hyn yn cael ei alw'n **ehangu'r cromfachau**. Byddwn yn lluosi *pob* term sydd y tu mewn i'r cromfachau â'r rhif sydd y tu allan i'r cromfachau. (Weithiau byddwn yn dweud ein bod yn **diddymu'r cromfachau** wrth wneud y gwaith lluosi hwn.)

Cyfrifwch y rhain.

(a) $10(2b + c)$ (b) $35(2b + c)$

(c) $16(2b + c)$ (ch) $63(2b + c)$

Datrysiad

(a) $10(2b + c) = 10 \times 2b + 10 \times c$
$$= 20b + 10c$$

(b) $35(2b + c) = 35 \times 2b + 35 \times c$
$$= 70b + 35c$$

(c) $16(2b + c) = 16 \times 2b + 16 \times c$
$$= 32b + 16c$$

(ch) $63(2b + c) = 63 \times 2b + 63 \times c$
$$= 126b + 63c$$

Byddwn yn ehangu cromfachau â llythrennau eraill neu arwyddion eraill, â rhifau neu â mwy o dermau yn yr un ffordd.

Ehangwch y rhain.

(a) $12(2b + 7g)$ (b) $6(3m - 4n)$

(c) $8(2x - 5)$ (ch) $3(4p + 2v - c)$

Datrysiad

(a) $12(2b + 7g) = 12 \times 2b + 12 \times 7g$
$$= 24b + 84g$$

(b) $6(3m - 4n) = 6 \times 3m - 6 \times 4n$
$$= 18m - 24n$$

(c) $8(2x - 5) = 8 \times 2x - 8 \times 5$
$$= 16x - 40$$

(ch) $3(4p + 2v - c) = 3 \times 4p + 3 \times 2v - 3 \times c$
$$= 12p + 6v - 3c$$

Ehangwch y rhain.

1 $10(2a + 3b)$ **2** $3(2c + 7d)$ **3** $5(3e - 8f)$

4 $7(4g - 3h)$ **5** $5(2u + 3v)$ **6** $6(5w + 3x)$

7 $7(3y + z)$ **8** $8(2v + 5)$ **9** $6(2 + 7w)$

10 $4(3 - 8a)$ **11** $2(4g - 3)$ **12** $5(7 - 4b)$

13 $2(3i + 4j - 5k)$ **14** $4(5m - 3n + 2p)$ **15** $6(2r - 3s - 4t)$

Her 2.1

Mae'r diagram yn dangos ystafell betryal sydd â mat sgwâr ar un pen iddi. Ysgrifennwch fynegiad ar gyfer

(a) hyd y rhan o'r ystafell sydd heb ei gorchuddio.

(b) arwynebedd y rhan o'r ystafell sydd heb ei gorchuddio.

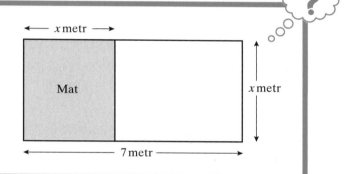

Cyfuno termau

Mae termau sydd â'r un llythyren yn cael eu galw'n **dermau tebyg.** Mae'n bosibl adio termau tebyg.

Un penwythnos gweithiodd Iwan ar ddydd Sadwrn a dydd Sul.
Ar y dydd Sadwrn gwnaeth 75 brechdan gaws ac ar y dydd Sul gwnaeth 45 brechdan gaws.

Gallwn gyfrifo cyfanswm cost y bara a'r caws a ddefnyddiodd fel hyn.

Ysgrifennu mynegiadau ar gyfer y ddau ddiwrnod ac ehangu'r cromfachau.

$$75(2b + c) + 45(2b + c) = 150b + 75c + 90b + 45c$$

Symleiddio'r mynegiad trwy gasglu termau tebyg.

$$150b + 75c + 90b + 45c = 150b + 90b + 75c + 45c$$
$$= 240b + 120c$$

Ehangwch y cromfachau a symleiddiwch y rhain.

(a) $10(2b + c) + 5(2b + c)$ **(b)** $35(b + c) + 16(2b + c)$

(c) $16(2b + c) + 63(b + 2c)$ **(ch)** $30(b + 2c) + 18(b + c)$

Datrysiad

(a) $10(2b + c) + 5(2b + c) = 20b + 10c + 10b + 5c$
$$= 20b + 10b + 10c + 5c$$
$$= 30b + 15c$$

(b) $35(b + c) + 16(2b + c) = 35b + 35c + 32b + 16c$
$$= 35b + 32b + 35c + 16c$$
$$= 67b + 51c$$

(c) $16(2b + c) + 63(b + 2c) = 32b + 16c + 63b + 126c$
$$= 32b + 63b + 16c + 126c$$
$$= 95b + 142c$$

(ch) $30(b + 2c) + 18(b + c) = 30b + 60c + 18b + 18c$
$$= 30b + 18b + 60c + 18c$$
$$= 48b + 78c$$

Byddwn yn ehangu a symleiddio cromfachau sydd â llythrennau eraill neu arwyddion eraill neu â rhifau yn yr un ffordd. Rhaid bod yn arbennig o ofalus pan fydd arwyddion minws yn y mynegiad.

Ehangwch y cromfachau a symleiddiwch y rhain.

(a) $2(3c + 4d) + 5(3c + 2d)$

(b) $5(4e + f) - 3(2e - 4f)$

(c) $5(4g + 3) - 2(3g + 4)$

Datrysiad

(a) Lluoswch bob term yn y set gyntaf o gromfachau â'r rhif sydd o flaen y cromfachau hynny.

Lluoswch bob term yn yr ail set o gromfachau â'r rhif sydd o flaen y cromfachau hynny.

Wedyn casglwch dermau tebyg at ei gilydd.

$2(3c + 4d) + 5(3c + 2d) = 6c + 8d + 15c + 10d$
$$= 6c + 15c + 8d + 10d$$
$$= 21c + 18d$$

(b) Byddwch yn ofalus â'r arwyddion.

Ystyriwch ail ran y mynegiad, sef $-3(2e - 4f)$, fel $+(-3) \times (2e + (-4f))$.

Rhaid lluosi'r ddau derm yn yr ail set o gromfachau â -3.

Rydych wedi dysgu'r rheolau ar gyfer cyfrifo â rhifau negatif ym Mhennod 1.

$$
\begin{aligned}
5(4e + f) - 3(2e - 4f) &= 5(4e + f) + (-3) \times (2e + (-4f)) \\
&= 5 \times 4e + 5 \times f + (-3) \times 2e + (-3) \times (-4f) \\
&= 20e + 5f + (-6e) + (+12f) \\
&= 20e + (-6e) + 5f + 12f \\
&= 20e - 6e + 5f + 12f \\
&= 14e + 17f
\end{aligned}
$$

(c) Eto byddwch yn ofalus â'r arwyddion.

Ystyriwch ail ran y mynegiad, sef $-2(3g + 4)$, fel $+ (-2) \times (3g + 4)$.

Rhaid lluosi'r ddau derm yn yr ail set o gromfachau â -2.

$$
\begin{aligned}
5(4g + 3) - 2(3g + 4) &= 5(4g + 3) + (-2) \times (3g + 4) \\
&= 20g + 15 + (-2) \times 3g + (-2) \times 4 \\
&= 20g + 15 + (-6g) + (-8) \\
&= 20g + (-6g) + 15 + (-8) \\
&= 20g - 6g + 15 - 8 \\
&= 14g + 7
\end{aligned}
$$

YMARFER 2.2

Ehangwch y cromfachau a symleiddiwch y rhain.

1 **(a)** $8(2a + 3) + 2(2a + 7)$ **(b)** $5(3b + 7) + 6(2b + 3)$

    (c) $2(3 + 8c) + 3(2 + 7c)$ **(ch)** $6(2 + 3a) + 4(5 + a)$

2 **(a)** $5(2s + 3t) + 4(2s + 7t)$ **(b)** $2(2v + 7w) + 5(2v + 7w)$

    (c) $7(3x + 8y) + 3(2x + 7y)$ **(ch)** $3(2v + 5w) + 4(8v + 3w)$

3 **(a)** $4(3x + 5) + 3(3x - 4)$ **(b)** $2(4y + 5) + 3(2y - 3)$

    (c) $5(2 + 7z) + 4(3 - 8z)$ **(ch)** $3(2 + 5x) + 5(6 - x)$

4 **(a)** $3(2n + 7p) + 2(5n - 6p)$ **(b)** $5(3q + 8r) + 3(2q - 9r)$

    (c) $7(2d + 3e) + 3(3d - 5e)$ **(ch)** $4(2f + 7g) + 3(2f - 9g)$

    (d) $3(3h - 8j) - 5(2h - 7j)$ **(dd)** $6(2k - 3m) - 3(2k - 7m)$

Ffactorio

Gwelsoch ym Mhennod 1 mai ffactor cyffredin mwyaf set o rifau yw'r rhif mwyaf fydd yn rhannu i bob un o'r rhifau yn y set.

Cofiwch fod algebra'n defnyddio llythrennau i gynrychioli rhifau.
Er enghraifft, $2x = 2 \times x$ a $3x = 3 \times x$.
Nid ydym yn gwybod beth yw x ond rydym yn gwybod y gallwn rannu $2x$ a $3x$ ag x. Felly x yw ffactor cyffredin mwyaf $2x$ a $3x$.

Pan fydd gennym dermau annhebyg, er enghraifft $2x$ a $4y$, rhaid tybio nad oes gan x ac y unrhyw ffactorau cyffredin. Fodd bynnag, gallwn chwilio am ffactorau cyffredin yn y rhifau. Ffactor cyffredin mwyaf 2 a 4 yw 2, felly ffactor cyffredin mwyaf $2x$ a $4y$ yw 2.

Ffactorio yw'r gwrthdro i ehangu cromfachau. Rydym yn rhannu pob un o'r termau yn y cromfachau â'r ffactor cyffredin mwyaf ac yn ysgrifennu'r ffactor cyffredin hwnnw y tu allan i'r cromfachau.

ENGHRAIFFT 2.5

Ffactoriwch y rhain.
(a) $(12x + 16)$ **(b)** $(x - x^2)$ **(c)** $(8x^2 - 12x)$

Datrysiad

(a) $(12x + 16)$ Ffactor cyffredin mwyaf $12x$ ac 16 yw 4.
4( ) Ysgrifennwch y ffactor hwn y tu allan i'r cromfachau.
Wedyn rhannwch bob term sydd y tu mewn i'r cromfachau gwreiddiol â'r ffactor cyffredin, sef 4.
$12x \div 4 = 3x$ ac $16 \div 4 = 4$.
$4(3x + 4)$ Ysgrifennwch y termau newydd y tu mewn i'r cromfachau.

$(12x + 16) = 4(3x + 4)$

> **AWGRYM**
> Gwiriwch fod yr ateb yn gywir trwy ei ehangu.
> $4(3x + 4) = 4 \times 3x + 4 \times 4 = 12x + 16$

(b) $(x - x^2)$ Ffactor cyffredin x ac x^2 yw x.
(Cofiwch mai x^2 yw $x \times x$.)
$x($) Ysgrifennwch y ffactor hwn y tu allan i'r cromfachau.
Wedyn rhannwch bob term sydd y tu mewn i'r cromfachau gwreiddiol â'r ffactor cyffredin, sef x.
$x \div x = 1$ ac $x^2 \div x = x$

$(x - x^2) = x(1 - x)$

(c) $(8x^2 - 12x)$ Ystyriwch y rhifau a'r llythrennau ar wahân ac yna eu cyfuno. Ffactor cyffredin mwyaf 8 ac 12 yw 4 a ffactor cyffredin x^2 ac x yw x. Felly ffactor cyffredin mwyaf $8x^2$ ac $12x$ yw $4 \times x = 4x$.

$4x(\qquad)$ Ysgrifennwch y ffactor hwn y tu allan i'r cromfachau. Wedyn rhannwch bob term sydd y tu mewn i'r cromfachau gwreiddiol â'r ffactor cyffredin, sef $4x$.

$8x^2 \div 4x = 2x$ ac $12x \div 4x = 3$

$(8x^2 - 12x) = 4x(2x - 3)$

YMARFER 2.3

Ffactoriwch y rhain.

1 **(a)** $(10x + 15)$ **(b)** $(2x + 6)$ **(c)** $(8x - 12)$ **(ch)** $(4x - 20)$

2 **(a)** $(14 + 7x)$ **(b)** $(8 + 12x)$ **(c)** $(15 - 10x)$ **(ch)** $(9 - 12x)$

3 **(a)** $(3x^2 + 5x)$ **(b)** $(5x^2 + 20x)$ **(c)** $(12x^2 - 8x)$ **(ch)** $(6x^2 - 8x)$

Ehangu dau bâr o gromfachau

Yn gynharach yn y bennod gwelsoch sut i ehangu cromfachau o'r math $25(2b + c)$. Yn yr achos hwnnw roeddem yn lluosi pâr o gromfachau ag un term. Gall term fod yn rhif neu'n llythyren neu'n gyfuniad o'r ddau, fel $3x$.

Gallwn ehangu dau bâr o gromfachau hefyd. Yn yr achos hwn byddwn yn lluosi un pâr o gromfachau â phâr arall o gromfachau. Rhaid lluosi pob term sydd y tu mewn i'r ail bâr o gromfachau â phob term sydd y tu mewn i'r pâr cyntaf o gromfachau. Mae'r enghreifftiau sy'n dilyn yn dangos dau ddull o wneud hyn.

ENGHRAIFFT 2.6

Ehangwch y rhain.
(a) $(a + 2)(a + 5)$
(b) $(b + 4)(2b + 7)$
(c) $(2m + 5)(3m - 4)$

Datrysiad

(a) Dull 1

Defnyddiwch grid i luosi pob term sydd yn yr ail bâr o gromfachau â phob term sydd yn y pâr cyntaf o gromfachau.

×	a	$+2$
a	a^2	$+2a$
$+5$	$+5a$	$+10$

$= a^2 + 2a + 5a + 10$ Casglwch dermau tebyg at ei gilydd: $2a + 5a = 7a$.
$= a^2 + 7a + 10$

Dull 2

Defnyddiwch y 'gair' CAMO i wneud yn siŵr eich bod yn lluosi pob term sydd yn yr ail bâr o gromfachau â phob term sydd yn y pâr cyntaf o gromfachau.

C: cyntaf × cyntaf
A: allanol × allanol
M: mewnol × mewnol
O: olaf × olaf

Os tynnwch saethau i ddangos y lluosiadau, gallwch feddwl am wyneb sy'n gwenu.

C   O
$(a + 2)(a + 5)$
M
A

$= a \times a + a \times 5 + 2 \times a + 2 \times 5$
$= a^2 + 5a + 2a + 10$
$= a^2 + 7a + 10$

(b) Dull 1

×	b	$+4$
$2b$	$2b^2$	$+8b$
$+7$	$+7b$	$+28$

$= 2b^2 + 8b + 7b + 28$
$= 2b^2 + 15b + 28$

Dull 2

$(b + 4)(2b + 7)$

$= b \times 2b + b \times 7 + 4 \times 2b + 4 \times 7$
$= 2b^2 + 7b + 8b + 28$
$= 2b^2 + 15b + 28$

(c) Dull 1

×	$2m$	$+5$
$3m$	$6m^2$	$+15m$
-4	$-8m$	-20

$= 6m^2 + 15m - 8m - 20$
$= 6m^2 + 7m - 20$

Dull 2

$(2m + 5)(3m - 4)$

$= 2m \times 3m + 2m \times -4 + 5 \times 3m + 5 \times -4$
$= 6m^2 - 8m + 15m - 20$
$= 6m^2 + 7m - 20$

AWGRYM

Dewiswch y dull sy'n well gennych a'i ddefnyddio bob tro.

Ehangwch y cromfachau a symleiddiwch y rhain. Defnyddiwch y dull sy'n well gennych.

1 **(a)** $(a + 3)(a + 7)$ **(b)** $(b + 7)(b + 4)$ **(c)** $(3 + c)(2 + c)$

2 **(a)** $(3d + 5)(3d - 4)$ **(b)** $(4e + 5)(2e - 3)$ **(c)** $(2 + 7f)(3 - 8f)$

3 **(a)** $(2g - 3)(2g - 7)$ **(b)** $(2h - 7)(2h - 7)$ **(c)** $(3j - 8)(2j - 7)$

4 **(a)** $(2k + 7)(5k - 6)$ **(b)** $(3 + 8m)(2 - 9m)$ **(c)** $(2 + 3n)(3 - 5n)$

5 **(a)** $(2 + 7p)(2 - 9p)$ **(b)** $(3r - 8)(2r - 7)$ **(c)** $(2s - 3)(2s - 7)$

Her 2.2

Pa ddau bâr o gromfachau sydd wedi cael eu hehangu i roi'r mynegiadau hyn?
(a) $m^2 + 3m + 2$ **(b)** $x^2 - 5x + 6$ **(c)** $2y^2 + 3y - 2$

Her 2.3

Mae'r diagram yn dangos gardd betryal sydd â sied mewn un cornel.

(a) Ysgrifennwch fynegiad ar gyfer
   (i) hyd yr ardd.
   (ii) lled yr ardd.

(b) Ysgrifennwch fynegiad ar gyfer arwynebedd yr ardd.
Symleiddiwch y mynegiad.

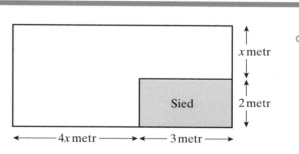

Her 2.4

Mae'r diagram yn dangos darlun petryal yn hongian ar wal betryal mewn oriel.

Mae'r darlun wedi cael ei osod yn y fath ffordd fel ei fod yn hongian 1 metr o ran uchaf y wal ac 1 metr o waelod y wal.

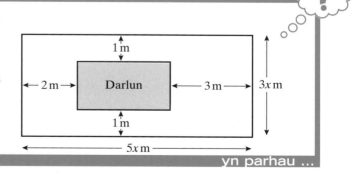

yn parhau ...

Ehangu dau bâr o gromfachau   27

Mae'r darlun hefyd yn hongian 2 fetr o ben pellaf y wal ar y chwith a 3 metr o ben pellaf y wal ar y dde.

Hyd y wal yw $5x$ metr a'i lled yw $3x$ metr.

(a) Ysgrifennwch fynegiad ar gyfer
    (i) hyd y darlun.
    (ii) lled y darlun.

(b) Ysgrifennwch fynegiad ar gyfer arwynebedd y rhan o'r wal y mae'r darlun yn ei gorchuddio.
Symleiddiwch y mynegiad.

Nodiant indecs

Ym Mhennod 1 gwelsoch ein bod yn ysgrifennu 2 i'r pŵer 4 fel 2^4 ac mai'r enw a roddwn ar y pŵer, sef 4 yn yr achos hwn, yw'r indecs. Gallwn ddweud bod 2^4 wedi cael ei ysgrifennu mewn **nodiant indecs**.

Gallwn ddefnyddio nodiant indecs mewn algebra hefyd. Rydym eisoes wedi gweld x^2. Mae hyn yn golygu x wedi ei sgwario neu x i'r pŵer 2.

Mae y^5 yn enghraifft arall o fynegiad sydd wedi cael ei ysgrifennu gan ddefnyddio nodiant indecs. Mae'n golygu y i'r pŵer 5 neu $y \times y \times y \times y \times y$. 5 yw'r indecs.

ENGHRAIFFT 2.7

Ysgrifennwch y rhain gan ddefnyddio nodiant indecs.
(a) $5 \times 5 \times 5 \times 5 \times 5 \times 5$
(b) $x \times x \times x \times x \times x \times x \times x$
(c) $p \times p \times p \times p \times r \times r \times r$
(ch) $3w \times 4w \times 5w$

Datrysiad

(a) $5 \times 5 \times 5 \times 5 \times 5 \times 5 = 5$ i'r pŵer $6 = 5^6$

(b) $x \times x \times x \times x \times x \times x \times x = x$ i'r pŵer $7 = x^7$

(c) $p \times p \times p \times p \times r \times r \times r = p^4 \times r^3 = p^4 r^3$

(ch) Mae $3w$, $4w$ a $5w$ yn dermau tebyg, felly rydych yn lluosi'r rhifau â'i gilydd yn gyntaf, yna'r llythrennau.
$3w \times 4w \times 5w = (3 \times 4 \times 5) \times (w \times w \times w) = 60 \times w^3 = 60w^3$

YMARFER 2.5

Symleiddiwch bob un o'r canlynol, gan ddefnyddio nodiant indecs i ysgrifennu eich ateb.

1 **(a)** $3 \times 3 \times 3 \times 3$ **(b)** $7 \times 7 \times 7$ **(c)** $10 \times 10 \times 10 \times 10 \times 10$

2 **(a)** $x \times x \times x \times x \times x$ **(b)** $y \times y \times y \times y$ **(c)** $z \times z \times z \times z \times z \times z \times z$

3 **(a)** $m \times m \times n \times n \times n \times n$
     (b) $f \times f \times f \times f \times g \times g \times g \times g \times g$
     (c) $p \times p \times p \times r \times r \times r \times r$

4 **(a)** $2k \times 4k \times 7k$ **(b)** $3y \times 5y \times 8y$ **(c)** $4d \times 2d \times d$

Her 2.5

Symleiddiwch bob un o'r canlynol, gan ddefnyddio nodiant indecs i ysgrifennu eich ateb.

(a) $m^2 \times m^4$ **(b)** $x^3 \times 5x^6$ **(c)** $5y^4 \times 3y^3$ **(ch)** $2b^3 \times 3b^2 \times 4b$

RYDYCH WEDI DYSGU

- wrth ehangu cromfachau fel $25(2b + c)$ y byddwch yn lluosi pob un o'r termau sydd y tu mewn i'r cromfachau â'r rhif (neu'r term) sydd y tu allan i'r cromfachau
- wrth ehangu cromfachau fel $(a + 2)(a + 5)$ y byddwch yn lluosi pob un o'r termau sydd yn yr ail bâr o gromfachau â phob un o'r termau sydd yn y pâr cyntaf o gromfachau
- mai un ffordd o ehangu cromfachau yw defnyddio grid. Ffordd arall yw defnyddio'r 'gair' CAMO i wneud yn siŵr eich bod yn gwneud y lluosiadau i gyd
- mai ffactorio mynegiadau yw'r gwrthwyneb i ehangu cromfachau
- y byddwch, i ffactorio mynegiad, yn cymryd y ffactorau cyffredin y tu allan i'r cromfachau
- sut i ddefnyddio nodiant indecs mewn algebra

1 Ehangwch y rhain.

(a) $8(3a + 2b)$ (b) $5(4a + 3b)$ (c) $12(3a - 5b)$

(ch) $9(a - 2b)$ (d) $3(4x + 5y)$ (dd) $6(3x - 2y)$

(e) $4(5x - 3y)$ (f) $2(4x + y)$ (ff) $5(3f - 4g)$

(g) $3(2j + 5k)$ (ng) $7(r + 2s)$ (h) $4(3v - w)$

2 Ehangwch y cromfachau a symleiddiwch y rhain.

(a) $2(3x + 4) + 3(2x + 1)$ (b) $4(2x + 3) + 3(4x + 5)$

(c) $2(2x + 3) + 3(x + 2)$ (ch) $5(2y + 3) + 2(3y - 5)$

(d) $3(3y + 5) + 2(3y - 4)$ (dd) $3(5y + 2) + 2(3y - 1)$

(e) $3(2a + 4) - 3(a + 2)$ (f) $2(6m + 2) - 3(2m + 1)$

(ff) $6(3p + 4) - 3(4p + 2)$ (g) $4(5t + 3) - 3(2t - 4)$

(ng) $2(4j + 8) - 3(3j - 5)$ (h) $6(2w + 5) - 4(3w - 4)$

3 Ffactoriwch y rhain.

(a) $(4x + 8)$ (b) $(6x + 12)$ (c) $(9x - 6)$

(ch) $(12x - 18)$ (d) $(6 - 10x)$ (dd) $(10 - 15x)$

(e) $(24 + 8x)$ (f) $(16x + 12)$ (ff) $(6x + 8)$

(g) $(32x - 12)$ (ng) $(20 - 16x)$ (h) $(15 + 20x)$

(i) $(2x - x^2)$ (l) $(3y - 7y^2)$ (ll) $(5z^2 + 2z)$

4 Ehangwch y cromfachau a symleiddiwch y rhain.

(a) $(a + 5)(a + 4)$ (b) $(a + 2)(a + 3)$ (c) $(3 + a)(4 + a)$

(ch) $(x - 1)(x + 8)$ (d) $(x + 9)(x - 5)$ (dd) $(x - 2)(x - 1)$

(e) $(3x + 4)(x + 9)$ (f) $(y - 3)(2y + 7)$ (ff) $(2 - 3p)(7 - 2p)$

(g) $(2p + 4)(3p - 2)$ (ng) $(t - 5)(4t - 3)$ (h) $(2a - 3)(3a + 5)$

5 Symleiddiwch bob un o'r canlynol, gan ddefnyddio nodiant indecs i ysgrifennu eich ateb.

(a) $4 \times 4 \times 4 \times 4 \times 4 \times 4$ (b) $5 \times 5 \times 5 \times 5$

(c) $2 \times 2 \times 2 \times 2 \times 2$ (ch) $a \times a \times a \times a \times a \times a \times a$

(d) $j \times j \times j$ (dd) $t \times t \times t \times t \times t \times t$

(e) $v \times v \times v \times w \times w \times w$ (f) $d \times d \times d \times e \times e \times e \times e \times e \times e$

(ff) $x \times x \times x \times y \times y \times y \times y \times y$ (g) $5p \times 4p \times 3p$

YN Y BENNOD HON

- **Darganfod arwynebedd triongl a pharalelogram**
- **Priodweddau onglau sy'n gysylltiedig â llinellau paralel**
- **Swm onglau triongl, pedrochr ac unrhyw bolygon**
- **Onglau allanol triongl a pholygonau eraill**
- **Priodweddau pedrochrau arbennig**

DYLECH WYBOD YN BAROD

- **yr unedau metrig cyffredin ar gyfer hyd ac arwynebedd**
- **sut i ddarganfod arwynebedd petryal**
- **bod yr onglau ar linell syth yn adio i 180°**
- **bod yr onglau o amgylch pwynt yn adio i 360°**
- **pan fo dwy linell syth yn croesi, fod yr onglau croesfertigol yn hafal**
- **ystyr y gair *paralel***
- **bod pedair ochr i bedrochr**
- **rhai o briodweddau pedrochrau arbennig**

Arwynebedd triongl

Rydych yn gwybod yn barod fod

Arwynebedd petryal = Hyd × Lled

neu

Arwynebedd petryal = $h \times l$.

Edrychwch ar y diagram hwn.

Arwynebedd petryal ABCD = $h \times l$

Fe welwch fod

Arwynebedd triongl ABC = $\frac{1}{2} \times$ arwynebedd ABCD

$= \frac{1}{2} \times h \times l$.

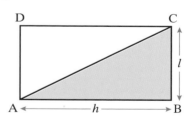

Nawr edrychwch ar driongl gwahanol.
O'r diagram fe welwch fod

Arwynebedd triongl ABC $= \frac{1}{2}$ arwynebedd BEAF

$+ \frac{1}{2}$ arwynebedd FADC

$= \frac{1}{2}$ arwynebedd BEDC

$= \frac{1}{2} \times h \times l$.

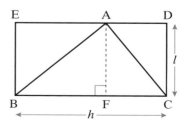

Mae hyn yn dangos y gallwn ddarganfod arwynebedd unrhyw driongl gan ddefnyddio'r fformiwla

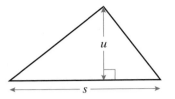

Arwynebedd triongl $= \frac{1}{2} \times$ sail $\times$ uchder

neu

$A = \frac{1}{2} \times s \times u.$

Sylwch fod uchder y triongl, u, yn cael ei fesur ar ongl sgwâr i'r sail.
Dyma **uchder perpendicwlar** y triongl.

AWGRYM Gallwch ddefnyddio unrhyw un o'r ochrau fel sail ar yr amod eich bod yn defnyddio'r uchder perpendicwlar sy'n mynd gyda'r ochr honno.

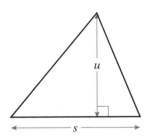 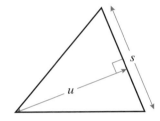 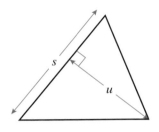

ENGHRAIFFT 3.1

Darganfyddwch arwynebedd y triongl hwn.

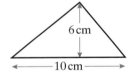

Datrysiad

Defnyddiwch y fformiwla.

$A = \frac{1}{2} \times s \times u$

$= \frac{1}{2} \times 10 \times 6$

$= 30 \text{ cm}^2$

AWGRYM Peidiwch ag anghofio'r unedau, ond sylwch mai dim ond yn yr ateb y mae angen rhoi'r unedau. Cofiwch sicrhau bod gan y ddau fesuriad yr un unedau.

Darganfyddwch arwynebedd pob un o'r trionglau hyn.

1

4 cm

8 cm

2

10 cm

10 cm

3

16 m

20 m

4

10 mm

15 mm

5

8 cm

16 cm

6

5 cm

7 cm

7

10 cm

11 cm

8

24 cm

12 cm

9

15 m

12 m

20 m

25 m

10

16 m

17 m 15 m 17 m

Her 3.1

Fertigau triongl yw (2, 2), (7, 2) a (4, 6).

Lluniadwch y triongl ar bapur sgwariau a chyfrifwch ei arwynebedd.

Her 3.2

Arwynebedd triongl yw 12 cm². Hyd ei sail yw 4 cm.

Cyfrifwch uchder perpendicwlar y triongl hwn.

Yn y triongl ABC, mae AB = 6 cm, BC = 8 cm
ac AC = 10 cm. Mae ongl ABC = 90°.

(a) Darganfyddwch arwynebedd y triongl ABC.

H yw'r pwynt ar AC fel bo'r ongl BHC = 90°.

(b) Darganfyddwch BH.

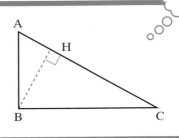

Arwynebedd paralelogram

Mae dwy ffordd o ddarganfod arwynebedd paralelogram.

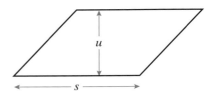

Gallwn ei dorri a'i ad-drefnu i ffurfio petryal. Felly

$A = s \times u.$

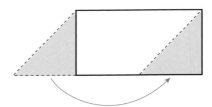

Neu gallwn ei hollti'n ddau driongl cyfath ar hyd
croeslin.
(Cofiwch fod cyfath yn golygu unfath neu yn union yr un fath.)

Arwynebedd un o'r ddau driongl yw $A = \frac{1}{2} \times s \times u$,
felly arwynebedd y paralelogram yw

$A = 2 \times \frac{1}{2} \times s \times u$
$\quad = s \times u.$

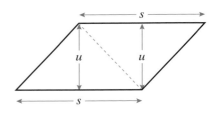

Sylwch mai uchder y paralelogram yw'r uchder *perpendicwlar*, yn union
fel yn y fformiwla ar gyfer arwynebedd triongl.

> Arwynebedd paralelogram = $s \times u$
>
> neu
>
> $A = s \times u$

Darganfyddwch arwynebedd y
paralelogram hwn.

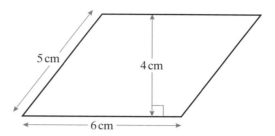

Datrysiad

Defnyddiwch y fformiwla. Rhaid gwneud yn siŵr eich bod yn dewis y
mesuriad cywir ar gyfer yr uchder.

$$A = s \times u$$
$$= 6 \times 4$$
$$= 24 \, cm^2$$

YMARFER 3.2

Darganfyddwch arwynebedd pob un o'r paralelogramau hyn.

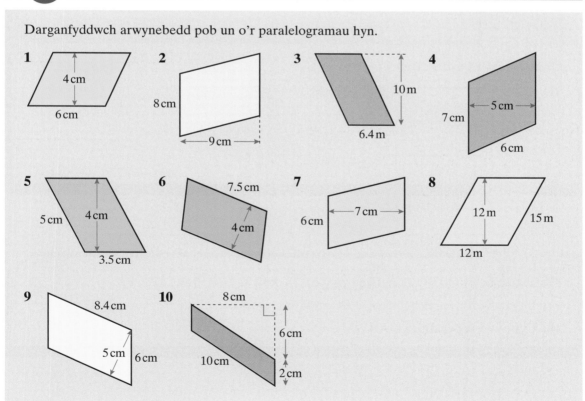

Defnyddiwch fesuriadau priodol i ddarganfod arwynebedd pob un o'r paralelogramau hyn.

(a)

(b)

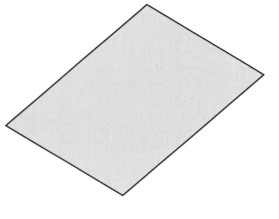

Darganfyddwch hyd x a hyd y.

(a)

Arwynebedd = 36 cm²

x

9 cm

(b)

5 cm

Arwynebedd = 37$\frac{1}{2}$ cm²

y

Paralelogram yw OABC a'i fertigau yn O(0, 0), A(4, 2), B(6, 0) ac C(2, −2).

(a) Lluniadwch y paralelogram OABC ar bapur sgwariau.

(b) Cyfrifwch arwynebedd OABC.

Onglau sy'n cael eu gwneud gan linellau paralel

Sylwi 3.1

Dyma fap o ran o Efrog Newydd.

(a) Darganfyddwch *Broadway* a *W 32nd Street* ar y map.
Darganfyddwch ragor o onglau sy'n hafal i'r ongl rhwng *Broadway* a *W 32nd Street*

Y term a ddefnyddir am ddwy ongl sy'n adio i 180° yw onglau **atodol**.

(b) Darganfyddwch ongl sy'n atodol i'r ongl rhwng *Broadway* a *W 32nd Street*.

(c) Eglurwch eich canlyniadau.

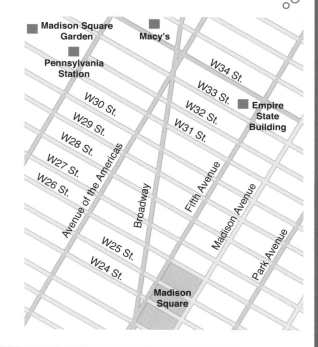

Yn Sylwi 3.1 dylech fod wedi gweld tri math o onglau sy'n cael eu gwneud â llinellau paralel.

Onglau cyfatebol

Mae'r diagramau'n dangos onglau hafal sy'n cael eu gwneud gan linell yn torri ar draws pâr o linellau paralel. Byddwn yn galw'r onglau hafal hyn yn onglau **cyfatebol**. Mae onglau cyfatebol yn digwydd mewn siâp F.

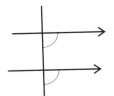 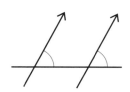 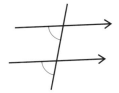 

Onglau eiledol

Mae'r diagramau hyn hefyd yn dangos onglau hafal sy'n cael eu gwneud gan linell yn torri ar draws pâr o linellau paralel. Byddwn yn galw'r onglau hafal hyn yn onglau **eiledol**. Mae onglau eiledol yn digwydd mewn siâp Z.

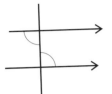 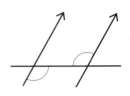 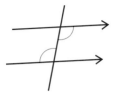 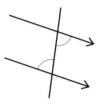

Onglau cydfewnol

Gallwch weld nad yw'r ddwy ongl sydd wedi eu marcio yn y diagramau hyn yn hafal. Yn hytrach, maen nhw'n atodol. (Cofiwch fod onglau atodol yn adio i 180°.) Byddwn yn galw'r onglau hyn yn onglau **cydfewnol** ac maen nhw'n digwydd mewn siâp C.

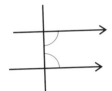  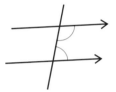 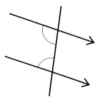

ENGHRAIFFT 3.3

Cyfrifwch faint pob ongl sydd wedi ei nodi â llythyren.
Rhowch reswm dros bob ateb.

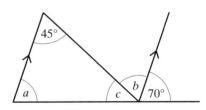

Datrysiad

$a = 70°$	Onglau cyfatebol
$b = 45°$	Onglau eiledol
$c = 65°$	Mae onglau ar linell syth yn adio i 180°
	neu Mae onglau cydfewnol yn adio i 180°
	neu Mae'r onglau mewn triongl yn adio i 180°

Darganfyddwch faint pob ongl sydd wedi ei nodi â llythyren. Rhowch reswm dros bob ateb.

1

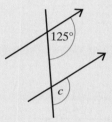

2

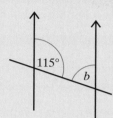

3

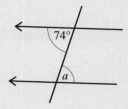

4

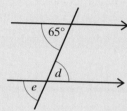

5

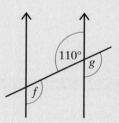

6

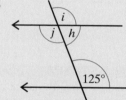

7

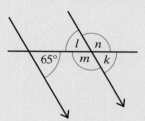

8

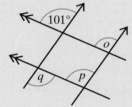

9

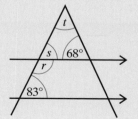

10

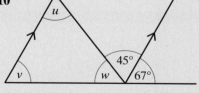

Her 3.7

Mae un o'r onglau mewn paralelogram yn 125°.

(a) Brasluniwch y paralelogram a marciwch yr ongl hon.

(b) Cyfrifwch y tair ongl arall a marciwch nhw ar eich diagram.
Rhowch reswm dros bob un o'ch atebion.

Her 3.8

Rhestrwch y prif lythrennau sy'n cynnwys llinellau paralel.

Marciwch bob un o'r parau o onglau hafal ym mhob braslun.

Rhowch reswm dros bob un o'r parau o onglau hafal.

Her 3.9

Paralelogram yw ABCD.

Dangoswch fod y trionglau ABD ac CDB yn cynnwys yr un onglau.

Rhowch reswm dros bob cam o'ch gwaith.

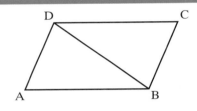

Her 3.10

Defnyddiwch gwmpas i luniadu cylch.
Lluniadwch bedrochr sydd â'i fertigau ar ymyl y cylch.
Mesurwch onglau sydd gyferbyn â'i gilydd yn y pedrochr ac adiwch bob pâr at ei gilydd.

Beth oedd eich dau ateb?

Rhowch gynnig arall ar hyn â chylch sydd â maint gwahanol a phedrochr sydd â siâp gwahanol.

Cymharwch eich atebion ag atebion pobl eraill yn y dosbarth. Oedd eu hatebion nhw yr un fath?

Yr onglau mewn triongl

Rydych yn gwybod yn barod fod yr onglau mewn triongl yn adio i 180°. Gallwn ddefnyddio priodweddau onglau sy'n gysylltiedig â llinellau paralel i brofi'r ffaith hon.

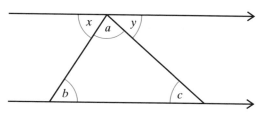
Mae'r onglau y tu mewn i driongl (neu unrhyw bolygon) yn cael eu galw yn onglau **mewnol**. Os byddwn yn estyn un o ochrau'r triongl, mae yna ongl rhwng yr ochr estynedig a'r ochr nesaf. Dyma'r ongl **allanol**.

Mae ongl allanol triongl yn hafal i swm yr onglau mewnol cyferbyn.

Dyma brofi'r ffaith hon.

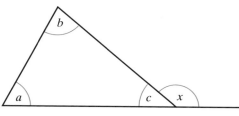

Mae ffordd arall o brofi bod ongl allanol triongl yn hafal i swm yr onglau mewnol cyferbyn. Mae'n defnyddio ffeithiau am onglau sy'n gysylltiedig â llinellau paralel.

Cwblhewch brawf ar gyfer y diagram hwn. Cofiwch roi rheswm dros bob cam.

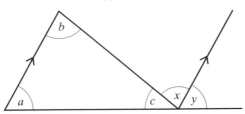

Gallwn ddefnyddio'r ffeithiau am onglau sy'n gysylltiedig â thrionglau i gyfrifo onglau coll. Mae'r enghraifft nesaf yn dangos hyn.

ENGHRAIFFT 3.4

Cyfrifwch faint pob ongl sydd wedi ei nodi â llythyren.
Rhowch reswm dros bob ateb.

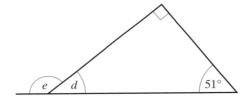

Datrysiad

$d = 180° - (51° + 90°)$ Mae'r onglau mewn triongl yn adio i 180°.

$d = 39°$

$e = 51° + 90°$ Mae ongl allanol triongl yn hafal i swm
$e = 141°$ yr onglau mewnol cyferbyn.

Yr onglau mewn pedrochr

Siâp sydd â phedair ochr yw pedrochr.

Mae'r onglau mewn pedrochr yn adio i 360°.

Gallwn rannu pedrochr yn ddau driongl. Yna gallwn ddefnyddio'r ffaith fod yr onglau mewn triongl yn adio i 180° i brofi'r ffaith hon.

Mae pedrochr yn cael ei rannu'n ddau driongl, fel y gwelwch yn y diagram.

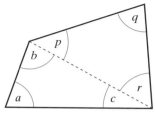

$a + b + c = 180°$ Mae'r onglau mewn triongl yn adio i 180°.

$p + q + r = 180°$ Mae'r onglau mewn triongl yn adio i 180°.

$a + b + c + p + q + r = 360°$, felly

mae onglau mewnol pedrochr yn adio i 360°.

Gallwn ddefnyddio'r ffaith hon i gyfrifo onglau coll mewn pedrochrau.

ENGHRAIFFT 3.5

Cyfrifwch faint ongl x.
Rhowch reswm dros eich ateb.

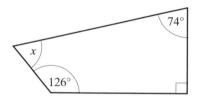

Datrysiad

$x = 360° − (126° + 90° + 74°)$ Mae'r onglau mewn pedrochr yn adio i 360°.

$x = 70°$

YMARFER 3.4

Darganfyddwch faint pob ongl sydd wedi ei nodi â llythyren. Rhowch reswm dros bob ateb.

1

2

3

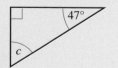

4

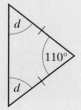

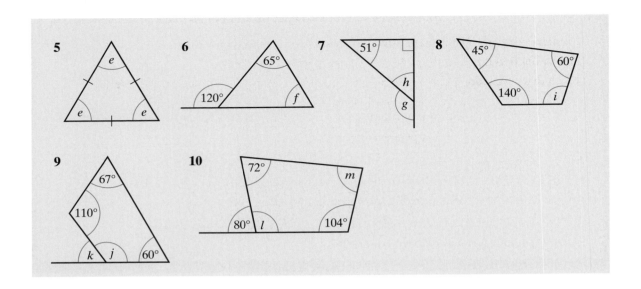

Pedrochrau arbennig

Rydych yn gwybod am y pedrochrau arbennig hyn eisoes: sgwâr, petryal, paralelogram, rhombws, barcut a thrapesiwm. Hefyd mae yna fath arbennig o drapesiwm sef trapesiwm isosgeles.

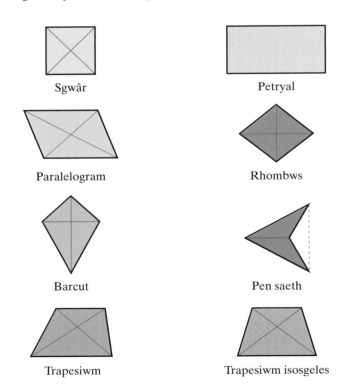

Sgwâr

Petryal

Paralelogram

Rhombws

Barcut

Pen saeth

Trapesiwm

Trapesiwm isosgeles

Copïwch y goeden benderfynu hon.

Dewiswch bob un o'r wyth pedrochr arbennig yn ei dro.

Ewch drwy'r goeden benderfynu ar gyfer pob siâp a llenwch y blychau ar y gwaelod.

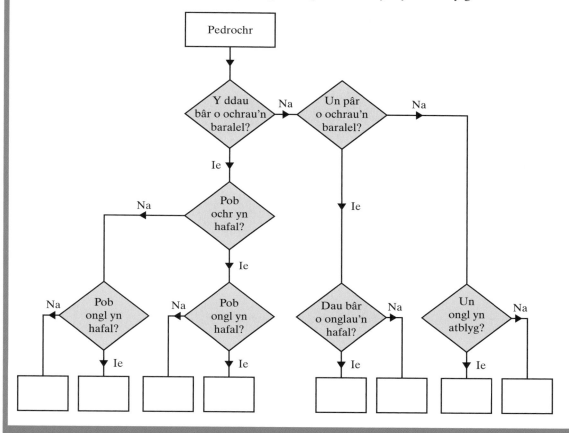

Gadewch i ni edrych ar ddiagram y barcut eto. Mae un pâr o'i onglau cyferbyn yn hafal. Mae ochrau sydd nesaf at ei gilydd yn cael eu galw'n ochrau **cyfagos**.
Mae gan farcut ddau bâr o ochrau cyfagos sy'n hafal. Edrychwch ar y croesliniau.
Maen nhw'n croesi ei gilydd ar ongl sgwâr ac mae un o'r croesliniau'n cael ei dorri'n ddwy ran hafal, yn cael ei **haneru**, gan y llall.

Copïwch a chwblhewch y tabl canlynol ar gyfer pob un o'r pedrochrau arbennig.

Enw	Diagram	Onglau	Hyd yr ochrau	Ochrau paralel	Croesliniau

1 Enwch bob un o'r pedrochrau hyn.

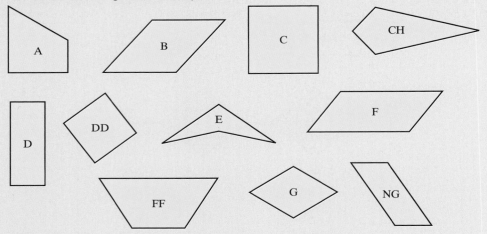

2 Enwch y pedrochr neu'r pedrochrau sydd â'r priodweddau canlynol.
(a) Mae hyd pob ochr yn hafal.
(b) Mae hyd dau bâr o ochrau yn hafal.
(c) Mae hyd ochrau cyferbyn yn hafal ond nid yw hyd y pedair ochr yn hafal.
(ch) Dim ond dwy ochr sy'n baralel.
(d) Mae'r croesliniau yn croesi ar 90°.

3 Plotiwch bob set o bwyntiau ar bapur sgwariau ac unwch nhw er mwyn gwneud pedrochr.
Defnyddiwch grid gwahanol ar gyfer pob rhan.
Ysgrifennwch enw arbennig pob pedrochr.
(a) (3, 0), (5, 4), (3, 8), (1, 4)   **(b)** (8, 1), (6, 3), (2, 3), (1, 1)
(c) (1, 2), (3, 1), (7, 2), (5, 3)   **(ch)** (6, 2), (2, 3), (1, 2), (2, 1)

4 Mae petryal yn fath arbennig o baralelogram.
Pa briodweddau ychwanegol sydd gan betryal?

5 Onglau pedrochr yw 70°, 70°, 110° a 110°.
Pa bedrochrau arbennig allai fod â'r onglau hyn?
Lluniadwch bob un o'r pedrochrau hyn a marciwch yr onglau arnynt.

Yr onglau mewn polygon

Siâp caeedig ag ochrau syth yw polygon.

Yn gynharach yn y bennod hon gwelsoch, trwy rannu pedrochr yn ddau driongl, fod onglau mewnol pedrochr yn adio i 360°.

Yn yr un ffordd gallwn rannu polygon yn drionglau i ddarganfod swm onglau mewnol unrhyw bolygon.

Copïwch a chwblhewch y tabl hwn, fydd yn eich helpu i ddarganfod y fformiwla ar gyfer swm onglau mewnol polygon sydd ag *n* ochr.

Nifer yr ochrau	Diagram	Enw	Swm yr onglau mewnol
3		Triongl	$1 \times 180° = 180°$
4		Pedrochr	$2 \times 180° = 360°$
5			$3 \times 180° =$
6			
7			
8			
9			
10			
n			

Ar bob un o **fertigau**, neu gorneli, polygon mae ongl fewnol ac ongl allanol.

Gan fod y rhain yn ffurfio llinell syth rydym yn gwybod swm yr onglau.

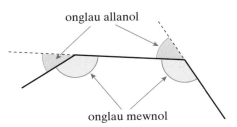

onglau allanol

onglau mewnol

Ongl fewnol + ongl allanol = 180°

Sylwi 3.3

Dyma bentagon sy'n dangos ei holl onglau allanol.

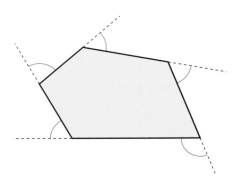

(a) Mesurwch bob un o'r onglau allanol a chyfrifwch y cyfanswm.
Cymharwch eich ateb â'r person nesaf atoch. A gawsoch chi'r un cyfanswm?

(b) Lluniadwch bolygon arall.
Estynnwch ei ochrau a mesurwch bob un o'r onglau allanol.
Ydy cyfanswm yr onglau hyn yr un fath ag ar gyfer y pentagon?

Efallai eich bod wedi sylwi bod pum ongl allanol y pentagon yn mynd o amgylch mewn cylch cyflawn. Mae hyn yn rhoi i ni ffaith arall am onglau polygon.

Swm onglau allanol polygon yw 360°.

ENGHRAIFFT 3.6

Mae dwy o onglau allanol y pentagon hwn yn hafal.
Cyfrifwch eu maint.

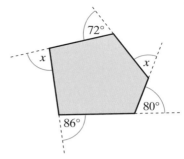

Datrysiad

$x + x + 72° + 80° + 86° = 360°$
$$2x = 360° - 238°$$
$$2x = 122°$$
$$x = 61°$$

Mae onglau allanol polygon yn adio i 360°.

Polygonau rheolaidd

Rydych yn gwybod yn barod fod hyd yr ochrau i gyd yr un fath a bod yr onglau mewnol i gyd yr un maint mewn polygon rheolaidd. Nawr byddwch chi'n gweld bod maint yr onglau allanol i gyd yr un fath hefyd.

ENGHRAIFFT 3.7

Darganfyddwch faint onglau allanol a mewnol octagon rheolaidd.

Datrysiad

Wyth ochr sydd i octagon.

Ongl allanol $= \dfrac{360°}{8}$

Gan fod swm onglau allanol unrhyw bolygon yn 360°.

Ongl allanol $= 45°$

Ongl fewnol $= 180° - 45°$

Gan fod yr ongl fewnol a'r ongl allanol yn adio i 180°.

Ongl fewnol $= 135°$

Prawf sydyn 3.2

Cyfrifwch onglau allanol a mewnol pob un o'r polygonau rheolaidd hyn:
triongl (triongl hafalochrog), pedrochr (sgwâr), pentagon, hecsagon, heptagon, nonagon (naw ochr) a decagon.

Ar gyfer unrhyw bolygon rheolaidd, cofiwch fod

$$\text{Yr ongl yn y canol} = \frac{360°}{\text{Nifer yr ochrau}}.$$

Sylwch fod maint yr ongl yng nghanol polygon yr un fath ag ongl allanol y polygon. Allwch chi weld pam?

Prawf sydyn 3.3

Mae llinellau wedi eu tynnu o ganol pentagon rheolaidd i bob un o'i fertigau.

(a) Beth y gallwch chi ei ddweud am y trionglau a ffurfiwyd?

(b) Pa fath o drionglau ydyn nhw?

(c) Cyfrifwch faint pob ongl sydd wedi ei nodi â llythyren. Rhowch reswm dros bob un o'ch atebion.

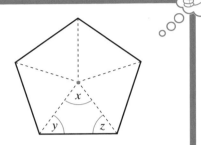

YMARFER 3.6

1 Mae gan bolygon 15 ochr.
Cyfrifwch swm onglau mewnol y polygon hwn.

2 Mae gan bolygon 20 ochr.
Cyfrifwch swm onglau mewnol y polygon hwn.

3 Tair o onglau allanol pedrochr yw 94°, 50° ac 85°.
(a) Cyfrifwch faint y bedwaredd ongl allanol.
(b) Cyfrifwch faint onglau mewnol y pedrochr.

4 Pedair o onglau allanol pentagon yw 90°, 80°, 57° a 75°.
(a) Cyfrifwch faint yr ongl allanol arall.
(b) Cyfrifwch faint onglau mewnol y pentagon.

5 Mae gan bolygon rheolaidd 12 ochr.
Cyfrifwch faint onglau allanol a mewnol y polygon hwn.

6 Mae gan bolygon rheolaidd 100 o ochrau.
Cyfrifwch faint onglau allanol a mewnol y polygon hwn.

7 Maint ongl allanol polygon rheolaidd yw 24°.
Cyfrifwch nifer yr ochrau sydd gan y polygon.

8 Maint ongl mewnol polygon rheolaidd yw 162°.
Cyfrifwch nifer yr ochrau sydd gan y polygon.

- bod arwynebedd triongl $= \frac{1}{2} \times$ sail $\times$ uchder perpendicwlar neu $A = \frac{1}{2} \times s \times u$
- bod arwynebedd paralelogram $=$ sail $\times$ uchder perpendicwlar neu $A = s \times u$
- pan fo llinell yn croesi pâr o linellau paralel, fod onglau cyfatebol yn hafal
- pan fo llinell yn croesi pâr o linellau paralel, fod onglau eiledol yn hafal
- pan fo llinell yn croesi pâr o linellau paralel, fod onglau cydfewnol yn adio i 180°
- bod onglau mewnol triongl yn adio i 180°
- bod ongl allanol triongl yn hafal i swm yr onglau mewnol cyferbyn
- bod onglau mewnol pedrochr yn adio i 360°
- priodweddau pedrochrau arbennig
- bod swm onglau mewnol polygon sydd ag n ochr $= 180° \times (n - 2)$
- bod ongl fewnol ac ongl allanol polygon yn adio i 180°
- bod swm onglau allanol polygon yn 360°
- bod yr ongl yng nghanol polygon rheolaidd sydd ag n ochr yn $\dfrac{360°}{n}$

YMARFER CYMYSG 3

1 Darganfyddwch arwynebedd pob un o'r trionglau hyn.

(a)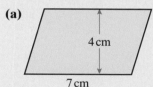

(b)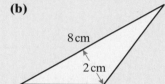

(c)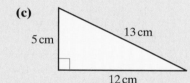

2 Darganfyddwch arwynebedd pob un o'r paralelogramau hyn.

(a)

(b)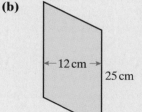

(c)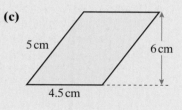

3 Darganfyddwch faint pob ongl sydd wedi ei nodi â llythyren. Rhowch reswm dros bob ateb.

(a)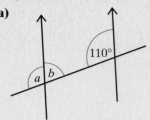

(b)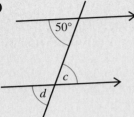

(c)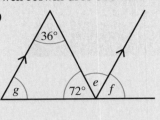

4 Darganfyddwch faint pob ongl sydd wedi ei nodi â llythyren. Rhowch reswm dros bob ateb.

(a)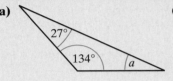

(b)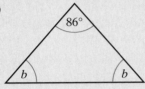

(c)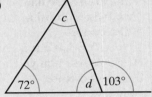

5 Darganfyddwch faint pob ongl sydd wedi ei nodi â llythyren. Rhowch reswm dros bob ateb.

(a)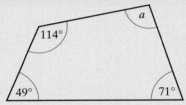

(b)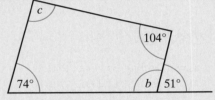

6 Ysgrifennwch enw'r pedrochr neu'r pedrochrau sydd
   (a) yn gallu cael eu gwneud gan ddefnyddio'r hydoedd 10 cm, 10 cm, 5 cm a 5 cm.
   (b) yn gallu cael eu gwneud gan ddefnyddio'r onglau 110°, 110°, 70° a 70°.
   (c) â hyd ei ddwy groeslin yn hafal.

7 **(a)** Mae gan bolygon 7 ochr.
       Cyfrifwch swm onglau mewnol y polygon hwn.
   (b) Mae gan bolygon rheolaidd 15 ochr.
       Darganfyddwch faint onglau allanol a mewnol y polygon hwn.
   (c) Maint ongl allanol polygon rheolaidd yw 10°.
       Cyfrifwch nifer yr ochrau sydd gan y polygon.

4 → FFRACSIYNAU, DEGOLION A CHANRANNAU

Cymharu ffracsiynau

Weithiau mae'n amlwg pa un o ddau ffracsiwn yw'r mwyaf. Os na, y ffordd orau yw defnyddio ffracsiynau cywerth.

I ddarganfod ffracsiynau cywerth addas, mae angen chwilio yn gyntaf am rif y bydd y ddau enwadur (y rhifau ar y gwaelod) yn rhannu'n union iddo.

Er enghraifft, os ydym yn dymuno cymharu $\frac{1}{2}$ a $\frac{1}{3}$ mae angen dod o hyd i rif y mae 2 a 3 yn rhannu'n union iddo. Gan fod 2 a 3 yn ffactorau 6, gallwn drawsnewid y ddau ffracsiwn yn chwechedau.

I drawsnewid $\frac{1}{2}$ yn chwechedau mae angen lluosi'r enwadur a'r rhifiadur â $6 \div 2 = 3$.

I drawsnewid $\frac{1}{3}$ yn chwechedau mae angen lluosi'r enwadur a'r rhifiadur â $6 \div 3 = 2$.

$$\frac{1 \times 3}{2 \times 3} = \frac{3}{6} \text{ ac } \frac{1 \times 2}{3 \times 2} = \frac{2}{6}$$

Nawr bod y ddau ffracsiwn wedi eu mynegi fel chwechedau, gallwn ddweud yn hawdd pa un yw'r mwyaf trwy edrych ar y rhifiaduron.

Dywedwn fod **cyfenwadur** gan ffracsiynau sydd â'r un enwadur.

Pa un yw'r mwyaf, $\frac{3}{4}$ neu $\frac{5}{6}$?

Datrysiad

Yn gyntaf, darganfyddwch gyfenwadur. Mae 24 yn un amlwg gan fod $4 \times 6 = 24$, ond mae 12 yn un llai.

12 yw lluosrif cyffredin lleiaf (LlCLl) 4 a 6. Rydych wedi dysgu sut i ddod o hyd i luosrifau cyffredin lleiaf ym Mhennod 1.

Wedyn trawsnewidiwch y ddau ffracsiwn yn ddeuddegfedau.

$$\frac{3 \times 3}{4 \times 3} = \frac{9}{12} \qquad \frac{5 \times 2}{6 \times 2} = \frac{10}{12}$$

Mae $\frac{10}{12}$ yn fwy na $\frac{9}{12}$, felly mae $\frac{5}{6}$ yn fwy na $\frac{3}{4}$.

AWGRYM

Bydd lluosi'r ddau enwadur â'i gilydd yn gweithio bob tro i ddarganfod cyfenwadur ond weithiau mae'r LlCLl yn llai.

Prawf sydyn 4.1

Pa un o'r ffracsynau hyn yw'r mwyaf?

(a) $\frac{3}{4}$ neu $\frac{5}{8}$ **(b)** $\frac{7}{9}$ neu $\frac{5}{6}$ **(c)** $\frac{3}{10}$ neu $\frac{4}{15}$

AWGRYM

Ym mhob achos mae'r LlCLl yn llai na'r rhif a gewch drwy luosi'r ddau enwadur â'i gilydd.

Prawf sydyn 4.2

Rhowch y ffracsynau hyn yn eu trefn, y lleiaf yn gyntaf.

$\frac{2}{5}$, $\frac{1}{2}$, $\frac{9}{20}$, $\frac{17}{40}$, $\frac{3}{8}$

Adio a thynnu ffracsynau a rhifau cymysg

Ni allwn adio a thynnu ffracsynau oni bai bod ganddynt gyfenwadur.

Weithiau mae hyn yn golygu bod rhaid i ni ddarganfod y cyfenwadur yn gyntaf.

Adio a thynnu ffracsiynau sydd â chyfenwadur

Mae'r petryal hwn wedi ei rannu'n ddeuddeg rhan, hynny yw yn ddeuddegfedau.

Mae $\frac{4}{12}$ o'r petryal wedi ei liwio'n las ac mae $\frac{3}{12}$ wedi ei liwio'n goch. Cyfanswm y ffracsiwn sydd wedi ei liwio yw $\frac{7}{12}$.

Mae hyn yn dangos bod $\frac{4}{12} + \frac{3}{12} = \frac{7}{12}$.

I adio ffracsiynau sydd â chyfenwadur, y cyfan sydd raid ei wneud yw adio'r rhifiaduron.

Peidiwch ag adio'r enwaduron.

Byddwn yn tynnu ffracsiynau mewn ffordd debyg.

Efallai y bydd angen canslo'r ateb, er mwyn rhoi'r ffracsiwn yn ei ffurf symlaf.

Er enghraifft, $\frac{7}{12} - \frac{5}{12} = \frac{2}{12} = \frac{1}{6}$.

> **AWGRYM**
> Oni bai bod cwestiwn yn dweud wrthych am beidio â gwneud hynny, dylech ganslo eich ateb bob tro.

Adio a thynnu ffracsiynau sydd ag enwaduron gwahanol

I adio a thynnu ffracsiynau sydd ag enwaduron gwahanol, defnyddiwn yr un dull ag ar gyfer cymharu ffracsiynau.

ENGHRAIFFT 4.2

Cyfrifwch $\frac{3}{8} + \frac{1}{4}$.

Datrysiad

Yn gyntaf, darganfyddwch y cyfenwadur. LlCLl 4 ac 8 yw 8.

Mae $\frac{3}{8}$ eisoes ag 8 yn enwadur.

$\frac{1}{4} = \frac{2}{8}$ Lluoswch y rhifiadur a'r enwadur â 2.

$\frac{3}{8} + \frac{1}{4} = \frac{3}{8} + \frac{2}{8} = \frac{5}{8}$ Adiwch y rhifiaduron yn unig.

> **AWGRYM**
> Cofiwch adio'r rhifiaduron yn unig.
> Peidiwch ag adio'r enwaduron.

ENGHRAIFFT 4.3

Cyfrifwch $\frac{2}{3} - \frac{3}{5}$.

Datrysiad

Yn gyntaf, darganfyddwch y cyfenwadur. LlCLl 3 a 5 yw 15.

$\frac{2}{3} = \frac{10}{15}$ Lluoswch y rhifiadur a'r enwadur â 5.

$\frac{3}{5} = \frac{9}{15}$ Lluoswch y rhifiadur a'r enwadur â 3.

$\frac{10}{15} - \frac{9}{15} = \frac{1}{15}$ Tynnwch y rhifiaduron yn unig.

ENGHRAIFFT 4.4

Cyfrifwch $\frac{3}{4} + \frac{2}{5}$.

Datrysiad

Y cyfenwadur yw 20.

$\frac{3}{4} + \frac{2}{5} = \frac{15}{20} + \frac{8}{20}$

$\qquad = \frac{23}{20}$ Mae $\frac{23}{20}$ yn ffracsiwn pendrwm.

$\qquad = 1\frac{3}{20}$ Mae angen ei newid yn rhif cymysg.

Adio a thynnu rhifau cymysg

I adio rhifau cymysg byddwn yn adio'r rhifau cyfan ac wedyn yn adio'r ffracsiynau.

ENGHRAIFFT 4.5

Cyfrifwch $1\frac{1}{4} + 2\frac{1}{2}$.

Datrysiad

$1\frac{1}{4} + 2\frac{1}{2} = 1 + 2 + \frac{1}{4} + \frac{1}{2}$

$\qquad = 3 + \frac{1}{4} + \frac{1}{2}$ Adiwch y rhifau cyfan yn gyntaf.

$\qquad = 3 + \frac{1}{4} + \frac{2}{4}$ Newidiwch y ffracsiynau yn ffracsiynau cywerth sydd â chyfenwadur.

$\qquad = 3\frac{3}{4}$ Adiwch y ffracsiynau.

Cyfrifwch $2\frac{3}{5} + 4\frac{2}{3}$.

Datrysiad

$2\frac{3}{5} + 4\frac{2}{3} = 6 + \frac{3}{5} + \frac{2}{3}$ Adiwch y rhifau cyfan yn gyntaf.

$= 6 + \frac{9}{15} + \frac{10}{15}$ Newidiwch y ffracsiynau yn ffracsiynau cywerth sydd â chyfenwadur.

$= 6 + \frac{19}{15}$ Adiwch y ffracsiynau. Mae $\frac{19}{15}$ yn ffracsiwn pendrwm. Mae angen newid hwn yn rhif cymysg ac adio'r rhif cyfan at y 6 sydd gennych yn barod.

$= 7\frac{4}{15}$ $\frac{19}{15} = 1\frac{4}{15}$ a $6 + 1 = 7$.

Byddwn yn tynnu rhifau cymysg mewn ffordd debyg.

ENGHRAIFFT 4.7

Cyfrifwch $3\frac{3}{4} - 1\frac{1}{3}$.

Datrysiad

$3\frac{3}{4} - 1\frac{1}{3} = 3 - 1 + \frac{3}{4} - \frac{1}{3}$ Holltwch y cyfrifiad yn ddwy ran.

$= 2 + \frac{3}{4} - \frac{1}{3}$ Tynnwch y rhifau cyfan yn gyntaf.

$= 2 + \frac{9}{12} - \frac{4}{12}$ Newidiwch y ffracsiynau yn ffracsiynau cywerth sydd â chyfenwadur.

$= 2\frac{5}{12}$ Tynnwch y ffracsiynau.

ENGHRAIFFT 4.8

Cyfrifwch $5\frac{3}{10} - 2\frac{3}{4}$.

Datrysiad

$5\frac{3}{10} - 2\frac{3}{4} = 5 - 2 + \frac{3}{10} - \frac{3}{4}$ Holltwch y cyfrifiad yn ddwy ran.

$= 3 + \frac{3}{10} - \frac{3}{4}$ Tynnwch y rhifau cyfan yn gyntaf.

$= 3 + \frac{6}{20} - \frac{15}{20}$ Newidiwch y ffracsiynau yn ffracsiynau cywerth sydd â chyfenwadur.

$= 2 + \frac{20}{20} + \frac{6}{20} - \frac{15}{20}$ Mae $\frac{6}{20}$ yn llai nag $\frac{15}{20}$ a byddai'n rhoi ateb negatif. Felly newidiwch un o'r rhifau cyfan yn $\frac{20}{20}$.

$= 2 + \frac{26}{20} - \frac{15}{20}$ Adiwch hwn at $\frac{6}{20}$.

$= 2\frac{11}{20}$ Tynnwch y ffracsiynau.

1 I bob pâr o ffracsynau
- darganfyddwch y cyfenwadur.
- nodwch pa un yw'r ffracsiwn mwyaf.

(a) $\frac{2}{3}$ neu $\frac{7}{9}$ **(b)** $\frac{5}{6}$ neu $\frac{7}{8}$ **(c)** $\frac{3}{8}$ neu $\frac{7}{20}$

2 Cyfrifwch y rhain.

(a) $\frac{2}{9} + \frac{5}{9}$ **(b)** $\frac{4}{11} + \frac{3}{11}$ **(c)** $\frac{5}{12} - \frac{1}{12}$ **(ch)** $\frac{7}{13} - \frac{2}{13}$

(d) $\frac{7}{12} + \frac{3}{12}$ **(dd)** $\frac{5}{8} + \frac{4}{8}$ **(e)** $\frac{8}{9} - \frac{5}{9}$ **(f)** $\frac{7}{10} + \frac{9}{10}$

(ff) $1\frac{5}{12} + 2\frac{1}{12}$ **(g)** $3\frac{5}{8} - 1\frac{3}{8}$ **(ng)** $4\frac{5}{9} - \frac{4}{9}$ **(h)** $5\frac{4}{7} - 2\frac{5}{7}$

3 Cyfrifwch y rhain.

(a) $\frac{1}{2} + \frac{3}{8}$ **(b)** $\frac{4}{9} + \frac{1}{3}$ **(c)** $\frac{5}{6} - \frac{1}{4}$ **(ch)** $\frac{11}{12} - \frac{2}{3}$

(d) $\frac{4}{5} + \frac{1}{2}$ **(dd)** $\frac{5}{7} + \frac{3}{4}$ **(e)** $\frac{8}{9} - \frac{1}{6}$ **(f)** $\frac{7}{10} + \frac{4}{5}$

(ff) $\frac{8}{9} + \frac{5}{6}$ **(g)** $\frac{7}{15} + \frac{3}{10}$ **(ng)** $\frac{4}{9} - \frac{1}{12}$ **(h)** $\frac{7}{20} + \frac{5}{8}$

4 Cyfrifwch y rhain.

(a) $3\frac{1}{2} + 2\frac{1}{5}$ **(b)** $4\frac{7}{8} - 1\frac{3}{4}$ **(c)** $4\frac{2}{7} + \frac{1}{2}$ **(ch)** $6\frac{5}{12} - 3\frac{1}{3}$

(d) $4\frac{3}{4} + 2\frac{5}{8}$ **(dd)** $5\frac{5}{6} - 1\frac{1}{4}$ **(e)** $4\frac{7}{9} + 2\frac{5}{6}$ **(f)** $4\frac{7}{13} - 4\frac{1}{2}$

(ff) $3\frac{5}{7} + 2\frac{1}{3}$ **(g)** $7\frac{2}{5} - 1\frac{3}{4}$ **(ng)** $5\frac{2}{7} - 3\frac{1}{2}$ **(h)** $4\frac{1}{12} - 3\frac{1}{4}$

Her 4.1

Mae gan Branwen bensiliau.

Mae $\frac{1}{4}$ ei phensiliau yn goch, mae $\frac{2}{5}$ yn felyn ac mae'r gweddill yn oren.

Pa ffracsiwn sy'n oren?

Her 4.2

Mae Siôn yn dweud bod $\frac{1}{3}$ o'i ddosbarth yn dod i'r ysgol mewn car, mae $\frac{1}{6}$ yn cerdded ac mae $\frac{5}{8}$ yn dod ar y bws.

Dangoswch sut rydych yn gwybod bod hyn yn anghywir.

Her 4.3

Darganfyddwch fformiwla i adio'r ffracsiynau hyn.

$$\frac{a}{b} + \frac{c}{d}$$

Lluosi a rhannu ffracsiynau a rhifau cymysg

Rydych yn gwybod yn barod sut i luosi ffracsiwn â rhif cyfan. Gallwn luosi dau ffracsiwn hefyd.

Lluosi ffracsiynau bondrwm

Rydych yn gwybod bod $\frac{1}{3}$ yr un fath ag $1 \div 3$.

I luosi ffracsiwn arall, er enghraifft $\frac{2}{5}$ ag $\frac{1}{3}$, rydym yn rhannu $\frac{2}{5}$ â 3.

Mae'r diagram yn dangos $\frac{2}{5}$ wedi ei rannu â 3, sydd yr un fath â $\frac{1}{3}$ o $\frac{2}{5}$.

$\frac{1}{3}$ o $\frac{2}{5}$ yw $\frac{2}{15}$.

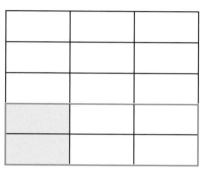

Sylwch fod $1 \times 2 = 2$ (y rhifiaduron) a bod $3 \times 5 = 15$ (yr enwaduron).

Felly $\dfrac{1}{3} \times \dfrac{2}{5} = \dfrac{1 \times 2}{3 \times 5} = \dfrac{2}{15}$.

I luosi ffracsiynau rydym yn

> lluosi'r rhifiaduron a lluosi'r enwaduron.

ENGHRAIFFT 4.9

Cyfrifwch $\frac{2}{3} \times \frac{5}{7}$.

Datrysiad

$$\frac{2}{3} \times \frac{5}{7} = \frac{2 \times 5}{3 \times 7} = \frac{10}{21}$$

ENGHRAIFFT 4.10

Darganfyddwch $\frac{3}{4}$ o $\frac{6}{7}$.

Datrysiad

$\frac{3}{4} \times \frac{6}{7} = \frac{18}{28}$ Mae 'o' yn golygu yr un peth â '×'.

$\frac{18}{28} = \frac{9}{14}$ Canslwch trwy rannu'r rhifiadur a'r enwadur â 2.

Gadewch i ni edrych ar Enghraifft 4.10 eto. $\frac{3}{4} \times \frac{6}{7}$

Mae'r rhifau 4 a 6 yn lluosrifau 2.

Mae hynny'n golygu y gallwn ganslo cyn lluosi'r ffracsiynau. Mae hyn yn gwneud y rhifyddeg yn haws.

$\frac{3}{\overset{}{\underset{2}{4}}} \times \frac{\overset{3}{6}}{7} = \frac{9}{14}$ Rhannwch y 4 a hefyd y 6 â 2, wedyn lluoswch y rhifiaduron a'r enwaduron.

ENGHRAIFFT 4.11

Cyfrifwch $4 \times \frac{3}{10}$.

Datrysiad

$4 \times \frac{3}{10} = \frac{4}{1} \times \frac{3}{10}$ Yn gyntaf, ysgrifennwch 4 fel $\frac{4}{1}$.

$\phantom{4 \times \frac{3}{10}} = \frac{\overset{2}{4}}{1} \times \frac{3}{\underset{5}{10}}$ Canslwch trwy rannu'r 4 a'r 10 â 2.

$\phantom{4 \times \frac{3}{10}} = \frac{6}{5} = 1\frac{1}{5}$

Rhannu ffracsiynau bondrwm

Pan fyddwn yn cyfrifo $6 \div 3$, byddwn yn darganfod sawl 3 sydd mewn 6.

Mae darganfod $6 \div \frac{1}{3}$ yr un fath â darganfod sawl $\frac{1}{3}$ sydd mewn 6, a'r ateb yw $6 \times 3 = 18$.

Felly mae rhannu ag $\frac{1}{3}$ yr un fath â lluosi â 3.

Sylwch mai cilydd 3 yw $\frac{1}{3}$.

I ddarganfod $6 \div \frac{2}{3}$, mae angen lluosi â 3 a hefyd rhannu â 2, oherwydd bydd hanner cymaint o $\frac{2}{3}$ ag sydd o $\frac{1}{3}$.
Mae hynny'n golygu lluosi â $\frac{3}{2}$, sef cilydd $\frac{2}{3}$.

$6 \div \frac{2}{3} = \frac{6}{1} \times \frac{3}{2} = \frac{18}{2} = 9$

Mae rhannu â ffracsiwn yr un fath â lluosi â chilydd y ffracsiwn.

AWGRYM

Cilydd ffracsiwn yw ffracsiwn sydd â'r rhifiadur a'r enwadur wedi eu cydgyfnewid. Gallwch feddwl am hyn fel 'troi'r ffracsiwn â'i wyneb i waered'.

Cyfrifwch $\frac{3}{4} \div \frac{2}{7}$.

Datrysiad

$\frac{3}{4} \div \frac{2}{7} = \frac{3}{4} \times \frac{7}{2}$ Cilydd $\frac{2}{7}$ yw $\frac{7}{2}$.

$\quad\quad\quad = \frac{21}{8}$ Lluoswch y rhifiaduron a'r enwaduron.

$\quad\quad\quad = 2\frac{5}{8}$ Newidiwch y ffracsiwn pendrwm yn rhif cymysg.

Cyfrifwch $\frac{5}{8} \div \frac{3}{4}$.

Datrysiad

$\frac{5}{8} \div \frac{3}{4} = \frac{5}{8} \times \frac{4}{3}$ Cilydd $\frac{3}{4}$ yw $\frac{4}{3}$.

$\quad\quad\quad = \frac{5}{8}^{2} \times \frac{4}{3}^{1}$ Canslwch trwy rannu'r 4 a'r 8 â 4.

$\quad\quad\quad = \frac{5}{6}$

AWGRYM

Peidiwch byth â chanslo ffracsiynau yn ystod y cam rhannu. Arhoswch nes bod y gwaith cyfrifo wedi ei newid yn lluosi.

Her 4.4

(a) Cyfrifwch arwynebedd y petryal hwn.

(b) Darganfyddwch berimedr y petryal hwn.

Rhowch eich atebion yn eu ffurf symlaf.

$5\frac{1}{4}$ cm

$3\frac{2}{3}$ cm

Cilyddion

Sylwi 4.1

Cyfrifwch y rhain.

(a) $1 \div \frac{3}{4}$ **(b)** $1 \div \frac{5}{6}$ **(c)** $1 \div \frac{5}{3}$

Beth welwch chi?

Gwelsoch ym Mhennod 1 mai cilydd rhif yw $1 \div$ y rhif. Nawr cawn weld bod y diffiniad hwn yn berthnasol i ffracsiynau hefyd.

Mae botwm cilydd ar gyfrifiannell. Efallai ei fod wedi ei labelu'n $\boxed{x^{-1}}$.

Defnyddiwch gyfrifiannell i geisio cyfrifo cilydd 0 (sero).

Dylech gael y neges *error*. Y rheswm yw na allwn rannu â sero.
Nid oes cilydd gan sero.

Lluosi a rhannu rhifau cymysg

Wrth luosi a rhannu rhifau cymysg, rhaid yn gyntaf newid y rhifau
cymysg yn ffracsiynau pendrwm.

Sylwi 4.2

  (a) **(i)** Sawl hanner sydd mewn dwy uned gyfan?
      (ii) Sawl hanner sydd mewn $2\frac{1}{2}$?

  (b) **(i)** Sawl chwarter sydd mewn tair uned gyfan?
      (ii) Sawl chwarter sydd mewn $3\frac{3}{4}$?

  (c) **(i)** Sawl pumed sydd mewn dwy uned gyfan?
      (ii) Sawl pumed sydd mewn $2\frac{4}{5}$?

Beth welwch chi yn eich atebion i ran **(ii)** pob un o'r cwestiynau hyn?

I newid rhif cymysg yn ffracsiwn pendrwm, byddwn yn lluosi'r rhif cyfan
â'r enwadur ac yn adio'r ateb at y rhifiadur.

ENGHRAIFFT 4.14

Newidiwch $3\frac{2}{3}$ yn ffracsiwn pendrwm.

Datrysiad

$3\frac{2}{3} = \dfrac{3 \times 3 + 2}{3}$ Lluoswch y rhif cyfan (3) â'r enwadur (3) ac
                       adio'r ateb at y rhifiadur (2).
$\phantom{3\frac{2}{3}} = \frac{11}{3}$ Mae hyn yn rhoi rhifiadur y ffracsiwn pendrwm.
                       Mae'r enwadur yn aros yr un fath.

ENGHRAIFFT 4.15

Newidiwch $4\frac{3}{5}$ yn ffracsiwn pendrwm.

Datrysiad

$4\frac{3}{5} = \dfrac{4 \times 5 + 3}{5}$

$\phantom{4\frac{3}{5}} = \frac{23}{5}$

Mae lluosi a rhannu rhifau cymysg yr un fath â lluosi a rhannu ffracsiynau, ar ôl i ni newid y rhifau cymysg yn ffracsiynau pendrwm.

ENGHRAIFFT 4.16

Cyfrifwch $2\frac{1}{2} \times 4\frac{3}{5}$.

Datrysiad

$2\frac{1}{2} \times 4\frac{3}{5} = \frac{5}{2} \times \frac{23}{5}$ Yn gyntaf, newidiwch y rhifau cymysg yn ffracsiynau pendrwm.

$= \frac{\overset{1}{\cancel{5}}}{2} \times \frac{23}{\underset{1}{\cancel{5}}}$ Canslwch y ddau 5. Mae hyn yn gwneud y rhifyddeg yn haws o lawer.

$= \frac{23}{2}$ Lluoswch y rhifiadur a'r enwadur.

$= 11\frac{1}{2}$ Rhowch yr ateb fel rhif cymysg.

ENGHRAIFFT 4.17

Cyfrifwch $2\frac{3}{4} \div 1\frac{5}{8}$.

Datrysiad

$2\frac{3}{4} \div 1\frac{5}{8} = \frac{11}{4} \div \frac{13}{8}$ Newidiwch y rhifau cymysg yn ffracsiynau pendrwm. Rhaid gwneud hyn cyn troi'r gwaith cyfrifo yn lluosi.

$= \frac{11}{\underset{1}{\cancel{4}}} \times \frac{\overset{2}{\cancel{8}}}{13}$ Cilydd $\frac{13}{8}$ yw $\frac{8}{13}$. Mae'r rhifau 4 ac 8 yn lluosrifau 4.

$= \frac{22}{13}$

$= 1\frac{9}{13}$ Rhowch yr ateb fel rhif cymysg.

AWGRYM

Os byddwch yn lluosi neu'n rhannu â rhif cyfan, er enghraifft 6, gallwch ei ysgrifennu fel $\frac{6}{1}$.

YMARFER 4.2

1 Newidiwch y rhifau cymysg hyn yn ffracsiynau pendrwm.

    (a) $4\frac{3}{4}$ **(b)** $5\frac{2}{3}$ **(c)** $6\frac{1}{2}$ **(ch)** $2\frac{5}{8}$

    (d) $3\frac{2}{7}$ **(dd)** $1\frac{5}{12}$ **(e)** $2\frac{5}{6}$ **(f)** $5\frac{7}{11}$

2 Cyfrifwch y rhain.

Ysgrifennwch eich atebion fel ffracsiynau bondrwm neu rifau cymysg yn eu ffurf symlaf.

(a) $\frac{3}{5} \times 4$ (b) $\frac{3}{4} \times 6$ (c) $\frac{2}{3} \div 5$

(ch) $7 \times \frac{5}{8}$ (d) $\frac{5}{7} \div 3$ (dd) $6 \div \frac{2}{3}$

3 Cyfrifwch y rhain.

Ysgrifennwch eich atebion fel ffracsiynau bondrwm neu rifau cymysg yn eu ffurf symlaf.

(a) $\frac{1}{2} \times \frac{3}{8}$ (b) $\frac{4}{9} \times \frac{1}{3}$ (c) $\frac{5}{6} \times \frac{1}{4}$ (ch) $\frac{11}{12} \div \frac{2}{3}$

(d) $\frac{4}{5} \div \frac{1}{2}$ (dd) $\frac{5}{7} \times \frac{3}{4}$ (e) $\frac{8}{9} \times \frac{1}{6}$ (f) $\frac{7}{10} \div \frac{4}{5}$

(ff) $\frac{8}{9} \times \frac{5}{6}$ (g) $\frac{7}{15} \div \frac{3}{10}$ (ng) $\frac{4}{9} \div \frac{1}{12}$ (h) $\frac{7}{20} \times \frac{5}{8}$

4 Cyfrifwch y rhain.

Ysgrifennwch eich atebion fel ffracsiynau bondrwm neu rifau cymysg yn eu ffurf symlaf.

(a) $3\frac{1}{2} \times 2\frac{1}{5}$ (b) $4\frac{2}{7} \times \frac{1}{2}$ (c) $2\frac{3}{4} \div 1\frac{3}{4}$ (ch) $1\frac{5}{12} \div 3\frac{1}{3}$

(d) $3\frac{1}{5} \times 2\frac{5}{8}$ (dd $2\frac{7}{8} \div 1\frac{3}{4}$ (e) $2\frac{7}{9} \times 3\frac{3}{5}$ (f) $5\frac{5}{6} \div 1\frac{3}{4}$

(ff) $3\frac{5}{7} \times 2\frac{1}{13}$ (g) $5\frac{2}{5} \div 2\frac{1}{4}$ (ng) $5\frac{2}{7} \times 3\frac{1}{2}$ (h) $4\frac{1}{12} \div 3\frac{1}{4}$

Her 4.5

Cyfrifwch y rhain.

(a) $\left(3\frac{1}{2} + 2\frac{4}{5}\right) \times 2\frac{1}{12}$ (b) $5\frac{1}{3} \div 3\frac{3}{5} + 2\frac{1}{3}$

(c) $4\frac{2}{3} \times 2\frac{2}{7} - 4\frac{7}{8}$ (ch) $\left(2\frac{4}{5} + 3\frac{1}{4}\right) \div \left(3\frac{1}{3} - 2\frac{3}{4}\right)$

Ffracsiynau ar gyfrifiannell

Mae'n bwysig eich bod yn gallu cyfrifo â ffracsiynau heb gyfrifiannell.

Fodd bynnag, pan fydd cyfrifiannell yn cael ei ganiatáu gallwch ddefnyddio'r botwm ffracsiwn.

Mae'r botwm ffracsiwn yn edrych fel hyn $\boxed{a^{b}/c}$.

I fwydo ffracsiwn fel $\frac{2}{5}$ i gyfrifiannell gwasgwch $\boxed{2}$ $\boxed{a^{b}/c}$ $\boxed{5}$ $\boxed{=}$.

Bydd y sgrin yn edrych fel hyn $\boxed{2 \, \lrcorner \, 5}$.

Dyma ffordd y cyfrifiannell o ddangos y ffracsiwn $\frac{2}{5}$.

Sylwi 4.3

Efallai y bydd y symbol $\lrcorner$ yn edrych ychydig yn wahanol ar rai cyfrifiannellau.

Gwiriwch eich cyfrifiannell chi trwy weld beth gewch chi wrth wasgu $\boxed{2}$ $\boxed{a^{b}/c}$ $\boxed{5}$ $\boxed{=}$.

I gyfrifo rhywbeth fel $\frac{2}{5} + \frac{1}{2}$, trefn gwasgu'r botymau fyddai

[2] [aᵇ/c] [5] [+] [1] [aᵇ/c] [2] [=].

Ar y sgrin dylech weld $\boxed{9 \rfloor 10}$.

Wrth gwrs, rhaid ysgrifennu'r ateb fel $\frac{9}{10}$.

ENGHRAIFFT 4.18

Defnyddiwch gyfrifiannell i gyfrifo $\frac{3}{4} + \frac{5}{6}$.

Datrysiad

Dyma drefn gwasgu'r botymau.

[3] [aᵇ/c] [4] [+] [5] [aᵇ/c] [6] [=]

Dylai sgrin y cyfrifiannell edrych fel hyn. $\boxed{1 \rfloor 7 \rfloor 12}$

Dyma ffordd y cyfrifiannell o ddangos y rhif cymysg $1\frac{7}{12}$.

Felly yr ateb yw $1\frac{7}{12}$.

I fwydo rhif cymysg fel $2\frac{3}{5}$ i gyfrifiannell gwasgwch

[2] [aᵇ/c] [3] [aᵇ/c] [5] [=].

Bydd y sgrin yn edrych fel hyn. $\boxed{2 \rfloor 3 \rfloor 5}$

ENGHRAIFFT 4.19

Defnyddiwch gyfrifiannell i gyfrifo'r rhain.

(a) $2\frac{3}{5} - 1\frac{1}{4}$ **(b)** $2\frac{2}{3} \times 3\frac{3}{4}$

Datrysiad

(a) Dyma drefn gwasgu'r botymau.

[2] [aᵇ/c] [3] [aᵇ/c] [5] [−] [1] [aᵇ/c] [1] [aᵇ/c] [4] [=]

Dylai sgrin y cyfrifiannell edrych fel hyn. $\boxed{1 \rfloor 7 \rfloor 20}$

Felly yr ateb yw $1\frac{7}{20}$.

(b) Dyma drefn gwasgu'r botymau.

[2] [aᵇ/c] [2] [aᵇ/c] [3] [×] [3] [aᵇ/c] [3] [aᵇ/c] [4] [=]

Yr ateb yw 10.

Canslo ffracsiynau

I **ganslo** ffracsiynau i'w **ffurf symlaf** byddwn yn rhannu'r rhifiadur a'r enwadur â'r un rhif.

Er enghraifft $\frac{8}{12} = \frac{2}{3}$ (trwy rannu'r rhifiadur a'r enwadur â 4).

Gallwn wneud hyn ar gyfrifiannell hefyd.

Os gwasgwch $\boxed{8}$ $\boxed{a^{b}/c}$ $\boxed{1}$ $\boxed{2}$, dylech weld $\boxed{8 \lrcorner 12}$.

Os gwasgwch $\boxed{=}$, bydd y sgrin yn newid yn $\boxed{2 \lrcorner 3}$, sy'n golygu $\frac{2}{3}$.

Pan fyddwn yn gwneud cyfrifiadau â ffracsiynau ar gyfrifiannell, bydd yn rhoi'r ateb fel ffracsiwn yn ei ffurf symlaf yn awtomatig.

Os byddwn yn gwneud cyfrifiad sy'n gymysgedd o ffracsiynau a degolion, bydd y cyfrifiannell yn rhoi'r ateb fel degolyn.

ENGHRAIFFT 4.20

Defnyddiwch gyfrifiannell i gyfrifo $2\frac{3}{4} \times 1.5$.

Datrysiad

Dyma drefn gwasgu'r botymau.

$\boxed{2}$ $\boxed{a^{b}/c}$ $\boxed{3}$ $\boxed{a^{b}/c}$ $\boxed{4}$ $\boxed{\times}$ $\boxed{1}$ $\boxed{.}$ $\boxed{5}$ $\boxed{=}$

Yr ateb yw 4.125.

Ffracsiynau pendrwm

Os byddwn yn bwydo ffracsiwn pendrwm i gyfrifiannell ac yn gwasgu'r botwm $\boxed{=}$, bydd y cyfrifiannell yn ei newid yn rhif cymysg yn awtomatig.

ENGHRAIFFT 4.21

Defnyddiwch gyfrifiannell i newid $\frac{187}{25}$ yn rhif cymysg.

Datrysiad

Dyma drefn gwasgu'r botymau.

$\boxed{1}$ $\boxed{8}$ $\boxed{7}$ $\boxed{a^{b}/c}$ $\boxed{2}$ $\boxed{5}$ $\boxed{=}$

Dylai sgrin y cyfrifiannell edrych fel hyn. $\boxed{7 \lrcorner 12 \lrcorner 25}$

Felly yr ateb yw $7\frac{12}{25}$.

---

1 Cyfrifwch y rhain.

(a) $\frac{2}{7} + \frac{1}{3}$ (b) $\frac{3}{4} - \frac{2}{5}$ (c) $\frac{5}{8} \times \frac{4}{11}$ (ch) $\frac{11}{12} \div \frac{5}{8}$

(d) $2\frac{3}{7} + 3\frac{1}{2}$ (dd) $5\frac{2}{3} - 3\frac{3}{4}$ (e) $4\frac{2}{7} \times 3$ (f) $5\frac{7}{8} \div 1\frac{5}{6}$

2 Ysgrifennwch y ffracsiynau hyn yn eu ffurf symlaf.

(a) $\frac{24}{60}$ (b) $\frac{35}{56}$ (c) $\frac{84}{180}$ (ch) $\frac{175}{400}$ (d) $\frac{18}{162}$

3 Ysgrifennwch y ffracsiynau pendrwm hyn fel rhifau cymysg.

(a) $\frac{124}{60}$ (b) $\frac{130}{17}$ (c) $\frac{73}{15}$ (ch) $\frac{168}{35}$ (d) $\frac{107}{13}$

4 Cyfrifwch
(a) perimedr y petryal hwn.
(b) arwynebedd y petryal hwn.

$6\frac{3}{4}$ cm

$3\frac{2}{3}$ cm

Newid ffracsiynau yn ddegolion

Gan fod ffracsiwn fel $\frac{5}{8}$ yn golygu yr un peth â $5 \div 8$, gallwn ddefnyddio rhannu i newid ffracsiwn yn ddegolyn.

ENGHRAIFFT 4.22

Trawsnewidiwch $\frac{5}{8}$ yn ddegolyn.

Datrysiad

Yn gyntaf, ysgrifennwch 5 fel 5.000.   Efallai y bydd arnoch angen mwy neu lai o seroau, yn dibynnu ar y ffracsiwn.

Nawr cyfrifwch $5.000 \div 8$.

$$8)\overline{5.0^{2}0^{4}0}$$
$$0.6\ 2\ 5$$

Os nad yw'n rhannu yn union, efallai y bydd angen talgrynnu'r ateb i nifer penodol o leoedd degol.

Her 4.6

Defnyddiwch y dull yn Enghraifft 4.22 i drawsnewid $\frac{1}{3}$ yn ddegolyn.

Ym mha ffordd mae'r ateb hwn yn wahanol i'r enghraifft?

Mae rhai ffracsiynau, fel $\frac{5}{8}$, yn trawsnewid yn ddegolion sy'n dod i ben. **Degolion terfynus** yw'r rhain. Mae eraill, fel $\frac{1}{3}$, yn parhau'n ddiddiwedd. **Degolion cylchol** yw'r rhain.

AWGRYM

Yn achos degolion cylchol mae yna batrwm bob tro.

Sylwi 4.4

Trawsnewidiwch y ffracsiynau hyn yn ddegolion.

(a) $\frac{1}{2}$ **(b)** $\frac{1}{3}$ **(c)** $\frac{3}{4}$ **(ch)** $\frac{2}{5}$

(d) $\frac{5}{6}$ **(dd)** $\frac{2}{7}$ **(e)** $\frac{7}{8}$ **(f)** $\frac{8}{9}$

Nodwch ffracsiynau eraill a thrawsnewidiwch nhw.

Beth y gallwch chi ei ddweud am y rhifau sydd yn enwaduron y ffracsiynau sy'n rhoi degolion terfynus?

ENGHRAIFFT 4.23

Nodwch a ydy pob un o'r ffracsiynau hyn yn rhoi degolyn terfynus neu ddegolyn cylchol.

(a) $\frac{1}{6}$ **(b)** $\frac{1}{5}$ **(c)** $\frac{1}{7}$ **(ch)** $\frac{1}{11}$

Datrysiad

(a) Mae $\frac{1}{6}$ yn ddegolyn cylchol $1 \div 6 = 0.166\,666\ldots$

(b) Mae $\frac{1}{5}$ yn ddegolyn terfynus $1 \div 5 = 0.2$

(c) Mae $\frac{1}{7}$ yn ddegolyn cylchol $1 \div 7 = 0.142\,857\,142\ldots$

(ch) Mae $\frac{1}{11}$ yn ddegolyn cylchol $1 \div 11 = 0.090\,909\ldots$

AWGRYM

Os ffactorau sy'n ffactorau o 10 yn unig sydd gan enwadur ffracsiwn, bydd yn rhoi degolyn terfynus.

Os oes gan enwadur ffracsiwn ffactorau nad ydynt yn ffactorau o 10, bydd yn rhoi degolyn cylchol.

YMARFER 4.4

1 Newidiwch bob un o'r ffracsiynau hyn yn ddegolyn. Os oes angen, rhowch eich ateb yn gywir i 3 lle degol.

    (a) $\frac{4}{5}$ **(b)** $\frac{3}{8}$ **(c)** $\frac{2}{11}$ **(ch)** $\frac{1}{9}$ **(d)** $\frac{9}{20}$

2 Nodwch a ydy pob un o'r ffracsiynau hyn yn rhoi degolyn cylchol neu ddegolyn terfynus. Rhowch eich rhesymau.

    (a) $\frac{3}{5}$ **(b)** $\frac{2}{3}$ **(c)** $\frac{4}{9}$ **(ch)** $\frac{1}{16}$ **(d)** $\frac{3}{7}$

3 **(a)** Darganfyddwch y degolyn cylchol sy'n gywerth â $\frac{5}{7}$.

    (b) Faint o ddigidau sydd yn y patrwm sy'n cael ei ailadrodd?

Her 4.7

(a) Yng nghwestiynau **1** a **2** yn Ymarfer 4.4, gwelsoch y rhain.

$\frac{1}{9} = 0.111\ 111\ 111...$ $\qquad\qquad$ $\frac{4}{9} = 0.444\ 444\ 444...$

Heb ddefnyddio cyfrifiannell ysgrifennwch y degolyn sy'n gywerth â phob un o'r rhain.

$\frac{2}{9}$, $\quad$ $\frac{3}{9}$, $\quad$ $\frac{5}{9}$, $\quad$ $\frac{6}{9}$, $\quad$ $\frac{7}{9}$, $\quad$ $\frac{8}{9}$

(b) Yn Enghraifft 4.23 gwelsoch fod $\frac{1}{11} = 0.090\ 909\ 090....$

Hefyd, $\frac{2}{11} = 0.181\ 818\ 181...$ a $\frac{5}{11} = 0.454\ 545\ 454....$

Heb ddefnyddio cyfrifiannell ysgrifennwch y degolyn sy'n gywerth â phob un o'r rhain.

$\frac{3}{11}$, $\quad$ $\frac{4}{11}$, $\quad$ $\frac{6}{11}$, $\quad$ $\frac{7}{11}$, $\quad$ $\frac{8}{11}$, $\quad$ $\frac{9}{11}$, $\quad$ $\frac{10}{11}$

Rhifyddeg pen â degolion

Dylech fod yn gallu adio a thynnu degolion syml yn eich pen. Mae'n debyg i adio a thynnu rhifau cyfan.

Er enghraifft, gallwn gyfrifo $63 + 24$ trwy adio 20 i gael 83 ac yna adio 4 i gael 87.

Yn yr un ffordd, gallwn gyfrifo $6.3 + 2.4$ trwy adio 2 i gael 8.3 ac yna adio 0.4 i gael 8.7.

Gallwn wneud gwaith tynnu fesul cam fel hyn hefyd.

ENGHRAIFFT 4.24

Cyfrifwch y rhain.

(a) $5.8 + 7.3$ $\qquad$ **(b)** $8.5 - 3.7$

Datrysiad

(a) $5.8 + 7 = 12.8$ $\qquad$ Adiwch yr unedau yn gyntaf.

$\quad$ $12.8 + 0.3 = 13.1$ $\qquad$ Wedyn adiwch y degfedau.

(b) $8.5 - 3 = 5.5$ $\qquad$ Tynnwch yr unedau yn gyntaf.

$\quad$ $5.5 - 0.5 = 5$ $\qquad$ Mae angen tynnu 7 degfed. Tynnwch 5 degfed yn gyntaf.

$\quad$ $5 - 0.2 = 4.8$ $\qquad$ Wedyn tynnwch y 2 ddegfed sy'n weddill.

Prawf sydyn 4.3

Gweithiwch mewn parau. Bob yn ail, cyfrifwch swm adio degolion ar gyfrifiannell. Gwnewch yn siŵr bod gan bob rhif un lle degol yn unig. Gofynnwch i'ch partner wneud y cyfrifiad yn ei ben/phen. Gwiriwch eich atebion gan ddefnyddio'r cyfrifiannell.

Yna rhowch gynnig ar symiau tynnu degolion.

◎ YMARFER 4.5

Cyfrifwch y rhain. Hyd y gallwch, ysgrifennwch eich ateb terfynol yn unig.

1 $4.2 + 3.5$	**2** $5.1 + 2.8$	**3** $7.8 - 4.2$	**4** $5.6 - 3.4$
5 $5.8 + 1.3$	**6** $4.6 + 3.5$	**7** $6.5 - 0.8$	**8** $6.4 - 2.6$
9 $7.9 + 4.3$	**10** $7.8 + 8.7$	**11** $7.8 - 6.9$	**12** $7.6 - 1.8$

Lluosi a rhannu degolion

Prawf sydyn 4.4

Cyfrifwch y rhain.

(a) (i) 5×3 **(ii)** 5×0.3 **(iii)** 0.5×3 **(iv)** 0.5×0.3

(b) (i) 4×2 **(ii)** 4×0.2 **(iii)** 0.4×2 **(iv)** 0.4×0.2

Mae'r adran hon yn dangos sut mae'r technegau rydym wedi eu defnyddio i luosi degolion syml yn cael eu hestyn i luosi unrhyw ddegolion.

Sylwi 4.5

(a) $39 \times 8 = 312$.
Heb ddefnyddio cyfrifiannell, ysgrifennwch yr atebion i'r rhain.
(i) 3.9×8 **(ii)** 39×0.8 **(iii)** 0.39×8 **(iv)** 0.39×0.8

(b) $37 \times 56 = 2072$.
Heb ddefnyddio cyfrifiannell, ysgrifennwch yr atebion i'r rhain.
(i) 3.7×56 **(ii)** 37×5.6 **(iii)** 3.7×5.6
(iv) 0.37×56 **(v)** 0.37×5.6 **(vi)** 0.37×0.56

Yna gwiriwch eich atebion â chyfrifiannell.

Edrychwch eto ar eich atebion i Sylwi 4.5. Dyma eich camau wrth luosi degolion.

1   Gwneud y lluosi gan anwybyddu'r pwyntiau degol. Bydd y digidau yn yr ateb yr un fath â'r digidau yn yr ateb terfynol.
2   Cyfrif cyfanswm nifer y lleoedd degol yn y ddau rif sydd i gael eu lluosi.
3   Rhoi'r pwynt degol yn yr ateb a gawsoch yng ngham 1 fel bo gan yr ateb terfynol yr un nifer o leoedd degol ag a gawsoch yng ngham 2.

ENGHRAIFFT 4.25

Cyfrifwch 8×0.7.

Datrysiad

1   Yn gyntaf, lluoswch $8 \times 7 = 56$.
2   Cyfanswm nifer y lleoedd degol yn 8 a $0.7 = 0 + 1 = 1$.
3   Yr ateb yw 5.6.

> **AWGRYM**
> Sylwch: wrth luosi â rhif rhwng 0 ac 1, fel 0.7, rydych yn lleihau'r rhif gwreiddiol (o 8 i 5.6).

ENGHRAIFFT 4.26

Cyfrifwch 8.3×3.4.

Datrysiad

1   Yn gyntaf, lluoswch 83×34.

```
      8 3
  ×   3 4
  2 4 9 0
    3 3 2
  2 8 2 2
```

Lluosi hir traddodiadol yw'r dull hwn. Efallai eich bod chi wedi dysgu dull arall.

2   Cyfanswm nifer y lleoedd degol yn 8.3 a $3.4 = 1 + 1 = 2$.
3   Yr ateb yw 28.22.

ENGHRAIFFT 4.27

Cyfrifwch 8.32×2.6.

Datrysiad

1   Yn gyntaf, lluoswch 832×26.

```
      8 3 2
  ×     2 6
  1 6 6 4 0
    4 9 9 2
  2 1 6 3 2
```

2   Cyfanswm nifer y lleoedd degol yn 8.32 a $2.6 = 2 + 1 = 3$.
3   Yr ateb yw 21.632.

Sylwi 4.6

(a) Cyfrifwch y rhain ar gyfrifiannell.

    (i) $26 \div 1.3$ **(ii)** $260 \div 13$

(b) Beth welwch chi?

(c) Nawr cyfrifwch y rhain ar gyfrifiannell.

    (i) $5.92 \div 3.7$ **(ii)** $59.2 \div 37$

    (iii) $3.995 \div 2.35$ **(iv)** $399.5 \div 235$

(ch) Allwch chi egluro eich canlyniadau?

Nid yw canlyniad swm rhannu yn newid pan fyddwn yn lluosi'r ddau rif â 10 (h.y. yn symud y pwynt degol un lle yn y ddau rif).

Nid yw'r canlyniad yn newid chwaith pan fyddwn yn lluosi'r ddau rif â 100 (h.y. yn symud y pwynt degol ddau le yn y ddau rif).

Mae'r rheol hon yn union yr un fath â phan fyddwn yn ysgrifennu ffracsiynau cywerth.

Er enghraifft, $\frac{3}{5} = \frac{30}{50} = \frac{300}{500}$.

Defnyddiwn y rheol hon pan fyddwn yn rhannu degolion.

ENGHRAIFFT 4.28

Cyfrifwch $6 \div 0.3$.

Datrysiad

Yn gyntaf, lluoswch y ddau rif â 10, er mwyn gallu rhannu â rhif cyfan.

Nawr y cyfrifiad yw $60 \div 3$.

$$60 \div 3 = 20$$

felly mae $6 \div 0.3$ yn 20 hefyd.

AWGRYM   Sylwch: pan fyddwn yn rhannu â rhif rhwng 0 ac 1, fel 0.3, byddwn yn cynyddu'r rhif gwreiddiol (o 6 i 20).

ENGHRAIFFT 4.29

Cyfrifwch $4.68 \div 0.4$.

Datrysiad

Yn gyntaf, lluoswch y ddau rif â 10 (symud y pwynt degol un lle).

Nawr y cyfrifiad yw $46.8 \div 4$.

$$\begin{array}{r} 11.7 \\ 4\overline{)46.^28} \end{array}$$ Rhowch y pwynt degol yn yr ateb uwchben y pwynt degol ym 46.8.

Mae $4.68 \div 0.4$ yn 11.7 hefyd.

Cyfrifwch $3.64 \div 1.3$.

Datrysiad

Yn gyntaf, lluoswch y ddau rif â 10 (symud y pwynt degol un lle).

Nawr y cyfrifiad yw $36.4 \div 13$.

$$13\overline{)36.^{1}0^{10}4}\quad^{2.8}$$

Efallai y cawsoch eich dysgu i wneud hyn trwy rannu hir yn hytrach na rannu byr.

Mae $3.64 \div 1.3$ yn 2.8 hefyd.

YMARFER 4.6

1 Cyfrifwch y rhain.

(a) 4×0.3	**(b)** 0.5×7	**(c)** 3×0.6
(ch) 0.8×9	**(d)** 0.6×0.4	**(dd)** 0.8×0.6
(e) 40×0.3	**(f)** 0.5×70	**(ff)** 0.3×0.2
(g) 0.8×0.1	**(ng)** $(0.7)^2$	**(h)** $(0.3)^2$

2 Cyfrifwch y rhain.

(a) $8 \div 0.2$	**(b)** $1.2 \div 0.3$	**(c)** $2.8 \div 0.7$
(ch) $3.6 \div 0.4$	**(d)** $24 \div 1.2$	**(dd)** $50 \div 2.5$
(e) $9 \div 0.3$	**(f)** $15 \div 0.3$	**(ff)** $16 \div 0.2$
(g) $24 \div 0.8$	**(ng)** $1.55 \div 0.5$	**(h)** $48.8 \div 0.4$

3 Cyfrifwch y rhain.

(a) 4.2×1.5	**(b)** 6.2×2.3	**(c)** 5.9×6.1
(ch) 7.2×2.7	**(d)** 63×1.8	**(dd)** 72×5.4
(e) 5.6×8.9	**(f)** 10.9×2.4	**(ff)** 12.7×0.4
(g) 2.34×0.8	**(ng)** 5.46×0.7	**(h)** 6.23×1.6

4 Cyfrifwch y rhain.

(a) $14.7 \div 0.3$	**(b)** $13.6 \div 0.8$	**(c)** $14.4 \div 0.6$
(ch) $22.4 \div 0.7$	**(d)** $47.7 \div 0.9$	**(dd)** $85.8 \div 1.1$
(e) $3.42 \div 0.6$	**(f)** $1.96 \div 0.4$	**(ff)** $1.45 \div 0.5$
(g) $3.51 \div 1.3$	**(ng)** $5.55 \div 1.5$	**(h)** $6.3 \div 1.4$

Mewn ras gyfnewid 4 wrth 400 metr, amserau rhedeg pedwar aelod y tîm oedd

44.5 eiliad, 45.6 eiliad, 45.8 eiliad a 43.9 eiliad.

Beth oedd eu hamser cyfartalog?

(a) Cyfrifwch arwynebedd y petryal.

6.3 cm

2.6 cm

(b) Mae gan y petryal hwn yr un arwynebedd ag sydd gan y petryal yn rhan **(a)**. Cyfrifwch hyd y petryal hwn.

3.9 cm

Cynnydd a gostyngiad canrannol

Rydych yn gwybod yn barod sut i gyfrifo cynnydd a gostyngiad canrannol.

Cynnydd canrannol

I gynyddu £240 â 23%, yn gyntaf byddwn yn cyfrifo 23% o £240. $240 \times 0.23 = £55.20$
Yna byddwn yn adio £55.20 at £240. $240 + 55.20 = £295.20$

Mae ffordd gyflymach o wneud yr un cyfrifiad.

I gynyddu maint â 23% mae angen darganfod y maint gwreiddiol plws 23%.

Felly i gynyddu £240 â 23% mae angen darganfod 100% o £240 + 23% o £240 = 123% o £240.

Y degolyn sy'n gywerth â 123% yw 1.23.

Felly gallwn wneud y cyfrifiad mewn un cam: $240 \times 1.23 = £295.20$

Y term am y rhif y byddwn yn lluosi'r maint gwreiddiol ag ef (1.23 yma) yw'r **lluosydd**.

ENGHRAIFFT 4.31

Cyflog Amir yw £17 000 y flwyddyn. Mae'n derbyn cynnydd o 3%.
Darganfyddwch ei gyflog newydd.

Datrysiad

Mae cyflog newydd Amir yn 103% o'i gyflog gwreiddiol. Felly'r lluosydd yw 1.03.

£17 000 × 1.03 = £17 510

Mae'r dull hwn yn gyflymach o lawer pan fydd angen gwneud gwaith cyfrifo dro ar ôl tro.

ENGHRAIFFT 4.32

Buddsoddwch nawr a derbyn adlog o 6% wedi'i warantu dros 5 mlynedd

Mae adlog yn golygu bod llog yn cael ei dalu ar y swm cyfan sydd yn y cyfrif. Mae'n wahanol i log syml, lle mae llog ond yn cael ei dalu ar y swm gwreiddiol sydd wedi ei fuddsoddi.

Mae Sioned yn buddsoddi £1500 am y 5 mlynedd gyfan.
Beth fydd gwerth ei buddsoddiad ar ddiwedd y 5 mlynedd?

Datrysiad

Ar ddiwedd blwyddyn 1 bydd y buddsoddiad yn werth

$$£1500 × 1.06 = £1590.00$$

Ar ddiwedd blwyddyn 2 bydd y buddsoddiad yn werth
Mae hyn yr un fath â

$$£1590 × 1.06 = £1685.40$$
$$£1500 × 1.06 × 1.06 = £1685.40$$
$$\text{neu } £1500 × 1.06^2 = £1685.40$$

Ar ddiwedd blwyddyn 3 bydd y buddsoddiad yn werth
Mae hyn yr un fath â

$$£1685.40 × 1.06 = £1786.524$$
$$£1500 × 1.06 × 1.06 × 1.06 = £1786.524$$
$$\text{neu } £1500 × 1.06^3 = £1786.524$$

Ar ddiwedd blwyddyn 4 bydd y buddsoddiad yn werth
Mae hyn yr un fath â

$$£1786.524 × 1.06 = £1893.7154$$
$$£1500 × 1.06 × 1.06 × 1.06 × 1.06 = £1893.7154$$
$$\text{neu } £1500 × 1.06^4 = £1893.7154$$

Ar ddiwedd blwyddyn 5 bydd y buddsoddiad yn werth
Mae hyn yr un fath â

$$£1893.7154 × 1.06 = £2007.34$$
$$£1500 × 1.06 × 1.06 × 1.06 × 1.06 × 1.06 = £2007.34$$
$$\text{neu } £1500 × 1.06^5 = £2007.34$$
$$(\text{i'r geiniog agosaf})$$

Sylwch: ar ddiwedd blwyddyn n mae angen lluosi £1500 ag 1.06^n.

AWGRYM

Defnyddiwch y botwm pŵer ($\boxed{\wedge}$ neu $\boxed{x^y}$ neu $\boxed{y^x}$) ar y cyfrifiannell.

Gostyngiad canrannol

Gallwn gyfrifo gostyngiad canrannol mewn ffordd debyg.

ENGHRAIFFT 4.33

Sêl! Gostyngiad o 15% ar bopeth!

Mae Kieran yn prynu recordydd DVD yn y sêl. Y pris gwreiddiol oedd £225.
Cyfrifwch y pris yn y sêl.

Datrysiad

£225 × 0.85 = £191.25   Mae gostyngiad canrannol o 15% yr un fath â
100% − 15% = 85%. Felly y lluosydd yw 0.85.

Unwaith eto, mae'r dull hwn yn ddefnyddiol iawn ar gyfer gwaith cyfrifo drosodd a throsodd.

ENGHRAIFFT 4.34

Mae gwerth car yn gostwng 12% bob blwyddyn.
Pris car Sara, yn newydd, oedd £9000.
Cyfrifwch ei werth 4 blynedd yn ddiweddarach. Rhowch eich ateb i'r bunt agosaf.

Datrysiad

100% − 12% = 88%

Gwerth ar ôl 4 blynedd = £9000 × 0.88^4 Ar ddiwedd blwyddyn 4 lluoswch £9000 ag 0.88^4.
= £5397.26
= £5397 i'r bunt agosaf.

YMARFER 4.7

1 Ysgrifennwch y lluosydd a fydd yn cynyddu swm
   (a) 13%.   **(b)** 20%.   **(c)** 68%.   **(ch)** 8%.
   (d) 2%.   **(dd)** 17.5%.   **(e)** 100%.   **(f)** 150%.

2 Ysgrifennwch y lluosydd a fydd yn gostwng swm
   (a) 14%.   **(b)** 20%.   **(c)** 45%.   **(ch)** 7%.
   (d) 3%.   **(dd)** 23%.   **(e)** 86%.   **(f)** 16.5%.

3 Mae Andrew yn ennill £4.60 yr awr o'i waith dydd Sadwrn.
Os bydd yn cael cynnydd o 4%, faint y bydd yn ei ennill?
Rhowch eich ateb yn gywir i'r geiniog agosaf.

4 Mewn sêl gostyngwyd pob eitem 30%. Prynodd Abi bâr o esgidiau.
Y pris gwreiddiol oedd £42. Beth oedd y pris yn y sêl?

5 Buddsoddodd Marc £2400 ar adlog o 5%.
Beth oedd gwerth y buddsoddiad ar ddiwedd 4 blynedd?
Rhowch eich ateb yn gywir i'r bunt agosaf.

6 Roedd y paentiad hwn yn werth £15 000 yn 1998.
Cynyddodd gwerth y paentiad 15% bob blwyddyn am 6 blynedd.
Beth oedd ei werth ar ddiwedd y 6 blynedd?
Rhowch eich ateb yn gywir i'r bunt agosaf.

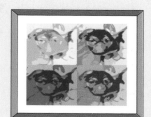

7 Gostyngodd gwerth car 9% y flwyddyn.
Roedd yn werth £14 000 yn newydd.
Beth oedd ei werth ar ôl 5 mlynedd?
Rhowch eich ateb yn gywir i'r bunt agosaf.

8 Cynyddodd prisiau tai 12% yn 2003, 11% yn 2004 a 7% yn 2005.
Ar ddechrau 2003 pris tŷ oedd £120 000.
Beth oedd y pris ar ddiwedd 2005?
Rhowch eich ateb yn gywir i'r bunt agosaf.

9 Cynyddodd gwerth buddsoddiad 8% yn 2004 a gostyngodd 8% yn 2005. Os £3000 oedd gwerth y buddsoddiad ar ddechrau 2004, beth oedd y gwerth ar ddiwedd 2005?

RYDYCH WEDI DYSGU

- wrth adio a thynnu ffracsiynau, y byddwch yn defnyddio cyfenwadur
- wrth adio neu dynnu rhifau cymysg, y byddwch yn trin y rhifau cyfan yn gyntaf ac yna'r rhannau sy'n ffracsiynau
- wrth luosi ffracsiynau, y byddwch yn lluosi'r rhifiaduron ac yn lluosi'r enwaduron
- y gallwch ganslo weithiau cyn gwneud y lluosi
- wrth rannu ffracsiynau, y byddwch yn darganfod cilydd yr ail ffracsiwn (ei droi â'i wyneb i waered) ac yna'n lluosi
- wrth luosi a rhannu rhifau cymysg, fod rhaid newid y rhifau cymysg yn ffracsiynau pendrwm yn gyntaf
- sut i weithio â ffracsiynau a rhifau cymysg ar gyfrifiannell gan ddefnyddio'r botwm $\boxed{a^{b}/_{c}}$
- wrth newid ffracsiwn yn ddegolyn, y byddwch yn rhannu'r rhifiadur â'r enwadur
- wrth luosi degolion, y byddwch yn lluosi'r rhifau heb y pwynt degol ac yna'n cyfrif cyfanswm nifer y lleoedd degol yn y ddau rif
- wrth rannu â degolyn sydd ag un lle degol, y byddwch yn lluosi'r ddau rif â 10 (yn symud y pwynt degol un lle i'r dde) ac yna'n gwneud y rhannu
- mai ffordd gyflym o gynyddu maint e.e. 12% neu 7% yw lluosi ag 1.12 neu 1.07
- mai ffordd gyflym o ostwng maint 15% neu 8% yw lluosi â 0.85 neu 0.92

Peidiwch â defnyddio cyfrifiannell i ateb cwestiynau **1** i **6**.

1 I bob pâr o ffracsiynau
- darganfyddwch y cyfenwadur.
- nodwch pa un yw'r ffracsiwn mwyaf.

(a) $\frac{4}{5}$ neu $\frac{5}{6}$ (b) $\frac{1}{3}$ neu $\frac{2}{7}$ (c) $\frac{13}{20}$ neu $\frac{5}{8}$

2 Cyfrifwch y rhain.

(a) $\frac{3}{5} + \frac{4}{5}$ (b) $\frac{3}{7} + \frac{2}{3}$ (c) $\frac{5}{8} - \frac{1}{6}$ (ch) $\frac{7}{10} + \frac{2}{15}$ (d) $\frac{11}{12} - \frac{3}{8}$

(dd) $3\frac{1}{4} + 2\frac{1}{6}$ (e) $4\frac{3}{4} - 1\frac{2}{5}$ (f) $5\frac{1}{2} + 2\frac{7}{8}$ (ff) $3\frac{5}{6} + 2\frac{2}{9}$ (g) $4\frac{1}{4} - 2\frac{3}{5}$

(ng) $\frac{3}{5} \times \frac{2}{3}$ (h) $\frac{4}{7} \times \frac{5}{6}$ (i) $\frac{5}{8} \div \frac{2}{3}$ (l) $\frac{9}{10} \div \frac{3}{7}$ (ll) $\frac{15}{16} \times \frac{12}{25}$

(m) $1\frac{2}{3} \times 2\frac{1}{5}$ (n) $2\frac{5}{6} \div 1\frac{3}{4}$ (o) $2\frac{5}{8} \times 1\frac{3}{7}$ (p) $1\frac{7}{10} \div 4\frac{2}{5}$ (ph) $2\frac{3}{4} \times 3\frac{3}{7}$

3 Newidiwch bob un o'r ffracsiynau hyn yn ddegolyn.
Lle bo angen, rhowch eich ateb yn gywir i 3 lle degol.

(a) $\frac{1}{8}$ (b) $\frac{2}{9}$ (c) $\frac{5}{7}$ (ch) $\frac{3}{11}$

4 Cyfrifwch y rhain.

(a) $4.3 + 5.4$ (b) $9.6 - 4.3$ (c) $5.8 + 2.9$ (ch) $6.4 - 1.8$

5 Cyfrifwch y rhain.

(a) 5×0.4 (b) 0.7×0.1 (c) 0.9×0.8

(ch) 1.8×6 (d) 2.7×3.4 (dd) 5.2×3.6

6 Cyfrifwch y rhain.

(a) $9 \div 0.3$ (b) $3.2 \div 0.4$ (c) $6.9 \div 2.3$

(ch) $56 \div 0.7$ (d) $86.9 \div 1.1$ (dd) $5.22 \div 0.6$

Cewch ddefnyddio cyfrifiannell i ateb cwestiynau **7** i **9**.

7 Defnyddiwch gyfrifiannell i gyfrifo'r rhain.

(a) $\frac{2}{11} + \frac{5}{6}$ (b) $\frac{7}{8} - \frac{3}{5}$ (c) $2\frac{2}{7} \times 1\frac{3}{8}$ (ch) $8\frac{2}{5} \div 2\frac{7}{10}$

8 Buddsoddodd Sam £3500 ar adlog o 6%.
Beth oedd gwerth y buddsoddiad ar ddiwedd 7 mlynedd?
Rhowch eich ateb yn gywir i'r bunt agosaf.

9 Mewn sêl, cafodd y prisiau eu gostwng 10% bob dydd.
Cost wreiddiol pâr o jîns oedd £45.
Prynodd Nicola bâr o jîns ar bedwerydd diwrnod y sêl.
Faint dalodd hi amdanynt? Rhowch eich ateb yn gywir i'r geiniog agosaf.

Diagramau amlder

Pan fydd gennym lawer o ddata mae'n aml yn fwy cyfleus grwpio'r data yn fandiau neu gyfyngau. Byddwch yn cofio llunio siartiau bar i arddangos data arwahanol wedi'u grwpio.

I arddangos **data di-dor wedi'u grwpio**, gallwn ddefnyddio **diagram amlder**. Mae hwn yn debyg iawn i siart bar: y prif wahaniaeth yw nad oes bylchau rhwng y barrau.

> **AWGRYM**
> Cofiwch y dylai'r cyfyngau, fel arfer, fod yr un maint.

ENGHRAIFFT 5.1

Mesurodd Rhys daldra 34 o ddisgyblion.
Grwpiodd y data'n gyfyngau o 5 cm.
Dyma ei dabl gwerthoedd.

Taldra (*t* cm)	$140 < t \leqslant 145$	$145 < t \leqslant 150$	$150 < t \leqslant 155$	$155 < t \leqslant 160$	$160 < t \leqslant 165$	$165 < t \leqslant 170$
Amlder	3	8	8	9	2	4

(a) Lluniwch ddiagram amlder grŵp i ddangos y data hyn.

(b) Pa un o'r cyfyngau yw'r dosbarth modd?

(c) Pa un o'r cyfyngau sy'n cynnwys y gwerth canolrifol?

> **AWGRYM**
> Mae $145 < t \leqslant 150$ yn golygu pob taldra, *t*, sy'n fwy na 145 cm (ond nid yn hafal i 145 cm) ac i fyny at ac yn cynnwys 150 cm.

Datrysiad

(a)

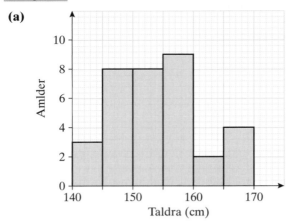

Cofiwch labelu'r echelinau.

Mae'r echelin lorweddol yn dangos y math o ddata sy'n cael eu casglu.

Mae'r echelin fertigol yn dangos yr **amlder**, neu faint o eitemau data sydd ym mhob un o'r cyfyngau.

(b) $155 < t \leqslant 160$ Y dosbarth sydd â'r amlder uchaf yw'r dosbarth modd. Hwn sydd â'r nifer mwyaf yn rhes yr 'amlder' yn y tabl a'r bar uchaf yn y diagram amlder grŵp.

(c) Y gwerth canolrifol yw'r gwerth hanner ffordd ar hyd y rhestr sydd wedi ei gosod yn nhrefn taldra.

Gan fod 34 gwerth, bydd y canolrif rhwng yr 17eg gwerth a'r 18fed gwerth.

Adiwch yr amlder ar gyfer pob cyfwng nes cyrraedd y cyfwng sy'n cynnwys yr 17eg gwerth a'r 18fed gwerth:

            Mae 3 yn llai nag 17. Nid yw'r 17eg gwerth a'r 18fed gwerth i'w cael yn y cyfwng $140 < t \leqslant 145$.

$3 + 8 = 11$ Mae 11 yn llai nag 17. Nid yw'r 17eg gwerth a'r 18fed gwerth i'w cael yn y cyfwng $145 < t \leqslant 150$.

$11 + 8 = 19$ Mae 19 yn fwy nag 18. Rhaid bod yr 17eg gwerth a'r 18fed gwerth i'w cael yn y cyfwng $150 < t \leqslant 155$.

Y cyfwng $150 < t \leqslant 155$ yw'r un sy'n cynnwys y gwerth canolrifol.

(◎) YMARFER 5.1

1 Cofnododd rheolwr canolfan hamdden oedrannau'r menywod a ddefnyddiodd y pwll nofio un bore. Dyma'r canlyniadau.

Oedran (b o flynyddoedd)	$15 \leqslant b < 20$	$20 \leqslant b < 25$	$25 \leqslant b < 30$	$30 \leqslant b < 35$	$35 \leqslant b < 40$	$40 \leqslant b < 45$	$45 \leqslant b < 50$
Amlder	4	12	17	6	8	3	12

Lluniwch ddiagram amlder grŵp i ddangos y data hyn.

2 Mewn arolwg, cafodd y glawiad blynyddol ei fesur mewn 100 o drefi gwahanol.
Dyma ganlyniadau'r arolwg.

Glawiad (g cm)	$50 \leqslant g < 70$	$70 \leqslant g < 90$	$90 \leqslant g < 110$	$110 \leqslant g < 130$	$130 \leqslant g < 150$	$150 \leqslant g < 170$
Amlder	14	33	27	8	16	2

   (a) Lluniwch ddiagram amlder grŵp i ddangos y data hyn.
   (b) Pa un o'r cyfyngau yw'r dosbarth modd?
   (c) Pa un o'r cyfyngau sy'n cynnwys y gwerth canolrifol?

3 Fel rhan o ymgyrch ffitrwydd, roedd cwmni'n cofnodi pwysau pob un o'i weithwyr.
Dyma'r canlyniadau.

Pwysau (p kg)	$60 \leqslant p < 70$	$70 \leqslant p < 80$	$80 \leqslant p < 90$	$90 \leqslant p < 100$	$100 \leqslant p < 110$
Amlder	3	18	23	7	2

   (a) Lluniwch ddiagram amlder grŵp i ddangos y data hyn.
   (b) Pa un o'r cyfyngau yw'r dosbarth modd?
   (c) Pa un o'r cyfyngau sy'n cynnwys y gwerth canolrifol?

4 Dyma ddiagram amlder.

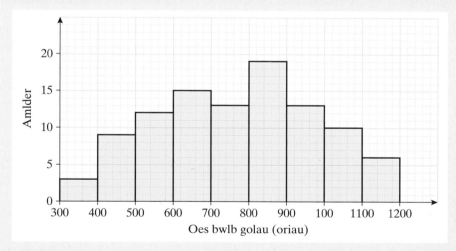

Defnyddiwch y diagram amlder grŵp i wneud tabl amlder grŵp yn debyg i'r rhai sydd yng
nghwestiynau **1** i **3**.
Mae'r cyfwng cyntaf yn cynnwys 300 o oriau, ond nid yw'n cynnwys 400 o oriau.

Pan fyddwch yn dewis maint y cyfwng, gwnewch yn siŵr nad ydych yn cael gormod, na rhy ychydig, o grwpiau. Mae rhwng pump a deg cyfwng yn iawn fel arfer. Cofiwch y dylai'r cyfyngau fod yn hafal.

Sylwi 5.1

(a) Mesurwch daldra pawb yn eich dosbarth a chofnodwch y data mewn dwy restr, y naill ar gyfer y bechgyn a'r llall ar gyfer y merched.

(b) Dewiswch gyfyngau addas ar gyfer y data.

(c) Lluniwch ddau ddiagram amlder, y naill ar gyfer data'r bechgyn a'r llall ar gyfer data'r merched.
Defnyddiwch yr un graddfeydd ar gyfer y ddau ddiagram fel y gallwch eu cymharu'n hawdd.

(ch) Cymharwch y ddau ddiagram.
Beth y mae siapiau'r graffiau yn ei ddangos, yn gyffredinol, ynglŷn â thaldra'r bechgyn a'r merched yn eich dosbarth chi?

(d) Cymharwch eich diagramau amlder chi â diagramau aelodau eraill o'ch dosbarth.
Ydyn nhw wedi defnyddio'r un cyfyngau â chi ar gyfer y data?
Os nad ydynt, ydy hynny wedi gwneud gwahaniaeth i'w hatebion i ran **(ch)**?
Pa un o'r diagramau sy'n edrych orau? Pam?

Her 5.1

Mae Lisa wedi bod yn edrych ar brisiau tegellau ar y rhyngrwyd.
Dyma brisiau'r 30 tegell cyntaf a welodd.

£9.60	£6.54	£8.90	£12.95	£13.90	£13.95
£14.25	£16.75	£16.90	£17.75	£17.90	£19.50
£19.50	£21.75	£22.40	£23.25	£24.50	£24.95
£26.00	£26.75	£27.00	£27.50	£29.50	£29.50
£29.50	£29.50	£32.25	£34.50	£35.45	£36.95

Cwblhewch siart cyfrif a lluniwch ddiagram amlder grŵp i ddangos y data hyn.
Defnyddiwch gyfyngau addas ar gyfer eich grwpiau.

Polygonau amlder

Mae **polygon amlder** yn ffordd arall o gynrychioli data di-dor wedi'u grwpio.

Byddwn yn ffurfio polygon amlder trwy uno, â llinellau syth, ganolbwyntiau pen ucha'r barrau mewn diagram amlder. Nid ydym yn lluniadu'r barrau. Mae hynny'n golygu y gallwn lunio sawl polygon amlder ar yr un grid, sy'n ei gwneud hi'n haws eu cymharu.

I ddarganfod canolbwynt pob cyfwng, rydym yn adio ffiniau pob cyfwng a rhannu'r cyfanswm â 2.

ENGHRAIFFT 5.2

Mae'r tabl amlder grŵp yn dangos nifer y diwrnodau roedd disgyblion yn absennol o'u gwersi yn ystod un tymor.

Diwrnodau'n absennol (*d*)	$0 \leqslant d < 5$	$5 \leqslant d < 10$	$10 \leqslant d < 15$	$15 \leqslant d < 20$	$20 \leqslant d < 25$
Amlder	11	8	6	0	5

Lluniwch bolygon amlder i ddangos y data hyn.

Datrysiad

Yn gyntaf, darganfyddwch ganolbwynt pob grŵp.

$$\frac{0+5}{2} = 2.5 \quad \frac{5+10}{2} = 7.5 \quad \frac{10+15}{2} = 12.5 \quad \frac{15+20}{2} = 17.5 \quad \frac{20+25}{2} = 22.5$$

> **AWGRYM**
>
> Sylwch fod y canolbwyntiau yn codi fesul 5; y rheswm yw mai 5 yw maint y cyfyngau.

Nawr gallwch lunio'r polygon amlder.

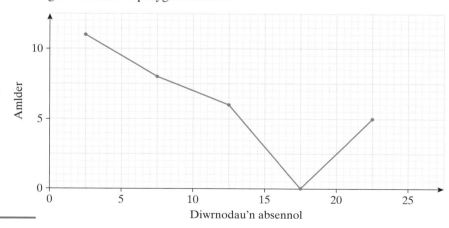

1 Mae'r tabl yn dangos faint o bwysau gollodd y bobl mewn clwb colli pwysau dros 6 mis.

Pwysau (p kg)	$0 \leqslant p < 6$	$6 \leqslant p < 12$	$12 \leqslant p < 18$	$18 \leqslant p < 24$	$24 \leqslant p < 30$
Amlder	8	14	19	15	10

Lluniwch bolygon amlder i ddangos y data hyn.

2 Mae'r tabl yn dangos am faint o amser mae ceir yn aros mewn maes parcio un diwrnod.

Amser (a mun)	$15 \leqslant a < 30$	$30 \leqslant a < 45$	$45 \leqslant a < 60$	$60 \leqslant a < 75$	$75 \leqslant a < 90$	$90 \leqslant a < 105$
Amlder	56	63	87	123	67	22

Lluniwch bolygon amlder i ddangos y data hyn.

3 Mae'r tabl yn dangos taldra 60 o ddisgyblion.

Taldra (t cm)	$168 \leqslant t < 172$	$172 \leqslant t < 176$	$176 \leqslant t < 180$	$180 \leqslant t < 184$	$184 \leqslant t < 188$	$188 \leqslant t < 192$
Amlder	2	6	17	22	10	3

Lluniwch bolygon amlder i ddangos y data hyn.

4 Mae'r tabl yn dangos nifer y geiriau am bob brawddeg yn y 50 cyntaf o frawddegau mewn dau lyfr.

Nifer y geiriau (g)	$0 < g \leqslant 10$	$10 < g \leqslant 20$	$20 < g \leqslant 30$	$30 < g \leqslant 40$	$40 < g \leqslant 50$	$50 < g \leqslant 60$	$60 < g \leqslant 70$
Amlder Llyfr 1	2	9	14	7	4	8	6
Amlder Llyfr 2	27	11	9	0	3	0	0

(a) Ar yr un grid, lluniwch bolygon amlder ar gyfer y naill lyfr a'r llall.

(b) Defnyddiwch y polygonau amlder i gymharu nifer y geiriau am bob brawddeg yn y ddau lyfr.

Diagramau gwasgariad

Gallwn ddefnyddio diagram gwasgariad i ddarganfod a oes **cydberthyniad**, neu berthynas, rhwng dwy set o ddata.

Mae'r data yn cael eu cyflwyno fel parau o werthoedd, a bydd pob un o'r parau hyn yn cael ei blotio fel pwynt cyfesurynnol ar graff.

Dyma rai enghreifftiau o sut y gallai diagram gwasgariad edrych a sut y gallwn eu dehongli.

Cydberthyniad positif cryf

Yma, mae un maint yn cynyddu wrth i'r llall gynyddu. **Cydberthyniad positif** yw'r term am hyn.

Mae'r duedd o'r rhan waelod ar y chwith i'r rhan uchaf ar y dde.

Pan fydd y pwyntiau'n agos mewn llinell, byddwn yn dweud bod y cydberthyniad yn **gryf**.

Cydberthyniad positif gwan

Yma eto mae'r pwyntiau'n dangos cydberthyniad positif. Mae'r pwyntiau'n fwy gwasgaredig, felly byddwn yn dweud bod y cydberthyniad yn **wan**.

Cydberthyniad negatif cryf

Yma, mae un maint yn gostwng wrth i'r llall gynyddu. **Cydberthyniad negatif** yw'r term am hyn.

Mae'r duedd o'r rhan uchaf ar y chwith i'r rhan waelod ar y dde.

Eto mae'r pwyntiau'n agos mewn llinell, felly byddwn yn dweud bod y cydberthyniad yn **gryf**.

Cydberthyniad negatif gwan

Yma eto mae'r pwyntiau'n dangos cydberthyniad negatif. Mae'r pwyntiau'n fwy gwasgaredig, felly mae'r cydberthyniad yn **wan**.

Dim cydberthyniad

Pan fydd y pwyntiau'n llwyr wasgaredig ac nid oes unrhyw batrwm clir, byddwn yn dweud nad oes **dim cydberthyniad** rhwng y ddau faint.

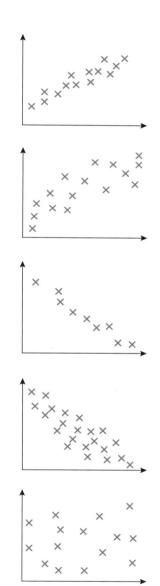

Os bydd diagram gwasgariad yn dangos cydberthyniad, bydd yn bosibl tynnu **llinell ffit orau** arno. I wneud hyn gallwn osod riwl mewn gwahanol safleoedd ar y diagram gwasgariad nes bod y goledd yn cyd-fynd â goledd cyffredinol y pwyntiau. Dylai fod tua'r un nifer o bwyntiau ar y naill ochr a'r llall i'r llinell.

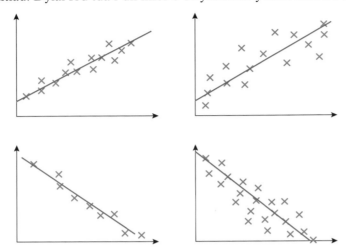

Ni allwn dynnu llinell ffit orau ar ddiagram gwasgariad sydd heb ddim cydberthyniad.

Gallwn ddefnyddio'r llinell ffit orau i ragfynegi gwerth pan fydd un yn unig o'r pâr o feintiau yn hysbys.

ENGHRAIFFT 5.3

Mae'r tabl yn dangos pwysau a thaldra 12 o bobl.

Taldra (cm)	150	152	155	158	158	160	163	165	170	175	178	180
Pwysau (kg)	56	62	63	64	57	62	65	66	65	70	66	67

(a) Lluniwch ddiagram gwasgariad i ddangos y data hyn.

(b) Rhowch sylwadau ar gryfder y cydberthyniad a'r math o gydberthyniad rhwng y taldra a'r pwysau.

(c) Tynnwch linell ffit orau ar eich diagram gwasgariad.

(ch) Taldra Tom yw 162 cm. Defnyddiwch eich llinell ffit orau i amcangyfrif ei bwysau.

Datrysiad

(a), (c)

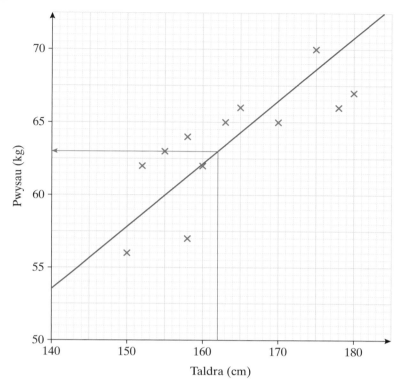

Taldra (cm)

(b) Cydberthyniad positif gwan.

(d) Tynnwch linell o 162 cm ar echelin y Taldra i gyfarfod â'ch llinell ffit orau.
Yna, tynnwch linell lorweddol a darllenwch y gwerth yn y man lle mae'n
cyfarfod echelin y Pwysau.
Pwysau tebygol Tom yw tua 63 kg.

Wrth dynnu llinell ffit orau mae pwynt arbennig y gallwch ei blotio fydd
yn helpu i wneud eich llinell yn un dda.

Gadewch i ni edrych ar y data yn Enghraifft 5.3 unwaith eto.
Cymedr taldra'r 12 person yw:

$$\frac{(150 + 152 + 155 + 158 + 160 + 163 + 165 + 170 + 175 + 178 + 180)}{12}$$

$= 163.67 = 163.7$ (yn gywir i un lle degol).

Gwiriwch mai cymedr pwysau'r bobl yw 63.6 (yn gywir i un lle degol).
Plotiwch y pwynt (163.7, 63.6) ar y diagram gwasgariad yn Enghraifft 5.3.
Dylech weld bod y pwynt hwn ar y llinell ffit orau.

Gallwn ddangos y dylai'r llinell ffit orau rhwng dau newidyn x ac y fynd trwy'r pwynt $(\bar{x}, \bar{y})$, lle mae $\bar{x}$, sy'n cael ei alw'n 'x bar', yn cynrychioli cymedr gwerthoedd x ac $\bar{y}$, sy'n cael ei alw'n 'y bar', yn cynrychioli cymedr gwerthoedd y.

◎ YMARFER 5.4

1 Mae'r tabl yn dangos nifer yr afalau drwg ym mhob blwch ar ôl gwahanol amserau dosbarthu.

Amser dosbarthu (oriau)	10	4	14	18	6
Nifer yr afalau drwg	2	0	4	5	6

(a) Lluniwch ddiagram gwasgariad i ddangos yr wybodaeth hon.
(b) Disgrifiwch y cydberthyniad y mae'r diagram gwasgariad yn ei ddangos.
(c) Cymedr yr afalau drwg yw 2.2. Cyfrifwch gymedr yr amser dosbarthu.
(ch) Plotiwch y pwynt sydd â'r ddau gymedr hyn yn gyfesurynnau.
(d) Tynnwch linell ffit orau ar eich diagram gwasgariad.
(dd) Defnyddiwch eich llinell ffit orau i amcangyfrif nifer yr afalau drwg sydd i'w disgwyl ar ôl amser dosbarthu o 12 awr.

2 Mae'r tabl yn dangos marciau 15 disgybl a safodd Bapur 1 a Phapur 2 mewn arholiad mathemateg. Cafodd y ddau bapur eu marcio allan o 40.

Papur 1	36	34	23	24	30	40	25	35	20	15	35	34	23	35	27
Papur 2	39	36	27	20	33	35	27	32	28	20	37	35	25	33	30

(a) Lluniwch ddiagram gwasgariad i ddangos yr wybodaeth hon.
(b) Disgrifiwch y cydberthyniad y mae'r diagram gwasgariad yn ei ddangos.
(c) Cyfrifwch y marc cymedrig ar gyfer Papur 1. Y marc cymedrig ar gyfer Papur 2 yw 28.5.
(ch) Plotiwch y pwynt sydd â'r ddau farc cymedrig hyn yn gyfesurynnau.
(d) Tynnwch linell ffit orau ar eich diagram gwasgariad.
(dd) Sgoriodd Ioan 32 ar Bapur 1 ond roedd yn absennol ar gyfer Papur 2. Defnyddiwch eich llinell ffit orau i amcangyfrif ei sgôr ar Bapur 2.

3 Mae'r tabl yn dangos maint y peiriant a threuliant petrol ar gyfer naw car.

Maint y peiriant (litrau)	1.9	1.1	4.0	3.2	5.0	1.4	3.9	1.1	2.4
Treuliant petrol (m.y.g.)	34	42	23	28	18	42	27	48	34

(a) Lluniwch ddiagram gwasgariad i ddangos yr wybodaeth hon.
(b) Disgrifiwch y cydberthyniad y mae'r diagram gwasgariad yn ei ddangos.
(c) Cymedr meintiau'r peiriannau yw 4.5. Cyfrifwch gymedr y treuliant petrol.
(ch) Plotiwch y pwynt sydd â'r ddau gymedr hyn yn gyfesurynnau.
(d) Tynnwch linell ffit orau ar eich diagram gwasgariad.
(dd) Maint y peiriant sydd gan gar arall yw 2.8 litr. Defnyddiwch eich llinell ffit orau i amcangyfrif treuliant petrol y car hwn.

4 Ym marn Tracy po fwyaf yw eich pen, y mwyaf clyfar rydych chi.
Mae'r tabl yn dangos nifer y marciau a sgoriodd deg disgybl mewn prawf, a chylchedd eu pennau.

Cylchedd y pen (cm)	600	500	480	570	450	550	600	460	540	430
Marc	43	33	45	31	25	42	23	36	24	39

(a) Lluniwch ddiagram gwasgariad i ddangos yr wybodaeth hon.
(b) Disgrifiwch y cydberthyniad y mae'r diagram gwasgariad yn ei ddangos.
(c) Ydy Tracy yn gywir?
(ch) Allwch chi feddwl am unrhyw resymau pam efallai nad yw'r gymhariaeth yn ddilys?

Her 5.2

(a) Pa fath o gydberthyniad, os o gwbl, y byddech yn ei ddisgwyl pe byddech yn lluniadu diagram gwasgariad ar gyfer pob un o'r data canlynol?
  (i) Gwerthiant cryno ddisgiau a'r swm sy'n cael ei wario ar hysbysebu.
  (ii) Nifer damweiniau a nifer camerâu cyflymder.
  (iii) Taldra oedolion ac oed oedolion.

(b) Ysgrifennwch eich enghreifftiau eich hun o ddata a fyddai'n dangos
  (i) cydberthyniad positif.
  (ii) cydberthyniad negatif.
  (iii) dim cydberthyniad.

RYDYCH WEDI DYSGU

- sut i luniadu a dehongli diagramau amlder, polygonau amlder a diagramau gwasgariad
- am y gwahanol fathau o gydberthyniad
- sut i dynnu llinellau ffit gorau a'u defnyddio

1 Mae Emma wedi cadw cofnod o'r amser, mewn munudau, roedd rhaid iddi aros am fws yr ysgol bob bore am 4 wythnos.

11	5	7	4	2	18	3	10	8	1
13	4	9	10	14	4	5	17	6	7

(a) Gwnewch dabl amlder grŵp ar gyfer y gwerthoedd hyn gan ddefnyddio'r grwpiau $0 \leqslant a < 5$, $5 \leqslant a < 10$, $10 \leqslant a < 15$ and $15 \leqslant a < 20$.

(b) Lluniwch ddiagram amlder grŵp ar gyfer y data hyn.

(c) Pa un o'r cyfyngau yw'r dosbarth modd?

(ch) Pa un o'r cyfyngau sy'n cynnwys y gwerth canolrifol?

2 Mae'r tabl yn dangos y marciau a gafodd disgyblion mewn arholiad.

Marc	$30 \leqslant m < 40$	$40 \leqslant m < 50$	$50 \leqslant m < 60$	$60 \leqslant m < 70$	$70 \leqslant m < 80$	$80 \leqslant m < 90$
Amlder	8	11	18	13	8	12

(a) Lluniwch bolygon amlder grŵp i ddangos y data hyn.

(b) Disgrifiwch sut mae'r marciau wedi eu gwasgaru (dosraniad y marciau).

(c) Pa un yw'r dosbarth modd?

(ch) Faint o fyfyrwyr safodd yr arholiad?

(d) Pa ffracsiwn o'r myfyrwyr sgoriodd 70 neu fwy yn yr arholiad? Rhowch eich ateb yn ei ffurf symlaf.

3 Cynhaliodd perchennog siop anifeiliaid anwes arolwg i ymchwilio i bwysau cyfartalog brid arbennig o gwningod ar wahanol oedrannau. Mae'r tabl yn dangos ei ganlyniadau.

Oedran y gwningen (misoedd)	1	2	3	4	5	6	7	8
Pwysau cyfartalog (g)	90	230	490	610	1050	1090	1280	1560

(a) Lluniwch ddiagram gwasgariad i ddangos yr wybodaeth hon.

(b) Disgrifiwch y cydberthyniad y mae'r diagram gwasgariad yn ei ddangos.

(c) Tynnwch linell ffit orau ar eich diagram gwasgariad.

(ch) Defnyddiwch eich llinell ffit orau i amcangyfrif:

　　(i) pwysau cwningen o'r brid hwn sy'n $4\frac{1}{2}$ mis oed.

　　(ii) pwysau cwningen o'r brid hwn sy'n 9 mis oed.

(d) Pe bai'r llinell ffit orau yn cael ei hestyn gallech amcangyfrif pwysau cwningen o'r brid hwn sy'n 20 mis oed.
A fyddai hynny'n synhwyrol? Rhowch reswm dros eich ateb.

6 → ARWYNEBEDD, CYFAINT A CHYNRYCHIOLIAD 2-D

YN Y BENNOD HON

- **Ystyr termau sy'n gysylltiedig â chylchoedd**
- **Cylchedd ac arwynebedd cylch**
- **Arwynebedd a chyfaint siapiau cymhleth**
- **Cyfaint prism**
- **Cyfaint ac arwynebedd arwyneb silindr**
- **Uwcholygon a golygon**

DYLECH WYBOD YN BAROD

- ystyr *cylchedd, diamedr* a *radiws*
- ystyr *arwynebedd* a *chyfaint*
- sut i ddarganfod arwynebedd petryal a thriongl
- sut i ddarganfod cyfaint ciwboid

Cylchoedd

Cylchedd yw'r pellter yr holl ffordd o amgylch cylch.

Sylwch hefyd mai **cylchyn** yw'r enw ar y linell gron sy'n ffurfio cylch. Felly, y cylchedd yw hyd y cylchyn. Ceisiwch beidio â drysu rhwng dau derm mor debyg!

Mae **diamedr** yn linell yr holl ffordd ar draws cylch ac yn mynd trwy ei ganol. Dyma'r hyd mwyaf ar draws y cylch.

Radiws yw'r term am linell o ganol cylch i'r cylchyn. Yn unrhyw gylch, mae'r radiws yr un fath bob amser, hynny yw, mae'n gyson.

Dyma rai termau eraill sy'n gysylltiedig â chylchoedd.

Mae **tangiad** yn 'cyffwrdd' â chylch ac mae ar ongl sgwâr i'r radiws.
Rhan o'r cylchyn yw **arc**.
Mae **sector** yn rhan o gylch rhwng dau radiws, fel tafell o deisen.
Mae **cord** yn linell syth sy'n rhannu'r cylch yn ddwy ran.
Segment yw'r enw ar y rhan sy'n cael ei thorri ymaith gan gord. **Y segment lleiaf** yw'r un sy'n cael ei ddangos yn y diagram. Mae'r **segment mwyaf** ar yr ochr arall i'r cord.

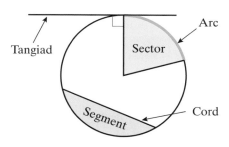

Dylech ddefnyddio'r termau mathemategol hyn wrth sôn am rannau cylch.

Cylchedd cylch

Sylwi 6.1

Casglwch nifer o eitemau crwn neu silindrog.
Mesurwch gylchedd a diamedr pob eitem a chwblhewch dabl fel hwn.

Enw'r eitem	Cylchedd	Diamedr	Cylchedd ÷ Diamedr

Beth welwch chi?

Ar gyfer unrhyw gylch, $\dfrac{\text{cylchedd}}{\text{diamedr}} \approx 3$.

Pe bai'n bosibl cael mesuriadau manwl gywir iawn, byddem yn gweld
bod $\dfrac{\text{cylchedd}}{\text{diamedr}} = 3.141\,592\ldots$

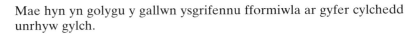

Diamedr

Cylchedd

Y term am y rhif hwn yw *pi* ac mae'n cael ei gynrychioli gan y symbol π.

Mae hyn yn golygu y gallwn ysgrifennu fformiwla ar gyfer cylchedd
unrhyw gylch.

$$\text{Cylchedd} = \pi \times \text{diamedr} \quad \text{neu} \quad C = \pi d.$$

Mae π yn rhif degol nad yw'n derfynus nac yn gylchol; mae'n parhau yn
ddiddiwedd. Wrth wneud cyfrifiadau, gallwch naill ai defnyddio'r botwm
$\boxed{\pi}$ ar gyfrifiannell neu ddefnyddio brasamcan: mae 3.142 yn addas.

ENGHRAIFFT 6.1

Darganfyddwch gylchedd cylch sydd â'i ddiamedr yn 45 cm.

Datrysiad

Cylchedd = $\pi \times$ diamedr
$\qquad = 3.142 \times 45$
$\qquad = 141.39$ Brasamcan ar gyfer π yw 3.142, felly ni fydd eich ateb yn
$\qquad = 141.4$ cm   union gywir a dylai gael ei dalgrynnu. Yn aml bydd cwestiwn
yn dweud wrthych i ba raddau o fanwl gywirdeb i roi eich
ateb. Yma mae'r ateb yn cael ei roi yn gywir i 1 lle degol.

Gallech wneud y cyfrifiad hwn ar gyfrifiannell, gan ddefnyddio'r botwm $\boxed{\pi}$.

Gwasgwch $\boxed{\pi}$ $\boxed{\times}$ $\boxed{4}$ $\boxed{5}$ $\boxed{=}$. Yr ateb ar y sgrin fydd 141.371 67.

YMARFER 6.1

Defnyddiwch y fformiwla i ddarganfod cylchedd cylchoedd sydd â'r diamedrau hyn.

1 12 cm	**2** 25 cm	**3** 90 cm	**4** 37 mm	**5** 66 mm	**6** 27 cm
7 52 cm	**8** 4.7 cm	**9** 9.2 cm	**10** 7.3 m	**11** 2.9 m	**12** 1.23 m

Gan fod diamedr wedi ei wneud o 2 radiws, $d = 2r$ ac mae'r

$$\text{cylchedd} = \pi \times 2r = 2\pi r.$$

Her 6.1

Darganfyddwch gylchedd cylchoedd sydd â'r radiysau hyn.

(a) 8 cm   **(b)** 30 cm   **(c)** 65 cm   **(ch)** 59 mm   **(d)** 0.7 m   **(dd)** 1.35 m

Her 6.2

Diamedr olwyn beic yw 66 cm.

Faint o gylchdroeon cyflawn y bydd yr olwyn yn eu cwblhau ar daith 1 cilometr?

Arwynebedd cylch

Ystyr arwynebedd cylch yw'r arwyneb y mae'n ei orchuddio.

Sylwi 6.2

Cymerwch ddisg o bapur a'i dorri'n 12 sector cul, pob un ohonynt yr un maint.

Trefnwch nhw, gan wrthdroi'r darnau bob yn ail, fel hyn.

Mae hyn bron â bod yn betryal. Pe byddech wedi torri'r disg yn 100 o sectorau byddai'n fwy manwl gywir.

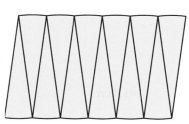

(a) Beth yw mesuriadau'r petryal?

(b) Beth yw ei arwynebedd?

Uchder y petryal yn Sylwi 6.2 yw radiws y cylch, r.

Y lled yw hanner cylchedd y cylch, $\frac{1}{2}\pi d$ neu πr.

Mae hyn yn rhoi fformiwla i gyfrifo arwynebedd cylch.

Arwynebedd $= \pi r^2$ lle mae r yn radiws y cylch.

AWGRYM

Y fformiwla yw Arwynebedd $= \pi r^2$. Mae hyn yn golygu $\pi \times r^2$, hynny yw sgwario r yn gyntaf ac yna lluosi â π. Peidiwch â chyfrifo $(\pi r)^2$.

ENGHRAIFFT 6.2

Darganfyddwch arwynebedd cylch sydd â'i radiws yn 23 cm.

Datrysiad

Arwynebedd $= \pi r^2$
$\qquad = 3.142 \times 23^2$
$\qquad = 1662.118$
$\qquad = 1662$ cm^2 (i'r rhif cyfan agosaf)

AWGRYM

Gallech wneud y cyfrifiad hwn ar gyfrifiannell, gan ddefnyddio'r botwm $\boxed{\pi}$.

Gwasgwch $\boxed{\pi}$ $\boxed{\times}$ $\boxed{2}$ $\boxed{3}$ $\boxed{x^2}$ $\boxed{=}$. Yr ateb ar y sgrin fydd 1661.9025.

◎ YMARFER 6.2

1 Defnyddiwch y fformiwla i ddarganfod arwynebedd cylchoedd sydd â'r radiysau canlynol.

(a) 14 cm	**(b)** 28 cm	**(c)** 80 cm	**(ch)** 35 mm
(d) 62 mm	**(dd)** 43 cm	**(e)** 55 cm	**(f)** 4.9 cm
(ff) 9.7 cm	**(g)** 3.4 m	**(ng)** 2.6 m	**(h)** 1.25 m

2 Defnyddiwch y fformiwla i ddarganfod arwynebedd cylchoedd sydd â'r diamedrau canlynol.

(a) 16 cm	**(b)** 24 cm	**(c)** 70 cm	**(ch)** 36 mm
(e) 82 mm	**(dd)** 48 cm	**(e)** 54 cm	**(f)** 4.4 cm
(ff) 9.8 cm	**(g)** 3.8 m	**(ng)** 2.8 m	**(h)** 2.34 m

Mae'r diagram yn dangos dimensiynau wasier fetel.

Cyfrifwch arwynebedd y wasier.

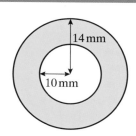

Arwynebedd siapiau cymhleth

Y fformiwla ar gyfer arwynebedd petryal yw

> Arwynebedd = hyd × lled   neu $A = h \times l$.

Y fformiwla ar gyfer arwynebedd triongl yw

> Arwynebedd $= \frac{1}{2} \times$ sail $\times$ uchder   neu $A = \frac{1}{2} \times s \times u$.

Gallwn ddefnyddio'r fformiwlâu hyn i ddarganfod arwynebedd siapiau mwy cymhleth, trwy eu gwahanu'n betryalau a thrionglau ongl sgwâr.

ENGHRAIFFT 6.3

Darganfyddwch arwynebedd y siâp hwn.

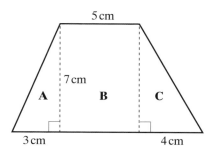

Datrysiad

Cyfrifwch arwynebedd y petryal a phob un o'r trionglau ar wahân ac wedyn adiwch y rhain i gael arwynebedd y siâp cyfan.

Arwynebedd y siâp = arwynebedd triongl **A** + arwynebedd petryal **B** + arwynebedd triongl **C**

$$= \quad \frac{3 \times 7}{2} \quad + \quad 5 \times 7 \quad + \quad \frac{4 \times 7}{2}$$

$$= \quad 10.5 \quad + \quad 35 \quad + \quad 14$$

$$= 59.5 \, \text{cm}^2$$

Darganfyddwch arwynebedd pob un o'r siapiau hyn.
Gwahanwch nhw'n betryalau a thrionglau ongl sgwâr yn gyntaf.

1
13 cm
4 cm
7 cm
18 cm

2
12 cm
3 cm
6 cm
13 cm
12 cm

3
19 cm
7 cm
25 cm
12 cm
10 cm

4
15 cm
5 cm
←7 cm→
7 cm
5 cm

5
8 cm
6 cm
6 cm
10 cm
6 cm
6 cm
8 cm

6
15 cm
6 cm
18 cm ←8 cm→
8 cm

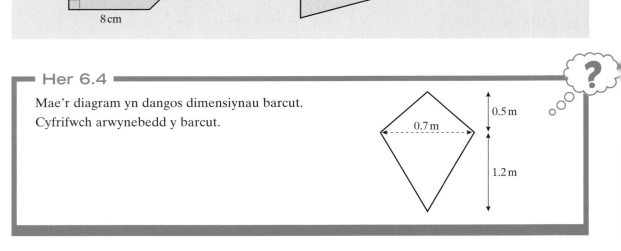

Her 6.4

Mae'r diagram yn dangos dimensiynau barcut.
Cyfrifwch arwynebedd y barcut.

0.5 m
0.7 m
1.2 m

Mae'r diagram yn dangos dimensiynau llafn peiriant torri lawnt.

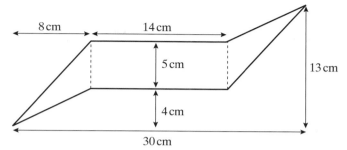

Cyfrifwch arwynebedd y llafn.

Cyfaint siapiau cymhleth

Y fformiwla ar gyfer cyfaint ciwboid yw

> Cyfaint = hyd × lled × uchder   neu $C = h \times l \times u$.

Mae'n bosibl darganfod cyfaint siapiau sydd wedi'u gwneud o giwboidau drwy eu gwahanu'n rhannau llai.

ENGHRAIFFT 6.4

Darganfyddwch gyfaint y siâp hwn.

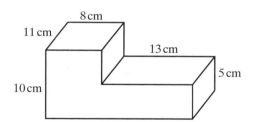

Datrysiad

Gallwch wahanu'r siâp hwn yn ddau giwboid, **A** a **B**.
Cyfrifwch gyfaint y ddau giwboid ac wedyn adiwch y rhain i gael cyfaint y siâp cyfan.

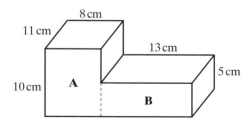

Cyfaint y siâp = cyfaint ciwboid **A** + cyfaint ciwboid **B**

$$
\begin{aligned}
&= \quad 8 \times 11 \times 10 \quad + \quad 13 \times 11 \times 5 \\
&= \quad\quad 880 \quad\quad + \quad\quad 715 \\
&= 1595 \text{ cm}^3
\end{aligned}
$$

Mae lled ciwboid **B** yr un fath â lled ciwboid **A**.

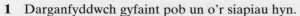
1   Darganfyddwch gyfaint pob un o'r siapiau hyn.

(a)
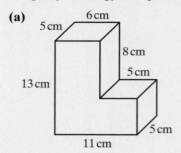

(b)
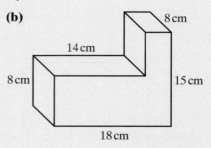

(c)
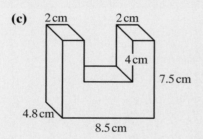

(ch)
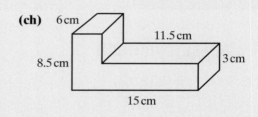

(d)
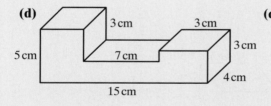

(dd)
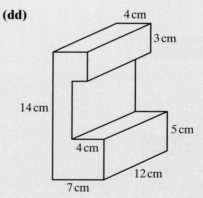

2   Mae'r diagram yn dangos capan drws concrit sy'n
cael ei ddefnyddio gan adeiladwyr. Cyfrifwch gyfaint
y concrit sydd ei angen i wneud y capan drws.

(Sylwch: *Nid* yw'r diagram wedi'i luniadu wrth raddfa.)

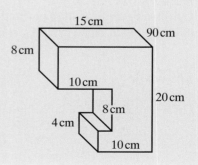

Cyfaint prism

Mae **prism** yn wrthrych tri dimensiwn sydd â'r un 'siâp' trwyddo i gyd.
Y diffiniad cywir yw fod gan y gwrthrych **drawstoriad unffurf**.

Yn y diagram hwn y rhan sydd wedi'i lliwio yw'r trawstoriad

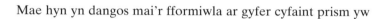

O edrych ar y siâp o bwynt F, gwelwn y trawstoriad fel siâp L. Pe byddem yn torri trwy'r siâp ar hyd y llinell doredig byddem yn dal i weld yr un trawstoriad.

Gallem dorri'r siâp yn dafellau, pob un â thrwch 1 cm.
Cyfaint pob tafell, mewn centimetrau ciwbig, fyddai arwynebedd y trawstoriad $\times$ 1.
Gan mai trwch y siâp yw 11 cm, byddai gennym 11 o dafellau unfath.
Felly cyfaint y siâp cyfan fyddai arwynebedd y trawstoriad $\times$ 11.

Mae hyn yn dangos mai'r fformiwla ar gyfer cyfaint prism yw

> Cyfaint = arwynebedd trawstoriad $\times$ hyd.

Arwynebedd y trawstoriad (wedi'i liwio) $= (10 \times 8) + (13 \times 5)$
$$= 80 + 65$$
$$= 145 \text{ cm}^2$$

Cyfaint $= 145 \times 11$
$$= 1595 \text{ cm}^3$$

Dyma'r un ateb ag a gawsom yn Enghraifft 6.4, pan ddaethom o hyd i gyfaint y siâp hwn trwy ei wahanu'n giwboidau.

Mae'r fformiwla'n gweithio ar gyfer unrhyw brism.

ENGHRAIFFT 6.5

Arwynebedd trawstoriad y prism hwn yw
374 cm², a'i hyd yw 26 cm.
Darganfyddwch ei gyfaint.

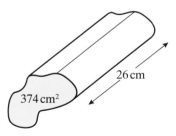

Datrysiad

Cyfaint = arwynebedd trawstoriad $\times$ hyd
$$= 374 \times 26$$
$$= 9724 \text{ cm}^3$$

1 Darganfyddwch gyfaint pob un o'r prismau hyn.

(a)

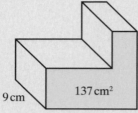

9 cm   137 cm²

(b)

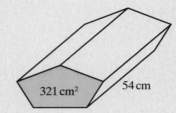

321 cm²   54 cm

(c)

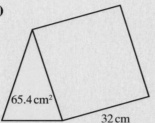

65.4 cm²   32 cm

(ch)

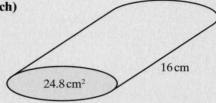

24.8 cm²   16 cm

(d)

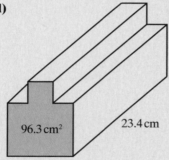

96.3 cm²   23.4 cm

(dd)

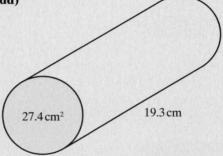

27.4 cm²   19.3 cm

2 Mae'r diagram yn dangos addurn wedi'i wneud o glai i ddal potiau planhigion ac mae ganddo drawstoriad unffurf.

Arwynebedd y trawstoriad yw 3400 mm² a hyd yr addurn clai yw 35 mm.
Beth yw cyfaint y clai yn yr addurn?

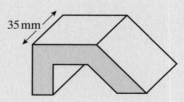

35 mm

Cyfaint silindr

Mae **silindr** yn fath arbennig o brism; mae'r trawstoriad yn gylch bob tro.

Mae silindr **A** a silindr **B** yn brismau unfath.

Gallwn ddarganfod cyfaint y ddau silindr gan ddefnyddio'r fformiwla ar gyfer cyfaint prism.

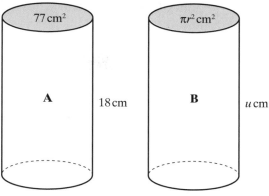

Cyfaint silindr **A** = arwynebedd trawstoriad $\times$ hyd
$$= 77 \times 18$$
$$= 1386 \text{ cm}^3$$

Cyfaint silindr **B** = arwynebedd trawstoriad (arwynebedd cylch)
$$\times \text{ hyd (uchder)}$$
$$= \pi r^2 \times u \text{ cm}^3$$

Mae hyn yn rhoi'r fformiwla ar gyfer cyfaint unrhyw silindr:

> Cyfaint $= \pi r^2 u$ lle mae r yn radiws y cylch ac u yn uchder y silindr.

ENGHRAIFFT 6.6

Darganfyddwch gyfaint silindr sydd â'i radiws yn 13 cm a'i uchder yn 50 cm.

Datrysiad

Cyfaint $= \pi r^2 u$
$$= 3.142 \times 13^2 \times 50$$
$$= 26\,549.9$$
$$= 26\,550 \text{ cm}^3 \text{ (i'r rhif cyfan agosaf)}$$

AWGRYM

Gallech wneud y cyfrifiad hwn ar gyfrifiannell, gan ddefnyddio'r botwm $\boxed{\pi}$.

Gwasgwch $\boxed{\pi}$ $\boxed{\times}$ $\boxed{1}$ $\boxed{3}$ $\boxed{x^2}$ $\boxed{\times}$ $\boxed{5}$ $\boxed{0}$ $\boxed{=}$. Yr ateb ar y sgrin fydd 26 546.458.

O dalgrynnu hyn i'r rhif cyfan agosaf, yr ateb yw 26 546 cm^3. Mae hyn yn wahanol i'r ateb a gewch wrth ddefnyddio 3.142 fel brasamcan ar gyfer 26 546 cm^3 oherwydd bod y cyfrifiannell yn defnyddio gwerth mwy manwl gywir ar gyfer π.

1. Defnyddiwch y fformiwla i ddarganfod cyfaint silindrau sydd â'r mesuriadau hyn.

   (a) Radiws 8 cm ac uchder 35 cm   **(b)** Radiws 14 cm ac uchder 42 cm

   (c) Radiws 20 cm ac uchder 90 cm   **(ch)** Radiws 12 mm ac uchder 55 mm

   (d) Radiws 25 mm ac uchder 6 mm   **(dd)** Radiws 0.7 mm ac uchder 75 mm

   (e) Radiws 3 m ac uchder 25 m   **(f)** Radiws 5.8 m ac uchder 3.5 m

2. Mae'r diagram yn dangos capfaen sy'n cael ei osod ar ben wal.

   Cyfrifwch gyfaint y capfaen.

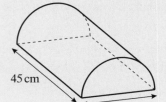

45 cm

— Her 6.6 ————————————————————

Mae tanc dŵr mewn ffatri yn silindr, fel y mae'r diagram yn ei ddangos.

Mae'r tanc yn llawn ac mae'r dŵr yn cael ei bwmpio allan ar gyfradd o 600 litr y munud.

Faint o amser y mae'n ei gymryd i wagio'r tanc?

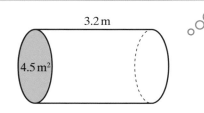

3.2 m

4.5 m²

Arwynebedd arwyneb silindr

Mae'n debyg y gallwch feddwl am lawer o enghreifftiau o silindrau. Yn achos rhai ohonynt, fel tiwb mewnol rholyn o bapur cegin, does dim pennau iddynt: caiff y rhain eu galw'n **silindrau agored**. Yn achos eraill, fel tun o ffa pob, mae pennau iddynt: caiff y rhain eu galw'n **silindrau caeedig**.

Arwynebedd arwyneb crwm

Pe byddem yn cymryd silindr agored, yn torri'n syth i lawr ei hyd ac yn ei agor allan, byddem yn cael petryal. Mae **arwynebedd arwyneb crwm** y silindr wedi dod yn siâp gwastad.

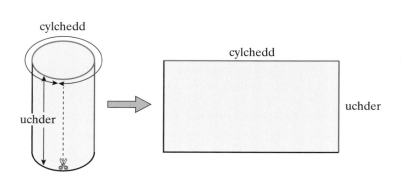

cylchedd

cylchedd

uchder

uchder

Arwynebedd y petryal yw cylchedd × uchder.

Rydym yn gwybod mai'r fformiwla ar gyfer cylchedd cylch yw

Cylchedd = $\pi \times$ diamedr   neu $C = \pi d$ neu $C = 2\pi r$ (ar gyfer radiws r).

Felly y fformiwla ar gyfer arwynebedd arwyneb crwm unrhyw silindr yw

Arwynebedd arwyneb crwm = $\pi \times$ diamedr $\times$ uchder   neu $\pi d u$.

Fel arfer caiff y fformiwla hon ei hysgrifennu yn nhermau'r radiws.
Rydym yn gwybod bod y radiws yn hanner hyd y diamedr, neu $d = 2r$.

Felly gallwn ysgrifennu'r fformiwla ar gyfer arwynebedd arwyneb crwm
unrhyw silindr fel

Arwynebedd arwyneb crwm = $2 \times \pi \times$ radiws $\times$ uchder   neu $2\pi r u$.

ENGHRAIFFT 6.7

Darganfyddwch arwynebedd arwyneb crwm silindr sydd â'i radiws yn 4 cm a'i
uchder yn 0.7 cm.

Datrysiad

Arwynebedd arwyneb crwm = $2\pi r u$
$$= 2 \times 3.142 \times 4 \times 0.7$$
$$= 17.5952$$
$$= 17.6 \text{ cm}^2 \text{ (yn gywir i 1 lle degol)}$$

AWGRYM

Gallech wneud y cyfrifiad hwn ar gyfrifiannell, gan ddefnyddio'r botwm $\boxed{\pi}$.

Gwasgwch $\boxed{2}$ $\boxed{\times}$ $\boxed{\pi}$ $\boxed{\times}$ $\boxed{4}$ $\boxed{\times}$ $\boxed{0}$ $\boxed{.}$ $\boxed{7}$ $\boxed{=}$. Yr ateb ar y sgrin fydd 17.592 919.

Cyfanswm arwynebedd arwyneb

Mae cyfanswm arwynebedd arwyneb silindr caeedig yn cynnwys arwynebedd
yr arwyneb crwm ac arwynebedd y ddau ben crwn.

Felly y fformiwla ar gyfer cyfanswm arwynebedd arwyneb silindr (caeedig) yw

Cyfanswm arwynebedd arwyneb = $2\pi r u + 2\pi r^2$.

ENGHRAIFFT 6.8

Darganfyddwch gyfanswm arwynebedd arwyneb silindr caeedig sydd â'i radiws yn 13 cm a'i uchder yn 1.5 cm.

Datrysiad

$$\text{Cyfanswm arwynebedd arwyneb} = 2\pi ru + 2\pi r^2$$
$$= (2 \times 3.142 \times 13 \times 1.5) + (2 \times 3.142 \times 13^2)$$
$$= 122.538 + 1061.996 = 1184.534$$
$$= 1185 \text{ cm}^2 \text{ (yn gywir i'r rhif cyfan agosaf)}$$

AWGRYM

Gallech wneud y cyfrifiad hwn ar gyfrifiannell, gan ddefnyddio'r botwm $\boxed{\pi}$.

Gwasgwch $\boxed{(}$ $\boxed{2}$ $\boxed{\times}$ $\boxed{\pi}$ $\boxed{\times}$ $\boxed{1}$ $\boxed{3}$ $\boxed{\times}$ $\boxed{1}$ $\boxed{.}$ $\boxed{5}$ $\boxed{)}$ $\boxed{+}$ $\boxed{(}$ $\boxed{2}$ $\boxed{\times}$ $\boxed{\pi}$ $\boxed{\times}$ $\boxed{1}$ $\boxed{3}$ $\boxed{x^2}$ $\boxed{)}$ $\boxed{=}$

Yr ateb ar y sgrin fydd 1184.3804.

O dalgrynnu hyn i'r rhif cyfan agosaf, yr ateb yw 1184 cm². Mae hyn yn wahanol i'r ateb a gewch wrth ddefnyddio 3.142 fel brasamcan ar gyfer π oherwydd bod y cyfrifiannell yn defnyddio gwerth mwy manwl gywir ar gyfer π.

YMARFER 6.7

1 Darganfyddwch arwynebedd arwyneb crwm silindrau sydd â'r mesuriadau hyn.
   (a) Radiws 12 cm ac uchder 24 cm
   (b) Radiws 11 cm ac uchder 33 cm
   (c) Radiws 30 cm ac uchder 15 cm
   (ch) Radiws 18 mm ac uchder 35 mm
   (d) Radiws 15 mm ac uchder 4 mm
   (dd) Radiws 1.3 mm ac uchder 57 mm.
   (e) Radiws 2.1 m ac uchder 10 m.
   (f) Radiws 3.5 m ac uchder 3.5 m.

2 Siâp silindr sydd i'r tiwb cardbord mewn rholyn o bapur toiled.
   Diamedr y tiwb yw 4.4 cm a hyd y tiwb yw 11 cm.
   Darganfyddwch arwynebedd y cardbord a ddefnyddir i wneud y tiwb.

3 Darganfyddwch gyfanswm arwynebedd arwyneb silindrau sydd â'r mesuriadau hyn.
   (a) Radiws 14 cm ac uchder 10 cm
   (b) Radiws 21 cm ac uchder 32 cm
   (c) Radiws 35 cm ac uchder 12 cm
   (ch) Radiws 18 mm ac uchder 9 mm
   (d) Radiws 25 mm ac uchder 6 mm
   (dd) Radiws 3.5 mm ac uchder 50 mm
   (e) Radiws 1.8 m ac uchder 15 m
   (f) Radiws 2.5 m ac uchder 1.3 m

Her 6.7

Arwynebedd arwyneb crwm silindr agored yw 550 cm², i'r rhif cyfan agosaf.

Uchder y silindr yw 19.5 cm.

Darganfyddwch ddiamedr y silindr.

Cyfanswm arwynebedd arwyneb silindr caeedig yw 2163 cm², i'r rhif cyfan agosaf.

Radiws y silindr yw 8.5 cm.

Darganfyddwch uchder y silindr.

Uwcholygon a golygon

Mae'r diagram hwn yn rhan o gynllun adeiladwr ar gyfer stad o dai.

Mae'n dangos siapiau'r tai o'u gweld oddi uchod. **Uwcholwg** yw'r term mathemategol am hyn.

Dim ond siâp yr adeiladau oddi uchod y gallwn ei nodi o'r cynllun. Ni allwn ddweud ai byngalos ydynt neu dai dau lawr neu floc o fflatiau hyd yn oed.

Blaenolwg yw'r term am yr olwg ar wrthrych o'r tu blaen, **ochrolwg** yw'r term am yr olwg o'r ochr a'r **cefnolwg** yw'r olwg o'r tu cefn. Mae golwg yn dangos uchder gwrthrych i ni.

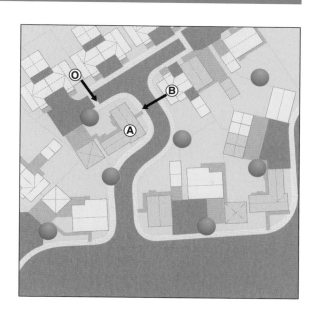

ENGHRAIFFT 6.9

Ar gyfer tŷ A, brasluniwch

(a) golwg bosibl o B. **(b)** golwg bosibl o O.

Datrysiad

(a) Golwg o B **(b) Golwg o O**

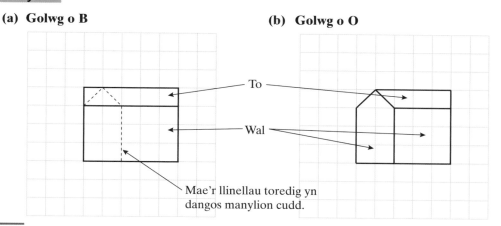

To

Wal

Mae'r llinellau toredig yn dangos manylion cudd.

ENGHRAIFFT 6.10

Ar gyfer y siâp hwn, lluniadwch
(a) yr uwcholwg.
(b) y blaenolwg (yr olwg o B)
(c) yr ochrolwg o O.

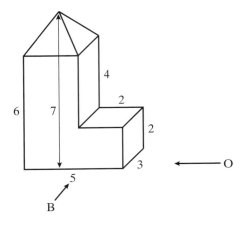

Datrysiad

(a) Uwcholwg

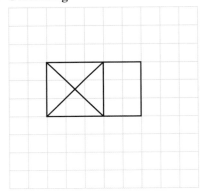

Mae'r groes yn dangos ymylon y pyramid sydd ar ben y tŵr. Y petryal ar y dde yw top gwastad rhan isaf y siâp.

(b) Blaenolwg

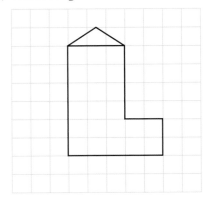

(c) Ochrolwg

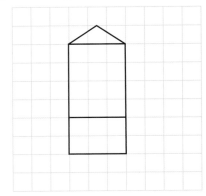

Lluniadwch yr uwcholwg, y blaenolwg a'r ochrolwg ar y bloc adeiladu hwn sy'n degan plentyn.

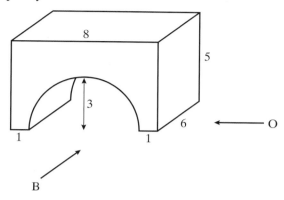

Datrysiad

Uwcholwg

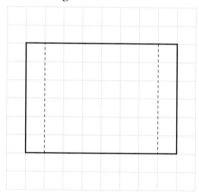

Gallwch ddefnyddio llinellau toredig i ddangos manylion cudd.

Yn yr uwcholwg, mae'r llinellau toredig yn dangos ochrau'r twnnel ar lefel y llawr.

Yn yr ochrolwg, mae'r llinell doredig yn dangos top y twnnel.

Blaenolwg

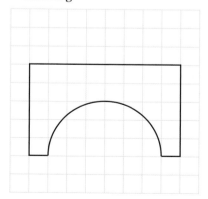

Ochrolwg

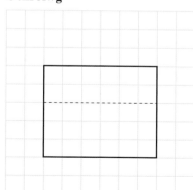

Lluniadwch yr uwcholwg, y blaenolwg a'r ochrolwg ar bob un o'r gwrthrychau hyn.

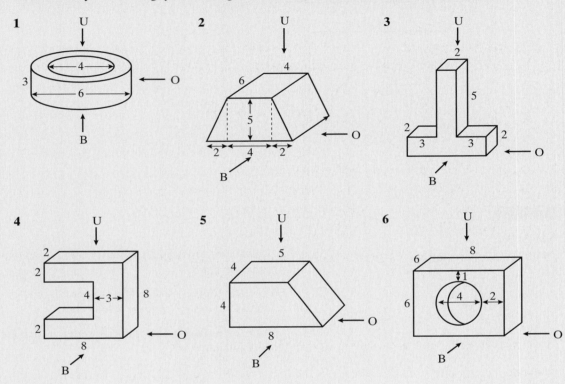

- enwau rhannau cylch
- mai'r fformiwla ar gyfer cylchedd cylch yw Cylchedd $= \pi d$ neu $2\pi r$
- mai'r fformiwla ar gyfer arwynebedd cylch yw Arwynebedd $= \pi r^2$
- y gallwch ddarganfod arwynebedd siâp cymhleth trwy wahanu'r siâp yn betryalau a thrionglau ongl sgwâr
- y gallwch ddarganfod cyfaint siâp cymhleth trwy wahanu'r siâp yn giwboidau
- bod prism yn wrthrych tri dimensiwn sydd â thrawstoriad unffurf
- mai'r fformiwla ar gyfer cyfaint prism yw Cyfaint $=$ arwynebedd trawstoriad $\times$ hyd
- bod silindr yn fath arbennig o brism sydd â'i drawstoriad bob amser yn gylch
- mai'r fformiwla ar gyfer cyfaint silindr yw Cyfaint $= \pi r^2 u$
- mai'r fformiwla ar gyfer arwynebedd arwyneb crwm silindr yw Arwynebedd arwyneb crwm $= 2\pi r u$ neu $\pi d u$

- mai'r fformiwla ar gyfer cyfanswm arwynebedd arwyneb silindr (caeedig) yw
  Cyfanswm arwynebedd arwyneb = $2\pi ru + 2\pi r^2$
- **mai uwcholwg ar wrthrych yw siâp y gwrthrych o'i weld oddi uchod**
- **mai golwg ar wrthrych yw siâp y gwrthrych o'i weld o'r tu blaen, o'r tu cefn neu o'r ochr**

⊙ YMARFER CYMYSG 6

1 Darganfyddwch gylchedd cylchoedd sydd â'r diamedrau hyn.

  (a) 14.2 cm   **(b)** 29.7 cm

  (c) 65 cm   **(ch)** 32.1 mm

2 Darganfyddwch arwynebedd cylchoedd sydd â'r mesuriadau hyn.

  (a) Radiws 6.36 cm   **(b)** Radiws 2.79 m

  (c) Radiws 8.7 mm   **(ch)** Diamedr 9.4 mm

  (d) Diamedr 12.6 cm   **(dd)** Diamedr 9.58 m

3 Lluniadwch gylch sydd â'i radiws yn 4 cm. Ar y cylch lluniadwch a labelwch

  (a) cord.

  (b) sector.

  (c) tangiad.

4 Cyfrifwch arwynebedd pob un o'r siapiau hyn.

(a)

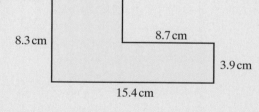

(b)

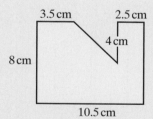

(c)

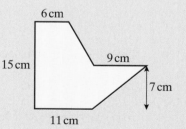

(ch)

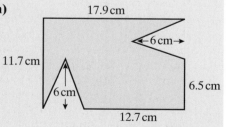

5 Darganfyddwch gyfaint pob un o'r siapiau hyn.

(a)

2 cm

7 cm

12 cm

4 cm

6 cm

(b)

3 cm

3 cm

6 cm

4 cm

10 cm

(c)

4 cm

4.7 cm

7.2 cm

5.7 cm

9.6 cm

(ch)

3 cm

4 cm

4 cm

5 cm

8 cm

2 cm

10 cm

(d)

3.4 cm

4.2 cm

1.8 cm

7.2 cm

8 cm

10.6 cm

8.4 cm

(dd)

8.4 cm

6.6 cm

6.6 cm

2 cm

4 cm

4 cm

2 cm

6.6 cm

7 cm

6.6 cm

2 cm

2 cm

8.4 cm

6 Darganfyddwch gyfaint pob un o'r prismau hyn.

(a)

37.4 cm

543 cm²

(b)

93.4 mm²

16.9 mm

(c)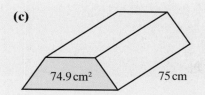

74.9 cm² 75 cm

(ch)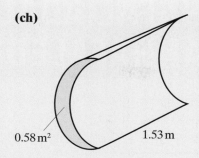

0.58 m² 1.53 m

7 Darganfyddwch gyfaint silindrau sydd â'r mesuriadau hyn.
   (a) Radiws 6 mm ac uchder 23 mm
   (b) Radiws 17 mm ac uchder 3.6 mm
   (c) Radiws 22 cm ac uchder 70 cm
   (ch) Radiws 12 cm ac uchder 0.4 cm
   (e) Radiws 35 m ac uchder 6 m
   (dd) Radiws 1.8 m ac uchder 2.7 m

8 Darganfyddwch arwynebedd arwyneb crwm silindrau sydd â'r mesuriadau hyn.
   (a) Radiws 9.6 m ac uchder 27.5 m
   (b) Radiws 23.6 cm ac uchder 16.4 cm
   (c) Radiws 1.7 cm ac uchder 1.5 cm
   (ch) Radiws 16.7 mm ac uchder 6.4 mm

9 Darganfyddwch gyfanswm arwynebedd arwyneb silindrau sydd â'r mesuriadau hyn.
   (a) Radiws 23 mm ac uchder 13 mm
   (b) Radiws 3.6 m ac uchder 1.4 m
   (c) Radiws 2.65 cm ac uchder 7.8 cm
   (ch) Radiws 4.7 cm ac uchder 13.8 cm

10 Lluniadwch yr uwcholwg, y blaenolwg a'r ochrolwg ar y gwrthrychau hyn.

(a)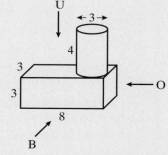

(b)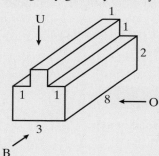

(c)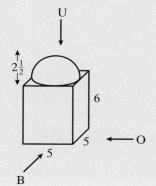

(ch)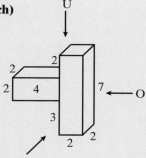

DYLECH WYBOD YN BAROD

- sut i gasglu termau tebyg
- sut i adio, tynnu, lluosi a rhannu â rhifau negatif
- rhifau cyfan wedi eu sgwario hyd at 10

Datrys hafaliadau

Weithiau mae'r term x yn yr hafaliad wedi'i sgwario (x^2). Os oes term x wedi'i sgwario yn yr hafaliad heb unrhyw derm x arall, gallwn ei ddatrys yn y ffordd arferol. Fodd bynnag, rhaid cofio os byddwn yn sgwario rhif negatif fod y canlyniad yn bositif. Er enghraifft, $(-6)^2 = 36$.

Pan fyddwn yn datrys hafaliad sy'n cynnwys x^2, fel arfer bydd dau werth sy'n bodloni'r hafaliad.

ENGHRAIFFT 7.1

Datryswch yr hafaliadau hyn.

(a) $5x + 1 = 16$

(b) $x^2 + 3 = 39$

AWGRYM Cofiwch fod rhaid gwneud yr un peth i ddwy ochr yr hafaliad bob tro.

Datrysiad

(a)
$$5x + 1 = 16$$
$$5x + 1 - 1 = 16 - 1 \qquad \text{Yn gyntaf tynnwch 1 o'r ddwy ochr.}$$
$$5x = 15$$
$$5x \div 5 = 15 \div 5 \qquad \text{Nawr rhannwch y ddwy ochr â 5.}$$
$$x = 3$$

(b) $x^2 + 3 = 39$
$$x^2 = 36 \qquad \text{Yn gyntaf tynnwch 3 o'r ddwy ochr.}$$
$$\sqrt{x^2} = \pm\sqrt{36} \qquad \text{Nawr darganfyddwch ail isradd y ddwy ochr.}$$
$$x = 6$$
$$\text{neu } x = -6$$

Datryswch yr hafaliadau hyn.

1 $2x - 1 = 13$

2 $2x - 1 = 0$

3 $2x - 13 = 1$

4 $3x - 2 = 19$

5 $6x + 12 = 18$

6 $3x - 7 = 14$

7 $4x - 8 = 12$

8 $4x + 12 = 28$

9 $3x - 6 = 24$

10 $5x - 10 = 20$

11 $x^2 + 3 = 28$

12 $x^2 - 4 = 45$

13 $y^2 - 2 = 62$

14 $m^2 + 3 = 84$

15 $m^2 - 5 = 20$

16 $x^2 + 10 = 110$

17 $x^2 - 4 = 60$

18 $20 + x^2 = 36$

19 $16 - x^2 = 12$

20 $200 - x^2 = 100$

Datrys hafaliadau sydd â chromfachau

Dysgoch sut i **ehangu cromfachau** ym Mhennod 2.

Os byddwn yn datrys hafaliad sydd â chromfachau ynddo, byddwn yn ehangu (neu ddiddymu) y cromfachau yn gyntaf.

AWGRYM
> Cofiwch luosi *pob* term sydd y tu mewn i'r cromfachau â'r rhif sydd y tu allan i'r cromfachau.

ENGHRAIFFT 7.2

Datryswch yr hafaliadau hyn.

(a) $3(x + 4) = 24$

(b) $4(p - 3) = 20$

Datrysiad

(a) $3(x + 4) = 24$
$3x + 12 = 24$ Lluoswch bob term sydd y tu mewn i'r cromfachau â 3.
$3x = 12$ Tynnwch 12 o'r ddwy ochr.
$x = 4$ Rhannwch y ddwy ochr â 3.

(b) $4(p - 3) = 20$
$4p - 12 = 20$ Lluoswch bob term sydd y tu mewn i'r cromfachau â 4.
$4p = 32$ Adiwch 12 at y ddwy ochr.
$p = 8$ Rhannwch y ddwy ochr â 4.

Datryswch yr hafaliadau hyn.

1 $3(p - 4) = 36$	**2** $3(4 + x) = 21$	**3** $6(x - 6) = 6$	**4** $4(x + 3) = 16$
5 $2(x - 8) = 14$	**6** $2(x + 4) = 10$	**7** $2(x - 4) = 20$	**8** $5(x + 1) = 30$
9 $3(x + 7) = 9$	**10** $2(x - 7) = 6$	**11** $5(x - 6) = 20$	**12** $7(a + 3) = 28$
13 $3(2x + 3) = 40$	**14** $5(3x - 1) = 40$	**15** $2(5x - 3) = 14$	**16** $4(3x - 2) = 28$
17 $7(x - 4) = 28$	**18** $3(5x - 12) = 24$	**19** $2(4x + 2) = 20$	**20** $2(2x - 5) = 12$

Hafaliadau sydd ag x ar y ddwy ochr

Mewn rhai hafaliadau, fel $3x + 4 = 2x + 5$, mae x ar y ddwy ochr.

Dylech roi'r holl dermau x gyda'i gilydd ar ochr chwith yr hafaliad a'r holl dermau cyson gyda'i gilydd ar yr ochr dde.

$$3x + 4 = 2x + 5$$
$$3x + 4 - 2x = 2x + 5 - 2x$$
$$x + 4 = 5$$
$$x + 4 - 4 = 5 - 4$$
$$x = 1$$

Dechreuwch drwy dynnu $2x$ o'r ddwy ochr. Bydd hynny'n canslo'r $2x$ ar yr ochr dde ac yn cael yr holl dermau x gyda'i gilydd ar ochr chwith yr hafaliad. Nawr tynnwch 4 o'r ddwy ochr. Bydd hynny'n canslo'r 4 ar ochr chwith yr hafaliad.

ENGHRAIFFT 7.3

Datryswch yr hafaliadau hyn.

(a) $8x - 3 = 3x + 7$

(b) $18 - 5x = 4x + 9$

Datrysiad

(a)
$$8x - 3 = 3x + 7$$
$$8x - 3 - 3x = 3x + 7 - 3x$$
$$5x - 3 = 7$$
$$5x - 3 + 3 = 7 + 3$$
$$5x = 10$$
$$\frac{5x}{5} = \frac{10}{5}$$
$$x = 2$$

Dechreuwch drwy dynnu $3x$ o'r ddwy ochr. Bydd hynny'n canslo'r $3x$ ar ochr dde ac yn rhoi'r holl dermau x gyda'i gilydd ar ochr chwith yr hafaliad.
Nawr adiwch 3 at y ddwy ochr. Bydd hynny'n canslo'r 3 ar ochr chwith yr hafaliad.
Rhannwch y ddwy ochr â chyfernod x, hynny yw, â 5.

(b)
$$18 - 5x = 4x + 9$$
$$18 - 5x - 4x = 4x + 9 - 4x$$
$$18 - 9x = 9$$
$$18 - 9x - 18 = 9 - 18$$
$$\frac{-9x}{-9} = \frac{-9}{-9}$$
$$x = 1$$

Dechreuwch drwy dynnu $4x$ o'r ddwy ochr. Bydd hynny'n canslo'r $4x$ ar yr ochr dde ac yn rhoi'r holl dermau x gyda'i gilydd ar ochr chwith yr hafaliad.
Nawr tynnwch 18 o'r ddwy ochr. Bydd hynny'n canslo'r 18 ar ochr chwith yr hafaliad.
Rhannwch y ddwy ochr â chyfernod x, hynny yw, â -9.

Datryswch yr hafaliadau hyn.

1 $7x - 4 = 3x + 8$ **2** $5x + 4 = 2x + 13$ **3** $6x - 2 = x + 8$ **4** $5x + 1 = 3x + 21$

5 $9x - 10 = 3x + 8$ **6** $5x - 12 = 2x - 6$ **7** $4x - 23 = x + 7$ **8** $8x + 8 = 3x - 2$

9 $11x - 7 = 6x + 8$ **10** $5 + 3x = x + 9$ **11** $2x - 3 = 7 - 3x$ **12** $4x - 1 = 2 + x$

13 $2x - 7 = x - 4$ **14** $3x - 2 = x + 7$ **15** $x - 5 = 2x - 9$ **16** $x + 9 = 3x - 3$

17 $3x - 4 = 2 - 3x$ **18** $5x - 6 = 16 - 6x$ **19** $3(x + 1) = 2x$ **20** $49 - 3x = x + 21$

Her 7.1

Mae hyd cae petryal 10 metr yn fwy na'i led.

Perimedr y cae yw 220 metr.

Beth yw lled a hyd y cae?

Awgrym: gadewch i x gynrychioli'r lled a lluniadwch fraslun o'r petryal.

Her 7.2

Mae petryal yn mesur $(2x + 1)$ cm wrth $(x + 9)$ cm.

Darganfyddwch werth ar gyfer x sy'n sicrhau mai sgwâr yw'r petryal.

Her 7.3

Dyma hafaliad sydd â blychau yn hytrach na rhifau.

$\boxed{}x + \boxed{} = \boxed{}x + \boxed{}$

Daeth Iolo o hyd i bedwar rhif i'w rhoi yn y blychau trwy rolio dis cyffredin â chwe wyneb iddo bedair gwaith. Yna ceisiodd ddatrys yr hafaliad yr oedd wedi ei wneud.

(a) Beth yw'r datrysiad mwyaf posibl?

(b) Beth yw'r datrysiad lleiaf posibl?

(c) Darganfyddwch hafaliad na fydd Iolo yn gallu ei ddatrys.

Ffracsiynau mewn hafaliadau

Rydych yn gwybod yn barod fod $k \div 6$ yn gallu cael ei ysgrifennu fel $\frac{k}{6}$.

Byddwn yn datrys hafaliad fel $\frac{k}{6} = 2$ trwy luosi dwy ochr yr hafaliad ag enwadur y ffracsiwn.

Prawf sydyn 7.1

Datryswch yr hafaliadau hyn.

(a) $\frac{x}{3} = 10$ **(b)** $\frac{m}{4} = 2$ **(c)** $\frac{m}{2} = 6$ **(ch)** $\frac{p}{3} = 9$ **(d)** $\frac{y}{7} = 4$

Mae'n cymryd mwy nag un cam i ddatrys rhai hafaliadau sy'n cynnwys ffracsiynau. I ddatrys y rhain byddwn yn defnyddio'r un dull ag ar gyfer hafaliadau heb ffracsiynau. Gallwn gael gwared â'r ffracsiwn drwy luosi dwy ochr yr hafaliad ag enwadur y ffracsiwn, ar y diwedd.

ENGHRAIFFT 7.4

Datryswch yr hafaliad $\frac{x}{8} + 3 = 5$.

Datrysiad

$\frac{x}{8} + 3 = 5$

$\frac{x}{8} = 2$ Tynnwch 3 o'r ddwy ochr.

$x = 16$ Lluoswch y ddwy ochr ag 8.

YMARFER 7.4

Datryswch yr hafaliadau hyn.

1 $\frac{x}{4} + 3 = 7$ **2** $\frac{a}{5} - 2 = 6$ **3** $\frac{x}{4} - 2 = 3$ **4** $\frac{y}{5} - 5 = 5$

5 $\frac{y}{6} + 3 = 8$ **6** $\frac{p}{7} - 4 = 1$ **7** $\frac{m}{3} + 4 = 12$ **8** $\frac{x}{8} + 8 = 16$

9 $\frac{x}{9} + 7 = 10$ **10** $\frac{y}{3} - 9 = 2$

Her 7.4

Ceisiwch ddatrys y pos hwn.

Mae rhif, wrth adio tri-chwarter y rhif hwnnw, adio hanner y rhif gwreiddiol, adio un pumed o'r rhif gwreiddiol, yn gwneud 49. Beth yw'r rhif?

Her 7.5

Rwy'n meddwl am rif. Rwy'n ei sgwario ac yn adio 1. Mae rhannu'r ateb â 10 yn rhoi 17. Beth yw'r rhif?

Anhafaleddau

Os ydych am brynu pecyn o felysion sy'n costio 79c, mae angen o leiaf 79c arnoch.

Efallai fod gennych fwy na hynny yn eich poced. Rhaid i'r swm yn eich poced fod yn fwy na neu'n hafal i 79c.

Os x yw'r swm sydd yn eich poced, gallwch ysgrifennu hyn fel $x \geqslant 79$.
Anhafaledd yw hwn.

Ystyr y symbol $\geqslant$ yw 'yn fwy na neu'n hafal i'.
Ystyr y symbol $>$ yw 'yn fwy na'.
Ystyr y symbol $\leqslant$ yw 'yn llai na neu'n hafal i'.
Ystyr y symbol $<$ yw 'yn llai na'.

Ar linell rif defnyddiwn gylch gwag i gynrychioli $>$ a $<$ a chylch wedi'i lenwi (â lliw, efallai) i gynrychioli $\geqslant$ a $\leqslant$.

I ddatrys anhafaleddau byddwn yn defnyddio dulliau tebyg i'r rhai sy'n datrys hafaliadau.

ENGHRAIFFT 7.5

Datryswch yr anhafaledd $2x - 1 > 8$.

Dangoswch y datrysiad ar linell rif.

Datrysiad

$2x - 1 > 8$
$\quad 2x > 9$ Adiwch 1 at y ddwy ochr.
$\quad\quad x > 4.5$ Rhannwch y ddwy ochr â 2.

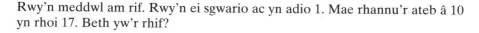

Mae anhafaleddau negatif yn gweithio ychydig yn wahanol. Mae'n well gwneud yn siŵr nad oes gennych derm x sy'n negatif yn y diwedd.

Rheolau ar gyfer anhafaleddau

Mae anhafaledd yn ymddwyn yn union yr un fath â hafaliad:

(1) wrth adio neu dynnu'r un maint o ddwy ochr yr anhafaledd;
(2) wrth luosi neu rannu dwy ochr yr anhafaledd â rhif POSITIF.

Fodd bynnag, pan fyddwn yn lluosi neu'n rhannu dwy ochr yr anhafaledd â rhif NEGATIF mae anhafaledd yn ymddwyn yn wahanol i hafaliad.

Ystyriwch yr anhafaledd $\qquad\qquad\qquad\qquad -2x \leqslant -4$

Mae adio $2x$ at y ddwy ochr ac adio 4 at y ddwy ochr yn rhoi $\quad -2x + 2x + 4 \leqslant -4 + 2x + 4$
sy'n symleiddio i $\qquad\qquad\qquad\qquad\qquad\qquad\qquad 4 \leqslant 2x$
Mae rhannu'r ddwy ochr â 2 yn rhoi $\qquad\qquad\qquad\qquad 2 \leqslant x$
$\qquad\qquad\qquad\qquad\qquad\qquad$ neu $\qquad\qquad x \geqslant 2$

Felly, os byddwn yn rhannu dwy ochr yr anhafaledd $-2x < -4$ â -2, rhaid i ni newid $\leqslant$ yn $\geqslant$ i gael y canlyniad cywir.

Felly, o rannu'r ddwy ochr â -2, mae $-2x \leqslant -4$ yn dod yn

$$\frac{-2x}{-2} \geqslant \frac{-4}{-2}$$

$\qquad\qquad$ gan roi $\qquad\qquad x \geqslant 2$

Mae hyn yn rhoi'r rheol ganlynol ar gyfer lluosi neu rannu anhafaledd â rhif NEGATIF:

Pryd bynnag y byddwn yn lluosi neu'n rhannu dwy ochr anhafaledd â rhif NEGATIF rhaid cildroi arwydd yr anhafaledd hefyd, hynny yw newid $<$ yn $>$, neu $\leqslant$ yn $\geqslant$, ac yn y blaen.

Edrychwch ar Enghraifft 7.6 i weld sut mae hyn yn gweithio.

ENGHRAIFFT 7.6

Datryswch yr anhafaledd $7 - 3x \leqslant 1$.

Datrysiad

$7 - 3x \leqslant 1$
$7 - 3x - 7 \leqslant 1 - 7$
$-3x \leqslant -6$
$\dfrac{-3x}{-3} \geqslant \dfrac{-6}{-3}$
$x \geqslant 2$

Tynnwch 7 o'r ddwy ochr. Bydd hynny'n canslo'r 7 ar yr ochr chwith ac yn rhoi'r holl dermau x gyda'i gilydd ar yr ochr chwith a'r holl dermau cyson ar yr ochr dde.
Rhannwch y ddwy ochr â chyfernod x, hynny yw, â -3.
Cofiwch fod yn rhaid i'r arwydd $\leqslant$ gildroi i fod yn $\geqslant$ oherwydd eich bod yn rhannu â rhif negatif.

Ym mhob un o'r cwestiynau **1** i **6**, datryswch yr anhafaledd a dangoswch y datrysiad ar linell rif.

1 $x - 3 > 10$

2 $x + 1 < 5$

3 $5 > x - 8$

4 $2x + 1 \leqslant 9$

5 $3x - 4 \geqslant 5$

6 $10 \leqslant 2x - 6$

Ym mhob un o'r cwestiynau **7** i **20**, datryswch yr anhafaledd.

7 $5x < x + 8$

8 $2x \geqslant x - 5$

9 $4 + x < -5$

10 $2(x + 1) > x + 3$

11 $6x > 2x + 20$

12 $3x + 5 \leqslant 2x + 14$

13 $5x + 3 \leqslant 2x + 9$

14 $8x + 3 > 21 + 5x$

15 $5x - 3 > 7 + 3x$

16 $6x - 1 < 2x$

17 $5x < 7x - 4$

18 $9x + 2 \geqslant 3x + 20$

19 $5x - 4 \leqslant 2x + 8$

20 $5x < 2x + 12$

RYDYCH WEDI DYSGU

- **er mwyn datrys hafaliadau sy'n cynnwys cromfachau, eich bod yn ehangu (neu ddiddymu) y cromfachau yn gyntaf**
- **er mwyn datrys hafaliadau sydd ag x ar y ddwy ochr, gwnewch yn siŵr nad oes gennych dim x negatif yn y diwedd**
- **eich bod yn datrys hafaliadau sy'n cynnwys ffracsiynau yn yr un ffordd â hafaliadau heb ffracsiynau, ac yn trin y ffracsiwn ar y diwedd**
- **mai ystyr y symbol $\geqslant$ yw 'yn fwy na neu'n hafal i', ystyr $>$ yw 'yn fwy na', ystyr $\leqslant$ yw 'yn llai na neu'n hafal i' ac ystyr $<$ yw 'yn llai na'**
- **bod $x \geqslant 4$, $x > 3$, $y \leqslant 6$ ac $y < 7$ yn anhafaleddau**
- **eich bod yn gallu datrys anhafaleddau yn yr un ffordd â hafaliadau**

Datryswch yr hafaliadau hyn.

1 $2(m - 4) = 10$ **2** $5(p + 6) = 40$ **3** $7(x - 2) = 42$

4 $3(4 + x) = 21$ **5** $4(p - 3) = 20$ **6** $3x^2 = 48$

7 $2x^2 = 72$ **8** $5p^2 + 1 = 81$ **9** $4x^2 - 3 = 61$

10 $2a^2 - 3 = 47$ **11** $\dfrac{x}{5} - 1 = 4$ **12** $\dfrac{x}{6} + 5 = 10$

13 $\dfrac{y}{3} + 7 = 13$ **14** $\dfrac{y}{7} - 6 = 1$ **15** $\dfrac{a}{4} - 8 = 1$

Datryswch bob un o'r anhafaleddau hyn a dangoswch y datrysiad ar linell rif.

16 $5x + 1 \leqslant 11$ **17** $10 + 3x \leqslant 5x + 4$ **18** $7x + 3 < 5x + 9$

19 $6x - 8 > 4 + 3x$ **20** $5x - 7 > 7 - 2x$

8 → CYMAREBAU A CHYFRANEDDAU

YN Y BENNOD HON

- Deall cymarebau a sut i'w nodi
- Ysgrifennu cymhareb yn ei ffurf symlaf
- Ysgrifennu cymhareb yn y ffurf $1 : n$
- Defnyddio cymarebau wrth gyfrifo cyfraneddau
- Rhannu maint yn ôl cymhareb benodol
- Cymharu cyfraneddau

DYLECH WYBOD YN BAROD

- sut i luosi a rhannu heb gyfrifiannell
- sut i ddarganfod ffactorau cyffredin
- sut i symleiddio ffracsiynau
- ystyr *helaethiad*
- sut i newid rhwng unedau metrig

Beth yw cymhareb?

Mae cymhareb yn cael ei defnyddio i gymharu dau faint neu fwy.

Os oes gennych dri afal ac rydych yn penderfynu cadw un a rhoi dau i'ch ffrind gorau, mae gennych chi a'ch ffrind afalau yn ôl y gymhareb $1 : 2$. Byddwn yn dweud hyn fel '1 i 2'.

Gallwn gymharu rhifau mwy mewn cymhareb hefyd.

Os oes gennych chwe afal ac rydych yn penderfynu cadw dau a rhoi pedwar i'ch ffrind gorau, mae gennych chi a'ch ffrind afalau yn ôl y gymhareb $2 : 4$.

Rydych yn gwybod yn barod sut i roi ffracsiwn yn ei **ffurf symlaf**, trwy **ganslo**. Gallwn wneud yr un fath â chymarebau.

$2 : 4 = 1 : 2$ Mae 2 a 4 yn lluosrifau 2. Felly gallwn rannu pob rhan o'r gymhareb â 2.

ENGHRAIFFT 8.1

Cyflogau tri pherson yw £16 000, £20 000 a £32 000.
Ysgrifennwch hyn fel cymhareb yn ei ffurf symlaf.

Datrysiad

	16 000	:	20 000	:	32 000	Yn gyntaf ysgrifennwch y cyflogau fel cymhareb.
=	16	:	20	:	32	Rhannwch bob rhan o'r gymhareb â 1000.
=	8	:	10	:	16	Rhannwch bob rhan â 2.
=	4	:	5	:	8	Rhannwch bob rhan â 2.

Sylwch na ddylai'r ateb gynnwys unedau. Byddai £4 : £5 : £8 yn anghywir.
Mae Enghraifft 8.3 ar y dudalen nesaf yn dangos hyn hefyd.

I ysgrifennu cymhareb yn ei ffurf symlaf mewn un cam, darganfyddwch ffactor cyffredin mwyaf (FfCM) y rhifau yn y gymhareb.

Yna rhannwch bob rhan o'r gymhareb â'r FfCM.

ENGHRAIFFT 8.2

Ysgrifennwch y cymarebau hyn yn eu ffurf symlaf.

(a) $20 : 50$ **(b)** $16 : 24$ **(c)** $9 : 27 : 54$

Datrysiad

(a) $20 : 50 = 2 : 5$ Rhannwch bob rhan â 10.

(b) $16 : 24 = 2 : 3$ Rhannwch bob rhan ag 8.

(c) $9 : 27 : 54 = 1 : 3 : 6$ Rhannwch bob rhan â 9.

Prawf sydyn 8.1

(a) Mae Siwan yn 4 oed ac mae Petra yn 8 oed.
Ysgrifennwch gymhareb eu hoedrannau yn ei ffurf symlaf.

(b) Mae rysáit yn defnyddio 500 g o flawd, 300 g o siwgr a 400 g o resins.
Ysgrifennwch gymhareb y symiau hyn yn ei ffurf symlaf.

Weithiau bydd yn rhaid newid unedau un rhan o'r gymhareb yn gyntaf.

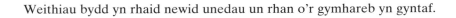

ENGHRAIFFT 8.3

Ysgrifennwch bob un o'r cymarebau hyn yn ei ffurf symlaf.

(a) 1 mililitr : 1 litr   **(b)** 1 cilogram : 200 gram

Datrysiad

(a) 1 mililitr : 1 litr = 1 mililitr : 1000 mililitr   Ysgrifennwch bob rhan yn yr un unedau.

           $= 1 : 1000$ Os bydd yr unedau yr un fath, peidiwch â'u cynnwys yn y gymhareb.

(b) 1 cilogram : 200 gram = 1000 gram : 200 gram   Ysgrifennwch bob rhan yn yr un unedau.

           $= 5 : 1$ Rhannwch bob rhan â 200.

Ysgrifennwch bob un o'r cymarebau hyn yn ei ffurf symlaf.

(a) 50c : £2   **(b)** 2 cm : 6 mm   **(c)** 600 g : 2 kg : 750 g

Datrysiad

(a) 50c : £2 $= $ 50c : 200c
$\qquad\qquad = 1 : 4$

Ysgrifennwch bob rhan yn yr un unedau.
Rhannwch bob rhan â 50.

(b) 2 cm : 6 mm $= $ 20 mm : 6 mm
$\qquad\qquad\qquad = 10 : 3$

Ysgrifennwch bob rhan yn yr un unedau.
Rhannwch bob rhan â 2.

(c) 600 g : 2 kg : 750 g $= $ 600 g : 2000 g : 750 g
$\qquad\qquad\qquad\qquad = 12 : 40 : 15$

Ysgrifennwch bob rhan yn yr un unedau.
Rhannwch bob rhan â 50.

YMARFER 8.1

1 Ysgrifennwch bob un o'r cymarebau hyn yn ei ffurf symlaf.

    (a)   6 : 3   **(b)** 25 : 75   **(c)** 30 : 6

    (ch) 5 : 15 : 25   **(d)** 6 : 12 : 8

2 Ysgrifennwch bob un o'r cymarebau hyn yn ei ffurf symlaf.

    (a)   50 g : 1000 g   **(b)** 30c : £2   **(c)** 2 funud : 30 eiliad

    (ch) 4 m : 75 cm   **(e)** 300 ml : 2 litr

3 Mewn cyngerdd mae 350 o ddynion a 420 o fenywod.
Ysgrifennwch gymhareb y dynion i'r menywod yn ei ffurf symlaf.

4 Mae Alwyn yn buddsoddi £500 mewn busnes, mae Parri'n buddsoddi £800 ynddo ac mae
Dafydd yn buddsoddi £1000 ynddo.
Ysgrifennwch gymhareb eu buddsoddiadau yn ei ffurf symlaf.

5 Mae rysáit ar gyfer cawl llysiau yn defnyddio 1 kg o datws, 500 g o gennin a 750 g o seleri.
Ysgrifennwch gymhareb y cynhwysion yn ei ffurf symlaf.

Her 8.1

(a) Eglurwch pam nad yw'r gymhareb 20 munud : 1 awr yn 20 : 1.

(b) Beth ddylai'r gymhareb fod?

Ysgrifennu cymhareb yn y ffurf 1 : n

Weithiau mae'n ddefnyddiol cael cymhareb sydd ag 1 ar y chwith.
Graddfa gyffredin ar gyfer model wrth raddfa yw 1 : 24.
Yn aml mae graddfa map neu helaethiad yn cael ei roi yn y ffurf 1 : n.

I newid cymhareb i'r ffurf hon, rhannwch y ddau rif â'r rhif ar y chwith.
Gallwn ysgrifennu hyn mewn ffurf gyffredinol fel 1 : n.

ENGHRAIFFT 8.5

Ysgrifennwch y cymarebau hyn yn y ffurf 1 : n.

(a) 2 : 5   **(b)** 8 mm : 3 cm   **(c)** 25 mm : 1.25 km

Datrysiad

(a) 2 : 5 = 1 : 2.5   Rhannwch bob ochr â 2.

(b) 8 mm : 3 cm = 8 mm : 30 mm   Ysgrifennwch bob ochr yn yr un unedau.
                 = 1 : 3.75   Rhannwch bob ochr ag 8.

(c) 25 mm : 1.25 km = 25 : 1 250 000   Ysgrifennwch bob ochr yn yr un unedau.
                      = 1 : 50 000   Rhannwch bob ochr â 25.

Mae 1 : 50 000 yn raddfa gyffredin ar gyfer map. Mae'n golygu bod 1 cm
ar y map yn cynrychioli 50 000 cm, neu 500 m, ar y ddaear.

AWGRYM

Os oes angen, defnyddiwch gyfrifiannell i drawsnewid y
gymhareb i'r ffurf 1 : n.

YMARFER 8.2

1 Ysgrifennwch bob un o'r cymarebau hyn yn y ffurf 1 : n.

    (a) 2 : 6   **(b)** 3 : 15   **(c)** 6 : 15   **(ch)** 4 : 7

    (d) 20c : £1.50   **(dd)** 4 cm : 5 m   **(e)** 10 : 2   **(f)** 2 mm : 1 km

2 Ar fap mae pellter o 8 mm yn cynrychioli pellter o 2 km.
    Beth yw graddfa'r map yn y ffurf 1 : n?

3 Hyd ffotograff yw 35 mm. Hyd helaethiad o'r llun yw 21 cm.
    Beth yw cymhareb y llun i'w helaethiad yn y ffurf 1 : n?

Defnyddio cymarebau

Weithiau rydym yn gwybod un o'r meintiau yn y gymhareb, ond nid y llall.

Os yw'r gymhareb yn y ffurf $1:n$, gallwn gyfrifo'r ail faint trwy luosi'r cyntaf ag n.

Gallwn gyfrifo'r maint cyntaf trwy rannu'r ail faint ag n.

ENGHRAIFFT 8.6

(a) Mae negatif ffotograff yn cael ei helaethu yn ôl y gymhareb $1:20$ i wneud llun.
Mae'r negatif yn mesur 36 mm wrth 24 mm.
Pa faint yw'r helaethiad?
(b) Mae helaethiad arall $1:20$ yn mesur 1000 mm $\times$ 1000 mm.
Pa faint yw'r negatif?

Datrysiad

(a) $36 \times 20 = 720$ Bydd yr helaethiad 20 gwaith cymaint â'r negatif,
$24 \times 20 = 480$ felly lluoswch y ddau fesuriad â 20.

Mae'r helaethiad yn mesur 720 mm wrth 480 mm.

(b) $1000 \div 20 = 50$ Bydd y negatif 20 gwaith yn llai na'r helaethiad, felly
rhannwch y mesuriadau â 20.

Mae'r negatif yn mesur 50 mm $\times$ 50 mm.

ENGHRAIFFT 8.7

Mae map yn cael ei luniadu wrth raddfa 1 cm : 2 km.
(a) Ar y map, y pellter rhwng Amanwy a Dafan yw 5.4 cm.
Beth yw'r gwir bellter mewn cilometrau?
(b) Hyd trac rheilffordd syth rhwng dwy orsaf yw 7.8 km.
Beth yw hyd y trac hwn ar y map mewn centimetrau?

Datrysiad

(a) $2 \times 5.4 = 10.8$ Mae'r gwir bellter, mewn cilometrau,
Gwir bellter = 10.8 km.   ddwywaith cymaint â'r pellter ar y map,
mewn centimetrau. Felly lluoswch â 2.

(b) $7.8 \div 2 = 3.9$ Mae'r pellter ar y map, mewn centimetrau,
Pellter ar y map = 3.9 cm.   hanner cymaint â'r gwir bellter, mewn
cilometrau. Felly rhannwch â 2.

Her 8.2

Beth fyddai'r ateb mewn centimetrau i ran **(a)** yn Enghraifft 8.7?

Pa gymhareb y gallech ei defnyddio i gyfrifo hyn?

Weithiau rhaid defnyddio cymhareb nad yw yn y ffurf $1 : n$ i gyfrifo meintiau.

I gyfrifo maint anhysbys, byddwn yn lluosi pob rhan o'r gymhareb â'r un rhif er mwyn cael cymhareb gywerth sy'n cynnwys y maint sy'n hysbys. Y term am y rhif hwn yw'r **lluosydd**.

ENGHRAIFFT 8.8

I wneud jam, mae ffrwythau a siwgr yn cael eu cymysgu yn ôl y gymhareb $2 : 3$.
Felly os oes gennych 2 kg o ffrwythau, mae angen 3 kg o siwgr; os oes gennych
4 kg o ffrwythau, mae angen 6 kg o siwgr.
Faint o siwgr y bydd ei angen os bydd y ffrwythau'n pwyso

(a) 6 kg? **(b)** 10 kg? **(c)** 500 g?

Datrysiad

(a) $6 \div 2 = 3$ Rhannwch bwysau'r ffrwythau â rhan y ffrwythau o'r
                      gymhareb i ddarganfod y lluosydd.
    $2 : 3 = 6 : 9$ Lluoswch bob rhan o'r gymhareb â'r lluosydd, sef 3.
    9 kg o siwgr.

(b) $10 \div 2 = 5$ Rhannwch bwysau'r ffrwythau â rhan y ffrwythau o'r
                       gymhareb i ddarganfod y lluosydd.
    $2 : 3 = 10 : 15$ Lluoswch bob rhan o'r gymhareb â'r lluosydd, sef 5.
    15 kg o siwgr

(c) $500 \div 2 = 250$ Rhannwch bwysau'r ffrwythau â rhan y ffrwythau o'r
                         gymhareb i ddarganfod y lluosydd.
    $2 : 3 = 500 : 750$ Lluoswch bob rhan o'r gymhareb â'r lluosydd, sef 250.
    750 g o siwgr.

ENGHRAIFFT 8.9

Cymhareb maint y ddau ffotograff hyn yw $2 : 5$.
(a) Beth yw uchder y ffotograff mwyaf?
(b) Beth yw lled y ffotograff lleiaf?

5 cm

9 cm

Datrysiad

(a) $5 \div 2 = 2.5$ Rhannwch uchder y ffotograff lleiaf â'r rhan leiaf o'r
                     gymhareb i ddarganfod y lluosydd.
   $2 : 5 = 5 : 12.5$ Lluoswch bob rhan o'r gymhareb â'r lluosydd, sef 2.5.
   Uchder y ffotograff mwyaf $= 12.5$ cm.

(b) $9 \div 5 = 1.8$ Rhannwch led y ffotograff mwyaf â'r rhan fwyaf o'r
                     gymhareb i ddarganfod y lluosydd.
   $2 : 5 = 3.6 : 9$ Lluoswch bob rhan o'r gymhareb â'r lluosydd, sef 1.8.
   Lled y ffotograff lleiaf $= 3.6$ cm.

ENGHRAIFFT 8.10

I wneud paent llwyd, mae paent gwyn a phaent du yn cael eu cymysgu yn ôl y gymhareb $5 : 2$.
(a) Faint o baent du fyddai'n cael ei gymysgu ag 800 ml o baent gwyn?
(b) Faint o baent gwyn fyddai'n cael ei gymysgu â 300 ml o baent du?

Datrysiad

Yn aml mae tabl yn ddefnyddiol ar gyfer y math hwn o gwestiwn.

	Paent	**Gwyn**	**Du**
	Cymhareb	5	2
(a)	**Cyfaint**	800 ml	$2 \times 160 = 320$ ml
	Lluosydd	$800 \div 5 = 160$	
(b)	**Cyfaint**	$5 \times 150 = 750$ ml	300 ml
	Lluosydd		$300 \div 2 = 150$

> **AWGRYM**
> Gofalwch nad ydych wedi gwneud camgymeriad gwirion. Gwiriwch mai ochr fwyaf y gymhareb sydd â'r maint mwyaf.

(a) Paent du $= 320$ ml   **(b)** Paent gwyn $= 750$ ml

ENGHRAIFFT 8.11

I wneud stiw ar gyfer pedwar person, mae rysáit yn defnyddio 1.6 kg o gig eidion.
Faint o gig eidion sydd ei angen ar gyfer chwe pherson gan ddefnyddio'r rysáit?

Datrysiad

Cymhareb y bobl yw $4 : 6$.

$4 : 6 = 2 : 3$ Ysgrifennwch y gymhareb yn ei ffurf symlaf.
$1.6 \div 2 = 0.8$ Rhannwch bwysau'r cig eidion sydd ei angen ar gyfer pedwar
                  person â rhan gyntaf y gymhareb i ddarganfod y lluosydd.
$0.8 \times 3 = 2.4$ Lluoswch ail ran y gymhareb â'r lluosydd, 0.8.
Cig eidion sydd ei angen ar gyfer chwe pherson $= 2.4$ kg

1 Cymhareb hydoedd dau sgwâr yw 1 : 6.
   (a) Hyd ochr y sgwâr bach yw 2 cm.
   Beth yw hyd ochr y sgwâr mawr?
   (b) Hyd ochr y sgwâr mawr yw 21 cm.
   Beth yw hyd ochr y sgwâr bach?

2 Rhaid i gymhareb y gofalwyr i'r babanod mewn meithrinfa fod yn 1 : 4.
   (a) Mae 6 gofalwr yno ar ddydd Mawrth.
   Faint o fabanod sy'n cael bod yno?
   (b) Mae 36 o fabanod yno ar ddydd Iau.
   Faint o ofalwyr sy'n gorfod bod yno?

3 Mae Sanjay yn cymysgu paent pinc.
   I gael y lliw y mae'n ei ddymuno, mae'n cymysgu paent coch a gwyn yn ôl y gymhareb 1 : 3.
   (a) Faint o baent gwyn y dylai ei gymysgu â 2 litr o baent coch?
   (b) Faint o baent coch y dylai ei gymysgu â 12 litr o baent gwyn?

4 Hyd ffotograff yw 35 mm. Mae helaethiad o 1 : 4 yn cael ei wneud.
   Beth yw hyd yr helaethiad?

5 Graddfa atlas ffyrdd Cymru yw 1 fodfedd i 4 milltir.
   (a) Ar y map y pellter rhwng Trawsfynydd a Machynlleth yw 7 modfedd.
   Beth yw'r gwir bellter rhwng y ddau le hyn mewn milltiroedd?
   (b) Mae'n 40 milltir rhwng Aberaeron a Llanwrtyd. Pa mor bell yw hyn ar y map?

6 Wrth ddilyn rysáit, mae Catrin yn cymysgu dŵr a cheuled lemon yn ôl y gymhareb 2 : 3.
   (a) Faint o geuled lemon y dylai ei gymysgu â 20 ml o ddŵr?
   (b) Faint o ddŵr y dylai ei gymysgu â 15 llwyaid de o geuled lemon?

7 I wneud hydoddiant cemegyn mae gwyddonydd yn cymysgu 3 rhan o'r cemegyn â 20 rhan o ddŵr.
   (a) Faint o ddŵr y dylai ei gymysgu ag 15 ml o'r cemegyn?
   (b) Faint o'r cemegyn y dylai ei gymysgu â 240 ml o ddŵr?

8 Mae aloi'n cael ei wneud trwy gymysgu 2 ran o arian â 5 rhan o nicel.
   (a) Faint o nicel y mae'n rhaid ei gymysgu â 60 g o arian?
   (b) Faint o arian y mae'n rhaid ei gymysgu â 120 g o nicel?

9 Mae Siân a Rhian yn rhannu fflat. Maent yn cytuno i rannu'r rhent yn ôl yr un gymhareb â'u cyflogau. Mae Siân yn ennill £600 y mis ac mae Rhian yn ennill £800 y mis.
   Os yw Siân yn talu £90, faint y mae Rhian yn ei dalu?

10 Mae rysáit ar gyfer hotpot yn defnyddio winwns, moron a stêc stiwio yn y gymhareb 1 : 2 : 5 yn ôl màs.
   (a) Faint o stêc sydd ei angen os oes 100 g o winwns?
   (b) Faint o foron sydd ei angen os oes 450 g o stêc?

Rhannu maint yn ôl cymhareb benodol

Sylwi 8.1

Mae gan Mari swydd gyda'r nos yn llenwi bagiau parti ar gyfer trefnydd partïon plant.
Mae hi'n rhannu melysion lemon a melysion mafon yn ôl y gymhareb 2 : 3.
Mae pob bag yn cynnwys 5 o felysion.

(a) Ddydd Llun mae Mari'n llenwi 10 bag parti.
   (i)   Faint o felysion y mae hi'n eu defnyddio i gyd?
   (ii) Faint o felysion lemon y mae hi'n eu defnyddio?
   (iii) Faint o felysion mafon y mae hi'n eu defnyddio?

(b) Ddydd Mawrth mae Mari'n llenwi 15 bag parti.
   (i)   Faint o felysion y mae hi'n eu defnyddio i gyd?
   (ii) Faint o felysion lemon y mae hi'n eu defnyddio?
   (iii) Faint o felysion mafon y mae hi'n eu defnyddio?

Ar beth rydych chi'n sylwi?

Mae cymhareb yn cynrychioli nifer y rhannau y mae maint yn cael ei rannu ynddynt. I ddarganfod y maint cyfan sy'n cael ei rannu yn ôl cymhareb, byddwn yn adio rhannau'r gymhareb at ei gilydd.

I ddarganfod meintiau'r gwahanol rannau mewn cymhareb byddwn yn:

- darganfod cyfanswm nifer y rhannau
- rhannu'r maint cyfan â chyfanswm nifer y rhannau er mwyn darganfod y lluosydd
- lluosi pob rhan o'r gymhareb â'r lluosydd.

> **AWGRYM**
>
> Efallai na fydd y lluosydd yn rhif cyfan. Gweithiwch â'r degolyn neu'r ffracsiwn a thalgrynnwch yr ateb terfynol os oes angen.

ENGHRAIFFT 8.12

I wneud pwnsh ffrwythau, mae sudd oren a sudd grawnffrwyth yn cael eu cymysgu yn ôl y gymhareb 5 : 3.
Mae Eirian yn dymuno gwneud 1 litr o bwnsh.
(a) Faint o sudd oren sydd ei angen arni mewn mililitrau?
(b) Faint o sudd grawnffrwyth sydd ei angen arni mewn mililitrau?

$5 + 3 = 8$ Yn gyntaf, cyfrifwch gyfanswm nifer y rhannau.

$1000 ÷ 8 = 125$ Trawsnewidiwch 1 litr yn fililitrau a rhannu ag 8 i ddarganfod y lluosydd.

Yn aml mae tabl yn ddefnyddiol wrth ateb y math hwn o gwestiwn.

Pwnsh	Oren	Grawnffrwyth
Cymhareb	5	3
Swm	$5 × 125 = 625$ ml	$3 × 125 = 375$ ml

(a) Sudd oren = 625 ml   **(b)** Sudd grawnffrwyth = 375 ml

AWGRYM

I wirio eich atebion, adiwch y rhannau at ei gilydd: dylent fod yn hafal i'r maint cyfan. Er enghraifft 625 ml + 375 ml = 1000 ml ✓

◎ YMARFER 8.4

Peidiwch â defnyddio cyfrifiannell i ateb cwestiynau **1** i **5**.

1   Rhannwch £20 rhwng Dewi a Sam yn ôl y gymhareb 2 : 3.

2   Mae paent yn cael ei gymysgu yn ôl y gymhareb 3 rhan o goch i 5 rhan o wyn i wneud 40 litr o baent pinc.
    (a) Faint o baent coch sy'n cael ei ddefnyddio?
    (b) Faint o baent gwyn sy'n cael ei ddefnyddio?

3   Mae Arwyn yn gwneud morter trwy gymysgu tywod a sment yn ôl y gymhareb 5 : 1.
    Faint o dywod sydd ei angen i wneud 36 kg o forter?

4   I wneud hydoddiant cemegyn mae gwyddonydd yn cymysgu 1 rhan o'r cemegyn â 5 rhan o ddŵr. Mae hi'n gwneud 300 ml o'r hydoddiant.
    (a) Faint o'r cemegyn y mae hi'n ei ddefnyddio?
    (b) Faint o ddŵr y mae hi'n ei ddefnyddio?

5   Mae Alun, Bryn a Carwyn yn rhannu £1600 rhyngddynt yn ôl y gymhareb 2 : 5 : 3.
    Faint y mae pob un yn ei gael?

Cewch ddefnyddio cyfrifiannell i ateb cwestiynau **6** i **8**.

6   Mewn etholiad lleol, mae 5720 o bobl yn pleidleisio.
    Maent yn pleidleisio i Blaid Cymru, Llafur a phleidiau eraill yn ôl y gymhareb 6 : 3 : 2.
    Faint o bobl sy'n pleidleisio i Lafur?

7 Cododd Ffair Haf Coleg Sant Afan £1750. Mae'r llywodraethwyr yn penderfynu rhannu'r arian rhwng y coleg ac elusen leol yn ôl y gymhareb 5 i 1.
Faint gafodd yr elusen leol? Rhowch eich ateb yn gywir i'r bunt agosaf.

8 Mae Sali'n gwneud grawnfwyd brecwast trwy gymysgu bran, cyrens a bywyn gwenith yn y gymhareb $8 : 3 : 1$ yn ôl màs.
 (a) Faint o fran y mae hi'n ei ddefnyddio i wneud 600 g o'r grawnfwyd?
 (b) Un diwrnod, dim ond 20 g o gyrens oedd ganddi.
  Faint o rawnfwyd mae hi'n gallu ei wneud? Mae ganddi ddigon o fran a bywyn gwenith.

Her 8.3

Mae gan Owain ffotograff sy'n mesur 13 cm wrth 17 cm. Mae'n dymuno ei helaethu. Mae Ffot Argraff yn cynnig dau faint: 24 modfedd wrth 32 modfedd a 20 modfedd wrth 26.5 modfedd.
Mae'n dymuno cadw'r un cyfraneddau, neu mor agos â phosibl at hynny.

(a) Pa un o'r ddau helaethiad y dylai ei ddewis? Dangoswch sut y penderfynwch.

(b) Beth fyddai'r rheswm dros ddewis y llall?

Gwerth gorau

Sylwi 8.2

Mae dau becyn o greision ŷd ar gael mewn uwchfarchnad.

Pa un yw'r gwerth gorau am arian?

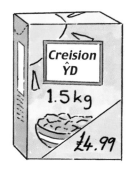

Er mwyn cymharu eu gwerth, rhaid cymharu naill ai

• faint a gawn ni am swm penodol o arian neu
• faint y mae maint penodol (er enghraifft, cyfaint neu fàs) yn ei gostio.

Yn y naill achos a'r llall byddwn yn cymharu **cyfraneddau**, naill ai o faint neu o gost.

Yr eitem sydd â'r gwerth gorau yw'r un â'r **gost isaf yr uned** neu'r **nifer mwyaf o unedau am bob ceiniog** (neu bunt).

Mae olew blodau haul yn cael ei werthu mewn poteli 700 ml am 95c ac mewn poteli 2 litr am £2.45.

Dangoswch pa botel yw'r gwerth gorau.

Datrysiad

Dull 1

Cyfrifwch y pris am bob mililitr ar gyfer y naill botel a'r llall.

Maint	Bach	Mawr
Cynhwysedd	700 ml	2 litr = 2000 ml
Pris	95c	£2.45 = 245c
Pris am bob ml	95c ÷ 700 = 0.14c	245c ÷ 2000 = 0.1225c

Defnyddiwch yr un unedau ar gyfer pob potel.

Talgrynnwch eich atebion i 2 le degol os oes angen.

Mae'r pris am bob mililitr yn is yn achos y botel 2 litr. Y botel honno sydd â'r gost isaf yr uned. Yn yr achos hwn mililitr yw'r uned.

Y botel 2 litr yw'r gwerth gorau.

Dull 2

Cyfrifwch faint a gewch chi am bob ceiniog ar gyfer y naill botel a'r llall.

Maint	Bach	Mawr
Cynhwysedd	700 ml	2 litr = 2000 ml
Pris	95c	£2.45 = 245c
Faint am bob ceiniog	700 ml ÷ 95 = 7.37 ml	2000 ml ÷ 245 = 8.16 ml

Eto defnyddiwch yr un unedau ar gyfer pob potel.

Talgrynnwch eich atebion i 2 le degol os oes angen.

Rydych yn cael mwy am bob ceiniog yn y botel 2 litr. Ganddi hi y mae'r nifer mwyaf o unedau am bob ceiniog.

Y botel 2 litr yw'r gwerth gorau.

AWGRYM

Gwnewch hi'n amlwg a ydych yn cyfrifo cost yr uned neu faint am bob ceiniog, a chynhwyswch yr unedau yn eich atebion. Dangoswch eich gwaith cyfrifo bob tro.

1   Mae bag 420 g o farrau Sioco yn costio £1.59 ac mae bag 325 g o farrau Sioco yn costio £1.09.
    Pa un yw'r gwerth gorau am arian?

2   Mae dŵr ffynnon yn cael ei werthu mewn poteli 2 litr am 85c ac mewn poteli 5 litr am £1.79.
    Dangoswch pa un yw'r gwerth gorau.

3   Prynodd Waldo ddau becyn o gaws, pecyn 680 g am £3.20 a phecyn 1.4 kg am £5.40.
    Pa un oedd y gwerth gorau?

4   Mae hoelion yn cael eu gwerthu mewn pecynnau o 50 am £1.25 ac mewn pecynnau o 144
    am £3.80.
    Pa becyn yw'r gwerth gorau?

5   Mae rholiau papur toiled yn cael eu gwerthu mewn pecynnau o 12 am £1.79 ac mewn
    pecynnau o 50 am £7.20.
    Dangoswch pa un yw'r gwerth gorau.

6   Mae past dannedd gwyn Sglein yn cael ei werthu mewn tiwbiau 80 ml am £2.79 ac mewn
    tiwbiau 150 ml am £5.00.
    Pa diwb yw'r gwerth gorau?

7   Mae uwchfarchnad yn gwerthu cola mewn poteli o dri maint gwahanol: mae potel 3 litr yn
    costio £1.99, mae potel 2 litr yn costio £1.35 ac mae potel 1 litr yn costio 57c.
    Pa botel sy'n rhoi'r gwerth gorau?

8   Mae creision ŷd Creisgar yn cael eu gwerthu mewn tri maint: 750 g am £1.79, 1.4 kg am
    £3.20 a 2 kg am £4.89.
    Pa becyn sy'n rhoi'r gwerth gorau?

RYDYCH WEDI DYSGU

- **er mwyn ysgrifennu cymhareb yn ei ffurf symlaf, y byddwch yn rhannu pob rhan o'r gymhareb â'u ffactor cyffredin mwyaf (FfCM)**
- **er mwyn ysgrifennu cymhareb yn y ffurf 1 : n, y byddwch yn rhannu'r ddau rif â'r rhif ar y chwith**
- **os yw'r gymhareb yn y ffurf 1 : n, y gallwch gyfrifo'r ail faint trwy luosi'r maint cyntaf ag n, a gallwch gyfrifo'r maint cyntaf trwy rannu'r ail faint ag n**
- **er mwyn darganfod maint anhysbys mewn cymhareb, rhaid lluosi pob rhan o'r gymhareb â'r un rhif, sef y lluosydd**
- **er mwyn darganfod y meintiau sydd wedi eu rhannu yn ôl cymhareb benodol, y byddwch yn gyntaf yn darganfod cyfanswm nifer y rhannau, yna'n rhannu'r maint cyfan â chyfanswm nifer y rhannau i ddarganfod y lluosydd, yna'n lluosi pob rhan o'r gymhareb â'r lluosydd**
- **er mwyn cymharu gwerth, y byddwch yn cyfrifo'r gost am bob uned neu nifer yr unedau am bob ceiniog (neu bunt). Yr eitem sydd â'r gwerth gorau yw'r un â'r gost isaf am bob uned neu'r nifer mwyaf o unedau am bob ceiniog (neu bunt)**

1 Ysgrifennwch bob cymhareb yn ei ffurf symlaf.

   (a) 50 : 35   (b) 30 : 72   (c) 1 munud : 20 eiliad

   (ch) 45 cm : 1 m   (d) 600 ml : 1 litr

2 Ysgrifennwch y cymarebau hyn yn y ffurf $1 : n$.

   (a) 2 : 8   (b) 5 : 12   (c) 2 mm : 10 cm

   (ch) 2 cm : 5 km   (d) 100 : 40

3 Mae hysbysiad yn cael ei helaethu yn ôl y gymhareb 1 : 20.

   (a) Lled y gwreiddiol yw 3 cm.
      Beth yw lled yr helaethiad?

   (b) Hyd yr helaethiad yw 100 cm.
      Beth yw hyd y gwreiddiol?

4 I wneud 12 sgonsen mae Meleri'n defnyddio 150 g o flawd.
   Faint o flawd y mae hi'n ei ddefnyddio i wneud 20 sgonsen?

5 I wneud cymysgedd ffrwythau a chnau, mae resins a chnau yn cael eu cymysgu yn y gymhareb 5 : 3, yn ôl màs.

   (a) Faint o gnau sy'n cael eu cymysgu â 100 g o resins?

   (b) Faint o resins sy'n cael eu cymysgu â 150 g o gnau?

6 Gwnaeth Prys bwnsh ffrwythau trwy gymysgu sudd oren, sudd lemon a sudd grawnffrwyth yn ôl y gymhareb 5 : 1 : 2.

   (a) Gwnaeth bowlen 2 litr o bwnsh ffrwythau.
      Faint o fililitrau o sudd grawnffrwyth a ddefnyddiodd?

   (b) Faint o bwnsh ffrwythau y gallai ei wneud â 150 ml o sudd oren?

7 Dangoswch pa un yw'r fargen orau: 5 litr o olew am £18.50 neu 2 litr o olew am £7.00.

8 Mae Siopada yn gwerthu llaeth mewn peintiau am 43c ac mewn litrau am 75c.
   Mae peint yn hafal i 568 ml.
   Pa un yw'r fargen orau?

Cyfrifo'r cymedr o dabl amlder

I gyfrifo **cymedr** set o ddata rydym yn adio eu gwerthoedd at ei gilydd ac yn rhannu'r cyfanswm â nifer y gwerthoedd sydd yn y set.

Er enghraifft, mae'r data canlynol yn dangos nifer yr anifeiliaid anwes sydd gan naw o ddisgyblion Blwyddyn 10.

8	4	4	6	3	7	3	2	8

Y cymedr yw $45 \div 9 = 5$.

Yr hyn rydym yn ei gyfrifo yw (cyfanswm nifer yr anifeiliaid anwes) ÷ (cyfanswm nifer y disgyblion a holwyd).

Pe byddem wedi holi 150 o bobl byddai gennym restr o 150 o rifau. Byddai'n bosibl darganfod y cymedr trwy adio'r holl rifau a'u rhannu â 150, ond byddai hynny'n cymryd amser hir.

Yn hytrach, gallwn roi'r data mewn tabl amlder a defnyddio dull arall i gyfrifo'r cymedr.

Gofynnodd Bethan i'r holl ddisgyblion ym Mlwyddyn 10 yn ei hysgol leol i ferched faint o frodyr oedd ganddynt. Mae'r tabl yn dangos ei chanlyniadau.

Cyfrifwch gymedr nifer y brodyr sydd gan y disgyblion hyn.

Nifer y brodyr	Amlder (nifer y merched)
0	24
1	60
2	47
3	11
4	5
5	2
6	0
7	0
8	1
Cyfanswm	150

Datrysiad

Cymedr y data hyn yw (cyfanswm nifer y brodyr) ÷ (cyfanswm nifer y merched a holwyd).

Yn gyntaf, rhaid cyfrifo cyfanswm nifer y brodyr.

Gallwch weld o'r tabl

- nad oes brodyr gan 24 o'r merched. Mae ganddynt $24 \times 0 = 0$ o frodyr rhyngddynt.
- bod un brawd yr un gan 60 o'r merched. Mae ganddynt $60 \times 1 = 60$ o frodyr rhyngddynt.
- bod dau frawd yr un gan 47 o'r merched. Mae ganddynt $47 \times 2 = 94$ o frodyr rhyngddynt.

ac yn y blaen.

Os adiwch ganlyniadau pob rhes yn y tabl, fe gewch gyfanswm nifer y brodyr.

Gallwch adio mwy o golofnau at y tabl i ddangos hyn.

Nifer y brodyr (x)	Nifer y merched (f)	Nifer y brodyr × amlder	Cyfanswm nifer y brodyr (fx)
0	24	0×24	0
1	60	1×60	60
2	47	2×47	94
3	11	3×11	33
4	5	4×5	20
5	2	5×2	10
6	0	6×0	0
7	0	7×0	0
8	1	8×1	8
Cyfanswm	150		225

> **AWGRYM**
>
> Y golofn 'Nifer y brodyr' yw'r newidyn ac fel rheol mae'n cael ei labelu'n x.
> Y golofn 'Nifer y merched' yw'r amlder ac fel rheol mae'n cael ei labelu'n f.
> Fel arfer mae'r golofn 'Cyfanswm nifer y brodyr' yn cael ei labelu'n fx am fod
> y swm hwn yn cynrychioli (Nifer y brodyr) $\times$ (Nifer y merched) $= x \times f$.

Cyfanswm nifer y brodyr $= 225$
Cyfanswm nifer y merched a holwyd $= 150$
Felly y cymedr $= 225 \div 150 = 1.5$ o frodyr.

> **AWGRYM**
>
> Gallwch fwydo'r cyfrifiadau i gyfrifiannell fel cadwyn o rifau ac yna gwasgu'r
> botwm $\boxed{=}$ i ddarganfod y cyfanswm cyn rhannu â 150.
>
> Gwasgwch $\boxed{0}$ $\boxed{\times}$ $\boxed{2}$ $\boxed{4}$ $\boxed{+}$ $\boxed{1}$ $\boxed{\times}$ $\boxed{6}$ $\boxed{0}$ $\boxed{+}$ $\boxed{2}$ $\boxed{\times}$ $\boxed{4}$ $\boxed{7}$ $\boxed{+}$ $\boxed{3}$ $\boxed{\times}$ $\boxed{1}$ $\boxed{1}$ $\boxed{+}$ $\boxed{4}$ $\boxed{\times}$ $\boxed{5}$
> $\boxed{+}$ $\boxed{5}$ $\boxed{\times}$ $\boxed{2}$ $\boxed{+}$ $\boxed{6}$ $\boxed{\times}$ $\boxed{0}$ $\boxed{+}$ $\boxed{7}$ $\boxed{\times}$ $\boxed{0}$ $\boxed{+}$ $\boxed{8}$ $\boxed{\times}$ $\boxed{1}$ $\boxed{=}$ $\boxed{\div}$ $\boxed{1}$ $\boxed{5}$ $\boxed{0}$ $\boxed{=}$

Gallwn hefyd ddefnyddio'r tabl i gyfrifo'r **modd**, y **canolrif** a'r **amrediad**.

Modd nifer y brodyr yw 1.
Dyma nifer y brodyr sydd â'r amlder mwyaf (60).

Canolrif nifer y brodyr yw 1.
Gan fod 150 o werthoedd, bydd y canolrif rhwng y 75ed gwerth a'r 76ed gwerth.
Rydym yn adio'r amlder ar gyfer pob nifer o frodyr (rhes) nes cyrraedd y cyfwng sy'n cynnwys y
75ed gwerth a'r 76ed gwerth:

$24 + 60 = 84$ Mae 24 yn llai na 75. Nid yw'r 75ed gwerth a'r 76ed gwerth i'w cael yn rhes 0.
Mae 84 yn fwy na 76. Rhaid bod y 75ed gwerth a'r 76ed gwerth i'w cael yn rhes 1.

Amrediad nifer y brodyr yw 8.
Hwn yw (y nifer mwyaf o frodyr) $-$ (y nifer lleiaf o frodyr) $= 8 - 0 = 8$.

Defnyddio taenlen i ddarganfod y cymedr

Gallwn hefyd gyfrifo'r cymedr trwy ddefnyddio taenlen gyfrifiadurol. Dilynwch y camau ar y
dudalen gyferbyn i gyfrifo'r cymedr ar gyfer y data yn Enghraifft 9.1.

> **AWGRYM**
>
> Teipiwch y rhannau sydd mewn teip trwm yn ofalus:
> peidiwch â chynnwys unrhyw fylchau.

1 Agor taenlen newydd.

2 Yng nghell A1 teipio'r teitl 'Nifer y brodyr (x)'.
    Yng nghell B1 teipio'r teitl 'Nifer y merched (f)'.
    Yng nghell C1 teipio'r teitl 'Cyfanswm nifer y brodyr (fx)'.

3 Yng nghell A2 teipio'r rhif 0. Yna teipio'r rhifau 1 i 8 yng nghelloedd A3 i A10.

4 Yng nghell B2 teipio'r rhif 24. Yna teipio'r amlderau eraill yng nghelloedd B3 i B10.

5 Yng nghell C2 teipio **=A2*B2** a gwasgu'r botwm *Enter*.
Clicio ar gell C2, clicio ar Golygu (*Edit*) yn y bar offer a dewis Copïo (*Copy*).
Clicio ar gell C3, a dal botwm y llygoden i lawr a llusgo i lawr i gell C10.
Yna clicio ar Golygu (*Edit*) yn y bar offer a dewis Gludo (*Paste*).

6 Yng nghell A11 teipio'r gair 'Cyfanswm'.

7 Yng nghell B11 teipio **=SUM(B2:B10)** a gwasgu'r botwm *Enter*.
Yng nghell C11 teipio **=SUM(C2:C10)** a gwasgu'r botwm *Enter*.

8 Yng nghell A12 teipio'r gair 'Cymedr'.

9 Yng nghell B12 teipio **=C11/B11** a gwasgu'r botwm *Enter*.

Dylai eich taenlen edrych fel hyn.

	A	B	C
1	Nifer y brodyr (x)	Nifer y merched (f)	Cyfanswm nifer y brodyr (fx)
2	0	24	0
3	1	60	60
4	2	47	94
5	3	11	33
6	4	5	20
7	5	2	10
8	6	0	0
9	7	0	0
10	8	1	8
11	Cyfanswm	150	225
12	Cymedr	1.5	

Defnyddiwch daenlen gyfrifiadurol i ateb un o'r cwestiynau yn yr ymarfer nesaf.

1 Ar gyfer pob un o'r setiau hyn o ddata
   (i) darganfyddwch y modd.   **(ii)** darganfyddwch y canolrif.
   (iii) darganfyddwch yr amrediad.   **(iv)** cyfrifwch y cymedr.

(a)

Sgôr ar y dis	Nifer y tafliadau
1	89
2	77
3	91
4	85
5	76
6	82
Cyfanswm	500

(b)

Nifer y matsys	Nifer y blychau
47	78
48	82
49	62
50	97
51	86
52	95
Cyfanswm	500

(c)

Nifer y damweiniau	Nifer y gyrwyr
0	65
1	103
2	86
3	29
4	14
5	3
Cyfanswm	300

(ch)

Nifer y ceir am bob tŷ	Nifer y disgyblion
0	15
1	87
2	105
3	37
4	6
Cyfanswm	250

2 Cyfrifwch gymedr pob un o'r setiau hyn o ddata.

(a)

Nifer y teithwyr mewn tacsi	Amlder
1	84
2	63
3	34
4	15
5	4
Cyfanswm	200

(b)

Nifer yr anifeiliaid anwes	Amlder
0	53
1	83
2	23
3	11
4	5
Cyfanswm	175

(c)

Nifer y llyfrau'n cael eu darllen mewn mis	Amlder
0	4
1	19
2	33
3	42
4	29
5	17
6	6
Cyfanswm	150

(ch)

Nifer y diodydd mewn diwrnod	Amlder
3	81
4	66
5	47
6	29
7	18
8	9
Cyfanswm	250

3 Cyfrifwch gymedr pob un o'r setiau hyn o ddata.

(a)

x	Amlder
1	47
2	36
3	28
4	57
5	64
6	37
7	43
8	38

(b)

x	Amlder
23	5
24	9
25	12
26	15
27	13
28	17
29	14
30	15

(c)

x	Amlder
10	5
11	8
12	6
13	7
14	3
15	9
16	2

(ch)

x	Amlder
0	12
1	59
2	93
3	81
4	43
5	67
6	45

4 Yn nhref Maesgubor mae tocynnau bws yn costio 50c, £1.00, £1.50 neu £2.00 yn dibynnu ar hyd y daith. Mae'r tabl amlder yn dangos nifer y tocynnau a gafodd eu gwerthu un dydd Gwener. Cyfrifwch y tâl cymedrig am docynnau ar y dydd Gwener hwnnw.

Pris tocyn (£)	0.50	1.00	1.50	2.00
Nifer y tocynnau	140	207	96	57

5 Cafodd 800 o bobl eu holi faint o bapurau newydd roedden nhw wedi eu prynu yn ystod un wythnos.
Mae'r tabl yn dangos y data.
Cyfrifwch nifer cymedrig y papurau newydd a gafodd eu prynu.

Nifer y papurau newydd	Amlder
0	20
1	24
2	35
3	26
4	28
5	49
6	97
7	126
8	106
9	54
10	83
11	38
12	67
13	21
14	26

Her 9.1

(a) Cynlluniwch daflen casglu data ar gyfer nifer y parau o esgidiau ymarfer sydd gan bob un o ddisgyblion eich dosbarth.

(b) Casglwch y data ar gyfer eich dosbarth.

(c) (i) Darganfyddwch fodd eich data.
(ii) Darganfyddwch amrediad eich data.
(iii) Cyfrifwch nifer cymedrig y parau o esgidiau ymarfer sydd gan ddisgyblion eich dosbarth.

Grwpio data

Mae'r tabl yn dangos nifer y cryno ddisgiau y mae grŵp o 75 o bobl wedi eu prynu ym mis Ionawr.

Nifer y cryno ddisgiau a brynwyd	Nifer y bobl
0–4	35
5–9	21
10–14	12
15–19	5
20–24	2

Mae grwpio data yn gwneud gweithio gyda'r data yn haws, ond mae hefyd yn achosi problemau wrth gyfrifo'r modd, y canolrif, y cymedr neu'r amrediad.

Er enghraifft, dosbarth modd y data hyn yw 0–4, oherwydd mai dyna'r dosbarth sydd â'r amlder mwyaf.

Fodd bynnag, mae'n amhosibl dweud pa nifer o gryno ddisgiau oedd y modd gan nad ydym yn gwybod faint yn union o bobl yn y dosbarth hwn a brynodd pa nifer o gryno ddisgiau.

Mae'n bosibl (ond nid yn debygol iawn) na phrynodd saith person unrhyw gryno ddisgiau, y prynodd saith person un cryno ddisg, y prynodd saith person dau gryno ddisg, y prynodd saith person dri chryno ddisg ac y prynodd saith person bedwar cryno ddisg. Pe bai wyth neu fwy o bobl wedi prynu naw cryno ddisg, yna 9 fyddai'r modd, er mai 0–4 yw'r dosbarth modd!

Mae'r canolrif yn achosi'r un math o broblem: gallwn weld pa ddosbarth sy'n cynnwys y gwerth canolrifol, ond ni allwn gyfrifo'r gwir werth canolrifol.

Mae hefyd yn amhosibl cyfrifo'r cymedr yn union gywir o dabl amlder grŵp. Gallwn, fodd bynnag, gyfrifo amcangyfrif gan ddefnyddio gwerth sengl i gynrychioli pob dosbarth; mae'n arferol defnyddio'r gwerth canol.

Gallwn ddefnyddio'r gwerthoedd canol hyn hefyd i gyfrifo amcangyfrif o'r amrediad. Ni allwn ddarganfod yr amrediad yn union gywir am ei bod hi'n amhosibl dweud beth yw'r niferoedd mwyaf a lleiaf o gryno ddisgiau a gafodd eu prynu. Y pryniant mwyaf posibl yw 24, ond ni allwn ddweud a wnaeth unrhyw un brynu 24 mewn gwirionedd. Y pryniant lleiaf posibl yw 0, ond eto ni allwn ddweud a oedd yna unrhyw un na wnaeth brynu dim cryno ddisgiau.

ENGHRAIFFT 9.2

Defnyddiwch y data yn y tabl ar waelod tudalen 464 i gyfrifo
(a) amcangyfrif o nifer cymedrig y cryno ddisgiau a gafodd eu prynu.
(b) amcangyfrif o amrediad nifer y cryno ddisgiau a gafodd eu prynu.
(c) pa ddosbarth sy'n cynnwys y gwerth canolrifol.

Datrysiad

(a)

Nifer y cryno ddisgiau a brynwyd (x)	Nifer y bobl (f)	Gwerth canol (x)	f × canol x	fx
0–4	35	2	35 × 2	70
5–9	21	7	21 × 7	147
10–14	12	12	12 × 12	144
15–19	5	17	5 × 17	85
20–24	2	22	2 × 22	44
Cyfanswm	75			490

Yr amcangyfrif o nifer cymedrig y cryno ddisgiau a gafodd eu prynu yw
$490 \div 75 = 6.5$ (i 1 lle degol).

> **AWGRYM**
>
> Mae pum grŵp yn y tabl ond cyfanswm nifer y bobl yw 75.
>
> Peidiwch â chael eich temtio i rannu â 5!

(b) Yr amcangyfrif o amrediad nifer y cryno ddisgiau a gafodd eu prynu yw
$22 - 2 = 20$, ond gallai fod mor uchel â 24 neu mor isel ag 16.

(c) Gan fod 75 o werthoedd, y canolrif fydd y 38fed gwerth.
Adiwch yr amlder ar gyfer pob dosbarth nes dod o hyd i'r dosbarth sy'n cynnwys y 38fed gwerth.

   Mae 35 yn llai na 38. Nid yw'r 38fed gwerth i'w gael yn y dosbarth 0–4.

$35 + 21 = 56$ Mae 56 yn fwy na 38. Rhaid bod y 38fed gwerth i'w gael yn y dosbarth 5–9.

Felly y dosbarth 5–9 sy'n cynnwys y gwerth canolrifol.

Defnyddio taenlen i ddarganfod cymedr data wedi'u grwpio

Hefyd mae'n bosibl amcangyfrif cymedr data wedi'u grwpio trwy ddefnyddio taenlen gyfrifiadurol. Mae'r dull yr un fath ag o'r blaen, ar wahân i ychwanegu colofn 'Gwerth canol (x)'. Gallwn ddefnyddio'r golofn hon i gyfrifo amcangyfrif o'r amrediad hefyd.

Dilynwch y camau isod i gyfrifo amcangyfrifon o gymedr ac amrediad y data yn Enghraifft 9.2.

> **AWGRYM**
>
> Teipiwch y rhannau sydd mewn teip trwm yn ofalus: peidiwch â chynnwys unrhyw fylchau.

1 Agor taenlen newydd.

2 Yng nghell A1 teipio'r teitl 'Nifer y cryno ddisgiau a brynwyd (x)'.
Yng nghell B1 teipio'r teitl 'Nifer y bobl (f)'.
Yng nghell C1 teipio'r teitl 'Gwerth canol (x)'.
Yng nghell D1 teipio'r teitl 'Cyfanswm nifer y cryno ddisgiau a brynwyd (fx)'.

3 Yng nghell A2 teipio 0–4. Yna teipio'r dosbarthiadau eraill yng nghelloedd A3 i A6.

4 Yng nghell B2 teipio'r rhif 35. Yna teipio'r amlderau eraill yng nghelloedd B3 i B6.

5 Yng nghell C2 teipio =(0+4)/2 a gwasgu'r botwm *Enter*.
Yng nghell C3 teipio =(5+9)/2 a gwasgu'r botwm *Enter*.
Yng nghell C4 teipio =(10+14)/2 a gwasgu'r botwm *Enter*.
Yng nghell C5 teipio =(15+19)/2 a gwasgu'r botwm *Enter*.
Yng nghell C6 teipio =(20+24)/2 a gwasgu'r botwm *Enter*.

6 Yng nghell D2 teipio =B2*C2 a gwasgu'r botwm *Enter*.
Clicio ar gell D2, clicio ar Golygu (*Edit*) yn y bar offer a dewis Copïo (*Copy*).
Clicio ar gell D3, a dal botwm y llygoden i lawr a llusgo i lawr i gell D6.
Yna clicio ar Golygu (*Edit*) yn y bar offer a dewis Gludo (*Paste*).

7 Yng nghell A7 teipio'r gair 'Cyfanswm'.

8 Yng nghell B7 teipio =SUM(B2:B6) a gwasgu'r botwm *Enter*.
Yng nghell D7 teipio =SUM(D2:D6) a gwasgu'r botwm *Enter*.

9 Yng nghell A8 teipio'r gair 'Cymedr'.

10 Yng nghell B8 teipio =D7/B7 a gwasgu'r botwm *Enter*.

11 Yng nghell A9 teipio'r gair 'Amrediad'.

12 Yng nghell B9 teipio =C6−C2 a gwasgu'r botwm *Enter*.

Dylai eich taenlen edrych fel hyn.

	A	B	C	D
1	Nifer y cryno ddisgiau a brynwyd (x)	Nifer y bobl (f)	Gwerth canol (x)	Cyfanswm nifer y cryno ddisgiau a brynwyd (fx)
2	0-4	35	2	70
3	5-9	21	7	147
4	10-14	12	12	144
5	15-19	5	17	85
6	20-24	2	22	44
7	Cyfanswm	75		490
8	Cymedr	6.533333333		
9	Amrediad	20		

Defnyddiwch daenlen gyfrifiadurol i ateb un o'r cwestiynau yn yr ymarfer nesaf.

1 Ar gyfer pob un o'r setiau hyn o ddata cyfrifwch amcangyfrif o'r canlynol:
   (i) yr amrediad.   (ii) y cymedr.

(a)

Nifer y negesau testun a dderbyniwyd mewn diwrnod	Nifer y bobl	Gwerth canol
0–9	99	4.5
10–19	51	14.5
20–29	28	24.5
30–39	14	34.5
40–49	7	44.5
50–59	1	54.5
Cyfanswm	200	

(b)

Nifer y galwadau ffôn mewn diwrnod	Nifer y bobl	Gwerth canol
0–4	118	2
5–9	54	7
10–14	39	12
15–19	27	17
20–24	12	22
Cyfanswm	250	

(c)

Nifer y negesau testun a anfonwyd	Nifer y bobl	Gwerth canol
0–9	79	4.5
10–19	52	14.5
20–29	31	24.5
30–39	13	34.5
40–49	5	44.5
Cyfanswm	180	

(ch)

Nifer y galwadau a dderbyniwyd	Amlder	Gwerth canol
0–4	45	2
5–9	29	7
10–14	17	12
15–19	8	17
20–24	1	22
Cyfanswm	100	

2 Ar gyfer pob un o'r setiau hyn o ddata
   (i) darganfyddwch y dosbarth modd.
   (ii) cyfrifwch amcangyfrif o'r amrediad.
   (iii) cyfrifwch amcangyfrif o'r cymedr.

(a)

Nifer y DVDau sydd ganddynt	Nifer y bobl
0–4	143
5–9	95
10–14	54
15–19	26
20–24	12
Cyfanswm	330

(b)

Nifer y llyfrau sydd ganddynt	Nifer y bobl
0–9	54
10–19	27
20–29	19
30–39	13
40–49	7
Cyfanswm	120

(c)

Nifer y teithiau trên mewn blwyddyn	Nifer y bobl
0–49	118
50–99	27
100–149	53
150–199	75
200–249	91
250–299	136

(ch)

Nifer y blodau ar blanhigyn	Amlder
0–14	25
15–29	52
30–44	67
45–59	36

3 Ar gyfer pob un o'r setiau hyn o ddata
   (i) darganfyddwch y dosbarth modd.
   (ii) cyfrifwch amcangyfrif o'r cymedr.

(a)

Nifer yr wyau mewn nyth	Amlder
0–2	97
3–5	121
6–8	43
9–11	7
12–14	2

(b)

Nifer y pys mewn coden	Amlder
0–3	15
4–7	71
8–11	63
12–15	9
16–19	2

(c)

Nifer y dail ar gangen	Amlder
0–9	6
10–19	17
20–29	27
30–39	34
40–49	23
50–59	10
60–69	3

(ch)

Nifer y bananas mewn bwnsiad	Amlder
0–24	1
25–49	29
50–74	41
75–99	52
100–124	24
125–149	3

4 Mae cwmni'n cofnodi nifer y cwynion maen nhw'n eu derbyn am eu cynhyrchion bob wythnos. Mae'r tabl yn dangos y data ar gyfer un flwyddyn.

Cyfrifwch amcangyfrif o nifer cymedrig y cwynion bob wythnos.

Nifer y cwynion	Amlder
1–10	12
11–20	5
21–30	10
31–40	8
41–50	9
51–60	5
61–70	2
71–80	1

5 Mae rheolwr swyddfa yn cofnodi nifer y llungopïau sy'n cael eu gwneud gan ei staff bob dydd ym mis Medi. Dangosir y data hyn yn y tabl.

Cyfrifwch amcangyfrif o nifer cymedrig y copïau bob dydd.

Nifer y llungopïau	Amlder
0–99	13
100–199	8
200–299	3
300–399	0
400–499	5
500–599	1

Her 9.2

(a) Cynlluniwch daflen casglu data, gan ddefnyddio grwpiau priodol, ar gyfer nifer y cryno ddisgiau sydd gan y myfyrwyr yn eich dosbarth.

(b) Casglwch y data ar gyfer eich dosbarth.

(c) (i) Amcangyfrifwch amrediad eich data.
  (ii) Cyfrifwch amcangyfrif o nifer cymedrig y cryno ddisgiau sydd gan y myfyrwyr yn eich dosbarth.

Data di-dor

Hyd yma mae'r holl ddata yn y bennod hon wedi bod yn **ddata arwahanol** (canlyniad cyfrif gwrthrychau).

Wrth drin **data di-dor** (canlyniad mesur), mae'r cymedr yn cael ei amcangyfrif yn yr un ffordd ag ar gyfer data grŵp arwahanol.

ENGHRAIFFT 9.3

Mae rheolwraig yn cofnodi hyd y galwadau ffôn sy'n cael eu gwneud gan ei gweithwyr. Mae'r tabl yn dangos y canlyniadau am un wythnos.

Hyd y galwadau ffôn mewn munudau (x)	Amlder (f)
$0 \leqslant x < 5$	86
$5 \leqslant x < 10$	109
$10 \leqslant x < 15$	54
$15 \leqslant x < 20$	27
$20 \leqslant x < 25$	16
$25 \leqslant x < 30$	8
Cyfanswm	300

AWGRYM

Cofiwch fod $15 \leqslant x < 20$ yn golygu pob hyd, x, sy'n fwy na neu'n hafal i 15 munud ond sy'n llai nag 20 munud.

Datrysiad

Hyd y galwadau ffôn mewn munudau (x)	Amlder (f)	Gwerth canol (x)	$f \times$ canol x
$0 \leqslant x < 5$	86	2.5	215
$5 \leqslant x < 10$	109	7.5	817.5
$10 \leqslant x < 15$	54	12.5	675
$15 \leqslant x < 20$	27	17.5	472.5
$20 \leqslant x < 25$	16	22.5	360
$25 \leqslant x < 30$	8	27.5	220
Cyfanswm	300		2760

Yr amcangyfrif o'r cymedr yw $2760 \div 300 = 9.2$ munud neu 9 munud ac 12 eiliad.

AWGRYM

Cofiwch fod 60 eiliad mewn 1 munud. $60 \times 0.2 = 12$ eiliad.

Defnyddiwch daenlen i ateb un o'r cwestiynau yn yr ymarfer hwn.

1 Ar gyfer pob un o'r setiau hyn o ddata, cyfrifwch amcangyfrif o'r canlynol:
   (i) yr amrediad.   **(ii)** y cymedr.

(a)

Uchder planhigyn mewn centimetrau (x)	Nifer y planhigion (f)
0 ≤ x < 10	5
10 ≤ x < 20	11
20 ≤ x < 30	29
30 ≤ x < 40	26
40 ≤ x < 50	18
50 ≤ x < 60	7
Cyfanswm	96

(b)

Pwysau wy mewn gramau (x)	Nifer yr wyau (f)
0 ≤ x < 8	3
8 ≤ x < 16	18
16 ≤ x < 24	43
24 ≤ x < 32	49
32 ≤ x < 40	26
40 ≤ x < 48	5
Cyfanswm	144

(c)

Hyd llinyn mewn centimetrau (x)	Amlder (f)
60 ≤ x < 64	16
64 ≤ x < 68	28
68 ≤ x < 72	37
72 ≤ x < 76	14
76 ≤ x < 80	5
Cyfanswm	100

(ch)

Glawiad y dydd mewn mililitrau (x)	Amlder (f)
0 ≤ x < 10	151
10 ≤ x < 20	114
20 ≤ x < 30	46
30 ≤ x < 40	28
40 ≤ x < 50	17
50 ≤ x < 60	9
Cyfanswm	365

2 Ar gyfer pob un o'r setiau hyn o ddata:
   (i) ysgrifennwch y dosbarth modd.   **(ii)** cyfrifwch amcangyfrif o'r cymedr.

(a)

Oedran cyw mewn diwrnodau (x)	Nifer y cywion (f)
0 ≤ x < 3	61
3 ≤ x < 6	57
6 ≤ x < 9	51
9 ≤ x < 12	46
12 ≤ x < 15	44
15 ≤ x < 18	45
18 ≤ x < 21	46

(b)

Pwysau afal mewn gramau (x)	Nifer yr afalau (f)
90 ≤ x < 100	5
100 ≤ x < 110	24
110 ≤ x < 120	72
120 ≤ x < 130	81
130 ≤ x < 140	33
140 ≤ x < 150	10

(c)

Hyd ffeuen ddringo mewn centimetrau (x)	Amlder (f)
10 ≤ x < 14	16
14 ≤ x < 18	24
18 ≤ x < 22	25
22 ≤ x < 26	28
26 ≤ x < 30	17
30 ≤ x < 34	10

(ch)

Amser i gwblhau ras mewn munudau (x)	Amlder (f)
40 ≤ x < 45	1
45 ≤ x < 50	8
50 ≤ x < 55	32
55 ≤ x < 60	26
60 ≤ x < 65	5
65 ≤ x < 70	3

3 Mae'r tabl yn dangos cyflogau wythnosol y gweithwyr llaw mewn ffatri.

Cyflog mewn £ (x)	150 ≤ x < 200	200 ≤ x < 250	250 ≤ x < 300	300 ≤ x < 350
Amlder (f)	4	14	37	15

(a) Beth yw'r dosbarth modd?   (b) Ym mha ddosbarth y mae'r cyflog canolrifol?
(c) Cyfrifwch amcangyfrif o'r cyflog cymedrig.

4 Mae'r tabl yn dangos, mewn gramau, masau'r 100 cyntaf o lythyrau a gafodd eu postio un diwrnod.

Màs mewn gramau (x)	0 ≤ x < 15	15 ≤ x < 30	30 ≤ x < 45	45 ≤ x < 60
Amlder (f)	48	36	12	4

Cyfrifwch amcangyfrif o fàs cymedrig llythyr.

5 Mae'r tabl yn dangos prisiau'r cardiau pen-blwydd a gafodd eu gwerthu un diwrnod gan siop gardiau cyfarch.

Pris cerdyn pen-blwydd mewn ceiniogau (x)	Amlder (f)
100 ≤ x < 125	18
125 ≤ x < 150	36
150 ≤ x < 175	45
175 ≤ x < 200	31
200 ≤ x < 225	17
225 ≤ x < 250	9

Her 9.3

(a) Cynlluniwch daflen casglu data, gan ddefnyddio grwpiau priodol, a gwnewch un o'r tasgau canlynol. Defnyddiwch y disgyblion yn eich dosbarth fel ffynhonnell eich data.
  • Gofynnwch i bob person faint o arian roedden nhw wedi ei wario ar ginio ar ddiwrnod penodol.
  • Cymerwch linyn a'i osod mewn llinell nad yw'n syth a gofynnwch i bob person amcangyfrif hyd y llinyn.
(b) (i) Amcangyfrifwch amrediad eich data.   (ii) Cyfrifwch amcangyfrif o gymedr eich data.

- sut i ddefnyddio tabl amlder i ddarganfod y cymedr
- sut i amcangyfrif y cymedr ar gyfer data wedi'u grwpio
- sut i amcangyfrif yr amrediad ar gyfer data wedi'u grwpio
- sut i ddarganfod ym mha ddosbarth y mae'r gwerth canolrifol mewn setiau mawr o ddata
- sut i ddefnyddio taenlen i gyfrifo cymedr ac amrediad data wedi'u grwpio

⊙ YMARFER CYMYSG 9

1 Ar gyfer pob un o'r setiau hyn o ddata
(i) darganfyddwch y modd. (ii) darganfyddwch yr amrediad. (iii) cyfrifwch y cymedr.

(a)

Sgôr ar ddis wyth ochr	Nifer y tafliadau
1	120
2	119
3	132
4	126
5	129
6	142
7	123
8	109
Cyfanswm	1000

(b)

Nifer y marblis mewn bag	Nifer y bagiau
47	11
48	25
49	47
50	63
51	54
52	38
53	17
54	5
Cyfanswm	260

(c)

Nifer yr anifeiliaid anwes am bob tŷ	Amlder
0	64
1	87
2	41
3	26
4	17
5	4
6	1

(ch)

Nifer y ffa mewn coden	Amlder
4	17
5	36
6	58
7	49
8	27
9	13

(d)

x	f
1	242
2	266
3	251
4	252
5	259
6	230

(dd)

x	f
15	9
16	13
17	18
18	27
19	16
20	7

2 Mae'r cardiau ychwanegu credyd sydd gan y cwmni ffonau symudol Clyw yn costio £5, £10, £20 neu £50 yn dibynnu ar faint o gredyd sy'n cael ei brynu.
Mae'r tabl amlder yn dangos nifer y cardiau o bob gwerth a gafodd eu gwerthu mewn un siop un dydd Sadwrn.

Pris y cardiau ychwanegu credyd (£)	5	10	20	50
Nifer y cardiau ychwanegu credyd	34	63	26	2

Cyfrifwch werth cymedrig y cardiau ychwanegu credyd a gafodd eu prynu yn y siop y dydd Sadwrn hwnnw.

3 Gofynnwyd i sampl o 350 o bobl faint o gylchgronau roedden nhw wedi eu prynu ym mis Medi. Mae'r tabl isod yn dangos y data.

Nifer y cylchgronau	0	1	2	3	4	5	6	7	8	9	10
Amlder	16	68	94	77	49	27	11	5	1	0	2

Cyfrifwch nifer cymedrig y cylchgronau a gafodd eu prynu ym mis Medi.

4 Ar gyfer pob un o'r setiau hyn o ddata, cyfrifwch amcangyfrif o'r canlynol:
(i) yr amrediad.   **(ii)** y cymedr.

(a)

Uchder cactws mewn centimetrau (x)	Nifer y planhigion (f)
$10 \leq x < 15$	17
$15 \leq x < 20$	49
$20 \leq x < 25$	66
$25 \leq x < 30$	38
$30 \leq x < 35$	15
Cyfanswm	185

(b)

Buanedd y gwynt ganol dydd mewn km/awr (x)	Nifer y diwrnodau (f)
$0 \leq x < 20$	164
$20 \leq x < 40$	98
$40 \leq x < 60$	57
$60 \leq x < 80$	32
$80 \leq x < 100$	11
$100 \leq x < 120$	3
Cyfanswm	365

(c)

Amser yn dal anadl mewn eiliadau (x)	Amlder (f)
$30 \leqslant x < 40$	6
$40 \leqslant x < 50$	29
$50 \leqslant x < 60$	48
$60 \leqslant x < 70$	36
$70 \leqslant x < 80$	23
$80 \leqslant x < 90$	8

(ch)

Màs disgybl mewn cilogramau (x)	Amlder (f)
$40 \leqslant x < 45$	5
$45 \leqslant x < 50$	13
$50 \leqslant x < 55$	26
$55 \leqslant x < 60$	31
$60 \leqslant x < 65$	17
$65 \leqslant x < 70$	8

5 Mae'r tabl isod yn dangos hyd 304 o alwadau ffôn, i'r munud agosaf.

Hyd mewn munudau (x)	$0 \leqslant x < 10$	$10 \leqslant x < 20$	$20 \leqslant x < 30$	$30 \leqslant x < 40$	$40 \leqslant x < 50$
Amlder (f)	53	124	81	35	11

(a) Beth yw'r dosbarth modd?

(b) Ym mha ddosbarth y mae'r hyd galwad canolrifol?

(c) Mae'r tabl yn dangos cyflogau blynyddol y gweithwyr mewn cwmni.

6 Cyfrifwch amcangyfrif o'r hyd galwad cymedrig.

Cyflog blynyddol mewn miloedd o £ (x)	Amlder (f)
$10 \leqslant x < 15$	7
$15 \leqslant x < 20$	18
$20 \leqslant x < 25$	34
$25 \leqslant x < 30$	12
$30 \leqslant x < 35$	9
$35 \leqslant x < 40$	4
$40 \leqslant x < 45$	2
$45 \leqslant x < 50$	1
$50 \leqslant x < 55$	2
$55 \leqslant x < 60$	0
$60 \leqslant x < 65$	1

Cyfrifwch amcangyfrif o gyflog blynyddol cymedrig y gweithwyr hyn.

Theorem Pythagoras

Sylwi 10.1

Mesurwch dair ochr y triongl ongl sgwâr yn y diagram.

Defnyddiwch yr hydoedd i gyfrifo arwynebedd pob un o'r tri sgwâr lliw.

Beth welwch chi?

O adio arwynebedd y sgwâr melyn at arwynebedd y sgwâr glas mae'r ateb yn hafal i arwynebedd y sgwâr coch.

Yr **hypotenws** yw'r term am ochr hiraf triongl ongl sgwâr. Dyma'r ochr sydd gyferbyn â'r ongl sgwâr.

Mae'r hyn a welsoch yn Sylwi 10.1 yn wir am bob triongl ongl sgwâr. Cafodd hyn ei 'ddarganfod' gyntaf gan Pythagoras, mathemategwr Groegaidd, oedd yn byw tua 500 CC.

Yn ôl theorem Pythagoras:

> Mae arwynebedd y sgwâr ar hypotenws triongl ongl sgwâr yn hafal i swm arwynebeddau'r sgwariau ar y ddwy ochr arall.

Hynny yw:

P + Q = R

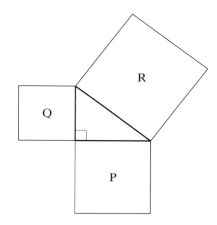

I bob un o'r diagramau hyn, darganfyddwch arwynebedd y trydydd sgwâr.

1

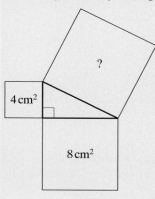

2

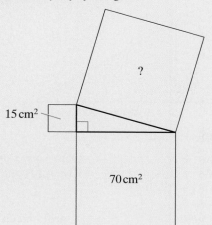

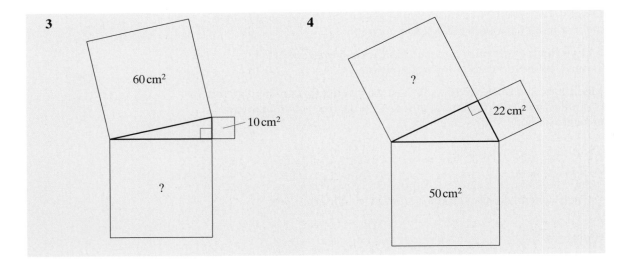

3 60 cm² · 10 cm² · ?

4 ? · 22 cm² · 50 cm²

Defnyddio theorem Pythagoras

Er bod y theorem yn seiliedig ar arwynebedd mae'n cael ei defnyddio fel arfer i ddarganfod hyd ochr.

Pe byddech yn lluniadu sgwariau ar dair ochr y triongl hwn eu harwynebeddau fyddai a^2, b^2 ac c^2.

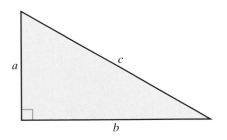

Felly gallwn ysgrifennu theorem Pythagoras fel hyn hefyd:

$$a^2 + b^2 = c^2.$$

ENGHRAIFFT 10.1

Darganfyddwch hyd ochr x yn y ddau driongl hyn.

(a)

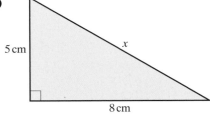

5 cm · x · 8 cm

(b)

x · 8.7 cm · 6.9 cm

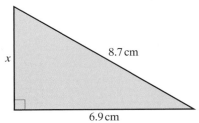

Datrysiad

(a) $c^2 = a^2 + b^2$ Ochr x yw'r hypotenws (sef c yn y theorem).
$x^2 = 8^2 + 5^2$ Rhowch y rhifau yn lle'r llythrennau yn y fformiwla.
$x^2 = 64 + 25$
$x^2 = 89$
$x = \sqrt{89}$ Ysgrifennwch ail isradd y ddwy ochr.
$x = 9.43$ cm (i 2 le degol)

(b) $a^2 + b^2 = c^2$ Y tro hwn ochr x yw'r ochr fyrraf (sef a yn y theorem).
   $x^2 + 6.9^2 = 8.7^2$
         $x^2 = 8.7^2 - 6.9^2$ Tynnwch 6.9^2 o'r ddwy ochr.
         $x^2 = 75.69 - 47.61$
         $x^2 = 28.08$
         $x = \sqrt{28.08}$ Ysgrifennwch ail isradd y ddwy ochr.
         $x = 5.30$ (i 2 le degol)

AWGRYM

Gwiriwch bob amser a ydych yn ceisio darganfod yr ochr hiraf (yr hypotenws) neu un o'r ochrau byrraf.

Os ydych yn chwilio am yr ochr hiraf: adiwch y sgwariau.

Os ydych yn chwilio am yr ochr fyrraf: tynnwch y sgwariau.

◎ YMARFER 10.2

1 Darganfyddwch hyd x ym mhob un o'r trionglau hyn.
Lle nad yw'r ateb yn union gywir, rhowch eich ateb yn gywir i 2 le degol.

(a)
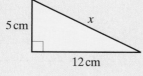
5 cm x 12 cm

(b)
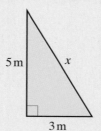
5 m x 3 m

(c)
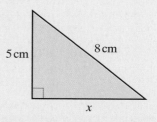
5 cm   8 cm x

(ch)
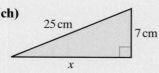
25 cm   7 cm x

(d)
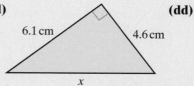
6.1 cm   4.6 cm x

(dd)
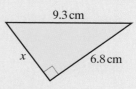
9.3 cm x 6.8 cm

(e)
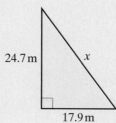
24.7 m x 17.9 m

(f)
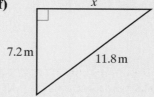
x 7.2 m   11.8 m

(ff)
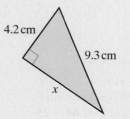
4.2 cm   9.3 cm x

2 Mae'r diagram yn dangos ysgol yn sefyll ar lawr llorweddol ac yn pwyso yn erbyn wal fertigol.

Hyd yr ysgol yw 4.8 m ac mae gwaelod yr ysgol 1.6 m o'r wal.

Pa mor bell i fyny'r wal y mae'r ysgol yn cyrraedd? Rhowch eich ateb yn gywir i 2 le degol.

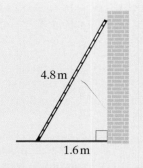

4.8 m

1.6 m

3 Maint sgrin deledu yw hyd y croeslin.

Maint sgrin y set deledu hon yw 27 modfedd.

Os 13 modfedd yw uchder y sgrin beth yw ei lled? Rhowch eich ateb yn gywir i 2 le degol.

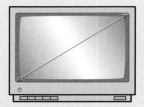

Gallwn ysgrifennu Theorem Pythagoras hefyd yn nhermau'r llythrennau sy'n enwi triongl.

Mae ABC yn driongl sydd ag ongl sgwâr yn B.

Felly gallwn ysgrifennu Theorem Pythagoras fel

$$AC^2 = AB^2 + BC^2$$

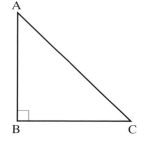

ENGHRAIFFT 10.2

Petryal yw ABCD sydd â'i hyd yn 8 cm a'i led yn 6 cm.
Darganfyddwch hyd ei groesliniau.

Datrysiad

Gan ddefnyddio Theorem Pythagoras

$$DB^2 = DA^2 + AB^2$$
$$= 36 + 64$$
$$= 100$$
$$DB = \sqrt{100} = 10 \text{ cm}$$

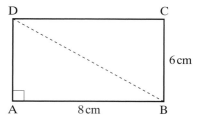

6 cm

8 cm

Mae croesliniau petryal yn hafal, felly AC = 10 cm.

(a) Cyfrifwch arwynebedd y triongl isosgeles ABC.

Awgrym: Lluniadwch uchder AD y triongl.
Cyfrifwch hyd AD.

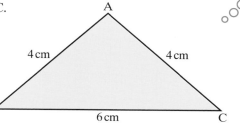

(b) Cyfrifwch arwynebedd y ddau driongl isosgeles isod.
Rhowch eich atebion yn gywir i 1 lle degol.

(i)

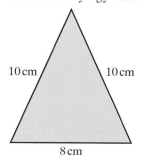

(ii)

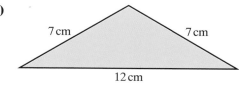

Triawdau Pythagoreaidd

Edrychwch eto ar atebion rhannau **(a)** ac **(ch)** i gwestiwn **1** yn Ymarfer 10.2.

Roedd yr atebion yn union gywir.

Yn rhan **(a)** $5^2 + 12^2 = 13^2$
Yn rhan **(ch)** $7^2 + 24^2 = 25^2$

Mae'r rhain yn enghreifftiau o **driawdau Pythagoreaidd**, neu dri rhif sy'n cydweddu yn union â'r berthynas Pythagoreaidd.

Triawd Pythagoreaidd arall yw 3, 4, 5.
Gwelsoch hynny yn y diagram ar ddechrau'r bennod.

3, 4, 5   5, 12, 13   a   7, 24, 25   yw'r triawdau Pythagoreaidd mwyaf adnabyddus.

Gallwn hefyd ddefnyddio theorem Pythagoras tuag yn ôl.

Os bydd hydoedd tair ochr triongl yn ffurfio triawd Pythagoreaidd, bydd y triongl yn driongl ongl sgwâr.

Darganfyddwch a yw'r trionglau hyn yn drionglau ongl sgwâr ai peidio.

Dangoswch eich gwaith cyfrifo.

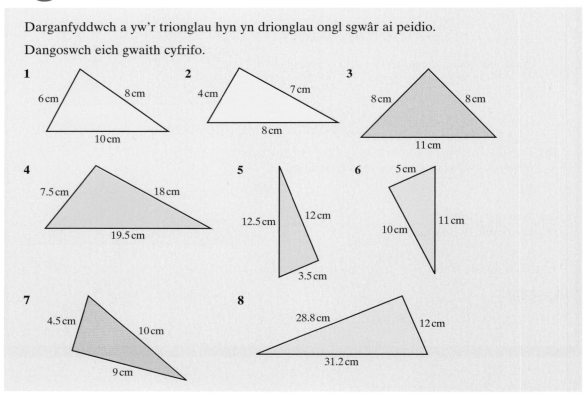

1 6 cm, 8 cm, 10 cm

2 4 cm, 7 cm, 8 cm

3 8 cm, 8 cm, 11 cm

4 7.5 cm, 18 cm, 19.5 cm

5 12.5 cm, 12 cm, 3.5 cm

6 5 cm, 10 cm, 11 cm

7 4.5 cm, 10 cm, 9 cm

8 28.8 cm, 12 cm, 31.2 cm

Cyfesurynnau

Gallwn ddefnyddio theorem Pythagoras i ddarganfod y pellter rhwng dau bwynt ar graff.

ENGHRAIFFT 10.3

Darganfyddwch hyd AB.

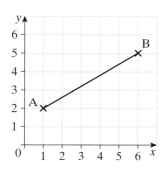

Datrysiad

Yn gyntaf, lluniadwch driongl ongl sgwâr drwy dynnu llinell ar draws o A ac i lawr o B.

Trwy gyfrif sgwariau, fe welwch mai hydoedd yr ochrau byr yw 5 a 3.

Wedyn, gallwch ddefnyddio theorem Pythagoras i gyfrifo hyd AB.

$AB^2 = 5^2 + 3^2$
$AB^2 = 25^2 + 9^2$
$AB^2 = 34$
$AB = \sqrt{34}$
$AB = 5.83$ uned (yn gywir i 2 le degol)

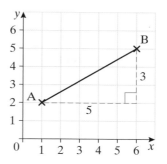

ENGHRAIFFT 10.4

A yw'r pwynt $(-5, 4)$ a B yw'r pwynt $(3, 2)$. Darganfyddwch hyd AB.

Datrysiad

Plotiwch y pwyntiau a chwblhewch y triongl ongl sgwâr.

Yna defnyddiwch theorem Pythagoras i gyfrifo hyd AB.
$AB^2 = 8^2 + 2^2$
$AB^2 = 64 + 4$
$AB^2 = 68$
$AB = \sqrt{68}$
$AB = 8.25$ uned (yn gywir i 2 le degol)

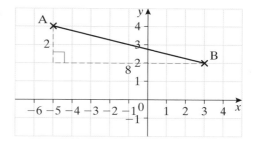

Mae'n bosibl hefyd ateb Enghraifft 10.4 heb ddefnyddio diagram.

O bwynt A $(-5, 4)$ i B $(3, 2)$ mae gwerth x wedi cynyddu o -5 i 3. Hynny yw, mae wedi cynyddu 8.

O bwynt A $(-5, 4)$ i B $(3, 2)$ mae gwerth y wedi gostwng o 4 i 2. Hynny yw, mae wedi gostwng 2.

Felly ochrau byr y triongl yw 8 uned a 2 uned.

Fel yn Enghraifft 10.3, gallwch ddefnyddio theorem Pythagoras i gyfrifo hyd AB.

Efallai, fodd bynnag, y byddai'n well gennych luniadu'r diagram yn gyntaf.

Canolbwyntiau

Sylwi 10.2

Ar gyfer pob un o'r parau hyn o bwyntiau:

- Lluniadwch ddiagram ar bapur sgwariau. Mae'r un cyntaf wedi ei wneud i chi.
- Darganfyddwch ganolbwynt y llinell sy'n uno'r ddau bwynt a'i labelu'n M.
- Ysgrifennwch gyfesurynnau M.

(a) A(1, 3) a B(5, 7)
(b) C(1, 5) a D(7, 1)
(c) E(2, 5) ac F(6, 6)
(ch) G(3, 7) ac H(6, 0)

Beth welwch chi?

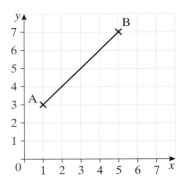

Cyfesurynnau canolbwynt llinell yw cymedrau cyfesurynnau'r ddau bwynt terfyn.

> Canolbwynt llinell â'r cyfesurynnau (a, b), $(c, d) = \left(\dfrac{a + c}{2}, \dfrac{b + d}{2}\right)$.

ENGHRAIFFT 10.5

Darganfyddwch gyfesurynnau canolbwyntiau'r parau hyn o bwyntiau heb luniadu'r graff.

(a) A(2, 1) a B(6, 7)

(b) C(−2, 1) a D(2, 5)

Datrysiad

(a) A(2, 1) a B(6, 7)
$a = 2, b = 1, c = 6, d = 7$

Canolbwynt $= \left(\dfrac{a + c}{2}, \dfrac{b + d}{2}\right)$

$= \left(\dfrac{2 + 6}{2}, \dfrac{1 + 7}{2}\right)$

$= (4, 4)$

(b) C(−2, 1) a D(2, 5)
$a = -2, b = 1, c = 2, d = 5$

Canolbwynt $= \left(\dfrac{a + c}{2}, \dfrac{b + d}{2}\right)$

Canolbwynt $= \left(\dfrac{-2 + 2}{2}, \dfrac{1 + 5}{2}\right)$

$= (0, 3)$

Gallwch wirio'r atebion drwy luniadu graff y llinell.

1 Darganfyddwch gyfesurynnau canolbwynt pob un o'r llinellau yn y diagram.

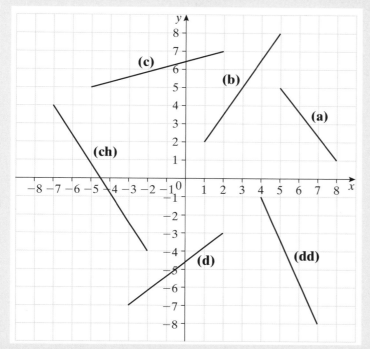

2 Darganfyddwch gyfesurynnau canolbwynt y llinell sy'n uno pob un o'r parau hyn o bwyntiau. Ceisiwch eu gwneud heb blotio'r pwyntiau.

    (a) A(1, 4) a B(1, 8)

    (b) C(1, 5) a D(7, 3)

    (c) E(2, 3) ac F(8, 6)

    (ch) G(3, 7) ac H(8, 2)

    (d) I(−2, 3) a J(4, 1)

    (dd) K(−4, −3) ac L(−6, −11)

Her 10.2

    (a) Canolbwynt AB yw (5, 3).
         A yw'r pwynt (2, 1).
         Beth yw cyfesurynnau B?

    (b) Canolbwynt CD yw (−1, 2).
         C yw'r pwynt (3, 6).
         Beth yw cyfesurynnau D?

Cyfesurynnau tri dimensiwn (3-D)

Rydych yn gwybod yn barod sut i ddangos pwynt gan ddefnyddio cyfesurynnau mewn dau ddimensiwn.
Byddwn yn defnyddio cyfesurynnau x ac y.

Os byddwn yn gweithio mewn tri dimensiwn mae angen trydydd cyfesuryn. Y term am hwn yw'r cyfesuryn z.

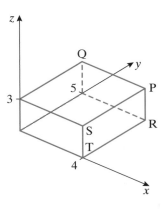

> **AWGRYM**
>
> Sylwch fod yr echelinau x ac y yn wastad a bod yr echelin z yn fertigol.

Cyfesurynnau pwynt P yw (4, 5, 3).
Hynny yw, 4 i'r cyfeiriad x, 5 i'r cyfeiriad y a 3 i'r cyfeiriad z.

> **AWGRYM**
>
> Cofiwch fod cyfesurynnau 2-D a chyfesurynnau 3-D yn cael eu hysgrifennu yn nhrefn yr wyddor Saesneg: x yna y yna z.

Prawf sydyn 10.1

Beth yw cyfesurynnau pwyntiau Q, R, S a T yn y diagram uchod?

ENGHRAIFFT 10.6

A yw'r pwynt (4, 2, 3) a B yw'r pwynt (2, 6, 9).
Beth yw cyfesurynnau canolbwynt AB?

Datrysiad

Cyfesurynnau canolbwynt llinell yw cymedrau cyfesurynnau'r ddau bwynt terfyn.

Mewn tri dimensiwn:

> Canolbwynt llinell â'r cyfesurynnau (a, b, c) a $(d, e, f) = \left(\dfrac{a+d}{2}, \dfrac{b+e}{2}, \dfrac{c+f}{2}\right)$.

Ar gyfer A(4, 2, 3) a B(2, 6, 9) cyfesurynnau canolbwynt
y llinell AB yw $\left(\dfrac{4+2}{2}, \dfrac{2+6}{2}, \dfrac{3+9}{2}\right) = (3, 4, 6)$.

1 Mae'r diagram yn dangos amlinelliad ciwboid.
Cyfesurynnau pwynt A yw (5, 0, 0).
Cyfesurynnau pwynt B yw (0, 3, 0).
Cyfesurynnau pwynt C yw (0, 0, 2).
Ysgrifennwch gyfesurynnau
(a) pwynt D.
(b) pwynt E.
(c) pwynt F.
(ch) pwynt G.

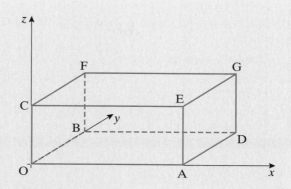

2 Mae VOABC yn byramid sylfaen sgwâr.
A yw'r pwynt (6, 0, 0).
N yw canol y sylfaen.
Uchder perpendicwlar VN y pyramid yw 5 uned.
Ysgrifennwch gyfesurynnau
(a) pwynt C.
(b) pwynt B.
(c) pwynt N.
(ch) pwynt V.

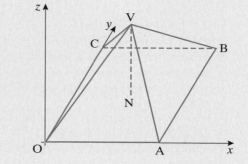

3 Mae'r diagram yn dangos amlinelliad ciwboid.
Cyfesurynnau pwynt A yw (8, 0, 0).
Cyfesurynnau pwynt B yw (0, 6, 0).
Cyfesurynnau pwynt C yw (0, 0, 4).
L yw canolbwynt AD.
M yw canolbwynt EG.
N yw canolbwynt FG.
Ysgrifennwch gyfesurynnau
(a) pwynt D.   (b) pwynt L.
(c) pwynt M.   (ch) pwynt N.

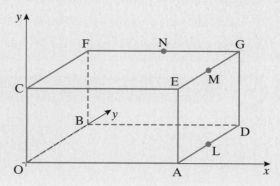

Her 10.3

(a) Ar gyfer y pyramid yn Ymarfer 10.5, cwestiwn 2, cyfrifwch yr hydoedd hyn.
   (i) OB   (ii) VB

(b) Ar gyfer y ciwboid yn Ymarfer 10.5, cwestiwn 1, cyfrifwch hyd OG.

Mae'r diagram yn dangos mast sydd wedi ei gynnal gan dair gwifren.

Mae'r mast yn fertigol ac mae'n sefyll ar ddaear lorweddol wastad.

Uchder y mast yw 48 metr.
Mae pob gwifren wedi ei gysylltu â phwynt ar y ddaear 17 metr o waelod y mast.

Darganfyddwch gyfanswm hyd y tair gwifren.
Rhowch eich ateb yn gywir i'r metr agosaf.

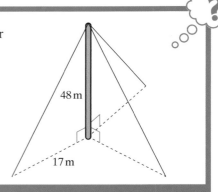

48 m

17 m

RYDYCH WEDI DYSGU

- **mai'r hypotenws yw'r term am ochr hiraf triongl ongl sgwâr**
- **bod theorem Pythagoras yn nodi bod arwynebedd y sgwâr ar hypotenws triongl ongl sgwâr yn hafal i swm arwynebeddau'r sgwariau ar y ddwy ochr arall, hynny yw, os yw hypotenws triongl ongl sgwâr yn c a bod yr ochrau eraill yn a a b, yna $a^2 + b^2 = c^2$**
- **er mwyn darganfod hyd yr ochr hiraf gan ddefnyddio theorem Pythagoras, y byddwch yn adio'r sgwariau**
- **er mwyn darganfod hyd un o'r ochrau byrraf gan ddefnyddio theorem Pythagoras, y byddwch yn tynnu'r sgwariau**
- **os yw hydoedd tair ochr triongl yn driawd Pythagoraidd, fod y triongl yn driongl ongl sgwâr**
- **mai'r tri thriawd Pythagoreaidd mwyaf adnabyddus yw 3, 4, 5; 5, 12, 13 a 7, 24, 25**
- **mai cyfesurynnau canolbwynt y llinell sy'n uno (a, b) â (c, d) yw $\left(\dfrac{a + c}{2}, \dfrac{b + d}{2}\right)$**
- **bod tri chyfesuryn gan bwynt mewn tri dimensiwn, ac mai'r cyfesuryn z yw'r trydydd cyfesuryn**

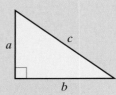

a c

b

YMARFER CYMYSG 10

1   Ar gyfer pob un o'r trionglau hyn, darganfyddwch arwynebedd y trydydd sgwâr.

(a)

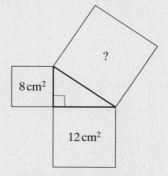

8 cm²

?

12 cm²

(b)

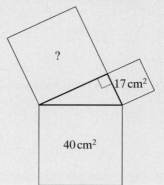

?

17 cm²

40 cm²

2 Ar gyfer pob un o'r trionglau hyn, darganfyddwch yr hyd x.
Rhowch eich atebion yn gywir i 2 le degol.

(a)

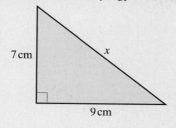

7 cm

x

9 cm

(b)

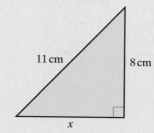

11 cm

8 cm

x

(c)

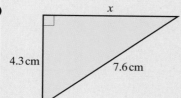

x

4.3 cm

7.6 cm

(ch)

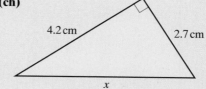

4.2 cm

2.7 cm

x

3 Darganfyddwch a yw pob un o'r trionglau hyn yn driongl ongl sgwâr ai peidio.
Dangoswch eich gwaith cyfrifo.

(a)

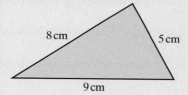

8 cm

5 cm

9 cm

(b)

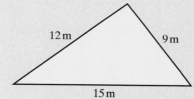

12 m

9 m

15 m

(c)

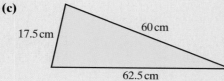

17.5 cm

60 cm

62.5 cm

(ch)

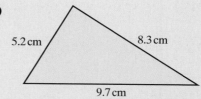

5.2 cm

8.3 cm

9.7 cm

4 Darganfyddwch gyfesurynnau canolbwynt y llinell sy'n uno pob un o'r parau hyn o
bwyntiau.
Ceisiwch eu gwneud heb blotio'r pwyntiau.
(a) A(2, 1) a B(4, 7)
(b) C(2, 3) a D(6, 8)
(c) E(2, 0) ac F(7, 9)

5 Mae'r diagram yn dangos golwg ochrol ar sied
Uchder yr ochrau fertigol yw 2.8 m a 2.1 m.
Lled y sied yw 1.8 m.
Cyfrifwch hyd goleddol y to.
Rhowch eich ateb yn gywir i 2 le degol.

2.8 m

2.1 m

1.8 m

6 Darganfyddwch arwynebedd y triongl
isosgeles hwn.
Rhowch eich ateb yn gywir i 1 lle degol.

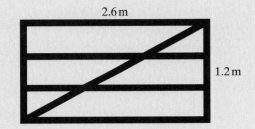

8 cm   8 cm

13 cm

7 Mae'r diagram yn dangos llidiart fferm sydd
wedi ei gwneud o saith darn o fetel.

Lled y llidiart yw 2.6 m a'i huchder yw 1.2 m.

Cyfrifwch gyfanswm hyd y metel a gafodd
ei ddefnyddio i wneud y llidiart.
Rhowch eich ateb yn gywir i 2 le degol.

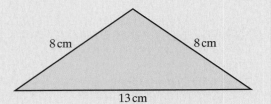

2.6 m

1.2 m

8 Mae'r diagram yn dangos
amlinelliad tŷ.

Mae'r mesuriadau i gyd
mewn metrau.
Mae'r waliau i gyd yn fertigol.
Mae E, F, G, H ac N yn yr
un plân llorweddol.

(a) Gan ddefnyddio'r
echelinau ar y diagram,
ysgrifennwch
gyfesurynnau'r pwyntiau
hyn:
   (i) B
  (ii) H
 (iii) G

Cyfesurynnau Q yw
(11, 5, 9).
Mae N islaw Q yn fertigol.
(b) Ysgrifennwch gyfesurynnau N.

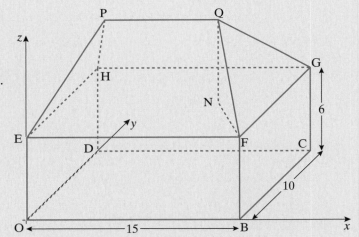

Strategaethau gwaith pen

Gallwn ddatblygu ein sgiliau meddwl drwy eu hymarfer a thrwy fod yn barod i dderbyn syniadau newydd a gwell.

--- Sylwi 11.1 ---

Mewn sawl gwahanol ffordd y gallwch chi gyfrifo'r atebion i bob un o'r canlynol yn eich pen?

Nodwch ar bapur y dulliau a ddefnyddiwch.

Pa ddulliau oedd fwyaf effeithlon?

(a)	$39 + 47$	**(b)**	$126 \div 3$	**(c)**	$290 \div 5$	**(ch)**	$164 - 37$
(d)	23×16	**(dd)**	21×19	**(e)**	13×13	**(f)**	$10 - 1.7$
(ff)	$14.6 + 2.9$	**(g)**	3.6×30	**(ng)**	$-6 + (-4)$	**(h)**	$-10 - (-7)$
(i)	$0.7 + 9.3$	**(l)**	4×3.7	**(ll)**	$12 \div 0.4$	**(m)**	15% o £176

Cymharwch eich canlyniadau a'ch dulliau â gweddill y dosbarth.

A oedd gan unrhyw un syniadau nad oeddech chi wedi meddwl amdanynt ac sy'n gweithio'n dda yn eich barn chi?

Pa gyfrifiadau y gwnaethoch yn hawdd ac yn gyfan gwbl yn eich pen?

Ym mha gyfrifiadau roedd arnoch eisiau ysgrifennu rhai atebion yng nghanol y gwaith cyfrifo?

Gallwn ddefnyddio nifer o strategaethau ar gyfer adio a thynnu.

- Defnyddio bondiau rhif sy'n hysbys i chi
- Cyfrif ymlaen neu yn ôl o un rhif
- Defnyddio talu'n ôl: adio neu dynnu gormod, yna talu'n ôl
  Er enghraifft, i adio 9, yn gyntaf adio 10 ac yna tynnu 1
- Defnyddio'r hyn a wyddoch am werth lle i'ch helpu wrth adio neu dynnu degolion
- Defnyddio dosrannu
  Er enghraifft, i dynnu 63, yn gyntaf tynnu 60 ac yna tynnu 3
- Rhoi llinell rif ar bapur

Mae strategaethau eraill ar gyfer lluosi a rhannu.

- Defnyddio ffactorau
  Er enghraifft, i luosi â 20, yn gyntaf lluosi â 2 ac yna lluosi'r canlyniad â 10
- Defnyddio dosrannu
  Er enghraifft, i luosi ag 13, yn gyntaf lluosi'r rhif â 10, yna lluosi'r rhif â 3 ac yn olaf adio'r canlyniadau
- Defnyddio'r hyn a wyddoch am werth lle wrth luosi a rhannu degolion
- Adnabod achosion arbennig lle y gallwch chi ddefnyddio dyblu a haneru
- Defnyddio'r berthynas rhwng lluosi a rhannu
- Galw i gof berthnasoedd rhwng canrannau a ffracsiynau
  Er enghraifft, $25\% = \frac{1}{4}$

AWGRYM

Gwiriwch eich atebion trwy eu cyfrifo eto, gan ddefnyddio strategaeth arall.

Rhifau sgwâr a rhifau ciwb

Dysgoch am rifau sgwâr a rifau ciwb ym Mhennod 1.

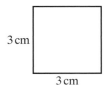

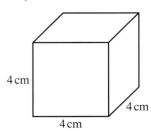

Arwynebedd y sgwâr $= 3 \times 3$ Cyfaint y ciwb $= 4 \times 4 \times 4$
$= 3^2 = 9 \, \text{cm}^2$ $= 4^3 = 64 \, \text{cm}^3$

Mae rhifau fel $9 (= 3^2)$ yn cael eu galw'n **rhifau sgwâr**.
Mae rhifau fel $64 (= 4^3)$ yn cael eu galw'n **rhifau ciwb**.

Fel y gwelsoch ym Mhennod 1, oherwydd bod $4^2 = 4 \times 4 = 16$, **ail isradd** 16 yw 4. Byddwn yn ysgrifennu hyn fel $\sqrt{16} = 4$.

Dylech ddysgu ar eich cof sgwariau'r rhifau 1 i 15 a chiwbiau'r rhifau 1 i 5 a 10.

Bydd gwybod y rhifau sgwâr i fyny at 15^2 yn eich helpu pan fydd angen cyfrifo ail isradd.

Er enghraifft, os ydych yn gwybod bod $7^2 = 49$, rydych yn gwybod hefyd fod $\sqrt{49} = 7$.

Gallwn ddefnyddio'r ffeithiau hyn mewn cyfrifiadau eraill hefyd.

ENGHRAIFFT 11.1

Cyfrifwch 50^2 yn eich pen.

Datrysiad

$50^2 = (5 \times 10)^2$ $50 = 5 \times 10$.
$\quad\ = 5^2 \times 10^2$ Sgwariwch bob term sydd y tu mewn i'r cromfachau.
$\quad\ = 25 \times 100 = 2500$ Rydych yn gwybod bod $5^2 = 25$ a bod $10^2 = 100$.

Dyma un strategaeth bosibl. Efallai y byddwch chi'n meddwl am un arall.

YMARFER 11.1

Cyfrifwch y rhain yn eich pen. Hyd y gallwch, ysgrifennwch yr ateb terfynol yn unig.

1 **(a)** $9 + 17$ **(b)** $0.6 + 0.9$ **(c)** $13 + 45$ **(ch)** $143 + 57$ **(d)** $72 + 8.4$
(dd) $13.6 + 6.5$ **(e)** $614 + 47$ **(f)** $6.2 + 3.9$ **(ff)** $246 + 37$ **(g)** $92 + 183$

2 **(a)** $24 - 8$ **(b)** $1.5 - 0.6$ **(c)** $132 - 45$ **(ch)** $76 - 18$ **(d)** $78 - 8.4$
(dd) $102 - 37$ **(e)** $165 - 96$ **(f)** $403 - 126$ **(ff)** $98 - 12.3$ **(g)** $1200 - 204$

3 **(a)** 9×8 **(b)** 13×4 **(c)** 0.6×4 **(ch)** 32×5 **(d)** 0.8×1000
(dd) 21×16 **(e)** 37×5 **(f)** 130×4 **(ff)** 125×8 **(g)** 31×25

4 **(a)** $28 \div 7$ **(b)** $160 \div 2$ **(c)** $65 \div 5$ **(ch)** $128 \div 8$ **(d)** $156 \div 12$
(dd) $96 \div 24$ **(e)** $8 \div 100$ **(f)** $3 \div 0.5$ **(ff)** $4 \div 0.2$ **(g)** $1.8 \div 0.6$

5 **(a)** $5 + (-1)$ **(b)** $-6 + 2$ **(c)** $-2 + (-5)$ **(ch)** $-10 + 16$ **(d)** $12 + (-14)$
(dd) $6 - (-4)$ **(e)** $-7 - (-1)$ **(f)** $-10 - (-6)$ **(ff)** $12 - (-12)$ **(g)** $-8 - (-8)$

6 **(a)** 4×-2 **(b)** -6×2 **(c)** -3×-4 **(ch)** 7×-5 **(d)** -4×-10
(dd) $6 \div -2$ **(e)** $-20 \div 5$ **(f)** $-12 \div -4$ **(ff)** $18 \div -9$ **(g)** $-32 \div -2$

7 Sgwariwch bob un o'r rhifau hyn.
(a) 6 **(b)** 5 **(c)** 11 **(ch)** 10 **(d)** 13
(dd) 20 **(e)** 300 **(f)** 0.4 **(ff)** 0.7 **(g)** 0.3

8 Ysgrifennwch ail isradd pob un o'r rhifau hyn.

    (a) 16   **(b)** 9   **(c)** 49   **(ch)** 169   **(d)** 225

9 Ciwbiwch bob un o'r rhifau hyn.

    (a) 1   **(b)** 5   **(c)** 2   **(ch)** 40   **(d)** 0.3

10 Darganfyddwch 2% o £460.

11 Arwynebedd sgwâr yw 64 cm². Beth yw hyd ei ochr?

12 Mae Iorwerth yn gwario £34.72. Faint o newid y mae'n ei gael o £50?

13 Mae potel yn cynnwys 750 ml o ddŵr. Mae Jo yn arllwys 330 ml i wydryn. Faint o ddŵr sy'n weddill yn y botel?

14 Hyd ochrau petryal yw 4.5 cm a 4.0 cm. Cyfrifwch

    (a) perimedr y petryal.   **(b)** arwynebedd y petryal.

15 Darganfyddwch ddau rif sydd â'u swm yn 13 a'u lluoswm yn 40.

Talgrynnu i 1 ffigur ystyrlon

Yn aml byddwn yn defnyddio rhifau wedi'u talgrynnu yn hytrach na rhai union gywir.

Prawf sydyn 11.1

Yn y gosodiadau canlynol, pa rifau sy'n debygol o fod yn union gywir a pha rai sydd wedi eu talgrynnu?

(a) Ddoe, gwariais £14.62.

(b) Fy nhaldra i yw 180 cm.

(c) Costiodd ei gwisg newydd £40.

(ch) Y nifer a aeth i weld gêm Caerdydd oedd 32 000.

(d) Cost adeiladu'r ysgol newydd yw £27 miliwn.

(dd) Gwerth π yw 3.142.

(e) Roedd y gemau Olympaidd yn Athen yn 2004.

(f) Roedd 87 o bobl yn y cyfarfod.

Sylwi 11.2

Edrychwch ar bapur newydd.

Darganfyddwch 5 erthygl neu hysbyseb lle mae rhifau union gywir yn cael eu defnyddio.

Darganfyddwch 5 erthygl neu hysbyseb lle mae rhifau wedi'u talgrynnu yn cael eu defnyddio.

Wrth amcangyfrif yr atebion i gyfrifiadau, mae talgrynnu i 1 ffigur ystyrlon yn ddigon fel arfer.

Mae hynny'n golygu rhoi un ffigur yn unig nad yw'n sero, gan ychwanegu seroau i gadw'r gwerth lle fel bod y rhif y maint cywir.

Er enghraifft, mae 87 yn 90 i 1 ffigur ystyrlon. Mae rhwng 80 a 90 ond mae'n agosach at 90.

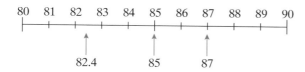

Mae 82.4 yn 80 i 1 ffigur ystyrlon. Mae rhwng 80 a 90 ond mae'n agosach at 80.
Mae 85 yn 90 i 1 ffigur ystyrlon. Mae hanner ffordd rhwng 80 a 90.
Er mwyn osgoi drysu, mae 5 yn cael ei dalgrynnu i fyny bob tro.

Y ffigur ystyrlon cyntaf yw'r digid cyntaf nad yw'n sero.

Er enghraifft, y ffigur ystyrlon cyntaf yn 6072 yw 6.
Y ffigur ystyrlon cyntaf yn 0.005402 yw 5.

Felly, i dalgrynnu i 1 ffigur ystyrlon:

- Darganfod y digid cyntaf nad yw'n sero. Edrych ar y digid sy'n ei ddilyn.
  Os yw'n llai na 5, gadael y digid cyntaf nad yw'n sero fel y mae.
  Os yw'n 5 neu fwy, adio 1 at y digid cyntaf nad yw'n sero.
- Yna edrych ar werth lle y digid cyntaf nad yw'n sero ac ychwanegu seroau, os oes angen, i gadw'r gwerth lle fel bod y rhif y maint cywir.

ENGHRAIFFT 11.2

Talgrynnwch bob un o'r rhifau hyn i 1 ffigur ystyrlon.
(a) £29.95   **(b)** 48 235   **(c)** 0.072

Datrysiad

(a) £29.95 = £30 i 1 ffig.yst.   Yr ail ddigid nad yw'n sero yw 9, felly talgrynnwch y 2 i fyny i 3. O edrych ar werth lle, mae'r 2 yn 20, felly dylai'r 3 fod yn 30.

(b) 48 235 = 50 000 i 1 ffig.yst.   Yr ail ddigid nad yw'n sero yw 8, felly talgrynnwch y 4 i fyny i 5. O edrych ar werth lle, mae'r 4 yn 40 000, felly dylai'r 5 fod yn 50 000.

(c) 0.072 = 0.07 i 1 ffig.yst.   Yr ail ddigid nad yw'n sero yw 2, felly mae'r 7 yn aros fel y mae. O edrych ar werth lle, mae'r 7 yn 0.07, sy'n aros fel y mae.

I amcangyfrif atebion i broblemau, byddwn yn talgrynnu pob rhif i 1 ffigur ystyrlon.

Defnyddiwch strategaethau gwaith pen neu strategaethau gwaith pensil a phapur i'ch helpu i wneud y cyfrifiad.

ENGHRAIFFT 11.3

Amcangyfrifwch gost pedwar cryno ddisg sy'n £7.95 yr un.

Datrysiad

Cost = £8 × 4   £7.95 wedi ei dalgrynnu i 1 ffigur ystyrlon yw £8
     = £32

AWGRYM

Mewn sefyllfaoedd ymarferol, mae'n aml yn ddefnyddiol gwybod a yw eich amcangyfrif yn rhy fawr neu'n rhy fach. Yma, mae £32 yn fwy na'r ateb union gywir, gan fod £7.95 wedi cael ei dalgrynnu i fyny.

ENGHRAIFFT 11.4

Amcangyfrifwch yr ateb i'r cyfrifiad hwn.

$$\frac{4.62 \times 0.61}{52}$$

Datrysiad

$\dfrac{4.62 \times 0.61}{52} \approx \dfrac{5 \times 0.6}{50}$ Talgrynnwch bob rhif yn y cyfrifiad i 1 ffigur ystyrlon.

$= \dfrac{\overset{1}{5} \times 0.6}{\underset{10}{50}}$ Canslwch drwy rannu 5 a 50 â 5.

$= \dfrac{0.6}{10}$

$= 0.06$

Dyma un strategaeth bosibl. Efallai y byddwch chi'n meddwl am un arall.

Talgrynnu i nifer penodol o ffigurau ystyrlon

Mae talgrynnu i nifer penodol o ffigurau ystyrlon yn golygu defnyddio dull tebyg i dalgrynnu i 1 ffigur ystyrlon: edrychwn ar faint y digid cyntaf nad oes ei angen.

Er enghraifft, i dalgrynnu i 3 ffigur ystyrlon, dechreuwn gyfrif o'r digid cyntaf nad yw'n sero ac edrychwn ar faint y pedwerydd ffigur.

(a) Talgrynnwch 52 617 i 2 ffigur ystyrlon.
(b) Talgrynnwch 0.072 618 i 3 ffigur ystyrlon.
(c) Talgrynnwch 17 082 i 3 ffigur ystyrlon.

AWGRYM

Bob tro y byddwch yn talgrynnu atebion, nodwch eu manwl gywirdeb.

Datrysiad

(a) 52 ¦617 = 53 000 i 2 ffig.yst.

I dalgrynnu i 2 ffigur ystyrlon, edrychwch ar y trydydd ffigur. 6 yw hwnnw, felly mae'r ail ffigur yn newid o 2 yn 3. Rhaid cofio ychwanegu seroau i gadw'r gwerth lle.

(b) 0.072 6¦18 = 0.0726 i 3 ffig.yst.

Y ffigur ystyrlon cyntaf yw 7. I dalgrynnu i 3 ffigur ystyrlon, edrychwch ar y pedwerydd ffigur ystyrlon. 1 yw hwnnw, felly nid yw'r trydydd ffigur yn newid.

(c) 17 0¦82 = 17 100 i 3 ffig.yst.

Mae'r 0 yn y canol yma yn ffigur ystyrlon. I dalgrynnu i 3 ffigur ystyrlon, edrychwch ar y pedwerydd ffigur. 8 yw hwnnw, felly mae'r trydydd ffigur yn newid o 0 yn 1. Rhaid cofio ychwanegu seroau i gadw'r gwerth lle.

YMARFER 11.2

1 Talgrynnwch bob un o'r rhifau hyn i 1 ffigur ystyrlon.

(a) 8.2	**(b)** 6.9	**(c)** 17	**(ch)** 25.1
(d) 493	**(dd)** 7.0	**(e)** 967	**(f)** 0.43
(ff) 0.68	**(g)** 3812	**(ng)** 4199	**(h)** 3.09

2 Talgrynnwch bob un o'r rhifau hyn i 1 ffigur ystyrlon.

(a) 14.9	**(b)** 167	**(c)** 21.2	**(ch)** 794
(d) 6027	**(dd)** 0.013	**(e)** 0.58	**(f)** 0.037
(ff) 1.0042	**(g)** 20 053	**(ng)** 0.069	**(h)** 1942

3 Talgrynnwch bob un o'r rhifau hyn i 2 ffigur ystyrlon.

(a) 17.6	**(b)** 184.2	**(c)** 5672	**(ch)** 97 520
(d) 50.43	**(dd)** 0.172	**(e)** 0.0387	**(f)** 0.006 12
(ff) 0.0307	**(g)** 0.994		

4 Talgrynnwch bob un o'r rhifau hyn i 3 ffigur ystyrlon.

(a) 8.261	**(b)** 69.77	**(c)** 16 285	**(ch)** 207.51
(d) 12 524	**(dd)** 7.103	**(e)** 50.87	**(f)** 0.4162
(ff) 0.038 62	**(g)** 3.141 59		

Yng nghwestiynau **5** i **12**, talgrynnwch y rhifau yn eich cyfrifiadau i 1 ffigur ystyrlon. Dangoswch eich gwaith cyfrifo.

5 Yn ffair yr ysgol gwerthodd Tomos 245 hufen iâ am 85c yr un. Amcangyfrifwch ei dderbyniadau.

6 Roedd gan Elen £30. Faint o gryno ddisgiau, sy'n £7.99 yr un, y gallai hi eu prynu?

7 Mae petryal yn mesur 5.8 cm wrth 9.4 cm. Amcangyfrifwch ei arwynebedd.

8 Diamedr cylch yw 6.7 cm. Amcangyfrifwch ei gylchedd. $\pi = 3.142 \ldots$.

9 Pris car newydd yw £14 995 heb gynnwys TAW. Rhaid talu TAW o 17.5% arno. Amcangyfrifwch swm y TAW sydd i'w thalu.

10 Hyd ochr ciwb yw 3.7 cm. Amcangyfrifwch ei gyfaint.

11 Gyrrodd Prys 415 o filltiroedd mewn 7 awr 51 munud. Amcangyfrifwch ei fuanedd cyfartalog.

12 Amcangyfrifwch yr atebion i'r cyfrifiadau hyn.

(a) 46×82 **(b)** $\sqrt{84}$ **(c)** $\dfrac{1083}{8.2}$ **(ch)** 7.05^2

(d) $43.7 \times 18.9 \times 29.3$ **(dd)** $\dfrac{2.46}{18.5}$ **(e)** $\dfrac{29}{41.6}$ **(f)** 917×38

(ff) $\dfrac{283 \times 97}{724}$ **(g)** $\dfrac{614 \times 0.83}{3.7 \times 2.18}$ **(ng)** $\dfrac{6.72}{0.051 \times 39.7}$ **(h)** $\sqrt{39 \times 80}$

— Her 11.1

Ysgrifennwch rif a fydd yn talgrynnu i 500 i 1 ffigur ystyrlon.
Ysgrifennwch rif a fydd yn talgrynnu i 500 i 2 ffigur ystyrlon.
Ysgrifennwch rif a fydd yn talgrynnu i 500 i 3 ffigur ystyrlon.
Cymharwch eich canlyniadau â chanlyniadau aelodau eraill o'r dosbarth.
Ar beth rydych chi'n sylwi?

Defnyddio π heb gyfrifiannell

Wrth ddarganfod arwynebedd a chylchedd cylch, mae angen i ni ddefnyddio π. Gan fod $\pi = 3.141\,592 \ldots$, byddwn yn aml yn ei dalgrynnu i 1 ffigur ystyrlon wrth weithio heb gyfrifiannell.

Dyma a wnaethoch yng nghwestiwn **8** yn Ymarfer 11.2.

Dewis arall yw rhoi ateb union gywir drwy adael π yn yr ateb.

ENGHRAIFFT 11.6

Darganfyddwch arwynebedd cylch sydd â'i radiws yn 5 cm, gan adael π yn eich ateb.

Datrysiad

Arwynebedd $= \pi r^2$ Dysgoch y fformiwla ar gyfer arwynebedd cylch ym Mhennod 6.
$$= \pi \times 5^2$$
$$= \pi \times 25 = 25\pi \text{ cm}^2$$

ENGHRAIFFT 11.7

Radiws pwll crwn yw 3 m ac o amgylch y pwll mae llwybr sydd â'i led yn 2 m.
Darganfyddwch arwynebedd y llwybr.
Rhowch eich ateb fel lluosrif π.

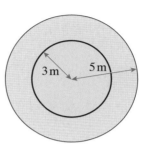

Datrysiad

Arwynebedd y llwybr $=$ arwynebedd y cylch mawr $-$ arwynebedd y cylch bach
$$= \pi \times 5^2 - \pi \times 3^2$$
$$= 25\pi - 9\pi \quad \text{Rydych yn gwybod yn barod sut i } \textbf{gasglu termau tebyg.}$$
$$= 16\pi \text{ m}^2 \quad \text{Gallwch drin } \pi \text{ yn yr un ffordd.}$$

YMARFER 11.3

Rhowch eich atebion i'r cwestiynau hyn mor syml ag sy'n bosibl.
Gadewch π yn eich atebion lle bo'n briodol.

1   **(a)** $2 \times 4 \times \pi$ **(b)** $\pi \times 8^2$ **(c)** $\pi \times 6^2$

     (ch) $2 \times 13 \times \pi$ **(d)** $\pi \times 9^2$ **(dd)** $2 \times \pi \times 3.5$

2   **(a)** $4\pi + 10\pi$ **(b)** $\pi \times 8^2 + \pi \times 4^2$ **(c)** $\pi \times 6^2 - \pi \times 2^2$

     (ch) $2 \times 25\pi$ **(d)** $\dfrac{24\pi}{6\pi}$ **(dd)** $2 \times \pi \times 5 + 2 \times \pi \times 3$

3   Cymhareb cylcheddau dau gylch yw $10\pi : 4\pi$. Symleiddiwch y gymhareb hon.

4   Darganfyddwch arwynebedd cylch sydd â'i radiws yn 15 cm.

5   Mae twll crwn sydd â'i radiws yn 2 cm yn cael ei ddrilio mewn sgwâr sydd â'i ochrau'n 8 cm.
Darganfyddwch yr arwynebedd sy'n weddill.

Deillio ffeithiau anhysbys o ffeithiau sy'n hysbys

Yn gynharach yn y bennod, gwelsom fod gwybod rhif sgwâr yn golygu ein bod yn gwybod hefyd yr ail isradd cyfatebol. Er enghraifft, os ydym yn gwybod bod $11^2 = 121$, rydym yn gwybod hefyd fod $\sqrt{121} = 11$.

Mewn ffordd debyg, mae gwybod ffeithiau adio yn golygu hefyd ein bod yn gwybod y ffeithiau tynnu cyfatebol. Er enghraifft, os ydym yn gwybod bod $91 + 9 = 100$, rydym yn gwybod hefyd fod $100 - 9 = 91$ a bod $100 - 91 = 9$.

Mae gwybod ffeithiau lluosi yn golygu ein bod yn gwybod hefyd y ffeithiau rhannu cyfatebol. Er enghraifft, os ydym yn gwybod bod $42 \times 87 = 3654$, rydym yn gwybod hefyd fod $3654 \div 42 = 87$ a bod $3654 \div 87 = 42$.

Bydd eich gwybodaeth am werth lle ac am luosi a rhannu â phwerau o 10 yn golygu y gallwch ateb problemau eraill hefyd.

ENGHRAIFFT 11.8

O wybod bod $73 \times 45 = 3285$, cyfrifwch y rhain.

(a) 730×45

(b) $\dfrac{32.85}{450}$

Datrysiad

(a) $730 \times 45 = 10 \times 73 \times 45$
$= 10 \times 3285 = 32\,850$

Gallwch wahanu 730 yn 10×73.
Rydych yn gwybod bod $73 \times 45 = 3285$.

(b) $\dfrac{32.85}{450} = \dfrac{3285}{45\,000}$

$= \dfrac{3285}{1000 \times 45}$

$= \dfrac{3285}{45} \div 1000$

$= 73 \div 1000 = 0.073$

Lluoswch y rhifiadur a'r enwadur â 100 fel bo'r rhifiadur yn 3285.

Gallwch wahanu 45 000 yn 1000×45.

Rydych yn gwybod bod $73 \times 45 = 3285$, felly rydych yn gwybod hefyd fod $3285 \div 45 = 73$.

> **AWGRYM**
>
> Gwiriwch eich ateb trwy amcangyfrif. Mae $\dfrac{32.85}{450}$ ychydig yn llai na $\dfrac{45}{450}$ felly bydd yr ateb ychydig yn llai na 0.1.

Her 11.2

$352 \times 185 = 65\,120$

Ysgrifennwch 5 mynegiad lluosi arall, ynghyd â'u hatebion, gan ddefnyddio'r canlyniad hwn.
Ysgrifennwch 5 mynegiad rhannu, ynghyd â'u hatebion, gan ddefnyddio'r canlyniad hwn.

1 Cyfrifwch y rhain.
- **(a)** 0.7×7000
- **(b)** 0.06×0.6
- **(c)** 0.8×0.05
- **(ch)** $(0.04)^2$
- **(d)** $(0.2)^2$
- **(dd)** 600×50
- **(e)** 70×8000
- **(f)** 5.6×200
- **(ff)** 40.1×3000
- **(g)** 4.52×2000
- **(ng)** 0.15×0.8
- **(h)** 0.05×1.2

2 Cyfrifwch y rhain.
- **(a)** $500 \div 20$
- **(b)** $10 \div 200$
- **(c)** $2.6 \div 20$
- **(ch)** $35 \div 0.5$
- **(d)** $2.4 \div 400$
- **(dd)** $2.7 \div 0.03$
- **(e)** $0.06 \div 0.002$
- **(f)** $7 \div 0.2$
- **(ff)** $600 \div 0.04$
- **(g)** $80 \div 0.02$
- **(ng)** $0.52 \div 40$
- **(h)** $70 \div 0.07$

3 O wybod bod $1.6 \times 13.5 = 21.6$, cyfrifwch y rhain.
- **(a)** 16×135
- **(b)** $21.6 \div 16$
- **(c)** $2160 \div 135$
- **(ch)** 0.16×0.0135
- **(d)** $216 \div 0.135$
- **(dd)** 160×1.35

4 O wybod bod $988 \div 26 = 38$, cyfrifwch y rhain.
- **(a)** 380×26
- **(b)** $98.8 \div 26$
- **(c)** $9880 \div 38$
- **(ch)** $98.8 \div 2.6$
- **(d)** $9.88 \div 260$
- **(dd)** $98.8 \div 3.8$

5 O wybod bod $153 \times 267 = 40\,851$, cyfrifwch y rhain.
- **(a)** 15.3×26.7
- **(b)** $15\,300 \times 2.67$
- **(c)** $40\,851 \div 26.7$
- **(ch)** 0.153×26.7
- **(d)** $408.51 \div 15.3$
- **(dd)** $408\,510 \div 26.7$

RYDYCH WEDI DYSGU

- sut i ddefnyddio gwahanol strategaethau gwaith pen ar gyfer adio a thynnu, a lluosi a rhannu
- er mwyn talgrynnu i nifer penodol o ffigurau ystyrlon, y byddwch yn edrych ar faint y digid cyntaf nad oes ei angen
- wrth ddefnyddio π, i'w dalgrynnu i 1 ffigur ystyrlon, neu i roi ateb union gywir trwy adael π yn yr ateb, gan symleiddio'r rhifau eraill
- bod gwybod rhif sgwâr yn golygu eich bod yn gwybod hefyd yr ail isradd cyfatebol
- bod gwybod ffeithiau adio yn golygu eich bod yn gwybod hefyd y ffeithiau tynnu cyfatebol
- bod gwybod ffeithiau lluosi yn golygu eich bod yn gwybod hefyd y ffeithiau rhannu cyfatebol

---

YMARFER CYMYSG 11

1 Cyfrifwch y rhain yn y pen. Hyd y gallwch, ysgrifennwch eich ateb terfynol yn unig.
- **(a)** $16 + 76$
- **(b)** $0.7 + 0.9$
- **(c)** $135 + 6.9$
- **(ch)** $12.3 + 8.8$
- **(d)** $196 + 245$
- **(dd)** $13.6 - 6.4$
- **(e)** $205 - 47$
- **(f)** $12 - 3.9$
- **(ff)** $601 - 218$
- **(g)** $15.2 - 8.3$

2 Cyfrifwch y rhain yn y pen. Hyd y gallwch, ysgrifennwch eich ateb terfynol yn unig.
   (a) 17×9 **(b)** 0.6×0.9 **(c)** 0.71×1000 **(ch)** 23×15 **(d)** 41×25
   (dd) $85 \div 5$ **(e)** $0.7 \div 2$ **(f)** $82 \div 100$ **(ff)** $1.8 \div 0.2$ **(g)** $6 \div 0.5$

3 Cyfrifwch y rhain yn y pen. Hyd y gallwch, ysgrifennwch eich ateb terfynol yn unig.
   (a) $2 + (-6)$ **(b)** $-3 + 9$ **(c)** $15 - (-2)$ **(ch)** $-8 + (-1)$ **(d)** $-3 - (-4)$
   (dd) 7×-4 **(e)** -6×-5 **(f)** $18 \div -2$ **(ff)** $-50 \div -10$ **(g)** $-12 \div 4$

4 Sgwariwch bob un o'r rhifau hyn.
   (a) 7   **(b)** 0.9   **(c)** 12   **(ch)** 100   **(d)** 14

5 Mae Meinir yn gwario £84.59. Faint o newid y mae hi'n ei gael o £100?

6 Talgrynnwch bob un o'r rhifau hyn i 1 ffigur ystyrlon.
   (a) 9.2   **(b)** 3.9   **(c)** 26   **(ch)** 34.9   **(d)** 582
   (dd) 6.0   **(e)** 985   **(f)** 0.32   **(ff)** 0.57   **(g)** 45 218

7 Mae petryal yn mesur 3.9 cm wrth 8.1 cm. Amcangyfrifwch ei arwynebedd.

8 Gyrrodd Pam am 2 awr 5 munud a theithiodd 106 o filltiroedd. Amcangyfrifwch ei buanedd cyfartalog.

9 Amcangyfrifwch yr atebion i bob un o'r cyfrifiadau hyn.

   (a) 46×82 **(b)** $\sqrt{107}$ **(c)** $\dfrac{983}{5.2}$ **(ch)** 6.09^2 **(d)** $72.7 \times 19.6 \times 3.3$

   (dd) $\dfrac{2.46}{18.5}$ **(e)** $\dfrac{59}{1.96}$ **(f)** 307×51 **(ff)** $\dfrac{586 \times 97}{187}$ **(g)** $\dfrac{318 \times 0.72}{5.1 \times 2.09}$

10 Talgrynnwch bob un o'r rhifau hyn i 2 ffigur ystyrlon.
   (a) 9.16   **(b)** 4.72   **(c)** 0.0137   **(ch)** 164 600   **(d)** 507

11 Talgrynnwch bob un o'r rhifau hyn i 3 ffigur ystyrlon.
   (a) 1482   **(b)** 10.16   **(c)** 0.021 85   **(ch)** 20.952   **(d)** 0.005 619

12 Symleiddiwch bob un o'r cyfrifiadau hyn, gan adael π yn eich atebion.
   (a) $2 \times 5 \times \pi$ **(b)** $\pi \times 7^2$ **(c)** $14\pi + 8\pi$
   (ch) $\pi \times 5^2 - \pi \times 4^2$ **(d)** $\pi \times 9^2 + \pi \times 2^2$ **(dd)** $\pi \times 8^2 - \pi \times 1^2$

13 Cyfrifwch y rhain.
   (a) 500×30 **(b)** 0.2×400 **(c)** 2.4×20 **(ch)** 0.3^2 **(d)** 5.13×300
   (dd) $600 \div 30$ **(e)** $3.2 \div 20$ **(f)** $2.1 \div 0.03$ **(ff)** $90 \div 0.02$ **(g)** $600 \div 0.05$

14 O wybod bod $1.9 \times 23.4 = 44.46$, cyfrifwch y rhain.
   (a) 19×234 **(b)** $44.46 \div 19$ **(c)** $4446 \div 234$
   (ch) 0.19×0.0234 **(d)** $444.6 \div 0.234$ **(dd)** 190×0.0234

15 O wybod bod $126 \times 307 = 38\,682$, cyfrifwch y rhain.
   (a) 12.6×3.07 **(b)** $12\,600 \times 3.07$ **(c)** $38\,682 \div 30.7$
   (ch) 0.126×30.7 **(d)** $386.82 \div 12.6$ **(dd)** $38.682 \div 30.7$

Defnyddio fformiwlâu

Rydych yn gwybod yn barod sut i **amnewid** (rhoi rhifau yn lle llythrennau) mewn fformiwlâu. Rydym hefyd wedi defnyddio fformiwlâu mewn penodau eraill: er enghraifft, ym Mhennod 6, i ddarganfod arwynebedd cylch roedden ni'n defnyddio'r fformiwla $A = \pi r^2$.

Prawf sydyn 12.1

Y fformiwla am arwynebedd cylch yw $A = \pi r^2$.

Darganfyddwch A pan fo $r = 10$ cm. Defnyddiwch $\pi = 3.14$.

Gwelsoch hefyd sut i ysgrifennu fformiwla mewn llythrennau ar gyfer sefyllfa benodol. Byddwn yn datrys y fformiwlâu hyn yn yr un ffordd, trwy amnewid.

ENGHRAIFFT 12.1

I gyfrifo cost llogi car am nifer penodol o ddiwrnodau, lluoswch nifer y diwrnodau â'r gyfradd ddyddiol ac adiwch y tâl sefydlog.

(a) Ysgrifennwch fformiwla gan ddefnyddio llythrennau i gyfrifo cost llogi car.
(b) Os yw'r tâl sefydlog yn £20 a'r gyfradd ddyddiol yn £55, darganfyddwch gost llogi car am 5 diwrnod.

Datrysiad

(a) $c = nd + s$ Mae hyn yn defnyddio c i gynrychioli'r gost, n i gynrychioli nifer y diwrnodau, d i gynrychioli'r gyfradd ddyddiol ac s i gynrychioli'r tâl sefydlog.

(b) $c = 5 \times 55 + 20$ Amnewidiwch, sef rhoi'r rhifau yn y fformiwla.
$c = 275 + 20$
$c = 295$
Cost = £295

YMARFER 12.1

1 I ddarganfod yr amser sydd ei angen, mewn munudau, i goginio cig eidion, lluoswch bwysau'r cig eidion mewn cilogramau â 40 ac adiwch 10.
Faint o funudau sydd eu hangen i goginio darn o gig eidion sy'n pwyso
(a) 2 gilogram?   (b) 5 cilogram?

2 Po uchaf yr ewch i fyny mynydd, yr oeraf yw hi.
Mae fformiwla syml sy'n dangos yn fras faint y bydd y tymheredd yn gostwng.

     Gostyngiad tymheredd (°C) = uchder wedi'i ddringo mewn metrau ÷ 200.

Os byddwch yn dringo 800 m, tua faint y bydd y tymheredd yn gostwng?

3 Mae cyfanswm tâl tocyn bws, £T, ar gyfer grŵp sy'n mynd i'r maes awyr yn cael ei roi gan y fformiwla

     $T = 8N + 5P$

Yma N yw nifer yr oedolion a P yw nifer y plant.
Cyfrifwch y gost ar gyfer dau oedolyn a thri phlentyn.

4 Buanedd cyfartalog (b) taith yw'r pellter (p) wedi ei rannu â'r amser (a).
(a) Ysgrifennwch y fformiwla ar gyfer hyn.
(b) Roedd taith o 150 km mewn car wedi cymryd 2 awr 30 munud.
Beth oedd buanedd cyfartalog y daith?

5 Mae'r pellter, p, mewn metrau, y mae carreg yn disgyn mewn t eiliad ar ôl cael ei gollwng yn cael ei roi gan y fformiwla

     $p = \dfrac{9.8t^2}{2}$.

Darganfyddwch p pan fo $t = 10$ eiliad.

6 Mae'r fformiwla hon yn dangos nifer y gwresogyddion sydd eu hangen i wresogi swyddfa.

     Nifer y gwresogyddion = $\dfrac{\text{hyd y swyddfa} \times \text{lled y swyddfa}}{10}$

Mae swyddfa'n mesur 15 m wrth 12 m.
Faint o wresogyddion sydd eu hangen?

7 Mae nifer y brechdanau, B, sydd eu hangen ar gyfer parti yn cael ei gyfrifo gan siop fara gan ddefnyddio'r fformiwla $B = 3P + 10$. Yma P yw nifer y bobl maen nhw'n ei ddisgwyl.
 (a) Faint o frechdanau sydd eu hangen pan fyddan nhw'n disgwyl 15 o bobl?
 (b) Faint o bobl y maen nhw'n eu disgwyl pan fo 70 o frechdanau yn cael eu darparu?

8 Mae'r diagram yn dangos petryal.
 (a) Beth yw perimedr y petryal yn nhermau x?
 (b) Beth yw arwynebedd y petryal yn nhermau x?

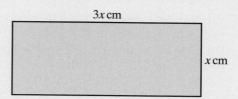

$3x$ cm

x cm

9 Mae'r amser, A o funudau, sydd ei angen i goginio coes oen yn cael ei roi gan y fformiwla

$A = 50P + 30$

Yma P yw pwysau'r goes oen mewn cilogramau.
 (a) Faint o amser, mewn oriau a munudau, y mae'n ei gymryd i goginio coes oen sy'n pwyso 2 gilogram?
 (b) Beth yw pwysau coes oen y mae'n cymryd 105 o funudau i'w choginio?

10 Y fformiwla sy'n cysylltu **c**yfaint, **a**rwynebedd a **h**yd prism yw $H = \dfrac{C}{A}$.
 Os yw $C = 200$ ac $A = 40$, darganfyddwch H.

11 Mae Ann yn cerdded am 5 awr ar fuanedd cyfartalog o 3 m.y.a.
 Defnyddiwch y fformiwla $p = ba$ i gyfrifo'r pellter a gerddodd.
 Mae p yn cynrychioli'r pellter mewn milltiroedd.
 Mae b yn cynrychioli'r buanedd cyfartalog mewn m.y.a.
 Mae a yn cynrychioli'r amser mewn oriau.

12 Mae Cai yn gwneud ffens addurnol.
 Mae'n cysylltu 3 phostyn â 6 chadwyn fel yn y diagram.
 (a) Mae Cai'n gosod 5 postyn yn y ddaear. Faint o gadwyni y bydd eu hangen?
 (b) Copïwch a chwblhewch y tabl hwn.

Nifer y pyst, P	1	2	3	4	5	6
Nifer y cadwyni, C	0	3	6			

 (c) Ysgrifennwch y fformiwla sy'n rhoi nifer y cadwyni ar gyfer unrhyw nifer o byst. Gadewch i C = cyfanswm nifer y cadwyni, a P = nifer y pyst.
 (ch) Faint o gadwyni sydd eu hangen ar gyfer ffens sydd â 30 postyn?

13 Mae arwynebedd paralelogram yn hafal i'r sail wedi ei lluosi â'r uchder fertigol.
 Beth yw arwynebedd paralelogram sydd â'r mesuriadau hyn?
 (a) Sail = 6 cm ac uchder fertigol = 4 cm
 (b) Sail = 4.5 cm ac uchder fertigol = 5 cm

14 Cyfaint ciwboid yw'r hyd wedi'i luosi â'r lled wedi'i luosi â'r uchder.
   Beth yw cyfaint ciwboid sydd â'r mesuriadau hyn?
   (a) Hyd = 5 cm, lled = 4 cm ac uchder = 6 cm
   (b) Hyd = 4.5 cm, lled = 8 cm ac uchder = 6 cm

15 Cost taith hir mewn tacsi yw tâl sefydlog o £20 ynghyd â £1 am bob milltir o'r daith.
   (a) Beth yw cost taith o 25 milltir?
   (b) Cost taith oedd £63. Pa mor bell oedd y daith?

Her 12.1

Ysgrifennwch y 'fformiwla' a gewch trwy ddilyn y setiau hyn o gyfarwyddiadau.

(a)
- Dewis unrhyw rif
- Ei luosi â 2
- Adio 5
- Lluosi â 5
- Tynnu 25

(b)
- Dewis unrhyw rif
- Ei ddyblu
- Adio 9
- Adio'r rhif gwreiddiol
- Rhannu â 3
- Tynnu 3

Pa ateb a gewch i bob set os 10 yw eich rhif cychwynnol?

Her 12.2

Mae'r Gymhareb Euraid ar gyfer petryalau i'w chael pan fydd hydoedd y petryalau yn hafal (yn fras) i 1.6 gwaith eu lled.

Arwynebedd petryal euraid yw 230 cm².
Darganfyddwch ei ddimensiynau. Rhowch eich atebion yn gywir i'r milimetr agosaf.

Ad-drefnu fformiwlâu

Weithiau bydd angen darganfod gwerth llythyren nad yw ar ochr chwith y fformiwla. I ddarganfod gwerth y llythyren, bydd angen yn gyntaf **ad-drefnu** y fformiwla.

Er enghraifft, mae'r fformiwla $s = vt$ yn cysylltu pellter (s), buanedd (v) ac amser (t). Os ydym yn gwybod y pellter teithio a'r amser a gymerodd y daith, a bod gofyn darganfod y buanedd cyfartalog, bydd angen cael y v ar ei phen ei hun.

Mae'r dull a ddefnyddiwn i ad-drefnu fformiwla yn debyg i'r dull a ddefnyddiwn i ddatrys hafaliadau. Gwelsoch sut i wneud hyn ym Mhennod 7.

Yn yr achos hwn, i gael y v ar ei phen ei hun, mae angen ei rhannu â t. Fel wrth drin hafaliadau, rhaid gwneud yr un peth i ddwy ochr y fformiwla.

$s = vt$

$\dfrac{s}{t} = \dfrac{vt}{t}$ Rhannu'r ddwy ochr â t.

$\dfrac{s}{t} = v$

$v = \dfrac{s}{t}$ Fel arfer mae fformiwla'n cael ei hysgrifennu â'r term sengl (yn yr achos hwn, v) ar yr ochr chwith.

Nawr v yw **testun** y fformiwla.
Mae'r fformiwla'n rhoi v yn nhermau s a t.

ENGHRAIFFT 12.2

$y = mx + c$
Gwnewch x yn destun.

Datrysiad

$y = mx + c$

$y - c = mx + c - c$ Tynnwch c o'r ddwy ochr

$y - c = mx$

$\dfrac{y - c}{m} = \dfrac{mx}{m}$ Rhannwch y ddwy ochr ag m.

$\dfrac{y - c}{m} = x$

$x = \dfrac{y - c}{m}$ Ad-drefnwch y fformiwla fel bo x ar yr ochr chwith.

ENGHRAIFFT 12.3

Y fformiwla ar gyfer cyfaint, c, pyramid sylfaen sgwâr sydd â'i ochr yn a a'i uchder fertigol yn u yw $c = \frac{1}{3}a^2u$. Ad-drefnwch y fformiwla i wneud u yn destun.

Datrysiad

$c = \frac{1}{3}a^2u$ Rhaid cael gwared â'r ffracsiwn yn gyntaf.

$3c = a^2u$ Lluoswch y ddwy ochr â 3.

$\dfrac{3c}{a^2} = u$ Rhannwch y ddwy ochr ag a^2.

$u = \dfrac{3c}{a^2}$ Ad-drefnwch y fformiwla fel bo u ar yr ochr chwith.

ENGHRAIFFT 12.4

Ad-drefnwch y fformiwla $A = \pi r^2$ i wneud r yn destun.

Datrysiad

$A = \pi r^2$

$\dfrac{A}{\pi} = r^2$ Rhannwch y ddwy ochr â π.

$r^2 = \dfrac{A}{\pi}$ Ad-drefnwch y fformiwla fel bo r^2 ar yr ochr chwith.

$r = \sqrt{\dfrac{A}{\pi}}$ Rhowch ail isradd y ddwy ochr.

YMARFER 12.2

1 Ad-drefnwch bob un o'r fformiwlâu hyn i wneud y llythyren yn y cromfachau yn destun.
    (a) $a = b - c$ (b) **(b)** $4a = wx + y$ (x) **(c)** $v = u + at$ (t)
    (ch) $c = p - 3t$ (t) **(d)** $A = p(q + r)$ (q) **(dd)** $p = 2g - 2f$ (g)
    (e) $F = \dfrac{m + 4n}{t}$ (n)

2 Gwnewch u yn destun y fformiwla $s = \dfrac{3uv}{bn}$.

3 Ad-drefnwch y fformiwla $a = \dfrac{bh}{2}$ i roi h yn nhermau a a b.

4 Y fformiwla ar gyfer cyfrifo llog syml yw $I = \dfrac{PRT}{100}$.
    Gwnewch R yn destun y fformiwla hon.

5 Rhoddir cyfaint côn gan y fformiwla $C = \dfrac{\pi r^2 u}{3}$. Yma C yw'r cyfaint mewn cm^3,
    r yw radiws y sylfaen mewn cm ac u yw'r uchder mewn cm.
    (a) Ad-drefnwch y fformiwla i wneud u yn destun.
    (b) Cyfrifwch uchder côn sydd â'i radiws yn 5 cm a'i gyfaint yn 435 cm^3.
         Defnyddiwch $\pi = 3.14$ a rhowch eich ateb yn gywir i 1 lle degol.

6 I newid o raddau Celsius (°C) i raddau Fahrenheit (°F), gallwch ddefnyddio'r fformiwla:
$$F = \tfrac{9}{5}(C + 40) - 40.$$
    (a) Y tymheredd yw 60°C. Beth yw hynny mewn °F?
    (b) Ad-drefnwch y fformiwla i ddarganfod C yn nhermau F.

7   Ad-drefnwch y fformiwla $C = \dfrac{\pi r^2 u}{3}$ i wneud r yn destun.

8   (a) Gwnewch a yn destun y fformiwla $v^2 = u^2 + 2as$.
    (b) Gwnewch u yn destun y fformiwla $v^2 = u^2 + 2as$.

Datrys hafaliadau trwy gynnig a gwella

Weithiau bydd angen datrys hafaliad trwy **gynnig a gwella**. Mae hyn yn golygu amnewid gwahanol werthoedd yn yr hafaliad nes cael y datrysiad.

Mae'n bwysig gweithio mewn ffordd systematig a pheidio â dewis ar hap y rhifau i'w cynnig.

Yn gyntaf, mae angen dod o hyd i ddau rif y mae'r datrysiad rhyngddynt. Yna, rhoi cynnig ar y rhif sydd hanner ffordd rhwng y ddau rif hyn. Wedyn parhau â'r broses hon nes cael yr ateb i'r manwl gywirdeb angenrheidiol.

ENGHRAIFFT 12.5

Darganfyddwch ddatrysiad i'r hafaliad $x^3 - x = 40$.
Rhowch eich ateb yn gywir i 1 lle degol.

Datrysiad

$x^3 - x = 40$
Cynigiwch $x = 3$ $3^3 - 3 = 24$ Rhy fach. Cynigiwch rif mwy.
Cynigiwch $x = 4$ $4^3 - 4 = 60$ Rhy fawr. Rhaid bod y datrysiad rhwng 3 a 4.
Cynigiwch $x = 3.5$ $3.5^3 - 3.5 = 39.375$ Rhy fach. Cynigiwch rif mwy.
Cynigiwch $x = 3.6$ $3.6^3 - 3.6 = 43.056$ Rhy fawr. Rhaid bod y datrysiad rhwng 3.5 a 3.6.
Cynigiwch $x = 3.55$ $3.55^3 - 3.55 = 41.118\ldots$ Rhy fawr. Rhaid bod y datrysiad rhwng 3.5 a 3.55.

Felly yr ateb yw $x = 3.5$, yn gywir i 1 lle degol.

ENGHRAIFFT 12.6

(a) Dangoswch fod gan $x^3 - 3x = 6$ ddatrysiad rhwng $x = 2$ ac $x = 3$.
(b) Darganfyddwch y datrysiad yn gywir i 1 lle degol.

Datrysiad

(a) $x^3 - 3x = 6$

Cynigiwch $x = 2$ $2^3 - 3 \times 2 = 2$ Rhy fach.

Cynigiwch $x = 3$ $3^3 - 3 \times 3 = 18$ Rhy fawr.

Mae 6 rhwng 2 ac 18. Felly mae yna ddatrysiad o $x^3 - 3x = 6$ rhwng $x = 2$ ac $x = 3$.

(b) Cynigiwch $x = 2.5$ $2.5^3 - 3 \times 2.5 = 8.125$ Rhy fawr. Cynigiwch rif llai.

Cynigiwch $x = 2.3$ $2.3^3 - 3 \times 2.3 = 5.267$ Rhy fach. Cynigiwch rif mwy.

Cynigiwch $x = 2.4$ $2.4^3 - 3 \times 2.4 = 6.624$ Rhy fawr. Cynigiwch rif llai.

Cynigiwch $x = 2.35$ $2.35^3 - 3 \times 2.35 = 5.927 \ldots$ Yn agos iawn, ond yn rhy fach o hyd.

Rhaid bod x yn fwy na 2.35. Felly yr ateb yw $x = 2.4$, yn gywir i 1 lle degol.

ENGHRAIFFT 12.7

(a) Dangoswch fod gan yr hafaliad $x^3 - x = 18$ wreiddyn rhwng $x = 2.7$ ac $x = 2.8$.

(b) Darganfyddwch y datrysiad hwn yn gywir i 2 le degol.

Datrysiad

(a) $x^3 - x = 18$

Cynigiwch $x = 2.7$ $2.7^3 - 2.7 = 16.983$ Rhy fach.

Cynigiwch $x = 2.8$ $2.8^3 - 2.8 = 19.152$ Rhy fawr.

Mae 18 rhwng 16.983 ac 19.152. Felly mae yna ddatrysiad o $x^3 - x = 18$ rhwng $x = 2.7$ ac $x = 2.8$.

(b) Cynigiwch hanner ffordd rhwng $x = 2.7$ ac $x = 2.8$, hynny yw cynigiwch $x = 2.75$.

Cynigiwch $x = 2.75$ $2.75^3 - 2.75 = 18.04688$ Rhy fawr. Cynigiwch rif llai.

Cynigiwch $x = 2.74$ $2.74^3 - 2.74 = 17.83082$ Rhy fach. Cynigiwch rif mwy.

Mae 18 rhwng 17.83082 ac 18.04688. Felly mae yna ddatrysiad o $x^3 - x = 18$ rhwng $x = 2.74$ ac $x = 2.75$.

Cynigiwch hanner ffordd rhwng $x = 2.74$ ac $x = 2.75$, hynny yw cynigiwch $x = 2.745$.

$2.745^3 - 2.745 = 17.93864$ Rhy fach.

$x = 2.75$, felly rhaid bod x yn fwy na 2.745

Felly yr ateb, yn gywir i 2 le degol, yw 2.75.

1 Darganfyddwch ddatrysiad, rhwng $x = 1$ ac $x = 2$, i'r hafaliad $x^3 = 5$.
Rhowch eich ateb yn gywir i 1 lle degol.

2 (a) Dangoswch fod datrysiad i'r hafaliad $x^3 - 5x = 8$ rhwng $x = 2$ ac $x = 3$.
(b) Darganfyddwch y datrysiad yn gywir i 1 lle degol.

3 (a) Dangoswch fod datrysiad i'r hafaliad $x^3 - x = 90$ rhwng $x = 4$ ac $x = 5$.
(b) Darganfyddwch y datrysiad yn gywir i 1 lle degol.

4 (a) Dangoswch fod gan yr hafaliad $x^3 - x = 50$ wreiddyn rhwng $x = 3.7$ ac $x = 3.8$.
(b) Darganfyddwch y gwreiddyn hwn yn gywir i 2 le degol.

5 Darganfyddwch ddatrysiad i'r hafaliad $x^3 + x = 15$.
Rhowch eich ateb yn gywir i 1 lle degol.

6 Darganfyddwch ddatrysiad i'r hafaliad $x^3 + x^2 = 100$.
Rhowch eich ateb yn gywir i 2 le degol.

7 Pa rif cyfan sydd, o gael ei giwbio, yn rhoi'r gwerth agosaf at 10 000?

8 Defnyddiwch gynnig a gwella i ddarganfod pa rif sydd, o gael ei sgwario, yn rhoi 1000.
Rhowch eich ateb yn gywir i 1 lle degol.

9 Mae rhif, o'i adio at yr un rhif wedi'i sgwario, yn rhoi 10.
(a) Ysgrifennwch hyn fel fformiwla.
(b) Darganfyddwch y rhif yn gywir i 1 lle degol.

10 Lluoswm dau rif cyfan yw 621 a'r gwahaniaeth rhwng y ddau rif yw 4.
(a) Ysgrifennwch hyn fel fformiwla yn nhermau x.
(b) Defnyddiwch gynnig a gwella i ddarganfod y ddau rif.

11 Defnyddiwch gynnig a gwella i ddarganfod pa rif, o gael ei sgwario, sy'n rhoi 61.
Rhowch eich ateb yn gywir i 1 lle degol.

RYDYCH WEDI DYSGU

- **er mwyn ad-drefnu fformiwla, y byddwch yn gwneud yr un peth i bob rhan o ddwy ochr y fformiwla nes cael y term angenrheidiol ar ei ben ei hun ar ochr chwith y fformiwla**
- **er mwyn datrys hafaliad trwy gynnig a gwella, y bydd angen i chi yn gyntaf ddarganfod dau rif y mae'r datrysiad yn rhywle rhyngddynt. Yna byddwch yn cynnig y rhif sydd hanner ffordd rhwng y ddau rif hyn ac yn parhau â'r broses nes cael yr ateb i'r manwl gywirdeb angenrheidiol**

1 I drawsnewid tymereddau ar y raddfa Celsius (°C) i'r raddfa Fahrenheit (°F) gallwch ddefnyddio'r fformiwla: $F = 1.8C + 32$.

Cyfrifwch y tymheredd Fahrenheit pan fo'r tymheredd yn
(a) 40°C. **(b)** 0°C. **(c)** −5°C.

2 Mae cost tocyn plentyn ar fws yn hanner cost tocyn oedolyn plws 25c.
Darganfyddwch gost tocyn plentyn pan fo tocyn oedolyn yn £1.40.

3 I ddarganfod arwynebedd rhombws rydych yn lluosi hyd y ddwy groeslin â'i gilydd ac yna'n rhannu â 2.
Darganfyddwch arwynebedd rhombws sydd â hyd ei groesliniau yn
(a) 4 cm a 6 cm. **(b)** 5.4 cm ac 8 cm.

4 Mae cwmni bysiau Trelaw yn amcangyfrif yr amser ar gyfer ei deithiau bws lleol, mewn munudau, trwy ddefnyddio'r fformiwla $A = 1.2m + 2s$. Yma m yw nifer y milltiroedd mewn taith ac s yw nifer y stopiau.
Darganfyddwch A pan fo
(a) $m = 5$ ac $s = 14$. **(b)** $m = 6.5$ ac $s = 20$.

5 Ad-drefnwch bob un o'r fformiwlâu hyn i wneud y llythyren yn y cromfachau yn destun.
(a) $p = q + 2r$ (q) **(b)** $x = s + 5r$ (r)

(c) $m = \dfrac{pqr}{s}$ (r) **(ch)** $A = t(x - 2y)$ (y)

6 Mae'r amser coginio, A o funudau, ar gyfer p kg o gig yn cael ei roi gan y fformiwla
$$A = 45p + 40$$

(a) Gwnewch p yn destun y fformiwla.
(b) Beth yw gwerth p pan fo'r amser coginio yn 2 awr 28 munud?

7 Mae arwynebedd triongl yn cael ei roi gan y fformiwla $A = s \times u \div 2$. Yma s yw'r sail ac u yw'r uchder.
(a) Darganfyddwch hyd y sail pan fo $A = 12$ cm² ac $u = 6$ cm.
(b) Darganfyddwch yr uchder pan fo $A = 22$ cm² ac $s = 5.5$ cm.

8 Mae cost hysbyseb mewn papur lleol yn cael ei roi gan y fformiwla $C = 12 + \dfrac{g}{5}$. Yma g yw nifer y geiriau yn yr hysbyseb.

Faint o eiriau y gallwch eu cael os ydych yn fodlon talu:
(a) £18? **(b)** £24?

9 (a) Dangoswch fod datrysiad i'r hafaliad $x^3 + 4x = 12$ rhwng $x = 1$ ac $x = 2$.
(b) Darganfyddwch y datrysiad yn gywir i 1 lle degol.

10 (a) Dangoswch fod datrysiad i'r hafaliad $x^3 - x^2 = 28$ rhwng $x = 3$ ac $x = 4$.
(b) Darganfyddwch y datrysiad yn gywir i 1 lle degol.

11 Mae rhif, o'i adio at y rhif ei hun wedi'i giwbio, yn rhoi 100.
(a) Ysgrifennwch hyn fel fformiwla.
(b) Darganfyddwch y rhif yn gywir i 1 lle degol.

Adlewyrchiadau

Pan fo gwrthrych yn cael ei adlewyrchu, mae'r ddelwedd a'r gwrthrych yn **gyfath**. Ystyr hyn yw fod y ddau yn union yr un siâp a'r un maint.

Lluniadu adlewyrchiadau

Prawf sydyn 13.1

Copïwch y diagramau hyn. Adlewyrchwch y ddau siâp yn eu llinell ddrych.

(a)

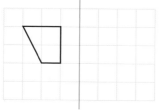

(b)

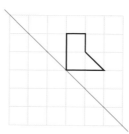

AWGRYM
Pan fyddwch wedi lluniadu adlewyrchiad mewn llinell sy'n goleddu, gwiriwch ef trwy droi'r dudalen fel bo'r llinell yn fertigol. Hefyd gallwch ddefnyddio drych neu bapur dargopïo.

Adnabod a disgrifio adlewyrchiadau

Mae'n bwysig gallu adnabod a disgrifio adlewyrchiadau hefyd.

Gallwn ddefnyddio papur dargopïo er mwyn gwybod a yw siâp wedi cael ei adlewyrchu: os byddwn yn dargopïo **gwrthrych**, rhaid troi'r papur dargopïo drosodd i ffitio'r dargopi dros y **ddelwedd**.

Rhaid inni allu darganfod y **llinell ddrych** hefyd. Gallwn wneud hyn trwy fesur y pellter rhwng pwyntiau ar y gwrthrych a'r ddelwedd.

ENGHRAIFFT 13.1

Disgrifiwch y trawsffurfiad sengl sy'n mapio siâp ABC ar ben siâp A′B′C′.

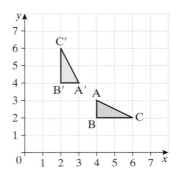

Datrysiad

Yn fwy na thebyg gallwch weld trwy edrych fod y trawsffurfiad yn adlewyrchiad, ond gallech wirio hyn trwy ddefnyddio papur dargopïo.

I ddarganfod y llinell ddrych, rhowch riwl rhwng dau bwynt cyfatebol (B a B′) a marciwch ganolbwynt y llinell rhyngddynt. Y canolbwynt yw (3, 3).

Gwnewch yr un peth i ddau bwynt cyfatebol arall (C ac C′). Y canolbwynt yw (4, 4).

Unwch y pwyntiau i ddarganfod y llinell ddrych. Mae'r llinell ddrych yn mynd trwy (1, 1), (2, 2), (3, 3), (4, 4) ... . Dyma'r llinell $y = x$.

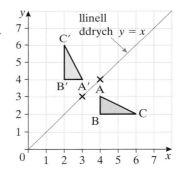

Mae'r trawsffurfiad yn adlewyrchiad yn y llinell $y = x$.

AWGRYM

Rhaid nodi bod y trawsffurfiad yn adlewyrchiad, a rhoi'r llinell ddrych.

AWGRYM

Gwiriwch fod y llinell yn gywir trwy droi'r dudalen nes bod y llinell ddrych yn fertigol.

Gall y llinell ddrych fod yn unrhyw linell syth.

Prawf sydyn 13.2

Lluniadwch bâr o echelinau x ac y a'u labelu o -4 i 4.
Tynnwch y llinellau hyn ar y graff a'u labelu.

(a) $x = 2$ **(b)** $y = -3$ **(c)** $y = x$ **(ch)** $y = -x$

YMARFER 13.1

1 Lluniadwch bâr o echelinau x ac y a'u labelu o -4 i 4.
   (a) Lluniadwch driongl â'i fertigau yn $(1, 0)$, $(1, -2)$ a $(2, -2)$. Labelwch hwn yn A.
   (b) Adlewyrchwch driongl A yn y llinell $y = 1$. Labelwch hwn yn B.
   (c) Adlewyrchwch driongl B yn y llinell $y = x$. Labelwch hwn yn C.

2 Lluniadwch bâr o echelinau x ac y a'u labelu o -4 i 4.
   (a) Lluniadwch driongl â'i fertigau yn $(1, 1)$, $(2, 3)$ a $(3, 3)$. Labelwch hwn yn A.
   (b) Adlewyrchwch driongl A yn y llinell $y = 2$. Labelwch hwn yn B.
   (c) Adlewyrchwch driongl A yn y llinell $y = -x$. Labelwch hwn yn C.

3 I ateb pob rhan
   • copïwch y diagram yn ofalus, gan ei wneud yn fwy os dymunwch.
   • adlewyrchwch y siâp yn y llinell ddrych.

(a) 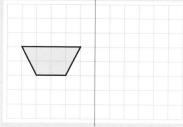   **(b)** 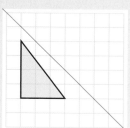   **(c)**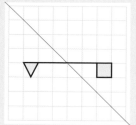

4 Disgrifiwch yn llawn y trawsffurfiad sengl sy'n mapio
   (a) baner A ar ben baner B.
   (b) baner A ar ben baner C.
   (c) baner B ar ben baner Ch.

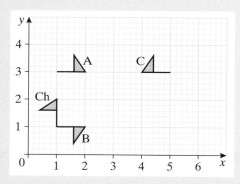

Adlewyrchiadau   193

5 Disgrifiwch yn llawn y
trawsffurfiad sengl sy'n mapio
  (a) triongl A ar ben triongl B.
  (b) triongl A ar ben triongl C.
  (c) triongl C ar ben triongl Ch.

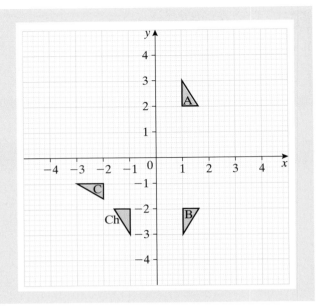

Cylchdroeon

Mewn cylchdro, mae'r gwrthrych a'r ddelwedd yn gyfath.

Lluniadu cylchdroeon

Prawf sydyn 13.3

Cylchdrowch y ddau siâp hyn yn ôl y disgrifiadau.

(a) Cylchdro o 90° yn glocwedd o
amgylch y tarddbwynt.

(b) Cylchdro o 270° yn wrthglocwedd
o amgylch ei ganol, A.

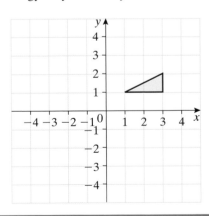

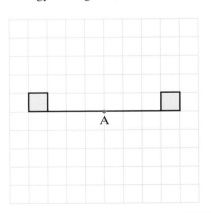

Mae canol cylchdro yn gallu bod yn unrhyw bwynt. Nid oes raid iddo fod yn
darddbwynt y grid nac yn ganol y siâp.

ENGHRAIFFT 13.2

Cylchdrowch y siâp trwy 90° o amgylch y pwynt C(1, 2).

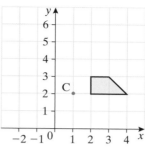

Datrysiad

Mae onglau cylchdro bob amser yn wrthglocwedd oni bai bod cwestiwn yn dweud wrthych fel arall.

Gallwch ddefnyddio papur dargopïo i gylchdroi'r siâp neu gallwch gyfrif sgwariau.

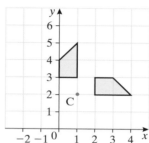

ENGHRAIFFT 13.3

Cylchdrowch driongl ABC trwy 90° yn glocwedd o amgylch C.

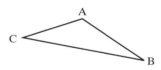

Datrysiad

Gan nad yw'r triongl wedi ei luniadu ar bapur sgwariau, rhaid defnyddio dull arall.

Mesurwch ongl 90° yn glocwedd ar bwynt C ar y llinell AC, a thynnwch linell.

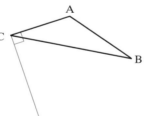

Dargopïwch y siâp ABC.
Rhowch bensil neu bin yn C i ddal y dargopi ar y diagram yn y pwynt hwnnw.
Cylchdrowch y papur dargopïo nes bod AC yn cyd-daro â'r llinell rydych wedi ei thynnu.
Defnyddiwch bin neu bwynt cwmpas i bigo trwy'r corneli eraill, A a B.
Cysylltwch y pwyntiau newydd i wneud y ddelwedd.

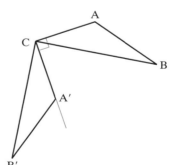

Pan nad yw'r canol cylchdro ar y siâp mae'r dull ychydig yn wahanol.

Cylchdrowch driongl ABC trwy 90° yn glocwedd o amgylch pwynt P.

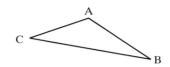

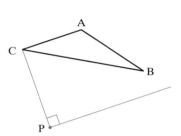

Datrysiad

Cysylltwch P â'r pwynt C ar y gwrthrych. Mesurwch ongl 90° yn glocwedd o PC a thynnwch linell.

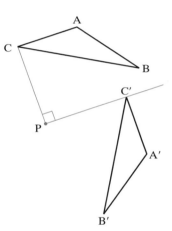

Dargopïwch y triongl ABC a'r llinell PC.
Rhowch bensil neu bin yn P i ddal y dargopi ar y diagram yn y pwynt hwnnw.
Cylchdrowch y papur dargopïo nes bod PC yn cyd-daro â'r llinell rydych wedi ei thynnu.
Defnyddiwch bin neu bwynt cwmpas i bigo trwy'r corneli A, B ac C.
Cysylltwch y pwyntiau newydd i wneud y ddelwedd.

AWGRYM

Bydd pwyntiau cyfatebol yr un pellter o'r canol cylchdro.

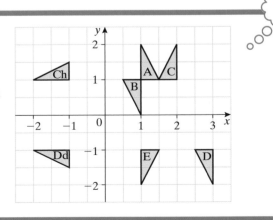

Adnabod a disgrifio cylchdroeon

Her 13.1

Pa rai o'r trionglau B, C, Ch, D ac Dd sy'n adlewyrchiadau o driongl A a pha rai sy'n gylchdroeon o driongl A?

Awgrym: Ar gyfer adlewyrchiadau mae angen troi'r papur dargopïo drosodd, ar gyfer cylchdroeon nid oes angen hynny.

I ddisgrifio cylchdro mae angen gwybod yr **ongl gylchdro** a'r **canol cylchdro**.

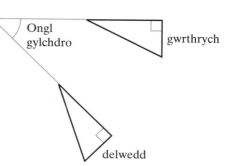

Weithiau gallwn ddweud beth yw'r ongl gylchdro trwy edrych ar y diagram.

Os na allwn, mae angen dod o hyd i bâr o ochrau sy'n cyfateb yn y gwrthrych a'r ddelwedd a mesur yr ongl rhyngddynt. Efallai y bydd angen estyn y llinellau.

Fel arfer gallwn ddarganfod y canol cylchdro trwy gyfrif sgwariau neu ddefnyddio papur dargopïo.

ENGHRAIFFT 13.5

Disgrifiwch yn llawn y trawsffurfiad sengl sy'n mapio baner A ar ben baner B.

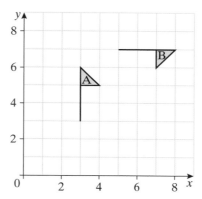

Datrysiad

Mae'n amlwg bod y trawsffurfiad yn gylchdro ac mai 90° yn glocwedd yw'r ongl.
Bydd cylchdroeon clocwedd yn cael eu disgrifio fel onglau negatif.
Mae hwn yn gylchdro o −90°.

Defnyddiwch bapur dargopïo a phensil neu bwynt cwmpas i ddarganfod y canol cylchdro.
Dargopïwch faner A a defnyddiwch y pensil neu bwynt y cwmpas i ddal y dargopi ar y diagram ar ryw bwynt.
Cylchdrowch y papur dargopïo i weld a ydy'r dargopi'n ffitio dros faner B.
Daliwch ati i roi cynnig ar wahanol bwyntiau nes darganfod y canol cylchdro.
Yma, y canol cylchdro yw (6, 4).

Mae'r trawsffurfiad yn gylchdro 90° yn glocwedd o amgylch y pwynt (6, 4).

AWGRYM

Rhaid i chi ddweud bod y trawsffurfiad yn gylchdro a rhoi'r ongl gylchdro a'r canol cylchdro.

1 Copïwch y diagram.
  (a) Cylchdrowch siâp A trwy 90° yn glocwedd o amgylch y tarddbwynt. Labelwch hwn yn B.
  (b) Cylchdrowch siâp A trwy 180° o amgylch y pwynt (1, 2). Labelwch hwn yn C.

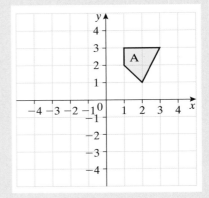

2 Copïwch y diagram.
  (a) Cylchdrowch faner A trwy 90° yn wrthglocwedd o amgylch y tarddbwynt. Labelwch hwn yn B.
  (b) Cylchdrowch faner A trwy 90° yn glocwedd o amgylch y pwynt (1, 2). Labelwch hwn yn C.
  (c) Cylchdrowch faner A trwy 180° o amgylch y pwynt (2, 0). Labelwch hwn yn D.

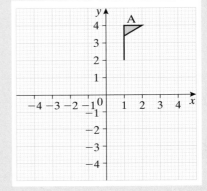

3 Lluniadwch bâr o echelinau x ac y a'u labelu o -4 i 8.
  (a) Lluniadwch driongl â'i fertigau yn (0, 1), (0, 4) a (2, 3). Labelwch hwn yn A.
  (b) Cylchdrowch driongl A trwy 180° o amgylch y tarddbwynt. Labelwch hwn yn B.
  (c) Cylchdrowch driongl A trwy 90° yn wrthglocwedd o amgylch y pwynt (0, 1). Labelwch hwn yn C.
  (ch) Cylchdrowch driongl A trwy 90° yn glocwedd o amgylch y pwynt (2, -1). Labelwch hwn yn D.

4 Copïwch y diagram.

Cylchdrowch y triongl trwy 90° yn glocwedd o amgylch y pwynt C.

5 Copïwch y diagram.

Cylchdrowch y triongl trwy 90° yn glocwedd o amgylch y pwynt O.

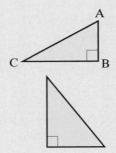

6 Copïwch y diagram.

Cylchdrowch y triongl trwy 120° yn glocwedd o amgylch y pwynt C.

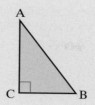

7 Disgrifiwch yn llawn y trawsffurfiad sengl sy'n mapio
   (a) triongl A ar ben triongl B.
   (b) triongl A ar ben triongl C.
   (c) triongl A ar ben triongl Ch.

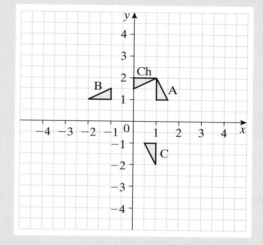

8 Disgrifiwch yn llawn y trawsffurfiad sengl sy'n mapio
   (a) baner A ar ben baner B.
   (b) baner A ar ben baner C.
   (c) baner A ar ben baner Ch.

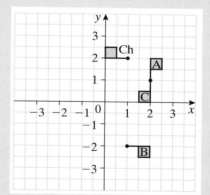

9 Disgrifiwch yn llawn y trawsffurfiad sengl sy'n mapio triongl A ar ben triongl B.

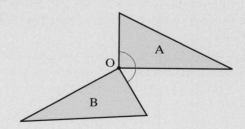

10 Disgrifiwch yn llawn y trawsffurfiad sengl sy'n mapio

    (a)   triongl A ar ben triongl B.

    (b)   triongl A ar ben triongl C.

    (c)   triongl A ar ben triongl Ch.

    (ch) triongl A ar ben triongl D.

    (d)   triongl B ar ben triongl D.

Awgrym: Mae rhai o'r trawsffurfiadau hyn yn adlewyrchiadau.

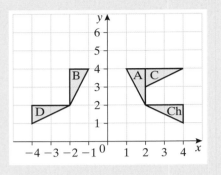

Trawsfudiadau

Mae **trawsfudiad** yn symud holl bwyntiau gwrthrych yr un pellter i'r un cyfeiriad. Mae'r gwrthrych a'r ddelwedd yn gyfath.

Sylwi 13.1

Mae triongl B yn drawsfudiad o driongl A.

(a) Sut rydych yn gwybod ei fod yn drawsfudiad?

(b) Pa mor bell ar draws y mae wedi symud?

(c) Pa mor bell i lawr y mae wedi symud?

> **AWGRYM**
> Byddwch yn ofalus wrth gyfrif. Dewiswch bwynt ar y gwrthrych a'r ddelwedd a chyfrwch y sgwariau o'r naill i'r llall.

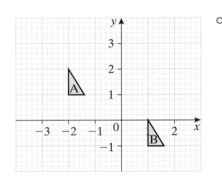

Mae pa mor bell y mae siâp yn symud yn cael ei ysgrifennu fel **fector colofn**.

Mae'r rhif *uchaf* yn dangos pa mor bell y mae'r siâp yn symud *ar draws*, neu i'r cyfeiriad *x*. Mae'r rhif *isaf* yn dangos pa mor bell y mae'r siâp yn symud *i fyny neu i lawr*, neu i'r cyfeiriad *y*.

Os yw'r rhif uchaf yn *bositif* mae yna symudiad i'r *dde*. Os yw'r rhif uchaf yn *negatif* mae yna symudiad i'r *chwith*.
Os yw'r rhif isaf yn *bositif* mae yna symudiad *i fyny*. Os yw'r rhif isaf yn *negatif* mae yna symudiad *i lawr*.

Byddai trawsfudiad o 3 i'r dde a 2 i lawr yn cael ei ysgrifennu fel $\begin{pmatrix} 3 \\ -2 \end{pmatrix}$.

ENGHRAIFFT 13.6

Trawsfudwch y triongl â $\begin{pmatrix} -3 \\ 4 \end{pmatrix}$.

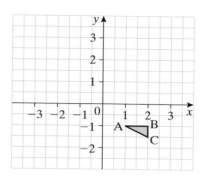

Datrysiad

Ystyr $\begin{pmatrix} -3 \\ 4 \end{pmatrix}$ yw symud 3 uned i'r chwith a
4 uned i fyny.

Mae pwynt A yn symud o $(1, -1)$ i $(-2, 3)$.
Mae pwynt B yn symud o $(2, -1)$ i $(-1, 3)$.
Mae pwynt C yn symud o $(2, -1.5)$ i $(-1, 2.5)$.

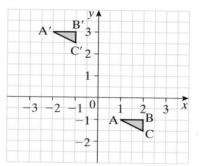

ENGHRAIFFT 13.7

Disgrifiwch yn llawn y trawsffurfiad sengl sy'n
mapio siâp A ar ben siâp B.

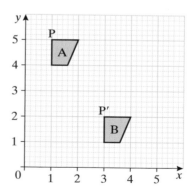

Datrysiad

Mae'n amlwg bod hwn yn drawsfudiad gan fod y siâp yn dal i wynebu yr un ffordd.

I ddarganfod y symudiad dewiswch un pwynt ar y gwrthrych a'r ddelwedd a
chyfrwch sawl sgwâr yw'r symudiad.
Er enghraifft, mae P yn symud o $(1, 5)$ i $(3, 2)$. Mae hwn yn symudiad o 2 i'r dde a 3
i lawr.

Mae'r trawsffurfiad yn drawsfudiad â'r fector $\begin{pmatrix} 2 \\ -3 \end{pmatrix}$.

Rhaid i chi ddweud bod y trawsffurfiad yn drawsfudiad a rhoi'r fector colofn.

Ceisiwch beidio â drysu rhwng y geiriau *trawsffurfiad* a *trawsfudiad*.

Trawsffurfiad yw'r enw cyffredinol ar bob newid sy'n cael ei wneud i siapiau.

Trawsfudiad yw'r trawsffurfiad arbennig lle mae holl bwyntiau gwrthrych yn symud yr un pellter i'r un cyfeiriad.

YMARFER 13.3

1 Lluniadwch bâr o echelinau x ac y a'u labelu o -2 i 6.
   (a) Lluniadwch driongl â'i fertigau yn (1, 2), (1, 4) a (2, 4). Labelwch hwn yn A.
   (b) Trawsfudwch driongl A â'r fector $\binom{2}{1}$. Labelwch hwn yn B.
   (c) Trawsfudwch driongl A â'r fector $\binom{4}{-2}$. Labelwch hwn yn C.
   (ch) Trawsfudwch driongl A â'r fector $\binom{-2}{-3}$. Labelwch hwn yn Ch.

2 Lluniadwch bâr o echelinau x ac y a'u labelu o -2 i 6.
   (a) Lluniadwch drapesiwm â'i fertigau yn (2, 1), (4, 1), (3, 2) a (2, 2). Labelwch hwn yn A.
   (b) Trawsfudwch drapesiwm A â'r fector $\binom{2}{3}$. Labelwch hwn yn B.
   (c) Trawsfudwch drapesiwm A â'r fector $\binom{-4}{0}$. Labelwch hwn yn C.
   (ch) Trawsfudwch drapesiwm A â'r fector $\binom{-3}{2}$. Labelwch hwn yn Ch.

3 Disgrifiwch y trawsffurfiad sengl sy'n mapio
   (a) triongl A ar ben triongl B.
   (b) triongl A ar ben triongl C.
   (c) triongl A ar ben triongl Ch.
   (ch) triongl B ar ben triongl Ch.

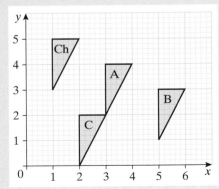

4 Disgrifiwch y trawsffurfiad sengl sy'n mapio

   (a)   baner A ar ben baner B.

   (b)   baner A ar ben baner C.

   (c)   baner A ar ben baner Ch.

   (ch) baner A ar ben baner D.

   (d)   baner A ar ben baner Dd.

   (dd) baner D ar ben baner E.

   (e)   baner B ar ben baner D.

   (f)   baner C ar ben baner Ch.

Awgrym: Nid yw pob trawsffurfiad yn drawsfudiad.

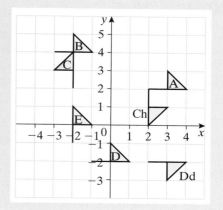

Her 13.2

Lluniadwch bâr o echelinau x ac y a'u labelu o -6 i 6.

(a)   Lluniadwch siâp yn y rhanbarth positif yn agos at y tarddbwynt. Labelwch hwn yn A.

(b)   Trawsfudwch siâp A â'r fector $\begin{pmatrix} 2 \\ 1 \end{pmatrix}$. Labelwch hwn yn B.

(c)   Trawsfudwch siâp B â'r fector $\begin{pmatrix} 3 \\ -2 \end{pmatrix}$. Labelwch hwn yn C.

(ch) Trawsfudwch siâp C â'r fector $\begin{pmatrix} -6 \\ -1 \end{pmatrix}$. Labelwch hwn yn Ch.

(d)   Trawsfudwch siâp Ch â'r fector $\begin{pmatrix} 1 \\ 2 \end{pmatrix}$. Labelwch hwn yn D.

(dd) Beth sy'n tynnu eich sylw ynghylch siapiau A a D? Allwch chi awgrymu pam mae hyn yn digwydd? Ceisiwch ddarganfod cyfuniadau eraill o drawsfudiadau lle mae hyn yn digwydd.

Her 13.3

Weithiau gallwch roi trawsffurfiadau gwahanol ar waith ar wrthrych a chael yr un ddelwedd.

(a) Disgrifiwch bob un o'r trawsffurfiadau sengl fydd yn mapio A ar ben B.

(b) Ceisiwch ddarganfod parau eraill o siapiau lle gall y gwrthrych, A, gael ei fapio ar ben y ddelwedd, B, â mwy nag un trawsffurfiad sengl.

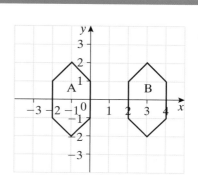

Helaethiadau

Mae math arall o drawsffurfiad: **helaethiad**. Byddwch wedi gwneud peth gwaith ar helaethiadau eisoes. Mewn helaethiad nid yw'r gwrthrych a'r ddelwedd yn gyfath, ond maen nhw'n **gyflun**. Mae'r hydoedd yn newid ond mae'r onglau yn y gwrthrych a'r ddelwedd yr un fath.

Prawf sydyn 13.4

Lluniadwch bâr o echelinau x ac y a'u labelu o 0 i 6.

(a) Lluniadwch driongl â'i fertigau yn $(1, 2)$, $(3, 2)$ a $(3, 3)$. Labelwch hwn yn A.

(b) Helaethwch y triongl â ffactor graddfa 2, gan ddefnyddio'r tarddbwynt yn ganol yr helaethiad. Labelwch hwn yn B.

Sylwi 13.2

(a) (i) Ystyriwch beth sy'n digwydd i hydoedd ochrau gwrthrych pan fydd yn cael ei helaethu â ffactor graddfa 2.
Beth, yn eich barn chi, fydd yn digwydd i hydoedd ochrau gwrthrych os yw'n cael ei helaethu â ffactor graddfa $\frac{1}{2}$?

   (ii) Ystyriwch safle'r ddelwedd pan fydd gwrthrych yn cael ei helaethu â ffactor graddfa 2. Beth sy'n digwydd i'r pellter rhwng canol yr helaethiad a'r gwrthrych? Beth, yn eich barn chi, fydd safle'r ddelwedd os yw'r gwrthrych yn cael ei helaethu â ffactor graddfa $\frac{1}{2}$?

(b) Lluniadwch bâr o echelinau x ac y a'u labelu o 0 i 6.

   (i) Lluniadwch driongl â'i fertigau yn $(2, 4)$, $(6, 4)$ a $(6, 6)$. Labelwch hwn yn A.

   (ii) Helaethwch y triongl â ffactor graddfa $\frac{1}{2}$, gan ddefnyddio'r tarddbwynt yn ganol yr helaethiad. Labelwch hwn yn B.

(c) Cymharwch eich diagram â'r diagram rydych wedi ei luniadu ym Mhrawf Sydyn 13.4. Beth sy'n tynnu eich sylw?

Helaethiad â ffactor graddfa $\frac{1}{2}$ yw **gwrthdro** helaethiad â ffactor graddfa 2.

AWGRYM

Er bod y ddelwedd yn llai na'r gwrthrych, mae helaethiad â ffactor graddfa $\frac{1}{2}$ yn dal i gael ei alw'n helaethiad.

Gallwn luniadu helaethiadau â ffactorau graddfa ffracsiynol eraill hefyd.

Lluniadwch bâr o echelinau x ac y a'u labelu o 0 i 8.

(a) Lluniadwch driongl â'i fertigau yn P(5, 1), Q(5, 7) ac R(8, 7).

(b) Helaethwch y triongl PQR â ffactor graddfa $\frac{1}{3}$, canol C(2, 1).

Datrysiad

Mae ochrau'r helaethiad yn $\frac{1}{3}$ o hydoedd y gwreiddiol.

Y pellter o ganol yr helaethiad, C, i P yw 3 ar draws. Felly y pellter o C i P′ yw $3 \times \frac{1}{3} = 1$ ar draws.

Y pellter o C i Q yw 3 ar draws a 6 i fyny. Felly y pellter o C i Q′ yw $3 \times \frac{1}{3} = 1$ ar draws a $6 \times \frac{1}{3} = 2$ i fyny.

Y pellter o C i R yw 6 ar draws a 6 i fyny. Felly y pellter o C i R′ yw $6 \times \frac{1}{3} = 2$ ar draws a $6 \times \frac{1}{3} = 2$ i fyny.

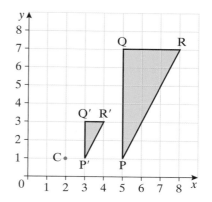

Disgrifiwch yn llawn y trawsffurfiad sengl sy'n mapio triongl PQR ar ben triongl P′Q′R′.

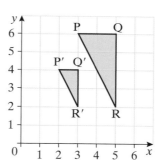

Datrysiad

Mae'n amlwg bod y siâp wedi cael ei helaethu. Mae hyd pob ochr yn y triongl P′Q′R′ yn hanner hyd yr ochr gyfatebol yn y triongl PQR, felly y ffactor graddfa yw $\frac{1}{2}$.

I ddarganfod canol yr helaethiad, cysylltwch gorneli cyfatebol y ddau driongl ac estynnwch y llinellau nes iddynt groesi ei gilydd.
Y pwynt lle byddant yn croesi yw canol yr helaethiad, C. Yma, C yw'r pwynt (1, 2).

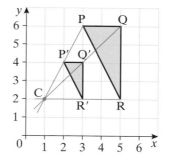

AWGRYM

I wirio canol yr helaethiad, darganfyddwch y pellter o ganol yr helaethiad i bâr cyfatebol o bwyntiau. Er enghraifft, y pellter o C i P yw 2 ar draws a 4 i fyny, ac felly dylai'r pellter o C i P′ fod yn 1 ar draws a 2 i fyny.

Mae'r trawsffurfiad yn helaethiad â ffactor graddfa $\frac{1}{2}$, canol $(1, 2)$.

AWGRYM

Rhaid i chi ddweud bod y trawsffurfiad yn helaethiad a rhoi'r ffactor graddfa a chanol yr helaethiad.

YMARFER 13.4

1 Lluniadwch bâr o echelinau a'u labelu o 0 i 6 ar gyfer x ac y.
 (a) Lluniadwch driongl â'i fertigau yn $(4, 2)$, $(6, 2)$ a $(6, 6)$. Labelwch hwn yn A.
 (b) Helaethwch driongl A â ffactor graddfa $\frac{1}{2}$, gan ddefnyddio'r tarddbwynt yn ganol yr helaethiad. Labelwch hwn yn B.
 (c) Disgrifiwch yn llawn y trawsffurfiad sengl sy'n mapio triongl B ar ben triongl A.

2 Lluniadwch bâr o echelinau x ac y a'u labelu o 0 i 8.
 (a) Lluniadwch driongl â'i fertigau yn $(4, 5)$, $(4, 8)$ a $(7, 8)$. Labelwch hwn yn A.
 (b) Helaethwch driongl A â ffactor graddfa $\frac{1}{3}$, gyda chanol yr helaethiad yn $(1, 2)$. Labelwch hwn yn B.
 (c) Disgrifiwch yn llawn y trawsffurfiad sengl sy'n mapio triongl B ar ben triongl A.

3 Lluniadwch bâr o echelinau x ac y a'u labelu o 0 i 8.
 (a) Lluniadwch driongl â'i fertigau yn $(0, 2)$, $(1, 2)$ a $(2, 1)$. Labelwch hwn yn A.
 (b) Helaethwch y triongl A â ffactor graddfa 4, gan ddefnyddio'r tarddbwynt yn ganol yr helaethiad. Labelwch hwn yn B.
 (c) Disgrifiwch yn llawn y trawsffurfiad sengl sy'n mapio triongl B ar ben triongl A.

4 Lluniadwch bâr o echelinau x ac y a'u labelu o 0 i 8.
 (a) Lluniadwch driongl â'i fertigau yn $(4, 3)$, $(4, 5)$ a $(6, 2)$. Labelwch hwn yn A.
 (b) Helaethwch driongl A â ffactor graddfa $1\frac{1}{2}$, gyda chanol yr helaethiad yn $(2, 1)$. Labelwch hwn yn B.
 (c) Disgrifiwch yn llawn y trawsffurfiad sengl sy'n mapio triongl B ar ben triongl A.

5 Disgrifiwch y trawsffurfiad sengl sy'n mapio
 (a) triongl A ar ben triongl B.
 (b) triongl B ar ben triongl A.
 (c) triongl A ar ben triongl C.
 (ch) triongl C ar ben triongl A.

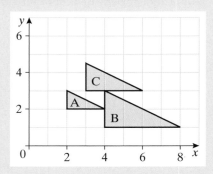

Awgrym: Yng nghwestiynau **6**, **7** ac **8**, nid yw pob trawsffurfiad yn helaethiad.

6 Disgrifiwch yn llawn y trawsffurfiad sengl sy'n mapio

   (a)   triongl A ar ben triongl B.

   (b)   triongl A ar ben triongl C.

   (c)   triongl C ar ben triongl Ch.

   (ch)   triongl A ar ben triongl D.

   (d)   triongl A ar ben triongl Dd.

   (dd)   triongl E ar ben triongl A.

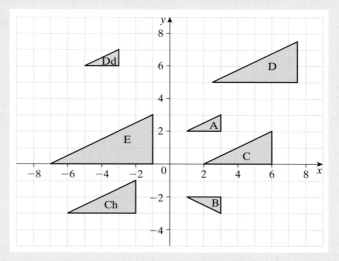

7 Disgrifiwch yn llawn y trawsffurfiad sengl sy'n mapio

   (a)   baner A ar ben baner B.

   (b)   baner A ar ben baner C.

   (c)   baner A ar ben baner Ch.

   (ch)   baner A ar ben baner D.

   (d)   baner Dd ar ben baner D.

   (dd)   baner D ar ben baner E.

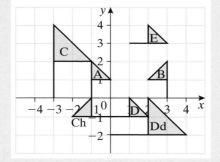

8 Disgrifiwch yn llawn y trawsffurfiad sengl sy'n mapio

   (a)   triongl A ar ben triongl B.

   (b)   triongl A ar ben triongl C.

   (c)   triongl B ar ben triongl Ch.

   (ch)   triongl C ar ben triongl D.

   (d)   triongl Dd ar ben triongl E.

   (dd)   triongl F ar ben triongl E.

   (e)   triongl E ar ben triongl F.

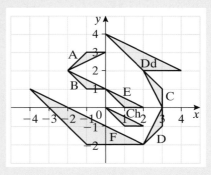

Ochrau triongl ABC yw AB = 9 cm, AC = 7 cm a BC = 6 cm.

Mae llinell XY yn cael ei thynnu yn baralel i BC trwy bwynt X ar AB a phwynt Y ar AC.

AX = 5 cm.

(a) Brasluniwch y trionglau.

(b) (i) Disgrifiwch yn llawn y trawsffurfiad sy'n mapio ABC ar ben AXY.
   (ii) Cyfrifwch hyd XY, yn gywir i 2 le degol.

RYDYCH WEDI DYSGU

- bod y gwrthrych a'r ddelwedd yn gyfath mewn adlewyrchiadau, cylchdroeon a thrawsfudiadau
- er mwyn disgrifio adlewyrchiad fod rhaid dweud bod y trawsffurfiad yn adlewyrchiad a rhoi'r llinell ddrych
- sut i ddarganfod y llinell ddrych
- bod cylchdroeon negatif yn glocwedd
- er mwyn disgrifio cylchdro fod rhaid dweud bod y trawsffurfiad yn gylchdro a rhoi'r canol cylchdro a'r ongl gylchdro
- sut i ddarganfod y canol cylchdro a'r ongl gylchdro
- bod y gwrthrych a'r ddelwedd yn wynebu'r un ffordd mewn trawsfudiad
- er mwyn disgrifio trawsfudiad fod rhaid dweud bod y trawsffurfiad yn drawsfudiad a rhoi'r fector colofn
- yr hyn y mae'r fector colofn $\begin{pmatrix} a \\ b \end{pmatrix}$ yn ei gynrychioli
- bod y gwrthrych a'r ddelwedd yn gyflun mewn helaethiad. Os yw'r ffactor graddfa yn ffracsiwn rhwng 0 ac 1, bydd y ddelwedd yn llai na'r gwrthrych
- er mwyn disgrifio helaethiad fod rhaid dweud bod y trawsffurfiad yn helaethiad a rhoi'r ffactor graddfa a chanol yr helaethiad
- sut i ddarganfod y ffactor graddfa a chanol yr helaethiad

1 Lluniadwch bâr o echelinau x ac y a'u labelu o -4 i 4.
 (a) Lluniadwch driongl â'i fertigau yn $(2, -1)$, $(4, -1)$ a $(4, -2)$. Labelwch hwn yn A.
 (b) Adlewyrchwch driongl A yn y llinell $y = 0$. Labelwch hwn yn B.
 (c) Adlewyrchwch driongl A yn y llinell $y = -x$. Labelwch hwn yn C.

2 Copïwch y diagramau hyn, gan eu gwneud yn fwy o faint os dymunwch.
 Adlewyrchwch y ddau siâp yn eu llinell ddrych.
 (a)

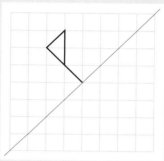

 (b)

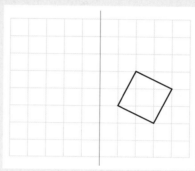

3 Copïwch y diagram.
 (a) Cylchdrowch siâp A trwy $90°$ yn wrthglocwedd o amgylch y tarddbwynt. Labelwch hwn yn B.
 (b) Cylchdrowch siâp A trwy $180°$ o amgylch y pwynt $(2, -1)$. Labelwch hwn yn C.

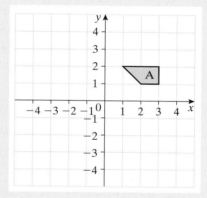

4 Copïwch y diagram.

 (a) Trawsfudwch siâp A â'r fector $\begin{pmatrix} 1 \\ -6 \end{pmatrix}$.
   Labelwch hwn yn B.

 (b) Trawsfudwch siâp A â'r fector $\begin{pmatrix} -3 \\ 0 \end{pmatrix}$.
   Labelwch hwn yn C.

 (c) Trawsfudwch siâp A â'r fector $\begin{pmatrix} -5 \\ -4 \end{pmatrix}$.
   Labelwch hwn yn D.

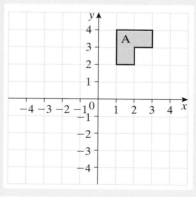

5   Lluniadwch bâr o echelinau x ac y a'u labelu o 0 i 9.
    (a) Lluniadwch driongl â'i fertigau yn (6, 3), (6, 6) a (9, 3). Labelwch hwn yn A.
    (b) Helaethwch y triongl â ffactor graddfa $\frac{1}{3}$, â chanol yr helaethiad yn (0, 0).
        Labelwch hwn yn B.

6   Lluniadwch bâr o echelinau x ac y a'u labelu o 0 i 8.
    (a) Lluniadwch driongl â'i fertigau yn (6, 4), (6, 6) ac (8, 6). Labelwch hwn yn A.
    (b) Helaethwch y triongl â ffactor graddfa $\frac{1}{2}$, â chanol yr helaethiad yn (2, 0).
        Labelwch hwn yn B.

7   Disgrifiwch yn llawn y trawsffurfiad sengl sy'n mapio
    (a)   baner A ar ben baner B.
    (b)   baner A ar ben baner C.
    (c)   baner A ar ben baner Ch.
    (ch) baner B ar ben baner D.
    (d)   baner Dd ar ben baner C.
    (dd) baner C ar ben baner E.
    (e)   baner B ar ben baner C.

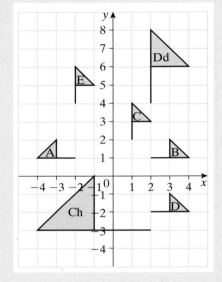

8   Disgrifiwch yn llawn y trawsffurfiad sengl sy'n mapio
    (a)   triongl A ar ben triongl B.
    (b)   triongl A ar ben triongl C.
    (c)   triongl B ar ben triongl Ch.
    (ch) triongl C ar ben triongl D.
    (d)   triongl Dd ar ben triongl C.
    (dd) triongl A ar ben triongl E.
    (e)   triongl F ar ben triongl E.

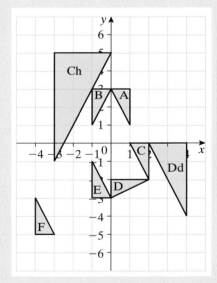

Y tebygolrwydd na fydd canlyniad yn digwydd

Sylwi 14.1

Mae tri phin ysgrifennu a phum pensil mewn blwch.
Mae un o'r rhain yn cael ei ddewis ar hap.

(a) Beth yw'r tebygolrwydd o gael pin ysgrifennu, T(pin)?

(b) Beth yw'r tebygolrwydd o gael pensil, T(pensil)?

(c) Beth yw'r tebygolrwydd o beidio â chael pin ysgrifennu, T(nid pin)?

(ch) Beth y gallwch chi ei ddweud am eich atebion i rannau **(b)** ac **(c)**?

(d) Beth yw T(pin) + T(nid pin)?

AWGRYM

Yn aml byddwn yn defnyddio T( ) wrth ysgrifennu tebygolrwydd am ei fod yn arbed amser a lle.

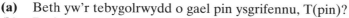

Y tebygolrwydd na fydd rhywbeth yn digwydd = 1 − y tebygolrwydd y bydd rhywbeth yn digwydd.

Os t yw'r tebygolrwydd y bydd rhywbeth yn digwydd, gallwn ysgrifennu hyn fel

$$T(\text{na fydd yn digwydd}) = 1 - t.$$

(a) Y tebygolrwydd y bydd hi'n bwrw glaw yfory yw $\frac{1}{5}$.
Beth yw'r tebygolrwydd na fydd hi'n bwrw glaw yfory?

(b) Y tebygolrwydd y bydd Owain yn sgorio gôl yn y gêm nesaf yw 0.6.
Beth yw'r tebygolrwydd na fydd Owain yn sgorio gôl?

Datrysiad

(a) T(dim glaw) = 1 − T(glaw)

$$= 1 - \tfrac{1}{5}$$
$$= \tfrac{4}{5}$$

(b) T(ddim yn sgorio) = 1 − T(sgorio)

$$= 1 - 0.6$$
$$= 0.4$$

YMARFER 14.1

1 Y tebygolrwydd y bydd Meic yn cyrraedd yr ysgol yn hwyr yfory yw 0.1.
Beth yw'r tebygolrwydd na fydd Meic yn hwyr yfory?

2 Y tebygolrwydd y bydd Cenwyn yn cael brechdanau caws am ei ginio yw $\frac{1}{6}$.
Beth yw'r tebygolrwydd nad yw Cenwyn yn cael brechdanau caws?

3 Y tebygolrwydd y bydd Anna'n llwyddo yn ei phrawf gyrru yw 0.85.
Beth yw'r tebygolrwydd y bydd Anna'n methu ei phrawf gyrru?

4 Mae'r tebygolrwydd y bydd mam Berwyn yn coginio heno yn $\frac{7}{10}$.
Beth yw'r tebygolrwydd na fydd hi'n coginio heno?

5 Mae'r tebygolrwydd y bydd Wrecsam yn ennill eu gêm nesaf yn 0.43.
Beth yw'r tebygolrwydd na fydd Wrecsam yn ennill eu gêm nesaf?

6 Mae'r tebygolrwydd y bydd Alec yn gwylio'r teledu un noson yn $\frac{32}{49}$.
Beth yw'r tebygolrwydd na fydd yn gwylio'r teledu?

Tebygolrwydd pan fo nifer penodol o ganlyniadau gwahanol

Yn aml mae mwy na dau ganlyniad posibl.
Os ydym yn gwybod tebygolrwydd y canlyniadau i gyd heblaw am un,
gallwn gyfrifo tebygolrwydd y canlyniad sy'n weddill.

Mae bag yn cynnwys cownteri coch, gwyn a glas yn unig.

Tebygolrwydd dewis cownter coch yw $\frac{1}{12}$.

Tebygolrwydd dewis cownter gwyn yw $\frac{7}{12}$.

Beth yw tebygolrwydd dewis cownter glas?

Datrysiad

Gwyddoch fod T(ddim yn digwydd) = 1 – T(yn digwydd)

Felly T(ddim yn digwydd) + T(yn digwydd) = 1

$$T(\text{nid glas}) + T(\text{glas}) = 1$$
$$T(\text{coch}) + T(\text{gwyn}) + T(\text{glas}) = 1$$
$$T(\text{glas}) = 1 \times [T(\text{coch}) + T(\text{gwyn})]$$
$$= 1 - (\tfrac{1}{12} + \tfrac{7}{12})$$
$$= 1 - \tfrac{8}{12}$$
$$= \tfrac{4}{12}$$
$$= \tfrac{1}{3}$$

Cownteri coch, gwyn a glas yn unig sydd yn y bag, felly os nad yw cownter yn las rhaid ei fod yn goch neu'n wyn.

Pan fo nifer penodol o ganlyniadau posibl, mae swm y tebygolrwyddau yn hafal i 1.

Er enghraifft, os oes pedwar canlyniad posibl, A, B, C a D, yna

$$T(A) + T(B) + T(C) + T(D) = 1$$

Felly, er enghraifft,

$$T(B) = 1 - [T(A) + T(C) + T(D)]$$
$$\text{neu}$$
$$T(B) = 1 - T(A) - T(C) - T(D)$$

YMARFER 14.2

1 Mewn siop mae gwisgoedd du, llwyd a glas ar reilen. Mae Ffion yn dewis un ar hap. Tebygolrwydd dewis gwisg lwyd yw 0.2 a thebygolrwydd dewis gwisg ddu yw 0.1. Beth yw tebygolrwydd dewis gwisg las?

2 Mae Heulwen yn dod i'r ysgol mewn car neu mewn bws neu ar feic.
Ar unrhyw ddiwrnod, y tebygolrwydd fod Heulwen yn dod mewn car yw $\frac{3}{20}$ a'r tebygolrwydd ei bod hi'n dod mewn bws yw $\frac{11}{20}$.
Beth yw'r tebygolrwydd fod Heulwen yn dod i'r ysgol ar feic?

3 Mae'r tebygolrwydd y bydd tîm hoci yr ysgol yn ennill eu gêm nesaf yn 0.4.
Y tebygolrwydd y byddant yn colli yw 0.25.
Beth yw'r tebygolrwydd y byddant yn cael gêm gyfartal?

4 Mae Pat yn cael wyau wedi'u berwi neu rawnfwyd neu dost i frecwast.
Mae'r tebygolrwydd y bydd hi'n cael tost yn $\frac{2}{11}$ a'r tebygolrwydd y bydd hi'n cael grawnfwyd yn $\frac{5}{11}$.
Beth yw'r tebygolrwydd y bydd hi'n cael wyau wedi'u berwi?

5 Mae'r tabl yn dangos tebygolrwydd cael rhai o'r sgorau wrth daflu dis tueddol â chwe ochr.

Sgôr	1	2	3	4	5	6
Tebygolrwydd	0.27	0.16	0.14		0.22	0.1

Beth yw tebygolrwydd cael 4?

6 Pan fydd Jac yn cael ei ben-blwydd, mae ei Fodryb Ceridwen yn rhoi arian neu docyn rhodd iddo neu'n anghofio'n gyfan gwbl.
Mae'r tebygolrwydd y bydd Modryb Ceridwen yn rhoi arian i Jac ar ei ben-blwydd yn $\frac{3}{4}$ a'r tebygolrwydd y bydd hi'n rhoi tocyn rhodd iddo yn $\frac{1}{5}$.
Beth yw'r tebygolrwydd y bydd hi'n anghofio ei ben-blwydd?

Her 14.1

Yn ôl rhagolygon y tywydd mae'r tebygolrwydd y bydd hi'n heulog yfory yn 0.4.

Mae Tim yn dweud bod hynny'n golygu mai'r tebygolrwydd y bydd hi'n bwrw glaw yw 0.6.

Ydy Tim yn gywir? Pam?

Her 14.2

Mae bag arian yn cynnwys darnau 5c, 10c, a 50c yn unig.
Cyfanswm yr arian yn y bag yw £5.

Mae darn arian yn cael ei ddewis o'r bag ar hap.

$T(5c) = \frac{1}{2}$
$T(10c) = \frac{3}{8}$

(a) Cyfrifwch $T(50c)$.
(b) Faint o bob math o ddarn arian sydd yn y bag?

Amlder disgwyliedig

Gallwn ddefnyddio tebygolrwydd hefyd i ragfynegi pa mor aml y bydd canlyniad yn digwydd, neu **amlder disgwyliedig** y canlyniad.

ENGHRAIFFT 14.3

Bob tro y bydd Ron yn chwarae gêm o snwcer, mae'r tebygolrwydd y bydd e'n ennill yn $\frac{7}{10}$.

Yn ystod tymor, bydd Ron yn chwarae 30 gêm. Faint o'r gemau y mae disgwyl iddo eu hennill?

Datrysiad

Mae'r tebygolrwydd T(ennill) $= \frac{7}{10}$ yn dangos y bydd Ron yn ennill, ar gyfartaledd, saith gwaith ym mhob deg gêm y bydd yn eu chwarae. Hynny yw, bydd e'n ennill $\frac{7}{10}$ o'i gemau.

Yn ystod tymor, bydd disgwyl iddo ennill $\frac{7}{10}$ o 30 gêm.

$$\frac{7}{10} \times 30 = \frac{210}{10}$$
$$= 21$$

Dyma enghraifft o ganlyniad pwysig.

> Amlder disgwyliedig = Tebygolrwydd × Nifer y cynigion

ENGHRAIFFT 14.4

Mae'r tebygolrwydd y bydd plentyn yn cael y frech goch yn 0.2.

O'r 400 o blant mewn ysgol gynradd, faint ohonynt y byddech yn disgwyl iddynt gael y frech goch?

Datrysiad

Amlder disgwyliedig = Tebygolrwydd × Nifer y cynigion
$$= 0.2 \times 400$$
$$= 80 \text{ o blant.}$$

Ystyr nifer y 'cynigion' yw sawl tro y mae'r tebygolrwydd yn cael ei roi ar brawf. Yma mae gan bob un o'r 400 o blant 0.2 o siawns o gael y frech goch. Mae nifer y cynigion yr un fath â nifer y plant: 400.

1 Y tebygolrwydd y bydd Branwen yn hwyr i'r gwaith yw 0.1.
Sawl gwaith y byddech chi'n disgwyl iddi fod yn hwyr yn ystod 40 diwrnod gwaith?

2 Y tebygolrwydd y bydd hi'n heulog ar unrhyw ddiwrnod ym mis Ebrill yw $\frac{2}{5}$.
Faint o'r 30 o ddiwrnodau ym mis Ebrill y byddech yn disgwyl iddynt fod yn heulog?

3 Y tebygolrwydd y bydd Bangor yn ennill eu gêm nesaf yw 0.85.
Faint o'u 20 gêm nesaf y gallech ddisgwyl iddynt eu hennill?

4 Pan fydd Iwan yn chwarae dartiau, mae'r tebygolrwydd y bydd e'n sgorio bwl yn $\frac{3}{20}$.
Mae Iwan yn cymryd rhan mewn gêm i godi arian ac mae'n taflu 400 o ddartiau.
Mae pob dart sy'n sgorio bwl yn ennill £5 i elusen.
Faint y gallech chi ddisgwyl iddo ei ennill i'r elusen?

5 Mae dis cyffredin â chwe ochr yn cael ei daflu 300 o weithiau.
Sawl gwaith y gallech ddisgwyl sgorio:
   (a) 5?   (b) eilrif?

6 Mae blwch yn cynnwys 2 bêl felen, 3 pêl las a 5 pêl werdd.
Mae pêl yn cael ei dewis ar hap ac mae ei lliw yn cael ei nodi.
Yna mae'r bêl yn cael ei rhoi yn ôl yn y blwch. Mae hyn yn cael ei wneud 250 o weithiau.
Faint o beli o bob lliw y gallech chi ddisgwyl eu cael?

Her 14.3

(a) Os byddwch yn rholio dis 30 gwaith, sawl gwaith y byddech yn disgwyl cael 6.

(b) Nawr rholiwch ddis 30 gwaith a gweld sawl gwaith y cewch chi 6.
A oedd y nifer o weithiau a gawsoch 6 yn cyd-fynd â'ch rhagfynegiad?
Gwnewch yr un peth wrth daflu'r dis 30 gwaith unwaith eto.
Cymharwch a thrafodwch eich canlyniadau â gweddill y dosbarth.

Amlder cymharol

Rydych yn gwybod eisoes sut i **amcangyfrif** tebygolrwydd gan ddefnyddio **tystiolaeth arbrofol**.

$$\text{Tebygolrwydd arbrawf digwyddiad} = \frac{\text{Sawl gwaith mae'n digwydd}}{\text{Cyfanswm nifer y cynigion}}.$$

Amlder cymharol yw'r term am yr amcangyfrif o'r tebygolrwydd.

Copïwch y tabl hwn a'i gwblhau trwy ddilyn y cyfarwyddiadau isod.

Nifer y cynigion		20	40	60	80	100
Nifer y 'pennau'						
Amlder cymharol $= \dfrac{\text{Nifer y 'pennau'}}{\text{Nifer y cynigion}}$						

- Taflwch ddarn arian 20 gwaith a chofnodwch, gan ddefnyddio marciau rhifo, sawl tro y byddwch yn cael pen.
- Nawr taflwch y darn arian 20 gwaith arall a chofnodwch nifer y 'pennau' ar gyfer y 40 tafliad.
- Parhewch i wneud hyn mewn grwpiau o 20 a chofnodwch nifer y 'pennau' ar gyfer 60, 80 a 100 tafliad.
- Cyfrifwch amlder cymharol 'pennau' ar gyfer 20, 40, 60, 80 a 100 tafliad.
  Rhowch eich atebion yn gywir i 2 le degol.

(a) Beth sy'n eich taro ynglŷn â gwerthoedd yr amlderau cymharol?

(b) Tebygolrwydd cael pen ag un tafliad yw $\frac{1}{2}$ neu 0.5. Pam?

(c) Sut mae gwerth terfynol eich amlder cymharol yn cymharu â'r gwerth hwn o 0.5?

Mae'r amlder cymharol yn dod yn fwy manwl gywir po fwyaf o gynigion a wnewch.

Wrth ddefnyddio tystiolaeth arbrawf i amcangyfrif tebygolrwydd mae'n well gwneud o leiaf 100 o gynigion.

YMARFER 14.4

1   Mae Ping yn rholio dis 500 o weithiau ac mae'n cofnodi sawl tro y bydd pob sgôr yn ymddangos.

Sgôr	1	2	3	4	5	6
Amlder	69	44	85	112	54	136

(a) Cyfrifwch amlder cymharol pob un o'r sgorau.
    Rhowch eich ateb yn gywir i 2 le degol.
(b) Beth yw'r tebygolrwydd o gael pob sgôr ar ddis cyffredin sydd â chwe wyneb?
(c) Yn eich barn chi, ydy dis Ping yn ddis tueddol? Rhowch reswm dros eich ateb.

2   Mae Rhun yn sylwi bod 7 o'r 20 car ym maes parcio'r ysgol yn goch.
    Mae'n dweud bod tebygolrwydd o $\frac{7}{20}$ y bydd y car nesaf sy'n dod i mewn i'r maes parcio yn goch.
    Eglurwch beth sydd o'i le ar hyn.

3 Mewn etholiad lleol, gofynnwyd i 800 o bobl i ba blaid y byddent yn pleidleisio.
Mae'r tabl yn dangos y canlyniadau.

Plaid	Plaid Cymru	Llafur	Dem. Rhydd.	Ceidwadol
Amlder	240	376	139	45

(a) Cyfrifwch amlder cymharol pob plaid.
Rhowch eich atebion yn gywir i 2 le degol.
(b) Amcangyfrifwch y tebygolrwydd y bydd y person nesaf sy'n cael ei holi yn pleidleisio
i Lafur.

4 Mae Emma a Rebecca yn credu bod ganddynt ddarn arian tueddol.
Maent yn penderfynu cynnal arbrawf i wirio hyn.
(a) Mae Rebecca'n taflu'r darn arian 20 gwaith ac yn cael pen 10 gwaith.
Mae hi'n dweud nad oes tuedd gan y darn arian.
Yn eich barn chi, pam mae hi wedi dod i'r casgliad hwn?
(b) Mae Emma'n taflu'r darn arian 300 o weithiau ac mae'n cael pen 102 o weithiau.
Mae hi'n dweud bod tuedd gan y darn arian.
Yn eich barn chi, pam mae hi wedi dod i'r casgliad hwn?
(c) Pwy sy'n gywir?
Rhowch reswm dros eich ateb.

5 Gwnaeth Iolo droellwr â'r rhifau 1, 2, 3 a 4 arno.
Rhoddodd brawf ar y troellwr i weld a oedd yn un teg.
Troellodd y troellwr 600 o weithiau. Mae'r canlyniadau yn y tabl.

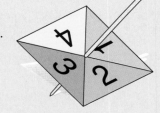

Sgôr	1	2	3	4
Amlder	160	136	158	146

(a) Cyfrifwch amlder cymharol pob un o'r sgorau.
Rhowch eich atebion yn gywir i 2 le degol.
(b) Yn eich barn chi, ydy'r troellwr yn un teg?
Rhowch reswm dros eich ateb.
(c) Pe bai Iolo'n rhoi prawf ar y troellwr eto ac yn ei droelli 900 o weithiau, sawl gwaith y
byddech chi'n disgwyl i bob un o'r sgorau ymddangos?

6 Mae Samantha wedi cynnal arolwg o sut mae disgyblion yn teithio i'r ysgol.
Holodd 200 o ddisgyblion. Dyma'r canlyniadau.

Dull teithio	Bws	Car	Beic	Cerdded
Nifer y disgyblion	49	48	23	80

(a) Eglurwch pam mae'n rhesymol i Samantha ddefnyddio'r canlyniadau hyn i
amcangyfrif tebygolrwyddau'r disgyblion sy'n teithio yn y dulliau gwahanol.
(b) Amcangyfrifwch y tebygolrwydd y bydd disgybl sy'n cael ei ddewis ar hap yn
defnyddio pob un o'r dulliau gwahanol i fynd i'r ysgol.

Gweithiwch mewn parau.

Rhowch 10 cownter, rhai'n goch a'r gweddill yn wyn, mewn bag.

Heriwch eich partner i ddarganfod faint o gownteri o bob lliw sydd yno.

Awgrym: Mae angen i chi ddyfeisio arbrawf sy'n defnyddio 100 o gynigion.
Ar ddechrau pob cynnig, rhaid i bob un o'r 10 cownter fod yn y bag.

RYDYCH WEDI DYSGU

- os bydd tri digwyddiad, A, B ac C, yn cwmpasu pob canlyniad posibl yna, er enghraifft, bydd $T(A) = 1 - T(B) - T(C)$
- mai amlder disgwyliedig = Tebygolrwydd × Cyfanswm nifer y cynigion
- mai amlder cymharol = $\dfrac{\text{Sawl gwaith mae rhywbeth yn digwydd}}{\text{Cyfanswm nifer y cynigion}}$
- bod amlder cymharol yn amcangyfrif da o debygolrwydd os oes digon o gynigion

◉ YMARFER CYMYSG 14

1 Y tebygolrwydd y gall Penri sgorio 20 ag un dart yw $\frac{2}{9}$.
Beth yw'r tebygolrwydd na fydd yn sgorio 20 ag un dart?

2 Y tebygolrwydd y bydd Carmen yn mynd i'r sinema yn ystod unrhyw wythnos yw 0.65.
Beth yw'r tebygolrwydd na fydd hi'n mynd i'r sinema yn ystod un wythnos?

3 Mae'r tabl yn dangos rhai o'r tebygolrwyddau ar gyfer faint o amser y bydd unrhyw gar yn aros mewn maes parcio.

Amser	Hyd at 30 munud	30 munud hyd at 1 awr	1 awr hyd at 2 awr	Mwy na 2 awr
Tebygolrwydd	0.15	0.32	0.4	

Beth yw'r tebygolrwydd y bydd car yn aros yn y maes parcio am fwy na 2 awr?

4 Mae 20 cownter mewn bag. Maent i gyd yn goch, gwyn neu las.
Mae cownter yn cael ei ddewis o'r bag ar hap.
Y tebygolrwydd ei fod yn goch yw $\frac{1}{4}$. Y tebygolrwydd ei fod yn wyn yw $\frac{2}{5}$.
(a) Beth yw'r tebygolrwydd ei fod yn las?
(b) Faint o gownteri o bob lliw sydd yno?

5 Mae'r tebygolrwydd y bydd Robert yn mynd i nofio ar unrhyw ddiwrnod yn 0.4.
Mae 30 o ddiwrnodau ym mis Mehefin.
Ar faint o ddiwrnodau ym mis Mehefin y gallech chi ddisgwyl i Robert fynd i nofio?

6 Mae Hefina yn credu efallai fod tuedd gan ddarn arian.
Er mwyn rhoi prawf ar hyn, mae hi'n taflu'r darn arian 20 gwaith. Mae'n cael pen 10 gwaith.
Mae Hefina'n dweud, 'Mae'r darn arian yn un teg.'
(a) Pam mae Hefina'n dweud hyn?
(b) Ydy hi'n gywir? Rhowch reswm dros eich ateb.

7 Mewn arbrawf gyda dis tueddol, dyma'r canlyniadau ar ôl 400 o dafliadau.

Sgôr	1	2	3	4	5	6
Amlder	39	72	57	111	25	96

(a) Pe bai'r dis yn un teg, beth fyddech chi'n disgwyl i amlder pob sgôr fod?
(b) Defnyddiwch y canlyniadau i amcangyfrif tebygolrwydd taflu'r dis hwn a chael:
   (i) rhif 1.
   (ii) eilrif.
   (iii) rhif sy'n fwy na 4.

Llunio graffiau llinell syth

Mae gan y graffiau llinell syth mwyaf cyffredin hafaliadau yn y ffurf $y = 3x + 2$, $y = 2x − 3$, ac ati.

Gallwn ysgrifennu hyn mewn ffurf gyffredin fel

$$y = mx + c.$$

I lunio graff llinell syth, byddwn yn cyfrifo tri phâr o gyfesurynnau trwy amnewid gwerthoedd x yn y fformiwla i ddarganfod y.

Gallwn dynnu llinell syth â dau bwynt yn unig, ond wrth lunio graff mae'n werth cyfrifo trydydd pwynt bob tro fel gwiriad.

Lluniwch graff $y = -2x + 1$ ar gyfer gwerthoedd x o -4 i 2.

Datrysiad

Darganfyddwch werthoedd y pan fo $x = -4, 0$ a 2.

$y = -2x + 1$

Pan fo $x = -4$
$y = -2 \times -4 + 1$
$y = 9$

Pan fo $x = 0$
$y = -2 \times 0 + 1$
$y = 1$

Pan fo $x = 2$
$y = -2 \times 2 + 1$
$y = -3$

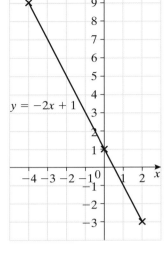

Mae angen gwerthoedd y o -3 i 9.
Lluniadwch yr echelinau a phlotiwch y pwyntiau $(-4, 9)$, $(0, 1)$ a $(2, -3)$.
Wedyn cysylltwch nhw â llinell syth a labelwch y llinell yn $y = -2x + 1$.

AWGRYM

Defnyddiwch riwl i lunio graff llinell syth bob tro.

AWGRYM

Os yw echelinau wedi eu lluniadu ar eich cyfer, gwiriwch y raddfa cyn plotio pwyntiau neu ddarllen gwerthoedd.

◎ YMARFER 15.1

1 Lluniwch graff $y = 4x$ ar gyfer gwerthoedd x o -3 i 3.

2 Lluniwch graff $y = x + 3$ ar gyfer gwerthoedd x o -3 i 3.

3 Lluniwch graff $y = 3x - 4$ ar gyfer gwerthoedd x o -2 i 4.

4 Lluniwch graff $y = 4x - 2$ ar gyfer gwerthoedd x o -2 i 3.

5 Lluniwch graff $y = -3x - 4$ ar gyfer gwerthoedd x o -4 i 2.

Graffiau llinell syth mwy anodd

Weithiau rhaid llunio graffiau â hafaliadau o fath gwahanol.

I ddatrys hafaliadau fel $2y = 3x + 1$, byddwn yn cyfrifo tri phwynt yn yr un ffordd ag o'r blaen, gan gofio rhannu â 2 i ddarganfod gwerth y.

ENGHRAIFFT 15.2

Lluniwch graff $2y = 3x + 1$ ar gyfer gwerthoedd x o -3 i 3.

Datrysiad

Darganfyddwch werthoedd y pan fo $x = -3, 0$ a 3.

$2y = 3x + 1$

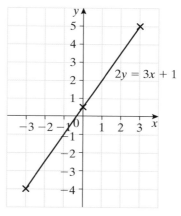

Pan fo $x = -3$
$$2y = 3 \times -3 + 1$$
$$2y = -8$$
$$y = -4$$

Pan fo $x = 0$
$$2y = 3 \times 0 + 1$$
$$2y = 1$$
$$y = \tfrac{1}{2}$$

Pan fo $x = 3$
$$2y = 3 \times 3 + 1$$
$$2y = 10$$
$$y = 5$$

Mae angen gwerthoedd y o -4 i 5.

Lluniadwch yr echelinau a phlotiwch y pwyntiau $(-3, -4)$, $(0, \tfrac{1}{2})$ a $(3, 5)$. Wedyn cysylltwch nhw â llinell syth a labelwch y llinell yn $2y = 3x + 1$.

Ar gyfer hafaliadau fel $4x + 3y = 12$, byddwn yn cyfrifo y pan fo $x = 0$, ac x pan fo $y = 0$. Mae'r rhain yn hawdd eu cyfrifo: gallwn ddarganfod trydydd pwynt fel gwiriad ar ôl tynnu'r llinell.

Lluniwch graff $4x + 3y = 12$.

Datrysiad

Byddwn yn darganfod gwerth y pan fo $x = 0$ a gwerth x pan fo $y = 0$.

$4x + 3y = 12$

Pan fo $x = 0$

$\qquad 3y = 12 \qquad 4 \times 0 = 0$ felly mae'r term x yn 'diflannu'.
$\qquad y = 4$

Pan fo $y = 0$

$\qquad 4x = 12 \qquad 3 \times 0 = 0$ felly mae'r term y yn 'diflannu'.
$\qquad x = 3$

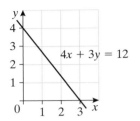

Mae angen gwerthoedd x o 0 i 3. Mae angen gwerthoedd y o 0 i 4.

Lluniadwch yr echelinau a phlotiwch y pwyntiau $(0, 4)$ a $(3, 0)$. Cysylltwch nhw â llinell syth a labelwch y llinell yn $4x + 3y = 12$.

Dewiswch bwynt ar y llinell rydych wedi ei thynnu a'i wirio drwy amnewid, sef rhoi gwerthoedd y pwynt yn lle x ac y yn yr hafaliad.

Er enghraifft, mae'r llinell yn mynd trwy $(1\frac{1}{2}, 2)$.

$4x + 3y = 12$
$4 \times 1\frac{1}{2} + 3 \times 2 = 6 + 6 = 12$ ✓

AWGRYM

Gofalwch wrth blotio'r pwyntiau. Peidiwch â rhoi $(0, 4)$ yn $(4, 0)$ trwy gamgymeriad.

◎ YMARFER 15.2

1 Lluniwch graff $2y = 3x - 2$ ar gyfer $x = -2$ i 4.

2 Lluniwch graff $2x + 5y = 15$.

3 Lluniwch graff $7x + 2y = 14$.

4 Lluniwch graff $2y = 5x + 3$ ar gyfer $x = -3$ i 3.

5 Lluniwch graff $2x + y = 7$.

Her 15.1

Tâl mynediad i ffrydiau poeth Radiwm yw $6.50 yr un. Mae'n costio $2 i logi tywelion. Aeth grŵp o 40 o bobl i mewn i'r ffrydiau poeth a llogodd n ohonynt dywelion.

(a) Ysgrifennwch hafaliad ar gyfer cyfanswm y taliadau, T, yn nhermau n.

(b) Lluniwch graff o T yn erbyn n, ar gyfer gwerthoedd n hyd at 40.

(c) Defnyddiwch eich graff i ddarganfod faint o dywelion a gafodd eu llogi os $310 oedd y pris am y cyfan.

Graffiau pellter–amser

Cerddodd Gwyn i'r arhosfan bysiau i aros am y bws.

Pan gyrhaeddodd y bws aeth Gwyn arno ac aeth y bws ag ef i'r ysgol heb stopio.

Pa un o'r graffiau pellter–amser hyn sy'n dangos orau taith Gwyn i'r ysgol?

Eglurwch eich ateb.

(a)

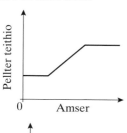

(b)

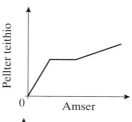

(c)

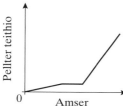

(ch)

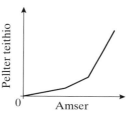

Sylwi 15.1

Cerddodd Gwyn i'r arhosfan bysiau ar
4 km/awr.
Cymerodd hyn 15 munud.
Arhosodd 5 munud yn yr arhosfan bysiau.
Roedd y daith fws yn 12 km a
chymerodd hynny 20 munud.
Roedd y bws yn teithio ar fuanedd cyson.

(a) Copïwch yr echelinau hyn a
lluniwch graff manwl gywir o
daith Gwyn.

(b) Beth oedd buanedd y bws mewn
km/awr?

(c) Ar ôl 30 munud pa mor bell oedd
Gwyn o'i gartref?

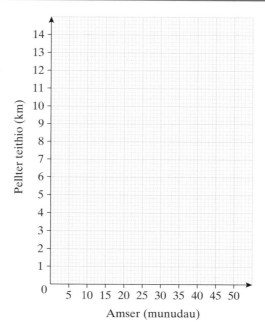

Pan fydd graff yn darlunio meintiau go iawn, defnyddiwn y term **cyfradd newid** am ba mor serth y mae'n mynd i fyny neu i lawr.

Pan fydd y graff yn dangos pellter (fertigol) yn erbyn amser (llorweddol), mae'r gyfradd newid yn hafal i'r **buanedd**.

AWGRYM

Term arall am fuanedd yw **cyflymder**.

Dehongli graffiau

Pan fyddwch yn ateb cwestiynau am graff penodol, dylech wneud fel hyn:
- edrych yn ofalus ar y labeli ar yr echelinau i weld beth mae'r graff yn ei gynrychioli.
- gwirio beth yw'r unedau ar bob echelin.
- edrych i weld a yw'r llinellau'n syth neu'n grwm.

Os yw'r graff yn syth, mae'r gyfradd newid yn gyson.
Y mwyaf serth yw'r llinell, y mwyaf yw'r gyfradd newid.

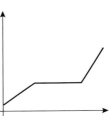

Mae llinell lorweddol yn cynrychioli rhan o'r graff lle nad oes newid yn y maint ar yr echelin fertigol.

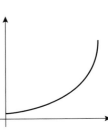

Os yw'r graff yn gromlin amgrwm (wrth edrych arni o'r gwaelod), mae'r gyfradd newid yn cynyddu.

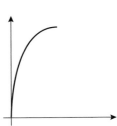

Os yw'r graff yn gromlin geugrwm (wrth edrych arni o'r gwaelod), mae'r gyfradd newid yn lleihau.

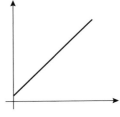

ENGHRAIFFT 15.4

Mae'r graff yn dangos cost argraffu tocynnau.

(a) Darganfyddwch gyfanswm cost argraffu 250 o docynnau.

(b) Mae'r gost yn cynnwys tâl sefydlog a thâl ychwanegol am bob tocyn sy'n cael ei argraffu.
  (i) Beth yw'r tâl sefydlog?
  (ii) Darganfyddwch y tâl ychwanegol am bob tocyn sy'n cael ei argraffu.
  (iii) Darganfyddwch gyfanswm cost argraffu 800 o docynnau.

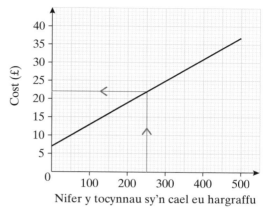

Nifer y tocynnau sy'n cael eu hargraffu

Datrysiad

(a) £22   Tynnwch linell o 250 ar yr echelin 'Nifer y tocynnau sy'n cael eu hargraffu', i gwrdd â'r llinell syth. Yna tynnwch linell lorweddol a darllen y gwerth lle mae'n croesi yr echelin 'Cost'.

(b) (i) £7   Darllenwch o'r graff gost sero tocyn (lle mae'r graff yn croesi'r echelin 'Cost').

  (ii) Mae 250 o docynnau yn costio £22.
  Y tâl sefydlog yw £7.
  Felly y tâl ychwanegol am 250 o docynnau yw 22 − 7 = £15.
  Y tâl ychwanegol am bob tocyn yw $\frac{15}{250}$ = £0.06 neu 6c.

  (iii) Cost mewn £ = 7 + nifer y tocynnau × 0.06
  Cost 800 o docynnau = 7 + 800 × 0.06
  $\qquad\qquad\qquad = 7 + 48$
  $\qquad\qquad\qquad = £55$

  Gweithiwch mewn punnoedd neu geiniogau.
  Os gweithiwch mewn punnoedd, ni fydd angen i chi drawsnewid eich ateb terfynol yn ôl o geiniogau.

YMARFER 15.3

1 Mae Jên ac Eleri yn byw yn yr un bloc o fflatiau ac yn mynd i'r un ysgol.
Mae'r graffiau'n cynrychioli eu teithiau adref o'r ysgol.

(a) Disgrifiwch daith Eleri adref.

(b) Ar ôl faint o funudau mae Eleri yn mynd heibio i Jên?

(c) Cyfrifwch fuanedd Jên mewn
  (i) cilometrau y munud.
  (ii) cilometrau yr awr.

(ch) Cyfrifwch fuanedd cyflymaf Eleri mewn
  (i) cilometrau y munud.
  (ii) cilometrau yr awr.

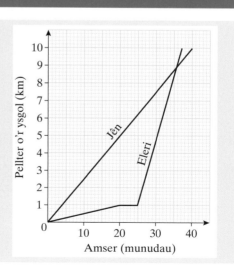

2 Mae Ann, Bethan a Catrin yn rhedeg ras 10 km.
Mae'r graff yn dangos eu hynt.

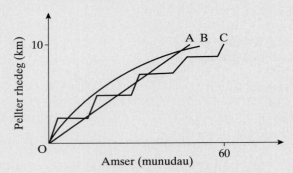

Dychmygwch eich bod yn sylwebydd a rhowch ddisgrifiad o'r ras.

3 Mae gyrrwr tacsi yn codi tâl yn ôl y cyfraddau canlynol.

Tâl sefydlog o £a
+
x ceiniog y cilometr am y 20 km cyntaf
+
40 ceiniog am bob cilometr yn fwy na 20 km

Mae'r graff yn dangos y taliadau am y 20 km cyntaf.

(a) Beth yw'r tâl sefydlog, £a?
(b) Cyfrifwch x, y tâl y cilometr, am y 20 cilometr cyntaf.
(c) Copïwch y graff ac ychwanegwch segment llinell i ddangos y taliadau am y pellterau o 20 km i 50 km.
(ch) Beth yw cyfanswm y tâl am daith o 35 km?
(d) Beth yw'r tâl cyfartalog y cilometr ar gyfer taith o 35 km?

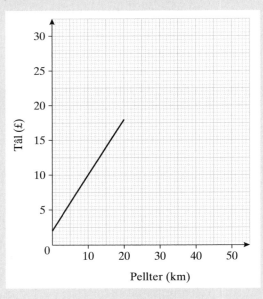

4 Mae dŵr yn cael ei arllwys i bob un o'r gwydrau hyn ar gyfradd gyson nes eu bod yn llawn.

(a) 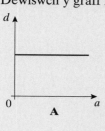 **(b)** 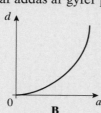 **(c)** 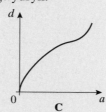 **(ch)**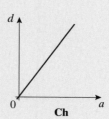

Mae'r graffiau hyn yn dangos dyfnder y dŵr (*d*) yn erbyn amser (*a*).
Dewiswch y graff mwyaf addas ar gyfer pob gwydryn.

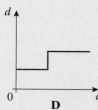 **A**	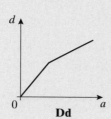 **B**	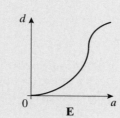 **C**	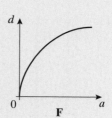 **Ch**

D **Dd** **E** **F**

5 Mae cwmni sy'n gwerthu nwyddau swyddfa yn hysbysebu'r strwythur prisiau canlynol ar gyfer blychau o bapur cyfrifiadur.

Nifer y blychau	1 i 4	5 i 9	10 neu fwy
Pris am bob blwch	£6.65	£5.50	£4.65

(a) Beth yw cost 9 blwch?
(b) Beth yw cost 10 blwch?
(c) Lluniwch graff i ddangos cyfanswm cost prynu 1 i 12 blwch.
Defnyddiwch y raddfa 1 cm ar gyfer 1 blwch ar yr echelin lorweddol a 2 cm ar gyfer £1 ar yr echelin fertigol.

6 Mae'r tabl yn dangos cost anfon post dosbarth cyntaf yn 2005.
Mae'r graff yn dangos yr wybodaeth sydd yn y ddwy res gyntaf yn y tabl.

Pwysau mwyaf	Cost dosbarth cyntaf
60 g	30c
100 g	46c
150 g	64c
200 g	79c
250 g	94c
300 g	£1.07

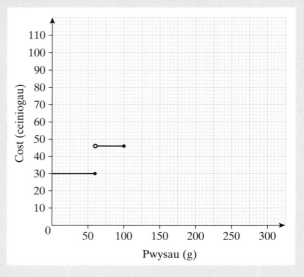

(a) Beth oedd cost anfon llythyr yn pwyso
    (i) 60 g?
    (ii) 60.1 g?
(b) **(i)** Beth yw ystyr y dot ar ddiwedd y llinell isaf?
    (ii) Beth yw ystyr y cylch ar ddechrau'r ail linell?
(c) Copïwch y graff ac ychwanegwch linellau i ddangos beth oedd cost anfon post
    dosbarth cyntaf yn pwyso hyd at 300 g.
(ch) Postiodd Owen un llythyr yn pwyso 95 g ac un arall yn pwyso 153 g.
    Beth oedd cyfanswm y gost?

7 Mae cwmni dŵr yn codi'r taliadau canlynol ar gwsmeriaid sydd â mesurydd dŵr.

Tâl sylfaenol	£20.00
Tâl am bob metr ciwbig am y 100 metr ciwbig cyntaf sy'n cael ei ddefnyddio	£1.10
Tâl am bob metr ciwbig am ddŵr sy'n cael ei ddefnyddio uwchlaw 100 metr ciwbig	£0.80

(a) Lluniwch graff i ddangos y tâl am hyd at 150 o fetrau ciwbig.
Defnyddiwch raddfa 1 cm ar gyfer 10 metr ciwbig ar yr echelin lorweddol ac 1 cm ar
gyfer £10 ar yr echelin fertigol.
(b) Mae cwsmeriaid yn cael dewis talu swm sefydlog o £120.
Ar gyfer pa symiau o ddŵr y mae'n rhatach cael mesurydd dŵr?

Mae'r graff yn dangos buanedd (v m/s) trên ar amser t eiliad.

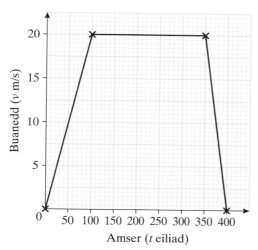

(a) Beth sy'n digwydd rhwng yr amserau $t = 100$ a $t = 350$?

(b) (i) Beth yw'r gyfradd newid rhwng $t = 0$ a $t = 100$?

   (ii) Pa faint mae'r gyfradd newid yn ei gynrychioli?

   (iii) Beth yw unedau'r gyfradd newid?

(c) (i) Beth yw'r gyfradd newid rhwng $t = 350$ a $t = 400$?

   (ii) Pa faint mae'r gyfradd newid yn ei gynrychioli?

Graffiau cwadratig

Ystyr **ffwythiant cwadratig** yw ffwythiant lle mae pŵer uchaf x yn 2.

Felly bydd term x^2 yn y ffwythiant.
Efallai hefyd y bydd term x a therm rhifiadol yno hefyd.
Ni fydd term yno sydd ag unrhyw bŵer arall o x.

Mae'r ffwythiant $y = x^2 + 2x - 3$ yn ffwythiant cwadratig nodweddiadol.

Nodwch a yw pob un o'r ffwythiannau hyn yn gwadratig ai peidio.

(a) $y = x^2$ (b) $y = x^2 + 5x - 4$ (c) $y = \dfrac{5}{x}$ (ch) $y = x^2 - 3x$

(d) $y = x^2 - 3$ (dd) $y = x^3 + 5x^2 - 2$ (e) $y = x(x - 2)$

Fel â phob graff ffwythiannau sydd yn y ffurf 'y =', er mwyn plotio'r graff rhaid yn gyntaf oll ddewis rhai gwerthoedd x a chwblhau tabl gwerthoedd.

Y ffwythiant cwadratig symlaf yw $y = x^2$.

AWGRYM

Cofiwch fod sgwario rhif negatif yn rhoi rhif positif.

x	-3	-2	-1	0	1	2	3
$y = x^2$	9	4	1	0	1	4	9

Wedyn gallwn blotio'r pwyntiau a'u huno i ffurfio cromlin lefn.

AWGRYM

Nid oes raid i'r raddfa y fod yr un fath â'r raddfa x.

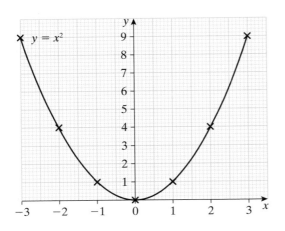

AWGRYM

Trowch eich papur o amgylch a lluniadu'r gromlin o'r tu mewn. Bydd ysgubiad eich llaw yn rhoi cromlin fwy llyfn.

Lluniadwch y gromlin heb godi eich pensil oddi ar y papur.

Edrychwch tuag at y pwynt nesaf wrth i chi luniadu'r gromlin.

Gallwn ddefnyddio'r graff i ddarganfod gwerth y ar gyfer unrhyw werth x neu werth x ar gyfer unrhyw werth y.

Efallai y bydd angen rhesi ychwanegol yn y tabl i gael y gwerthoedd y terfynol ar gyfer rhai graffiau cwadratig.

(a) Cwblhewch y tabl gwerthoedd ar gyfer $y = x^2 - 2x$.
(b) Plotiwch graff $y = x^2 - 2x$.
(c) Defnyddiwch eich graff i wneud y canlynol:
   (i) darganfod gwerth y pan fo $x = 2.6$.
   (ii) datrys $x^2 - 2x = 5$.

Datrysiad

(a)

x	−2	−1	0	1	2	3	4
x^2	4	1	0	1	4	9	16
$-2x$	4	2	0	−2	−4	−6	−8
$y = x^2 - 2x$	8	3	0	−1	0	3	8

AWGRYM

Mae'r ail res a'r drydedd res wedi eu cynnwys yn y tabl er mwyn ei gwneud yn haws cyfrifo gwerthoedd y; ar gyfer y graff hwn, adiwch y rhifau yn yr ail res a'r drydedd res i ddarganfod gwerthoedd y.

Y gwerthoedd y byddwch yn eu plotio yw gwerthoedd x (rhes gyntaf) a gwerthoedd y (rhes olaf).

(b) $y = x^2 - 2x$

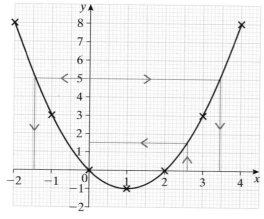

(c) (i) $y = 1.5$ Darllenwch i fyny o $x = 2.6$.
   (ii) $x = -1.4$ neu $x = 3.4$ Mae $x^2 - 2x = 5$ yn golygu bod $y = 5$.
   O ddarllen ar draws o 5, fe welwch fod dau ateb yn bosibl.

(a) Cwblhewch y tabl gwerthoedd ar gyfer $y = x^2 + 3x - 2$.
(b) Plotiwch graff $y = x^2 + 3x - 2$.
(c) Defnyddiwch eich graff i wneud y canlynol:
    (i)   darganfod gwerth y pan fo $x = -4.3$.
    (ii) datrys $x^2 + 3x - 2 = 0$.

Datrysiad

(a)

x	-5	-4	-3	-2	-1	0	1	2
x^2	25	16	9	4	1	0	1	4
$3x$	-15	-12	-9	-6	-3	0	3	6
-2	-2	-2	-2	-2	-2	-2	-2	-2
$y = x^2 + 3x - 2$	8	2	-2	-4	-4	-2	2	8

(b)

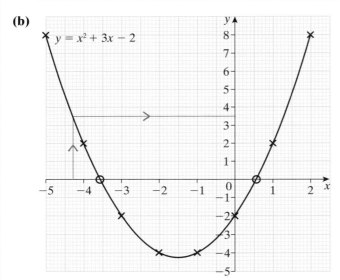

AWGRYM

Yn y tabl, gwerthoedd isaf y yw -4 (mewn dau le), ond mae'r gromlin yn mynd yn is na -4. Mewn sefyllfaoedd o'r fath, mae'n aml yn ddefnyddiol gyfrifo cyfesurynnau pwynt isaf (neu uchaf) y gromlin.

Gan fod y gromlin yn gymesur, rhaid bod pwynt isaf $y = x^2 + 3x - 2$ hanner ffordd rhwng $x = -2$ ac $x = -1$, hynny yw yn $x = -1.5$.

Pan fo $x = -1.5$, $y = (-1.5)^2 + 3 \times -1.5 - 2 = 2.25 - 4.5 - 2 = -4.25$.

(c) (i) $y = 3.5$ Darllenwch i fyny o $x = -4.3$
    (ii) $x = -3.6$ neu $x = 0.6$ Mae $x^2 + 3x - 2 = 0$ yn golygu bod $y = 0$.
                                      O ddarllen ar draws y graff pan fo $y = 0$,
                                      fe welwch fod dau ateb yn bosibl.

Yr un siâp sylfaenol sydd i bob graff cwadratig. Y term am y siâp hwn yw **parabola**.

Siâp ∪ sydd i'r tri graff a welsoch hyd yma. Yn y graffiau hyn roedd y term x^2 yn bositif.

Os yw'r term x^2 yn negatif, bydd y parabola yn wynebu'r ffordd arall (∩).

> **AWGRYM**
> Os nad oes siâp parabola i'ch graff, ewch yn ôl a gwirio eich tabl.

ENGHRAIFFT 15.7

(a) Cwblhewch y tabl gwerthoedd ar gyfer $y = 5 - x^2$.
(b) Plotiwch graff $y = 5 - x^2$.
(c) Defnyddiwch eich graff i ddatrys
    (i) $5 - x^2 = 0$.   (ii) $5 - x^2 = 3$.

Datrysiad

(a)

x		-3	-2	-1	0	1	2	3
5		5	5	5	5	5	5	5
$-x^2$		-9	-4	-1	0	-1	-4	-9
$y = 5 - x^2$		-4	1	4	5	4	1	-4

(b)

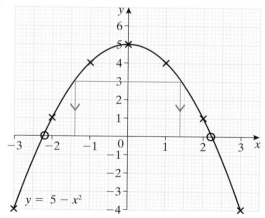

(c) (i) $x = -2.25$ neu $x = 2.25$ Darllenwch ar draws lle mae $y = 0$.
    (ii) $x = -1.4$ neu $x = 1.4$ Darllenwch ar draws lle mae $y = 3$.

1 (a) Copïwch a chwblhewch y tabl gwerthoedd ar gyfer $y = x^2 - 2$.

x	-3	-2	-1	0	1	2	3
x^2	9					4	
-2	-2					-2	
$y = x^2 - 2$	7					2	

(b) Plotiwch graff $y = x^2 - 2$.
Defnyddiwch y raddfa 2 cm ar gyfer 1 uned ar yr echelin x ac 1 cm ar gyfer 1 uned ar yr echelin y.

(c) Defnyddiwch eich graff i wneud y canlynol:
(i) darganfod gwerth y pan fo $x = 2.3$. **(ii)** datrys $x^2 - 2 = 4$.

2 (a) Copïwch a chwblhewch y tabl gwerthoedd ar gyfer $y = x^2 - 4x$.

x	-1	0	1	2	3	4	5
x^2					9		
$-4x$					-12		
$y = x^2 - 4x$					-3		

(b) Plotiwch graff $y = x^2 - 4x$.
Defnyddiwch y raddfa 2 cm ar gyfer 1 uned ar yr echelin x ac 1 cm ar gyfer 1 uned ar yr echelin y.

(c) Defnyddiwch eich graff i wneud y canlynol:
(i) darganfod gwerth y pan fo $x = 4.2$. **(ii)** datrys $x^2 - 4x = -2$.

3 (a) Copïwch a chwblhewch y tabl gwerthoedd ar gyfer $y = x^2 + x - 3$.

x	-4	-3	-2	-1	0	1	2	3
x^2			4					
x			-2					
-3			-3					
$y = x^2 + x - 3$			-1					

(b) Plotiwch graff $y = x^2 + x - 3$.
Defnyddiwch y raddfa 2 cm ar gyfer 1 uned ar yr echelin x ac 1 cm ar gyfer 1 uned ar yr echelin y.

(c) Defnyddiwch eich graff i wneud y canlynol:
(i) darganfod gwerth y pan fo $x = 0.7$. **(ii)** datrys $x^2 + x - 3 = 0$.

4 (a) Gwnewch dabl gwerthoedd ar gyfer $y = x^2 - 3x + 4$. Dewiswch werthoedd x o -2 i 5.
   (b) Plotiwch graff $y = x^2 - 3x + 4$.
   Defnyddiwch y raddfa 2 cm ar gyfer 1 uned ar yr echelin x ac 1 cm ar gyfer 1 uned ar yr echelin y.
   (c) Defnyddiwch eich graff i wneud y canlynol:
   (i) darganfod gwerth lleiaf y.   **(ii)** datrys $x^2 - 3x + 4 = 10$.

5 (a) Copïwch a chwblhewch y tabl gwerthoedd ar gyfer $y = 3x - x^2$.

x	-2	-1	0	1	2	3	4	5
$3x$				3			12	
$-x^2$				-1			-16	
$y = 3x - x^2$				2			-4	

   (b) Plotiwch graff $y = 3x - x^2$.
   Defnyddiwch y raddfa 2 cm ar gyfer 1 uned ar yr echelin x ac 1 cm ar gyfer 1 uned ar yr echelin y.
   (c) Defnyddiwch eich graff i wneud y canlynol:
   (i) darganfod gwerth mwyaf y.   **(ii)** datrys $3x - x^2 = -2$.

6 (a) Gwnewch dabl gwerthoedd ar gyfer $y = x^2 - x - 5$. Dewiswch werthoedd x o -3 i 4.
   (b) Plotiwch graff $y = x^2 - x - 5$.
   Defnyddiwch y raddfa 2 cm ar gyfer 1 uned ar yr echelin x ac 1 cm ar gyfer 1 uned ar yr echelin y.
   (c) Defnyddiwch eich graff i ddatrys:
   (i) $x^2 - x - 5 = 0$.   **(ii)** $x^2 - x - 5 = 3$.

7 (a) Gwnewch dabl gwerthoedd ar gyfer $y = 2x^2 - 5$. Dewiswch werthoedd x o -3 i 3.
   (b) Plotiwch graff $y = 2x^2 - 5$.
   Defnyddiwch y raddfa 2 cm ar gyfer 1 uned ar yr echelin x ac 1 cm ar gyfer 1 uned ar yr echelin y.
   (c) Defnyddiwch eich graff i ddatrys:
   (i) $2x^2 - 5 = 0$.   **(ii)** $2x^2 - 5 = 10$.

8 Rhoddir arwynebedd arwyneb cyfan (A cm^2) y ciwb hwn gan $A = 6x^2$.
   (a) Gwnewch dabl gwerthoedd ar gyfer $A = 6x^2$.
   Dewiswch werthoedd x o 0 i 5.
   (b) Plotiwch graff $A = 6x^2$.
   Defnyddiwch y raddfa 2 cm ar gyfer 1 uned ar yr echelin x ac 1 cm ar gyfer 10 uned ar yr echelin A.

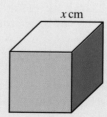

   (c) Defnyddiwch eich graff i ddarganfod hyd ochr ciwb sydd â'r arwynebedd arwyneb:
   (i) 20 cm^2.   **(ii)** 80 cm^2.

Mae'r diagram yn dangos corlan defaid. Mae ffens ar dair ochr.
Wal yw'r bedwaredd ochr.

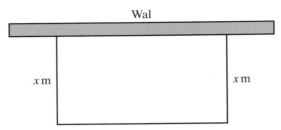

Wal

x m x m

Hyd ochrau'r gorlan yw x metr.
Cyfanswm hyd y ffens yw 50 metr.

(a) Eglurwch pam mae arwynebedd y gorlan wedi ei fynegi fel $A = x(50 - 2x)$
(b) Gwnewch dabl gwerthoedd ar gyfer A gan ddefnyddio 0, 5, 10, 15, 20, 25 fel gwerthoedd x.
(c) Plotiwch graff gydag x ar yr echelin lorweddol ac A ar yr echelin fertigol.
(ch) Defnyddiwch eich graff i ddarganfod:
   (i) arwynebedd y gorlan pan fo $x = 8$.
   (ii) gwerthoedd x pan fo'r arwynebedd yn 150 m².
   (iii) arwynebedd mwyaf y gorlan.

RYDYCH WEDI DYSGU

- er mai dau bwynt yn unig sydd eu hangen er mwyn llunio graff llinell syth, y dylech wirio â thrydydd pwynt bob tro
- wrth ateb cwestiynau am graff penodol, y dylech edrych yn ofalus ar y labeli a'r unedau ar yr echelinau a gweld a yw'r llinell yn syth neu'n grwm
- bod llinell syth yn cynrychioli cyfradd newid sy'n gyson, a pho fwyaf serth yw'r llinell, po fwyaf yw'r gyfradd newid
- bod llinell lorweddol yn golygu nad oes newid yn y maint ar yr echelin y
- bod cromlin amgrwm (o edrych arni o'r gwaelod) yn cynrychioli cyfradd newid sy'n cynyddu
- bod cromlin geugrwm (o edrych arni o'r gwaelod) yn cynrychioli cyfradd newid sy'n lleihau
- mai'r gyfradd newid ar graff pellter–amser yw'r buanedd
- ar graff cost, mai'r gwerth lle mae'r graff yn torri echelin y gost yw'r tâl sefydlog
- mewn ffwythiant cwadratig mai x^2 yw pŵer uchaf x. Efallai y bydd ganddo derm x a therm rhifiadol hefyd. Ni fydd ganddo derm ag unrhyw bŵer arall o x
- mai parabola yw siâp pob graff cwadratig. Os yw'r term x^2 yn bositif, siâp ∪ sydd i'r gromlin. Os yw'r term x^2 yn negatif, siâp ∩ sydd i'r gromlin

1 Lluniwch graff $y = 2x - 1$ ar gyfer gwerthoedd x o -1 i 4.

2 Lluniwch graff $2x + y - 8 = 0$ ar gyfer gwerthoedd x o 0 i 4.

3 Mae'r graff yn dangos faint yw cost cyflenwad trydan fesul chwarter blwyddyn am hyd at 500 kWawr o drydan.
  (a) Beth yw cyfanswm cost defnyddio 350 kWawr? Mae'r cyfanswm yn cynnwys tâl sefydlog sy'n ychwanegol at bris pob kWawr o drydan sydd wedi'i ddefnyddio.
  (b) (i) Beth yw'r tâl sefydlog?
      (ii) Cyfrifwch gost pob kWawr mewn ceiniogau.

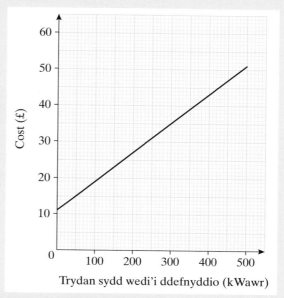

4 Mae'r un cyflenwr egni yn codi tâl sefydlog o £15 y chwarter am nwy.
  Yn ogystal â hyn mae tâl o 2c am bob kWawr.
  (a) Lluniwch graff i ddangos y bil chwarterol am ddefnyddio hyd at 1500 kWawr o nwy.
      Defnyddiwch y raddfa 1 cm ar gyfer 100 kWawr ar yr echelin lorweddol a 2 cm ar gyfer £10 ar yr echelin fertigol.
  (b) Edrychwch ar y graff hwn a'r graff yng nghwestiwn 3.
      Pa un yw'r rhataf: 400 kWawr o drydan neu 400 kWawr o nwy?
      Faint yn rhatach ydyw?

5 Mae'r tabl hwn yn dangos cost anfon llythyrau trwy bost ail ddosbarth yn 2005.
  (a) Edrychwch yn ôl ar y graff ar gyfer post dosbarth cyntaf yn Ymarfer 15.3, cwestiwn 6.
      Lluniwch graff tebyg ar gyfer post ail ddosbarth.
      Defnyddiwch y raddfa 2 cm ar gyfer 50 g ar yr echelin lorweddol ac 1 cm ar gyfer 10c ar yr echelin fertigol.
  (b) Postiodd Wil lythyrau ail ddosbarth yn pwyso 45 g, 60 g, 170 g, 200 g a 240 g.
      Beth oedd cyfanswm y gost?

Pwysau mwyaf	Cost ail ddosbarth
60 g	21c
100 g	35c
150 g	47c
200 g	58c
250 g	71c
300 g	83c

6 Mae dŵr yn cael ei arllwys i'r cynwysyddion hyn ar raddfa gyson.
Brasluniwch graffiau dyfnder y dŵr (fertigol) yn erbyn amser (llorweddol).

(a)    **(b)**

7 Mae'r graff yn dangos taith siopa Ceri ar fore Sadwrn.

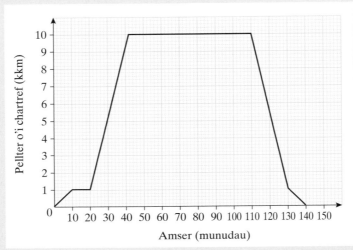

(a) Beth ddigwyddodd rhwng 10 munud ac 20 munud ar ôl i Ceri adael ei chartref?
(b) Faint o amser dreuliodd hi yn y siopau?
(c) Aeth adref ar y bws. Beth oedd buanedd y bws?
(d) Pa mor bell o gartref Ceri yw
    (i) yr arhosfan bysiau?   **(ii)** y ganolfan siopa?

8 Pa rai o'r ffwythiannau hyn sy'n gwadratig?
Ar gyfer pob un o'r ffwythiannau sy'n gwadratig, nodwch ai siâp $\cup$ neu siâp $\cap$ sydd i'r graff.

(a) $y = x^2 + 3x$ **(b)** $y = x^3 + 5x^2 + 3$ **(c)** $y = 5 + 3x - x^2$

(ch) $y = (x + 1)(x - 3)$ **(d)** $y = \dfrac{4}{x^2}$ **(dd)** $y = x^2(x + 1)$

(e) $y = x(5 - 2x)$

9 (a) Copïwch a chwblhewch y tabl gwerthoedd ar gyfer $y = x^2 + 3x$.

x	-5	-4	-3	-2	-1	0	1	2
x^2	25			4				4
$3x$	-15			-6				6
$y = x^2 + 3x$	10			-2				10

(b) Plotïwch graff $y = x^2 + 3x$.
Defnyddiwch y raddfa 2 cm ar gyfer 1 uned ar yr echelin x ac 1 cm ar gyfer 1 uned ar yr echelin y.

(c) Defnyddiwch eich graff i wneud y canlynol:
  (i) darganfod gwerth lleiaf y.
  (ii) datrys $x^2 + 3x = 3$.

10 (a) Copïwch a chwblhewch y tabl gwerthoedd ar gyfer $y = (x + 3)(x - 2)$.

x	-4	-3	-2	-1	0	1	2	3
$(x + 3)$			1		3			6
$(x - 2)$			-4		-2			1
$y = (x + 3)(x - 2)$			-4		-6			6

(b) Plotïwch graff $y = (x + 3)(x - 2)$.
Defnyddiwch y raddfa 2 cm ar gyfer 1 uned ar yr echelin x ac 1 cm ar gyfer 1 uned ar yr echelin y.

(c) Defnyddiwch eich graff i wneud y canlynol:
  (i) darganfod gwerth lleiaf y.
  (ii) datrys $(x + 3)(x - 2) = -2$.

11 (a) Gwnewch dabl gwerthoedd ar gyfer $y = x^2 - 2x - 1$. Dewiswch werthoedd x o -2 i 4.
(b) Plotïwch graff $y = x^2 - 2x - 1$.
Defnyddiwch y raddfa 2 cm ar gyfer 1 uned ar yr echelin x ac 1 cm ar gyfer 1 uned ar yr echelin y.

(c) Defnyddiwch eich graff i ddatrys:
  (i) $x^2 - 2x - 1 = 0$.
  (ii) $x^2 - 2x - 1 = 4$.

12 (a) Gwnewch dabl gwerthoedd ar gyfer $y = 5x - x^2$. Dewiswch werthoedd x o -1 i 6.
(b) Plotïwch graff $y = 5x - x^2$.
Defnyddiwch y raddfa 2 cm ar gyfer 1 uned ar yr echelin x ac 1 cm ar gyfer 1 uned ar yr echelin y.

(c) Defnyddiwch eich graff i wneud y canlynol:
  (i) datrys $5x - x^2 = 3$.
  (ii) darganfod gwerth lleiaf y.

16 → MESURAU

YN Y BENNOD HON

- **Trawsnewid rhwng mesurau, yn enwedig mesurau o arwynebedd a chyfaint**
- **Manwl gywirdeb wrth fesur**
- **Rhoi atebion i fanwl gywirdeb priodol**
- **Defnyddio mesurau cyfansawdd, er enghraifft buanedd a dwysedd**

DYLECH WYBOD YN BAROD

- **yr unedau metrig cyffredin ar gyfer hyd, arwynebedd, cyfaint a chynhwysedd**

Trawsnewid rhwng mesurau

Rydych yn gwybod yn barod y perthnasoedd **llinol** sylfaenol rhwng mesurau metrig. Ystyr llinol yw 'o ran hyd'.

Gallwn ddefnyddio'r perthnasoedd hyn i gyfrifo'r perthnasoedd rhwng unedau metrig o arwynebedd a chyfaint.

Er enghraifft:

$1\,\text{cm} = 10\,\text{mm}$ $1\,\text{m} = 100\,\text{cm}$

$1\,\text{cm}^2 = 1\,\text{cm} \times 1\,\text{cm}$ $1\,\text{m}^2 = 1\,\text{m} \times 1\,\text{m}$
$1\,\text{cm}^2 = 10\,\text{mm} \times 10\,\text{mm}$ $1\,\text{m}^2 = 100\,\text{cm} \times 100\,\text{cm}$
$1\,\text{cm}^2 = 100\,\text{mm}^2$ $1\,\text{m}^2 = 10\,000\,\text{cm}^2$

$1\,\text{cm}^3 = 1\,\text{cm} \times 1\,\text{cm} \times 1\,\text{cm}$ $1\,\text{m}^3 = 1\,\text{m} \times 1\,\text{m} \times 1\,\text{m}$
$1\,\text{cm}^3 = 10\,\text{mm} \times 10\,\text{mm} \times 10\,\text{mm}$ $1\,\text{m}^3 = 100\,\text{cm} \times 100\,\text{cm} \times 100\,\text{cm}$
$1\,\text{cm}^3 = 1000\,\text{mm}^3$ $1\,\text{m}^3 = 1\,000\,000\,\text{cm}^3$

ENGHRAIFFT 16.1

Trawsnewidiwch yr unedau hyn.

(a) $5\,\text{m}^3$ yn cm^3 **(b)** $5600\,\text{cm}^2$ yn m^2

Datrysiad

(a) $5\,m^3 = 5 \times 1\,000\,000\,cm^3$
$\qquad = 5\,000\,000\,cm^3$

Trawsnewidiwch $1\,m^3$ yn cm^3 a'i luosi â 5.

(b) $5600\,cm^2 = 5600 \div 10\,000\,m^2$
$\qquad\quad = 0.56\,m^2$

Rhaid lluosi i drawsnewid m^2 yn cm^2, ac felly rhaid rhannu i drawsnewid cm^2 yn m^2. Gwnewch yn sicr eich bod wedi gwneud y peth iawn drwy wirio a yw'r ateb yn gwneud synnwyr. Pe byddech wedi lluosi â $10\,000$ byddech wedi cael $56\,000\,000\,m^2$, sydd yn amlwg yn arwynebedd mwy o lawer na $5600\,cm^2$.

⦿ YMARFER 16.1

1 Trawsnewidiwch yr unedau hyn.
   (a) 25 m yn cm   **(b)** 42 cm yn mm   **(c)** 2.36 m yn cm   **(ch)** 5.1 m yn mm

2 Trawsnewidiwch yr unedau hyn.
   (a) $3\,m^2$ yn cm^2 **(b)** $2.3\,cm^2$ yn mm^2 **(c)** $9.52\,m^2$ yn cm^2 **(ch)** $0.014\,cm^2$ yn mm^2

3 Trawsnewidiwch yr unedau hyn.
   (a) $90\,000\,mm^2$ yn cm^2 **(b)** $8140\,mm^2$ yn cm^2
   (c) $7\,200\,000\,cm^2$ yn m^2 **(ch)** $94\,000\,cm^2$ yn m^2

4 Trawsnewidiwch yr unedau hyn.
   (a) $3.2\,m^3$ yn cm^3 **(b)** $42\,cm^3$ yn m^3 **(c)** $5000\,cm^3$ yn m^3 **(ch)** $6.42\,m^3$ yn cm^3

5 Trawsnewidiwch yr unedau hyn.
   (a) 2.61 litr yn cm^3 **(b)** 9500 ml yn litrau   **(c)** 2.4 litr yn ml   **(ch)** 910 ml yn litrau

6 Beth sydd o'i le ar y gosodiad hwn?

   Rydw i newydd gloddio ffos sydd â'i hyd yn 5 m, ei lled yn 2 m a'i dyfnder yn 50 cm. I'w llenwi bydd angen $500\,m^3$ o goncrit arna i.

7 Mae paen o wydr yn mesur 32 cm wrth 65 cm a'i drwch yw 0.3 cm. Beth yw cyfaint y gwydr?

▪ Her 16.1

Yn ôl pob sôn byddai bath Cleopatra yn cael ei lenwi â llaeth asyn. Heddiw efallai mai cola fyddai'n cael ei ddefnyddio!

A thybio bod tun o ddiod yn dal 33 centilitr, tua faint o duniau y byddai eu hangen arni i gael bath mewn cola?

Manwl gywirdeb wrth fesur

Mae pob mesuriad yn **frasamcan**. Byddwn yn nodi mesuriadau i'r uned ymarferol agosaf.

Mae mesur gwerth i'r uned agosaf yn golygu penderfynu ei fod yn agosach at un marc ar raddfa na marc arall; hynny yw, bod y gwerth o fewn hanner uned i'r marc hwnnw.

Edrychwch ar y diagram hwn.

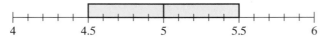

Mae unrhyw werth o fewn y rhan sydd wedi'i lliwio yn 5 i'r uned agosaf.

Ffiniau'r cyfwng hwn yw 4.5 a 5.5. Ysgrifennwn hwn fel $4.5 \leqslant x < 5.5$.

4.5 yw'r ffin isaf a 5.5 yw'r ffin uchaf.

Mae unrhyw werth sy'n llai na 4.5 yn agosach at 4 (4 i'r uned agosaf). Mae unrhyw werth sy'n fwy na neu'n hafal i 5.5 yn agosach at 6 (6 i'r uned agosaf).

ENGHRAIFFT 16.2

(a) Enillodd Tomos y ras 100 m gydag amser o 12.2 eiliad, i'r degfed agosaf o eiliad.
Beth yw ffiniau uchaf ac isaf yr amser hwn?

(b) Copïwch a chwblhewch y gosodiad hwn.

> Mae màs sy'n cael ei nodi fel 46 kg, i'r cilogram agosaf, rhwng
> .... kg a .... kg.

Datrysiad

(a) Ffin isaf = 12.15 eiliad, ffin uchaf = 12.25 eiliad.

(b) Mae màs sy'n cael ei nodi fel 46 kg, i'r cilogram agosaf, rhwng 45.5 kg a 46.5 kg.

1 Copïwch a chwblhewch bob un o'r gosodiadau hyn.
   (a) Mae uchder sy'n cael ei nodi fel 57 m, i'r metr agosaf, rhwng .... m a .... m.
   (b) Mae cyfaint sy'n cael ei nodi fel 568 ml, i'r mililitr agosaf, rhwng .... ml a
       .... ml.
   (c) Mae amser ennill sy'n cael ei nodi fel 23.93 eiliad, i'r canfed agosaf o eiliad, rhwng
       .... eiliad a .... eiliad.

2 Copïwch a chwblhewch y gosodiadau hyn.
   (a) Mae màs sy'n cael ei nodi fel 634 g, i'r gram agosaf, rhwng .... g a .... g.
   (b) Mae cyfaint sy'n cael ei nodi fel 234 ml, i'r mililitr agosaf, rhwng .... ml a
       .... ml.
   (c) Mae uchder sy'n cael ei nodi fel 8.3 m, i 1 lle degol, rhwng .... m a .... m.

3

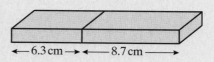

Paent Sglein

Yn gorchuddio 7 i 8 metr sgwâr yn
dibynnu ar yr arwyneb
750 ml

   (a) Beth yw'r arwynebedd arwyneb lleiaf a mwyaf y bydd 3 litr o'r paent yn ei
       orchuddio?
   (b) Faint o duniau o'r paent sydd eu hangen i sicrhau gorchuddio arwynebedd o 100 m²?

4 Mae Eirina'n mesur trwch llen metel â medrydd.
   Y darlleniad yw 4.97 mm, yn gywir i'r $\frac{1}{100}$fed agosaf o filimetr.
   (a) Beth yw'r trwch lleiaf y gallai'r llen fod?
   (b) Beth yw'r trwch mwyaf y gallai'r llen fod?

5 Mae Gwen yn gosod cegin newydd.
   Mae ganddi ffwrn sydd â'i lled yn 595 mm, i'r milimetr agosaf.
   A fydd y ffwrn yn bendant yn ffitio mewn bwlch sydd â'i led yn 60 cm, i'r centimetr
   agosaf?

6 Mae dau floc metel yn cael eu rhoi at ei gilydd fel hyn.
   Hyd y bloc ar y chwith yw 6.3 cm a hyd y bloc ar y
   dde yw 8.7 cm.
   Lled y ddau floc yw 2 cm a'u dyfnder yw 2 cm.
   Mae pob mesuriad i'r milimetr agosaf.
   (a) Beth yw hyd cyfunol lleiaf a mwyaf y ddau floc?
   (b) Beth yw dyfnder lleiaf a mwyaf y blociau?
   (c) Beth yw lled lleiaf a mwyaf y blociau?

   ←—6.3 cm—→ ←—8.7 cm—→

7 Mae cwmni'n gweithgynhyrchu cydrannau ar gyfer y diwydiant ceir. Mae un gydran yn cynnwys bloc metel â thwll wedi ei ddrilio ynddo. Mae rhoden blastig yn cael ei gosod yn y twll.

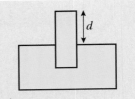

Mae'r twll yn cael ei ddrilio i ddyfnder o 20 mm, i'r milimetr agosaf.
Hyd y rhoden yw 35 mm, i'r milimetr agosaf.
Beth yw gwerthoedd mwyaf a lleiaf *d* (uchder y rhoden uwchlaw'r bloc).

8 Mae'r diagram yn dangos petryal ABCD.
Mae AB = 15 cm a BC = 9 cm.
Mae pob mesuriad yn gywir i'r centimetr agosaf.
Cyfrifwch werthoedd lleiaf a mwyaf perimedr y petryal.

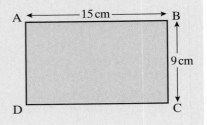

Gweithio i fanwl gywirdeb priodol

Ni ddylai mesuriadau a chyfrifiadau fod yn rhy fanwl gywir i'w pwrpas.

Mae'n amlwg yn wirion honni bod:
        taith mewn car wedi cymryd 4 awr, 56 munud ac 13 eiliad,
neu   mai'r pellter rhwng 2 dŷ yw 93 cilometr, 484 metr a 78 centimetr.

Byddai'n fwy synhwyrol talgrynnu atebion fel y ddau hyn i 5 awr a 93 km.

Wrth gyfrifo mesuriad, mae angen i chi roi ateb **i fanwl gywirdeb priodol**.
Fel rheol gyffredinol ni ddylech roi ateb mwy manwl gywir na'r
gwerthoedd sy'n cael eu defnyddio yn y cyfrifiad.

ENGHRAIFFT 16.3

Hyd bwrdd yw 1.8 m a'i led yw 1.3 m. Mae'r ddau fesuriad yn gywir i 1 lle degol.

Cyfrifwch arwynebedd y bwrdd.
Rhowch eich ateb i fanwl gywirdeb priodol.

Datrysiad

Arwynebedd = hyd × lled
           = 1.8 × 1.3
           = 2.34
           = 2.3 m^2 (i 1 lle degol)

Mae 2 le degol yn yr ateb.
Fodd bynnag, nid yw'r ateb yn gallu bod yn fwy manwl gywir na'r mesuriadau gwreiddiol. Felly mae angen talgrynnu'r ateb i 1 lle degol.

1 Ailysgrifennwch bob un o'r gosodiadau hyn gan ddefnyddio gwerthoedd priodol ar gyfer y mesuriadau.

(a) Mae'n cymryd 3 munud a 24.8 eiliad i ferwi wy.

(b) Bydd yn cymryd 2 wythnos, 5 diwrnod, 3 awr ac 13 munud i mi beintio eich tŷ chi.

(c) Pwysau hoff lyfr Helen yw 2.853 kg.

(ch) Uchder drws yr ystafell ddosbarth yw 2 fetr, 12 centimetr a 54 milimetr.

2 Atebwch bob un o'r cwestiynau hyn i fanwl gywirdeb priodol.

(a) Darganfyddwch hyd ochr cae sgwâr sydd â'i arwynebedd yn 33 m².

(b) Mae tri ffrind yn rhannu £48.32 yn gyfartal. Faint y bydd pob un yn ei dderbyn?

(c) Mae'n cymryd 1.2 awr i hedfan rhwng dwy ddinas ar 554 km/awr. Beth yw'r pellter rhyngddynt?

(ch) Hyd stribed o gerdyn yw 2.36 cm a'i led yw 0.041 cm. Cyfrifwch arwynebedd y cerdyn.

Her 16.2

Gallwn gymharu darpariaeth iechyd gwledydd gwahanol gan ddefnyddio gwahanol fesurau.

Mae un mesur yn defnyddio nifer y meddygon am bob miliwn o bobl.
Mesur arall yw nifer y babanod dan 1 flwydd oed a fu farw am bob 1000 o enedigaethau byw.

Defnyddiwch y tabl hwn, sy'n dangos ffigurau o 1990, i gymharu'r ddarpariaeth iechyd yn y gwledydd hyn.

Gwlad	Poblogaeth (miliynau)	Cyfanswm nifer y meddygon	Genedigaethau byw mewn blwyddyn	Marwolaethau babanod mewn blwyddyn
Brasil	169.8	14 500	3 550 000	131 300
China	1237	1 040 000	19 500 000	885 000
Somalia	6.8	350	318 000	40 000
DU	59	95 300	708 000	6400

Mesurau cyfansawdd

Gallwn gyfrifo rhai mesurau trwy ddefnyddio'r un math o fesuriadau.
I gyfrifo arwynebedd, er enghraifft, byddwn yn defnyddio hyd a lled, sydd ill dau yn fesurau o hyd.

I gyfrifo **mesurau cyfansawdd**, byddwn yn defnyddio dau fath gwahanol o fesur. Byddwn yn cyfrifo buanedd trwy ddefnyddio pellter ac amser.

$$\text{Buanedd} = \frac{\text{Pellter}}{\text{Amser}}$$

Mae'r unedau ar gyfer mesurau cyfansawdd yn **unedau cyfansawdd** hefyd. Yr unedau ar gyfer buanedd yw pellter am bob uned amser. Er enghraifft, os yw'r pellter mewn cilometrau a'r amser mewn oriau, byddwn yn nodi buanedd fel cilometrau yr awr, neu km/awr.

Mesur cyfansawdd arall yw **dwysedd**. Mae dwysedd yn gysylltiedig â **màs** a **chyfaint**.

$$\text{Dwysedd} = \frac{\text{Màs}}{\text{Cyfaint}}$$

ENGHRAIFFT 16.4

(a) Cyfrifwch fuanedd cyfartalog car sy'n teithio 80 km mewn 2 awr.
(b) Dwysedd aur yw 19.3 g/cm³.
   Cyfrifwch fàs bar aur sydd â'i gyfaint yn 30 cm³.

Datrysiad

(a) $\text{Buanedd} = \dfrac{\text{Pellter}}{\text{Amser}}$

$\qquad = \dfrac{80}{2} = 40$ km/awr

(b) $\text{Dwysedd} = \dfrac{\text{Màs}}{\text{Cyfaint}}$ $\qquad$ Yn gyntaf ad-drefnwch y fformiwla i wneud Màs yn destun.

$\qquad \text{Màs} = \text{Dwysedd} \times \text{Cyfaint}$
$\qquad\quad = 19.3 \times 30 = 579$ g

YMARFER 16.4

1 Mae trên yn teithio pellter o 1250 metr mewn 20 eiliad.
  Cyfrifwch ei fuanedd cyfartalog.

2 Mae car Carol yn teithio 129 o filltiroedd mewn 3 awr. Cyfrifwch ei buanedd cyfartalog.

3 Mae Pat yn loncian ar fuanedd cyson o 6 milltir yr awr.
  Pa mor bell y mae hi'n rhedeg mewn awr a chwarter?

4 Faint o amser y bydd cwch sy'n hwylio ar 12 km/awr yn ei gymryd i deithio 60 km?

5 Dwysedd alwminiwm yw 2.7 g/cm³. Beth yw cyfaint bloc o alwminiwm sydd â'i fàs yn 750 g? Rhowch eich ateb yn gywir i'r rhif cyfan agosaf.

6 Darganfyddwch fuanedd cyfartalog car a deithiodd 150 o filltiroedd mewn dwy awr a hanner.

7 Cyfrifwch ddwysedd carreg sydd â'i màs yn 780 g a'i chyfaint yn 84 cm³. Rhowch eich ateb i fanwl gywirdeb priodol.

8 Mae car yn teithio 20 km mewn 12 munud. Beth yw'r buanedd cyfartalog mewn km/awr?

9 Cyfrifwch ddwysedd carreg sydd â'i màs yn 350 g a'i chyfaint yn 45 cm³.

10 **(a)** Cyfrifwch ddwysedd bloc 3 cm³ o gopr sydd â'i fàs yn 26.7 g.
(b) Beth fyddai màs bloc 17 cm³ o gopr?

11 Dwysedd aur yw 19.3 g/cm³. Cyfrifwch fàs bar o aur sydd â'i gyfaint yn 1000 cm³. Rhowch eich ateb mewn cilogramau.

12 Dwysedd aer ar dymheredd a gwasgedd normal ystafell yw 1.3 kg/m³.
(a) Pa fàs o aer sydd mewn ystafell sy'n giwboid yn mesur 3 m wrth 5 m wrth 3 m?
(b) Pa gyfaint o aer fyddai â'i fàs yn
(i) 1 kg? **(ii)** 1 dunnell fetrig?

13 **(a)** Darganfyddwch fuanedd car sy'n teithio 75 km mewn 1 awr 15 munud.
(b) Mae car yn teithio 15 km mewn 14 munud. Darganfyddwch ei fuanedd mewn km/awr. Rhowch eich ateb yn gywir i 1 lle degol.

14 Cyfrifwch ddwysedd carreg sydd â'i màs yn 730 g a'i chyfaint yn 69 cm³. Rhowch eich ateb yn gywir i 1 lle degol.

15 Poblogaeth tref yw 74 000 ac mae'n cwmpasu arwynebedd o 64 cilometr sgwâr. Cyfrifwch ddwysedd poblogaeth y dref (y nifer o bobl am bob cilometr sgwâr). Rhowch eich ateb yn gywir i 1 lle degol.

RYDYCH WEDI DYSGU

- **sut i drawsnewid rhwng mesurau metrig o hyd, arwynebedd a chyfaint**
- **mai brasamcan yw pob mesuriad**
- **wrth gyfrifo mesuriad, fod angen i chi roi eich ateb i fanwl gywirdeb priodol. Fel rheol gyffredinol ni ddylech roi ateb mwy manwl gywir na'r gwerthoedd sy'n cael eu defnyddio yn y cyfrifiad**
- **bod mesurau cyfansawdd yn cael eu cyfrifo o ddau fesuriad arall. Enghreifftiau yw buanedd, sy'n cael ei gyfrifo trwy ddefnyddio pellter ac amser ac sy'n cael ei fynegi mewn unedau fel m/s, a dwysedd, sy'n cael ei gyfrifo trwy ddefnyddio màs a chyfaint ac sy'n cael ei fynegi mewn unedau fel g/cm³**

1   Trawsnewidiwch yr unedau hyn.
    (a) 12 m^2 yn cm^2
    (b) 3.71 cm^2 yn mm^2
    (c) 0.42 m^2 yn cm^2
    (ch) 0.05 cm^2 yn mm^2

2   Trawsnewidiwch yr unedau hyn.
    (a) 3 m^2 yn mm^2
    (b) $412\,500 \text{ cm}^2$ yn m^2
    (c) 9400 mm^2 yn cm^2
    (ch) 0.06 m^2 yn cm^2

3   Trawsnewidiwch yr unedau hyn.
    (a) 2.13 litr yn cm^3
    (b) 5100 ml yn litrau
    (c) 421 litr yn ml
    (ch) 91.7 ml yn litrau

4   Rhowch ffiniau isaf ac uchaf pob un o'r mesuriadau hyn.
    (a) 27 cm i'r centimetr agosaf
    (b) 5.6 cm i'r milimetr agosaf
    (c) 1.23 m i'r centimetr agosaf

5   Amserodd plismon gar yn teithio ar hyd 100m o ffordd.
    Cymerodd y car 6 eiliad.
    Cafodd hyd y ffordd ei fesur yn gywir i'r 10 cm agosaf, a chafodd yr amser ei fesur yn gywir i'r eiliad agosaf.
    Beth oedd y buanedd mwyaf y gallai'r car fod wedi bod yn teithio arno?

6   (a) Mae peiriant yn cynhyrchu darnau o bren.
        Hyd pob darn yw 34 mm, yn gywir i'r milimetr agosaf.
        Rhwng pa derfynau y mae'r hyd gwirioneddol?
    (b) Caiff tri o'r darnau o bren eu rhoi at ei gilydd i wneud triongl.
        Beth yw perimedr mwyaf posibl y triongl?

7   Mewn ras ffordd 10 km, cychwynnodd un rhedwr am 11.48 a gorffen am 13.03.
    (a) Faint o amser gymerodd y rhedwr hwn i gwblhau'r ras?
    (b) Beth oedd ei fuanedd cyfartalog?

8   (a) Mae Elin yn gyrru i Birmingham ar draffordd.
        Mae'n teithio 150 o filltiroedd mewn 2 awr 30 munud. Beth yw ei buanedd cyfartalog?
    (b) Mae Elin yn gyrru i Gaergrawnt ar fuanedd cyfartalog o 57 m.y.a.
        Mae'r daith yn cymryd 3 awr 20 munud. Faint o filltiroedd yw'r daith?

9   Hyd cae yw 92.43 m a'i led yw 58.36 m.
    Cyfrifwch arwynebedd y cae.
    Rhowch eich ateb i fanwl gywirdeb priodol.

17 → CYNLLUNIO A CHASGLU

YN Y BENNOD HON

- Gosod cwestiynau ystadegol a chynllunio sut i'w hateb
- Data cynradd ac eilaidd
- Dewis sampl a dileu tuedd
- Manteision a phroblemau hapsamplau
- Llunio holiadur
- Casglu data
- Ysgrifennu adroddiad ystadegol

DYLECH WYBOD YN BAROD

- sut i wneud a defnyddio siartiau cyfrif
- sut i gyfrifo'r cymedr, y canolrif, y modd a'r amrediad
- sut i luniadu diagramau i gynrychioli data, fel siartiau bar, siartiau cylch a diagramau amlder

Cwestiynau ystadegol

Sylwi 17.1

Ydy bechgyn yn dalach na merched?

Trafodwch sut i fynd ati i ateb y cwestiwn hwn.

- Pa wybodaeth fyddai angen i chi ei chasglu?
- Sut y byddech chi'n ei chasglu?
- Sut y byddech chi'n dadansoddi'r canlyniadau?
- Sut y byddech chi'n cyflwyno'r wybodaeth yn eich adroddiad?

I ateb cwestiwn gan ddefnyddio dulliau ystadegol, y peth cyntaf sydd angen ei wneud yw paratoi cynllun ysgrifenedig.

Mae angen penderfynu pa gyfrifiadau ystadegol a diagramau sy'n berthnasol i'r broblem. Rhaid ystyried hyn cyn dechrau casglu data, er mwyn eu casglu mewn ffurf ddefnyddiol.

Mae'n syniad da ailysgrifennu'r cwestiwn fel **rhagdybiaeth**, sef gosodiad fel 'mae bechgyn yn dalach na merched'. Dylai'r adroddiad gyflwyno tystiolaeth naill ai o blaid neu yn erbyn y rhagdybiaeth.

Mathau gwahanol o ddata

Wrth ymchwilio i broblem ystadegol fel 'mae bechgyn yn dalach na merched', gallwn ddefnyddio dau fath o ddata.

- **Data cynradd** yw data y byddwn ni ein hunain yn eu casglu. Er enghraifft, gallem fesur taldra grŵp o ferched a bechgyn.
- **Data eilaidd** yw data sydd wedi eu casglu gan rywun arall. Er enghraifft, gallem ddefnyddio cronfa ddata'r rhyngrwyd *CensusAtSchool*, sydd eisoes wedi casglu taldra nifer mawr o ddisgyblion. Ffynonellau eraill o ddata eilaidd yw pethau fel llyfrau a phapurau newydd.

Samplau data

Nid oes ateb amlwg pendant i'r rhan fwyaf o ymchwiliadau ystadegol. Er enghraifft, mae rhai merched yn dalach na rhai bechgyn, ac mae rhai bechgyn yn dalach na rhai merched. Yr hyn rydym yn ceisio ei ddarganfod yw ai merched neu fechgyn sydd dalaf fwyaf aml. Ni allwn fesur taldra pob bachgen a phob merch, ond gallwn fesur taldra grŵp o fechgyn a merched ac ateb y cwestiwn ar gyfer y grŵp hwnnw. Y term ystadegol am grŵp fel hwn yw **sampl**.

Mae maint y sampl yn bwysig. Os yw'r sampl yn rhy fach, mae'n bosibl na fydd y canlyniadau'n ddibynadwy. Yn gyffredinol, mae angen i faint y sampl fod o leiaf 30. Os yw'r sampl yn rhy fawr, gall gymryd amser hir i gasglu a dadansoddi'r data. Mae angen penderfynu beth yw maint sampl rhesymol ar gyfer y rhagdybiaeth dan sylw.

Mae angen dileu **tuedd** hefyd. Mae sampl tueddol yn annibynadwy am ei fod yn golygu bod rhai canlyniadau yn fwy tebygol. Er enghraifft, pe bai'r holl fechgyn yn ein sampl yn aelodau tîm pêl-fasged, gallai'r data awgrymu bod bechgyn yn dalach na merched. Ond, byddai'r canlyniadau hyn yn annibynadwy oherwydd bod chwaraewyr pêl-fasged yn aml yn dalach na'r taldra cyfartalog.

Yn aml mae'n syniad da dewis **hapsampl**, lle mae gan bob person neu ddarn o ddata yr un siawns o gael ei ddewis. Mae'n bosibl, fodd bynnag, y byddwch yn dymuno sicrhau bod nodweddion penodol i'ch sampl. Er enghraifft, gallai hapsamplu o fewn yr ysgol gyfan olygu bod yr holl fechgyn sy'n cael eu dewis yn digwydd bod ym Mlwyddyn 7 a bod yr holl ferched ym Mlwyddyn 11: byddai hynny'n rhoi sampl tueddol, gan fod plant hŷn yn tueddu i fod yn dalach. Felly, gallem hapsamplu i ddewis pum merch a phum bachgen o bob grŵp blwyddyn.

Gall haprifau gael eu cynhyrchu gan gyfrifiannell neu daenlen. I ddewis hapsampl o 5 merch o Flwyddyn 7, er enghraifft, gallem roi haprif i bob merch ym Mlwyddyn 7 ac yna dewis y 5 merch â'r haprifau lleiaf.

Wrth ysgrifennu'r adroddiad, dylem gynnwys rhesymau dros ein dewis o sampl.

ENGHRAIFFT 17.1

Mae Catrin yn cynnal arolwg o brydau bwyd yr ysgol. Mae hi'n holi pob degfed person sy'n mynd i gael cinio.

Pam nad yw hwn, efallai, yn ddull da o samplu?

Datrysiad

Ni fydd hi'n cael barn disgyblion nad ydynt yn hoffi bwyd ysgol ac sydd wedi rhoi'r gorau i'w gael.

Sylwi 17.2

Mae cyngor bwrdeistref yn dymuno cynnal arolwg i gael barn y cyhoedd am ei gyfleusterau llyfrgell.

Sut y dylai ddewis sampl o bobl i'w holi?

Trafodwch fanteision ac anfanteision pob dull a awgrymwch.

Pan fyddwn yn casglu llawer o ddata, efallai y bydd angen eu grwpio er mwyn eu dadansoddi neu eu cyflwyno'n glir. Fel arfer mae'n well i led pob dosbarth fod yn hafal ar gyfer hyn. Mae siartiau cyfrif yn ffordd dda o gael tabl amlder, neu gallwn ddefnyddio taenlen neu raglen ystadegau arall i'n helpu. Cyn casglu'r data, dylem lunio taflen casglu data neu daenlen addas. Yn aml mae tablau dwyffordd yn ddefnyddiol wrth gofnodi a chyflwyno data.

Llunio holiadur

Mae **holiadur** yn ffordd dda o gasglu data.

Mae angen ystyried yn ofalus pa wybodaeth sydd ei hangen a sut y byddwn yn dadansoddi'r atebion i bob cwestiwn. Bydd hyn yn ein helpu i gael y data yn y ffurf sydd ei hangen arnom.

Er enghraifft, os byddwn yn ymchwilio i'r rhagdybiaeth 'mae bechgyn yn dalach na merched', mae angen gwybod rhyw y person yn ogystal â'r taldra. Os byddwn yn gwybod yr oedran hefyd gallwn weld a yw'r rhagdybiaeth yn wir ar gyfer bechgyn a merched o bob oedran. Fodd bynnag, mae'n debyg nad gofyn i bobl beth yw eu taldra fyddai'r ffordd orau o gael yr wybodaeth hon – byddem yn fwy tebygol o gael canlyniadau dibynadwy trwy ofyn am gael mesur eu taldra.

Dyma rai pwyntiau i'w cofio wrth lunio holiadur.

- Defnyddio cwestiynau sy'n gryno, yn glir ac yn berthnasol i'r dasg.
- Gofyn un peth yn unig ar y tro.
- Gwneud yn siŵr nad yw'r cwestiynau'n 'arweiniol'. Mae cwestiynau arweiniol yn dangos tuedd. Maent yn 'arwain' y person sy'n eu hateb tuag at ateb arbennig: er enghraifft, 'ydych chi'n cytuno y dylai'r gamp greulon o hela llwynogod gael ei gwneud yn anghyfreithlon?'
- Os oes dewis o atebion, rhaid gwneud yn siŵr nad oes rhy ychydig na gormod.

Awgrymwch ffordd synhwyrol o ofyn i oedolyn beth yw ei (h)oedran.

Datrysiad

Ticiwch eich grŵp oedran:

☐ 18–25 oed   ☐ 26–30 oed   ☐ 31–40 oed

☐ 41–50 oed   ☐ 51–60 oed   ☐ Dros 60 oed

Mae hyn yn golygu nad oes raid i'r person ddweud ei (h)union oedran wrthych, sy'n rhywbeth nad yw llawer o oedolion yn hoffi ei wneud.

Ar ôl ysgrifennu'r holiadur, mae'n syniad da rhoi prawf arno gydag ychydig o bobl, hynny yw cynnal **arolwg peilot**. Hefyd mae'n werth ceisio dadansoddi'r data o'r arolwg peilot i weld a yw hynny'n bosibl. Efallai wedyn y byddwn yn dymuno aralleirio un neu ddau gwestiwn, ailgrwpio'r data neu newid y dull samplu, cyn cynnal yr arolwg go iawn.

Os oes problemau ymarferol wrth gasglu'r data, dylai'r rhain gael eu disgrifio yn yr adroddiad.

Sylwi 17.3

- Meddyliwch am bwnc ar gyfer arolwg ynglŷn â chinio ysgol. Gwnewch yn siŵr ei fod yn berthnasol i'ch ysgol chi. Er enghraifft, efallai y byddwch yn dymuno rhoi prawf ar y rhagdybiaeth 'pysgod a sglodion yw'r hoff bryd bwyd'.
- Ysgrifennwch gwestiynau addas ar gyfer arolwg i roi prawf ar eich rhagdybiaeth.
- Rhowch gynnig ar y rhain mewn arolwg peilot. Trafodwch y canlyniadau a sut y gallech wella eich cwestiynau.

Ysgrifennu'r adroddiad

Dylai'r adroddiad ddechrau â datganiad clir o'r amcanion a gorffen â chasgliad. Bydd y casgliad yn dibynnu ar ganlyniadau'r cyfrifiadau ystadegol a gafodd eu gwneud â'r data ac ar unrhyw wahaniaethau neu bethau tebyg a gafodd eu dangos gan y diagramau ystadegol. Trwy'r adroddiad i gyd, dylem roi ein rhesymau dros yr hyn a wnaethom a disgrifio unrhyw anawsterau a gawsom a sut y gwnaethom ymdrin â'r rhain.

Dyma restr wirio i wneud yn siŵr bod y project cyfan yn glir.
- Defnyddio termau ystadegol lle bynnag y bo'n bosibl.
- Cynnwys cynllun ysgrifenedig.
- Egluro sut y cafodd y sampl ei ddewis a pham y cafodd ei ddewis yn y ffordd hon.

- Dangos sut y cawsom hyd i'r data.
- Nodi pam yr aethom ati i luniadu diagram neu lunio tabl arbennig, a'r hyn y mae'n ei ddangos.
- Cysylltu'r casgliadau â'r broblem wreiddiol. Ydy'r rhagdybiaeth wedi ei phrofi neu ei gwrthbrofi?
- Ceisio estyn y broblem wreiddiol, gan ddefnyddio ein syniadau ein hunain.

YMARFER 17.1

1 Nodwch ai data cynradd neu ddata eilaidd yw'r canlynol.
   (a) Mesur hyd traed pobl
   (b) Defnyddio cofnodion yr ysgol o oedrannau'r myfyrwyr
   (c) Llyfrgellydd yn defnyddio catalog llyfrgell i gofnodi llyfrau newydd ar y system
   (d) Benthyciwr yn defnyddio catalog llyfrgell

2 Mae cyngor bwrdeistref yn dymuno cynnal arolwg i gael barn y cyhoedd am y pwll nofio lleol. Rhowch un anfantais o bob un o'r sefyllfaoedd samplu canlynol.
   (a) Dewis pobl i'w ffonio ar hap o'r cyfeiriadur ffôn lleol
   (b) Holi pobl sy'n siopa fore Sadwrn

3 Mae Meilir yn bwriadu gofyn i 50 o ddisgyblion ar hap faint o amser maen nhw wedi ei dreulio'n gwneud gwaith cartref neithiwr.
   Dyma'r drafft cyntaf o'i daflen casglu data.

Amser a dreuliwyd	Marciau Rhifo	Amlder
Hyd at 1 awr		
1–2 awr		
2–3 awr		

   Rhowch ddwy ffordd y gallai Meilir wella ei daflen casglu data.

4 Ar gyfer pob un o'r cwestiynau arolwg hyn:
   - nodwch beth sydd o'i le arno.
   - ysgrifennwch fersiwn gwell.
   (a) Beth yw eich hoff gamp: criced, tennis neu athletau?
   (b) Ydych chi'n gwneud llawer o ymarfer bob wythnos?
   (c) Oni ddylai'r llywodraeth hon annog mwy o bobl i ailgylchu gwastraff?

5 Mae Marged yn cynnal arolwg ynglŷn â pha mor aml y bydd pobl yn cael pryd o fwyd allan mewn tŷ bwyta.
   Dyma ddau o'i chwestiynau.

   C1. Pa mor aml y byddwch chi'n bwyta allan?
        ☐ Llawer   ☐ Weithiau   ☐ Byth
   C2   Pa fwyd a gawsoch y tro diwethaf y gwnaethoch fwyta allan?

   (a) Rhowch reswm pam mae pob un o'r cwestiynau hyn yn anaddas.
   (b) Ysgrifennwch fersiwn gwell o C1.

6 Lluniwch holiadur i ymchwilio i'r ffordd y mae llyfrgell neu ganolfan adnoddau yr ysgol yn cael ei defnyddio. Mae angen i chi wybod:

- ym mha flwyddyn y mae'r disgybl sy'n cael ei holi.
- pa mor aml y bydd yn defnyddio'r llyfrgell.
- faint o lyfrau y bydd yn benthyca fel arfer ar bob ymweliad.

Lluniwch dablau dwyffordd i ddangos sut y gallwch drefnu'r data.

RYDYCH WEDI DYSGU

- **mai data cynradd yw data y byddwch chi eich hun yn eu casglu**
- **mai data eilaidd yw data a gafodd eu casglu gan rywun arall yn barod ac sydd i'w cael mewn llyfrau neu ar y rhyngrwyd, er enghraifft**
- **bod angen i chi gynllunio sut i gael hyd i dystiolaeth o blaid neu yn erbyn eich rhagdybiaeth, gan roi tystiolaeth o'ch cynllunio**
- **y dylech osgoi tueddu wrth samplu**
- **mewn hapsampl, fod gan bob aelod o'r boblogaeth dan sylw siawns gyfartal o gael ei ddewis**
- **y dylech wneud yn siŵr bod maint y sampl yn synhwyrol**
- **y dylai'r cwestiynau mewn holiadur fod yn gryno, yn glir ac yn berthnasol i'ch tasg**
- **y gallwch gynnal arolwg peilot i roi prawf ar holiadur neu daflen casglu data**
- **y dylech yn eich adroddiad roi rhesymau dros yr hyn a wnaethoch a chysylltu eich casgliadau â'r broblem wreiddiol, gan nodi a ddangosoch fod y rhagdybiaeth yn gywir ai peidio**

◉ YMARFER CYMYSG 17

1 Mae Jan yn defnyddio amserau trenau o'r rhyngrwyd.
Ai data cynradd neu eilaidd yw'r rhain? Rhowch reswm dros eich ateb.

2 Mae Alun yn dymuno rhoi prawf ar y rhagdybiaeth 'mae disgyblion hŷn yn yr ysgol uwchradd yn amcangyfrif onglau yn well na disgyblion iau'.
   (a) Beth allai Alun ofyn i bobl ei wneud er mwyn rhoi prawf ar y rhagdybiaeth hon?
   (b) Sut y dylai ddewis sampl addas o bobl?
   (c) Lluniwch daflen casglu i Alun gael cofnodi ei ddata.

3 Ysgrifennwch dri chwestiwn addas ar gyfer holiadur sy'n holi sampl o bobl am eu hoff gerddoriaeth neu gerddorion.
Os defnyddiwch gwestiynau sydd heb gategorïau penodol i'w hatebion, dangoswch sut y byddech yn grwpio'r atebion i'r cwestiynau wrth ddadansoddi'r data.

YN Y BENNOD HON

- **Defnyddio rheolau i ddarganfod termau dilyniannau**
- **Gweld patrymau mewn dilyniannau**
- **Egluro sut y gwnaethoch ddarganfod term arall mewn dilyniant**
- **Adnabod dilyniannau o gyfanrifau cyffredin, er enghraifft rhifau sgwâr neu rifau trionglog**
- **Darganfod *n*fed term dilyniant llinol**

DYLECH WYBOD YN BAROD

- **sut i ddarganfod termau dilyniannau syml gan ddefnyddio rheolau term-i-derm a safle-i-derm**

Defnyddio rheolau i ddarganfod termau dilyniannau

Rydych yn gwybod yn barod sut i ddarganfod y **term** nesaf mewn **dilyniant**.

Er enghraifft, yn y dilyniant hwn: 3, 8, 13, 18, 23, 28, ... ,
byddwn yn darganfod y term nesaf trwy adio 5.

Rheol **term-i-derm** yw'r enw ar hyn.

Dysgoch hefyd sut i ddarganfod term o wybod ei **safle** yn y dilyniant gan ddefnyddio rheol **safle-i-derm**.

Er enghraifft, yn y dilyniant 3, 8, 13, 18, 23, 28, ... ,
mae cymryd rhif y safle (n), ei luosi â 5 ac yna tynnu 2 yn rhoi'r term.

Mae rheol term-i-derm a rheol safle-i-derm unrhyw ddilyniant yn gallu cael eu mynegi ar ffurf fformiwlâu gan ddefnyddio'r nodiant canlynol.

Mae T_1 yn cynrychioli term cyntaf y dilyniant.
Mae T_2 yn cynrychioli ail derm y dilyniant.
Mae T_3 yn cynrychioli trydydd term y dilyniant.
ac yn y blaen.

Mae T_n yn cynrychioli *n*fed term y dilyniant.

ENGHRAIFFT 18.1

Mae Mari'n gwneud patrymau coesau matsys. Dyma ei thri phatrwm cyntaf.

I gael y patrwm nesaf o'r patrwm blaenorol, mae Mari'n ychwanegu tair coes matsen arall i gwblhau sgwâr arall.

Mae hi'n gwneud y tabl hwn.

Patrwm	1	2	3
Nifer y coesau matsys	4	7	10

(a) Darganfyddwch y rheol term-i-derm.
(b) Yr $n$fed term yn y dilyniant yw $3n + 1$.
   Gwiriwch mai'r tri therm cyntaf yw 4, 7 a 10.
   Beth yw'r 4ydd term?

Datrysiad

(a) Yn gyntaf darganfyddwch y rheol mewn geiriau.

Y term cyntaf yw 4.   Rhaid nodi gwerth y term cyntaf bob tro
I gael y term nesaf, adiwch 3.   wrth roi rheol term-i-derm.

Wedyn ysgrifennwch y rheol gan ddefnyddio'r nodiant.

$T_1 = 4$
$T_{n+1} = T_n + 3$ Adiwch 3 at bob term i gael yr un nesaf.
$$\text{Er enghraifft, } T_4 = T_3 + 3$$
$$= 10 + 3 = 13$$

(b) $n$fed term $= 3n + 1$.
     Term cyntaf $= 3(1) + 1 = 4$ ✓
     Ail derm $= 3(2) + 1 = 7$ ✓
     Trydydd term $= 3(3) + 1 = 10$ ✓
     Pedwerydd term $= 3(4) + 1 = 13$

ENGHRAIFFT 18.2

Mewn dilyniant mae $T_1 = 10$ a $T_{n+1} = T_n - 4$.
Darganfyddwch bedwar term cyntaf y dilyniant

Datrysiad

$T_1 = 10$ $T_2 = T_1 - 4$ $T_3 = T_2 - 4$ $T_4 = T_3 - 4$
                     $= 10 - 4$ $= 6 - 4$ $= 2 - 4$
                     $= 6$ $= 2$ $= -2$

Y pedwar term cyntaf yw 10, 6, 2 a -2.

Mae rheol safle-i-derm yn ddefnyddiol iawn os oes angen darganfod term sydd ymhell i mewn i'r dilyniant, fel y 100fed term. Mae'n golygu y gallwn ei defnyddio ar unwaith heb orfod darganfod y 99 term blaenorol fel y byddai'n rhaid ei wneud o ddefnyddio rheol term-i-derm.

ENGHRAIFFT 18.3

Yr $n$fed term mewn dilyniant yw $5n + 1$.
(a) Darganfyddwch bedwar term cyntaf y dilyniant.
(b) Darganfyddwch 100fed term y dilyniant.

Datrysiad

(a) $T_1 = 5 \times 1 + 1$ $T_2 = 5 \times 2 + 1$ $T_3 = 5 \times 3 + 1$ $T_4 = 5 \times 4 + 1$
$\quad = 6$ $\qquad\qquad = 11$ $\qquad\qquad = 16$ $\qquad\qquad = 21$
Y pedwar term cyntaf yw 6, 11, 16 a 21.

(b) $T_{100} = 5 \times 100 + 1$
$\qquad = 501$

YMARFER 18.1

1 Edrychwch ar y dilyniant hwn o gylchoedd.
Mae'r pedwar patrwm cyntaf yn y dilyniant wedi cael eu lluniadu.
(a) Disgrifiwch reol safle-i-derm y dilyniant hwn.
(b) Faint o gylchoedd fydd yn y 100fed patrwm?

2 Edrychwch ar y dilyniant hwn o batrymau coesau matsys.

(a) Copïwch a chwblhewch y tabl.

Rhif y patrwm	1	2	3	4	5
Nifer y coesau matsys					

(b) Pa batrymau y gallwch eu gweld yn y niferoedd?
(c) Darganfyddwch nifer y coesau matsys yn y 50fed patrwm.

3 Dyma ddilyniant o batrymau sêr.

(a) Lluniadwch y patrwm nesaf yn y dilyniant.
(b) Heb luniadu'r patrwm, darganfyddwch nifer y sêr yn yr 8fed patrwm.
Eglurwch sut y cawsoch eich ateb.

4 Mae'r rhifau mewn dilyniant yn cael eu rhoi gan y rheol hon:

Lluosi rhif y safle â 3, yna tynnu 5.

(a) Dangoswch mai term cyntaf y dilyniant yw -2.

(b) Darganfyddwch y pedwar term nesaf yn y dilyniant.

5 Darganfyddwch bedwar term cyntaf y dilyniannau sydd â'r canlynol yn $n$fed term.

(a) $6n - 2$ (b) $4n + 1$ (c) $6 - 2n$

6 Darganfyddwch 5 term cyntaf y dilyniannau sydd â'r canlynol yn $n$fed term.

(a) n^2 (b) $n^2 + 2$ (c) n^3

7 Term cyntaf dilyniant yw 2.
Y rheol gyffredinol ar gyfer y dilyniant yw lluosi term â 2 i gael y term nesaf.
Ysgrifennwch bum term cyntaf y dilyniant.

8 Mewn dilyniant mae $T_1 = 5$ a $T_{n+1} = T_n - 3$.
Ysgrifennwch bedwar term cyntaf y dilyniant.

9 Lluniadwch batrymau addas i gynrychioli'r dilyniant hwn.

1, 5, 9, 13, ...

10 Lluniadwch batrymau addas i gynrychioli'r dilyniant hwn.

1, 4, 9, 16, ...

Her 18.1

Gweithiwch mewn parau.

Darganfyddwch gymaint o ddilyniannau gwahanol ag y gallwch lle mae $T_1 = 1$ a $T_2 = 3$

Ar gyfer pob un, ysgrifennwch y pedwar term cyntaf ar ddarn gwahanol o bapur.
Ar gefn y papur, ysgrifennwch y rheol rydych wedi ei defnyddio.

Cyfnewidiwch ddilyniant â'ch partner.
Ceisiwch ddarganfod rheol eich partner.

Darganfod $n$fed term dilyniant llinol

Edrychwch ar y dilyniant llinol hwn.

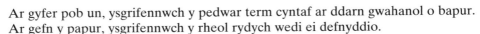

I fynd o un term i'r term nesaf, byddwn yn adio 5 bob tro.

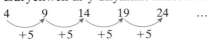

Ffordd arall o ddweud hyn yw fod **gwahaniaeth cyffredin** rhwng y termau, sef 5.

Yr enw ar ddilyniant fel hwn, sydd â gwahaniaeth cyffredin, yw **dilyniant llinol**.

Os plotiwn dermau dilyniant llinol ar graff, cawn linell syth.

Term (n)	1	2	3	4	5
Gwerth (y)	4	9	14	19	24

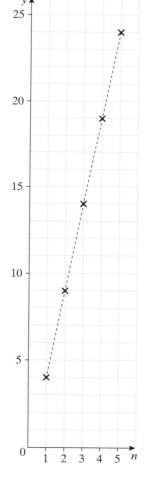

Gan fod 5 yn cael ei adio bob tro,

$$T_2 = T_1 + 5$$
$$= 4 + 5$$
$$T_3 = 4 + 5 \times 2$$
$$T_4 = 4 + 5 \times 3, \text{ ac ati.}$$

Felly
$$T_n = 4 + 5(n - 1)$$
$$= 5n - 1$$

Yr $n$fed term yn y dilyniant hwn yw $5n - 1$.

Nawr edrychwch ar rai o'r dilyniannau llinol eraill a welsoch hyd yma yn y bennod hon.

Dilyniant	Gwahaniaeth cyffredin	Term cyntaf − Gwahaniaeth cyffredin	$n$fed term
4, 7, 10, 13, …	3	$4 - 3 = 1$	$3n + 1$
6, 11, 16, 21, …	5	$6 - 5 = 1$	$5n + 1$
10, 6, 4, −2, …	−4	$10 - (-4) = 14$	$-4n + 14$
2, 4, 6, 8, …	2	$2 - 2 = 0$	$2n$
4, 10, 16, 22, …	6	$4 - 6 = -2$	$6n - 2$

O edrych ar y patrymau yn y tabl, gallwn weld tystiolaeth ar gyfer y fformiwla hon.

> $n$fed term dilyniant llinol =
> Gwahaniaeth cyffredin $\times n$ + (Term cyntaf − Gwahaniaeth cyffredin)

Gallwn ysgrifennu hyn fel

> $n$fed term = $An + b$

lle mae A yn cynrychioli'r gwahaniaeth cyffredin a b yw'r term cyntaf tynnu A.

Gallwn ddarganfod b hefyd trwy gymharu An ag unrhyw derm yn y dilyniant.

ENGHRAIFFT 18.4

Darganfyddwch *n*fed term y dilyniant hwn: 4, 7, 10, 13, ...

Datrysiad

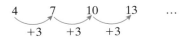

4   7   10   13   ...

+3   +3   +3

Y gwahaniaeth cyffredin (*A*) yw 3, felly mae'r fformiwla'n cynnwys 3*n*.

Pan fo *n* = 1, mae 3*n* = 3. Y term cyntaf yw 4, sydd 1 yn fwy.
Felly yr *n*fed term yw 3*n* + 1.

Gallwch wirio'r ateb trwy ddefnyddio term gwahanol.

Pan fo *n* = 2, mae 3*n* = 6. Yr ail derm yw 7, sydd 1 yn fwy.
Mae hyn yn cadarnhau mai'r *n*fed term yw 3*n* + 1.

Gallwn ddefnyddio dilyniannau a rheolau safle-i-derm i ddatrys problemau.

ENGHRAIFFT 18.5

Mae gan Lisa 10 cryno ddisg. Mae hi'n penderfynu prynu tri chryno ddisg ychwanegol bob mis.

(a) Copïwch a chwblhewch y tabl i ddangos nifer y cryno ddisgiau sydd gan Lisa ar ôl pob un o'r pedwar mis cyntaf.

Nifer y misoedd	1	2	3	4
Nifer y cryno ddisgiau				

(b) Darganfyddwch y fformiwla ar gyfer nifer y cryno ddisgiau fydd ganddi ar ôl *n* o fisoedd.
(c) Ar ôl faint o fisoedd y bydd gan Lisa 58 cryno ddisg?

Datrysiad

(a)

Nifer y misoedd	1	2	3	4
Nifer y cryno ddisgiau	13	16	19	22

(b) $n$fed term $= An + b$

$A = 3$ A yw'r gwahaniaeth cyffredin.

$b = 10$ b yw'r term cyntaf tynnu'r gwahaniaeth cyffredin.

$n$fed term $= 3n + 10$

(c) $3n + 10 = 58$ Datryswch yr hafaliad i ddarganfod n pan fo'r $n$fed term yn 58.

$3n = 48$

$n = 16$

Bydd gan Lisa 58 cryno ddisg ar ôl 16 mis.

Rhai dilyniannau arbennig

Rydym wedi gweld rhai dilyniannau arbennig yn barod yn yr enghreifftiau ac yn Ymarfer 18.1.

Sylwi 18.1

Edrychwch ar y dilyniannau hyn.

Eilrifau	2, 4, 6, 8, …
Odrifau	1, 3, 5, 7, …
Lluosrifau	4, 8, 12, 16, …
Pwerau 2	2, 4, 8, 16, …
Rhifau sgwâr	1, 4, 9, 16, …
Rhifau trionglog	1, 3, 6, 10, …

Chwiliwch am batrymau gwahanol ym mhob un o'r dilyniannau..

(a) Disgrifiwch y rheol term-i-derm.

(b) Disgrifiwch y rheol safle-i-derm.

Ar gyfer rhifau trionglog gallai fod yn ddefnyddiol edrych ar y diagramau hyn.

1 Darganfyddwch yr $n$fed term ym mhob un o'r dilyniannau hyn.
   (a) 5, 7, 9, 11, 13, …   **(b)** 2, 5, 8, 11, 14, …   **(c)** 7, 8, 9, 10, 11, …

2 Darganfyddwch yr $n$fed term ym mhob un o'r dilyniannau hyn.
   (a) 17, 14, 11, 8, 5, …   **(b)** 5, 0, −5, −10, −15, …   **(c)** 0, −1, −2, −3, −4, …

3 Pa rai o'r dilyniannau hyn sy'n llinol?
   Darganfyddwch y ddau derm nesaf ym mhob un o'r dilyniannau llinol.
   (a) 5, 8, 11, 14, …   **(b)** 2, 4, 7, 11, …   **(c)** 6, 12, 18, 24, …   **(ch)** 2, 6, 18, 54, …

4 **(a)** Ysgrifennwch bum term cyntaf y dilyniant sydd â'i $n$fed term yn $12 - 6n$.
   (b) Ysgrifennwch $n$fed term y dilyniant hwn: 8, 2, −4, −10, −16, …

5 Mae asiantaeth theatr yn codi £15 y tocyn, plws tâl archebu cyffredinol o £2.
   (a) Copïwch a chwblhewch y tabl.

Nifer y tocynnau	1	2	3	4
Cost mewn £				

   (b) Ysgrifennwch fynegiad ar gyfer y gost, mewn punnoedd, o gael n tocyn.
   (c) Mae Gwyneth yn talu £107 am ei thocynnau. Faint o docynnau y mae hi'n eu prynu?

6 Ysgrifennwch y deg rhif trionglog cyntaf.

7 Yr $n$fed rhif trionglog yw $\dfrac{n(n + 1)}{2}$. Darganfyddwch yr 20fed rhif trionglog.

8 Yr $n$fed term mewn dilyniant yw 10^n.
   (a) Ysgrifennwch bum term cyntaf y dilyniant hwn.
   (b) Disgrifiwch y dilyniant hwn.

9 **(a)** Ysgrifennwch y pum rhif sgwâr cyntaf.
   (b) **(i)** Cymharwch y dilyniant canlynol â dilyniant y rhifau sgwâr.
   $$4, 7, 12, 19, 28, …$$
   (ii) Ysgrifennwch $n$fed term y dilyniant hwn.
   (iii) Darganfyddwch 100fed term y dilyniant hwn.

10 **(a)** Cymharwch y dilyniant canlynol â dilyniant y rhifau sgwâr.
   $$3, 12, 27, 48, 75, …$$
   (b) Ysgrifennwch $n$fed term y dilyniant hwn.
   (c) Darganfyddwch 20fed term y dilyniant hwn.

Gweithiwch mewn parau.

Rydych yn mynd i ddefnyddio taenlenni i archwilio dilyniannau. Peidiwch â gadael i'ch partner eich gweld yn teipio eich fformiwla, na gweld eich fformiwla ar sgrin y cyfrifiadur: cliciwch ar Gweld *(View)* yn y bar offer a gwirio nad oes tic gyferbyn â Bar Fformiwla *(Formula Bar)*.

1   Agorwch daenlen newydd.
2   Rhowch y rhif 1 yng nghell A1.
    Cliciwch ar gell A1, daliwch fotwm y llygoden i lawr a llusgo i lawr y golofn. Yna cliciwch ar Golygu *(Edit)* yn y bar offer a dewis Llenwi *(Fill)*, yna Cyfres *(Series)* i alw am y blwch deialog Cyfres *(Series)*. Gwnewch yn siŵr bod ticiau yn y blychau Colofnau a Rhesi *(Columns* a *Linear)* ac mai Gwerth y cam *(Step)* yw 1. Cliciwch *OK*.
3   Rhowch fformiwla yng nghell B1. Er enghraifft **=A1*3+5** neu **=A1^2**. Gwasgwch ENTER.
    Cliciwch ar gell B1, cliciwch ar Golygu *(Edit)* yn y bar offer a dewis Copïo *(Copy)*.
    Cliciwch ar gell B2, daliwch fotwm y llygoden i lawr a llusgo i lawr y golofn. Yna cliciwch ar Golygu *(Edit)* yn y bar offer a dewis Gludo *(Paste)*.
4   Gofynnwch i'ch partner geisio darganfod y fformiwla a chynhyrchu'r un dilyniant yng ngholofn C.

Os oes amser gennych, gallech archwilio rhai dilyniannau aflinol hefyd. Er enghraifft, bwydwch y fformiwla **=A1^2+A1**.

RYDYCH WEDI DYSGU

- bod dilyniannau yn gallu cael eu disgrifio gan restr o rifau, diagramau mewn patrwm, rheol term-i-derm (er enghraifft, $T_{n+1} = T_n + 3$ pan fo $T_1 = 4$) neu reol safle-i-derm (er enghraifft, $n$fed term $= 3n + 1$ neu $T_n = 3n + 1$)
- bod $n$fed term dilyniant llinol yn hafal i $= An + b$, os A yw'r gwahaniaeth cyffredin a b yw'r term cyntaf tynnu A
- y dilyniannau pwysig canlynol

Enw	Dilyniant	$n$fed term	Rheol term-i-derm
Eilrifau	2, 4, 6, 8, …	$2n$	Adio 2
Odrifau	1, 3, 5, 7, …	$2n - 1$	Adio 2
Lluosrifau e.e. lluosrifau 6	6, 12, 18, 24, …	$6n$	Adio 6
Pwerau 2	2, 4, 8, 16, …	2^n	Lluosi â 2
Rhifau sgwâr	1, 4, 9, 16, …	n^2	Adio 3, yna 5, yna 7, ac ati (yr odrifau)
Rhifau trionglog	1, 3, 6, 10, …	$\dfrac{n(n + 1)}{2}$	Adio 2, yna 3, yna 4, ac ati (cyfanrifau dilynol)

1 Edrychwch ar y dilyniant hwn o gylchoedd. Mae'r pedwar patrwm cyntaf yn y dilyniant wedi cael eu lluniadu.

(a) Faint o gylchoedd sydd yn y 100fed patrwm?

(b) Disgrifiwch reol ar gyfer y dilyniant hwn.

2 Dyma ddilyniant o batrymau sêr.

(a) Lluniadwch y patrwm nesaf yn y dilyniant.

(b) Heb luniadu'r patrwm, darganfyddwch nifer y sêr yn yr 8fed patrwm. Eglurwch sut y cawsoch eich ateb.

3 Mae'r rhifau mewn dilyniant yn cael eu rhoi gan y rheol hon:

Lluosi rhif y safle â 6, yna tynnu 2.

(a) Dangoswch mai term cyntaf y dilyniant yw 4.

(b) Darganfyddwch y pedwar term nesaf yn y dilyniant.

4 Darganfyddwch bedwar term cyntaf y dilyniannau sydd â'r canlynol yn $n$fed term.

(a) $5n + 2$　　　(b) $n^2 + 1$　　　(c) $90 - 2n$

5 Term cyntaf dilyniant yw 4.

Y rheol gyffredinol ar gyfer y dilyniant yw lluosi term â 2 i gael y term nesaf.

Ysgrifennwch bum term cyntaf y dilyniant hwn.

6 Darganfyddwch yr $n$fed term ym mhob un o'r dilyniannau hyn.

(a) 5, 8, 11, 14, 17, …　　　(b) 1, 7, 13, 19, 25, …　　　(c) 2, −3, −8, −13, −18, …

7 Pa rai o'r dilyniannau hyn sy'n llinol?

Darganfyddwch y ddau derm nesaf ym mhob un o'r dilyniannau llinol.

(a) 4, 9, 14, 19, …　　(b) 3, 6, 10, 15, …　　(c) 5, 10, 20, 40, …　　(ch) 12, 6, 0, −6, …

8 Yr $n$fed term mewn dilyniant yw 3^n.

(a) Ysgrifennwch bum term cyntaf y dilyniant hwn.

(b) Disgrifiwch y dilyniant hwn.

9 Lluniadwch ddiagramau addas i ddangos y pum rhif trionglog cyntaf. Ysgrifennwch y rhifau trionglog dan eich diagramau.

10 (a) Ysgrifennwch bum term cyntaf y dilyniant sydd â'i $n$fed term yn n^2.

(b) Trwy hynny, darganfyddwch $n$fed term y dilyniant canlynol.

5, 8, 13, 20, 29, …

Lluniadau

Rydych yn gwybod eisoes sut i **lunio** onglau a thrionglau.

Gallwn ddefnyddio'r sgiliau hyn mewn lluniadau eraill.

Pedwar lluniad pwysig

Mae angen gwybod sut i wneud pedwar lluniad pwysig.

Lluniad 1: Hanerydd perpendicwlar llinell

Defnyddiwn y dull canlynol i lunio **hanerydd perpendicwlar** y llinell AB ar y dudalen nesaf.

AWGRYM

Ystyr *perpendicwlar* yw 'ar ongl sgwâr i'.

Hanerydd yw rhywbeth sy'n rhannu yn 'ddwy ran hafal'.

1 Agor y cwmpas i radiws sy'n fwy na hanner hyd y llinell AB.
Rhoi pwynt y cwmpas ar A. Lluniadu un arc uwchlaw'r llinell ac un arc islaw'r llinell.

2 Cadw'r cwmpas ar agor i'r un radiws.
Rhoi pwynt y cwmpas ar B. Lluniadu dwy arc arall i dorri'r arcau cyntaf, sef P a Q.

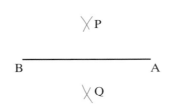

3 Uno'r pwyntiau P a Q. Mae'r llinell hon yn rhannu AB yn ddwy ran hafal ac mae ar ongl sgwâr i AB.

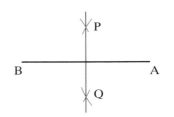

Sylwi 19.1

(a) (i) Lluniadwch driongl. Gwnewch ef yn ddigon mawr i lenwi tua hanner tudalen.
 (ii) Lluniwch hanerydd perpendicwlar pob un o'r tair ochr.
 (iii) Os ydych wedi eu llunio'n ddigon manwl gywir, dylai'r haneryddion gyfarfod ar un pwynt.
 Rhowch eich cwmpas ar y pwynt hwnnw a'r pensil ar un o gorneli'r triongl. Lluniadwch gylch.

(b) Rydych wedi lluniadu **amgylch** y triongl.
 Beth sy'n tynnu eich sylw am y cylch hwn?

Lluniad 2: Y perpendicwlar o bwynt ar linell

Defnyddiwn y dull canlynol i lunio'r perpendicwlar o bwynt P ar y llinell QR isod.

1 Agor y cwmpas i unrhyw radiws.
Rhoi pwynt y cwmpas ar P. Lluniadu arc i dorri'r llinell ar y naill ochr a'r llall i P, sef yn Q ac R.

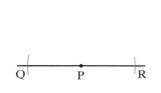

2 Agor y cwmpas i radiws mwy.
Rhoi pwynt y cwmpas ar Q. Lluniadu arc uwchlaw'r llinell.
Wedyn rhoi pwynt y cwmpas ar R a lluniadu arc arall, â'r un radiws, i dorri'r arc gyntaf yn X.

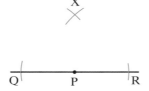

3 Uno'r pwyntiau P ac X. Mae'r llinell hon ar ongl sgwâr i'r llinell wreiddiol.

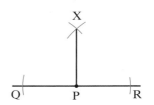

(a) Tynnwch linell â'i hyd yn 10 cm. Labelwch hi'n AB.

(b) Yn A, lluniadwch gylch â'i radiws yn 5 cm.
Labelwch y pwynt lle mae'r cylch yn croesi'r llinell yn P.

(c) Lluniwch y perpendicwlar o P.

Y perpendicwlar hwn yw'r **tangiad** i'r cylch yn P.

Lluniad 3: Y perpendicwlar o bwynt i linell

Defnyddiwn y dull canlynol i lunio'r perpendicwlar o bwynt P i'r llinell
QR isod.

1 Agor y cwmpas i unrhyw
radiws.
Rhoi'r cwmpas ar bwynt P.
Lluniadu dwy arc i dorri'r
llinell, sef yn Q ac R.

2 Cadw'r cwmpas ar agor i'r
un radiws.
Rhoi pwynt y cwmpas ar Q.
Lluniadu arc islaw'r llinell.
Wedyn rhoi pwynt y cwmpas
ar R a lluniadu arc arall i
dorri'r arc gyntaf yn X.

3 Gosod riwl ar gyfer tynnu
llinell o P i X.
Tynnu'r llinell PM.
Mae'r llinell hon ar ongl
sgwâr i'r llinell wreiddiol.

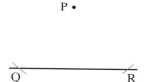

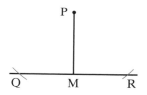

(a) (i) Tynnwch linell ar draws eich tudalen. Rhowch groes ar un ochr i'r llinell a'i
labelu'n P.

(ii) Lluniwch y perpendicwlar o P i'r llinell. Gwnewch yn siŵr eich bod yn cadw'r
cwmpas ar agor i'r un radiws drwy'r amser.
Y tro hwn cysylltwch P ag X, peidiwch â stopio ar y llinell wreiddiol.

(b) (i) Mesurwch PM ac XM.

(ii) Beth sy'n tynnu eich sylw?
Beth y gallwch chi ei ddweud am P ac X?

Lluniad 4: Hanerydd ongl

Defnyddiwn y dull canlynol i lunio hanerydd yr ongl isod.

1 Agor y cwmpas i unrhyw radiws.
Rhoi pwynt y cwmpas ar A.
Lluniadu dwy arc i dorri 'breichiau' yr ongl, sef yn P a Q.

2 Agor y cwmpas i unrhyw radiws.
Rhoi pwynt y cwmpas ar P.
Lluniadu arc y tu mewn i'r ongl.
Wedyn rhoi pwynt y cwmpas ar Q a lluniadu arc arall, â'r un radiws, i dorri'r arc gyntaf yn X.

3 Uno'r pwyntiau A ac X.
Mae'r llinell hon yn rhannu'r ongl wreiddiol yn ddwy ran hafal.

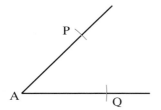

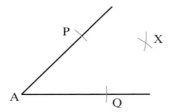

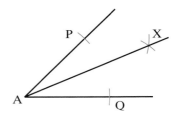

Sylwi 19.4

(a) (i) Lluniadwch driongl. Gwnewch ef yn ddigon mawr i lenwi tua hanner tudalen.

(ii) Lluniwch hanerydd pob un o'r tair ongl.

(iii) Os ydych wedi eu llunio'n ddigon manwl gywir, dylai'r haneryddion gwrdd mewn un pwynt. Labelwch y pwynt hwn yn A.
Lluniwch y perpendicwlar o A i un o ochrau'r triongl.
Labelwch y pwynt lle mae'r perpendicwlar yn cwrdd ag ochr y triongl yn B.

(iv) Rhowch bwynt y cwmpas ar A a'r pensil ar bwynt B.
Lluniadwch gylch.

(b) Rydych wedi lluniadu **mewngylch** y triongl.

(i) Beth sy'n tynnu eich sylw am y cylch hwn?

(ii) Beth y gallwch chi ei ddweud am ochr y triongl y gwnaethoch lunio'r perpendicwlar o A iddi?
Awgrym: Edrychwch ar eich diagram o Sylwi 19.2.

(iii) Beth y gallwch chi ei ddweud am y naill a'r llall o ochrau eraill y triongl?

Llunio locws

Locws yw llinell, cromlin neu ranbarth o bwyntiau sy'n bodloni rheol benodol. Lluosog locws yw **locysau** ond weithiau bydd pobl yn dweud 'loci', gan mai o'r Lladin y mae'r gair locws wedi dod.

Pedwar locws pwysig

Mae angen gwybod sut i lunio pedwar locws pwysig.

Locws 1: Locws pwyntiau sydd yr un pellter o bwynt penodol

Locws pwyntiau sy'n 2 cm o'r pwynt A isod yw cylch â'i ganol yn A a'i radiws yn 2 cm.

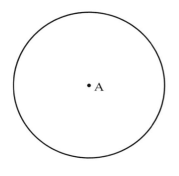

Locws 2: Locws pwyntiau sydd yr un pellter o ddau bwynt penodol

Locws pwyntiau sydd yr un pellter o'r pwyntiau A a B isod yw hanerydd perpendicwlar y llinell sy'n uno A a B.

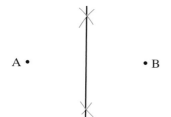

Locws 3: Locws pwyntiau sydd yr un pellter o ddwy linell benodol sy'n croestorri

Locws pwyntiau sydd yr un pellter o'r llinellau AB ac AC isod yw hanerydd yr ongl BAC.

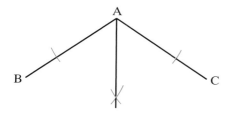

Profi 19.1

(a) Profwch fod locws 2 yn gweithio.

(b) Profwch fod locws 3 yn gweithio.

Locws 4: Locws pwyntiau sydd yr un pellter o linell benodol

Locws pwyntiau sy'n 3 cm o'r llinell AB isod yw pâr o
linellau sy'n baralel i AB ac sy'n 3 cm o'r llinell ar y naill
ochr a'r llall iddi; ar ddau ben y llinell mae hanner cylch
â chanol A neu B a'i radiws yn 3 cm.

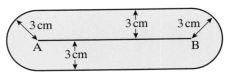

Gallwn ddefnyddio lluniadau a locysau i ddatrys problemau hefyd.

ENGHRAIFFT 19.1

Y pellter rhwng dwy dref, P a Q, yw 5 km.
Mae Gerallt yn byw yn union yr un pellter o P ag o Q.
(a) Lluniwch y locws i ddangos lle gallai Gerallt fod yn byw. Defnyddiwch y raddfa 1 cm i 1 km.

Mae ysgol Gerallt yn agosach at P nag yw at Q.
(b) Lliwiwch y rhanbarth lle gallai ysgol Gerallt fod.

Datrysiad

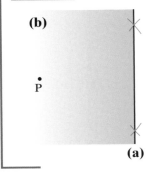

Y locws ar gyfer lle gallai Gerallt fod yn byw yw
hanerydd perpendicwlar y llinell sy'n uno P a Q.

Mae unrhyw bwynt i'r chwith o'r llinell a dynnoch yn
rhan **(a)** yn agosach at bwynt P nag yw at bwynt Q.
Mae unrhyw bwynt i'r dde o'r llinell yn agosach at
bwynt Q nag yw at bwynt P.

ENGHRAIFFT 19.2

Mae golau diogelwch yn sownd wrth wal.
Mae'r golau'n goleuo ardal hyd at 20 m.

Lluniwch y rhanbarth sy'n cael ei oleuo gan y golau. Defnyddiwch y raddfa 1 cm i 5 m.

Datrysiad

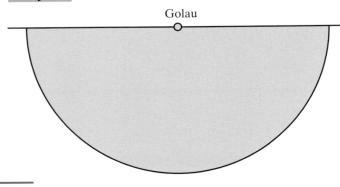

Cofiwch nad yw'r golau yn gallu
goleuo'r ardal sydd y tu ôl i'r wal.

Mae'r diagram yn dangos porthladd, P, a chreigiau.

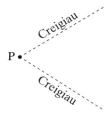

Er mwyn gadael y porthladd yn ddiogel, rhaid i gwch gadw'r un pellter o'r naill set o greigiau a'r llall.

Copïwch y diagram a lluniwch lwybr cwch o'r porthladd.

Datrysiad

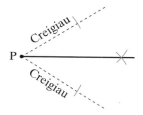

1 Lluniwch locws pwyntiau sy'n llai na 5 cm o bwynt sefydlog A.

2 Y pellter rhwng dwy graig yw 100 m.
Mae cwch yn hwylio rhwng y creigiau yn y fath ffordd fel ei fod bob amser yr un pellter o'r naill graig a'r llall.
Lluniwch locws llwybr y cwch.
Defnyddiwch y raddfa 1 cm i 20 m.

3 Yn un o gaeau ffermwr mae coeden sydd yn 60 m o berth hir.
Mae'r ffermwr yn penderfynu adeiladu ffens rhwng y goeden a'r berth.
Rhaid i'r ffens fod mor fyr ag sy'n bosibl.
Gwnewch luniad wrth raddfa o'r goeden a'r berth.
Lluniwch y locws ar gyfer lle mae'n rhaid adeiladu'r ffens.
Defnyddiwch y raddfa 1 cm i 10 m.

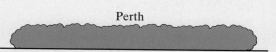

4 Lluniadwch ongl o 60°.
Lluniwch hanerydd yr ongl.

5 Lluniadwch sgwâr, ABCD, â'i ochrau'n 5 cm.
Lluniwch locws y pwyntiau y tu mewn i'r sgwâr sy'n llai na 3 cm o gornel C.

6 Mae sied betryal yn mesur 4 m wrth 2 m.
Mae llwybr, sydd â'i led yn 1 m ac sy'n berpendicwlar
i'r sied, i gael ei adeiladu o ddrws y sied.
Lluniwch y locws sy'n dangos ymylon y llwybr.
Defnyddiwch y raddfa 1 cm i 1 m.

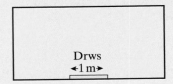

7 Lluniwch gwmpawd fel yr un sydd gyferbyn.
- Lluniadwch gylch â'i radiws yn 4 cm.
- Lluniadwch ddiamedr llorweddol y cylch.
- Lluniwch hanerydd perpendicwlar y diamedr.
- Hanerwch bob un o'r pedair ongl.

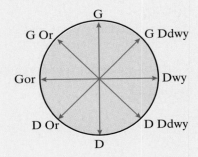

8 Tynnwch linell â'i hyd yn 7 cm.
Lluniwch ranbarth y pwyntiau sy'n llai na 3 cm o'r llinell.

9 Lluniwch driongl ABC lle mae AB = 8 cm, AC = 7 cm a BC = 6 cm.
Lliwiwch locws y pwyntiau y tu mewn i'r triongl sy'n agosach at AB nag ydynt at AC.

10 Mae perchennog parc thema yn penderfynu adeiladu ffos â'i lled yn 20 m o amgylch castell.
Mae'r castell yn betryal sydd â'i hyd yn 80 m a'i led yn 60 m.
Lluniadwch yn fanwl gywir amlinelliad o'r castell a'r ffos.

Her 19.1

Brasluniwch locws pob un o'r canlynol.

(a) Blaen bys awr cloc.

(b) Pêl sy'n cael ei thaflu i fyny yn fertigol.

(c) Pêl sy'n cael ei thaflu ar ongl.

(ch) Canol olwyn beic wrth i'r beic gael ei reidio ar hyd ffordd wastad.

(d) Hoelen sy'n sownd yn nheiar beic wrth i'r beic gael ei reidio ar hyd ffordd wastad.

(dd) Dolen drws wrth i'r drws agor.

(e) Ymyl isaf drws garej sy'n ddrws 'codi drosodd' wrth iddo gael ei agor.

Locysau sy'n croestorri

Yn aml bydd locws yn cael ei ddiffinio gan fwy nag un rheol.

ENGHRAIFFT 19.4

Y pellter rhwng dau bwynt, P a Q, yw 5 cm.
Darganfyddwch locws y pwyntiau sy'n llai
na 3 cm o P ac sy'n gytbell o P a Q.

> **AWGRYM**
>
> Ystyr *cytbell* yw 'yr un pellter'.

Datrysiad

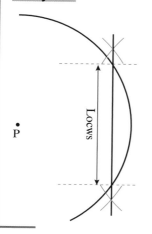

Mae locws y pwyntiau sy'n llai na 3 cm o P
o fewn cylch â'i ganol yn P a'i radiws yn
3 cm.

Locws y pwyntiau sy'n gytbell o P a Q yw
hanerydd perpendicwlar y llinell sy'n uno
P a Q.

Mae'r pwyntiau sy'n bodloni'r ddwy reol
i'w cael o fewn y cylch *ac* ar y llinell.

ENGHRAIFFT 19.5

Hyd gardd betryal yw 25 m a'i lled yw 15 m.
Mae coeden i gael ei phlannu yn yr ardd yn y fath ffordd fel ei bod
yn fwy na 2.5 m o'r ffin ac yn llai na 10 m o'r gornel dde-orllewinol.
Gan ddefnyddio'r raddfa 1 cm i 5 m, gwnewch luniad wrth raddfa o'r
ardd a darganfyddwch y rhanbarth lle mae'r goeden yn gallu cael ei phlannu.

Datrysiad

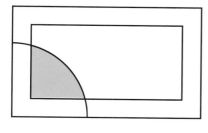

Lluniadwch betryal sy'n mesur 5 cm wrth 3 cm i
gynrychioli'r ardd.

Locws y pwyntiau sy'n fwy na 2.5 m o'r ffin yw petryal llai y
tu mewn i'r petryal cyntaf. Mae pob un o ochrau'r petryal
lleiaf 0.5 cm y tu mewn i ochrau'r petryal mwyaf.

Locws y pwyntiau sy'n llai na 10 m o'r gornel dde-
orllewinol yw arc sydd â chornel y petryal mwyaf yn ganol
iddi a'i radiws yn 2 cm.

Mae'r pwyntiau sy'n bodloni'r ddwy reol i'w cael o fewn y
petryal lleiaf *a'r* arc.

1 Lluniadwch bwynt a'i labelu'n A.
Lluniwch ranbarth y pwyntiau sy'n fwy na 3 cm o A ond sy'n llai na 6 cm o A.

2 Y pellter rhwng dwy dref, P a Q, yw 7 km.
Mae Angharad yn dymuno prynu tŷ sydd o fewn 5 km i P ac sydd hefyd o fewn 4 km i Q.
Gwnewch luniad wrth raddfa i ddangos y rhanbarth lle gallai Angharad brynu tŷ.
Defnyddiwch y raddfa 1 cm i 1 km.

3 Lluniadwch sgwâr ABCD â'i ochrau'n 5 cm.
Darganfyddwch ranbarth y pwyntiau sy'n fwy na 3 cm o AB ac AD.

4 Mae Steffan yn defnyddio hen fap i ddod o hyd i drysor.
Mae'n chwilio mewn darn petryal o dir, EFGH, sy'n
mesur 8 m wrth 5 m.
Yn ôl y map mae'r trysor wedi ei guddio 6 m o E ar
linell sy'n gytbell o F ac H.
Gan ddefnyddio'r raddfa 1 cm i 1m, gwnewch luniad
wrth raddfa i ddangos lleoliad y trysor.
Defnyddiwch y llythyren T i farcio'r safle lle mae'r
trysor wedi ei guddio.

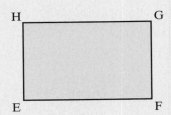

5 Lluniadwch driongl ABC gydag AB = 11 cm, AC = 7 cm a BC = 9 cm.
Lluniwch locws y pwyntiau, y tu mewn i'r triongl, sy'n agosach at AB nag ydynt at AC ac
sy'n gytbell o A a B.

6 Mae'r diagram yn dangos cornel adeilad fferm, sy'n sefyll
mewn cae.
Mae asyn wedi ei glymu ym mhwynt D â rhaff. Hyd y rhaff yw 5 m.
Lliwiwch y rhanbarth o'r cae lle mae'r asyn yn gallu pori.

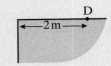

7 Mae merch yn llywio llong ac yn cael ei llongddryllio yn y nos.
Mae hi 140 m o'r arfordir syth. Mae hi'n nofio'n syth am yr arfordir.

(a) Gwnewch luniad wrth raddfa o'i llwybr nofio.

Mae gwyliwr y glannau yn sefyll ar y traeth yn yr union le y bydd y forwraig yn glanio.
Mae ganddo chwilolau sy'n gallu goleuo hyd at bellter o 50 m.

(b) Marciwch ar eich diagram y rhan o lwybr nofio'r forwraig fydd yn cael ei goleuo.

8 Mae safleoedd tair gorsaf radio, A, B ac C, yn ffurfio triongl yn y fath ffordd fel bod
AB = 7 km, BC = 9.5 km ac ongl ABC = 90°.
Mae'r signal o bob gorsaf radio yn gallu cael ei dderbyn hyd at 5 km i ffwrdd.
Gwnewch luniad wrth raddfa i ddangos lleoliad y rhanbarth lle nad yw'n bosibl derbyn
signal unrhyw un o'r tair gorsaf radio.

9 Mae gardd betryal yn mesur 20 m wrth 14 m.

Mae wal y tŷ ar hyd un o ochrau byrraf yr ardd.

Mae Rhys yn mynd i blannu coeden. Rhaid iddi fod yn fwy na 10 m o'r tŷ a mwy nag 8 m o unrhyw gornel o'r ardd.

Darganfyddwch y rhanbarth o'r ardd lle mae'r goeden yn gallu cael ei phlannu.

10 Y pellter rhwng dwy dref, H a K, yw 20 milltir.

Mae canolfan hamdden newydd i gael ei hadeiladu o fewn 15 milltir i H, ond yn agosach at K nag at H.

Gan ddefnyddio'r raddfa 1 cm i 5 milltir, lluniadwch ddiagram i ddangos lle y gallai'r ganolfan hamdden gael ei hadeiladu.

Her 19.2

(a) Disgrifiwch y locws 3-D sy'n cael ei gynhyrchu pan fydd pob un o'r siapiau 2-D canlynol yn cael ei gylchdroi 360° o amgylch yr ymyl XY.

(i)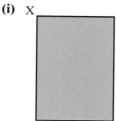

(ii)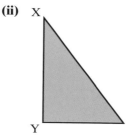

(iii)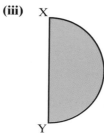

(b) Mewn 3-D, y pellter rhwng y pwyntiau P a Q yw 16 cm.

   (i) Disgrifiwch locws 3-D pwynt sy'n 10 cm o P bob amser.

   (ii) Disgrifiwch locws pwynt sy'n 10 cm o P a 10 cm o Q bob amser.

RYDYCH WEDI DYSGU

- sut i lunio hanerydd perpendicwlar llinell
- sut i lunio'r perpendicwlar o bwynt ar linell
- sut i lunio'r perpendicwlar o bwynt i linell
- sut i lunio hanerydd ongl
- mai locws pwyntiau sydd yr un pellter o bwynt penodol yw cylch
- mai locws pwyntiau sydd yr un pellter o ddau bwynt yw hanerydd perpendicwlar y llinell sy'n uno'r ddau bwynt
- mai locws pwyntiau sydd yr un pellter o ddwy linell sy'n croestorri yw hanerydd yr ongl y mae'r ddwy linell yn ei ffurfio
- bod rhaid i rai locysau fodloni mwy nag un rheol

1 Lluniadwch ongl o 100°.
  Lluniwch hanerydd yr ongl.

2 Tynnwch linell â'i hyd yn 8 cm.
  Lluniwch locws y pwyntiau sydd yr un pellter o ddau ben y llinell.

3 Tynnwch linell â'i hyd yn 7 cm.
  Lluniwch locws y pwyntiau sy'n 3 cm o'r llinell hon.

4 Lluniadwch y triongl ABC lle mae AB = 9 cm, BC = 8 cm ac CA = 6 cm.
  Lluniwch y llinell berpendicwlar o C i AB.
  Mesurwch hyd y llinell hon a thrwy hynny cyfrifwch arwynebedd y triongl.

5 Lluniadwch y petryal PQRS lle mae PQ = 8 cm a QR = 5 cm.
  Lliwiwch ranbarth y pwyntiau sy'n agosach at QP nag ydynt at QR.

6 Y pellter rhwng dwy orsaf radio yw 40 km. Gall pob gorsaf drosglwyddo signalau hyd at
  30 km.
  Gwnewch luniad wrth raddfa i ddangos y rhanbarth sy'n gallu derbyn signalau o'r ddwy
  orsaf radio.

7 Mae gardd yn betryal ABCD lle mae AB = 5 m a BC = 3 m.
  Mae coeden yn cael ei phlannu fel ei bod o fewn 5 m i A ac o fewn 3 m i C.
  Dangoswch y rhanbarth lle y gallai'r goeden gael ei phlannu.

8 Lluniadwch driongl EFG lle mae EF = 8 cm, EG = 6 cm ac ongl E = 70°.
  Lluniwch y pwynt sy'n gytbell o F ac G ac sydd hefyd yn 5 cm o G.

9 Mae lawnt yn sgwâr â'i ochrau'n 5 m.
  Mae ysgeintell dŵr yn cwmpasu cylch â'i radiws yn 3 m.
  Os bydd y garddwr yn rhoi'r ysgeintell ym mhob cornel yn ei thro, a fydd y lawnt gyfan
  yn cael ei dyfrhau?

10 Mae'r garddwr yng nghwestiwn 9 yn rhoi benthyg ei ysgeintell i gymdoges.
   Mae gan y gymdoges ardd fawr gyda lawnt betryal sy'n mesur 10 m wrth 8 m.
   Mae hi'n symud yr ysgeintell yn araf o amgylch ymyl y lawnt. Lluniadwch ddiagram wrth
   raddfa i ddangos y rhanbarth o'r lawnt a fydd yn cael ei ddyfrhau.

20 → DATRYS PROBLEMAU

Trefn gweithrediadau

Mae cyfrifiannell yn dilyn y drefn gweithrediadau gywir bob amser. Mae hynny'n golygu ei fod yn trin unrhyw gromfachau gyntaf, wedyn pwerau (fel sgwario), wedyn lluosi a rhannu, ac yn olaf adio a thynnu.

Os byddwn eisiau newid y drefn arferol o wneud pethau bydd angen rhoi cyfarwyddiadau gwahanol i'r cyfrifiannell.

Weithiau y ffordd hawsaf o wneud hyn yw gwasgu'r botwm $=$ yn ystod cyfrifiad. Mae'r enghraifft ganlynol yn dangos hyn.

ENGHRAIFFT 20.1

Cyfrifwch $\dfrac{5.9 + 3.4}{3.1}$.

Datrysiad

Mae angen cyfrifo'r adio gyntaf.

Gwasgwch $\boxed{5}\boxed{.}\boxed{9}\boxed{+}\boxed{3}\boxed{.}\boxed{4}\boxed{=}$.

Dylech weld 9.3.

Nawr gwasgwch $\boxed{\div}\boxed{3}\boxed{.}\boxed{1}\boxed{=}$.

Yr ateb yw 3.

Defnyddio cromfachau

Weithiau mae angen ffyrdd eraill o newid y drefn gweithrediadau.

Er enghraifft, yn y cyfrifiad $\dfrac{5.52 + 3.45}{2.3 + 1.6}$, mae angen adio 5.52 + 3.45, yna adio 2.3 + 1.6 cyn rhannu.

Un ffordd o wneud hyn yw ysgrifennu'r atebion i'r ddau gyfrifiad adio ac yna rhannu.

$$\frac{5.52 + 3.45}{2.3 + 1.6} = \frac{8.97}{3.9} = 2.3$$

Ffordd fwy effeithlon o'i wneud yw defnyddio cromfachau.

Gallwn wneud y cyfrifiad fel $(5.52 + 3.45) \div (2.3 + 1.6)$.

Rydym yn gwasgu'r botymau yn y drefn hon.

$\boxed{(}\boxed{5}\boxed{.}\boxed{5}\boxed{2}\boxed{+}\boxed{3}\boxed{.}\boxed{4}\boxed{5}\boxed{)}\boxed{\div}\boxed{(}\boxed{2}\boxed{.}\boxed{3}\boxed{+}\boxed{1}\boxed{.}\boxed{6}\boxed{)}\boxed{=}$

Prawf sydyn 20.1

Bwydwch y dilyniant uchod i gyfrifiannell a gwiriwch eich bod yn cael 2.3.

ENGHRAIFFT 20.2

Defnyddiwch gyfrifiannell i gyfrifo'r rhain heb ysgrifennu'r atebion i'r camau canol.

(a) $\sqrt{5.2 + 2.7}$

(b) $\dfrac{5.2}{3.7 \times 2.8}$

(a) Mae angen cyfrifo 5.2 + 2.7 cyn darganfod yr ail isradd.
Rhaid defnyddio cromfachau fel y bydd yr adio'n cael ei wneud gyntaf.
$\sqrt{(5.2 + 2.7)} = 2.811$ yn gywir i 3 lle degol.

(b) Mae angen cyfrifo 3.7 × 2.8 cyn gwneud y rhannu.
Rhaid defnyddio cromfachau fel y bydd y lluosi'n cael ei wneud gyntaf.
$5.2 \div (3.7 \times 2.8) = 0.502$ yn gywir i 3 lle degol.

YMARFER 20.1

Cyfrifwch y rhain ar gyfrifiannell heb ysgrifennu'r atebion i'r camau canol.
Os na fydd yr atebion yn union, rhowch nhw yn gywir i 2 le degol.

1 $\dfrac{5.2 + 10.3}{3.1}$

2 $\dfrac{127 - 31}{25}$

3 $\dfrac{9.3 + 12.3}{8.2 - 3.4}$

4 $\sqrt{15.7 - 3.8}$

5 $6.2 + \dfrac{7.2}{2.4}$

6 $(6.2 + 1.7)^2$

7 $\dfrac{5.3}{2.6 \times 1.7}$

8 $\dfrac{2.6^2}{1.7 + 0.82}$

9 $2.8 \times (5.2 - 3.6)$

10 $\dfrac{6.2 \times 3.8}{22.7 - 13.8}$

11 $\dfrac{5.3}{\sqrt{6.2 + 2.7}}$

12 $\dfrac{5 + \sqrt{25 + 12}}{6}$

Amcangyfrif a gwirio

Sylwi 20.1

Heb gyfrifo'r rhain, nodwch ar bapur a yw pob un yn gywir ai peidio.
Rhowch eich rhesymau dros bob ateb.

(a) 1975 × 43 = 84 920

(b) 697 × 0.72 = 5018.4

(c) 3864 ÷ 84 = 4.6

(ch) 19 × 37 = 705

(d) 306 ÷ 0.6 = 51

(dd) 6127 × 893 = 54 714.11

Cymharwch eich atebion â gweddill y dosbarth.

A wnaethoch chi i gyd ddefnyddio'r un rhesymau bob tro?

A gafodd unrhyw un syniadau nad oeddech chi wedi eu hystyried ac sydd, yn eich barn chi, yn gweithio'n dda?

Mae nifer o ffeithiau y gallwch eu defnyddio i wirio cyfrifiad.

- odrif × odrif = odrif, eilrif × odrif = eilrif, eilrif × eilrif = eilrif
- Bydd rhif sy'n cael ei luosi â 5 yn terfynu â 0 neu 5
- Mae'r digid olaf mewn lluosiad yn dod o luosi digidau olaf y rhifau
- Mae lluosi â rhif rhwng 0 ac 1 yn gwneud y rhif gwreiddiol yn llai
- Mae rhannu â rhif sy'n fwy nag 1 yn gwneud y rhif gwreiddiol yn llai
- Mae cyfrifo amcangyfrif trwy dalgrynnu'r rhifau i 1 ffigur ystyrlon yn dangos a yw'r ateb o'r maint cywir

Wrth wirio cyfrifiad, mae tair prif strategaeth y gallwch eu defnyddio.

- Synnwyr cyffredin
- Amcangyfrifon
- Gweithrediadau gwrthdro

Yn aml mae defnyddio **synnwyr cyffredin** yn wiriad cyntaf da; ydy'r ateb tua'r maint roeddech yn ei ddisgwyl?

Efallai eich bod yn defnyddio **amcangyfrifon** yn barod wrth siopa, er mwyn gwneud yn siŵr bod gennych ddigon o arian a gweld eich bod yn cael y newid cywir.

AWGRYM

Ewch i'r arfer o wirio'ch atebion i gyfrifiadau wrth ddatrys problemau, i weld a yw'r ateb yn gwneud synnwyr.

ENGHRAIFFT 20.3

Amcangyfrifwch gost pum cryno ddisg sy'n £5.99 yr un a dau DVD sy'n £14.99 yr un.

Datrysiad

Cryno ddisgiau: 5 × 6 = 30   Gwahanwch y cyfrifiad yn ddwy ran a
DVDau: 2 × 15 = 30   thalgrynnwch y rhifau i 1 ffigur ystyrlon

Cyfanswm = 30 + 30
        = £60

ENGHRAIFFT 20.4

Amcangyfrifwch yr ateb i $\dfrac{\sqrt{394} \times 3.7}{49.2}$.

Datrysiad

$$\frac{\sqrt{394} \times 3.7}{49.2} \approx \frac{\sqrt{400} \times 4}{50}$$

$$= \frac{20 \times 4}{50}$$

$$= \frac{80}{50}$$

$$= \frac{8}{5}$$

$$= 1.6$$

AWGRYM

Ystyr $\approx$ yw 'yn fras hafal i'

Gall **gweithrediadau gwrthdro** fod yn arbennig o ddefnyddiol pan fyddwch yn cyfrifo â chyfrifiannell ac yn dymuno gwirio eich bod wedi gwasgu'r botymau cywir y tro cyntaf.

Er enghraifft, i wirio'r cyfrifiad $920 \div 64 = 14.375$, gallwch wneud $14.375 \times 64 = 920$.

Manwl gywirdeb atebion

Weithiau, bydd cwestiwn yn gofyn am ateb **i fanwl gywirdeb penodol**: er enghraifft, i dalgrynnu ateb i 3 lle degol.

Dro arall, bydd cwestiwn yn gofyn am ateb **i fanwl gywirdeb priodol**. Gwelsoch ym Mhennod 16 na ddylai ateb gael ei roi â mwy o fanwl gywirdeb na'r gwerthoedd sy'n cael eu defnyddio yn y cyfrifiad.

ENGHRAIFFT 20.5

Cyfrifwch hyd hypotenws triongl ongl sgwâr, o wybod bod hyd y ddwy ochr arall yn 4.2 cm a 5.8 cm.

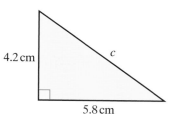

4.2 cm

c

5.8 cm

Datrysiad

Gan ddefnyddio theorem Pythagoras

$c^2 = 4.2^2 + 5.8^2$

$c^2 = 51.28$

$c = \sqrt{51.28}$

$c = 7.161\ 005 \ldots$

$c = 7.2$ cm (i 1 lle degol)

Her 20.1

Yn Enghraifft 20.5, cafodd yr ateb ei roi i 1 lle degol, sef i'r milimetr agosaf.

Meddyliwch am sefyllfa lle byddai'n fwyaf priodol rhoi'r ateb yn gywir

(a) i 2 le degol.

(b) i'r 100 agosaf.

YMARFER 20.2

Peidiwch â defnyddio cyfrifiannell i ateb cwestiynau **1** i **4**.

1 Mae'r cyfrifiadau hyn i gyd yn anghywir. Gallwch weld hynny yn fuan heb eu cyfrifo.
Ar gyfer pob un, rhowch reswm pam mae'n anghywir.
   (a) $6.3 \times -5.1 = 32.13$ **(b)** $8.7 \times 0.34 = 29.58$
   (c) $3.7 \times 60 = 22.2$ **(ch)** $\sqrt{62.41} = 8.9$

2 Mae'r cyfrifiadau hyn i gyd yn anghywir. Gallwch weld hynny yn fuan heb eu cyfrifo.
Ar gyfer pob un, rhowch reswm pam mae'n anghywir.
   (a) $5.4 \div 0.9 = 60$ **(b)** $-7.2 \div -0.8 = -9$
   (c) $5.7^2 = 44.89$ **(ch)** $13.8 + 9.3 = 22.4$

3 Amcangyfrifwch yr ateb i bob un o'r cyfrifiadau hyn. Dangoswch eich gwaith cyfrifo.
   (a) 972×18 **(b)** 0.39^2 **(c)** $-19.6 \div 5.2$

4 Amcangyfrifwch yr ateb i bob un o'r cyfrifiadau hyn. Dangoswch eich gwaith cyfrifo.
   (a) Cost 7 cryno ddisg sy'n £8.99 yr un.
   (b) Cost 29 tocyn theatr sy'n £14.50 yr un.
   (c) Cost 3 pryd o fwyd sy'n £5.99 yr un a 3 diod sy'n £1.95 yr un.

Cewch ddefnyddio cyfrifiannell i ateb cwestiynau **5** i **9**.

5 Defnyddiwch weithrediadau gwrthdro i wirio'r cyfrifiadau hyn.
Ysgrifennwch y gweithrediadau a ddefnyddiwch.
   (a) $762.5 \times 81.4 = 62\,067.5$ **(b)** $38.3^2 = 1466.89$
   (c) $66.88 \div 3.8 = 17.6$ **(ch)** $69.1 \times 4.3 - 18.2 = 278.93$

6 Cyfrifwch y rhain. Talgrynnwch eich atebion i 2 le degol.

   (a) $(48.2 - 19.5) \times 16.32$ **(b)** $\dfrac{14.6 + 17.3}{13.8 \times 0.34}$

7 Cyfrifwch y rhain. Talgrynnwch eich atebion i 3 lle degol.

   (a) $\dfrac{47.3}{6.9 - 3.16}$ **(b)** $\dfrac{17.6^3 \times 94.1}{572}$

8 Cyfrifwch y rhain. Talgrynnwch eich atebion i 1 lle degol.

   (a) 6.3×9.7 **(b)** 57×0.085

9 **(a)** Defnyddiwch dalgrynnu i 1 ffigur ystyrlon i amcangyfrif yr ateb i bob un o'r cyfrifiadau hyn. Dangoswch eich gwaith cyfrifo.

   (b) Defnyddiwch gyfrifiannell i ddarganfod yr ateb cywir i bob un o'r cyfrifiadau hyn. Lle bo'n briodol, talgrynnwch eich ateb i fanwl gywirdeb priodol.

     (i) 39.2^3 **(ii)** 18.4×0.19

     (iii) $\sqrt{7.1^2 - 3.9^2}$ **(iv)** $\dfrac{11.6 + 30.2}{0.081}$

Mesurau cyfansawdd

Ym Mhennod 16 dysgoch am ddau **fesur cyfansawdd**, sef **buanedd** a **dwysedd**. Mesur cyfansawdd arall y byddwch yn debygol o'i weld yw **dwysedd poblogaeth**.

ENGHRAIFFT 20.6

(a) Yn 2003 cafodd ffigurau eu cyhoeddi a oedd yn dangos bod tua 116 600 o bobl yn byw yng Ngwynedd. Arwynebedd Gwynedd yw 2535 km². Cyfrifwch ddwysedd poblogaeth Gwynedd yn 2003.

(b) Y ffigurau cyfatebol ar gyfer Bro Morgannwg oedd tua 120 000 o bobl ac arwynebedd o 331 km². Cyfrifwch ddwysedd poblogaeth Bro Morgannwg yn 2003.

(c) Rhowch sylwadau ar eich atebion i rannau **(a)** a **(b)**.

Datrysiad

(a) Dwysedd poblogaeth $= \dfrac{\text{Poblogaeth}}{\text{Arwynebedd}}$

    Dwysedd poblogaeth Gwynedd $= \dfrac{116\,600}{2\,535}$

                                   $= 45.996 \ldots$

                                   $= 46$ o bobl am bob km²

                                     (i'r rhif cyfan agosaf)

(b) Dwysedd poblogaeth Bro Morgannwg $= \dfrac{120\,000}{331}$

                $= 362.537 \ldots$

                $= 363$ o bobl am bob km² (i'r rhif cyfan agosaf)

(c) Mae dwysedd poblogaeth Bro Morgannwg bron 8 gwaith cymaint â dwysedd poblogaeth Gwynedd. Mae hyn yn adlewyrchu natur drefol Bro Morgannwg yn gyffredinol o'i chymharu â natur fwy gwledig Gwynedd.

Peidiwch ag anghofio mai ffigurau cyfartalog yw ystadegau fel dwysedd poblogaeth. Yn y ddwy ardal mae yna drefi sydd â phoblogaeth sylweddol, ond yn gyffredinol mae poblogaeth Bro Morgannwg yn fwy dwys na phoblogaeth Gwynedd.

O'r rhyngrwyd neu rywle arall, darganfyddwch boblogaeth ac arwynebedd eich tref/pentref chi.

Cyfrifwch ddwysedd poblogaeth eich ardal chi.

Cymharwch ddwysedd poblogaeth dau le gwahanol yn lleol – efallai tref â phentref, neu'r naill neu'r llall o'r rhain â dinas.

Amser

Wrth ddatrys problemau sy'n cynnwys mesurau, gwnewch yn siŵr eich bod yn gwirio pa unedau rydych yn eu defnyddio. Efallai y bydd angen i chi drawsnewid rhwng unedau.

ENGHRAIFFT 20.7

Mae trên yn teithio ar 18 metr yr eiliad.
Cyfrifwch ei fuanedd mewn cilometrau yr awr.

Datrysiad

18 metr yr eiliad = 18 × 60 metr y munud   1 munud = 60 eiliad
                   = 18 × 60 × 60 metr yr awr   1 awr = 60 munud
                   = 64 800 metr yr awr
                   = 64.8 km/awr   1 km = 1000 m

ENGHRAIFFT 20.8

Mae Pat yn mynd ar ei gwyliau. Mae tair rhan i'w thaith.
Mae'r rhannau'n cymryd 3 awr 43 munud, 1 awr 29 munud a 4 awr 17 munud.
Faint o amser y mae ei thaith gyfan yn ei gymryd?

Datrysiad

Adiwch yr oriau a'r munudau ar wahân.
3 + 1 + 4 = 8 awr
43 + 29 + 17 = 89 munud

89 munud = 1 awr 29 munud   Mae 60 munud mewn 1 awr

8 awr + 1 awr 29 munud = 9 awr 29 munud

AWGRYM

Byddwch yn ofalus wrth ddefnyddio cyfrifiannell i ddatrys problemau amser.
Er enghraifft, nid yw 3 awr 43 munud yn 3.43 awr, gan mai 60 munud sydd mewn awr, nid 100.
Mae'n fwy diogel adio'r munudau ar wahân, fel yn Enghraifft 20.8.

ENGHRAIFFT 20.9

Mae Penri'n teithio 48 milltir ar fuanedd cyfartalog o 30 milltir yr awr.
Faint o amser y mae ei daith yn ei gymryd? Rhowch eich ateb mewn oriau a munudau.

Datrysiad

$$\text{Amser} = \frac{\text{Pellter}}{\text{Buanedd}}$$

$$= \frac{48}{30} = 1.6 \text{ awr}$$

0.6 awr $= 0.6 \times 60$ munud
$\qquad\quad = 36$ munud

Felly mae taith Penri yn cymryd 1 awr 36 munud.

Sylwi 20.2

Mae gan rai cyfrifianellau fotwm $\boxed{\text{'''}}$. Gallwch ddefnyddio hwn ar gyfer gweithio gydag amser ar y cyfrifiannell.

Os yw eich ateb i ryw gwestiwn yn ymddangos mewn oriau ond mae eich cyfrifiannell yn dangos degolyn, gallwch ei newid yn oriau a munudau trwy bwyso $\boxed{\text{'''}}$ ac yna'r botwm $\boxed{=}$.

I newid amser mewn oriau a munudau yn ôl yn amser degol, defnyddiwch y botwm $\boxed{\text{SHIFT}}$.

Fel arfer y botwm $\boxed{\text{SHIFT}}$ yw'r un uchaf ar y chwith ar y cyfrifiannell, ond gallai gael ei alw'n rhywbeth arall.

I fwydo'r amser 8 awr 32 munud i'r cyfrifiannell, gwasgwch y dilyniant hwn o fotymau.

$\boxed{8}\ \boxed{\text{'''}}\ \boxed{3}\ \boxed{2}\ \boxed{\text{'''}}\ \boxed{=}$

Dylai'r sgrin edrych fel hyn. $\boxed{8° \ 32° \ 0}$

Efallai yr hoffech arbrofi â'r botwm hwn a dysgu sut i'w ddefnyddio i fwydo amserau i'r cyfrifiannell a'u trawsnewid.

Datrys problemau

Wrth ddatrys problem, rhannwch y gwaith yn gamau.

Darllenwch y cwestiwn yn ofalus ac yna gofynnwch y cwestiynau hyn i chi eich hun.
- Beth mae'r cwestiwn yn gofyn i mi ei ddarganfod?
- Pa wybodaeth sydd gen i?
- Pa ddulliau y gallaf eu defnyddio?

Os na allwch weld ar unwaith sut i ddarganfod yr hyn sydd ei angen, gofynnwch i'ch hun beth y gallwch chi ei ddarganfod â'r wybodaeth sydd gennych. Yna, o ystyried yr wybodaeth honno, gofynnwch beth y gallwch chi ei ddarganfod sy'n berthnasol.

Mae llawer o'r problemau cymhleth a wynebwn o ddydd i ddydd yn ymwneud ag arian. Er enghraifft, rhaid i bobl dalu **treth incwm**. Mae hon yn cael ei chyfrifo ar sail canran o'r hyn rydych chi'n ei ennill.

Mae gan bawb hawl i lwfans personol (incwm na chaiff ei drethu). Ar gyfer y flwyddyn dreth 2004–2005 roedd hwnnw'n £4745.

Y term am incwm sy'n fwy na'r lwfans personol yw incwm trethadwy ac mae hwnnw'n cael ei drethu ar wahanol raddfeydd. Ar gyfer y flwyddyn dreth 2004–2005 roedd y cyfraddau fel a ganlyn.

Haenau treth		Incwm trethadwy (£)
Cyfradd gychwynnol	10%	0–2020
Cyfradd sylfaenol	22%	2021–31 400
Cyfradd uwch	40%	dros 31 400

ENGHRAIFFT 20.10

Yn y flwyddyn dreth 2004–2005, enillodd Siriol £28 500. Cyfrifwch faint o dreth roedd rhaid iddi ei thalu.

Datrysiad

Incwm trethadwy = £28 500 − £4745 = £23 755

Yn gyntaf tynnwch y lwfans personol o gyfanswm incwm Siriol i ddarganfod ei hincwm trethadwy.

Treth sy'n daladwy ar y gyfradd gychwynnol
= 10% o £2020
= 0.1 × £2020
= £202

Cyfrifwch y dreth y mae'n rhaid i Siriol ei thalu ar y £2020 cyntaf o'i hincwm trethadwy.

Incwm i'w drethu ar y gyfradd sylfaenol
= £23 755 − £2020
= £21 735

Mae incwm trethadwy Siriol yn llai na £31 400. Felly bydd gweddill ei hincwm trethadwy i gyd yn cael ei drethu ar y gyfradd sylfaenol, sef 22%. I gyfrifo'r swm sydd i gael ei drethu ar y gyfradd hon, tynnwch y £2020 sydd ar y gyfradd gychwynnol o gyfanswm incwm trethadwy Siriol.

Treth sy'n daladwy ar y gyfradd sylfaenol
= 22% o £21 735
= 0.22 × £21 735
= £4781.70

Cyfrifwch y dreth y mae'n rhaid i Siriol ei thalu ar y £21 735 sy'n weddill o'i hincwm trethadwy.

Cyfanswm y dreth sy'n daladwy
= £202 + £4781.70
= £4983.70

Yn olaf, adiwch y ddau swm o dreth at ei gilydd i ddarganfod y cyfanswm y mae'n rhaid i Siriol ei dalu.

Mynegrifau

Defnyddir y **Mynegai Prisiau Adwerthu (MPA)** gan y llywodraeth i helpu cadw golwg ar gost eitemau sylfaenol penodol. Mae'n helpu dangos gwerth ein harian o un flwyddyn i'r nesaf.

Dechreuodd y system yn yr 1940au a chafodd y pris sylfaenol ei ailosod yn 100 ym mis Ionawr 1987. Gallwch ystyried y rhif sylfaenol hwn ar gyfer y Mynegai Prisiau Adwerthu fel 100% o'r pris ar y pryd.

Ym mis Hydref 2004 y Mynegai Prisiau Adwerthu ar gyfer pob eitem oedd 188.6. Roedd hynny'n dangos bod pris yr eitemau hyn wedi cynyddu 88.6% er Ionawr 1987.

Fodd bynnag, roedd yr MPA ar gyfer pob eitem ac eithrio costau tai yn 171.3, oedd yn dangos cynnydd llai, sef 71.3% heb gynnwys costau tai.

Mae'r cyfryngau yn sôn am yr MPA yn aml pan fydd ffigurau misol yn cael eu cyhoeddi: mae angen i godiadau prisiau gael eu cadw'n fach neu bydd pobl yn dlotach oni fydd eu hincwm yn cynyddu.

Yn ogystal â'r Mynegai Prisiau Adwerthu, mae mynegeion eraill yn cael eu defnyddio, fel y **Mynegai Enillion Cyfartalog**. Cafodd sylfaen y mynegai hwn ei gosod yn 100 yn y flwyddyn 2000, ac felly mae gwerthoedd presennol y mynegai'n dangos cymariaethau ag enillion yn y flwyddyn 2000.

Gallwch weld mwy o wybodaeth am y rhain a mynegeion eraill ar wefan ystadegau'r llywodraeth, www.statistics.gov.uk.

> **AWGRYM**
>
> Efallai fod hyn yn ymddangos yn gymhleth, ond mewn gwirionedd nid yw mynegrifau yn ddim mwy na chanrannau. Rydych wedi dysgu am gynnydd a gostyngiad canrannol ym Mhennod 4.

ENGHRAIFFT 20.11

Ym mis Hydref 2003, roedd yr MPA ar gyfer pob eitem ac eithrio taliadau morgais yn 182.6. Ym mis Hydref 2004, roedd yr un MPA yn 188.6.
Cyfrifwch y cynnydd canrannol yn ystod y cyfnod hwnnw o 12 mis.

Datrysiad

Cynnydd yn yr MPA yn ystod y flwyddyn = $188.6 - 182.6$
$$= 6$$

Yn gyntaf, cyfrifwch y cynnydd yn yr MPA.

Cynnydd canrannol $= \dfrac{\text{Cynnydd}}{\text{Pris gwreiddiol}} \times 100$

Wedyn, cyfrifwch y cynnydd canrannol mewn perthynas â'r ffigur yn y flwyddyn 2003

$$= \frac{6}{182.6} \times 100 = 3.29\% \text{ (i 2 le degol)}$$

1 Ysgrifennwch bob un o'r amserau hyn mewn oriau a munudau.
   (a) 2.85 awr
   (b) 0.15 awr

2 Ysgrifennwch bob un o'r amserau hyn fel degolyn.
   (a) 1 awr 27 munud
   (b) 54 munud

3 Cymerodd Iwan ran mewn ras tri chymal. Ei amserau ar gyfer y tri chymal oedd 43 munud, 58 munud ac 1 awr 34 munud.
   Beth oedd ei amser am y ras gyfan? Rhowch eich ateb mewn oriau a munudau.

4 Mae negesydd yn teithio o Gaerfyrddin i Rydaman ac yna o Rydaman i Lanymddyfri, cyn gyrru'n syth yn ôl o Lanymddyfri i Gaerfyrddin.

   Cymerodd y daith o Gaerfyrddin i Rydaman 37 munud.
   Cymerodd y daith o Rydaman i Lanymddyfri 29 munud.
   Cymerodd y daith o Lanymddyfri i Gaerfyrddin 42 munud.

   Am faint o amser roedd y negesydd wedi bod yn teithio i gyd?
   Rhowch eich ateb mewn oriau a munudau.

5 Prynodd Prys 680 g o gaws am £7.25 y cilogram. Prynodd hefyd bupurau am 69c yr un. Cyfanswm y gost oedd £8.38. Faint o bupurau a brynodd?

6 Mae dau deulu'n rhannu cost pryd o fwyd yn ôl y gymhareb 3 : 2. Maent yn gwario £38.40 ar fwyd ac £13.80 ar ddiodydd. Faint y bydd y naill deulu a'r llall yn ei dalu am y pryd?

7 Mae rysáit ar gyfer pedwar person yn defnyddio 200 ml o laeth.
   Mae Sioned yn gwneud y rysáit ar gyfer chwe pherson. Mae hi'n defnyddio llaeth o garton 1 litr llawn.
   Faint o laeth sy'n weddill ar ôl iddi wneud y rysáit?

8 Ar ddechrau taith, mae'r mesurydd milltiroedd yng nghar Siôn yn dangos 18 174.
   Ar ddiwedd y daith mae'n dangos 18 309.
   Cymerodd ei daith 2 awr 30 munud.
   Cyfrifwch ei fuanedd cyfartalog.

9 Dangosodd bil trydan Mr Bowen ei fod wedi defnyddio 2316 o unedau o drydan am 7.3c yr uned. Mae hefyd yn talu tâl sefydlog o £12.95. Roedd TAW ar gyfanswm y bil ar y gyfradd 5%. Cyfrifwch gyfanswm y bil gan gynnwys TAW.

10 Dwysedd poblogaeth tref yng Nghymru yn 2005 oedd 832 o bobl/km^2.
   Arwynebedd y dref yw 73 km^2. Faint o bobl oedd yn byw yn y dref yn 2005?

11 Ym mis Ionawr 2003 roedd y Mynegai Prisiau Adwerthu ac eithrio tai yn 166.8.
   Yn ystod y 12 mis nesaf cynyddodd 1.5%.
   Beth oedd yr MPA ym mis Ionawr 2004?

12 Ym mis Mehefin 1999, roedd y mynegai enillion cyfartalog yn 99.7.
Ym mis Mehefin 2004 roedd yn 117.9.
Cyfrifwch y cynnydd canrannol mewn enillion dros y cyfnod hwn o 5 mlynedd.

13 Mae bricsen degan bren yn giwboid sy'n mesur 2 cm wrth 3 cm wrth 5 cm.
Ei màs yw 66 g. Cyfrifwch ddwysedd y pren.

14 Radiws sylfaen jwg ddŵr silindrog yw 5.6 cm.
Cyfrifwch ddyfnder y dŵr pan fo'r jwg yn cynnwys 1.5 litr.

Her 20.3 ?

Gweithiwch mewn parau.

Defnyddiwch ddata o bapur newydd neu o'ch profiad i ysgrifennu problem arian.

Ysgrifennwch y broblem ar un ochr dalen o bapur ac wedyn, ar yr ochr arall, datryswch eich problem.

Cyfnewidiwch eich problemau gyda'ch partner a datryswch eich problemau eich gilydd.

Gwiriwch eich atebion yn erbyn y datrysiadau a thrafodwch achosion lle rydych wedi defnyddio dulliau gwahanol.

Os oes gennych amser, gwnewch y gweithgaredd eto gyda phroblem arall; efallai un sy'n cynnwys buanedd neu lle mae angen newid yr unedau.

RYDYCH WEDI DYSGU

- sut i newid y drefn gweithrediadau trwy ddefnyddio'r botwm $=$ a chromfachau
- mai tair strategaeth dda ar gyfer gwirio atebion yw synnwyr cyffredin, amcangyfrif a defnyddio gweithrediadau gwrthdro
- bod buanedd, dwysedd a dwysedd poblogaeth yn enghreifftiau o fesurau cyfansawdd
- wrth ddatrys problem, y dylech ei rhannu'n gamau. Ystyriwch beth y mae'n rhaid i chi ei ddarganfod, pa wybodaeth sydd gennych, a pha ddulliau y gallwch eu defnyddio. Os na allwch weld ar unwaith sut i ddarganfod yr hyn sydd ei angen, ystyriwch beth y gallwch chi ei ddarganfod â'r wybodaeth sydd gennych ac yna edrychwch ar y broblem eto
- gwirio eich bod wedi defnyddio'r unedau cywir

YMARFER CYMYSG 20

1 Cyfrifwch y rhain heb ysgrifennu'r atebion i unrhyw gamau canol.

(a) $\dfrac{7.83 - 3.24}{1.53}$

(b) $\dfrac{22.61}{1.7 \times 3.8}$

2 Cyfrifwch $\sqrt{5.6^2 - 4 \times 1.3 \times 5}$.
Rhowch eich ateb yn gywir i 2 le degol.

3 Mae'r cyfrifiadau hyn i gyd yn anghywir.
Gallwch weld hyn yn fuan heb eu cyfrifo.
Ar gyfer pob un, rhowch reswm pam ei fod yn anghywir.
(a) $7.8^2 = 40.64$ **(b)** $2.4 \times 0.65 = 15.6$
(c) $58\,800 \div 49 = 120$ **(ch)** $-6.3 \times 8.7 = 2.4$

4 Amcangyfrifwch yr atebion i'r cyfrifiadau hyn. Dangoswch eich gwaith cyfrifo.
(a) 894×34 **(b)** 0.58^2 **(c)** $-48.2 \div 6.1$

5 Defnyddiwch gyfrifiannell i gyfrifo'r rhain. Talgrynnwch eich atebion i 2 le degol.

(a) $(721.5 - 132.6) \times 2.157$ **(b)** $\dfrac{19.8 + 31.2}{47.8 \times 0.37}$

6 (a) Defnyddiwch dalgrynnu i 1 ffigur ystyrlon i amcangyfrif yr ateb i bob un o'r cyfrifiadau hyn. Dangoswch eich gwaith cyfrifo.
   (b) Defnyddiwch gyfrifiannell i ddarganfod yr ateb cywir i bob un o'r cyfrifiadau yn rhan **(a)**. Lle bo'n briodol, talgrynnwch eich ateb i fanwl gywirdeb priodol.

    (i) 21.4^3 **(ii)** 26.7×0.29 **(iii)** $\sqrt{8.1^2 - 4.2^2}$ **(iv)** $\dfrac{31.9 + 48.2}{0.039}$

Cewch ddefnyddio cyfrifiannell i ateb cwestiynau **7** i **11**.

7 Prynodd Cai 400 g o gig am £6.95 y cilogram. Prynodd hefyd felonau am £1.40 yr un. Talodd £6.98. Faint o felonau a brynodd?

8 Ysgrifennwch bob un o'r amserau hyn mewn oriau a munudau.
(a) 3.7 awr   **(b)** 2.75 awr
(c) 0.8 awr   **(ch)** 0.85 awr

9 Cymerodd taith Steffan i'r gwaith 42 munud. Teithiodd 24 milltir.
Cyfrifwch ei fuanedd cyfartalog mewn milltiroedd yr awr.

10 Dwysedd poblogaeth Ynys Môn oedd 95 o bobl/km² yn 2003.
Arwynebedd Ynys Môn yw 711 km².
Faint o bobl oedd yn byw ar Ynys Môn yn 2003?

11 Dangosodd bil trydan Mrs Huws ei bod wedi defnyddio 1054 o unedau o drydan am 7.5c yr uned. Roedd rhaid iddi hefyd dalu tâl sefydlog o £13.25. Roedd TAW ar gyfanswm y bil ar y gyfradd 5%. Cyfrifwch gyfanswm y bil gan gynnwys TAW.

12 Mae gwydryn yn cynnwys 300 ml o ddŵr. Mae'n silindr ac mae dyfnder y dŵr ynddo yn 11 cm. Darganfyddwch radiws y silindr.

Darganfod graddiant graff llinell syth

Graddiant graff yw'r ffordd fathemategol o fesur pa mor serth y mae'n mynd i fyny neu i lawr. Cyfradd newid yw term arall am hyn.

$$\text{Graddiant} = \frac{\text{cynnydd mewn } y}{\text{cynnydd mewn } x}$$

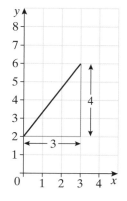

I ddarganfod graddiant graff llinell syth, byddwn yn marcio dau bwynt ac yna'n tynnu llinell lorweddol a llinell fertigol i ffurfio triongl ongl sgwâr.

Ar gyfer y llinell hon, y graddiant $= \frac{4}{3}$

$\qquad\qquad\qquad\quad = 1.33$ (yn gywir i 2 le degol)

AWGRYM

Dewiswch ddau bwynt sydd mor bell o'i gilydd ag sy'n bosibl. Gwnewch yn siŵr fod y cynnydd mewn x yn rhif cyfan. Bydd hynny'n gwneud y rhifyddeg yn haws.

Ar gyfer y llinell hon, mae *y* yn *gostwng* 8 rhwng y ddau bwynt sydd wedi eu dewis. Felly y *cynnydd* yw −8.

$$\text{graddiant} = \frac{-8}{2}$$
$$= -4$$

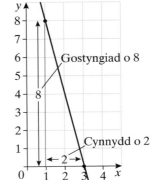

Gostyngiad o 8

Cynnydd o 2

2

8

> **AWGRYM**
>
> Mae graddiant positif gan linell sy'n goleddu i fyny o'r chwith i'r dde. Mae graddiant negatif gan linell sy'n goleddu i lawr o'r chwith i'r dde.

> **AWGRYM**
>
> Wrth gyfrifo graddiannau o graff, cyfrifwch nifer yr unedau ar yr echelinau, nid nifer y sgwariau ar y grid.

Gallwn ddarganfod graddiant llinell heb luniadu diagram.

ENGHRAIFFT 21.1

Darganfyddwch raddiant y llinell sy'n uno pob un o'r parau hyn o bwyntiau.
(a) (3, 5) ac (8, 7)
(b) (2, 7) a (6, 1)

Datrysiad

(a) (3, 5) ac (8, 7)

Cynnydd mewn $y = 7 - 5$
$$= 2$$
Cynnydd mewn $x = 8 - 3$
$$= 5$$
Graddiant $= \frac{2}{5}$
$$= 0.4$$

(b) (2, 7) a (6, 1)

Cynnydd mewn $y = 1 - 7$ Byddwch yn ofalus â'r arwyddion
$$= -6$$
Cynnydd mewn $x = 6 - 2$
$$= 4$$
Graddiant $= \frac{-6}{4}$
$$= -1.5$$

Efallai, fodd bynnag, y byddai'n well gennych luniadu'r diagram yn gyntaf.

ENGHRAIFFT 21.2

Darganfyddwch raddiant y graff pellter–amser hwn.

Pellter (m)

30
20
10

0   10   20

Amser (s)

Graddiant $= \frac{30}{20}$

$\qquad = 1.5$

Ar gyfer graff pellter–amser, $\dfrac{\text{cynnydd mewn } y}{\text{cynnydd mewn } x} = \dfrac{\text{pellter teithio}}{\text{amser a aeth heibio}}$.

Rydym yn gwybod bod cyflymder (buanedd) $= \dfrac{\text{pellter}}{\text{amser}}$.

Felly mae graddiant graff pellter–amser yn rhoi'r cyflymder.

Yn yr enghraifft hon metrau ac eiliadau yw'r unedau.
Felly y cyflymder $= 1.5$ m/s.

YMARFER 21.1

1 Darganfyddwch raddiant pob un o'r llinellau hyn.

(a)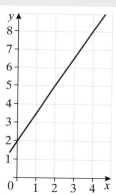

(b)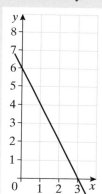

(c)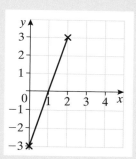

2 Darganfyddwch raddiant y llinell sy'n uno pob un o'r parau hyn o bwyntiau.
(a) $(3, 2)$ a $(4, 8)$ (b) $(5, 3)$ a $(7, 7)$ (c) $(0, 4)$ a $(2, -6)$
(ch) $(3, -1)$ a $(-1, -5)$ (d) $(1, 1)$ a $(6, 1)$

3 Darganfyddwch raddiant pob un o ochrau'r triongl ABC.

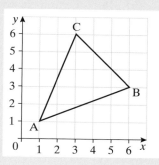

4 Darganfyddwch raddiant pob un o'r llinellau hyn.

(a)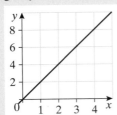

(b)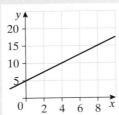

(c)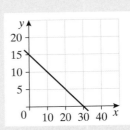

5 Lluniwch graff ar gyfer pob un o'r llinellau syth hyn a darganfyddwch raddiant pob llinell.

(a) $y = 2x + 3$

(b) $y = 5x - 2$

(c) $y = -2x + 1$

(ch) $y = -x$

(d) $3x + 2y = 12$

6 Darganfyddwch y cyflymder ar gyfer pob un o'r graffiau pellter–amser hyn.

(a)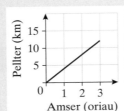

(b)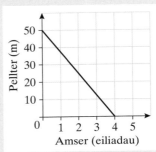

Darganfod hafaliad graff llinell syth

Edrychwch eto ar yr atebion i gwestiwn **5** yn Ymarfer 21.1. A welwch chi gysylltiad rhwng hafaliad llinell a graddiant y llinell honno?

Sylwi 21.1

(a) Lluniadwch bâr o echelinau a'u labelu o -10 i 10 ar gyfer x ac y.
Tynnwch bob un o'r llinellau hyn ar yr un echelinau.

$$y = 2x \quad y = 2x + 1 \quad y = 2x + 2 \quad y = 2x + 4 \quad y = 2x - 2 \quad y = 2x - 4$$

(i) Beth welwch chi wrth sylwi ar raddiant y llinellau?

(ii) Beth welwch chi wrth edrych ym mha le mae'r llinellau'n torri'r echelin y?
Y term am y pwynt lle mae llinell syth yn torri'r echelin y yw'r **rhyngdoriad y**.

(iii) Defnyddiwch y llinellau hyn i wirio eich syniadau.

$$y = x \quad y = x + 1 \quad y = x + 2 \quad y = x - 3 \quad y = x - 4 \quad y = x - 1$$

(b) Ysgrifennwch raddiant a rhyngdoriad y pob un o'r llinellau hyn heb luniadu diagram.

(i) $y = 4x + 2$

(ii) $y = 5x - 3$

(iii) $y = 2x$

(iv) $y = -3x + 2$

(v) $y = x + 4$

(vi) $y = -4x + 6$

Yn achos hafaliad yn y ffurf $y = mx + c$, y graddiant yw m a'r rhyngdoriad y yw c.

Gallwn ddefnyddio'r ffaith hon i ddarganfod hafaliad llinell o'i graff.

ENGHRAIFFT 21.3

Darganfyddwch hafaliad y llinell hon.

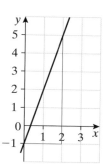

Datrysiad

Graddiant, $m = \frac{6}{2} = 3$

Rhyngdoriad y, sef $c = -1$ Mae'r llinell yn croesi'r echelin y yn $(0, -1)$.

Felly yr hafaliad yw $y = 3x - 1$.

Gallwn hefyd ddarganfod graddiant a rhyngdoriad y llinell o'i hafaliad. Weithiau rhaid ad-drefnu'r hafaliad yn gyntaf.

ENGHRAIFFT 21.4

Hafaliad llinell syth yw $5x + 2y = 10$.
(a) Darganfyddwch raddiant y llinell.
(b) Darganfyddwch ryngdoriad y y llinell.

Datrysiad

Yn gyntaf mae angen ad-drefnu'r hafaliad yn y ffurf $y = mx + c$.

$5x + 2y = 10$

$\quad 2y = -5x + 10$ Tynnwch $5x$ o'r ddwy ochr fel bo'r term y ar ei ben ei hun.

$\quad\ \ y = -2.5x + 5$ Rhannwch y ddwy ochr â 2.

(a) Graddiant, $m = -2.5$

(b) Rhyngdoriad y, sef $c = 5$

1 Ysgrifennwch hafaliadau llinellau syth sydd â'r graddiannau a'r rhyngdoriadau y hyn.
   (a) Graddiant 3, rhyngdoriad y 2   **(b)** Graddiant -1, rhyngdoriad y 4
   (c) Graddiant 5, rhyngdoriad y 0

2 Darganfyddwch hafaliad pob un o'r llinellau hyn.

(a)    **(b)** 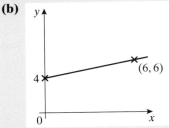   **(c)**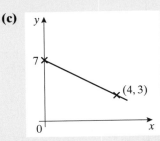

3 Darganfyddwch raddiant a rhyngdoriad y pob un o'r llinellau hyn.
   (a) $y = 3x - 2$ **(b)** $y = 2x + 4$ **(c)** $y = -x + 3$
   (ch) $y = -3x + 2$ **(d)** $y = 2.5x - 6$

4 Darganfyddwch raddiant a rhyngdoriad y pob un o'r llinellau hyn.
   (a) $y + 2x = 5$ **(b)** $4x + 2y = 9$ **(c)** $6x + 5y = 12$
   (ch) $3x - 2y = 6$ **(d)** $3x + 4y = 12$

5 Darganfyddwch hafaliad pob un o'r llinellau hyn.

(a) 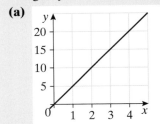   **(b)** 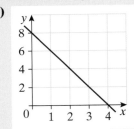   **(c)**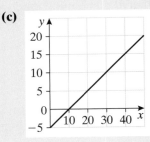

Defnyddio graff i ddatrys hafaliadau cydamserol

Sylwi 21.2

   (a) (i) Lluniwch graff $y = 2x - 4$ ar gyfer gwerthoedd x o 0 i 6.
   (ii) Ar yr un echelinau lluniwch graff $2x + 3y = 12$.
   (b) Ysgrifennwch gyfesurynnau'r pwynt lle mae'r ddwy linell yn croesi.
   (c) Beth y gallwch chi ei ddweud am y gwerthoedd x ac y a gawsoch?

Mae cyfesurynnau'r pwynt lle mae dwy linell yn croesi yn bodloni hafaliadau'r ddwy linell. Gallwn wirio hyn trwy roi (amnewid) y gwerthoedd yn yr hafaliadau.

Er enghraifft, pan fo $x = 3$ ac $y = 2$

$y = 2x - 4$ $2x + 3y = 12$
$y = 2 \times 3 - 4$ $2 \times 3 + 3y = 12$
$y = 2$ $3y = 6$
                         $y = 2$
                  $12 = 12$ ✓

Dim ond y pwynt â'r cyfesurynnau hyn sydd ar y llinell $y = 2x - 4$ ac ar y llinell $2x + 3y = 12$. Dim ond y gwerthoedd $x = 3$ ac $y = 2$ sy'n bodloni'r ddau hafaliad ar yr un pryd. Y gwerthoedd $x = 3$ ac $y = 2$ yw datrysiad yr **hafaliadau cydamserol** $y = 2x - 4$ a $2x + 3y = 12$. Ystyr *cydamserol* yw ar yr un pryd.

ENGHRAIFFT 21.5

Defnyddiwch graff i ddatrys yr hafaliadau cydamserol $y = 2x$ ac $y = 3x - 4$. Defnyddiwch werthoedd x o 0 i 5.

Datrysiad

Cyfrifwch a phlotiwch dri phwynt ar y naill linell a'r llall.
Tri phwynt ar $y = 2x$ yw $(0, 0)$, $(2, 4)$ a $(5, 10)$.
Tri phwynt ar $y = 3x - 4$ yw $(0, -4)$, $(2, 2)$ a $(5, 11)$.

Darganfyddwch y pwynt lle mae'r llinellau'n croesi ac ysgrifennwch ei gyfesurynnau.
Mae'r llinellau'n croesi yn $(4, 8)$.

Felly y datrysiad i'r hafaliadau cydamserol $y = 2x$ ac $y = 3x - 4$ yw $x = 4$, $y = 8$.

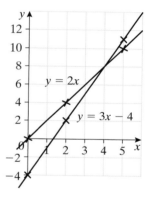

YMARFER 21.3

Defnyddiwch graff i ddatrys y parau hyn o hafaliadau cydamserol.

1   $y = x + 1$ ac $y = 4x - 5$. Defnyddiwch werthoedd x o 0 i 5.

2   $y = 2x$ ac $y = 8 - 2x$. Defnyddiwch werthoedd x o -2 i 4.

3   $y = 3x + 5$ ac $y = x + 3$. Defnyddiwch werthoedd x o -3 i 2.

4   $y = 2x - 7$ ac $y = 5 - x$. Defnyddiwch werthoedd x o -1 i 5.

5   $2y = 2x + 1$ ac $x + 2y = 7$. Defnyddiwch werthoedd x o 0 i 7.

Mae Cabiau Carwyn yn codi £20 adio £2 y filltir i logi minibws.
Mae Ceir Ceri yn codi £50 adio £1.50 y filltir i logi minibws.

(a) Ysgrifennwch hafaliad ar gyfer cost, C, llogi minibws am n o filltiroedd gan
    (i) Cabiau Carwyn.   **(ii)** Ceir Ceri.

(b) Ar un graff tynnwch y ddwy linell ar gyfer yr hafaliadau sy'n cysylltu C ac n ar gyfer gwerthoedd n i fyny at 100.

(c) Defnyddiwch eich graff i ddarganfod beth yw'r nifer o filltiroedd pan fydd y ddau gwmni'n codi'r un swm.

Defnyddio algebra i ddatrys hafaliadau cydamserol

Gallwn hefyd ddatrys hafaliadau cydamserol trwy ddefnyddio algebra.

Trwy adio neu dynnu'r ddau hafaliad, gallwn ddileu naill ai'r term x neu'r term y o un o'r hafaliadau. Yna gallwn fynd ymlaen i ddarganfod x ac y. Y **dull dileu** yw'r enw ar y dull hwn o ddatrys hafaliadau cydamserol.

ENGHRAIFFT 21.6

Defnyddiwch algebra i ddatrys yr hafaliadau cydamserol $x + y = 4$ a $2x - y = 5$.

Datrysiad

$x + y = 4$ (1)   Gosodwch y ddau hafaliad y naill o dan y llall a'u labelu.
$2x - y = 5$ (2)

Edrychwch i weld a oes gan y naill neu'r llall o'r anhysbysion (x neu y) yr un **cyfernod** yn y ddau hafaliad. Cyfernod x yw'r rhif cyn x. Cyfernod y yw'r rhif cyn y.

Yn yr achos hwn mae yna y yn (1) a $-y$ yn (2).
Oherwydd bod yr arwyddion yn wahanol, bydd y ddau derm y yn cael eu dileu (yn canslo ei gilydd) os bydd y ddau hafaliad yn cael eu hadio.

$x + y = 4$ (1)
$\underline{2x - y = 5}$ (2)
$3x = 9$ (1) + (2)
$x = 3$ Rhannwch â 3 i ddarganfod gwerth x.

Oherwydd eich bod yn gwybod gwerth x bellach, gallwch ddarganfod gwerth y trwy amnewid $x = 3$ yn un o'r hafaliadau. Yn yr achos hwn mae'n haws defnyddio hafaliad (1).

$x + y = 4$
$3 + y = 4$
$y = 1$

Felly y datrysiad i'r hafaliadau cydamserol $x + y = 4$ a $2x - y = 5$ yw $x = 3$, $y = 1$.

I wirio eich ateb, amnewidiwch y datrysiad yn yr ail hafaliad.

Yn yr achos hwn, byddwn yn amnewid $x = 3$ ac $y = 1$ yn hafaliad (2).
$2x - y = 2 \times 3 - 1 = 5$ ✓

ENGHRAIFFT 21.7

Defnyddiwch algebra i ddatrys yr hafaliadau cydamserol $2x + 5y = 9$ a $2x - y = 3$.

Datrysiad

$2x + 5y = 9$ (1)   Gosodwch yr hafaliadau a'u labelu.
$2x - y\ = 3$ (2)

Y tro hwn mae $2x$ yn y ddau hafaliad. Oherwydd bod yr arwyddion yr un fath, bydd y ddau derm x yn cael eu dileu os bydd y naill hafaliad yn cael ei dynnu o'r llall.

$2x + 5y = 9$ (1)
$2x -\ y = 3$ (2)
$6y = 6$ (1) $-$ (2)   Byddwch yn ofalus â'r arwyddion: $5y - (-y) = 5y + y$.
$y = 1$ Rhannwch â 6 i ddarganfod gwerth y.

Amnewid $y = 1$ yn hafaliad (1).
$2x + 5y = 9$
$2x + 5 = 9$
$2x = 4$
$x = 2$

Felly y datrysiad i'r hafaliadau cydamserol $2x + 5y = 9$, $2x - y = 3$ yw $x = 2$, $y = 1$.

Gwiriwch eich ateb yn hafaliad (2)
$2x - y = 2 \times 2 - 1 = 3$ ✓

> **AWGRYM**
> Gwnewch yn siŵr eich bod yn darllen y cwestiwn. Os yw'n dweud 'defnyddiwch algebra', rhaid defnyddio algebra!

YMARFER 21.4

Defnyddiwch algebra i ddatrys pob un o'r parau hyn o hafaliadau cydamserol.

1 $x + y = 5$
     $2x - y = 7$

2 $3x + y = 9$
     $2x + y = 7$

3 $2x + 3y = 11$
     $2x + y = 5$

4 $2x + y = 7$
     $4x - y = 5$

5 $x + 3y = 8$
     $x - y = 4$

6 $3x + y = 7$
     $3x + 2y = 8$

7 $2x - 3y = 0$
     $4x + 3y = 18$

8 $2x + 3y = 17$
     $2x - 3y = -1$

9 $x + y = 4$
     $4x - y = 11$

10 $2x - y = 7$
      $3x + y = 8$

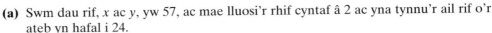

Her 21.2

(a) Swm dau rif, *x* ac *y*, yw 57, ac mae lluosi'r rhif cyntaf â 2 ac yna tynnu'r ail rif o'r ateb yn hafal i 24.

    (i) Ysgrifennwch ddau hafaliad mewn *x* ac *y*.

    (ii) Datryswch yr hafaliadau i ddarganfod *x* ac *y*.

(b) Yng Nghaffi Clonc talodd Ioan £4.70 am ddau de ac un coffi. Prynodd Eleri ddau de a thri choffi a thalodd £6.40.

    (i) Gadewch i gost un te fod yn *x* a chost un coffi yn *y*. Ysgrifennwch ddau hafaliad sy'n cynnwys *x* ac *y*.

    (ii) Datryswch yr hafaliadau a darganfod cost un cwpanaid o de.

Defnyddio algebra i ddatrys hafaliadau cydamserol mwy anodd

Weithiau nid oes gan y naill na'r llall o'r anhysbysion (*x* neu *y*) yr un cyfernod yn y ddau hafaliad. Mewn achosion o'r fath, rhaid lluosi un o'r hafaliadau yn gyntaf.

ENGHRAIFFT 21.8

Defnyddiwch algebra i ddatrys yr hafaliadau cydamserol $x + 3y = 10$ a $3x + 2y = 16$.

Datrysiad

$$x + 3y = 10 \quad (1)$$
$$3x + 2y = 16 \quad (2)$$

Yn yr enghraifft hon mae cyfernodau *x* ac *y* yn wahanol yn y ddau hafaliad.

Lluoswch hafaliad (1) â 3 er mwyn gwneud cyfernod *x* yr un fath ag yw yn hafaliad (2).

$$x \quad + \quad 3y \quad = \quad 10 \quad (1)$$
$$3 \times x + 3 \times 3y = 3 \times 10 \quad (1) \times 3 \quad \text{Cofiwch luosi } pob \text{ term yn yr hafaliad â 3.}$$
$$3x \quad + \quad 9y \quad = \quad 30 \quad (3) \qquad \text{Labelwch yr hafaliad newydd.}$$

Nawr gallwch dynnu hafaliad (2) o hafaliad (3) i ddileu'r term *x*.

$$3x + 9y = 30 \quad (3)$$
$$3x + 2y = 16 \quad (2)$$
$$\overline{7y = 14} \quad (3) - (2)$$
$$y = 2 \qquad \text{Rhannwch â 7 i ddarganfod gwerth } y.$$

AWGRYM

Wrth dynnu gallwch wneud naill ai $(3) - (2)$ neu $(2) - (3)$. Mae'n well gwneud yr un sy'n gadael term positif ar ei ôl.

Amnewidiwch $y = 2$ yn hafaliad (1).
$$x + 3y = 10$$
$$x + 3 \times 2 = 10$$
$$x + 6 = 10$$
$$x = 4$$

Felly y datrysiad i'r hafaliadau cydamserol $x + 3y = 10$, $3x + 2y = 16$ yw $x = 4$, $y = 2$.

Gwiriwch eich ateb yn hafaliad (2).
$$3x + 2y = 3 \times 4 + 2 \times 2$$
$$= 12 + 4$$
$$= 16 \checkmark$$

Rhaid bob amser ysgrifennu'n glir yr hyn y byddwn yn ei wneud, ond nid oes angen cymaint o fanylder ag sydd yn Enghraifft 21.8. Mae'r enghraifft nesaf yn dangos yr hyn sydd ei angen.

ENGHRAIFFT 21.9

Defnyddiwch algebra i ddatrys yr hafaliadau cydamserol $4x - y = 10$ a $3x + 2y = 13$.

Datrysiad

$$4x - y = 10 \qquad (1)$$
$$3x + 2y = 13 \qquad (2)$$

$$8x - 2y = 20 \qquad (1) \times 2 = (3)$$
$$\underline{3x + 2y = 13} \qquad (2)$$
$$11x = 33 \qquad (3) + (2)$$
$$x = 3$$

Amnewidiwch $x = 3$ yn (1).
$$12 - y = 10$$
$$-y = -2$$
$$y = 2$$

Y datrysiad yw $x = 3$, $y = 2$

Gwiriwch yn (2).
$$3x + 2y = 9 + 4$$
$$= 13 \checkmark$$

Defnyddiwch algebra i ddatrys pob un o'r parau hyn o hafaliadau cydamserol.

1 $x + 3y = 5$
$2x - y = 3$

2 $3x + y = 9$
$x + 2y = 8$

3 $x + 3y = 9$
$2x - y = 4$

4 $2x + y = 7$
$x - 2y = -4$

5 $2x + 3y = 13$
$x - y = 4$

6 $3x + y = 7$
$2x + 3y = 7$

7 $2x - 3y = 2$
$3x + y = 14$

8 $2x + 3y = 5$
$x + 2y = 4$

9 $x + y = 4$
$4x - 2y = 7$

10 $4x - 2y = 10$
$3x + y = 5$

Her 21.3

Datryswch bob un o'r parau hyn o hafaliadau cydamserol.

(a) $3x + 4y = 10$
$5x - 3y = 7$

(b) $2x + 3y = 3$
$3x + 4y = 5$

(c) $3x + 5y = 15$
$5x - 3y = 8$

RYDYCH WEDI DYSGU

- bod graddiant llinell syth $= \dfrac{\text{cynnydd mewn } y}{\text{cynnydd mewn } x}$
- bod llinellau â graddiant positif yn goleddu i fyny o'r chwith i'r dde (╱)
- bod llinellau â graddiant negatif yn goleddu i lawr o'r chwith i'r dde (╲)
- bod llinellau sydd â'r un graddiant yn baralel
- bod hafaliad llinell yn gallu cael ei ysgrifennu yn y ffurf $y = mx + c$, ac yma m yw graddiant y llinell ac c yw'r rhyngdoriad y
- er mwyn datrys hafaliadau cydamserol gan ddefnyddio graff, y byddwch yn tynnu'r llinellau ac yn darganfod y pwynt lle maent yn croesi
- er mwyn datrys hafaliadau cydamserol gan ddefnyddio algebra, y byddwch yn gwneud cyfernod un o'r llythrennau yr un fath yn y ddau hafaliad, os oes angen. Os yw'r arwyddion yr un fath byddwch yn tynnu'r hafaliadau. Os ydynt yn wahanol, byddwch yn adio'r hafaliadau

1 Darganfyddwch raddiant y llinell sy'n uno pob un o'r parau hyn o bwyntiau.
   (a) $(1, 3)$ a $(3, 6)$ **(b)** $(2, 1)$ a $(6, -3)$

2 Darganfyddwch raddiant pob un o'r llinellau hyn.
   (a)   **(b)**

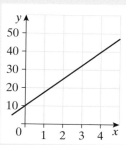
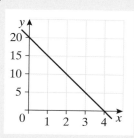

3 Darganfyddwch raddiant a rhyngdoriad y pob un o'r llinellau hyn.
   (a) $y = 3x - 2$ **(b)** $2y = 5x - 4$
   (c) $3x + 2y = 8$ **(ch)** $2x - y = 7$

4 Darganfyddwch hafaliad pob un o'r llinellau hyn.
   (a)   **(b)**

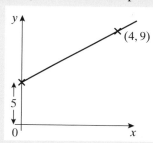
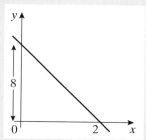

5 Datryswch bob un o'r parau hyn o hafaliadau cydamserol yn graffigol.
   (a) $y = 3x - 1$ ac $y = 4x - 3$. Defnyddiwch werthoedd x o -1 i 4.
   (b) $2x + 3y = 12$ ac $y = 3x - 7$. Defnyddiwch werthoedd x o 0 i 6.

6 Datryswch bob un o'r parau hyn o hafaliadau cydamserol yn algebraidd.
   (a) $x + y = 6$ **(b)** $2x + 5y = 13$ **(c)** $3x + y = 14$ **(ch)** $x + 4y = 11$
         $2x + y = 10$ $2x + 3y = 11$ $x - y = 2$ $x + y = 2$

   (d) $x + y = 5$ **(dd)** $x + y = 1$ **(e)** $x + 3y = 5$ **(f)** $4x - 3y = 9$
         $2x + 3y = 12$ $3x - 2y = 8$ $7x + 2y = -3$ $2x + y = 7$

22 → RHAGOR O GANRANNAU

YN Y BENNOD HON

- Newid canrannol a chyfrannol a ailadroddir
- Problemau gwrthdroi canrannau

DYLECH WYBOD YN BAROD

- sut i ddefnyddio nodiant ffracsiynol, degol a chanrannol
- sut i gynyddu a gostwng maint yn ôl canran penodol
- sut i ddarganfod ffracsiwn o faint
- sut i luosi a rhannu â ffracsiynau a rhifau cymysg

Newid canrannol a ailadroddir

Ym Mhennod 4 dysgoch sut i gynyddu a gostwng maint yn ôl canran penodol.

Prawf sydyn 22.1

Â faint sy raid lluosi swm er mwyn
- **(a)** ei gynyddu 5%?
- **(b)** ei gynyddu 2.5%?
- **(c)** ei ostwng 5%?
- **(ch)** ei ostwng 2.5%?
- **(d)** ei gynyddu x%?
- **(dd)** ei ostwng x%?

Ym Mhennod 4 gwelsoch hefyd enghraifft o newid canrannol o ailadroddir.

Defnydd cyffredin o gynnydd canrannol a ailadroddir yw adlog. Mae hwn yn wahanol i log syml, sy'n cael ei dalu ar y swm gwreiddiol. Mae adlog yn cael ei ychwanegu at y cyfanswm yn y cyfrif, yn hytrach na'i gyfrifo ar y swm gwreiddiol yn unig.

Defnydd cyffredin o ostyngiad canrannol a ailadroddir yw dibrisiant.

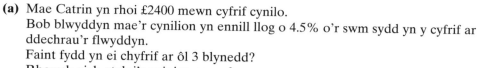

Prawf sydyn 22.2

(a) Mae Catrin yn rhoi £2400 mewn cyfrif cynilo.
Bob blwyddyn mae'r cynilion yn ennill llog o 4.5% o'r swm sydd yn y cyfrif ar ddechrau'r flwyddyn.
Faint fydd yn ei chyfrif ar ôl 3 blynedd?
Rhowch eich ateb i'r geiniog agosaf.

(b) Bob blwyddyn mae car yn colli 11% o'i werth ar ddechrau'r flwyddyn.
Gwerth y car pan oedd yn newydd oedd £15 000.
Beth oedd ei werth ar ôl 2 flynedd?

Her 22.1

(a) Ymchwiliwch i faint o flynyddoedd y bydd hi'n ei gymryd i swm ddyblu ar gyfraddau gwahanol o adlog.

(b) Ymchwiliwch i faint o flynyddoedd y bydd hi'n ei gymryd i werth gwrthrych haneru ar gyfraddau gwahanol o ddibrisiant.

Newid ffracsiynol a ailadroddir

Yn ogystal â gallu cynyddu maint yn ôl canran penodol, gallwn hefyd gynyddu maint yn ôl ffracsiwn penodol trwy ei luosi ag $1 + $ y ffracsiwn. Dysgoch sut i luosi â rhifau cymysg ym Mhennod 4. I ostwng maint yn ôl ffracsiwn penodol byddwn yn ei rannu ag $1 - $ y ffracsiwn.

ENGHRAIFFT 22.1

(a) Cynyddwch £45 yn ôl $\frac{1}{5}$.
(b) Gostyngwch £63 yn ôl $\frac{1}{3}$.

Datrysiad

(a) Y lluosydd yw $1 + \frac{1}{5} = \frac{6}{5}$.
Peidiwch â thrawsnewid $\frac{6}{5}$ yn rhif cymysg.
£45 wedi'i chynyddu yn ôl $\frac{1}{5} = 45 \times \frac{6}{5} = $ £54.

(b) Y lluosydd yw $1 - \frac{1}{3} = \frac{2}{3}$.
£63 wedi'i gostwng $\frac{1}{3} = 63 \times \frac{2}{3} = $ £42.

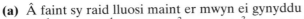

Prawf sydyn 22.3

(a) Â faint sy raid lluosi maint er mwyn ei gynyddu
    (i) $\frac{1}{6}$?   **(ii)** $\frac{1}{10}$?   **(iii)** $\frac{3}{5}$?   **(iv)** $\frac{3}{7}$?   **(v)** $\frac{5}{11}$?

(b) Â faint sy raid lluosi maint er mwyn ei ostwng
    (i) $\frac{1}{6}$?   **(ii)** $\frac{1}{10}$?   **(iii)** $\frac{3}{5}$?   **(iv)** $\frac{3}{7}$?   **(v)** $\frac{5}{11}$?

Byddwn yn defnyddio pwerau i gyfrifo newid ffracsiynol a ailadroddir yn yr un ffordd ag y byddwn i gyfrifo newid canrannol a ailadroddir.

ENGHRAIFFT 22.2

Dywedodd Andrew y byddai'n cynyddu ei rodd i elusen $\frac{1}{25}$ bob blwyddyn.
Ei rodd gyntaf oedd £120.
Faint oedd ei rodd ar ôl 5 mlynedd?

Datrysiad

Y lluosydd yw $1 + \frac{1}{25} = \frac{26}{25}$.

Ar ôl 5 mlynedd ei rodd yw $120 \times \left(\frac{26}{25}\right)^5 = £146.00$ (i'r geiniog agosaf).

Dyma'r botymau i'w gwasgu ar eich cyfrifiannell.

$\boxed{1}\ \boxed{2}\ \boxed{0}\ \boxed{\times}\ \boxed{(}\ \boxed{2}\ \boxed{6}\ \boxed{\div}\ \boxed{2}\ \boxed{5}\ \boxed{)}\ \boxed{\wedge}\ \boxed{5}\ \boxed{=}$

ENGHRAIFFT 22.3

Mae'r pellter y gall Pat ei gerdded mewn diwrnod yn lleihau $\frac{1}{15}$ bob blwyddyn.
Eleni mae'n gallu cerdded 12 milltir mewn diwrnod.
Pa mor bell y bydd hi'n gallu cerdded ymhen 5 mlynedd?
Rhowch eich ateb i 2 le degol.

Datrysiad

Y lluosydd yw $1 - \frac{1}{15} = \frac{14}{15}$.

Ymhen pum mlynedd y pellter yw $12 \times \left(\frac{14}{15}\right)^5 = 8.50$ milltir i 2 le degol.

1 Cyfrifwch werth pob un o'r eitemau isod os bydd eu gwerth yn cynyddu yn ôl y ffracsiwn penodol bob blwyddyn am y nifer o flynyddoedd a nodir.
Rhowch eich atebion i'r geiniog agosaf.

	Gwerth gwreiddiol	Cynnydd ffracsiynol	Nifer y blynyddoedd
(a)	£280	$\frac{1}{5}$	5
(b)	£3500	$\frac{4}{15}$	7
(c)	£1400	$\frac{2}{9}$	4

2 Cyfrifwch werth pob un o'r eitemau os bydd eu gwerth yn gostwng yn ôl y ffracsiwn penodol bob blwyddyn am y nifer o flynyddoedd a nodir.
Rhowch eich atebion i'r geiniog agosaf.

	Gwerth gwreiddiol	Gostyngiad ffracsiynol	Nifer y blynyddoedd
(a)	£280	$\frac{1}{5}$	5
(b)	£3500	$\frac{4}{15}$	7
(c)	£1400	$\frac{2}{9}$	4

3 Mae cwmni buddsoddi yn honni y bydd yn ychwanegu $\frac{1}{5}$ at eich cynilion bob blwyddyn.
Mae Llinos yn buddsoddi £3000.
Beth ddylai gwerth ei chynilion fod ar ôl 10 mlynedd?
Rhowch eich ateb i'r bunt agosaf.

4 Mewn sêl gostyngodd siop ddillad bris nwyddau $\frac{1}{3}$ bob dydd nes eu gwerthu.
Pris gwreiddiol cot oedd £60.
Beth oedd pris y got ar ôl 3 diwrnod, i'r geiniog agosaf?

5 Mae rhai'n honni bod nifer y cwningod yn Siralaw yn cynyddu $\frac{1}{12}$ bob blwyddyn.
Yn ôl amcangyfrifon mae yno 1700 o gwningod ar hyn o bryd.
Faint o gwningod fydd yno ar ôl 4 blynedd os yw'r gosodiad yn wir?
Rhowch eich ateb yn gywir i dri ffigur ystyrlon.

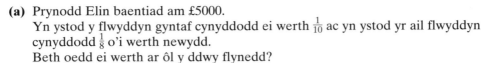

Her 22.2

(a) Prynodd Elin baentiad am £5000.
Yn ystod y flwyddyn gyntaf cynyddodd ei werth $\frac{1}{10}$ ac yn ystod yr ail flwyddyn cynyddodd $\frac{1}{8}$ o'i werth newydd.
Beth oedd ei werth ar ôl y ddwy flynedd?

(b) Buddsoddodd Geraint mewn bond.
Cynyddodd ei werth $\frac{1}{20}$ yn y flwyddyn gyntaf, ond yna gostyngodd $\frac{1}{15}$ o'i werth newydd yn yr ail flwyddyn.
O'u cymryd gyda'i gilydd beth oedd y cynnydd neu'r gostyngiad ffracsiynol yn y gwerth gwreiddiol dros y ddwy flynedd?

Problemau gwrthdroi canrannau

Os ydym yn cynyddu maint yn ôl canran, $x\%$, mae'r swm newydd yn $(100 + x)\%$ o'r swm gwreiddiol. Y lluosydd yw $\left(1 + \dfrac{x}{100}\right)$.

I ddarganfod y swm gwreiddiol pan fydd y swm newydd yn hysbys i ni, rhaid rhannu â'r lluosydd, $\left(1 + \dfrac{x}{100}\right)$.

Os ydym yn gostwng maint yn ôl canran, $x\%$, mae'r swm newydd yn $(100 - x)\%$ o'r swm gwreiddiol. Y lluosydd yw $\left(1 - \dfrac{x}{100}\right)$.

I ddarganfod y swm gwreiddiol pan fydd y swm newydd yn hysbys i ni, rhaid rhannu â'r lluosydd, $\left(1 - \dfrac{x}{100}\right)$.

ENGHRAIFFT 22.4

Cafodd Ben gynnydd o 20% yn ei gyflog.
Ar ôl y cynnydd roedd ei gyflog yn £31 260.
Beth oedd ei gyflog cyn y cynnydd?

Datrysiad

Cyflog newydd = hen gyflog × 1.2   Y lluosydd yw 1.2.

Hen gyflog = cyflog newydd ÷ 1.2   I wrthdroi'r broses, rhannwch
            = 31 260 ÷ 1.2   â'r lluosydd.
            = £26 050

Mewn sêl mae gostyngiad o 7.5% ar bopeth.

(a) Prynodd Dafydd siaced yn y sêl.
Y pris gwreiddiol oedd £85.
Beth oedd y pris yn y sêl?

(b) Talodd Iona £38.70 am sgert yn y sêl.
Beth oedd pris gwreiddiol y sgert?

Rhowch eich atebion i fanwl gywirdeb priodol.

Datrysiad

Gan mai un geiniog yw'r darn arian lleiaf, y manwl gywirdeb priodol yw i'r geiniog agosaf.

(a) Pris yn y sêl = pris gwreiddiol $\times$ 0.925   Y lluosydd yw
Pris yn y sêl = 85 $\times$ 0.925 $1 - 0.075 = 0.925$.
$= $ £78.63 (i'r geiniog agosaf)

(b) Pris gwreiddiol = pris yn y sêl $\div$ 0.925
$= $ £38.70 $\div$ 0.925
$= $ £41.84 (i'r geiniog agosaf)

AWGRYM

Pan fydd cwestiwn yn gofyn am ateb i fanwl gywirdeb priodol, edrychwch i weld pa mor fanwl gywir y mae'r ffigurau yn y cwestiwn.

Fel yn achos canrannau, os byddwn yn cynyddu maint yn ôl ffracsiwn, y swm newydd fydd (1 + ffracsiwn) $\times$ y swm gwreiddiol.
I ddarganfod y swm gwreiddiol pan fydd y swm newydd yn hysbys i ni, rhaid rhannu â'r lluosydd, (1 + ffracsiwn).

Os byddwn yn gostwng maint yn ôl ffracsiwn, y swm newydd fydd (1 − ffracsiwn) $\times$ y swm gwreiddiol.
I ddarganfod y swm gwreiddiol pan fydd y swm newydd yn hysbys i ni, rhaid rhannu â'r lluosydd, (1 − ffracsiwn).

Dysgoch sut i rannu â ffracsiwn ym Mhennod 4.

Prawf sydyn 22.4

Cyfrifwch y rhain.

(a) $45 \div \frac{5}{6}$ **(b)** $26 \div \frac{4}{3}$ **(c)** $31.5 \div \frac{9}{7}$ **(ch)** $46.2 \div \frac{7}{4}$ **(d)** $297 \div \frac{2}{3}$

Ar jar o goffi mae'n dweud 'Nawr yn cynnwys $\frac{1}{5}$ yn fwy'.
Mae'r maint newydd yn cynnwys 564 g.
Faint roedd jar yn ei gynnwys cyn y cynnydd?

Datrysiad

Swm newydd = hen swm $\times \frac{6}{5}$

Hen swm = swm newydd $\div \frac{6}{5}$

$\quad\quad\quad = 564 \div \frac{6}{5}$

$\quad\quad\quad = 564 \times \frac{5}{6}$ I rannu â $\frac{6}{5}$ lluoswch â $\frac{5}{6}$.

$\quad\quad\quad = 470$ g

YMARFER 22.2

Rhowch eich atebion i fanwl gywirdeb priodol.

1 Copïwch a chwblhewch y tabl hwn.

	Pris gwreiddiol	Cynnydd canrannol	Gwerth newydd
(a)	£80	15%	
(b)		12%	£52.64
(c)	£185	4%	
(ch)		7.5%	£385.50

2 Copïwch a chwblhewch y tabl hwn.

	Pris gwreiddiol	Gostyngiad canrannol	Gwerth newydd
(a)	£800	13%	
(b)		8%	£113.16
(c)	£227	2.5%	
(ch)		4.5%	£374.50

3 Buddsoddodd Alun mewn bond a oedd yn cynyddu 7.5% bob blwyddyn. Ar ôl un flwyddyn gwerth ei fuddsoddiad oedd £875. Faint oedd buddsoddiad gwreiddiol Alun?

4 Pris gwreiddiol cot oedd £79. Y gostyngiad mewn sêl oedd 5%. Beth oedd y pris yn y sêl?

5 Gwnaeth Mrs Dafis elw o £13 250 eleni. Roedd hynny'n 6% yn fwy na'i helw y llynedd.
Beth oedd ei helw y llynedd?

6 Mewn sêl mae gostyngiad o 2.5% ar bob eitem. Pris cyfrifiadur yn y sêl yw £740.
Beth oedd pris y cyfrifiadur cyn y sêl?

7 Cafodd Huw godiad cyflog o 7%. Ei gyflog ar ôl y cynnydd oedd £36 850.
Beth oedd ei gyflog cyn y codiad cyflog?

8 Mewn etholiad lleol y llynedd cafodd Llafur 1375 o bleidleisiau. Roedd nifer y
pleidleisiau a gawsant eleni 12% yn fwy.
Faint o bleidleisiau gafodd Llafur eleni?

9 Cost gwyliau oedd £584 gan gynnwys TAW o 17.5%.
Beth oedd y gost cyn TAW?

10 Cynyddodd yr holl brisiau yng nghaffi Lleucu 5% (i'r geiniog agosaf).
(a) Pris cwpanaid o de cyn y cynnydd oedd 75c. Beth yw'r pris newydd?
(b) Pris newydd cwpanaid o goffi yw £1.30. Beth oedd yr hen bris?

11 Yn ystod cynnig arbennig, mae cwmni trenau yn gostwng traean oddi ar bris ei holl
docynnau.
(a) Mae taith yn costio £84 fel arfer. Beth yw cost y daith yn ystod y cynnig arbennig?
(b) Yn ystod y cynnig arbennig mae taith yn costio £36.50, Beth yw cost arferol y daith?

12 Cynyddodd cwmni trin cyfrifiaduron ei holl brisiau $\frac{1}{8}$. Ar ôl y cynnydd talodd Sam £94.50
i'r cwmni am drin ei gyfrifiadur.
Faint y byddai wedi ei gostio cyn y cynnydd?

Her 22.3

(a) Mewn sêl gostyngodd pris siwmper 12.5%.
Y gostyngiad oedd £7.50.
Beth oedd y pris yn y sêl?

(b) Buddsoddodd Sara mewn bond a gynyddodd 4.5% bob blwyddyn am 5 mlynedd.
Ar ddiwedd y cyfnod hwnnw gwerth y bond oedd £10 530.24.
Faint oedd ei buddsoddiad gwreiddiol?

(c) Mae 36 yn fwy o ferched na bechgyn mewn ysgol.
Merched yw 54% o'r disgyblion yn yr ysgol.
Faint o ferched sydd yn yr ysgol?

yn parhau ...

(ch) Mae Iolo'n buddsoddi £1000 mewn cyfrif cynilo sy'n talu adlog o 4.5% yn flynyddol.
Mae'n buddsoddi £1000 arall ar ddiwedd pob blwyddyn am 4 blynedd.
Yna mae'n gadael ei arian yn y cyfrif am 3 blynedd arall heb ychwanegu ato.
Faint sydd ganddo yn y cyfrif ar ddiwedd y cyfnod hwn?

(d) Mae gan Mari £12 000 mewn cyfrif cynilo sy'n talu adlog o 4.75% yn flynyddol.
Bob blwyddyn mae'n tynnu £1000 o'r cyfrif yn syth ar ôl i'r llog gael ei
ychwanegu.
  (i) Ar ôl faint o flynyddoedd y bydd ganddi lai na £5000 yn ei chyfrif am y tro cyntaf?
  (ii) Faint sydd yn y cyfrif wedyn?

(dd) Gostyngodd gwerth car $\frac{1}{5}$ bob blwyddyn am 5 mlynedd. Ar ddiwedd y cyfnod hwnnw
gwerth y car oedd £6144. Beth oedd ei werth yn newydd?

(e) Cynyddodd gwerth cwch camlas $\frac{1}{15}$ bob blwyddyn am 2 flynedd.
Y cynnydd cyfan oedd £3100. Beth oedd gwerth gwreiddiol y cwch?

RYDYCH WEDI DYSGU

- **pan fyddwch yn cynyddu maint x% am n o flynyddoedd, mai'r lluosydd yw $\left(1 + \dfrac{x}{100}\right)^n$**

- **pan fyddwch yn gostwng maint x% am n o flynyddoedd, mai'r lluosydd yw $\left(1 - \dfrac{x}{100}\right)^n$**

- **mai'r lluosydd ar gyfer cynnydd ffracsiynol yw (1 + ffracsiwn)**
- **mai'r lluosydd ar gyfer gostyngiad ffracsiynol yw (1 − ffracsiwn)**
- **er mwyn darganfod y swm gwreiddiol pan fydd y swm newydd a'r cynnydd yn hysbys i chi,
  y byddwch yn rhannu â'r lluosydd**

YMARFER CYMYSG 22

Rhowch eich atebion i fanwl gywirdeb priodol.

1 Mae poblogaeth o facteria yn cynyddu ar gyfradd o 5% y dydd. Mae 1450 o facteria ar
ddydd Mawrth. Faint sydd yno 3 diwrnod yn ddiweddarach?

2 Yn ôl papur newydd mae nifer y bobl sy'n mynd am eu prif wyliau i leoedd ym Mhrydain
wedi gostwng 10% y flwyddyn dros y 5 mlynedd ddiwethaf. Pum mlynedd yn ôl, roedd
560 o bobl o dref fach yn mynd am eu prif wyliau i leoedd ym Mhrydain. Os yw'r
adroddiad yn wir, faint ohonynt y byddech yn disgwyl iddynt fynd am eu prif wyliau i
leoedd ym Mhrydain erbyn hyn?

3 Copïwch a chwblhewch y tabl hwn.

	Gwerth gwreiddiol	Cynnydd neu ostyngiad	Gwerth newydd
(a)	£700	Cynnydd o 3.5%	
(b)		Cynnydd o 4.5%	£28.54
(c)	£365	Gostyngiad o 5%	
(ch)		Gostyngiad o 7%	£840
(d)		Cynnydd o $\frac{2}{9}$	£92.40

4 Gwerthodd Damien ei feic am £286, gan wneud colled o 45% ar yr hyn a dalodd amdano. Faint roedd ef wedi ei dalu?

5 Cafodd 10 240 o gopïau o gylchgrawn eu gwerthu y mis hwn. Mae hynny'n gynnydd o $\frac{1}{9}$ ar werthiant y mis diwethaf. Sawl copi a gafodd ei werthu fis diwethaf?

6 Mae cynllun seddau theatr y Seren wedi newid ac mae cynnydd o draean yn nifer y seddau ar y llawr isaf. Erbyn hyn mae 312 o seddau ar y llawr isaf. Faint o seddau oedd yno cyn y cynnydd?

7 Cyfrifwch werth buddsoddiad o £5000 gydag adlog ym mhob un o'r achosion canlynol.
(a) 4.5% am 3 blynedd.　　**(b)** 3.1% am 5 mlynedd.　　**(c)** 3.8% am 8 mlynedd.

8 Mae bond yn talu adlog o 4% yn flynyddol am y 2 flynedd gyntaf a 6% bob blwyddyn am y tair blynedd nesaf. Buddsoddodd Siwan £2000 yn y bond. Beth oedd gwerth y bond
(a) ar ôl 2 flynedd?　　**(b)** ar ôl 5 mlynedd?

9 Mewn sêl mae'r holl brisiau wedi gostwng 10%.
(a) Pris cot cyn y sêl oedd £125. Beth oedd ei phris yn y sêl?
(b) Pris siwt yn y sêl oedd £156.42. Beth oedd y pris cyn y sêl?

10 Mae gwneuthurwr ceir yn honni, ar gyfer ei fodel diweddaraf, bod nifer y milltiroedd am bob galwyn wedi cynyddu $\frac{1}{5}$. Mae'r model newydd yn teithio 48 milltir am bob galwyn. Faint o filltiroedd am bob galwyn roedd yr hen fodel yn eu teithio?

YN Y BENNOD HON

- **Penderfynu ar faint sampl priodol**
- **Hapsamplu syml**
- **Hapsamplu systematig**
- **Hapsamplu haenedig**
- **Tuedd**

DYLECH WYBOD YN BAROD

- **fod data'n cael eu casglu i ateb cwestiwn**
- **sut i ysgrifennu holiadur a chynnal arolwg**
- **bod data sydd wedi eu casglu mewn arolwg yn cael eu dadansoddi i ateb cwestiwn penodol**

Samplu

Yn aml bydd arolwg yn cael ei gynnal i ymchwilio i un o nodweddion **poblogaeth**. Mewn ystadegaeth byddwn yn defnyddio'r gair 'poblogaeth' am gasgliad, set neu grŵp o wrthrychau sy'n cael eu hastudio. Nid yw'n golygu pobl o reidrwydd.

Mae llawer o resymau dros gynnal arolygon. Dyma rai enghreifftiau.

- Pleidiau gwleidyddol yn dymuno gwybod faint o bobl sy'n bwriadu pleidleisio mewn etholiad.
- Gwneuthurwyr yn dymuno gwybod a fydd creision â blas newydd yn apelio at y cyhoedd.
- Meddygon yn dymuno gwybod pa mor effeithiol yw cyffur newydd.

Pan fo'r boblogaeth gyfan yn fawr, nid yw'n bosibl, neu'n ymarferol, casglu data o bob aelod o'r boblogaeth honno. Nid yn unig y byddai'n cymryd amser hir i gwblhau'r arolwg, ond hefyd byddai'n ddrud iawn. Felly mae angen dewis grŵp llai, sef **sampl**, o'r boblogaeth. Bydd unrhyw gasgliadau sy'n deillio o'r sampl hwn yn cael eu cymhwyso at y boblogaeth gyfan. Er mwyn i'r casgliadau hyn fod yn ystyrlon, rhaid i'r sampl fod yn gynrychioliadol o'r boblogaeth. Dylai amrywiadau yn y boblogaeth gael eu hadlewyrchu yn y sampl. Rhaid i'r sampl o'r boblogaeth fod yn ddigon o faint. Po fwyaf yw'r sampl, mwyaf cynrychioliadol y bydd y sampl o'r boblogaeth. Ni fydd sampl bach yn rhoi hyder bod modd cymhwyso'r canlyniadau at y boblogaeth gyfan.

Mae gwahanol ddulliau o ddewis sampl cynrychioliadol. Yn y bennod hon fe welwch dri dull: hapsamplu syml, hapsamplu systematig a hapsamplu haenedig.

Sylwch fod 'hap' yn rhan o enw pob un o'r dulliau hyn. Gallwn weld, felly, pa mor bwysig yw hapddewis y sampl er mwyn sicrhau y bydd yn gynrychioliadol o'r boblogaeth.

Hapsamplu syml

Mewn hapsamplu syml mae gan bob aelod o'r boblogaeth siawns hafal o gael ei ddewis. Mae dau brif ddull o ddewis y sampl: defnyddio tablau haprifau a defnyddio'r ffwythiant cynhyrchu haprifau ar gyfrifiadur neu gyfrifiannell. Fe welwch sut mae'r dulliau hyn yn gweithio yn Enghreifftiau 23.1 a 23.2.

ENGHRAIFFT 23.1

Mae'r staff mewn ysgol yn dymuno gwybod sut y byddai disgyblion yn ymateb i newid yn amserau'r diwrnod ysgol.
Mae 500 o ddisgyblion yn yr ysgol.
Rhaid dewis a holi sampl o 10 o ddisgyblion.

Dull 1

• Rhoi rhif tri digid o 001 i 500 i bob disgybl yn yr ysgol.

(Sylwch fod rhif tri digid gan bob aelod o'r boblogaeth oherwydd bod y nifer sydd yn y boblogaeth yn rhif tri digid. Pe bai 47 o bobl yn unig yn y boblogaeth, byddai rhif dau ddigid gan bob person a byddai'r rhifau'n mynd o 01 i 47.)

• Defnyddio tabl haprifau.
• Gan ddechrau o safle ar hap yn y tabl, darllen rhifau mewn grwpiau o dri digid.
• Rhestru pob gwerth yn yr amrediad 001 i 500 ac anwybyddu unrhyw werth sydd y tu allan i'r amrediad hwn.
• Anwybyddu unrhyw werthoedd sy'n cael eu hailadrodd.
• Stopio pan fydd deg gwerth wedi eu rhestru.

Dyma ran o dabl haprifau.

3063	7752	4300	0803	8080	6022	4280	6735	5278
0635	2656	2407	8314	4676	2411	3704	3481	8594
4519	3873	4674	2190	7024	8702	1671	6357	2223
7218	7119	9237	5344	9887	3865	0254	2516	0136
8113	7222	9927	7557	...				

Datrysiad

Gan ddechrau o'r rhan uchaf ar y chwith, cawn y rhifau hyn.

306	377	524	300	080	380
806	022	428	067	355	278

Felly, gan anwybyddu'r rhifau sy'n fwy na 500, y disgyblion sydd i gael eu cynnwys yn yr arolwg yw'r rhai sydd â'r rhifau hyn.

306	377	300	080	380
022	428	067	355	278

Prawf sydyn 23.1

Dewiswch fan cychwyn gwahanol yn y tabl haprifau a gwnewch ddetholiad arall o ddeg rhif yn yr amrediad 001 i 500.

Ydy'r sampl yn ddigon o faint yn eich barn chi?

ENGHRAIFFT 23.2

Mae'r staff mewn ysgol yn dymuno gwybod sut y byddai'r disgyblion yn ymateb i newid yn amserau'r diwrnod ysgol.
Mae 500 o ddisgyblion yn yr ysgol.
Rhaid dewis a holi sampl o 10 o ddisgyblion.

Dull 2

- Eto, rhoi rhif tri digid o 001 i 500 i bob disgybl yn yr ysgol.
- Defnyddio'r botwm haprifau ar gyfrifiannell i gynhyrchu rhif rhwng 0.0...01 a 0.9...99. (Bydd gan y rhif gynifer o ddigidau ag y gall y cyfrifiannell eu dangos.) Dewis arall fyddai defnyddio cyfrifiadur i gynhyrchu haprifau.
- Lluosi'r gwerth hwn â 500, sef nifer yr eitemau yn y boblogaeth.
- Adio 1 ac yna cymryd y rhan o'r ateb sy'n rhif cyfan. (Y term am hyn yw'r rhan gyfanrifol o'r ateb.)
- Rhestru pob gwerth.
- Anwybyddu unrhyw werthoedd sy'n cael eu hailadrodd.
- Stopio pan fydd deg gwerth wedi eu rhestru.

Datrysiad

I gael haprif gwasgwch SHIFT Ran# .

Er enghraifft, mae cyfrifiannell yn rhoi haprif o 0.579 139 694.

Y cyfrifiad yw 0.579 139 694 × 500 + 1 = 290.569 847

Y gwerth felly yw 290.

Sylwch nad oes unrhyw dalgrynnu. Mae'r gwerth yn cael ei docio yn y pwynt degol.

Dilynwch y cyfarwyddiadau yn Enghraifft 23.2 i ddewis naw disgybl arall i'w cynnwys yn yr arolwg.

Hapsamplu systematig

Pan ddefnyddiwn hapsamplu systematig, byddwn yn dewis yr unigolion yn ôl cyfyngau penodol o restr o'r boblogaeth. Er enghraifft, pe byddech yn dymuno dewis 10% o'r boblogaeth byddech yn rhoi rhif i bob aelod o'r boblogaeth ac yna, o fan cychwyn addas, yn dewis pob degfed eitem neu unigolyn.

Anfantais y dull hwn yw mai dim ond os yw'r boblogaeth wedi ei threfnu ar hap y bydd yn darparu sampl cynrychioliadol.

ENGHRAIFFT 23.3

Mae gan garej 40 car o fodel arbennig. Mae'r gwneuthurwr yn credu bod nam ar frêcs y model hwn ac mae'n gofyn i'r garej wirio brêcs sampl o 10% (pedwar car).

Dull

- Rhoi rhif dau ddigid o 01 i 40 i bob car yn y garej.
- Edrych ar dabl haprifau. Gan ddechrau o safle ar hap yn y tabl, darllen y rhifau mewn grwpiau o ddau ddigid.
- Darganfod y rhif dau-ddigid cyntaf rhwng 01 a 10. (Mae hyn oherwydd bod sampl o 10% yn '1 ym mhob 10'.)
- Dewis arall yw defnyddio cyfrifiannell i gynhyrchu haprif, ei luosi â 10 ac adio 1. Cymryd y rhan gyfanrifol o'r rhif.

(Sylwch y byddech, ar gyfer sampl o 20%, yn dewis gwerth cychwynnol rhwng 1 a 5. Ar gyfer sampl o 5% dylai'r gwerth cychwynnol fod rhwng 01 a 20 ac ar gyfer sampl o 1% dylai'r gwerth cychwynnol fod rhwng 001 a 100.)

- O'r gwerth cychwynnol, dal ati i adio 10 nes cael y sampl o 4.

Datrysiad

Gan ddechrau o'r rhan uchaf ar y chwith yn y tabl haprifau ar dudalen 317, cawn y rhifau hyn.

30   63   77   52   43   00   08

Felly, y gwerth cychwynnol yw 8.

Bydd y sampl yn cynnwys y ceir sydd â'r rhifau hyn.

08   18   28   38

Byddant yn profi brêcs y ceir sydd â'r rhifau hyn.

Hapsamplu haenedig

Mae rhai poblogaethau'n rhannu'n naturiol yn is-grwpiau. Er enghraifft, gall pobl gael eu rhannu yn ôl oedran, gall ceir gael eu rhannu yn ôl maint y peiriant, gall afalau gael eu rhannu yn ôl math. Rydym yn galw yr is-grwpiau hyn yn **haenau** ac maent yn adlewyrchu cyfansoddiad y boblogaeth sydd dan sylw. Os yw'r haenau'n amlwg a bod pob aelod o'r boblogaeth yn perthyn i un haen yn unig, gall y boblogaeth gael ei samplu gan ddefnyddio dull hapsamplu haenedig.

ENGHRAIFFT 23.4

Mae 240 o bobl yn byw mewn pentref bach.
Mae'r cyngor yn dymuno cael eu barn am adeiladu canolfan gymunedol newydd.
Mae hapsampl haenedig o 30 o bobl i gael ei ddewis a'i holi.
Mae'r pentrefwyr wedi eu rhannu'n dri grŵp oedran.

Oedran (blynyddoedd)	Dan 25	25 i 50	Dros 50
Nifer y bobl	70	115	55

Dull

- Darganfod y gyfran o'r boblogaeth sydd ym mhob un o'r haenau.
- Cyfrifo pa gyfran o'r sampl sydd angen ei dewis o bob haen.
- Dewis is-sampl o faint priodol o bob haen gan ddefnyddio dull hapsamplu syml.

Datrysiad

Dan 25: $\frac{70}{240} \times 30 = 8.75$ Dewis 9 person.

25 i 50: $\frac{115}{240} \times 30 = 14.375$ Dewis 14 person.

Dros 50: $\frac{55}{240} \times 30 = 6.875$ Dewis 7 person.

- Yn y grŵp dan 25 oed, rhoi rhifau rhwng 01 a 07 i'r bobl. Dewis man cychwyn ar hap mewn tabl haprifau a rhestru'r naw rhif dau ddigid cyntaf yn yr amrediad gofynnol. Dewis arall yw cynhyrchu haprifau gan ddefnyddio cyfrifiannell. Holi'r bobl sydd â'r rhifau hyn.
- Hapsamplu'r haenau eraill yn yr un ffordd.

Gan ddefnyddio'r tabl haprifau ar dudalen 317 neu gyfrifiannell, darganfyddwch rifau cod y bobl sydd i gael eu holi ym mhob haen yn Enghraifft 23.4.

 YMARFER 23.1

1 Nodwch pa fath o samplu sy'n cael ei ddefnyddio ym mhob un o'r achosion canlynol.

   (a) Er mwyn penderfynu a yw'r cyfleusterau chwaraeon mewn canolfan hamdden yn foddhaol, rhoddir rhif i bob aelod ac anfonir holiaduron at 100 a ddewisir trwy ddefnyddio haprifau.

   (b) Mae gwneuthurwr ceir yn cyflogi 2000 o bobl yn y ffatri gydosod, 400 yn yr adran gydrannau a 500 yn y swyddfeydd. Mae'r sampl yn cynnwys 20 o weithwyr y ffatri gydosod, 4 person o'r adran gydrannau a 5 person o'r swyddfeydd.

2 Mae'r tabl yn dangos nifer y disgyblion ym Mlynyddoedd 9 hyd at 13 mewn ysgol.

Blwyddyn 9	Blwyddyn 10	Blwyddyn 11	Blwyddyn 12	Blwyddyn 13
162	161	157	63	58

   Mae disgyblion i gael eu holi am straen arholiadau.
Mae sampl haenedig o 60 disgybl i gael ei gymryd.
Faint o ddisgyblion o bob grŵp ddylai gael eu holi?

3 Mae biolegydd eisiau amcangyfrif y nifer cyfartalog o fwydod am bob metr sgwâr mewn cae. Mae'r cae wedi ei rannu'n 100 o sgwariau metr ac mae gan bob sgwâr rif adnabod dau ddigid rhwng 00 a 09.
Er enghraifft, mae gan sgwâr 56 (rhes 5, colofn 6) 9 mwydyn.

	0	1	2	3	4	5	6	7	8	9
0	5	6	4	7	4	7	6	4	8	3
1	2	6	4	8	4	6	5	6	6	3
2	7	8	4	3	2	7	8	9	3	3
3	6	4	5	5	8	3	2	1	4	6
4	8	6	3	6	4	5	6	3	7	8
5	4	3	4	6	5	8	9	2	4	3
6	7	6	4	1	2	3	5	5	4	3
7	3	7	6	4	2	3	6	3	4	2
8	6	5	5	6	3	4	3	3	6	7
9	5	4	7	6	9	4	3	5	6	4

Rhaid i chi ddewis sampl o ddeg sgwâr a darganfod y nifer cymedrig o fwydod yn y sgwariau hynny. Defnyddiwch ddau ddull.

Dull 1: Gan gychwyn ar ddechrau rhes gyntaf y tabl haprifau ar dudalen 317, dewiswch hapsampl syml o ddeg sgwâr.
Darganfyddwch nifer cymedrig y mwydod yn y sgwariau hyn.

Dull 2: Gan gychwyn ar ddechrau ail res y tabl haprifau ar dudalen 317, dewiswch y gwerth cyntaf rhwng 00 a 09.

Defnyddiwch hwn fel man cychwyn hapsampl systematig o faint 10.
Darganfyddwch nifer cymedrig y mwydod yn y sgwariau hyn.

(a) Dewiswch y samplau trwy ddilyn y cyfarwyddiadau uchod a darganfyddwch gymedr pob sampl.

(b) Sut y mae'r ddau sampl yn cymharu?

(c) Darganfyddwch gymedr y boblogaeth trwy ddarganfod cymedr y 100 o sgwariau i gyd.

(ch) Sut y mae cymedrau'r samplau yn cymharu â chymedr y boblogaeth o fwydod?

4 Mae cwmni'n berchen ar 5 ffatri. Mae'n dymuno dewis sampl haenedig o 100 o'i weithwyr i'w holi am gynllun pensiwn newydd.

Ffatri	1	2	3	4	5
Nifer y gweithwyr	409	207	1985	1011	398

Faint o weithwyr ddylai gael eu dewis o bob ffatri?

Her 23.1

Mesurwch daldra pob disgybl yn y dosbarth.
Darganfyddwch y taldra cymedrig ar gyfer y dosbarth.
Dewiswch hapsampl o ddisgyblion yn y dosbarth a darganfyddwch daldra cymedrig y sampl hwn.
Sut y mae cymedr y sampl yn cymharu â chymedr y boblogaeth?
Trafodwch sut y mae cymedrau samplau disgyblion eraill yn cymharu â chymedr y boblogaeth.

Tuedd

Os nad oes gan bob aelod o'r boblogaeth siawns hafal o gael ei ddewis ar gyfer sampl, byddwn yn dweud bod tuedd gan y sampl. Ni fydd sampl tueddol yn gynrychioliadol o'r boblogaeth.

Gall tuedd ddod o sawl ffynhonnell.
- Pan nad yw sampl wedi ei ddewis ar hap.
- Pan na fydd pobl yn ateb holiadur. Bydd tuedd yn y canlyniadau gan y gall olygu mai dim ond pobl sydd ag amser i lenwi'r ffurflen neu bobl sy'n dymuno dylanwadu ar ganlyniad yr ymchwiliad sydd wedi ateb.

- Pan fydd eitem yn cael ei amnewid. Pe byddech yn holi pob degfed perchennog tŷ mewn stryd ac nad oedd un ohonynt gartref, byddai'n anghywir holi perchennog tŷ arall yn ei le. Efallai fod nodweddion y person sydd gartref yn wahanol i nodweddion y person sydd allan.
- Sut, ble a phryd y caiff data eu casglu. Mae defnyddio'r rhyngrwyd yn cadw allan y bobl sydd heb gyfrifiadur; mae holi pobl mewn lleoliad arbennig yn cadw allan y bobl nad ydynt yn mynd i'r lleoliad hwnnw; gall yr amser o'r dydd olygu cau allan pobl nad ydynt yn y lle hwnnw ar yr amser hwnnw o'r dydd.
- Pan na fydd y cwestiynau yn glir neu pan fydd cwestiynau arweiniol (gweler tudalen 253).

Wrth gymryd rhan mewn ymarfer ystadegol rhaid dangos pa gamau a gymerwyd i osgoi tuedd yn y sampl a ddewiswyd.

YMARFER 23.2

1 Ym mhob un o'r canlynol, penderfynwch a yw'r dull samplu yn briodol ai peidio. Os nad yw'n foddhaol, nodwch pam.
   (a) Mae golygydd papur newydd yn dymuno asesu ymateb y cyhoedd i fater a drafodwyd yn y Senedd.
   Mae hi'n gofyn i ddarllenwyr ei phapur newydd ysgrifennu at y papur i fynegi eu barn.
   (b) Er mwyn darganfod barn gyrwyr am faes parcio, mae gyrwyr 50 o geir yn y maes parcio yn derbyn holiadur i'w lenwi.
   (c) Mae cynghorwr yn dymuno gwybod barn perchenogion tai am fater lleol penodol. Mae'n bwriadu mynd i bob degfed tŷ ym mhob stryd. Os na fydd ateb, mae wedi penderfynu galw yn y tŷ drws nesaf.
   (ch) Mae uwchfarchnad yn credu bod cymaint o ddynion â menywod yn siopa yn eu siop nhw. Er mwyn ymchwilio i hyn, maent yn trefnu arolwg un bore Sadwrn rhwng 9 a.m. a 10 a.m. pan fyddant yn cyfrif nifer y dynion a'r menywod sy'n mynd i mewn i'r siop.

2 Mae sampl o 1000 o bobl i gael eu holi am y llyfrau y maent yn eu darllen. Rhowch sylwadau ar y dulliau canlynol ar gyfer cael y sampl.
   (a) Dewis 1000 o enwau o'r cyfeiriadur ffôn.
   (b) Holi 1000 o bobl ar hap mewn gorsaf reilffordd leol gyda'r hwyr un diwrnod.
   (c) Gofyn i 100 o lyfrgellwyr roi enwau 10 person yr un.

Her 23.2

Edrychwch eto ar Ymarfer 23.2.

Ar gyfer pob cwestiwn, awgrymwch ddull mwy addas er mwyn dewis sampl cynrychioliadol.

- **pwysigrwydd maint sampl**
- **sut i ddewis samplau trwy hapsamplu syml, hapsamplu systematig a hapsamplu haenedig**
- **sut i osgoi tuedd wrth ddewis sampl**

YMARFER CYMYSG 23

1 Mae swyddog y llywodraeth yn ymchwilio i weld a oes cysylltiad rhwng incwm teuluoedd a nifer y plant sydd ganddynt.

Mae'r tabl yn dangos yr wybodaeth yn ei chronfa ddata o deuluoedd.

Nifer y plant	0	1	2	3	4 a mwy
Nifer y teuluoedd	123	179	457	88	45

Mae hi'n bwriadu holi sampl o 60 o deuluoedd.

Faint y dylai hi eu dewis o bob grŵp er mwyn gwneud y sampl yn gynrychioliadol?

2 Mae rheolwr campfa sydd newydd agor yn dymuno darganfod pa mor llwyddiannus y mae. Mae'n penderfynu holi sampl o 50 o aelodau'r gampfa.

Disgrifiwch sut y gallai ddewis y 50 aelod gan ddefnyddio pob un o'r dulliau hyn.

(a) Hapsamplu syml

(b) Hapsamplu systematig

(c) Hapsamplu haenedig

3 Mae 180 o ddisgyblion ym Mlwyddyn 10 mewn ysgol.

Mae'r adran Addysg Gorfforol yn penderfynu holi sampl o 30 o'r disgyblion hyn i ddarganfod faint o ymarfer y maent yn ei wneud mewn wythnos.

Maent yn bwriadu cynnal yr arolwg yn ystod gwers Addysg Gorfforol pan fydd 80 o'r disgyblion yn chwarae pêl-droed, 63 yn chwarae hoci a 37 yn chwarae badminton. Faint o bob grŵp y mae angen iddynt eu holi er mwyn sicrhau bod y sampl yn gynrychioliadol?

4 Mae gwleidydd yn dymuno darganfod barn pobl am gynulliadau rhanbarthol.

Mae hi'n ystyried y pedwar dull canlynol o gynnal arolwg.

(a) Dewis ar hap 20 o drefi ledled y wlad a rhoi holiaduron yn Neuadd y Dref.

(b) Dewis ar hap 20 o ardaloedd yn y wlad a ffonio pob 50fed person yn eu cyfeiriaduron ffôn.

(c) Dewis ar hap 20 o bapurau newydd lleol a gosod hysbyseb yn gofyn i bobl ymateb.

(ch) Anfon neges e-bost at bob Aelod Seneddol yn gofyn am eu barn.

Beirniadwch bob un o'r dulliau hyn o samplu.

Labelu ochrau

Rydych yn gwybod yn barod mai'r **hypotenws** yw'r term am ochr hiraf triongl.

Y term am yr ochr sydd gyferbyn â'r ongl sy'n cael ei defnyddio (θ) yw'r ochr **gyferbyn**.

Y term am yr ochr arall yw'r ochr **agos**.

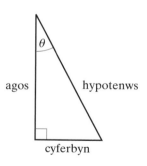

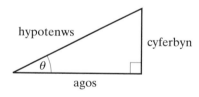

Wrth i chi labelu, dilynwch y drefn hypotenws, cyferbyn, agos.

I ddod o hyd i'r ochr gyferbyn, ewch yn syth allan o ganol yr ongl. Yr ochr y byddwch yn ei tharo yw'r ochr gyferbyn.

Gallwch dalfyrru'r labelu yn 'H', 'C, ac 'A'.

AWGRYM

Labelwch bob un o'r tair ochr yn y trionglau hyn.

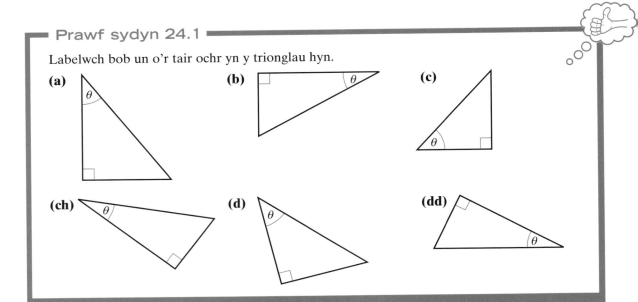

(a)   **(b)**   **(c)**

(ch)   **(d)**   **(dd)**

Prawf sydyn 24.1

- Gwnewch bedwar lluniad o'r triongl hwn.
  Lluniadwch yr onglau yn fanwl gywir ond gwnewch
  faint pob triongl yn wahanol.
- Labelwch yr ochrau'n H, C ac A fel sy'n briodol.
- Mesurwch bob un o'r ochrau ym mhob un o'ch trionglau.
- Defnyddiwch gyfrifiannell i gyfrifo $\dfrac{\text{Cyferbyn}}{\text{Hypotenws}}$ ar gyfer pob triongl.

Beth welwch chi?

Gwnewch yr un peth â phedwar triongl ongl sgwâr sydd i gyd yn cynnwys ongl o 70°.

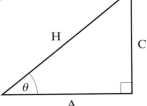

Dylech fod wedi gweld bod eich atebion ar gyfer pob set o drionglau yn agos
iawn at ei gilydd. Y rheswm yw fod eich pedwar triongl cyntaf i gyd yn
gyflun â'i gilydd a bod eich pedwar triongl nesaf i gyd yn gyflun â'i gilydd.

Yr enw ar y gymhareb y buoch yn ei chyfrifo, $\dfrac{\text{Cyferbyn}}{\text{Hypotenws}}$, yw **sin** yr ongl.

$$\sin \theta = \frac{\text{Cyferbyn}}{\text{Hypotenws}}$$

Sylwch fod cymhareb yr hydoedd yn cael ei hysgrifennu fel ffracsiwn, $\dfrac{\text{Cyferbyn}}{\text{Hypotenws}}$, yn hytrach na Cyferbyn : Hypotenws.

Chwiliwch am y botwm $\boxed{\text{sin}}$ ar gyfrifiannell.

Darganfyddwch sin 40° ar y cyfrifiannell trwy wasgu'r botymau hyn.

$\boxed{\text{sin}}$ $\boxed{4}$ $\boxed{0}$ $\boxed{=}$

Nawr darganfyddwch sin 70°.

Gwiriwch fod eich atebion yn Sylwi 24.1 yn agos at yr atebion hyn.

Gwnewch yn siŵr bod eich cyfrifiannell wedi'i osod ar gyfer graddau. Dyma osodiad arferol cyfrifiannell, sef y rhagosodiad, ond os gwelwch 'rad' neu 'R' neu 'grad' neu 'G' yn y ffenestr, newidiwch y gosodiad gan ddefnyddio'r botwm $\boxed{\text{DRG}}$.

Sylwi 24.2

Defnyddiwch eto y pedwar triongl cyntaf a luniadwyd gennych yn Sylwi 24.1.

Defnyddiwch gyfrifiannell i gyfrifo'r gymhareb $\dfrac{\text{Agos}}{\text{Hypotenws}}$ ar gyfer pob triongl.

Beth welwch chi?

Gwnewch hyn eto ar gyfer yr ail grŵp o bedwar triongl yn Sylwi 24.1.

Y term am y gymhareb y buoch yn ei chyfrifo, $\dfrac{\text{Agos}}{\text{Hypotenws}}$, yw **cosin** yr ongl.

Yn aml byddwn yn galw hyn yn 'cos'.

$$\cos \theta = \frac{\text{Agos}}{\text{Hypotenws}}$$

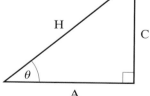

Chwiliwch am y botwm $\boxed{\text{cos}}$ ar gyfrifiannell.

Darganfyddwch cos 40° trwy wasgu'r botymau hyn ar y cyfrifiannell.

$\boxed{\text{cos}}$ $\boxed{4}$ $\boxed{0}$ $\boxed{=}$

Nawr darganfyddwch cos 70°.

Gwiriwch fod eich atebion yn Sylwi 24.2 yn agos at yr atebion hyn.

■ Sylwi 24.3 ■

Defnyddiwch eto y pedwar triongl cyntaf a luniadwyd gennych yn Sylwi 24.1.

Defnyddiwch gyfrifiannell i gyfrifo'r gymhareb $\dfrac{\text{Cyferbyn}}{\text{Agos}}$ ar gyfer pob triongl.

Beth welwch chi?

Gwnewch hyn eto ar gyfer yr ail grŵp o bedwar triongl yn Sylwi 24.1.

Y term am y gymhareb y buoch yn ei chyfrifo, $\dfrac{\text{Cyferbyn}}{\text{Agos}}$, yw **tangiad** yr ongl.

Yn aml byddwn yn galw hyn yn 'tan'.

$$\tan \theta = \frac{\text{Cyferbyn}}{\text{Agos}}$$

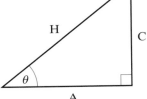

Chwiliwch am y botwm ⌊ tan ⌋ ar gyfrifiannell.

Darganfyddwch tan 40° trwy wasgu'r botymau hyn ar y cyfrifiannell.

⌊ tan ⌋ ⌊ 4 ⌋ ⌊ 0 ⌋ ⌊ = ⌋

Nawr darganfyddwch tan 70°.

Gwiriwch fod eich atebion yn Sylwi 24.3 yn agos at yr atebion hyn.

AWGRYM

Mae angen i chi ddysgu'r tair cymhareb.

$\sin \theta = \dfrac{C}{H}$, $\cos \theta = \dfrac{A}{H}$ a $\tan \theta = \dfrac{C}{A}$.

Mae gwahanol ffyrdd o gofio'r rhain ond un o'r ffyrdd mwyaf poblogaidd yn y Saesneg yw dysgu'r 'gair' **SOHCAHTOA**.

Mae hyn yn cynrychioli

S O H	C A H	T O A
i p y	o d y	a p d
n p p	s j p	n p j
e o o	i a o	g o a
s t	n c t	e s c
i e	e e e	n i e
t n	n n	t t n
e u	t	e t
s		
e		

Defnyddio'r cymarebau 1

Pan fydd angen datrys problem gan ddefnyddio un o'r cymarebau, byddwn yn dilyn y camau hyn.

- Lluniadu diagram wedi'i labelu'n glir.
- Labelu'r ochrau yn H, C ac A.
- Penderfynu pa gymhareb y dylech ei defnyddio.
- Datrys yr hafaliad.

Mewn un math o broblem bydd gofyn i chi ddarganfod rhifiadur (rhan uchaf) y ffracsiwn. Mae'r enghreifftiau canlynol yn dangos hyn.

ENGHRAIFFT 24.1

Darganfyddwch hyd ochr x.

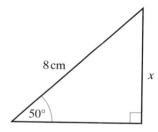

Datrysiad

Lluniadwch ddiagram a labelwch yr ochrau yn H, C ac A.

Gan eich bod yn gwybod yr hypotenws (H) a bod angen i chi ddarganfod yr ochr gyferbyn (C), defnyddiwch y gymhareb sin.

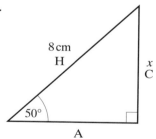

$$\sin 50° = \frac{C}{H} = \frac{x}{8}$$

$8 \times \sin 50° = x$ Lluoswch y ddwy ochr ag 8.

Gwasgwch y botymau hyn ar gyfrifiannell i ddarganfod x.

⟦8⟧ ⟦×⟧ ⟦sin⟧ ⟦5⟧ ⟦0⟧ ⟦=⟧

$x = 6.128\,35… = 6.13$ cm yn gywir i 3 ffigur ystyrlon.

ENGHRAIFFT 24.2

Mewn triongl ABC, mae BC = 12 cm, ongl $B = 90°$ ac ongl $C = 35°$.
Darganfyddwch hyd AB.

Datrysiad

Lluniadwch y triongl a labelwch yr ochrau.

Gan eich bod yn gwybod yr ochr agos (A) a bod angen i chi ddarganfod
yr ochr gyferbyn (C), defnyddiwch y gymhareb tan (tangiad).

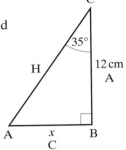

$$\tan 35° = \frac{C}{A} = \frac{x}{12}$$

$12 \times \tan 35° = x$ Lluoswch y naill ochr a'r llall ag 12.

Gwasgwch y botymau hyn ar gyfrifiannell i ddarganfod x.

$\boxed{1}\ \boxed{2}\ \boxed{\times}\ \boxed{\tan}\ \boxed{3}\ \boxed{5}\ \boxed{=}$

$x = 8.402\ 49\ldots = 8.40$ cm yn gywir i 3 ffigur ystyrlon.

◎ YMARFER 24.1

1 Yn y diagramau hyn darganfyddwch yr hydoedd a, b, c, d, e, f, g ac h.

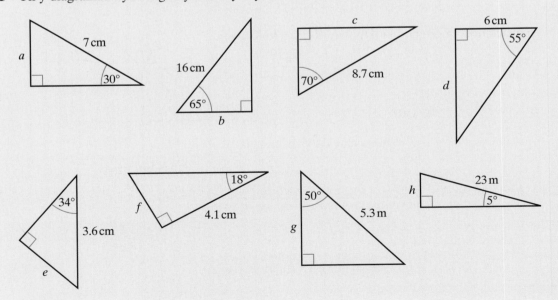

2 Hyd yr ysgol yn y llun yw 6 metr.
Yr ongl rhwng yr ysgol a'r llawr yw 70°.
Pa mor bell o'r wal y mae gwaelod yr ysgol?

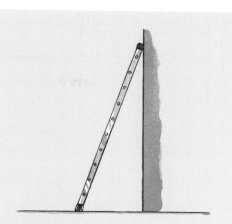

3 (a) Darganfyddwch uchder, u, y triongl.
(b) Defnyddiwch yr uchder a gawsoch
yn rhan **(a)** i ddarganfod arwynebedd
y triongl.

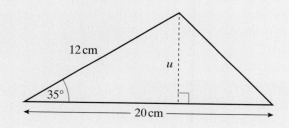

12 cm u 35°   20 cm

Her 24.1

Hyd braich y craen yw 20 metr.

Gall y craen weithio os bydd ei fraich yn unrhyw le
rhwng 15° ac 80° i'r fertigol.

Cyfrifwch werth mwyaf x a gwerth lleiaf x, y pellter
o'r craen y gall llwyth gael ei ostwng.

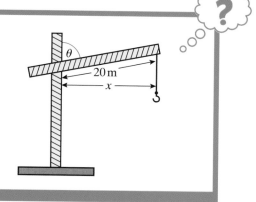

θ 20 m x

Defnyddio'r cymarebau 2

Prawf sydyn 24.2

(a) Darganfyddwch x ym mhob un o'r hafaliadau hyn.

(i) $4 = \dfrac{8}{x}$ **(ii)** $4 = \dfrac{12}{x}$ **(iii)** $2 = \dfrac{20}{x}$

(iv) $3 = \dfrac{15}{x}$ **(v)** $2 = \dfrac{18}{x}$ **(vi)** $6 = \dfrac{24}{x}$

(b) Copïwch a chwblhewch y gosodiad cyffredinol hwn.

Os yw $a = \dfrac{b}{x}$ yna $x = \ldots\ldots\ldots$.

Yn yr ail fath o broblem bydd gofyn i chi ddarganfod enwadur (rhan isaf)
y ffracsiwn. Mae'r enghreifftiau canlynol yn dangos hyn.

ENGHRAIFFT 24.3

Darganfyddwch hyd ochr x.

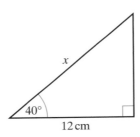

Datrysiad

Lluniadwch y triongl a labelwch yr ochrau.

Gan eich bod yn gwybod A a bod angen i chi ddarganfod H, defnyddiwch y
gymhareb cos (cosin).

$$\cos 40° = \frac{A}{H} = \frac{12}{x}$$

$$x = \frac{12}{\cos 40°}$$ Defnyddiwch y rheol a gawsoch ym Mhrawf sydyn 24.2.

Gwasgwch y botymau hyn ar gyfrifiannell i ddarganfod x.

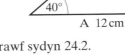

$x = 15.664\,88\ldots = 15.7$ cm yn gywir i 3 ffigur ystyrlon.

Darganfyddwch hyd ochr x.

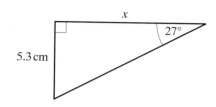

Datrysiad

Lluniadwch y triongl a labelwch yr ochrau.

Gan eich bod yn gwybod C a bod angen i chi ddarganfod A, defnyddiwch y gymhareb tan (tangiad).

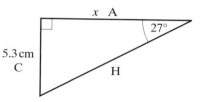

$$\tan 27° = \frac{C}{A} = \frac{5.3}{x}$$

$$x = \frac{5.3}{\tan 27°}$$ Defnyddiwch y rheol a gawsoch ym Mhrawf sydyn 24.2.

$$x = 10.401\ 83...$$ Defnyddiwch gyfrifiannell.

$$x = 10.4 \text{ cm yn gywir i 3 ffigur ystyrlon.}$$

AWGRYM

Edrychwch bob tro i weld a ddylai'r hyd rydych yn ceisio ei ddarganfod fod yn hirach neu'n fyrrach na'r hyd sy'n hysbys i chi. Os yw eich ateb yn amlwg yn anghywir mae'n debyg eich bod wedi lluosi yn hytrach na rhannu.

YMARFER 24.2

1 Yn y diagramau hyn darganfyddwch yr hydoedd *a*, *b*, *c*, *d*, *e*, *f*, *g* ac *h*.

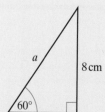

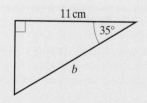

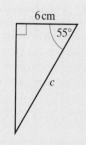

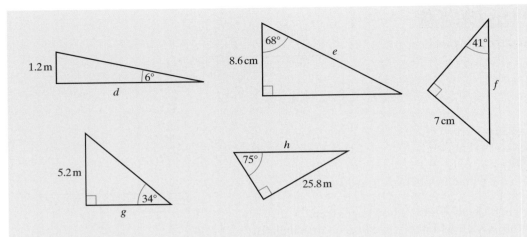

1.2 m, d, 6°

8.6 cm, 68°, e

41°, f, 7 cm

5.2 m, 34°, g

75°, h, 25.8 m

2 Cyfeiriant A o B yw 040°.
Mae A 8 cilometr i'r dwyrain o B.
Cyfrifwch pa mor bell y mae A i'r gogledd o B?

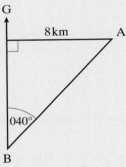

G, 8 km, A, 040°, B

3 Mae'r diagram yn dangos sied sydd â'i tho ar oledd.
(a) Darganfyddwch yr hyd d.
(b) Hyd y sied yw 2.5 m.
Darganfyddwch gyfaint y to.

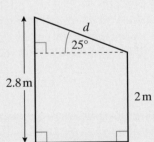

d, 25°, 2.8 m, 2 m

Her 24.2

Mae Mr Jones yn dymuno prynu ysgol.
Uchder ei dŷ yw 5.3 metr ac mae angen iddo gyrraedd y rhan uchaf.
Mae dwy ran i'r ysgolion ac mae'r un hyd i'r ddwy ran.
Pan fydd yr ysgol wedi ei hestyn rhaid bod yna orgyffwrdd o 1.5 metr rhwng y ddwy ran.

Yr ongl weithredol ddiogel rhwng yr ysgol a'r llawr yw 76°.

Cyfrifwch hyd y ddwy ran o'r ysgol y mae angen iddo eu prynu.

Defnyddio'r cymarebau 3

Yn y trydydd math o broblem, mae gwerth dwy o'r ochrau'n hysbys a rhaid i chi ddarganfod yr ongl. Mae'r enghreifftiau canlynol yn dangos hyn.

ENGHRAIFFT 24.5

Darganfyddwch yr ongl θ.

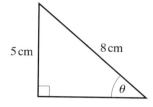

Datrysiad

Lluniadwch y triongl a labelwch yr ochrau.

Y tro hwn, edrychwch ar y ddwy ochr sy'n hysbys i chi.

Gan mai C a H ydynt, defnyddiwch y gymhareb sin.

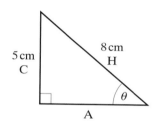

$$\sin \theta = \frac{C}{H} = \frac{5}{8}$$

Cyfrifwch $5 \div 8 = 0.625$ ar gyfrifiannell a gadael y rhif hwn ar y sgrin.

Rydych wedi cyfrifo sin yr ongl ac yn awr mae angen gweithio'n ôl at yr ongl.

I wneud hyn, defnyddiwch y ffwythiant $\sin^{-1}$ (gwrthdro sin).

Mae $\sin^{-1}$ i'w weld uwchlaw'r botwm [sin] ar gyfrifiannell.

I ddefnyddio'r ffwythiant hwn gwasgwch y botwm sydd â'r label SHIFT, INV neu 2nd F, ac yna'r botwm [sin] .

Gyda 0.625 ar y sgrin o hyd, gwasgwch [SHIFT] [sin] [=] , neu'r hyn sy'n cyfateb i hynny ar eich cyfrifiannell.

Dylech weld 38.682 18... .

Felly $\theta = 38.7°$ yn gywir i 3 ffigur ystyrlon neu 39° yn gywir i'r radd agosaf.

Hefyd gallwch wneud y cyfrifiad mewn un cam trwy wasgu'r botymau hyn neu'r rhai sy'n cyfateb iddynt ar y cyfrifiannell sydd gennych. Sylwch fod *rhaid* defnyddio'r cromfachau.

[SHIFT] [sin] [(] [5] [÷] [8] [)] [=]

ENGHRAIFFT 24.6

Darganfyddwch yr ongl θ.

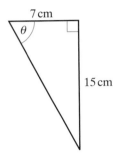

Datrysiad

Lluniadwch y triongl a labelwch yr ochrau.

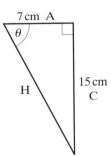

Y ddwy ochr sy'n hysbys yw C ac A, felly defnyddiwch y gymhareb tangiad.

$$\tan \theta = \frac{C}{A} = \frac{15}{7} \qquad \text{neu} \qquad \theta = \tan^{-1} \frac{15}{7}$$

Dyma drefn gwasgu'r botymau ar gyfrifiannell.

[SHIFT] [tan] [(] [1] [5] [÷] [7] [)] [=]

Mae hyn yn rhoi'r ateb $\theta = 64.983... = 65.0°$ yn gywir i 3 ffigur ystyrlon.

Darganfyddwch yr ongl θ.

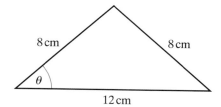

Gan mai triongl isosgeles yw hwn, yn hytrach na thriongl ongl sgwâr, mae angen tynnu'r llinell cymesuredd. Mae hon yn hollti'r triongl yn ddau driongl ongl sgwâr hafal.

Yr ochrau sy'n hysbys yw A a H, felly defnyddiwch y gymhareb cosin.

$$\cos \theta = \frac{A}{H} = \frac{6}{8} \qquad \text{neu} \qquad \theta = \cos^{-1} \frac{6}{8}$$

Dyma drefn gwasgu'r botymau ar gyfrifiannell.

[SHIFT] [cos] [(] [6] [÷] [8] [)] [=]

Mae hyn yn rhoi'r ateb $\theta = 41.4°$ yn gywir i 3 ffigur ystyrlon.

Mae Enghraifft 24.7 yn dangos sut i ddelio â thrionglau isosgeles. Byddwn yn defnyddio'r llinell cymesuredd i hollti'r triongl yn ddau driongl ongl sgwâr hafal. Dim ond â thrionglau isosgeles y mae hyn yn gweithio, a hynny am fod ganddynt linell cymesuredd.

1   Yn y diagramau hyn darganfyddwch yr hydoedd a, b, c, d, e, f, g ac h.

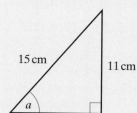

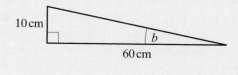

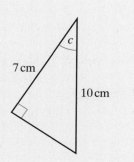

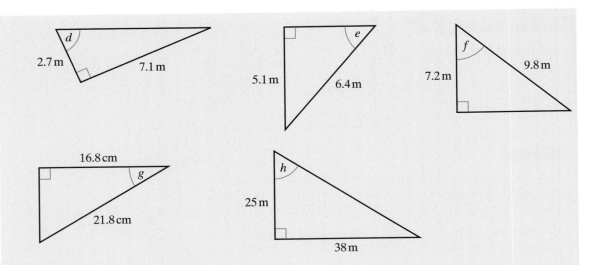

2 Mae'r diagram yn cynrychioli ysgol yn pwyso yn erbyn wal. Darganfyddwch yr ongl y mae'r ysgol yn ei gwneud â'r llorweddol.

4.9 m

←1.8 m→

3 Yn y llun mae'r barcut 15 metr uwchlaw'r ferch. Hyd y llinyn yw 25 metr.

Darganfyddwch yr ongl y mae'r llinyn yn ei gwneud â'r llorweddol.

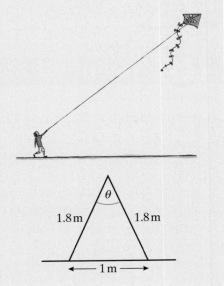

4 Mae'r diagram yn cynrychioli ysgol ddwbl sy'n sefyll ar lawr llorweddol.

Darganfyddwch yr ongl, θ, rhwng dwy ran yr ysgol ddwbl.

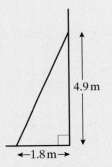

1.8 m   1.8 m

← 1 m →

Her 24.3

Mae mast teledu yn sefyll ar dir llorweddol a'i uchder yw 54 metr.
Mae chwe gwifren dynhau yn cadw'r mast yn unionsyth.
Mae tair o'r rhain yn sownd yn rhan uchaf y mast ac wrth bwynt ar y ddaear.
Mae'r tair gwifren hyn yn gwneud ongl o 16.5° â'r fertigol.

(a) Cyfrifwch gyfanswm hyd y tair gwifren hyn.

(b) Mae'r tair gwifren arall yn sownd yn y mast $\frac{2}{3}$ o'r ffordd i fyny'r mast.

Maent yn sownd yn yr un pwyntiau ar y ddaear â'r tair gwifren flaenorol.
Cyfrifwch yr ongl y mae'r rhain yn ei gwneud â'r fertigol.

RYDYCH WEDI DYSGU

- **sut i ddefnyddio theorem Pythagoras i ddarganfod y pellter rhwng dau bwynt**

- **bod ochrau triongl ongl sgwâr yn cael eu labelu'n hypotenws, cyferbyn ac agos, sydd fel rheol yn cael eu talfyrru'n H, C ac A**

- **$\sin \theta = \dfrac{C}{H}$, $\cos \theta = \dfrac{A}{H}$, $\tan \theta = \dfrac{C}{A}$**

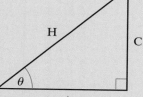

- **mai dyma'r camau i'w cymryd i ddatrys problem mewn trigonometreg:**
  1. **Lluniadu diagram wedi'i labelu'n glir**
  2. **Labelu'r ochrau'n H, C ac A**
  3. **Penderfynu pa gymhareb y mae angen ei defnyddio**
  4. **Datrys yr hafaliad**

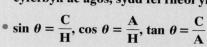 YMARFER CYMYSG 24

1 Darganfyddwch hyd y llinell sy'n uno pob un o'r parau hyn o bwyntiau.
Gallwch luniadu diagram i'ch helpu.
Lle nad yw'r ateb yn union gywir, rhowch eich ateb yn gywir i 2 le degol.

(a) A(2, 2) a B(4, 7)

(b) C(2, 9) a D(7, 2)

(c) E(5, 3) ac F(7, −1)

2 Yn y diagramau hyn darganfyddwch yr hydoedd *a*, *b*, *c*, *d*, *e* ac *f*.

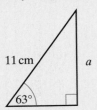

11 cm   *a*   63°

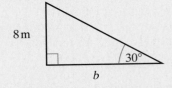

8 m   30°   *b*

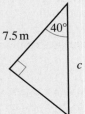

7.5 m   40°   *c*

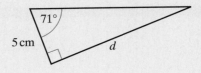

71°   5 cm   *d*

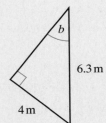

55°   *e*   6.8 m

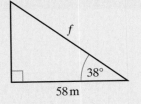

f   38°   58 m

3 Yn y diagramau hyn darganfyddwch yr onglau *a* a *b*.

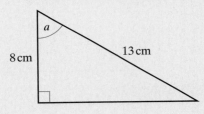

a   8 cm   13 cm

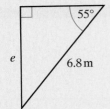

b   6.3 m   4 m

4 **(a)** Darganfyddwch yr hyd *a* yn y diagram hwn.

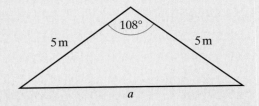

108°   5 m   5 m   *a*

(b) Darganfyddwch yr ongl *b* yn y diagram hwn.

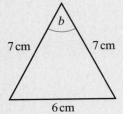

b   7 cm   7 cm   6 cm

5 Mae'r llun yn dangos ysgol yn pwyso yn erbyn wal.

   (a) Er diogelwch dylai'r ongl y mae'r ysgol yn ei
gwneud â'r llorweddol fod rhwng 75° a 77°.
Ydy'r ysgol hon yn ddiogel?
Dangoswch eich gwaith cyfrifo.

   (b) Darganfyddwch hyd yr ysgol.

   (c) Mae dyn yn sefyll ar yr ysgol.
Mae ei draed 3.5 metr o waelod yr ysgol.
Pa mor bell uwchlaw'r ddaear y mae ei
draed?

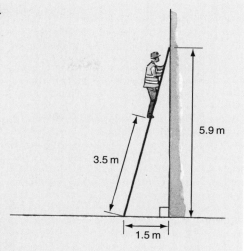

6 Mae llong yn hwylio ar gyfeiriant o 070° am 120 o gilometrau.

   (a) Lluniadwch ddiagram i ddangos hyn.

   (b) Cyfrifwch pa mor bell y mae'r llong

      (i) i'r dwyrain o'i man cychwyn;

      (ii) i'r gogledd o'i man cychwyn.

7 Darganfyddwch yr ongl lem rhwng croesliniau petryal sydd â'i ochrau'n 7 cm a 10 cm.

8 Cyfrifwch hyd yr ochrau hafal yn y triongl isosgeles hwn.

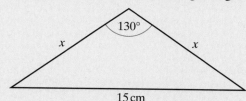

9 **(a)** Darganfyddwch ongl θ yn y trapesiwm hwn.

   (b) Darganfyddwch arwynebedd y trapesiwm.

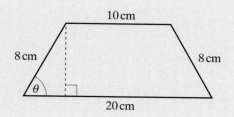

10 Mae arolwg yn cael ei wneud o adeilad tal.

Mae'r arolygwr yn mesur ongl godiad rhan uchaf yr adeilad yn 15°.

Mae'r arolygwr 125 metr o ran isaf yr adeilad.

Mae'r ddyfais arsyllu 1.8 metr uwchlaw'r ddaear.

Cyfrifwch uchder yr adeilad.

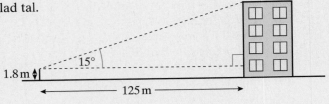

11 Mae'r diagram yn dangos pont wrthbwys yn y safleoedd ar gau ac ar agor.

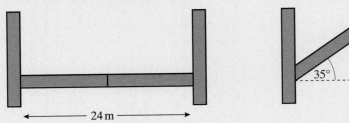

Cyfrifwch y pellter, x, rhwng y ddwy ran o'r bont pan fo'r bont ar agor.

CYNRYCHIOLI A DEHONGLI DATA

25

YN Y BENNOD HON

- Lluniadu a dehongli diagramau amlder cronnus
- Defnyddio'r canolrif a'r amrediad rhyngchwartel
- Llunio a dehongli histogramau
- Cyfrifo cyfartaleddau newidiol
- Dehongli amrywiaeth eang o ddiagramau a graffiau ystadegol
- Darganfod a dehongli'r gwyriad safonol
- Cymharu dosraniadau

DYLECH WYBOD YN BAROD

- sut i ddarganfod cymedr, canolrif, modd ac amrediad set o ddata arwahanol
- sut i lunio graffiau bar a pholygonau amlder
- sut i ddarganfod dosbarth modd data di-dor neu arwahanol wedi'u grwpio
- sut i gyfrifo amcangyfrif o gymedr data di-dor neu arwahanol wedi'u grwpio

Diagramau amlder cronnus

Prawf sydyn 25.1

Mae'r tabl yn nodi uchder 60 o blanhigion.
Edrychwch ar y data hyn a chyfrifwch amcangyfrif o uchder cymedrig y planhigion.

Uchder (u cm)	$0 < u \leqslant 10$	$10 < u \leqslant 20$	$20 < u \leqslant 30$	$30 < u \leqslant 40$	$40 < u \leqslant 50$
Amlder	15	31	8	2	4

Pam efallai nad yw'r cymedr yn gyfartaledd da i'w ddefnyddio yma?

Pan fydd gennym set o ddata di-dor wedi'u grwpio, gallwn ei dadansoddi trwy gyfrifo amcangyfrif o'r cymedr. Weithiau, fodd bynnag, mae'n fwy priodol defnyddio'r canolrif yn fesur o gyfartaledd. At y diben hwn a dibenion eraill, gallwn ddefnyddio graff **amlder cronnus**.

Gallwn gyfuno'r data ym Mhrawf sydyn 25.1 i roi'r tabl hwn.

Uchder (u cm)	$u \leqslant 0$	$u \leqslant 10$	$u \leqslant 20$	$u \leqslant 30$	$u \leqslant 40$	$u \leqslant 50$
Amlder cronnus	0	15	46	54	56	60

Mae hwn yn dangos, er enghraifft, fod 54 o blanhigion sydd â'u huchder yn 30 cm neu lai. Cawn hynny o 15 + 31 + 8 neu 46 + 8.

Gallwn ddefnyddio'r tabl i lunio graff amlder cronnus, gan blotio (0, 0), (10, 15), (20, 46), (30, 54), (40, 56) a (50, 60).

Rhaid gwneud yn siŵr ein bod yn defnyddio pen uchaf y dosbarth i blotio graff amlder cronnus yn hytrach na'r canolbwyntiau y byddwn yn eu defnyddio i lunio polygon amlder.

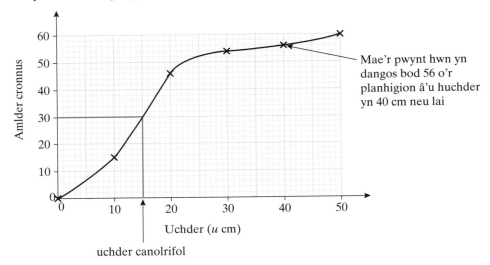

Mae'r pwynt hwn yn dangos bod 56 o'r planhigion â'u huchder yn 40 cm neu lai

uchder canolrifol

Gyda 60 o blanhigion, y canolrif yw cyfartaledd uchder y 30ain planhigyn a'r 31ain planhigyn. O'r graff, byddwn yn chwilio am werth yr uchder ar amlder cronnus o 30.5. Gyda set fawr o ddata, mae'n bosibl defnyddio'r brasamcan $\frac{60}{2} = 30$. Dim ond ar gyfer setiau mawr o ddata y mae graffiau amlder cronnus yn addas, felly dylech allu defnyddio'r brasamcan hwn.

Mae'r graff yn dangos bod y canolrif tua 15 cm.

Mae'n well gan rai ystadegwyr uno pwyntiau'r graff â llinellau syth yn hytrach na chromliniau, gan ddangos bod y graff yn cael ei ddefnyddio ar gyfer amcangyfrifon. Ar gyfer TGAU, mae'r ddau ddull hyn yn dderbyniol.

Gallwn ddefnyddio'r graff amlder cronnus i ddarganfod gwybodaeth arall hefyd. Er enghraifft, o ddarllen yr amlder sy'n cyfateb i 25 ar yr echelin lorweddol, gwelwn fod 52 o'r planhigion â'u huchder yn llai na 25 cm neu'n hafal iddo.

Gall y graff gael ei ddefnyddio hefyd i ddarganfod yr **amrediad rhyngchwartel**. Mae hwn yn mesur amrediad y 50% canol o'r planhigion.

Mae angen darllen gwerthoedd ar gyfer y chwartel isaf, $\frac{1}{4}$ o'r ffordd trwy'r data, a'r chwartel uchaf, $\frac{3}{4}$ o'r ffordd trwy'r data. Yma, $\frac{1}{4}$ o 61 = 15.25, a $\frac{3}{4}$ o 61 = 45.75, felly mae'r rhain, yn fras, ar y 15fed planhigyn a'r 45ed neu'r 46ed planhigyn.

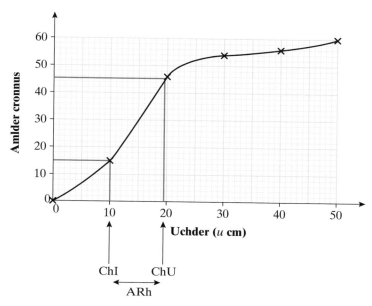

Chwartel isaf (ChI) = 10 cm

Chwartel uchaf (ChU) = 19.5 cm

Amrediad rhyngchwartel (ARh) = ChU − ChI
$$= 19.5 - 10 \text{ cm}$$
$$= 9.5 \text{ cm}$$

Gallwn weld yma fod yr amrediad rhyngchwartel yn fach, o'i gymharu â'r amrediad cyfan. Mae hynny'n dangos bod y 50% canol o'r data mewn clwstwr agos. Mae'r gromlin serth rhwng y chwartelau yn dangos hyn hefyd.

Gan fod y data wedi'u grwpio ac nad oes gennym y data gwreiddiol, ni allwn ddweud beth yw gwerthoedd lleiaf a mwyaf y data, felly dim ond amcangyfrif yr amrediad y gallwn ei wneud. Gallai fod cymaint â 50 − 0 = 50 cm a'i ffin isaf yw 40 − 10 = 30 cm.

Mae'r nodiant canlynol yn ddefnyddiol weithiau.
Y chwartel isaf yw Ch_1 ($\frac{1}{4}$ ffordd trwy'r data).
Y canolrif yw Ch_2 ($\frac{2}{4}$ neu $\frac{1}{2}$ ffordd trwy'r data).
Y chwartel uchaf yw Ch_3 ($\frac{3}{4}$ ffordd trwy'r data).
Yr amrediad rhyngchwartel yw $Ch_3 - Ch_1$.

Sylwch: Mae mathemategwyr a phecynnau meddalwedd yn amrywio o ran yr amlderau cronnus y byddant yn eu defnyddio ar gyfer y chwartelau.

Yn y bennod hon byddwn yn defnyddio $\frac{n+1}{2}$ ar gyfer y canolrif ac $\frac{n+1}{4}$ a $\frac{3(n+1)}{4}$ ar gyfer y chwartelau isaf ac uchaf fel y gwerthoedd mwyaf manwl gywir, gyda $\frac{n}{2}, \frac{n}{4}$ a $\frac{3n}{4}$ yn cael eu defnyddio fel brasamcanion pan fo n yn fawr. Wrth ddehongli graff amlder cronnus ar gyfer set fawr o ddata, mae'n annhebygol y bydd llawer o wahaniaeth rhwng gwerthoedd y diffiniadau hyn, a bydd y gwerthoedd sy'n dderbyniol mewn cwestiynau TGAU yn gwneud lwfans ar gyfer y gwahaniaethau hyn. Yn achos setiau bach o ddata, gwerth cyfyngedig yn unig sydd i'r chwartelau a dylech eu defnyddio yn ofalus iawn yn yr amgylchiadau hyn.

Dim ond gyda data di-dor y gallwn ddefnyddio graffiau amlder cronnus.

Prawf sydyn 25.2

Casglwch ddata o 50 o fyfyrwyr o leiaf. (Neu defnyddiwch ddata a gasglwyd eisoes.) Er enghraifft, gallech ddefnyddio taldra'r myfyrwyr neu bwysau eu bagiau ysgol. Defnyddiwch nifer addas o gyfyngau o'r un maint i grwpio'r data a darganfyddwch yr amlderau.

Gwnewch dabl amlder cronnus ac wedyn lluniadwch graff amlder cronnus.

O'ch graff, darganfyddwch y canolrif a'r chwartelau, yr amrediad a'r amrediad rhyngchwartel.

Allwerthoedd

Allwerthoedd yw'r gwerthoedd eithafol sy'n digwydd mewn dosraniad. Efallai fod rheswm da dros y ffaith eu bod yn digwydd. Weithiau, fodd bynnag, gall allwerthoedd fod yn wallau mewn canlyniadau cofnodi ac efallai y byddwch yn dymuno eu diystyru.

Rheol ar gyfer allwerthoedd yw eu bod yn werthoedd sydd â'u pellter o'r chwartel agosaf yn fwy nag $1.5 \times$ amrediad rhyngchwartel. Os byddwch yn diystyru allwerthoedd wrth wneud project ystadegaeth, cofiwch eu crybwyll a rhoi eich rhesymau dros eu hanwybyddu.

1 Mae'r graff amlder cronnus hwn yn dangos taldra 200 o ferched a 200 o fechgyn.

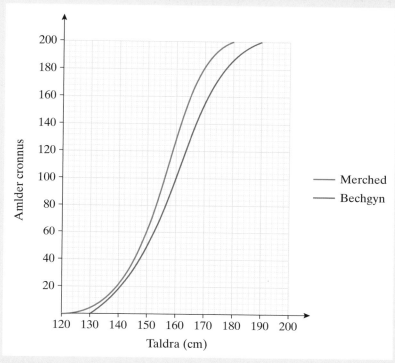

Darganfyddwch y canolrif, y chwartelau a'r amrediad rhyngchwartel ar gyfer y merched a'r bechgyn.

2 Mae'r tabl ar y chwith yn dangos gwybodaeth am fasau 200 o datws.

(a) Copïwch a chwblhewch y tabl amlder cronnus ar y dde.

Màs (*m* gram)	Amlder
$0 < m \leqslant 50$	16
$50 < m \leqslant 100$	22
$100 < m \leqslant 150$	43
$150 < m \leqslant 200$	62
$200 < m \leqslant 250$	40
$250 < m \leqslant 300$	13
$300 < m \leqslant 350$	4

Màs (*m* gram)	Amlder cronnus
$m \leqslant 50$	16
$m \leqslant 100$	38
$m \leqslant 150$	
$m \leqslant 200$	
$m \leqslant 250$	
$m \leqslant 300$	
$m \leqslant 350$	

(b) Lluniwch graff amlder cronnus.

(c) Defnyddiwch y graff i ddarganfod canolrif ac amrediad rhyngchwartel y masau hyn.

3 Mae'r tabl ar y chwith yn dangos oedrannau pobl mewn clwb pêl-rwyd.

(a) Copïwch a chwblhewch y tabl amlder cronnus ar y dde.

Oedran (blynyddoedd)	Amlder
11–15	7
16–18	10
19–24	15
25–34	20
35–49	12
50–64	7

Oedran (*b* o flynyddoedd)	Amlder cronnus
$b < 11$	0
$b < 16$	7
$b < 19$	17
$b <$	
$b <$	

Sylwch: ffin uchaf y grŵp oedan 11–15 yw'r pen-blwydd yn 16.

(b) Lluniwch y graff amlder cronnus.

(c) Faint o bobl yn y clwb hwn sy'n llai na 30 oed?

(ch) Faint o bobl yn y clwb hwn sy'n 40 oed neu fwy?

(d) Darganfyddwch y canolrif a'r chwartelau.

4 Mae'r graff amlder cronnus yn dangos cylcheddau pen sampl o 50 o ferched a 50 o fechgyn.

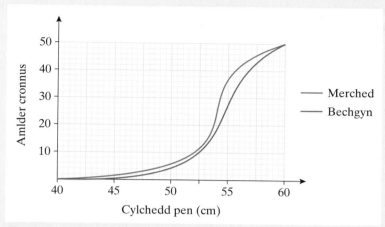

Gwnewch ddwy gymhariaeth rhwng y dosraniadau hyn.

5 Mae'r tabl yn dangos enillion grŵp o fyfyrwyr am waith rhan-amser yn ystod wythnos.

Enillion (£e)	$0 < e \leqslant 20$	$20 < e \leqslant 40$	$40 < e \leqslant 60$	$60 < e \leqslant 80$	$80 < e \leqslant 100$
Amlder	5	15	26	30	6

Lluniwch graff amlder cronnus i gynrychioli'r dosraniad hwn.

6 Mae cwmni'n cynhyrchu dau fath o fylbiau golau. Profodd sampl o 500 o'r naill fath a'r llall. Mae'r tabl yn crynhoi'r canlyniadau, gan ddangos am faint o amser, mewn oriau, y gwnaeth pob bwlb golau bara.

Amser (a awr)	Amlder math A	Amlder math B
$0 < a \leqslant 250$	12	2
$250 < a \leqslant 500$	88	58
$500 < a \leqslant 750$	146	185
$750 < a \leqslant 1000$	184	223
$1000 < a \leqslant 1250$	63	29
$1250 < a \leqslant 1500$	7	3

(a) Ar yr un echelinau, lluniwch graffiau amlder cronnus i gynrychioli'r dosraniadau hyn.
(b) Pa un o'r ddau fath o fylbiau golau sydd fwyaf dibynadwy?

Histogramau

Mae'r tabl amlder hwn yn crynhoi'r data ar gyfer enillion grŵp o fyfyrwyr yn ystod un wythnos (o gwestiwn **5** yn Ymarfer 25.1).

Enillion (£e)	$0 < e \leqslant 20$	$20 < e \leqslant 40$	$40 < e \leqslant 60$	$60 < e \leqslant 80$	$80 < e \leqslant 100$
Amlder	5	15	26	30	6

Gweithiwch mewn parau, gyda'r naill ohonoch yn lluniadu diagram amlder i gynrychioli'r data hyn a'r llall yn lluniadu polygon amlder.
Cymharwch eich graffiau a thrafodwch fanteision ac anfanteision y ddau fath o graff.

Gallwch grwpio'r data'n wahanol a'u cyflwyno fel hyn.

Enillion (£e)	$0 < e \leqslant 10$	$10 < e \leqslant 30$	$30 < e \leqslant 50$	$50 < e \leqslant 70$	$70 < e \leqslant 100$
Amlder	2	8	24	32	16

Sut y gallech gyflwyno'r wybodaeth hon ar graff?
Rhowch gynnig ar eich syniadau a thrafodwch y canlyniadau.

Efallai eich bod wedi sylweddoli yn y dasg uchod fod ein llygaid yn cymryd arwynebedd i ystyriaeth wrth asesu maint cymharol. Felly, pan fo lled y grwpiau o feintiau gwahanol, mae angen ystyried effaith arwynebedd y barrau mewn siart bar.

Mae histogram yn ddiagram amlder sy'n defnyddio *arwynebedd* pob bar i gynrychioli amlder. Wrth wneud hyn mae'n cynrychioli yn deg amlderau grwpiau sydd â'u lled yn anhafal.

Mae'r tabl yn dangos oedrannau pobl yn y clwb pêl-rwyd yng nghwestiwn **3** yn Ymarfer 25.1.

Oedran mewn blynyddoedd	11–15	16–18	19–24	25–34	35–49	50–64
Amlder	7	10	15	20	12	7

Mae'r histogram isod yn dangos dosraniad oedrannau'r aelodau. Cofiwch mai ffin uchaf y grŵp oedran 11–15 yw'r pen-blwydd yn 16. Felly, mae ffiniau'r barrau yn yr histogram ar 11, 16, 19, 25, 35, 50 a 65.

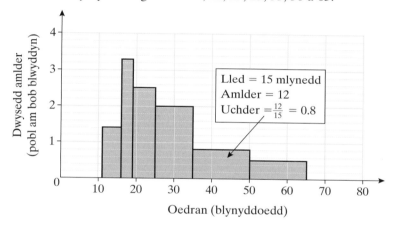

Lled = 15 mlynedd
Amlder = 12
Uchder $= \frac{12}{15} = 0.8$

Mae'r dull o gyfrifo dwysedd amlder un grŵp wedi cael ei ychwanegu at yr histogram i ddangos sut y cafodd ei wneud. Weithiau, yn hytrach na dangos dwyseddau amlder, fe welwch allwedd sy'n dangos yr hyn y mae pob uned o arwynebedd yn ei gynrychioli. Ar yr histogram hwn, mae un petryal o'r grid yn cynrychioli dau berson.

Fel arfer bydd y dwyseddau amlder yn cael eu cyfrifo mewn tabl, fel yn yr enghraifft nesaf.

Lluniwch histogram i gynrychioli'r dosraniad hwn o'r arian a gododd y rhedwyr mewn ras noddedig ar gyfer elusen.

Swm a godwyd (£x)	Amlder
$0 < x \leqslant 50$	6
$50 < x \leqslant 100$	22
$100 < x \leqslant 200$	31
$200 < x \leqslant 500$	42
$500 < x \leqslant 1000$	15

Datrysiad

Ychwanegwch ddwy golofn at y tabl, un i gyfrifo lled pob grŵp a'r llall i gyfrifo'r dwysedd amlder.

Cyfrifwch y dwysedd amlder gan ddefnyddio

$$\text{Dwysedd amlder} = \frac{\text{Amlder}}{\text{Lled y grŵp}}.$$

Swm a godwyd (£x)	Amlder	Lled y grŵp	Dwysedd amlder (pobl am bob £)
$0 < x \leqslant 50$	6	50	$6 \div 50 = 0.12$
$50 < x \leqslant 100$	22	50	$22 \div 50 = 0.44$
$100 < x \leqslant 200$	31	100	$31 \div 100 = 0.31$
$200 < x \leqslant 500$	42	300	$42 \div 300 = 0.14$
$500 < x \leqslant 1000$	15	500	$15 \div 500 = 0.03$

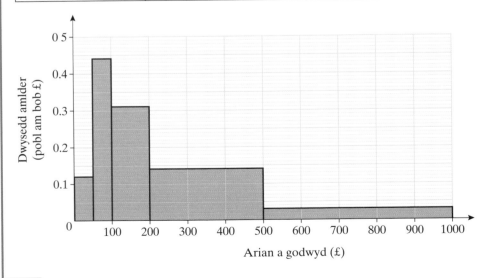

Dull arall yw cyfrifo lled pob grŵp fel lluosrifau £50 (neu £10).

Byddai defnyddio £50 yn rhoi lled pob grŵp (×£50) fel 1, 1, 2, 6 a 10.

Y dwyseddau amlder (pobl am bob £50) fyddai 6, 22, 15.5, 7 ac 1.5.

Mae hyn yn osgoi gorfod defnyddio'r raddfa ddegol.

Efallai yr hoffech lunio'r histogram gan ddefnyddio'r dull hwn a'i gymharu â'r un yn y datrysiad gyferbyn.

ENGHRAIFFT 25.2

Mae'r histogram yn dangos dosraniad yr arian a gafodd ei godi mewn ras noddedig arall.

Nid yw'r allwedd yn cael ei dangos, ond rydych yn cael gwybod bod 15 o bobl wedi codi £50 neu lai.

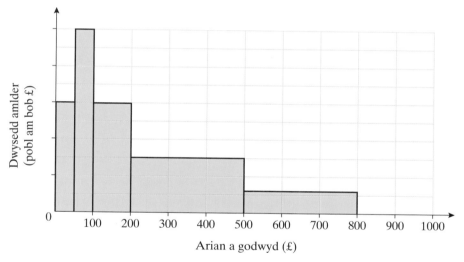

(a) Cyfrifwch amlderau pob grŵp.
(b) Cyfrifwch hefyd amcangyfrif o'r cyfanswm a gafodd ei godi.
(c) Gwnewch ddwy gymhariaeth â'r dosraniad a gawsoch ar gyfer y ras noddedig yn Enghraifft 25.1.

Datrysiad

(a) Lled y bar ar gyfer y grŵp cyntaf yw $\frac{1}{2}$ petryal ar y grid a'i uchder yw 6 phetryal.

Ei arwynebedd yw $\frac{1}{2} \times 6 = 3$ petryal grid.
Felly mae 1 petryal grid yn cynrychioli 5 person.

Arwynebedd y grŵp 50–100 yw 5 petryal, sy'n cynrychioli 25 o bobl.
Arwynebedd y grŵp 100–200 yw 6 phetryal, sy'n cynrychioli 30 o bobl.
Arwynebedd y grŵp 200–500 yw 9 petryal, sy'n cynrychioli 45 o bobl.
Arwynebedd y grŵp 500–800 yw $1.2 \times 3 = 3.6$ petryal, sy'n cynrychioli 18 o bobl.

Dewis arall fyddai defnyddio dwysedd amlder.
Dwysedd amlder y grŵp cyntaf yw $15 \div 50 = 0.3$, felly labelwch y raddfa ar echelin y dwysedd amlder yn unol â hynny.
Ar gyfer yr ail grŵp, y dwysedd amlder yw 0.5, felly yr amlder yw $0.5 \times 50 = 25$.
Ar gyfer y trydydd grŵp, y dwysedd amlder yw 0.3, felly yr amlder yw $0.3 \times 100 = 30$, ac ati.

(b)

Swm a godwyd (£x)	Amlder	Canolbwynt	Canolbwynt × Amlder
$0 < x \leqslant 50$	15	25	375
$50 < x \leqslant 100$	25	75	1 875
$100 < x \leqslant 200$	30	150	4 500
$200 < x \leqslant 500$	45	350	15 750
$500 < x \leqslant 800$	18	650	11 700
Cyfanswm	133		34 200

Felly codwyd cyfanswm o tua £34 200.

(c) Cymerodd mwy o bobl ran yn yr ail ras: 133 yn yr ail ras o'i gymharu â 116 yn y cyntaf.
Roedd gan y ddau grŵp ddosraniad â sgiw bositif, gyda'r mwyafrif o'r bobl yn codi llai na £200, ond gydag ychydig o bobl yn codi mwy o lawer.

--- **Her 25.1** ---

Trafodwch gymariaethau eraill rhwng y ddau ddosraniad hyn.

1 Mae'r tabl yn dangos enillion grŵp o fyfyrwyr mewn un wythnos.

Enillion (£e)	$0 < e \leqslant 20$	$20 < e \leqslant 40$	$40 < e \leqslant 70$	$70 < e \leqslant 100$	$100 < e \leqslant 150$
Amlder	5	15	26	30	6

Lluniwch histogram i gynrychioli'r dosraniad hwn.
Labelwch eich raddfa fertigol neu allwedd yn glir.

2 Mae'r dosraniad hwn yn dangos oedrannau'r bobl sy'n gwylio tîm pêl-droed lleol un wythnos.

Oedran (blynyddoedd)	Dan 10	10–19	20–29	30–49	50–89
Amlder	24	46	81	252	288

(a) Eglurwch pam mai 20 oed yw ffin y grŵp 10–19.
(b) Cyfrifwch y dwyseddau amlder a lluniwch histogram i gynrychioli'r dosraniad hwn.

3 Mae'r histogram hwn yn cynrychioli dosraniad o'r amserau aros mewn adran cleifion allanol yn ystod un diwrnod.

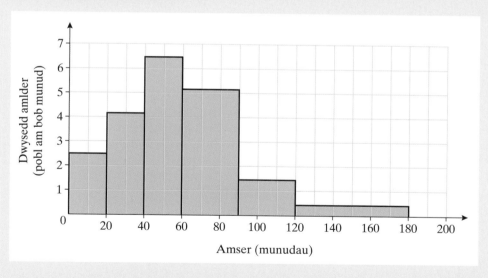

(a) Gwnewch dabl amlder ar gyfer y dosraniad hwn.
(b) Cyfrifwch amcangyfrif o'r amser aros cymedrig.

4 Mae'r histogramau yn cynrychioli'r amser a dreuliodd sampl o ferched a bechgyn ar alwadau ffôn symudol yn ystod un wythnos.

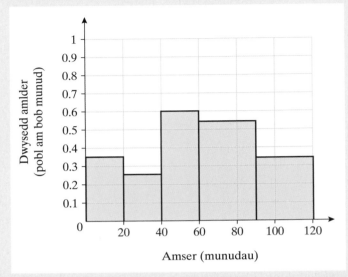

Histogram i ddangos yr amser a dreuliodd y merched ar alwadau ffôn symudol

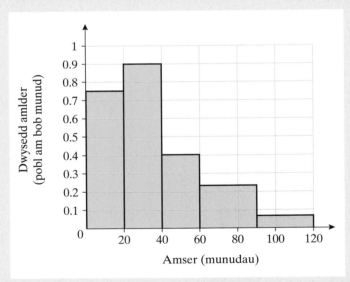

Histogram i ddangos yr amser a dreuliodd y bechgyn ar alwadau ffôn symudol

(a) Darganfyddwch faint o ferched a faint o fechgyn a dreuliodd rhwng 20 a 40 munud ar y ffôn.

(b) Cymharwch y dosraniadau.

5 Cafodd aelodau o gampfa eu pwyso. Mae'r histogram yn cynrychioli eu masau.

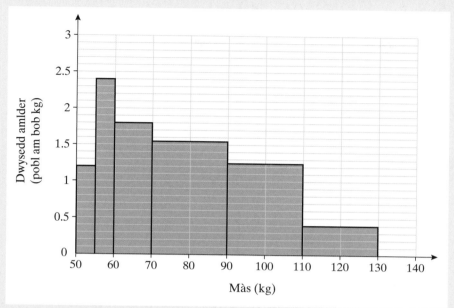

(a) Faint o aelodau o'r gampfa sy'n cael eu pwyso?

(b) Cyfrifwch amcangyfrif o'u màs cymedrig.

Gwyriad safonol

Rydym wedi edrych yn barod ar wasgariad, neu amrediad data, trwy gyfrifo'r amrediad a'r amrediad rhyngchwartel (o ddiagramau amlder cronnus).

Ffordd o ddehongli amrediad data o amgylch y cymedr yw gwyriad safonol. Mae'n fesur o wasgariad.

Wrth wneud hyn, byddwn yn aml yn defnyddio nodiant penodol:

$\sum$ ystyr hyn yw 'cyfanswm'

x yw eitem o ddata

n yw nifer yr eitemau data

$\overline{x}$ sy'n cynrychioli'r cymedr

Defnyddiwn y fformiwla $\overline{x} = \dfrac{\sum x}{n}$ i gyfrifo'r cymedr.

Y cam nesaf yw cyfrifo'r gwahaniaeth rhwng pob eitem o ddata a'r cymedr, $(x - \overline{x})$.

Gall rhai o'r gwahaniaethau fod yn bositif a gall eraill fod yn negatif, felly mae pob eitem yn cael ei sgwario, $(x - \overline{x})^2$.

Byddwn yn cyfrifo cyfanswm y termau hyn, $\sum(x - \overline{x})^2$.

Wedyn byddwn yn rhannu hyn â nifer yr eitemau data. Y term am hyn yw'r **amrywiant**, $\dfrac{\sum(x - \overline{x})^2}{n}$.

Y gwyriad safonol yw ail isradd yr amrywiant.

Defnyddir y symbol σ i gynrychioli gwyriad safonol.

$$\sigma = \sqrt{\frac{\sum(x - \bar{x})^2}{n}}$$

Yn ymarferol, mae'n aml yn fwy cyfleus defnyddio fformiwla arall ar gyfer gwyriad safonol:

$$\sigma = \sqrt{\frac{\sum x^2}{n} - \bar{x}^2}$$

Mae cyfrifianellau'n gweithio mewn gwahanol ffyrdd, felly mae'n ddoeth gwirio'r llyfryn cyfarwyddiadau i ddarganfod y dull hawsaf o roi data i mewn er mwyn cyfrifo gwyriad safonol.

ENGHRAIFFT 25.3

Darganfyddwch gymedr a gwyriad safonol y set hon o eitemau data: 2.1, 3.4, 4.2, 2.8, 4.5.

Datrysiad

Cymedr $\bar{x} = \dfrac{2.1 + 3.4 + 4.2 + 2.8 + 4.5}{5}$

$\qquad = 3.4$

Gallwch roi'r rhan fwyaf o gyfrifiad gwyriad safonol mewn tabl.

x	$x - \bar{x}$	$(x - \bar{x})^2$
2.1	-1.3	1.69
3.4	0	0
4.2	0.8	0.64
2.8	-0.6	0.36
4.5	1.1	1.21
$\sum(x - \bar{x})^2 =$		3.9

Gwyriad safonol $\quad \sigma = \sqrt{\dfrac{\sum(x - \bar{x})^2}{n}} = \sqrt{\dfrac{3.9}{5}}$

$\qquad\qquad\qquad\qquad = 0.88$ (i 2 le degol)

Neu, gan ddefnyddio'r fformiwla $\sigma = \sqrt{\dfrac{\sum x^2}{n} - \bar{x}^2}$

$\qquad \bar{x} = 3.4$

$\qquad \sum x^2 = 2.1^2 + 3.4^2 + 4.2^2 + 2.8^2 + 4.5^2$

$\qquad\qquad = 61.7$

$\sigma = \sqrt{\dfrac{\sum x^2}{n} - \bar{x}^2} = \sqrt{\dfrac{61.7}{5} - 3.4^2}$

$\qquad\qquad = 0.88$ (i ddau le degol)

Yn eithaf aml bydd set fawr o eitemau data wedi cael ei choladu gan ddefnyddio amlderau.

Yn yr achos hwn, y cymedr fydd $\bar{x} = \dfrac{\Sigma fx}{n}$, lle mae f yn cynrychioli'r amlderau.

Byddwn yn rhoi'r gwyriad safonol fel hyn:

$$\sqrt{\dfrac{\Sigma f(x - \bar{x})^2}{\Sigma f}}$$

neu

$$\sigma = \sqrt{\dfrac{\Sigma fx^2}{\Sigma f} - \left\{ \dfrac{\Sigma fx}{\Sigma f} \right\}^2}$$

Bydd fformiwla ar gyfer gwyriad safonol yn cael ei rhoi yn yr arholiad TGAU. Bydd angen i chi wirio pa fersiwn o'r fformiwla sydd wedi'i argraffu ar y papur cwestiynau.

ENGHRAIFFT 25.4

Mae fan ddosbarthu yn dilyn yr un llwybr bob dydd o'r wythnos. Mae amser y daith yn cael ei gofnodi i'r munud agosaf, dros gyfnod o ddeg wythnos. Yn y tabl isod mae dosraniad amlder grŵp o'r amserau hyn.

Amser teithio mewn munudau	40–44	45–49	50–54	55–59
Nifer y teithiau	13	25	20	12

(a) Cyfrifwch amcangyfrifon o gymedr a gwyriad safonol yr amserau teithio.

(b) Y cymedr mewn cyfnod gwahanol o ddeg wythnos yw 52.3 munud a'r gwyriad safonol yw 3.4 munud. Cymharwch y ddwy set o amserau teithio.

Datrysiad

(a) Gwerthoedd canol cyfwng yr amserau teithio yw 42, 47, 52 a 57 munud.

Gallwch ddefnyddio'r rhain fel amcangyfrifon o werthoedd x.

x	f	fx	fx^2
42	13	546	22932
47	25	1175	55225
52	20	1040	54080
57	12	684	38988
	$\Sigma f = 70$	$\Sigma fx = 3445$	$\Sigma fx^2 = 171225$

Cymedr

$$x = \frac{\sum fx}{\sum f} = \frac{3445}{70} = 49.2 \text{ munud (i 1 lle degol)}.$$

Gwyriad safonol

$$\sigma = \sqrt{\frac{\sum fx^2}{\sum f} - \left\{ \frac{\sum fx}{\sum f} \right\}^2}$$

$$= \sqrt{\left(\frac{171225}{70} \right) - \left(\frac{3445}{70} \right)^2}$$

$$= 4.9 \text{ munud (i 1 lle degol)}.$$

(b) Mae'r amser cymedrig ar gyfer yr ail gyfnod o ddeg wythnos ychydig yn fwy ond mae'r amserau teithio'n llai gwasgaredig. Y rheswm dros hyn yw fod cymedr yr ail gyfnod o ddeg wythnos yn fwy na'r cyfnod cyntaf o ddeg wythnos, ond bod y gwyriad safonol yn llai.

Her 25.2

Pan fo gennym histogram â barrau cul iawn mae ei siâp weithiau yn debyg i gromlin gymesur ar ffurf cloch. Byddwn yn galw hyn yn ddosraniad normal.

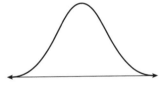

Mae llawer o'r data yn agos at y cymedr.

Ar gyfer dosraniad normal mae tua
68% o'r data i'w cael o fewn ±1 gwyriad safonol o'r cymedr,
a thua   95% o'r data i'w cael o fewn ±2 gwyriad safonol o'r cymedr.

Caiff cyfaint y sudd ffrwythau mewn 500 o gartonau ei fesur yn fanwl gywir. Mae'r cymedr yn 480.4 ml a'r gwyriad safonol yn 5.2 ml o fewn dosraniad normal.
Darganfyddwch yn fras beth yw ffiniau cyfaint 95% o'r cartonau o sudd ffrwythau.

---

1 Oedrannau deg person sy'n teithio mewn minibws, mewn blynyddoedd cyfan, yw

13, 11, 15, 13, 12, 14, 12, 30, 17 ac 13.

(a) Cyfrifwch gymedr a gwyriad safonol yr oedrannau hyn.

(b) Ysgrifennwch gymedr a gwyriad safonol yr oedrannau ymhen tair blynedd.

2 Yr amser, mewn eiliadau, a gymerodd Mei i gwblhau prawf tabl lluosi oedd

94, 91, 88, 86, 87, 87, 93, 95, 91 a 93.

Cyfrifwch gymedr a gwyriad safonol yr amserau hyn, gan roi eich atebion yn gywir i un lle degol.

3 Cymharodd dwy fyfyrwraig eu canlyniadau yn y chwe phrawf mathemateg diwethaf.
Canlyniadau Delyth yw 70, 73, 74, 70, 69 a 76.
Canlyniadau Rhian yw 72, 67, 76, 74, 77 a 66.
Darganfyddwch gymedr a gwyriad safonol y ddwy set o ganlyniadau.
Pwy oedd fwyaf cyson yn y profion mathemateg, Delyth neu Rhian? Rhowch reswm dros eich ateb.

4 Caiff cnau mwnci eu gwerthu mewn pecynnau 28 gram. Caiff deg pecyn o gnau mwnci eu pwyso. Eu pwysau yw

31.5, 25.3, 27.5, 27.7, 28.6, 29.2, 28.8, 28.0, 26.9 a 28.5 gram.

Cyfrifwch gymedr a gwyriad safonol canlyniadau pwyso'r pecynnau o gnau mwnci.
A fyddai'n realistig rhoi 28 gram ar y pecyn?

5 Mae Owain wedi cofnodi gwybodaeth am y nifer o oriau o heulwen bob dydd yng Ngorffennaf ac Awst. Ar sail yr wybodaeth hon mae Owain wedi cyfrifo'r canlynol:

Mis	Oriau o heulwen	
	Cymedr	Gwyriad safonol
Gorffennaf	9.4	1.8
Awst	7.5	2.9

Disgrifiwch ddwy ffordd y mae nifer yr oriau o heulwen yn wahanol o fis Gorffennaf i fis Awst.

6 Mae'r data isod yn dangos y lefelau egni, mewn cilocalorïau am bob 100 g, ar gyfer deg bar egni gwahanol sydd â siocled drostynt.

490   570   530   610   622   600   670   730   595   540

Yn achos deg bar egni gwahanol sydd â grawnfwyd yn sail iddynt, mae gan y lefel egni, mewn cilocalorïau, gymedr o 500 a gwyriad safonol o 48. Pa un o'r ddau fath o farrau egni sydd â'r amrywiant mwyaf o ran lefel egni? Rhowch reswm dros eich ateb.

7 Mae'r tabl amlder grŵp isod yn dangos pellterau teithio, i'r cilometr agosaf, 80 o werthwyr un dydd Llun.

Pellter, mewn km	50 i 59	60 i 69	70 i 79	80 i 89	90 i 99	100 i 109
Amlder	11	14	16	15	13	11

Cyfrifwch amcangyfrifon o gymedr a gwyriad safonol y dosraniad.

8 Mae'r tabl canlynol yn dangos dosraniad amlder grŵp pwysau bagiau 150 o deithwyr sy'n hedfan mewn awyren.

Bagiau, mewn kg	6–10	11–15	16–20	21–25	26–30
Amlder	16	22	34	57	21

(a) Cyfrifwch amcangyfrifon o gymedr a gwyriad safonol y bagiau.

(b) Ar hyn o bryd lwfans bagiau y cwmni hedfan yw 30 kg y teithiwr ar gyfer teithiau hedfan. Cymedr cyffredinol y cwmni hedfan ar gyfer pwysau bagiau yw 22.5 kg y teithiwr gyda gwyriad safonol o 5.4 kg. Sut y mae'r daith hon yn cymharu â data cyffredinol y cwmni hedfan ar gyfer bagiau?

9 Mae'r dosraniad amlder grŵp canlynol yn dangos diamedrau wasieri, yn gywir i'r 0.01 cm agosaf, ar gyfer y 100 cyntaf o wasieri i'w cynhyrchu gan beiriant.

Diamedr, d cm	Amlder
$5.25 \leqslant d \leqslant 5.29$	12
$5.30 \leqslant d \leqslant 5.34$	43
$5.35 \leqslant d \leqslant 5.39$	31
$5.40 \leqslant d \leqslant 5.44$	14

(a) Cyfrifwch amcangyfrifon o gymedr a gwyriad safonol diamedrau'r wasieri. Rhowch eich atebion i'r 0.01 cm agosaf.

(b) Ysgrifennwch amcangyfrifon o gymedr a gwyriad safonol radiysau'r 100 o wasieri.

Dehongli graffiau a diagramau eraill

Yn aml mae graffiau'n cael eu defnyddio i ddarlunio gwybodaeth ystadegol mewn papurau newydd, adroddiadau a chyhoeddiadau eraill. Weithiau gall y graffiau fod yn gamarweiniol, fel yn yr enghraifft hon.

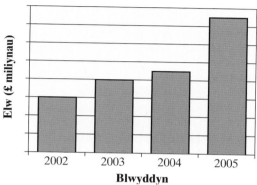

Gan nad oes yma raddfa fertigol, mae'r cynnydd yn edrych yn drawiadol. Fodd bynnag, cymharwch hyn â'r ddau graff isod, sydd ill dau'n rhoi'r un wybodaeth.

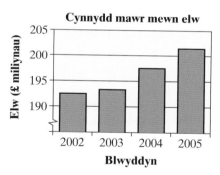 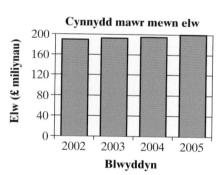

Sylwi 25.2

Edrychwch ar rai papurau newydd a chwiliwch am graffiau a diagramau sy'n cynrychioli gwybodaeth ystadegol.

Trafodwch pa mor glir y maent yn dangos yr wybodaeth.

Trafodwch pa mor deg y maent yn dangos yr wybodaeth.

Darllenwch yr erthyglau sy'n mynd gyda nhw yn y papurau newydd.

A ydynt yn dehongli'r ystadegau yn gywir?

Ydy dosraniadau'n cael eu cymharu? Os felly, a ydynt yn ddilys?

Rhannwch eich canlyniadau â disgyblion eraill.

- y gall amlderau gael eu cyfuno i roi amlderau cronnus, yn dangos faint sydd yn y grŵp hwnnw neu islaw hynny
- sut i lunio graffiau amlder cronnus trwy blotio'r amlder cronnus ar ben uchaf pob grŵp
- y gallwch ddefnyddio graff amlder cronnus i ddarganfod gwerthoedd y canolrif, y chwartel uchaf a'r chwartel isaf
- bod Amrediad rhyngchwartel = Chwartel uchaf − Chwartel isaf
- bod histogram yn ddiagram amlder sy'n defnyddio arwynebedd pob bar i gynrychioli amlder
- mai echelin fertigol histogram yw dwysedd amlder
- bod Dwysedd Amlder $= \dfrac{\text{Amlder}}{\text{Lled y grŵp}}$
- cyfrifo gwyriad safonol trwy ddefnyddio'r fformiwla $\sigma = \sqrt{\dfrac{\Sigma(x - \bar{x})^2}{n}} = \sqrt{\dfrac{\Sigma x^2}{n} - \bar{x}^2}$
- cyfrifo gwyriad safonol gydag amlderau trwy ddefnyddio'r fformiwla

$$\sigma = \sqrt{\frac{\Sigma f(x - \bar{x})^2}{\Sigma f}} = \sqrt{\frac{\Sigma fx^2}{\Sigma f} - \left(\frac{\Sigma fx}{\Sigma f}\right)^2}$$

YMARFER CYMYSG 25

1 Mae'r tabl ar y chwith yn dangos gwybodaeth am daldra 200 o blant mewn ysgol gynradd.
   (a) Copïwch a chwblhewch y tabl amlder cronnus ar y dde.

Taldra (t cm)	Amlder
$120 < t \leqslant 130$	5
$130 < t \leqslant 140$	27
$140 < t \leqslant 150$	39
$150 < t \leqslant 160$	62
$160 < t \leqslant 170$	45
$170 < t \leqslant 180$	18
$180 < t \leqslant 190$	4

Taldra (t cm)	Amlder cronnus
$t \leqslant 120$	0
$t \leqslant 130$	5
$t \leqslant 140$	
$t \leqslant 150$	
$t \leqslant 160$	
$t \leqslant 170$	
$t \leqslant 180$	
$t \leqslant 190$	

   (b) Lluniwch y graff amlder cronnus.
   (c) Defnyddiwch eich graff i ddarganfod canolrif ac amrediad rhyngchwartel y ffigurau taldra hyn.

2 Mae'r graff amlder cronnus yn dangos pa mor bell y cerddodd grŵp o bobl mewn diwrnod, gyda phob un yn defnyddio mesurydd camau.

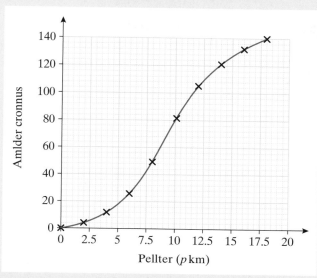

Pellter (p km)

(a) Faint o bobl gerddodd lai na 4 cilometr?

(b) Faint o bobl gerddodd fwy na 12 km?

(c) Beth oedd y pellter canolrifol?

3 Mae'r dosraniad yn dangos oedrannau pobl a oedd yn gwylio gêm rygbi un wythnos.

Oedran (blynyddoedd)	Dan 10	10–19	20–29	30–49	50–89
Amlder	240	1460	2080	4950	6120

Cyfrifwch y dwyseddau amlder a lluniwch histogram i gynrychioli'r dosraniad hwn.

4 Mae'r histogram yn dangos y pellter a redodd rhai pobl mewn wythnos wrth iddynt ymarfer ar gyfer ras elusennol.

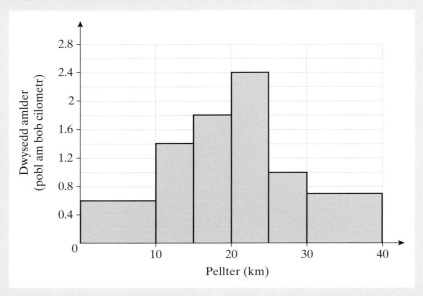

Cyfrifwch amlderau pob grŵp a thrwy hynny cyfrifwch amcangyfrif o'r pellter oedd yn cael ei redeg.

5 Mae'r histogram yn dangos y pellter a redodd grŵp arall o bobl yn ystod un wythnos.

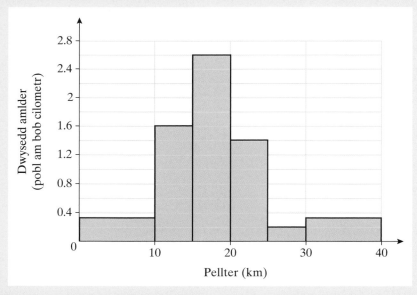

Cymharwch y dosraniad hwn â'r dosraniad yng nghwestiwn **4**.
Gwnewch o leiaf dwy gymhariaeth.

6 Mae'r graffiau'n dangos y canraddau ar gyfer indecs màs corff plant.
Er enghraifft maent yn dangos bod gan 75% o ferched 12 oed indecs màs corff o 21 neu lai.

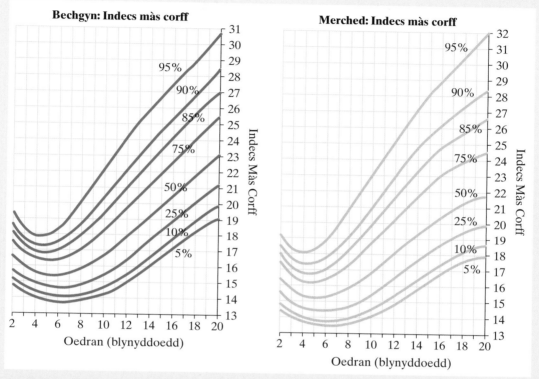

Graffigwaith trwy garedigrwydd Kidshealth.org/The Nemours Foundation.
Cedwir pob hawl. © 2005

(a) Beth yw indecs màs corff y 75ed canradd ar gyfer bechgyn 14 oed?

(b) Mae Peredur yn 9 oed. Mae ganddo indecs màs corff o 18.
Rhwng pa ddwy linell ganradd ar y graff y mae ei indecs màs corff.

(c) Mae Siwan yn 11 oed. Mae ei hindecs màs corff ar y chwartel isaf.
Beth yw ei hindecs màs corff?

7 Cyflymderau prosesu geiriau 10 clerc cyfreithiol, mewn geiriau y munud, yw

37, 45, 41, 37, 39, 41, 41, 43, 40 a 41

(a) Darganfyddwch gymedr a gwyriad safonol y cyflymderau prosesu geiriau.
Rhowch eich ateb ar gyfer gwyriad safonol i dri ffigur ystyrlon.

(b) Cymedr cyflymderau prosesu geiriau 10 clerc cyfreithiol mewn swyddfa arall yn yr un cwmni yw 42.3 a'r gwyriad safonol yw 2.34. Rhowch sylwadau ar effeithlonrwydd y ddwy swyddfa wahanol.

8 Y tymheredd ganol dydd, mewn °C, ar 6 o ddiwrnodau olynol mewn tref lan môr oedd

18, 21, 23, 24, 24 a 21

Darganfyddwch gymedr a gwyriad safonol y tymereddau hyn.

9 Cofnodwyd sgoriau 30 o blant mewn cystadleuaeth golff giamocs.
Mae'r tabl yn rhoi dosraniad amlder y sgôr am bob rownd o golff giamocs.

Sgôr am bob rownd	Nifer y rowndiau
16	1
17	2
18	4
19	6
20	7
21	5
22	3
23	1
24	1

Darganfyddwch gymedr a gwyriad safonol y sgôr am bob rownd o golff giamocs.

10 Cadwod myfyrwraig gofnod o nifer y munudau a dreuliodd yn astudio gyda'r hwyr am fis. Mae'r dosraniad amlder grŵp yn rhoi crynodeb o'r canlyniadau.

Amser, m munudau	Nifer y nosweithiau
$0 \leqslant m \leqslant 30$	2
$30 \leqslant m \leqslant 60$	4
$60 \leqslant m \leqslant 90$	5
$90 \leqslant m \leqslant 120$	9
$120 \leqslant m \leqslant 150$	6
$150 \leqslant m \leqslant 180$	4

(a) Cyfrifwch amcangyfrifon o gymedr a gwyriad safonol yr amserau hyn.

(b) Mae'r fyfyrwraig yn cyfrifo mai cymedr yr amser a dreuliodd ar nos Lun oedd 122.3 munud ac mai gwyriad safonol yr amser a dreuliodd ar nos Lun oedd 14.5 munud. Rhowch sylwadau ar sut mae'r amser a dreuliodd yn astudio ar nosweithiau Llun yn cymharu â'r canlyniadau am y mis.

Codi pŵer i bŵer arall

Ym Mhennod 1 dysgoch fod $a^m \times a^n = a^{m+n}$. Gallwn ddefnyddio'r rheol lluosi hon i gyfrifo'r canlynol.

$$(a^4)^3 = a^4 \times a^4 \times a^4$$
$$= a^{4+4+4}$$
$$= a^{3\times4}$$
$$= a^{12}$$

Gallwn ysgrifennu'r canlyniad hwn yn y ffurf gyffredinol

$$(a^m)^n = a^{m\times n}.$$

Pwerau eraill

Sylwi 26.1

(a) Copïwch a chwblhewch y tabl hwn ar gyfer $y = 2^x$.

x	5	4	3	2	1
$y = 2^x$			8		2

(b) Beth yw'r rheol ar gyfer mynd o un term i'r term nesaf ar hyd y rhes waelod?

(c) Defnyddiwch y rheol hon i ddarganfod y pedwar cofnod olaf yn y tabl hwn.

x	5	4	3	2	1	0	−1	−2	−3
$y = 2^x$			8		2				

Dau i'r pŵer sero yw 1.

$$2^0 = 1$$

Mae hyn yn cyd-fynd â'r rheolau lluosi a rhannu. Er enghraifft

$2^0 \times 2^3 = 2^{0+3} = 2^3$ sy'n golygu bod $2^0 = 1$.
$2^4 \div 2^4 = 2^{4-4} = 2^0$ sy'n golygu eto bod $2^0 = 1$ oherwydd bod $2^4 \div 2^4 = 1$.

Sylwi 26.2

Defnyddiwch y rheolau lluosi a rhannu i ddangos bod $3^0 = 1$ a bod $4^0 = 1$.

Dyma'r rheol gyffredinol.

$a^0 = 1$, beth bynnag yw gwerth a.

Dyma'r tabl cyflawn o Sylwi 26.1.

x	5	4	3	2	1	0	-1	-2	-3
$y = 2^x$	32	16	8	4	2	1	$\frac{1}{2}$	$\frac{1}{4}$	$\frac{1}{8}$

O'r tabl gallwn weld bod

$$2^{-1} = \frac{1}{2}, 2^{-2} = \frac{1}{4} = \frac{1}{2^2} \text{ a bod } 2^{-3} = \frac{1}{8} = \frac{1}{2^3}.$$

Mae'r rhain yn cyd-fynd â'r rheol rhannu. Er enghraifft

$$2^2 \div 2^5 = 2^{2-5} = 2^{-3} \text{ a } \frac{2^2}{2^5} = \frac{4}{32} = \frac{1}{8} = \frac{1}{2^3}.$$

Sylwi 26.3

Defnyddiwch y rheol rhannu i ddangos bod $3^{-2} = \dfrac{1}{3^2}$.

Dyma'r rheol gyffredinol ar gyfer pwerau negatif.

$$a^{-n} = \frac{1}{a^n}$$

Dyma eto dabl ar gyfer $y = 2^x$.

x	0	1	2	3	4
$y = 2^x$	1	2	4	8	16

(a) Plotiwch graff $y = 2^x$.

(b) Defnyddiwch eich graff i awgrymu gwerthoedd ar gyfer $2^{\frac{1}{2}}$, $2^{\frac{1}{3}}$ a $2^{\frac{3}{2}}$.
Defnyddiwch y rheol $(a^m)^n = a^{m \times n}$ i ddarganfod gwerth $\left(2^{\frac{1}{2}}\right)^2$.
Beth mae hyn yn awgrymu yw ystyr $2^{\frac{1}{2}}$?
Ydy hyn yn cyd-fynd â'r ateb a gewch o ddarllen o'r graff?

(c) Yn yr un ffordd defnyddiwch y rheol $(a^m)^n = a^{m \times n}$ i ddarganfod gwerth $\left(2^{\frac{1}{3}}\right)^3$.
Beth mae hyn yn awgrymu yw ystyr $2^{\frac{1}{3}}$?
Ydy hyn yn cyd-fynd â'r ateb a gewch o ddarllen o'r graff?

(ch) Eto defnyddiwch y rheol $(a^m)^n = a^{m \times n}$ i ddarganfod gwerth $\left(2^{\frac{3}{2}}\right)^2$.
Beth mae hyn yn awgrymu yw ystyr $2^{\frac{3}{2}}$?
Ydy hyn yn cyd-fynd â'r ateb a gewch o ddarllen o'r graff?

Defnyddiwch y rheol $(a^m)^n = a^{m \times n}$ i ddarganfod ystyr $3^{\frac{1}{2}}$ a $4^{\frac{1}{3}}$.

Dyma'r rheol gyffredinol ar gyfer pwerau ffracsiynol sydd ag un yn rhifiadur.

$$a^{\frac{1}{n}} = \sqrt[n]{a}$$

Dyma'r rheol gyffredinol ar gyfer unrhyw bŵer ffracsiynol.

$$a^{\frac{m}{n}} = \sqrt[n]{a^m}$$

Nawr $8^{\frac{2}{3}} = \sqrt[3]{8^2} = \sqrt[3]{64} = 4$.

Ond hefyd $\left(\sqrt[3]{8}\right)^2 = 2^2 = 4$.

Mae hyn yn awgrymu y gallwch wneud yr isradd a'r pŵer yn y drefn $\sqrt[3]{8^2}$ neu $\left(\sqrt[3]{8}\right)^2$.

Felly gallwn roi'r rheol gyffredinol uchod fel hyn.

$$a^{\frac{m}{n}} = \sqrt[n]{a^m} = \left(\sqrt[n]{a}\right)^m$$

ENGHRAIFFT 26.1

Ysgrifennwch y canlynol fel indecs.
(a) Trydydd isradd x.
(b) Cilydd x^2.
(c) $\sqrt[5]{x^2}$

Datrysiad

(a) $x^{\frac{1}{3}}$ **(b)** x^{-2} **(c)** $x^{\frac{2}{5}}$

ENGHRAIFFT 26.2

Cyfrifwch y rhain.
(a) $49^{\frac{1}{2}}$ **(b)** 5^{-2} **(c)** $125^{\frac{1}{3}}$
(ch) $4^{\frac{5}{2}}$ **(d)** $\left(\frac{1}{3}\right)^{-2}$

Datrysiad

(a) $49^{\frac{1}{2}} = \sqrt{49} = 7$ **(b)** $5^{-2} = \dfrac{1}{5^2} = \dfrac{1}{25}$

(c) $125^{\frac{1}{3}} = \sqrt[3]{125} = 5$ **(ch)** $4^{\frac{5}{2}} = \left(\sqrt{4}\right)^5 = 2^5 = 32$

(d) $\left(\frac{1}{3}\right)^{-2} = \dfrac{1}{\left(\frac{1}{3}\right)^2} = \dfrac{1}{\left(\frac{1}{9}\right)} = 9$

AWGRYM

Os oes rhaid i chi gyfrifo ail isradd rhif wedi ei giwbio mae fel arfer yn haws darganfod yr ail isradd yn gyntaf.

Os oes angen cyfrifo ffracsiwn i bŵer negatif, gallwch ddefnyddio cilydd y ffracsiwn i'r pŵer positif.

$$\left(\frac{a}{b}\right)^{-n} = \left(\frac{b}{a}\right)^{n}$$

Prawf sydyn 26.1

Cysylltwch bob rhif sydd ar ffurf indecs â rhif cyffredin.
Efallai na fydd angen yr holl rifau arnoch ond efallai y bydd angen rhai arnoch fwy nag unwaith.

2^3 $\left(\frac{1}{2}\right)^{-2}$ $1000^{\frac{2}{3}}$ $64^{\frac{1}{2}}$ 10^2 $64^{\frac{1}{3}}$ $(0.5)^{-1}$ $8^{\frac{2}{3}}$ $4^{\frac{1}{2}}$ $64^{\frac{2}{3}}$ $64^{\frac{1}{6}}$ 7^0 $36^{\frac{1}{2}}$ $64^{\frac{5}{6}}$

0   1   2   4   6   8   9   10   16   20   32   64   100   200

YMARFER 26.1

1. Ysgrifennwch y rhain ar ffurf indecs.

    (a) Ail isradd x

    (b) $\dfrac{1}{x^4}$

    (c) $\sqrt{x^5}$

2. Cyfrifwch y rhain. Rhowch eich atebion fel rhifau cyfan neu ffracsiynau.

    (a) 4^{-1}

    (b) $4^{\frac{1}{2}}$

    (c) 4^0

    (ch) 4^{-2}

    (d) $4^{\frac{3}{2}}$

    (dd) $100^{\frac{3}{2}}$

    (e) $64^{\frac{2}{3}}$

    (f) $81^{-\frac{1}{2}}$

    (ff) 12^0

    (g) $32^{\frac{4}{5}}$

    (ng) $8^{\frac{1}{3}}$

    (h) 8^{-1}

    (i) $8^{\frac{4}{3}}$

    (l) $\left(\frac{1}{8}\right)^{-1}$

    (ll) $8^{-\frac{1}{3}}$

3. Cyfrifwch y rhain. Rhowch eich atebion fel rhifau cyfan neu ffracsiynau.

    (a) $3^2 \times 4^{\frac{1}{2}}$

    (b) $3^4 \times 9^{\frac{1}{2}}$

    (c) $125^{\frac{1}{3}} \times 5^{-2}$

    (ch) $16^{\frac{1}{2}} \times 6^2 \times 2^{-3}$

    (d) $2^3 + 4^0 + 49^{\frac{1}{2}}$

    (dd) $\left(\frac{1}{2}\right)^{-3} \times 27^{\frac{2}{3}}$

    (e) $6^2 \div 25^{\frac{1}{2}}$

    (f) $5^2 + 8^{\frac{1}{3}} - 7^0$

Her 26.1

Ehangwch a symleiddiwch y rhain.

(a) $p^{\frac{3}{2}}\left(3p^{\frac{1}{2}} + 2p^{-2}\right)$

(b) $\left(3a^{\frac{1}{2}} - 2\right)\left(5a^{\frac{1}{2}} + 1\right)$

Defnyddio cyfrifiannell

Fel arfer mae'r botwm pŵer ar gyfrifiannell wedi'i labelu'n $\boxed{\wedge}$ neu'n $\boxed{x^y}$ neu'n $\boxed{y^x}$.
Gallwn ddefnyddio cyfrifiannell i gyfrifo unrhyw rif i unrhyw bŵer.

ENGHRAIFFT 26.3

Cyfrifwch $3.1^{2.4}$.

Datrysiad

Dyma drefn gwasgu'r botymau.

Dylech gael 15.110... .

Hyd yn oed os yw'r botwm pwerau ar gyfrifiannell wedi ei labelu'n $\boxed{x^y}$ neu'n $\boxed{y^x}$ yn
hytrach na $\boxed{\wedge}$ efallai y bydd y symbol $\wedge$ ar y sgrin.

Gallwn gyfuno defnyddio'r botwm pwerau a'r botwm ffracsiynau $\boxed{a^{b/c}}$ ar gyfer pwerau fel $\frac{3}{4}$.

Uwchlaw'r botwm pwerau efallai y gwelwch $\sqrt[x]{}$ neu $\sqrt[x]{y}$ neu $y^{1/x}$. Fel arfer mae'r rhain yn felyn. Maen nhw'n caniatáu i ni ddarganfod unrhyw isradd o unrhyw rif. Caiff y swyddogaethau melyn eu gweithredu trwy ddefnyddio'r botwm $\boxed{\text{SHIFT}}$ neu $\boxed{\text{INV}}$ neu $\boxed{\text{2nd F}}$ (sydd fel arfer yn felyn) cyn y prif fotwm.

ENGHRAIFFT 26.4

Darganfyddwch drydydd isradd 27.

Datrysiad

Trydydd isradd 27 ar ffurf indecs yw $27^{\frac{1}{3}}$.

Dyma drefn gwasgu'r botymau.

$\boxed{3}$ $\boxed{\text{SHIFT}}$ $\boxed{\wedge}$ $\boxed{2}$ $\boxed{7}$ $\boxed{=}$

Dylech gael 3.

ENGHRAIFFT 26.5

Cyfrifwch y canlynol. Rhowch eich atebion yn union gywir neu i 5 ffigur ystyrlon.

(a) 4.7^4 **(b)** 2.3^5 **(c)** 2.1^{-2}

(ch) $17.8^{\frac{1}{4}}$ **(d)** $729^{\frac{5}{6}}$

Datrysiad

(a) $4.7^4 = 487.968\ 1 = 487.97$

(b) $2.3^5 = 64.363\ 43 = 64.363$

(c) $2.1^{-2} = 0.226\ 757... = 0.226\ 76$

(ch) $17.8^{\frac{1}{4}} = 2.054\ 021... = 2.0540$

(d) $729^{\frac{5}{6}} = 243$

AWGRYM

Pan fyddwch yn defnyddio cyfrifiannell i ddarganfod isradd, mae'n ddefnyddiol iawn gwirio trwy weithio yn ôl.

Er enghraifft yn rhan **(ch)** uchod, cyfrifwch $2.054\ 021^4 = 17.799\ 98...$ er mwyn cadarnhau eich ateb.

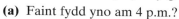

⊙ YMARFER 26.2

1 Cyfrifwch y rhain. Rhowch eich atebion yn union gywir neu i 5 ffigur ystyrlon.

   (a) 4.2^3 **(b)** 0.52^4 **(c)** 2.01^6 **(ch)** 3.24^{-3}

   (d) $16\ 807^{\frac{1}{5}}$ **(dd)** $5.32^{\frac{1}{4}}$ **(e)** $\sqrt[3]{23}$ **(f)** $243^{\frac{3}{5}}$

2 Cyfrifwch y rhain. Rhowch eich atebion yn union gywir neu i 5 ffigur ystyrlon.

   (a) 200×1.03^4 **(b)** $1.3^5 \times 3.2^4$ **(c)** $2.5^5 \div 1.3^{-4}$ **(ch)** $(5.6 \times 2.3^3)^{\frac{1}{4}}$

   (d) $2.3^5 + 1.2^6$ **(dd)** $2.3^{\frac{1}{3}} - 1.9^{\frac{1}{5}}$ **(e)** $5.2^4 + 0.3^{-3}$ **(f)** $15^3 - 225^{\frac{3}{2}}$

Her 26.2   **?**

Mae nifer y bacteria mewn dysgl Petri yn dyblu bob 2 awr.
Mae 400 o facteria yn y ddysgl ganol dydd.

(a) Faint fydd yno am 4 p.m.?

(b) Faint fydd yno ganol nos?

   Ysgrifennwch eich ateb yn y ffurf 400×2^t.

   Defnyddiwch y botwm $\boxed{\wedge}$ ar gyfrifiannell i gyfrifo'r ateb.

Defnyddio rheolau indecsau gyda rhifau a llythrennau

Gallwch ddefnyddio'r rheolau a ddysgoch eisoes gyda rhifau neu lythrennau.

Dyma'r rheolau eto.

- $a^m \times a^n = a^{m+n}$
- $a^m \div a^n = a^{m-n}$
- $(a^m)^n = a^{m \times n}$

AWGRYM

Camgymeriad cyffredin yw ceisio symleiddio cyfrifiad adio neu dynnu.

Nid oes yna reol ar gyfer symleiddio $a^x + a^y$ nac $a^x - a^y$.

Hefyd, nid oes yna reol ar gyfer symleiddio $a^x \times b^y$ nac $a^x \div b^y$ oherwydd bod y **sail** yn wahanol. Dyma ffordd arall o ddweud eu bod yn dermau annhebyg.

ENGHRAIFFT 26.6

Lle bo'n bosibl, ysgrifennwch y rhain fel 2 i bwerau sengl.

(a) $2\sqrt{2}$ (b) $(\sqrt[3]{2})^2$ (c) $2^3 \div 2^{\frac{1}{2}}$ (ch) $2^3 + 2^4$

(d) $8^{\frac{3}{4}}$ (dd) $2^3 \times 4^{\frac{3}{2}}$ (e) $2^n \times 4^3$

Datrysiad

(a) $2\sqrt{2} = 2^1 \times 2^{\frac{1}{2}} = 2^{\frac{3}{2}}$ (b) $(\sqrt[3]{2})^2 = (2^{\frac{1}{3}})^2 = 2^{\frac{2}{3}}$

(c) $2^3 \div 2^{\frac{1}{2}} = 2^{3 - \frac{1}{2}} = 2^{2\frac{1}{2}} = 2^{\frac{5}{2}}$ (ch) $2^3 + 2^4$ (ni allwch adio'r rhain)

(d) $8^{\frac{3}{4}} = (2^3)^{\frac{3}{4}} = 2^{3 \times \frac{3}{4}} = 2^{\frac{9}{4}}$ (dd) $2^3 \times 4^{\frac{3}{2}} = 2^3 \times (2^2)^{\frac{3}{2}} = 2^3 \times 2^3 = 2^6$

(e) $2^n \times 4^3 = 2^n \times (2^2)^3 = 2^n \times 2^6 = 2^{n+6}$

YMARFER 26.3

1. Ysgrifennwch y rhain mor syml â phosibl fel pwerau 3.

   (a) 81 (b) $\frac{1}{3}$ (c) $3 \times \sqrt{3}$ (ch) $3^4 \times 9^{-1}$

   (d) 9^n (dd) 27^{3n} (e) $9^n \times 27^{3n}$

2. Lle bo'n bosibl, ysgrifennwch y rhain mor syml â phosibl fel pwerau 5.

   (a) 0.2 (b) 125 (c) 25^2 (ch) $125 \times 5^{-2} \times 25^2$

   (d) $5^4 - 5^3$ (dd) $25^{3n} \times 125^{\frac{n}{3}}$

3. Ysgrifennwch y rhain yn y ffurf $2^a \times 3^b$.

   (a) 18 (b) 72 (c) $18^{\frac{1}{3}}$ (ch) $\frac{4}{9}$ (d) $13\frac{1}{2}$

4. Ysgrifennwch bob un o'r rhifau hyn fel lluoswm rhifau cysefin. Defnyddiwch indecsau lle bo'n bosibl.

   Er enghraifft, $\dfrac{8}{\sqrt{3}} = 8 \times \dfrac{1}{\sqrt{3}} = 2^3 \times 3^{-\frac{1}{2}}$

   (a) 75 (b) 288 (c) 500 (ch) 3240

Her 26.3

Symleiddiwch y rhain.

(a) $x^2 \times x^{\frac{1}{2}}$

(b) $x^{\frac{1}{2}} \div x^2$

(c) $x^3 \times x^{-2}$

(ch) $x^4 \div x^{-2}$

(d) $\sqrt{\dfrac{8a^3}{2a^2}}$

(dd) $\sqrt[3]{x^6}$

Her 26.4

Mae niferoedd rhywogaeth benodol o anifail yn lleihau 15% bob 10 mlynedd.
Yn 1960 roedd yna 30 000.
Faint ohonynt fydd

(a) yn 2010?

(b) yn 2050?

(c) n o flynyddoedd ar ôl 1960?

Y ffurf safonol

Mae'r ffurf safonol yn ddefnydd pwysig iawn o indecsau. Mae'n ffordd o'i gwneud hi'n hawdd ymdrin â rhifau mawr iawn a rhifau bach iawn.

Yn y ffurf safonol, caiff rhifau eu hysgrifennu fel rhif rhwng 1 a 10 wedi ei luosi ag un o bwerau 10.

Rhifau mawr

ENGHRAIFFT 26.7

Ysgrifennwch y rhifau hyn yn y ffurf safonol.

(a) 500 000

(b) 6 300 000

(c) 45 600

Datrysiad

(a) $500\ 000 = 5 \times 100\ 000 = 5 \times 10^5$

(b) $6\ 300\ 000 = 6.3 \times 1\ 000\ 000 = 6.3 \times 10^6$

(c) $45\ 600 = 4.56 \times 10\ 000 = 4.56 \times 10^4$

AWGRYM

Gallwch ysgrifennu'r ateb heb unrhyw gamau canol.

Symudwch y pwynt degol nes y bydd y rhif rhwng 1 a 10.

Cyfrwch nifer y lleoedd y mae'r pwynt wedi symud: dyna bŵer y 10.

Rhifau bach

ENGHRAIFFT 26.8

Ysgrifennwch y rhifau hyn yn y ffurf safonol.
(a) 0.000 003   **(b)** 0.000 056   **(c)** 0.000 726

Datrysiad

(a) $0.000\,003 = \dfrac{3}{1\,000\,000} = 3 \times \dfrac{1}{1\,000\,000} = 3 \times \dfrac{1}{10^6} = 3 \times 10^{-6}$

(b) $0.000\,056 = \dfrac{5.6}{100\,000} = 5.6 \times \dfrac{1}{100\,000} = 5.6 \times \dfrac{1}{10^5} = 5.6 \times 10^{-5}$

(c) $0.000\,726 = \dfrac{7.26}{10\,000} = 7.26 \times \dfrac{1}{10\,000} = 7.26 \times \dfrac{1}{10^4} = 7.26 \times 10^{-4}$

AWGRYM

Gallwch ysgrifennu'r ateb heb unrhyw gamau canol.

Symudwch y pwynt degol nes y bydd y rhif rhwng 1 a 10.

Cyfrwch nifer y lleoedd y mae'r pwynt wedi symud: rhowch arwydd minws o'i flaen a dyna bŵer y 10.

Sylwi 26.6

Darganfyddwch yn fras y pellter, mewn cilometrau, rhwng pob un o'r planedau a'r Haul.

Ysgrifennwch y pellterau yn y ffurf safonol.

(Fe ddewch o hyd i'r pellterau mewn llyfrau fel atlasau neu wyddoniaduron neu ar y rhyngrwyd.)

YMARFER 26.4

1 Ysgrifennwch y rhifau hyn yn y ffurf safonol.
    (a) 7000   **(b)** 84 000   **(c)** 563   **(ch)** 6 500 000
    (d) 723 000   **(dd)** 27   **(e)** 8 miliwn   **(f)** 39.2 miliwn

2 Ysgrifennwch y rhifau hyn yn y ffurf safonol.
    (a) 0.003   **(b)** 0.056   **(c)** 0.000 38
    (ch) 0.000 006 3   **(d)** 0.000 082   **(dd)** 0.000 000 38

3 Mae'r rhifau hyn yn y ffurf safonol. Ysgrifennwch nhw fel rhifau cyffredin.
    (a) 5×10^4 **(b)** 3.7×10^5 **(c)** 7×10^{-4} **(ch)** 6.9×10^6
    (d) 6.1×10^{-3} **(dd)** 4.73×10^4 **(e)** 2.79×10^7 **(f)** 4.83×10^{-5}
    (ff) 1.03×10^{-2} **(g)** 9.89×10^8 **(ng)** 2.61×10^{-6} **(h)** 3.7×10^2

Cyfrifo â rhifau yn y ffurf safonol

Pan fydd angen lluosi neu rannu rhifau yn y ffurf safonol gallwn ddefnyddio ein gwybodaeth o reolau indecsau.

Cyfrifwch y rhain. Rhowch eich atebion yn y ffurf safonol.
(a) $(7 \times 10^3) \times (4 \times 10^4)$
(b) $(7 \times 10^7) \div (2 \times 10^{-3})$
(c) $(3 \times 10^8) \div (5 \times 10^3)$

Datrysiad

(a) $(7 \times 10^3) \times (4 \times 10^4) = 7 \times 4 \times 10^3 \times 10^4 = 28 \times 10^{3+4} = 28 \times 10^7 = 2.8 \times 10^8$

(b) $(7 \times 10^7) \div (2 \times 10^{-3}) = \dfrac{7 \times 10^7}{2 \times 10^{-3}} = 3.5 \times 10^{7-(-3)} = 3.5 \times 10^{10}$

(c) $(3 \times 10^8) \div (5 \times 10^3) = \dfrac{3 \times 10^8}{5 \times 10^3} = 0.6 \times 10^{8-3} = 0.6 \times 10^5 = 6 \times 10^4$

Pan fydd angen adio neu dynnu rhifau yn y ffurf safonol mae'n llawer mwy diogel eu newid yn rhifau cyffredin yn gyntaf.

Cyfrifwch y rhain. Rhowch eich atebion yn y ffurf safonol.
(a) $(7 \times 10^3) + (4.0 \times 10^4)$ **(b)** $(7.2 \times 10^5) + (2.5 \times 10^4)$
(c) $(5.3 \times 10^{-3}) - (4.9 \times 10^{-4})$

Datrysiad

(a)
$$
\begin{array}{r}
7\ 0\ 0\ 0 \\
+4\ 0\ 0\ 0\ 0 \\
\hline
4\ 7\ 0\ 0\ 0
\end{array} = 4.7 \times 10^4
$$

(b)
$$
\begin{array}{r}
7\ 2\ 0\ 0\ 0\ 0 \\
+\ \ \ 2\ 5\ 0\ 0\ 0 \\
\hline
7\ 4\ 5\ 0\ 0\ 0
\end{array} = 7.45 \times 10^5
$$

(c)
$$
\begin{array}{r}
0.0\ 0\ 5\ 3\ 0 \\
-0.0\ 0\ 0\ 4\ 9 \\
\hline
0.0\ 0\ 4\ 8\ 1
\end{array} = 4.81 \times 10^{-3}
$$

Y ffurf safonol ar gyfrifiannell

Gallwn wneud yr holl gyfrifiadau uchod ar gyfrifiannell gan ddefnyddio'r botwm $\boxed{\text{EXP}}$.

ENGHRAIFFT 26.11

Darganfyddwch $(7 \times 10^7) \div (2 \times 10^{-3})$ trwy ddefnyddio cyfrifiannell.

Datrysiad

Rhan **(b)** o Enghraifft 26.9 yw hyn. Dyma'r botymau i'w gwasgu ar gyfrifiannell.

$\boxed{7}$ $\boxed{\text{EXP}}$ $\boxed{7}$ $\boxed{\div}$ $\boxed{2}$ $\boxed{\text{EXP}}$ $\boxed{(-)}$ $\boxed{3}$ $\boxed{=}$

Dylech weld 3.5×10^{10}.

> **AWGRYM**
>
> Wrth ddefnyddio'r botwm $\boxed{\text{EXP}}$, peidiwch â rhoi 10 i mewn hefyd.

Ar rai cyfrifianellau mae'r botwm $\boxed{(-)}$ wedi ei farcio'n $\boxed{+/-}$.

Weithiau bydd cyfrifiannell yn rhoi rhif cyffredin a bydd rhaid i chi ei ysgrifennu yn y ffurf safonol os bydd cwestiwn yn gofyn am ateb yn y ffurf honno. Fel arall bydd cyfrifiannell yn rhoi'r ateb yn y ffurf safonol.

Fel arfer bydd cyfrifianellau modern yn rhoi fersiwn cywir y ffurf safonol, er enghraifft 2.8×10^8.

Yn aml bydd cyfrifianellau hŷn yn rhoi fersiwn cyfrifiannell fel 2.8^{08}. Rhaid i chi ysgrifennu eich ateb yn y ffurf safonol gywir, 2.8×10^8.

Mae rhai cyfrifianellau graffigol yn dangos y ffurf safonol fel, er enghraifft, 2.8 E 08.

Eto bydd rhaid i chi ysgrifennu eich ateb yn y ffurf safonol gywir.

Prawf sydyn 26.4

Er mwyn ymarfer gwiriwch weddill Enghraifft 26.9 ac Enghraifft 26.10 ar gyfrifiannell.

YMARFER 26.5

1 Cyfrifwch y rhain. Rhowch eich atebion yn y ffurf safonol.

   (a) $(4 \times 10^3) \times (2 \times 10^4)$ **(b)** $(6 \times 10^7) \times (2 \times 10^3)$

   (c) $(7 \times 10^3) \times (8 \times 10^2)$ **(ch)** $(4.8 \times 10^3) \div (1.2 \times 10^{-2})$

   (d) $(4 \times 10^3) \times (1.3 \times 10^4)$ **(dd)** $(4 \times 10^9) \div (8 \times 10^4)$

   (e) $(4 \times 10^3) + (6 \times 10^4)$ **(f)** $(6.2 \times 10^5) - (3.7 \times 10^4)$

2 Cyfrifwch y rhain. Rhowch eich atebion yn y ffurf safonol.

   (a) $(6.2 \times 10^5) \times (3.8 \times 10^7)$ **(b)** $(6.3 \times 10^7) \div (4.2 \times 10^2)$

   (c) $(6.67 \times 10^8) \div (4.6 \times 10^{-3})$ **(ch)** $(3.7 \times 10^{-4}) \times (2.9 \times 10^{-3})$

   (d) $(1.69 \times 10^8) \div (5.2 \times 10^3)$ **(dd)** $(7.63 \times 10^5) + (3.89 \times 10^4)$

   (e) $(3.72 \times 10^6) - (2.8 \times 10^4)$ **(f)** $(5.63 \times 10^{-3}) - (4.28 \times 10^{-4})$

Her 26.5

Mae goleuni'n cymryd tua 3.3×10^{-9} o eiliadau i deithio 1 metr.
Y pellter o'r Ddaear i'r Haul yw 150 000 000 km.

(a) Ysgrifennwch 150 000 000 km mewn metrau gan ddefnyddio'r ffurf safonol.

(b) Faint o amser y mae'n ei gymryd i oleuni gyrraedd y Ddaear o'r Haul?

Her 26.6

Trwch papur yw 0.08 mm.

(a) Ysgrifennwch y trwch hwn mewn metrau gan ddefnyddio'r ffurf safonol.

(b) Mae gan lyfrgell 4.6×10^4 o fetrau o le ar y silffoedd.
A thybio bod 80% o hyn wedi ei lenwi â phapur, gyda'r gweddill yn gloriau'r llyfrau,
amcangyfrifwch faint o ddalennau o bapur sydd ar y silffoedd.
Rhowch eich ateb yn y ffurf safonol.

Her 26.7

Mae'r tabl yn dangos gwybodaeth am y Ddaear.

Pellter o'r Haul	149 503 000 km
Cylchedd orbit yr haul	9.4×10^8 km
Buanedd y Ddaear yn orbit yr haul	0.106×10^6 km/awr
Buanedd cysawd yr haul	20.1 km/s

yn parhau ...

?

(a) Mae buanedd y Ddaear yn cael ei roi fel indecs yn hytrach nag yn y ffurf safonol.
Ysgrifennwch fuanedd y Ddaear yn y ffurf safonol.

(b) Pa mor bell y mae'r Ddaear yn teithio ar y buanedd hwn mewn un diwrnod?
Rhowch eich ateb yn y ffurf safonol yn gywir i 3 ffigur ystyrlon.

(c) Pa mor bell y mae cysawd yr haul yn teithio mewn un diwrnod?
Rhowch eich ateb yn y ffurf safonol yn gywir i 3 ffigur ystyrlon.

(ch) Mae gwrthrych yn teithio o'r Ddaear i'r Haul ac yn ôl.
Pa mor bell y mae'n teithio?
Rhowch eich ateb yn y ffurf safonol yn gywir i 3 ffigur ystyrlon.

RYDYCH WEDI DYSGU

- **rheolau indecsau**
  - $a^m \times a^n = a^{m+n}$
  - $a^m \div a^n = a^{m-n}$
  - $(a^m)^n = a^{m \times n}$
  - $a^0 = 1$, **beth bynnag yw gwerth a**
  - $a^{-n} = \dfrac{1}{a^n}$
  - $a^{\frac{1}{n}} = \sqrt[n]{a}$
  - $a^{\frac{m}{n}} = \sqrt[n]{a^m} = \left(\sqrt[n]{a}\right)^m$
- **bod y ffurf safonol yn cael ei defnyddio gyda rhifau mawr iawn a rhifau bach iawn**
  - **bod rhifau'n cael eu hysgrifennu fel $a \times 10^n$ lle mae a rhwng 1 a 10 ac mae n yn rhif cyfan**
  - **bod rhifau mawr fel 93 miliwn (93 000 000) yn cael eu hysgrifennu fel 9.3×10^7**
  - **bod rhifau bach fel 0.000 007 82 yn cael eu hysgrifennu fel 7.82×10^{-6}**
  - **y gallwch ddefnyddio'r botwm** $\boxed{\text{EXP}}$ **i fwydo rhifau yn y ffurf safonol i gyfrifiannell**

⊙ YMARFER CYMYSG 26

1 Cyfrifwch y rhain. Rhowch eich atebion fel rhifau cyfan neu ffracsiynau.

(a) $9^{\frac{1}{2}}$ **(b)** $27^{\frac{2}{3}}$ **(c)** 3^{-2} **(ch)** $16^{-\frac{1}{2}}$ **(d)** $100^{\frac{5}{2}}$

2 Cyfrifwch y rhain. Rhowch eich atebion fel rhifau cyfan neu ffracsiynau.

(a) $5^{-1} \times 4^{\frac{1}{2}}$ **(b)** $81^{\frac{1}{2}} \times 3^0 \times 144^{-\frac{1}{2}}$

(c) $16^{\frac{3}{4}} + 5^0 + 1000^{\frac{2}{3}}$ **(ch)** $8^{-\frac{1}{3}} \times 49^{\frac{1}{2}} \times 3^{-1}$

3 Cyfrifwch y rhain. Rhowch eich atebion i 4 ffigur ystyrlon.

    (a) 2.6^3 **(b)** $4.3^{\frac{1}{2}}$ **(c)** 3.8^{-2} **(ch)** $\sqrt[5]{867}$ **(d)** $50^{\frac{2}{3}}$

4 Cyfrifwch y rhain. Rhowch eich atebion i 4 ffigur ystyrlon.

    (a) $5.8^4 \div 2.6^3$ **(b)** $2.8^{\frac{1}{2}} \times 7.6^{-2}$

    (c) $(3.8 \times 1.7^4)^{\frac{1}{3}}$ **(ch)** $5^{\frac{1}{2}} + 3^{-2} - 6^{0.7}$

5 Ysgrifennwch y rhifau hyn fel pwerau rhifau cysefin.

    (a) 49   **(b)** $\frac{1}{25}$ **(c)** $8^{-\frac{2}{3}}$ **(ch)** $\sqrt[3]{121}$ **(d)** $\frac{1}{\sqrt{3}}$

6 Ysgrifennwch bob un o'r rhifau hyn fel lluoswm pwerau rhifau cysefin. Defnyddiwch indecsau lle bo'n bosibl.

    Er enghraifft, $\dfrac{8}{\sqrt{3}} = 8 \times \dfrac{1}{\sqrt{3}} = 2^3 \times 3^{-\frac{1}{2}}$

    (a) 12^3 **(b)** $4^2 \times 18$ **(c)** $\frac{8}{81}$ **(ch)** $\frac{125}{36}$ **(d)** $\sqrt[3]{15}$

7 Ysgrifennwch y rhifau hyn yn y ffurf safonol.

    (a) 16 500   **(b)** 0.000 869   **(c)** 53 milliwn   **(ch)** 0.000 000 083

8 Ysgrifennwch y rhain fel rhifau cyffredin.

    (a) 5.3×10^5 **(b)** 6.32×10^{-3} **(c)** 7.26×10^8 **(ch)** 1.28×10^{-6}

9 Cyfrifwch y rhain. Ysgrifennwch eich atebion yn y ffurf safonol.

    (a) $(2 \times 10^3) \times (4 \times 10^5)$ **(b)** $(6 \times 10^8) \times (4 \times 10^{-3})$

    (c) $(9 \times 10^7) \div (4 \times 10^3)$ **(ch)** $(5 \times 10^6) \div (2 \times 10^{-3})$

    (d) $(4 \times 10^7) \div (5 \times 10^2)$ **(dd)** $(7 \times 10^{-3}) \times (3 \times 10^{-5})$

    (e) $(4 \times 10^4) + (6 \times 10^3)$ **(f)** $(7 \times 10^{-4}) + (6 \times 10^{-5})$

    (ff) $(6 \times 10^7) - (4 \times 10^5)$ **(g)** $(8 \times 10^{-4}) - (3 \times 10^{-5})$

10 Cyfrifwch y rhain. Rhowch eich atebion yn y ffurf safonol i 3 ffigur ystyrlon.

    (a) $(5.32 \times 10^5) \times (1.28 \times 10^3)$ **(b)** $(6.23 \times 10^{-5}) \times (4.62 \times 10^{-6})$

    (c) $(2.8 \times 10^5) \div (3.2 \times 10^{-3})$ **(ch)** $(6.1 \times 10^4) \div (7.3 \times 10^8)$

    (d) $(6.53 \times 10^5) + (7.26 \times 10^4)$ **(dd)** $(2.87 \times 10^{-4}) - (8.26 \times 10^{-5})$

27 → CYFLUNEDD A HELAETHIAD

YN Y BENNOD HON

- Adnabod a gweithio gyda thrionglau cyflun
- Helaethu trionglau a siapiau plân eraill gan ddefnyddio ffactorau graddfa negatif
- Arwynebedd a chyfaint ffigurau cyflun

DYLECH WYBOD YN BAROD

- y ffeithiau am onglau sy'n cael eu gwneud gan linellau paralel: bod onglau eiledol, *a* a *b*, yn hafal a bod onglau cyfatebol, *a* ac *c*, yn hafal

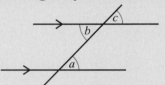

- bod yr onglau mewn triongl yn adio i 180°
- bod yr onglau ar linell syth yn adio i 180°
- bod ongl allanol triongl yn hafal i swm yr onglau mewnol cyferbyn

Cyflunedd trionglau a siapiau plân eraill

Mae dau driongl yn **gyflun** os yw'r onglau mewn un triongl yn hafal i'r onglau yn y llall.

Ar gyfer polygonau eraill, y prawf ar gyfer cyflunedd yw fod yr onglau yn y ddau siâp yn hafal *a* bod yr ochrau cyfatebol mewn cyfrannedd â'i gilydd.

Yn y diagram hwn, mae'r triongl ABC yn gyflun â'r triongl PQR oherwydd bod yr onglau A, B ac C yn hafal i'r onglau P, Q ac R.

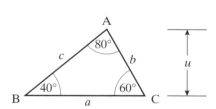
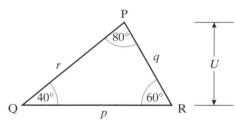

Yn achos trionglau cyflun mae cymarebau'r ochrau cyfatebol yn hafal. Fel y gwelsoch ym Mhennod 24, gallwn ysgrifennu'r cymarebau fel ffracsiynau.

$$\frac{a}{p} = \frac{b}{q} = \frac{c}{r} = k$$

Y gymhareb *k* yw'r ffactor graddfa.

Mae'r uchderau yn yr un gymhareb hefyd.

$$\frac{u}{U} = k$$

Mae dau driongl yn gyflun hefyd os yw eu hochrau cyfatebol mewn cyfrannedd â'i gilydd.

ENGHRAIFFT 27.1

Mae'r diagram yn dangos dau driongl, sef y triongl ABC a'r triongl XYZ.

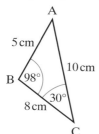
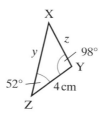

(a) Eglurwch pam mae'r ddau driongl yn gyflun. **(b)** Cyfrifwch werthoedd y a z.

Datrysiad

(a) Ongl BAC = 52°   Mae'r onglau mewn triongl yn adio i 180°
Ongl ZXY = 30°   Mae'r onglau mewn triongl yn adio i 180°

Felly mae'r onglau cyfatebol ym mhob triongl yn hafal.
Felly mae'r trionglau yn gyflun.

(b) Mae AB a ZY yn ochrau cyfatebol, mae'r ddau gyferbyn â'r onglau 25°.
Mae BC ac YX yn ochrau cyfatebol, mae'r ddau gyferbyn â'r onglau 55°.

$$\frac{ZY}{AB} = \frac{4}{5} \text{ felly } \frac{YX}{BC} \text{ hefyd} = \frac{4}{5}$$

$$YX = \tfrac{4}{5} \times BC$$
$$= \tfrac{4}{5} \times 8$$
$$= 0.8 \times 8$$
$$= 6.4$$

$z = 6.4\,\text{cm}$

Yn yr un ffordd,

$$\frac{ZX}{AC} = \frac{4}{5}$$

$$ZX = \tfrac{4}{5} \times AC$$
$$= \tfrac{4}{5} \times 10$$
$$= 0.8 \times 10$$
$$= 8$$

$y = 8\,\text{cm}$

Eglurwch pam **nad** yw'r trionglau ABC a PQR yn gyflun.

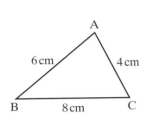

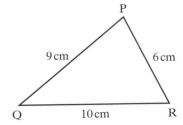

Datrysiad

Yr ochr fyrraf yn y triongl ABC yw AB ac mae hon yn cyfateb i'r ochr fyrraf yn y triongl PQR sef PQ.

Maent yn y gymhareb (neu'r cyfrannedd) $\frac{PQ}{BA} = \frac{6}{4} = 1.5$

Mae'r ochrau hiraf yn y ddau driongl yn cyfateb hefyd. BC a QR yw'r rhain.

Maent yn y gymhareb (neu'r cyfrannedd) $\frac{QR}{BC} = \frac{10}{8} = 1.25$

Mae'n amlwg nad yw'r ochrau cyfatebol mewn cyfrannedd â'i gilydd. Felly nid yw'r trionglau ABC a PQR yn gyflun.

YMARFER 27.1

1 Pa rai o'r trionglau yn y diagram hwn sy'n gyflun?

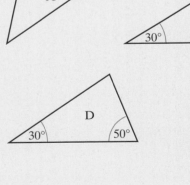

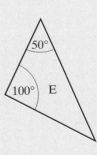

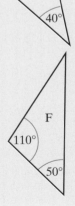

2 Mae'r ddau driongl hyn yn gyflun.

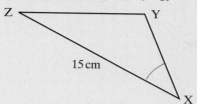

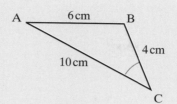

Cyfrifwch hydoedd XY ac YZ.

3 Yn y triongl ABC, mae XY yn baralel i AC, mae AB = 12 cm, YC = 3 cm, YB = 5 cm ac XY = 3 cm.
Profwch fod y trionglau BXY a BAC yn gyflun.
Cyfrifwch hydoedd AC, AX ac XB.

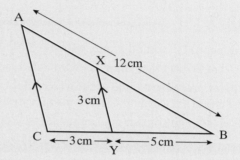

4 Uchder mast radio yw 12 m. Ganol dydd uchder cysgod y mast radio yw 16 m.
Cyfrifwch uchder tŵr sydd ag uchder ei gysgod yn 56 m.

5 Cyfrifwch yr hydoedd x ac y yn y diagram hwn.

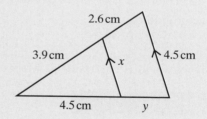

6 Cyfrifwch yr hydoedd x ac y yn y diagram hwn.

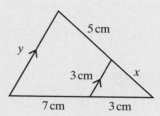

7 Mae stand ar gyfer cerflun bach wedi ei wneud o ran o gôn (sef ffrwstwm).
Mae rhan uchaf y stand yn grwn a diamedr y rhan uchaf yw 12 cm; diamedr y gwaelod yw 18 cm.
Uchder goledd y stand yw 9 cm.
Cyfrifwch uchder goledd y côn cyfan.

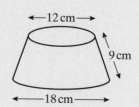

8 (a) Eglurwch sut rydych chi'n gwybod bod y ddau driongl yn y diagram yn gyflun.

(b) Cyfrifwch hydoedd AC ac CB.

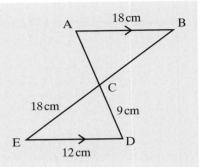

Her 27.1

Ar ddechrau'r bennod hon cawsoch y diffiniad hwn.

Mae dau driongl yn **gyflun** os yw'r onglau mewn un triongl yn hafal i'r onglau yn y llall.

Ar gyfer polygonau eraill, y prawf ar gyfer cyflunedd yw fod yr onglau yn y ddau siâp yn hafal *a* bod yr ochrau cyfatebol mewn cyfrannedd â'i gilydd.

Allwch chi egluro pam mae angen estyn y diffiniad ar gyfer polygonau?

Helaethiad

I wneud helaethiad mae angen dau ddarn o wybodaeth arnoch:

- y ffactor graddfa
- safle canol yr helaethiad.

Ym Mhennod 13 dysgoch am helaethiadau â graddfeydd ffactor ffracsiynol. Bydd yr enghraifft nesaf yn eich atgoffa o hyn.

ENGHRAIFFT 27.3

Plotiwch y cyfesurynnau A(4, 4), B(16, 4), C(16, 8) a D(4, 8) a'u huno i ffurfio petryal.

Helaethwch y petryal ABCD â ffactor graddfa $\frac{1}{2}$ gan ddefnyddio'r tarddbwynt fel canol yr helaethiad.

Datrysiad

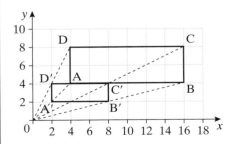

Lluniadwch y petryal ac unwch bob un o'r fertigau â chanol yr helaethiad.

Yna marciwch safle delwedd pob un o'r fertigau.

$OA' = \frac{1}{2} \times OA$ wedi ei fesur ar hyd OA.

$OB' = \frac{1}{2} \times OB$ wedi ei fesur ar hyd OB.

$OC' = \frac{1}{2} \times OC$ wedi ei fesur ar hyd OC.

$OD' = \frac{1}{2} \times OD$ wedi ei fesur ar hyd OD.

Neu, gan mai'r tarddbwynt yw canol yr helaethiad, gallwch gyfrifo cyfesurynnau'r ddelwedd heb dynnu llinellau o'r fertigau. Lluoswch bob un o gyfesurynnau'r ddelwedd â'r ffactor graddfa.

Mae A(4, 4) yn mapio ar ben A′(2, 2).
Mae B(16, 4) yn mapio ar ben B′(8, 2).
Mae C(16, 8) yn mapio ar ben C′(8, 4).
Mae D(4, 8) yn mapio ar ben D′(2, 4).

Os yw ffactor graddfa helaethiad yn negatif, bydd y ddelwedd gyferbyn â'r gwrthrych ar yr ochr arall i ganol yr helaethiad, a bydd y ddelwedd wedi ei gwrthdroi. Mae'r enghraifft nesaf yn dangos hyn.

ENGHRAIFFT 27.4

Plotiwch y cyfesurynnau A(2, 2), B(4, 2) ac C(2, 4) a'u huno i ffurfio triongl.

Helaethwch y triongl ABC â ffactor graddfa −3 gan ddefnyddio'r pwynt O(1, 1) fel canol yr helaethiad.

Datrysiad

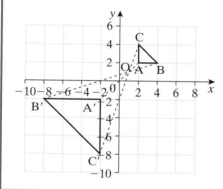

Plotiwch y triongl.

Wedyn tynnwch linell o bob un o'r fertigau trwy ganol yr helaethiad, O, a'i hestyn i'r ochr arall.

Mesurwch y pellter o'r fertig A i ganol yr helaethiad, O, a'i luosi â 3.

Wedyn marciwch y pwynt A′ ar bellter o 3 × OA ar hyd y llinell OA wedi'i hestyn ar yr ochr arall i ganol yr helaethiad.

AWGRYM

Gallwch ddarganfod safle pwyntiau'r ddelwedd trwy gyfrif sgwariau o ganol yr helaethiad fel y gwnaethoch o'r blaen, ond cofiwch y bydd y ddelwedd ar yr ochr arall i'r gwrthrych. Er enghraifft, o ganol yr helaethiad i'r pwynt B mae'n 3 uned i'r cyfeiriad x positif ac 1 uned i'r cyfeiriad y positif. Gan luosi â'r ffactor graddfa, mae'r pwynt B′ 9 uned i'r cyfeiriad x negatif a 3 uned i'r cyfeiriad y negatif.

Os bydd gennych y siâp gwreiddiol a'r siâp wedi'i helaethu gallwch ddarganfod canol yr helaethiad yn yr un ffordd ag o'r blaen. Unwch bwyntiau cyfatebol ar y ddau siâp â llinellau syth. Mae canol yr helaethiad i'w gael lle mae'r llinellau'n croesi.

1 Lluniadwch set o echelinau gyda'r echelin *x* o −16 i 6 a'r echelin *y* o −6 i 4.

Plotiwch y pwyntiau A(2, 2), B(5, 0), C(5, −1) a D(2, −1) a'u huno i ffurfio pedrochr.

Helaethwch y pedrochr â ffactor graddfa −3 gan ddefnyddio'r tarddbwynt fel canol yr helaethiad.

2 Copïwch y diagram a darganfyddwch y canlynol:

   (a) canol yr helaethiad.

   (b) y ffactor graddfa.

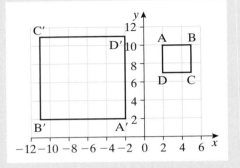

3 Lluniadwch set o echelinau gyda'r echelin *x* o −16 i 6 a'r echelin *y* o −8 i 4.

Plotiwch y pwyntiau A(2, 8), B(6, 8), C(6, 4) a D(2, 4) a'u huno i ffurfio sgwâr.

Helaethwch y sgwâr â ffactor graddfa −2 gan ddefnyddio'r pwynt O(5, 6) fel canol yr helaethiad.

4 Copïwch y diagram a darganfyddwch y canlynol:

   (a) canol yr helaethiad.

   (b) y ffactor graddfa.

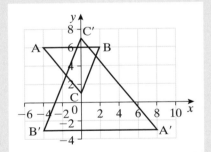

5 Mae'r diagram yn dangos pedrochr, ABCD, a'i ddelwedd A′B′C′D′.

Copïwch y diagram a darganfyddwch y canlynol:

   (a) canol yr helaethiad.

   (b) y ffactor graddfa.

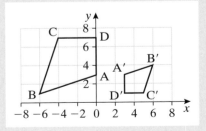

(a) Lluniadwch driongl anghyfochrog.
Dewiswch ganol a helaethwch y triongl yn ôl ffactor graddfa −1.
Allwch chi gael yr un canlyniad â thrawsffurfiadau eraill?

(b) Allwch chi ddarganfod trawsffurfiad arall sy'n rhoi'r un canlyniad os oes gan y triongl gymesuredd?

Arwynebedd a chyfaint ffigurau cyflun

Term mathemategol am siâp yw ffigur.

Sylwi 27.1

Dyma ddau ffigur cyflun. Mae hyd ochrau'r siâp mwyaf deirgwaith yn fwy na hyd ochrau'r siâp lleiaf. (Y ffactor graddfa llinol yw 3.)

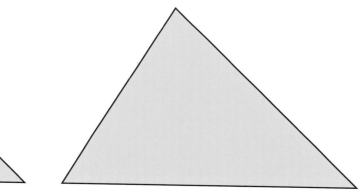

Brithweithiwch y triongl lleiaf i mewn i'r triongl mwyaf. Faint ohonynt fydd yn ffitio ynddo?

Beth yw ffactor graddfa'r arwynebedd?

Beth yw'r cysylltiad rhwng ffactor graddfa'r arwynebedd a'r ffactor graddfa llinol?

Sylwi 27.2

Defnyddiwch giwbiau centimetr i wneud ciwb mwy o faint gyda phob ochr yn deirgwaith yr hyd gwreiddiol. (Y ffactor graddfa llinol yw 3.)

Ydy'r ciwb bach a'r ciwb mawr yn ffigurau cyflun?

Beth yw ffactor graddfa'r cyfaint?

Beth yw'r cysylltiad rhwng ffactor graddfa'r cyfaint a'r ffactor graddfa llinol?

Gallwn gyffredinoli canlyniadau Sylwi 27.1 a Sylwi 27.2.

> Yn achos siapiau cyflun, mae sgwario'r ffactor graddfa llinol yn rhoi ffactor graddfa'r arwynebedd.
>
> Yn achos solidau cyflun, mae ciwbio'r ffactor graddfa llinol yn rhoi ffactor graddfa'r cyfaint.

ENGHRAIFFT 27.5

Mae dau giwboid yn gyflun, gyda'r ffactor graddfa llinol 2.5.
(a) Cyfaint y ciwboid lleiaf yw $10\,cm^3$.
Darganfyddwch gyfaint y ciwboid mwyaf.
(b) Cyfanswm arwynebedd arwyneb y ciwboid mwyaf yw $212.5\,cm^2$.
Darganfyddwch arwynebedd arwyneb y ciwboid lleiaf.

Datrysiad

(a) Y ffactor graddfa llinol yw 2.5.
Ffactor graddfa'r cyfaint yw 2.5^3.
Cyfaint y ciwboid mwyaf $= 10 \times 2.5^3 = 156.25\,cm^3$

(b) Y ffactor graddfa llinol yw 2.5.
Ffactor graddfa'r arwynebedd yw 2.5^2.
Arwynebedd arwyneb y ciwboid lleiaf $= 212.5 \div 2.5^2 = 34\,cm^2$

YMARFER 27.3

1 Mae'r trionglau PQR ac XYZ yn gyflun.
    (a) Beth yw ffactor graddfa llinol yr helaethiad?
    (b) Darganfyddwch uchder y triongl XYZ.
    (c) Cyfrifwch arwynebedd y triongl PQR.
    (ch) Cyfrifwch arwynebedd y triongl XYZ.
    (d) Beth sy'n tynnu eich sylw ynglŷn â chymhareb yr arwynebeddau?

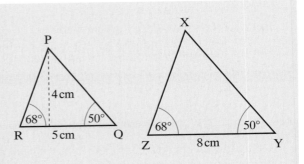

2 Nodwch ffactor graddfa'r arwynebedd a ffactor graddfa'r cyfaint ar gyfer pob un o'r graddfeydd ffactor llinol hyn.

(a) 2   **(b)** 5   **(c)** 10   **(ch)** 0.5

3 Darganfyddwch y ffactor graddfa llinol a ffactor graddfa'r cyfaint ar gyfer pob un o'r graddfeydd ffactor arwynebedd hyn.

(a) 36   **(b)** 64   **(c)** 50   **(ch)** 0.1

4 Mae carton o hufen yn dal 125 ml.
Mae carton cyflun yn 1.5 gwaith ei uchder.
Faint o hufen y mae'n ei ddal?

5 Mae car model wedi ei adeiladu yn ôl y raddfa 1 : 24.
Ei hyd yw 15 cm.
(a) Beth yw hyd y car go iawn?
(b) Mae angen 10 ml o baent i beintio'r model.
Faint o litrau o baent y bydd eu hangen ar gyfer y car go iawn?

6 Mae cerflunydd yn gwneud model ar gyfer cerflun mawr. Ei uchder yw 24 cm.
Uchder y cerflun gorffenedig fydd 3.6 m.
(a) Darganfyddwch y ffactor graddfa llinol.
(b) Darganfyddwch ffactor graddfa'r arwynebedd.
(c) Cyfaint y model yw 1340 cm^3.
Beth yw cyfaint y cerflun?

7 Uchder gwydryn yw 12 cm.
Beth yw uchder gwydryn cyflun sy'n dal dwywaith cymaint?

8 Mae awyren model wedi ei wneud yn ôl y raddfa 1 : 48.
Arwynebedd adain yr awyren go iawn yw 52 m^2.
Beth yw arwynebedd adain y model?

9 Mae casgenni sy'n dal hylif i'w cael mewn meintiau gwahanol gydag enwau gwahanol.
• Mae casgen gyffredin (c) yn dal 36 galwyn.
• Mae ffircyn (ff) yn dal 9 galwyn.
• Mae hocsed (h) yn dal 54 galwyn.

Mae'r casgenni i gyd yn gyflun.
Darganfyddwch gymhareb eu huchderau.

10 Mae sgwâr yn cael ei helaethu trwy gynyddu hyd ei ochrau 10%.
Arwynebedd y sgwâr yn wreiddiol oedd 64 cm^2.
Beth yw arwynebedd y sgwâr wedi'i helaethu?

(a) Model syml ar gyfer y gwres y bydd adar yn ei golli yw ei fod mewn cyfrannedd â'u harwynebedd arwyneb.

Hefyd, mae'r egni y gall aderyn ei gynhyrchu, i gymryd lle'r gwres a gollodd, mewn cyfrannedd â'i gyfaint.

Ymchwiliwch i weld a yw adar cyflun (sy'n golygu adar o'r un rhywogaeth) yn fwy neu'n llai mewn hinsoddau oerach.

(b) Ymchwiliwch i'r berthynas yn achos awyrennau cyflun rhwng arwynebedd yr adenydd (sy'n rhoi'r esgyniad) a'r cyfaint (sydd â chysylltiad agos â màs yr awyren).

RYDYCH WEDI DYSGU

- bod trionglau yn gyflun os yw'r onglau cyfatebol yn y naill a'r llall yn hafal
- bod helaethiad negatif yn symud y ddelwedd fel ei bod gyferbyn â'r gwreiddiol ar yr ochr arall i ganol yr helaethiad ac yn ei gwrthdroi
- bod sgwario'r ffactor graddfa llinol yn rhoi ffactor graddfa'r arwynebedd yn achos ffigurau cyflun
- bod ciwbio'r ffactor graddfa llinol yn rhoi ffactor graddfa'r cyfaint yn achos ffigurau cyflun

---

◎ YMARFER CYMYSG 27

1 Cyfrifwch yr hydoedd a, b, c, d ac e yn y diagramau hyn.

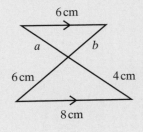

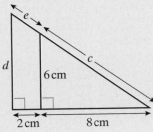

2 Arwynebedd y triongl ADE yw 24 cm².

(a) Cyfrifwch arwynebedd y triongl ABC.

(b) Cyfrifwch hyd BC.

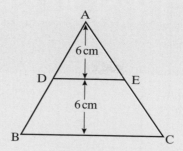

3 Lluniadwch set o echelinau gyda'r echelin x o 0 i 16 a'r echelin y o 0 i 8.

Plotiwch y pwyntiau A(4, 5), B(9, 5), C(9, 2) a D(4, 2) a'u huno i ffurfio petryal.

Helaethwch y petryal yn ôl ffactor graddfa -1.5, gan ddefnyddio'r pwynt O(8, 4) fel canol yr helaethiad.

Ysgrifennwch gyfesurynnau'r petryal wedi'i helaethu.

4 Copïwch y diagram a darganfyddwch y canlynol

(a) canol yr helaethiad.

(b) y ffactor graddfa.

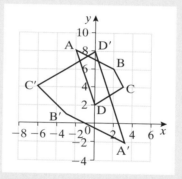

5 Dau octagon rheolaidd yw P a Q. Mae Q yn helaethiad o P gyda'r ffactor graddfa 3. Arwynebedd yr octagon Q yw 90 cm². Beth yw arwynebedd yr octagon P?

6 Mae pensaer wedi gwneud model o westy newydd gan ddefnyddio'r raddfa 1 : 100.

(a) Arwynebedd yr ardd yn y model yw 650 cm². Darganfyddwch arwynebedd yr ardd go iawn.

(b) Bydd y pwll nofio go iawn yn dal 500 000 litr o ddŵr. Faint o ddŵr sydd ei angen yn y model?

7 Mae dwy botel o lemonêd yn gyflun. Mae'r naill yn dal 2 litr a'r llall yn dal 1.5 litr.

(a) Darganfyddwch gymhareb eu huchderau.

(b) Arwynebedd y label ar y botel fwyaf yw 75 cm². Beth yw arwynebedd y label ar y botel leiaf?

YN Y BENNOD HON

- Canslo mynegiadau algebraidd
- Ffactorio mynegiadau cwadratig
- Trin mynegiadau sy'n cynnwys indecsau

DYLECH WYBOD YN BAROD

- sut i gyflawni gweithrediadau ar ffracsiynau rhifiadol
- sut i ffactorio mynegiadau llinol
- sut i ddefnyddio nodiant indecs

Symleiddio ffracsiynau algebraidd

Rydych yn gwybod yn barod sut i **symleiddio**, neu ganslo, **ffracsiynau rhifiadol**: byddwn yn rhannu'r **rhifiadur** a'r **enwadur** â **ffactor cyffredin**.

Mae **ffracsiynau algebraidd** yn dilyn yr un rheolau â ffracsiynau rhifiadol. Fodd bynnag, mae'n bwysig sylweddoli mewn ffracsiwn fel $\dfrac{x+2}{2x+3}$ fod y rhifiadur a'r enwadur yn fynegiadau ynddynt eu hunain.

Nid yw'n bosibl canslo termau unigol yn y rhifiadur â thermau unigol yn yr enwadur. Yn y ffracsiwn $\dfrac{x+2}{2x+3}$ mae yna x yn y rhifiadur a'r enwadur, ond nid yw'n ffactor o'r naill fynegiad na'r llall ac felly ni all gael ei ganslo. Dim ond ffactorau cyfan sy'n gallu cael eu canslo.

Er mwyn canslo mynegiad algebraidd, rhaid yn gyntaf **ffactorio** y rhifiadur a'r enwadur. Yn achos y ffracsiwn $\dfrac{x+2}{2x+3}$ nid yw hynny'n bosibl: mae yn ei **ffurf symlaf** yn barod.

ENGHRAIFFT 28.1

Symleiddiwch $\dfrac{x^2+5x}{x^2-2x}$.

$$\frac{x^2 + 5x}{x^2 - 2x} = \frac{x(x + 5)}{x(x - 2)}$$ Yn gyntaf ffactoriwch y mynegiadau.

$$= \frac{\cancel{x}(x + 5)}{\cancel{x}(x - 2)}$$ Canslwch y ffactor cyffredin x.

$$= \frac{x + 5}{x - 2}$$ Nawr mae'r mynegiad yn ei ffurf symlaf.

ENGHRAIFFT 28.2

Symleiddiwch $\dfrac{2x + 6}{x^2 + 3x}$.

Datrysiad

$$\frac{2x + 6}{x^2 + 3x} = \frac{2(x + 3)}{x(x + 3)}$$ Yn gyntaf ffactoriwch y mynegiadau.

$$= \frac{2}{x}$$ Canslwch y ffactor cyffredin $(x + 3)$.

YMARFER 28.1

Symleiddiwch bob un o'r mynegiadau algebraidd hyn. Os nad yw hynny'n bosibl, dywedwch felly.

1 $\dfrac{3x - 9}{6x - 3}$
2 $\dfrac{2x + 6}{5x - 10}$
3 $\dfrac{8 + 2x}{6 - 4x}$
4 $\dfrac{12 - 4x}{6 - 9x}$

5 $\dfrac{3x^2 - x}{2x^2 + x}$
6 $\dfrac{2x^2 - 4x}{6x^2 - 8x}$
7 $\dfrac{9x - 6x^2}{2x^2 + 8x}$
8 $\dfrac{5x^2 + 15x}{10x - 5}$

Her 28.1

Gweithiwch mewn parau.

Ysgrifennwch eich ffracsiwn algebraidd eich hun (naill ai un a fydd yn ffactorio neu un na fydd).

Heriwch eich partner i ddweud a fydd yn ffactorio ai peidio ac, os bydd yn ffactorio, i wneud hynny.

Os yw'n gywir mae'n sgorio un pwynt, os yw'n anghywir nid yw'n sgorio dim.
Y cyntaf i sgorio pum pwynt sy'n ennill.

Ffactorio mynegiadau cwadratig

Ym Mhennod 2 dysgoch sut i **ehangu** mynegiadau fel $(x + 1)(x + 7)$ i roi'r mynegiad **cwadratig** $x^2 + 8x + 7$. Mae angen i chi allu ffactorio mynegiadau cwadratig hefyd, sef gwrthdro'r broses honno.

ENGHRAIFFT 28.3

Ffactoriwch $x^2 + 7x + 12$.

Datrysiad

$x^2 + 7x + 12 = x^2 + 4x + 3x + 12$

Y 'tric' yw chwilio am **barau o ffactorau 12** (y **cysonyn**): 1×12, 2×6, 3×4.
Dewiswch y pâr y bydd eu hadio neu eu tynnu yn rhoi **7** (**cyfernod** x).
O 1 ac 12 mae'n bosibl gwneud 11 neu 13.
O 2 a 6 mae'n bosibl gwneud 4 neu 8.
O 3 a 4 mae'n bosibl gwneud 1 neu **7,** felly y ffactorau sydd eu hangen yw 3 a 4.

$= x(x + 4) + 3(x + 4)$
$= (x + 3)(x + 4)$

> **AWGRYM**
>
> Y *cyfernod* yw'r rhif sy'n rhan o derm mewn mynegiad.

Gwiriwch eich bod wedi ffactorio'r mynegiad yn gywir trwy ehangu'r cromfachau.

$(x + 3)(x + 4) = x^2 + 4x + 3x + 12$
$= x^2 + 7x + 12$ ✓

Nid oes angen ysgrifennu holl gamau'r datrysiad fel yn Enghraifft 28.3.
Fodd bynnag, dylech ehangu'r cromfachau bob tro er mwyn gwirio'r datrysiad.

ENGHRAIFFT 28.4

Ffactoriwch $x^2 + 3x - 10$.

Datrysiad

$x^2 + 3x - 10 = (x + 5)(x - 2)$

Y parau o ffactorau 10 yw 1×10 a 2×5.
I wneud 3 mae angen defnyddio 5 a -2.

Gwiriwch trwy ehangu'r cromfachau.

$(x + 5)(x - 2) = x^2 - 2x + 5x - 10$
$= x^2 + 3x - 10$ ✓

Ffactoriwch $x^2 - 6x + 8$.

Datrysiad

$x^2 - 6x + 8 = (x - 2)(x - 4)$ Y parau o ffactorau 8 yw 1×8 a 2×4.
I wneud -6 mae angen defnyddio -2 a -4.

Gwiriwch trwy ehangu'r cromfachau.

$$(x - 2)(x - 4) = x^2 - 4x - 2x + 8$$
$$= x^2 - 6x + 8$$

YMARFER 28.2

Ffactoriwch bob un o'r mynegiadau hyn.

1 **(a)** $x^2 + 3x + 2$ **(b)** $x^2 + 6x + 5$ **(c)** $x^2 + 8x + 12$ **(ch)** $x^2 + 8x + 15$
   (d) $x^2 + 10x + 9$ **(dd)** $x^2 + 6x + 9$ **(e)** $x^2 + 9x + 20$ **(f)** $x^2 + 14x + 24$

2 **(a)** $x^2 + 5x - 6$ **(b)** $x^2 + 9x - 10$ **(c)** $x^2 + 2x - 8$ **(ch)** $x^2 + 4x - 12$
   (d) $x^2 + 2x - 15$ **(dd)** $x^2 + 8x - 20$ **(e)** $x^2 + 5x - 24$ **(f)** $x^2 + 2x - 24$

3 **(a)** $x^2 - 7x + 10$ **(b)** $x^2 - 9x + 8$ **(c)** $x^2 - 3x + 2$ **(ch)** $x^2 - 9x + 14$
   (d) $x^2 - 10x + 16$ **(dd)** $x^2 - 14x + 24$ **(e)** $x^2 - 11x + 30$ **(f)** $x^2 - 5x + 6$

Her 28.2

Gweithiwch mewn parau.

Ysgrifennwch eich mynegiad cwadratig eich hun (naill ai un fydd yn ffactorio neu un na fydd.)

Heriwch eich partner i ddweud a fydd yn ffactorio ai peidio ac, os bydd yn ffactorio, i wneud hynny. Os yw'n gywir mae'n sgorio un pwynt, os yw'n anghywir nid yw'n sgorio dim.

Y cyntaf i sgorio pum pwynt sy'n ennill.

Gwahaniaeth rhwng dau rif sgwâr

Mae mynegiadau fel $x^2 - 16$ yn edrych fel pe na baent yn gallu cael eu ffactorio. Fodd bynnag, math arbennig o fynegiad cwadratig yw hwn a'r term amdano yw y **gwahaniaeth rhwng dau rif sgwâr** (yn yr achos hwn x^2 ac 16).

I ffactorio mynegiad o'r fath, byddwn yn darganfod ail isradd y ddau derm. Oherwydd bod y term rhifiadol yn y mynegiad yn negatif, mae'r term rhifiadol yn bositif yn un o'r cromfachau ac yn negatif yn y llall.

$$x^2 - a = (x + \sqrt{a})(x - \sqrt{a})$$

Er enghraifft, $x^2 - 16 = (x + 4)(x - 4)$.

Gallwn wirio hyn trwy ehangu'r cromfachau.

$$(x + 4)(x - 4) = x^2 - 4x + 4x - 16 \qquad -4x + 4x = 0$$
$$= x^2 - 16$$

ENGHRAIFFT 28.6

Ffactoriwch $x^2 - 9$.

Datrysiad

$x^2 - 9 = (x + 3)(x - 3)$ Darganfyddwch ail isradd pob term yn y mynegiad.

Gwiriwch trwy ehangu'r cromfachau.

$$(x + 3)(x - 3) = x^2 - 3x + 3x - 9 \qquad\qquad -3x + 3x = 0$$
$$= x^2 - 9 \checkmark$$

ENGHRAIFFT 28.7

Ffactoriwch $8x^2 - 8$.

Datrysiad

$8x^2 - 8 = 8(x^2 - 1)$ Nid yw'r termau'n rhifau sgwâr ond mae yna ffactor cyffredin.
$= 8(x + 1)(x - 1)$ Ffactoriwch y mynegiad yn y cromfachau.

Gwiriwch trwy ehangu'r cromfachau.

$$8(x + 1)(x - 1) = 8(x^2 - x + x - 1) \qquad\qquad -x + x = 0$$
$$= 8(x^2 - 1)$$
$$= 8x^2 - 8 \checkmark$$

Ffactoriwch bob un o'r mynegiadau hyn.

1 **(a)** $x^2 - 9$

(b) $x^2 - 16$

(c) $x^2 - 49$

(ch) $x^2 - 81$

(d) $x^2 - 100$

(dd) $x^2 - 144$

2 **(a)** $3x^2 - 12$

(b) $5x^2 - 45$

(c) $3x^2 - 108$

(ch) $7x^2 - 343$

(d) $10x^2 - 4000$

(dd) $8x^2 - 200$

Her 28.3

Ffactoriwch bob un o'r mynegiadau hyn.

(a) $\dfrac{2x + 14}{x^2 - 49}$

(b) $\dfrac{10x + 15}{4x^2 - 9}$

(c) $\dfrac{3x^2 - 108}{2x^2 + 12x}$

(ch) $\dfrac{5x^3 + 5x^2 - 30x}{3x^3 - 12x}$

(d) $\dfrac{10x^3 - 5x^2 - 30x}{12x^3 - 27x}$

Symleiddio ffracsiynau algebraidd sy'n cynnwys indecsau

Dylech fod yn gyfarwydd â rheolau indecsau yn barod:

$$a^m \times a^n = a^{m+n} \text{ (adio'r indecsau)}$$
$$\text{ac}$$
$$a^m \div a^n = a^{m-n} \text{ (tynnu'r indecsau)}$$

Gall y rheolau hyn gael eu defnyddio wrth symleiddio ffracsiynau algebraidd.

Cofiwch mai dim ond ffactorau cyfan sy'n gallu cael eu canslo, ni allwn ganslo rhannau o ffactorau.

ENGHRAIFFT 28.8

Symleiddiwch $\dfrac{5x^3y^2}{2z^4} \times \dfrac{8z^2}{15xy^3}$.

Datrysiad

$\dfrac{5x^3y^2}{2z^4} \times \dfrac{8z^2}{15xy^3} = \dfrac{x^2}{z^2} \times \dfrac{4}{3y}$ Chwiliwch am ffactorau cyffredin: 5 mewn 5 ac 15
2 mewn 2 ac 8
x mewn x^3 ac x
y^2 mewn y^2 ac y^3
z^2 mewn z^4 a z^2

$\qquad\qquad = \dfrac{4x^2}{3yz^2}$ Symleiddiwch.

ENGHRAIFFT 28.9

Symleiddiwch $\dfrac{4a^5b^3}{15c^2} \div \dfrac{8a^2b^5}{9c^4}$.

Datrysiad

$\dfrac{4a^5b^3}{15c^2} \div \dfrac{8a^2b^5}{9c^4} = \dfrac{4a^5b^3}{15c^2} \times \dfrac{9c^4}{8a^2b^5}$ Yn yr un ffordd ag yn achos rhannu ffracsiynau rhifiadol, mae'n haws newid y gweithrediad yn lluosi a gwrthdroi'r ffracsiwn ar ôl yr arwydd rhannu.

$\qquad\qquad = \dfrac{a^3}{5} \times \dfrac{3c^2}{2b^2}$ Chwiliwch am ffactorau cyffredin: 4 mewn 4 ac 8
3 mewn 15 a 9
a^2 mewn a^5 ac a^2
b^3 mewn b^3 a b^5
c^2 mewn c^2 ac c^4

$\qquad\qquad = \dfrac{3a^3c^2}{10b^2}$ Symleiddiwch.

YMARFER 28.4

Symleiddiwch bob un o'r mynegiadau hyn.

1 $\dfrac{6a^4b}{5c^2} \times \dfrac{10c^3}{9a^2b^3}$

2 $\dfrac{12x^5y^4}{7z^5} \times \dfrac{14z^3}{15x^3y^2}$

3 $\dfrac{6a^4b^5}{9c^3} \div \dfrac{10a^2b^3}{3c^6}$

4 $\dfrac{8a^7b^5}{15c^4} \div \dfrac{4ab^2}{9c}$

5 $\dfrac{6t^5v^2}{5w^2} \div \dfrac{8t^2v^5}{15w^4}$

6 $\dfrac{12e^6f^2}{5g^3} \times \dfrac{10g^4}{8e^4f^3}$

7 $\dfrac{5a^3b^2}{2c^4} \times \dfrac{8c^2d^4}{15ae^3} \times \dfrac{3e^2}{2b^3d^2}$

8 $\dfrac{8t^3v^2}{3x^5z^4} \times \dfrac{5x^2}{12v^4y^3} \div \dfrac{10t^4}{9y^2z^5}$

9 $\left(\dfrac{4a^5b^6}{5c^2d^4} \div \dfrac{12a^2b^5}{25c^4}\right) \times \dfrac{8d^2}{15ab^3}$

10 $\left(\dfrac{2e^2f^3}{3g^2} \div \dfrac{8e^4f^4}{9f^2g^4}\right) \div \dfrac{8f^3g^5}{4e^4}$ **11** $\dfrac{24x^{\frac{5}{2}}}{8} \times \dfrac{x^{\frac{3}{2}}}{x}$ **12** $\dfrac{36a^{-3}}{4a^2} \times \dfrac{b^4}{b^8}$

13 $30x^{\frac{3}{2}} \times \dfrac{x^{-\frac{7}{2}}}{5}$ **14** $\dfrac{48a^{-6}}{4a^3}$ **15** $10x^{\frac{5}{2}} \times 2x^{-\frac{3}{2}}$

Her 28.4

Gweithiwch mewn parau.

Ysgrifennwch eich problem ffracsiynau algebraidd eich hun (gan ddefnyddio lluosi neu rannu yn unig).

Heriwch eich partner i symleiddio'r broblem yn ffracsiwn algebraidd sengl.

Ffactorio mynegiadau cwadratig lle nad yw cyfernod x^2 yn 1

Yn gynharach yn y bennod hon dysgoch sut i ffactorio mynegiadau fel $x^2 + 7x + 12$ i roi $(x + 3)(x + 4)$. Ym mhob enghraifft, roedd cyfernod x^2 yn 1.

Mae'n bosibl hefyd ffactorio mynegiadau cwadratig lle nad yw cyfernod x^2 yn 1 mewn ffordd debyg.

ENGHRAIFFT 28.10

Ffactoriwch $3x^2 + 14x + 8$.

Datrysiad

$3x^2 + 14x + 8 = (3x + 2)(x + 4)$ Y parau o ffactorau 8 yw 1×8 a 2×4.
Wrth ffurfio'r term x, bydd un o'r ddau ffactor yn cael ei luosi â 3 (cyfernod x^2).
I wneud 14 mae angen defnyddio 2 a 4 gyda'r 3, $(2 + 3 \times 4)$.
Mae'r 4 yn cael ei luosi â'r 3, felly rhaid i'r $3x$ beidio â bod yn yr un set o gromfachau â'r 4.

Gwiriwch trwy ehangu'r cromfachau.

$$(3x + 2)(x + 4) = 3x^2 + 12x + 2x + 8$$
$$= 3x^2 + 14x + 8 \checkmark$$

Ffactoriwch $2x^2 + 3x - 20$.

Datrysiad

$2x^2 + 3x - 20 = (2x - 5)(x + 4)$ Y parau o ffactorau 20 yw 1×20, 2×10 a 4×5.
I wneud 3 mae angen defnyddio 4 a -5 gyda'r 2, $(2 \times 4 - 5)$.
Mae'r 4 yn cael ei luosi â'r 2, felly rhaid i'r $2x$ beidio â bod yn yr un set o gromfachau â'r 4.

Gwiriwch trwy ehangu'r cromfachau.

$$(2x - 5)(x + 4) = 2x^2 + 8x - 5x - 20$$
$$= 2x^2 + 3x - 20$$

YMARFER 28.5

Ffactoriwch bob un o'r mynegiadau hyn.

1 **(a)** $3x^2 + 17x + 20$ **(b)** $2x^2 + 7x + 6$ **(c)** $3x^2 + 13x + 4$
   (ch) $5x^2 + 18x + 9$ **(d)** $4x^2 + 6x + 2$ **(dd)** $3x^2 + 11x + 10$
   (e) $2x^2 + 5x + 2$ **(f)** $4x^2 + 17x + 15$ **(ff)** $5x^2 + 8x + 3$

2 **(a)** $2x^2 - x - 15$ **(b)** $3x^2 + x - 14$ **(c)** $5x^2 - 17x - 12$
   (ch) $3x^2 - 5x - 12$ **(d)** $4x^2 - 3x - 10$ **(dd)** $2x^2 - 7x - 15$
   (e) $4x^2 - 7x - 2$ **(f)** $3x^2 - 16x - 12$ **(ff)** $4x^2 + 21x - 18$

3 **(a)** $3x^2 - 14x + 8$ **(b)** $5x^2 - 19x + 12$ **(c)** $3x^2 - 26x + 35$
   (ch) $2x^2 - 21x + 40$ **(d)** $2x^2 - 11x + 12$ **(dd)** $4x^2 - 11x + 6$
   (e) $2x^2 - 21x + 40$ **(f)** $3x^2 - 5x + 2$ **(ff)** $3x^2 - 7x + 4$

Her 28.5

Ffactoriwch bob un o'r mynegiadau hyn.
(a) $8x^2 + 10x + 3$ **(b)** $15x^2 + 2x - 8$
(c) $8x^2 - 2x - 15$ **(ch)** $6x^2 - 29x + 35$

ENGHRAIFFT 28.12

Ffactoriwch $15x^2 + 26x + 8$.

Datrysiad

$15x^2 + 26x + 8$

Ystyriwch $ax^2 + bx + c$. Edrychwch ar y lluoswm ac:

$$ac = 15 \times 8 = 120$$

Y parau o ffactorau yw 1×120, 2×60, 3×40, 5×24, 6×20, ac ati. Sylwch fod $6 + 20 = b$, cyfernod y term canol mewn x.

Ar gyfer y mynegiad $15x^2 + 26x + 8$, gwahanwch y term x:

$$20 + 6 = 26$$

$5x(3x + 4) + 2(3x + 4)$ Ffactoriwch barau o dermau.
$(3x + 4)(5x + 2)$ Ffactoriwch y ddau derm.

Neu:

Rhaid i $15x^2 + 26x + 8$ fod yn y ffurf $(15x \ldots)(x \ldots)$ neu $(3x \ldots)(5x \ldots)$.
Defnyddiwch gynnig a gwella ar gyfer y termau olaf, gan eu lluosi â'i gilydd i roi 8.
Datrysiadau posibl yw 1×8 a 2×4.
Mae hyn yn rhoi datrysiad posibl o $(3x + 4)(5x + 2)$.
Gwiriwch yr ateb trwy ehangu'r cromfachau.

YMARFER 28.6

Ffactoriwch bob un o'r mynegiadau hyn.

1 $6x^2 + 13x + 6$ **2** $20x^2 + 19x + 33$ **3** $27x^2 + 24x + 4$

4 $10x^2 - 11x - 6.5$ **5** $15x^2 - 7x - 2$ **6** $50x^2 - 35x + 6$

7 $20x^2 + 76x + 21$ **8** $30x^2 - 42x + 12$ **9** $20x^2 + 43x + 6$

10 $8x^2 - 19x + 6$

Symleiddio ffracsiynau sy'n cynnwys mynegiadau cwadratig

Yn gynharach yn y bennod hon dysgoch fod rhaid ffactorio'r rhifiadur a'r enwadur er mwyn gallu canslo ffracsiwn. Weithiau bydd y ffracsiwn yn cynnwys mynegiadau cwadratig.

ENGHRAIFFT 28.13

Symleiddiwch $\dfrac{2x + 14}{x^2 + 6x - 7}$.

Datrysiad

$\dfrac{2x + 14}{x^2 + 6x - 7} = \dfrac{2(x + 7)}{(x - 1)(x + 7)}$ Yn gyntaf ffactoriwch y mynegiadau.

$= \dfrac{2}{x - 1}$ Canslwch y ffactor cyffredin, $(x + 7)$.

ENGHRAIFFT 28.14

Symleiddiwch $\dfrac{x^2 - 25}{x^2 + 3x - 10}$.

Datrysiad

$\dfrac{x^2 - 25}{x^2 + 3x - 10} = \dfrac{(x + 5)(x - 5)}{(x + 5)(x - 2)}$ Yn gyntaf ffactoriwch y mynegiadau.

$= \dfrac{x - 5}{x - 2}$ Canslwch y ffactor cyffredin, $(x + 5)$.

Symleiddiwch $\dfrac{2x^2 + 4x - 16}{x^2 - 7x + 10}$.

Datrysiad

$$\dfrac{2x^2 + 4x - 16}{x^2 - 7x + 10} = \dfrac{2(x^2 + 2x - 8)}{x^2 - 7x + 10}$$ Rhowch ffactor cyffredin y rhifiadur, sef 2, ar y tu allan.

$$= \dfrac{2(x + 4)(x - 2)}{(x - 5)(x - 2)}$$ Ffactoriwch y mynegiadau.

$$= \dfrac{2(x + 4)}{x - 5}$$ Canslwch y ffactor cyffredin, $(x - 2)$.

Symleiddiwch $\dfrac{2(x^2 + 4)^2}{3x^2 + 12}$.

Datrysiad

$$\dfrac{2(x^2 + 4)^2}{3x^2 + 12} = \dfrac{2(x^2 + 4)(x^2 + 4)}{3(x^2 + 4)}$$ Ailysgrifennwch y rhifiadur a rhowch ffactor cyffredin yr enwadur, sef 3, ar y tu allan.

$$= \dfrac{2(x^2 + 4)}{3}$$ Canslwch y ffactor cyffredin, $(x^2 + 4)$.

YMARFER 28.7

Symleiddiwch bob un o'r ffracsiynau algebraidd hyn.

1 $\dfrac{3x + 15}{x^2 + 3x - 10}$

2 $\dfrac{6x - 18}{x^2 - x - 6}$

3 $\dfrac{x^2 - 5x + 6}{x^2 - 4x + 3}$

4 $\dfrac{x^2 - 3x - 4}{x^2 - 4x - 5}$

5 $\dfrac{x^2 - 2x - 3}{x^2 - 9}$

6 $\dfrac{3x^2 - 12}{x^2 + 2x - 8}$

7 $\dfrac{3x^2 + 5x + 2}{2x^2 - x - 3}$

8 $\dfrac{2x^2 + x - 6}{x^2 + x - 2}$

9 $\dfrac{6x^2 - 3x}{(2x - 1)^2}$

10 $\dfrac{5(x + 3)^2}{x^2 - 9}$

11 $\dfrac{(x - 3)(x + 2)^2}{x^2 - x - 6}$

12 $\dfrac{2x^2 + x - 6}{(2x - 3)^2}$

YMARFER CYMYSG 28

1 Symleiddiwch bob un o'r ffracsiynau algebraidd hyn.

(a) $\dfrac{5x + 10}{15 - 5x}$ (b) $\dfrac{8x + 12}{10 + 6x}$ (c) $\dfrac{6x^2 - 4x}{10x^2 + 15x}$ (ch) $\dfrac{8x - 12x^2}{12x^2 + 8x}$

(d) $\dfrac{9x + 15x^2}{5x^2 - 10x}$ (dd) $\dfrac{4x + 8}{3x^2 + 6x}$ (e) $\dfrac{6x - 9}{4x^2 - 9}$ (f) $\dfrac{5x^2 + 15x}{4x + 12}$

2 Ffactoriwch bob un o'r mynegiadau hyn.

(a) $x^2 + 5x + 4$ (b) $x^2 + 7x + 12$ (c) $x^2 + 9x + 14$ (ch) $x^2 + 8x + 7$

(d) $x^2 + 7x + 10$ (dd) $x^2 + 6x + 5$ (e) $x^2 + 17x + 30$ (f) $x^2 + 20x + 36$

3 Ffactoriwch bob un o'r mynegiadau hyn.

(a) $x^2 - 81$ (b) $x^2 - 64$ (c) $x^2 - 169$ (ch) $x^2 - 225$

(d) $3x^2 - 48$ (dd) $5x^2 - 45$ (e) $7x^2 - 343$ (f) $10x^2 - 1000$

4 Symleiddiwch bob un o'r ffracsiynau algebraidd hyn.

(a) $\dfrac{5a^3b^2}{2c^4} \times \dfrac{8c^2}{15ab^3}$ (b) $\dfrac{6x^3}{5y^3z^4} \times \dfrac{25y^2z^2}{18x}$

(c) $\dfrac{4q^5r^3}{15s^2} \div \dfrac{8q^2r^5}{9s^4}$ (ch) $\dfrac{6t^4v^5}{15w^3} \div \dfrac{4t^5v^3}{21w^2}$

(d) $\dfrac{3x^4y^2}{5z^3} \times \dfrac{4x}{9y^5z^2} \times \dfrac{5yz^7}{8x^3}$ (dd) $\dfrac{2e^2n}{3t^4} \times \dfrac{3t^5}{e^4n^6} \div \dfrac{8t^2}{4en^4}$

(e) $\dfrac{24x^{\frac{1}{2}} \times 2x^{-\frac{3}{2}}}{6x^{\frac{5}{2}}}$ (f) $\dfrac{10a^{-2} \times 2a^{-6}}{15a^{15}}$

5 Ffactoriwch bob un o'r mynegiadau hyn.

(a) $5x^2 + 27x + 10$ (b) $3x^2 + 16x + 21$ (c) $3x^2 - 22x + 24$

(ch) $4x^2 - 13x + 3$ (d) $2x^2 + 3x - 14$ (dd) $6x^2 + x - 7$

(e) $3x^2 - 4x - 32$ (f) $5x^2 - 12x - 9$ (ff) $28x^2 + 29x + 6$

(g) $20x^2 + 37x - 6$ (ng) $30x^2 + 7x - 15$ (h) $24x^2 + 25x + 6$

6 Symleiddiwch bob un o'r ffracsiynau algebraidd hyn.

(a) $\dfrac{2x + 8}{x^2 + x - 12}$

(b) $\dfrac{6x - 18}{3x^2 + 6x}$

(c) $\dfrac{x^2 + 3x - 4}{x^2 + 6x + 8}$

(ch) $\dfrac{x^2 - 2x - 3}{x^2 - 1}$

(d) $\dfrac{10x^2 + 15x}{2x^2 - x - 6}$

(dd) $\dfrac{6x^2 + 5x - 4}{2x^2 + 5x - 3}$

(e) $\dfrac{4(x - 5)^2}{2x^2 - 50}$

(f) $\dfrac{2x(x + 3)^2}{x^2 + x - 6}$

YN Y BENNOD HON

YN Y BENNOD HON

- Defnyddio cyfrifiannell i wneud cyfrifiadau mwy cymhleth yn effeithlon
- Archwilio enghreifftiau o dwf a dirywiad esbonyddol
- Ffin uchaf ac isaf mesuriadau a sut mae'r rhain yn effeithio ar gyfrifiad

DYLECH WYBOD YN BAROD

- sut i ddefnyddio'r swyddogaethau sylfaenol ar gyfrifiannell
- sut i dalgrynnu atebion i nifer penodol o leoedd degol neu ffigurau ystyrlon
- sut i ysgrifennu rhif ar ffurf indecs safonol

Defnyddio cyfrifiannell yn effeithlon

Gallwn ddefnyddio cyfrifiannell i wneud cyfrifiadau cymhleth yn gyflym ac yn effeithlon.

AWGRYM

Ymchwiliwch i weld sut mae eich cyfrifiannell yn gweithio a'r swyddogaethau sydd ganddo. Mae gwneuthuriadau a modelau gwahanol yn gweithio mewn ffyrdd gwahanol. Dylech ymarfer defnyddio cyfrifiannell yn rheolaidd er mwyn gallu ei ddefnyddio'n effeithlon ac yn effeithiol.

ENGHRAIFFT 29.1

Defnyddiwch gyfrifiannell i gyfrifo'r rhain. Rhowch eich atebion i 3 ffigur ystyrlon.

(a) $\dfrac{14.73 + 2.96}{15.25 - 7.14}$

(b) $\sqrt{17.8^2 + 4.3^2}$

Datrysiad

Mae sawl ffordd o gyfrifo'r rhain. Dyma ddull uniongyrchol ar gyfer pob un.

(a) (1 4 . 7 3 + 2 . 9 6)

÷ (1 5 . 2 5 − 7 . 1 4) = 2.181 257 ...

$= 2.18$ (i 3 ffig.yst.)

(b) √ (1 7 . 8 x^2 + 4 . 3 x^2) = 18.312 018 ...

$= 18.3$ (i 3 ffig.yst.)

Sylwch ar y defnydd o gromfachau. Mae'r rhain yn sicrhau bod cyfrifiadau'n cael eu cyflawni yn y drefn gywir.

Dyma rai botymau swyddogaeth defnyddiol y mae angen i chi wybod amdanynt.

$\boxed{x^{-1}}$ $\boxed{1/x}$ Botwm y **cilydd** yw hwn.
Nid yw'r botwm hwn yn hanfodol. Gallem yn hytrach wneud $1 \div x$.

$\boxed{\wedge}$ $\boxed{x^y}$ $\boxed{y^x}$ Dyma'r botwm **pwerau**.

$\boxed{\sqrt[x]{}}$ $\boxed{y^{1/x}}$ Dyma fotwm yr **isradd**.
Eto, nid yw'r botwm hwn yn hanfodol. Gallem yn hytrach ddefnyddio'r botwm pwerau, gyda'r pŵer $\frac{1}{x}$.

$\boxed{\sin}$ $\boxed{\cos}$ $\boxed{\tan}$ Dyma'r botymau **trigonometreg**.
$\boxed{\sin^{-1}}$ $\boxed{\cos^{-1}}$ $\boxed{\tan^{-1}}$

$\boxed{\text{EXP}}$ $\boxed{\text{EE}}$ Dyma fotwm y **ffurf safonol**.
Eto, nid yw'r botwm hwn yn hanfodol.
Gallem yn hytrach ddefnyddio $\boxed{\times}$ $\boxed{1}$ $\boxed{0}$ $\boxed{\wedge}$.

ENGHRAIFFT 29.2

Defnyddiwch gyfrifiannell i gyfrifo'r rhain. Rhowch eich atebion i 3 ffigur ystyrlon.

(a) $\dfrac{1}{1.847}$ **(b)** 4.2^3 **(c)** $\sqrt[4]{15}$

(ch) $\cos 73°$ **(d)** $\cos^{-1} 0.897$ **(dd)** $(3.7 \times 10^{-5}) \div (8.3 \times 10^6)$

Datrysiad

(a) $\boxed{1}$ $\boxed{.}$ $\boxed{8}$ $\boxed{4}$ $\boxed{7}$ $\boxed{x^{-1}}$ $\boxed{=}$ 0.541 (i 3 ffig. yst.)

(b) $\boxed{4}$ $\boxed{.}$ $\boxed{2}$ $\boxed{\wedge}$ $\boxed{3}$ $\boxed{=}$ 74.1 (i 3 ffig. yst.)

(c) $\boxed{1}$ $\boxed{5}$ $\boxed{\sqrt[x]{}}$ $\boxed{4}$ $\boxed{=}$ 1.97 (i 3 ffig. yst.)

(ch) $\boxed{\cos}$ $\boxed{7}$ $\boxed{3}$ $\boxed{=}$ 0.292 (i 3 ffig. yst.)

(d) $\boxed{\text{SHIFT}}$ $\boxed{\cos}$ $\boxed{0}$ $\boxed{.}$ $\boxed{8}$ $\boxed{9}$ $\boxed{7}$ $\boxed{=}$ 26.2° (i 3 ffig. yst.)

(dd) $\boxed{3}$ $\boxed{.}$ $\boxed{7}$ $\boxed{\text{EXP}}$ $\boxed{(-)}$ $\boxed{5}$ $\boxed{\div}$ $\boxed{8}$ $\boxed{.}$ $\boxed{3}$ $\boxed{\text{EXP}}$ $\boxed{6}$ $\boxed{=}$ 4.46×10^{-12} (i 3 ffig. yst.)

Defnyddiwch gyfrifiannell i gyfrifo'r rhain. Rhowch eich atebion i gyd i 3 ffigur ystyrlon.

1 (a) $\dfrac{1}{7.2} + \dfrac{1}{14.6}$ **(b)** $\dfrac{1}{0.961} \div \dfrac{1}{0.412}$ **(c)** $4.2\left(\dfrac{1}{5.5} - \dfrac{1}{7.6}\right)$

2 (a) 1.562^5 **(b)** 6.8^{-4} **(c)** $0.32^3 + 0.51^2$

3 (a) $\sqrt[4]{31.8}$ **(b)** $\sqrt[3]{0.9316}$ **(c)** $\sqrt[5]{8.6 \times 9.71}$

4 (a) $\sin 46.2°$ **(b)** $\tan 51.6°$ **(c)** $\sin 12° - \cos 31°$

5 (a) $\cos^{-1} 0.832$ **(b)** $\sin^{-1} 0.910$ **(c)** $\tan^{-1}\left(\dfrac{43.9}{16.3}\right)$

6 (a) $(5.7 \times 10^4) \times (8.2 \times 10^3)$ **(b)** $\dfrac{4.6 \times 10^5}{7 \times 10^{-3}}$ **(c)** $(1.8 \times 10^{12}) \times (2 \times 10^{-20})$

7 (a) $\dfrac{8.71 \times 3.65}{0.84}$ **(b)** $\dfrac{0.074 \times 9.61}{23.1}$ **(c)** $\dfrac{41.78}{0.0537 \times 264}$

8 (a) $\dfrac{114}{27.6 \times 58.9}$ **(b)** $\dfrac{0.432 - 0.317}{0.76}$ **(c)** $\dfrac{6.51 - 0.1114}{7.24 + 1.655}$

9 (a) $3\cos 14.2° - 5\sin 16.3°$ **(b)** $\dfrac{3.5 \times 4.4 \times \sin 18.7°}{2}$ **(c)** $\cos^{-1}\dfrac{2.7^2 + 3.6^2 - 1.9^2}{2 \times 2.7 \times 3.6}$

10 (a) $(4.7 \times 10^5)^2$ **(b)** $\sqrt{6.4 \times 10^{-3}}$ **(c)** $\dfrac{(9.6 \times 10^4) \times (3.75 \times 10^7)}{8.87 \times 10^{-6}}$

Her 29.1

Weithiau pan fydd sgrin cyfrifiannell yn cael ei throi wyneb i waered, bydd y ffigurau wedi'u gwrthdroi yn 'sillafu' gair.

Darganfyddwch y geiriau Saesneg y mae'r cyfrifiadau hyn yn eu dangos.

(a) $(84 + 17) \times 5$ **(b)** $566 \times 711 - 23\ 617$ **(c)** $\dfrac{9999 + 319}{8.47 + 2.53}$

(ch) $\dfrac{27 \times 2000 - 2}{0.63 \div 0.09}$ **(d)** $0.008 - \dfrac{0.3^2}{10^5}$

Ceisiwch greu mwy o gyfrifiadau sy'n arwain at 'eiriau cyfrifiannell'. Gwiriwch nhw gyda'ch partner.

Her 29.2

Defnyddiwch gynnig a gwella, neu ddull arall, i ddatrys pob un o'r hafaliadau hyn.

Rhowch eich atebion yn gywir i 2 le degol.

(a) $1.5^x = 6$ **(b)** $\log x = 1.5$ **(c)** $\sin 2x° = 0.9$

Darganfyddwch ddau werth ar gyfer x.

Twf a dirywiad esbonyddol

Pan fo rhif yn cael ei luosi dro ar ôl tro â gwerth sefydlog **sy'n fwy nag 1** mae gennym **dwf esbonyddol**.

Pan fo rhif yn cael ei luosi dro ar ôl tro â gwerth sefydlog **sy'n llai nag 1** mae gennym **ddirywiad esbonyddol**.

Mae'r fformiwla yr un fath ar gyfer twf esbonyddol a dirywiad esbonyddol:

$$y = A \times b^x$$

Yma A yw'r gwerth cychwynnol a b yw cyfradd y twf neu'r dirywiad (y **lluosydd**).

Ym Mhennod 22 dysgoch am **adlog** a **dibrisiant**.
Mae'r rhain yn enghreifftiau o dwf a dirywiad esbonyddol.

ENGHRAIFFT 29.3

Mae £2000 yn cael ei fuddsoddi mewn banc ac yn derbyn adlog o 6% y flwyddyn.
(a) Ysgrifennwch fformiwla ar gyfer y swm o arian fydd yn y banc, y, ar ôl x o flynyddoedd.
(b) Faint o arian fydd yno ar ôl 5 mlynedd?
(c) Ar ôl faint o flynyddoedd y bydd y swm o arian yn y banc wedi mwy na dyblu?

AWGRYM

Cofiwch mai 1.06 yw'r lluosydd er mwyn cynyddu 6%.

Datrysiad

(a) $y = A \times b^x$ Y gwerth cychwynnol, A, yw 2000 a chyfradd
$y = 2000 \times 1.06^x$ y twf, b, yw 1.06

(b) $y = 2000 \times 1.06^5$
    $= £2676.45$ (i'r geiniog agosaf)

(c) 12 o flynyddoedd   Trwy ddefnyddio cynnig a gwella, fe welwch mai £4024.39 fydd gwerth y buddsoddiad ar ôl 12 o flynyddoedd. Sylwch nad oes angen gwneud y cyfrifiad cyfan ar gyfer pob gwerth o x: bydd y buddsoddiad yn fwy na dwbl y gwerth cychwynnol pan fydd $b^x > 2$, h.y. pan fydd $1.06^x > 2$, ac fe welwch fod $1.06^{12} = 2.012 \ldots$.

ENGHRAIFFT 29.4

Mae poblogaeth rhywogaeth brin o anifail yn gostwng 2% y flwyddyn.
Yn 2005 roedd 30 000 o'r anifeiliaid hyn.
(a) Ysgrifennwch fformiwla ar gyfer nifer yr anifeiliaid, p, ar ôl t o flynyddoedd.
(b) Faint o'r anifeiliaid hyn fydd yna ar ôl 10 mlynedd?
(c) Faint o amser fydd cyn y bydd y boblogaeth wedi ei haneru?

Datrysiad

(a) $p = 30\,000 \times 0.98^t$

(b) $p = 30\,000 \times 0.98^{10}$
    $= 24\,512$

(c) 35 o flynyddoedd   Trwy ddefnyddio cynnig a gwella, fe welwch fod $b^t < 0.5$ pan fo $t = 35$. Bydd y boblogaeth yn 14 792.

YMARFER 29.2

1 Mae £5000 yn cael ei fuddsoddi ar adlog o 3%.
  (a) Ysgrifennwch fformiwla ar gyfer gwerth y buddsoddiad, g, ar ôl t o flynyddoedd.
  (b) Cyfrifwch werth y buddsoddiad ar ôl
    (i) 4 blynedd.   **(ii)** 20 mlynedd.

2 Mae Elen yn prynu car am £9000. Mae ei werth yn dibrisio 12% bob blwyddyn.
  (a) Ysgrifennwch fformiwla ar gyfer gwerth y car, g, ar ôl t o flynyddoedd.
  (b) Cyfrifwch werth y car ar ôl
    (i) 3 blynedd.   **(ii)** 8 mlynedd.
  (c) Mae Elen yn dymuno gwerthu'r car pan fydd ei werth wedi gostwng i £5000. Defnyddiwch gynnig a gwella i gyfrifo am faint o flynyddoedd y bydd hi'n cadw'r car.

3 Mae nifer rhywogaeth o facteria yn dirywio'n esbonyddol gan ddilyn y fformiwla

$$N = 1\,000\,000 \times 2^{-t}$$

Yma N yw nifer y bacteria sy'n bresennol a t yw'r amser mewn oriau.
   (a) Faint o facteria oedd yn bresennol yn wreiddiol?
   (b) Faint o facteria oedd yn bresennol ar ôl
      (i) 5 awr? **(ii)** 12 awr?
   (c) Ar ôl faint o oriau na fydd unrhyw facteria yno: hynny yw, ar ôl faint o oriau y bydd nifer y bacteria yn llai nag 1?

4 Mae banc yn talu adlog i Owain ar yr arian y mae'n ei fuddsoddi.
   Mae Owain yn cyfrifo'r fformiwla y bydd y banc yn ei ddefnyddio.

$$A = 2000 \times 1.08^n$$

   (a) Faint fuddsoddodd Owain?
   (b) Beth oedd y gyfradd llog?
   (c) Beth mae'r llythyren n yn ei gynrychioli yn y fformiwla?
   (ch) Beth fydd gwerth y buddsoddiad ar ôl
      (i) 5 mlynedd? **(ii)** 15 o flynyddoedd?

5 Mae poblogaeth gwlad yn cynyddu ar gyfradd o 5% y flwyddyn.
   Yn 2005 roedd y boblogaeth yn 60 miliwn.
   (a) Ysgrifennwch fformiwla ar gyfer maint y boblogaeth, P, ar ôl t o flynyddoedd.
   (b) Beth fydd y boblogaeth yn
      (i) 2010? **(ii)** 2100?
   (c) Faint o amser y bydd hi'n ei gymryd i'r boblogaeth ddyblu o'i maint yn 2005?

6 Màs elfen ymbelydrol yw 50 g.
   Mae ei màs yn gostwng 10% bob blwyddyn.
   (a) Ysgrifennwch fformiwla ar gyfer màs, m, yr elfen ar ôl t o flynyddoedd.
   (b) Cyfrifwch y màs ar ôl
      (i) 3 blynedd. **(ii)** 10 mlynedd.
   (c) Defnyddiwch gynnig a gwella i ddarganfod faint o amser y mae'n ei gymryd i'r màs haneru. Y term am hyn yw hanner oes yr elfen.

Her 29.3

Mae'r gromlin $y = Ab^x$ yn mynd trwy'r pwyntiau $(0, 5)$ a $(3, 20.48)$.

Darganfyddwch werthoedd A a b.

Ffiniau mesuriadau

Ym Mhennod 16 dysgoch pan fo gwerth wedi ei fesur i'r uned agosaf, fod y gwerth o fewn hanner uned i'r marc hwnnw.

Ffordd arall o fynegi hyn yw dweud bod unrhyw fesuriad sy'n cael ei fynegi i uned benodol â **chyfeiliornad posibl** o hanner yr uned honno.

ENGHRAIFFT 29.5

Hyd darn o bren yw 26 cm, yn gywir i'r centimetr agosaf.
Beth yw ffiniau uchaf ac isaf hyd y darn o bren?

Datrysiad

Ffin uchaf = 26.5 cm
Ffin isaf = 25.5 cm

Mae'r ffiniau hanner centimetr uwchlaw ac islaw yr hyd a roddir. Gallai'r hyd gwirioneddol fod ag unrhyw werth rhwng 25.5 a 26.5.

AWGRYM

Mae'r ffin isaf yn cael ei chynnwys yn yr amrediad o hydoedd posibl, ond ni chaiff y ffin uchaf ei chynnwys. Y rheswm dros hyn yw fod 5 yn cael ei dalgrynnu i fyny wrth dalgrynnu. Er enghraifft, os byddwch yn talgrynnu 26.5 cewch 27.

Gallwn ysgrifennu ffiniau fel anhafaledd. Er enghraifft, $25.5 \leqslant \text{hyd} < 26.5$.

Nid yw mesuriadau yn cael eu rhoi'n gywir i'r uned agosaf bob amser: yn aml maent wedi eu mesur i'r *rhan* agosaf o uned; er enghraifft, i'r 0.1 cm agosaf. Mae mesuriadau o'r fath â chyfeiliornad posibl o hanner y rhan o'r uned: yn achos hyd sydd wedi ei fesur i'r 0.1 cm agosaf, y cyfeiliornad posibl yw ± 0.05 cm.

ENGHRAIFFT 29.6

Mae uwchfarchnad yn gwerthu cywion ieir. Mae pob cyw iâr yn pwyso 4.2 kg, yn gywir i'r 0.1 kg agosaf.
(a) Beth yw ffiniau uchaf ac isaf pwysau un cyw iâr?
Mae'n bosibl prynu'r cywion ieir hyn mewn blychau o 10.
(b) Beth yw ffiniau uchaf ac isaf blwch o'r cywion ieir hyn?

Datrysiad

(a) Ffin uchaf = 4.25 kg
Ffin isaf   = 4.15 kg

(b) Ffin uchaf = 4.25×10 Lluoswch ffiniau un eitem â nifer yr eitemau.
= 42.5 kg
Ffin isaf   = 4.15×10
= 41.5 kg

1   Darganfyddwch ffiniau uchaf ac isaf pob un o'r mesuriadau hyn.
    (a)   Uchder coeden yw 4.7 m i'r 0.1 m agosaf.
    (b)   Pwysau ci yw 37 kg i'r cilogram agosaf.
    (c)   Mae drws yn mesur 1.95 m i'r centimetr agosaf.
    (ch) Amser yr enillydd mewn ras 200 m oedd 28.45 eiliad i'r ganfed ran agosaf o eiliad.
    (d)   Cyfaint y cola mewn tun yw 330 ml i'r mililitr agosaf.

2   Mesurwyd hyd ysgol yn 3 m i'r centimetr agosaf.
    Ysgrifennwch hyd posibl yr ysgol fel anhafaledd.

3   Hyd ochrau cerdyn pen-blwydd sgwâr yw 12.5 cm i'r 0.1 cm agosaf. Mae'r cerdyn i gael ei roi mewn amlen sgwâr sydd â hyd ei hochrau yn 13 cm i'r centimetr agosaf. Ydy hi'n sicr y bydd y cerdyn yn ffitio yn yr amlen? Dangoswch sut y byddwch yn penderfynu.

4   Darganfyddwch ffiniau uchaf ac isaf pob un o'r mesuriadau hyn.
    (a) Cyfanswm pwysau 10 darn arian, gyda phob darn arian yn pwyso 6 g i'r gram agosaf.
    (b) Cyfanswm hyd 20 pibell, gyda hyd pob pibell yn 10 m i'r metr agosaf.
    (c) Yr amser cyfan i wneud 100 o deisennau pan fydd pob teisen yn cymryd 13.6 eiliad i'w gwneud, i'r ddegfed ran agosaf o eiliad.

Rhagor o gyfrifiadau sy'n cynnwys ffiniau mesuriadau

Mae angen i chi allu cyfrifo ffiniau'r ateb i gyfrifiad sy'n cynnwys mwy nag un mesuriad. Byddwn yn gwneud hyn trwy ddefnyddio ffiniau'r mesuriadau perthnasol i wneud y cyfrifiad.

Wrth adio:
• i ddarganfod y ffin uchaf, adiwn y ffiniau uchaf.
• i ddarganfod y ffin isaf, adiwn y ffiniau isaf.

Wrth dynnu:
• i ddarganfod y ffin uchaf, tynnwn y ffin isaf o'r ffin uchaf.
• i ddarganfod y ffin isaf, tynnwn y ffin uchaf o'r ffin isaf.

ENGHRAIFFT 29.7

Mae Ceri a Samantha yn cynnal arolwg o hyd mwydod mewn darn o dir.
Mae Ceri'n mesur mwydyn yn 12 cm i'r cm agosaf ac mae Samantha'n mesur hyd mwydyn arall yn 10 cm i'r cm agosaf.
Cyfrifwch ffin uchaf ac isaf:
(a) cyfanswm hyd y ddau fwydyn.
(b) y gwahaniaeth rhwng hyd y ddau fwydyn.

Datrysiad

(a) Ffin uchaf = 12.5 + 10.5
$\qquad\qquad$ = 23 cm
$\quad$ Ffin isaf = 11.5 + 9.5
$\qquad\qquad$ = 21 cm

Mae cyfanswm mwyaf posibl yr hyd yn digwydd gyda'r hydoedd unigol mwyaf posibl.
Mae cyfanswm lleiaf posibl yr hyd yn digwydd gyda'r hydoedd unigol lleiaf posibl.

(b) Ffin uchaf = 12.5 − 9.5
$\qquad\qquad$ = 3 cm

Mae'r gwahaniaeth mwyaf posibl yn digwydd gyda hyd mwyaf posibl yr hyd hiraf a hyd lleiaf posibl yr hyd byrraf.

$\quad$ Ffin isaf = 11.5 − 10.5
$\qquad\qquad$ = 1 cm

Mae'r gwahaniaeth lleiaf posibl yn digwydd gyda hyd lleiaf posibl yr hyd hiraf a hyd mwyaf posibl yr hyd byrraf.

Wrth luosi:
- i ddarganfod y ffin uchaf, lluoswn y ffiniau uchaf.
- i ddarganfod y ffin isaf, lluoswn y ffiniau isaf.

Wrth rannu:
- i ddarganfod y ffin uchaf, rhannwn y ffin uchaf â'r ffin isaf.
- i ddarganfod y ffin isaf, rhannwn y ffin isaf â'r ffin uchaf.

ENGHRAIFFT 29.8

Cyfaint jwg yw 500 cm³, wedi'i fesur i'r 10 cm³ agosaf.

(a) Ysgrifennwch werthoedd lleiaf posibl a mwyaf posibl cyfaint y jwg.

(b) Mae dŵr yn cael ei arllwys o'r jwg i mewn i danc sydd â'i gyfaint yn 15.5 litr wedi'i fesur i'r 0.1 litr agosaf.
Gan ddangos eich holl waith cyfrifo, eglurwch pam ei bod bob amser yn bosibl arllwys y dŵr o 30 jwg lawn i mewn i'r tanc heb iddo orlifo.$\qquad$ (CBAC Haf 2005)

Datrysiad

(a) Cyfaint lleiaf y jwg = 495 cm³
$\quad$ Cyfaint mwyaf y jwg = 505 cm³

(b) Er mwyn dangos ei bod bob amser yn bosibl, ystyriwn yr achos gwaethaf posibl.
Mae hwn i'w gael pan fo gan y jygiau y cyfaint mwyaf a'r tanc y cyfaint lleiaf.
Cyfaint mwyaf y dŵr o 30 jwg = 30 × 'jwg fwyaf'
$\qquad\qquad\qquad\qquad\qquad\quad$ = 30 × 505
$\qquad\qquad\qquad\qquad\qquad\quad$ = 15 150 cm³

Cyfaint y tanc yw 15.5 litr wedi'i fesur i'r 0.1 litr agosaf. Mae hynny'n golygu:
Cyfaint lleiaf y tanc = 15.45 litr = 15 450 cm³
Cyfaint mwyaf y tanc = 15 550 cm³ (ond nid oes angen hyn yr yr eglurhad).

$\qquad$ Mae 15 150 cm³ yn llai na 15 450 cm³

Felly mae bob amser yn bosibl arllwys y dŵr o 30 jwg lawn i mewn i'r tanc heb orlifo.

1 Hydoedd ochrau triongl yw 7 cm, 8 cm a 10 cm.
   Mae'r mesuriadau i gyd yn gywir i'r centimetr agosaf.
   Cyfrifwch ffiniau uchaf ac isaf perimedr y triongl.

2 Cyfrifwch arwynebeddau mwyaf posibl a lleiaf posibl petryal sy'n mesur 27 cm wrth
   19 cm, lle mae'r ddau hyd yn gywir i'r centimetr agosaf.

3 Mae stwffin sy'n pwyso 0.5 kg yn cael ei ychwanegu at gyw iâr sy'n pwyso 2.4 kg.
   Mae pwysau'r ddau yn gywir i'r 0.1 kg agosaf.
   Beth yw pwysau mwyaf posibl a lleiaf posibl y cyw iâr wedi'i stwffio?

4 Tynnodd Penri a Rhian linell bob un â'i hyd yn 15 cm, i'r centimetr agosaf.
   Beth yw'r gwahaniaeth mwyaf posibl a lleiaf posibl rhwng yr hydoedd?

5 O wybod bod $p = 5.1$ a $q = 8.6$, yn gywir i 1 lle degol, cyfrifwch werthoedd mwyaf posibl a
   lleiaf posibl
   (a) $p + q$.   **(b)** $q - p$.

6 Mae Iwan yn rhedeg 100 m mewn 12.8 eiliad.
   Mae'r pellter yn gywir i'r metr agosaf ac mae'r amser yn gywir i'r 0.1 eiliad agosaf.
   Cyfrifwch ffin uchaf a ffin isaf buanedd Iwan.

7 Poblogaeth tref yw 108 000, yn gywir i'r 1000 agosaf.
   Arwynebedd y dref yw 120 o filltiroedd sgwâr, i'r filltir sgwâr agosaf.
   Cyfrifwch ddwysedd poblogaeth mwyaf posibl a lleiaf posibl y dref.

8 Defnyddiwch y fformiwla $P = \dfrac{V^2}{R}$ i gyfrifo ffiniau uchaf ac isaf P pan fo $V = 6$ ac $R = 1$
   a bod y ddau werth yn gywir i'r rhif cyfan agosaf.

9 Cyfrifwch ffiniau uchaf ac isaf y cyfrifiad
   $$\dfrac{8.1 - 3.6}{11.4}.$$
   Mae pob gwerth yn y cyfrifiad yn gywir i 1 lle degol.

10 Màs blociau concrit yw 15 kg wedi'i fesur i'r kg agosaf.
   (a) Ysgrifennwch werthoedd lleiaf posibl a mwyaf posibl màs bloc concrit.
   (b) (i) Darganfyddwch werthoedd lleiaf posibl a mwyaf posibl màs 100 o flociau concrit.
   (ii) Mae Den yn dymuno bod yn sicr na fydd yn rhoi mwy na 1500 kg o flociau ar ei
   lori. Darganfyddwch y nifer mwyaf o flociau y dylai Den eu rhoi ar ei lori er
   mwyn bod yn sicr na fydd mwy na 1500 kg yn cael ei lwytho.

(CBAC Tachwedd 2005)

- **sut i ddefnyddio rhai o'r botymau swyddogaeth ar gyfrifiannell**
- **sut i gyfrifo twf a dirywiad esbonyddol**
- **sut i ddarganfod ffiniau mesuriadau**
- **sut i gyfrifo'r ffiniau mewn cyfrifiadau sy'n cynnwys mwy nag un mesuriad**

 YMARFER CYMYSG 29

Rhowch eich atebion i gwestiynau **1** i **4** yn gywir i 3 ffigur ystyrlon.

1 **(a)** $\dfrac{1}{9.7} + \dfrac{1}{0.035}$ **(b)** $9.5^3 + 3.9^5$ **(c)** $\sqrt[4]{108.6}$

2 **(a)** $3\cos 21°$ **(b)** $\tan^{-1} 1.46$ **(c)** $\dfrac{8.5 \times \sin 57.1°}{\sin 39.2°}$

3 **(a)** $\dfrac{555}{10.4 + 204}$ **(b)** $\dfrac{23.7 \times 0.0042}{12.4 - 1.95}$ **(c)** $\dfrac{88.71 - 35.53}{26.42 + 9.76}$

4 **(a)** $(4.2 \times 10^5) \times (3.9 \times 10^6)$ **(b)** $\sqrt{4.29 \times 10^{-8}}$

5 Mae Ioan yn buddsoddi swm o arian ar gyfradd llog flynyddol ganrannol sefydlog. Y fformiwla y bydd y cwmni'n ei defnyddio yw $A = 3000 \times 1.05^t$.
  (a) Faint fuddsoddodd Ioan?
  (b) Beth oedd y gyfradd llog?
  (c) Beth mae'r llythyren *t* yn ei gynrychioli yn y fformiwla?
  (ch) Beth fydd gwerth y buddsoddiad ar ôl:
    (i) 4 blynedd?   **(ii)** 12 o flynyddoedd?

6 Pris car oedd £12 000 yn newydd. Mae ei werth yn dibrisio 13% y flwyddyn.
  (a) Ysgrifennwch fformiwla ar gyfer gwerth y car, *g*, ar ôl *t* o flynyddoedd.
  (b) Cyfrifwch y gwerth ar ôl:
    (i) 3 blynedd.   **(ii)** 8 mlynedd.
  (c) Defnyddiwch gynnig a gwella i ddarganfod faint o amser y mae'n ei gymryd i'r gwerth haneru.

7 Darganfyddwch y ffiniau uchaf ac isaf ar gyfer pob un o'r mesuriadau hyn.
  (a) Pwysau llyfr yw 1.7 kg i'r 0.1 kg agosaf.
  (b) Cyfanswm pwysau 10 sach o ŷd, gyda phob sach yn pwyso 25 kg i'r kg agosaf.

8 Mae ystafell betryal yn mesur 4.3 m wrth 6.2 m. Mae'r ddau fesuriad yn gywir i'r 0.1 m agosaf. Cyfrifwch ffiniau uchaf ac isaf perimedr yr ystafell.

9 Mae gyrrwr lori yn teithio 157 km mewn 2.5 awr. Mae'r pellter yn gywir i'r cilometr agosaf ac mae'r amser yn gywir i'r 0.1 awr agosaf. Cyfrifwch ffiniau uchaf ac isaf buanedd cyfartalog y lori.

30 → HAFALIADAU AC ANHAFALEDDAU 2

YN Y BENNOD HON

- **Datrys hafaliadau llinol mwy anodd**
- **Sut i gynrychioli anhafaledd ar graff**
- **Datrys anhafaleddau llinol sydd ag un neu ddau anhysbysyn**

DYLECH WYBOD YN BAROD

- **sut i ddefnyddio llythrennau i ysgrifennu fformiwla**
- **sut i drin mynegiadau algebraidd**
- **sut i ehangu cromfachau**
- **sut i ddatrys hafaliadau ac anhafaleddau syml**
- **sut i drin ffracsiynau**
- **sut i lunio graffiau llinellau syth**

Hafaliadau

Dysgoch sut i ddatrys hafaliadau syml ym Mhennod 7.

Prawf sydyn 30.1

Datryswch bob un o'r hafaliadau hyn.

(a) $5x + 2 = 12$ **(b)** $3x - 9 = x + 4$

(c) $2(4x - 3) = 14$ **(ch)** $x - 2 = 3x + 6$

Bydd yr hafaliadau sy'n dilyn yn dwyn ynghyd yr holl syniadau a welsoch ym Mhennod 7 ac yn eu hestyn.

Hafaliadau â chromfachau ar y ddwy ochr

Ym Mhennod 7 dysgoch sut i ddatrys hafaliadau sy'n cynnwys cromfachau, a hafaliadau ag x ar ddwy ochr. Gallwn ddefnyddio'r strategaethau sydd eu hangen ar gyfer datrys y ddau fath hwn o hafaliadau i ddatrys hafaliadau mwy cymhleth.

ENGHRAIFFT 30.1

Datryswch yr hafaliad $3(4x - 5) = 2(3x - 2) - 4x - 3$.

Datrysiad

$$3(4x - 5) = 2(3x - 2) - 4x - 3$$

$$12x - 15 = 6x - 4 - 4x - 3 \qquad \text{Yn gyntaf ehangwch y cromfachau.}$$

$$12x - 6x + 4x = 15 - 4 - 3 \qquad \text{Casglwch yr holl dermau } x \text{ ar ochr chwith yr hafaliad,}$$

$$10x = 8 \qquad \text{a'r holl dermau rhifiadol ar yr ochr dde.}$$

$$x = \tfrac{8}{10} \qquad \text{Rhannwch y ddwy ochr â chyfernod } x, \text{ sef 10.}$$

$$x = \tfrac{4}{5} \qquad \text{Rhowch yr ateb yn ei ffurf symlaf.}$$

AWGRYM

Gwall cyffredin yw mynd o $10x = 8$ i $x = \dfrac{10}{8}$ yn hytrach nag $\dfrac{8}{10}$.

Gwnewch yn siŵr eich bod yn rhannu â chyfernod x.

Hafaliadau sy'n cynnwys ffracsiynau

Dysgoch ym Mhennod 7 sut i ddatrys hafaliadau sy'n cynnwys ffracsiynau ac un term x.

Pan fydd hafaliad yn cynnwys ffracsiwn a mwy nag un term x mae angen cael gwared â'r ffracsiwn yn gyntaf, trwy luosi dwy ochr yr hafaliad ag enwadur y ffracsiwn.

ENGHRAIFFT 30.2

Datryswch yr hafaliad $\dfrac{x}{3} = 2x - 3$.

Datrysiad

$$\dfrac{x}{3} = 2x - 3$$

$$x = 3(2x - 3) \qquad \text{Yn gyntaf lluoswch y ddwy ochr â'r enwadur, sef 3.}$$

$$x = 6x - 9 \qquad \text{Ehangwch y cromfachau.}$$

$$6x - 9 = x \qquad \text{Cyfnewidiwch ochrau'r hafaliad fel bo'r term } x \text{ â'r cyfernod positif}$$
$$\text{mwyaf ar y chwith. Gallech wneud hyn yn ddiweddarach.}$$

$$5x = 9 \qquad \text{Casglwch yr holl dermau } x \text{ ar ochr chwith yr hafaliad a'r holl dermau}$$
$$\text{rhifiadol ar y dde.}$$

$$x = \tfrac{9}{5} \qquad \text{Rhannwch y naill ochr a'r llall â chyfernod } x, \text{ sef 5.}$$

$$x = 1\tfrac{4}{5} \qquad \text{Rhowch yr ateb fel rhif cymysg.}$$

Pan fydd hafaliad yn cynnwys mwy nag un ffracsiwn, mae angen lluosi dwy ochr yr hafaliad â lluosrif cyffredin lleiaf (LlCLl) yr holl enwaduron.

ENGHRAIFFT 30.3

Datryswch yr hafaliad $\frac{x}{4} = \frac{3x}{2} - \frac{5}{3}$.

Datrysiad

$$\frac{x}{4} = \frac{3x}{2} - \frac{5}{3}$$

$$12 \times \frac{x}{4} = 12 \times \left(\frac{3x}{2} - \frac{5}{3}\right)$$

Lluoswch y ddwy ochr â LlCLl 4, 2 a 3, sef 12.

$$3x = 18x - 20$$

$$18x - 20 = 3x$$

Cyfnewidiwch ochrau'r hafaliad fel bo'r term x â'r cyfernod positif mwyaf ar y chwith.

$$15x = 20$$

Casglwch yr holl dermau x ar ochr chwith yr hafaliad a'r holl dermau rhifiadol ar y dde.

$$x = \frac{20}{15}$$

Rhannwch y naill ochr a'r llall â chyfernod x, sef 15.

$$x = \frac{4}{3}$$

Canslwch y ffracsiwn trwy rannu â'r ffactor cyffredin, sef 5.

$$x = 1\frac{1}{3}$$

Rhowch yr ateb fel rhif cymysg.

AWGRYM

Gwall cyffredin wrth luosi trwodd â rhif yw lluosi'r term cyntaf yn unig.

Defnyddiwch gromfachau er mwyn gwneud yn siŵr.

ENGHRAIFFT 30.4

Datryswch yr hafaliad $\frac{2x - 3}{6} + \frac{x + 2}{3} = \frac{5}{2}$.

Datrysiad

$$\frac{2x-3}{6} + \frac{x+2}{3} = \frac{5}{2}$$

$6 \times \left(\dfrac{2x-3}{6} + \dfrac{x+2}{3}\right) = 6 \times \dfrac{5}{2}$ Lluoswch y ddwy ochr â LlCLl 6, 3 a 2, sef 6.

$2x - 3 + 2(x + 2) = 15$

$2x - 3 + 2x + 4 = 15$ Ehangwch y cromfachau.

$4x + 1 = 15$ Symleiddiwch trwy gasglu termau tebyg.

$4x = 14$ Tynnwch 1 o'r ddwy ochr.

$x = \dfrac{14}{4}$ Rhannwch y ddwy ochr â chyfernod x, sef 4.

$x = \dfrac{7}{2}$ Canslwch y ffracsiwn trwy rannu â'r ffactor cyffredin, sef 2.

$x = 3\frac{1}{2}$ Rhowch yr ateb fel rhif cymysg.

◎ YMARFER 30.1

Datryswch bob un o'r hafaliadau hyn.

1 $5(x - 4) = 4x$

2 $4(2x - 2) = 3(x + 4)$

3 $2(4x - 5) = 2x + 6$

4 $\dfrac{x}{2} = 3x - 10$

5 $\dfrac{x}{3} = x - 2$

6 $\dfrac{3x}{2} = 7 - 2x$

7 $\dfrac{4x}{3} = 4x - 2$

8 $\dfrac{2x}{3} = x - \dfrac{4}{3}$

9 $\dfrac{x}{2} = \dfrac{3x}{4} - 6$

10 $\dfrac{x}{3} = \dfrac{3x}{4} - \dfrac{1}{6}$

11 $\dfrac{3x}{2} = \dfrac{3x-2}{5} + 4$

12 $\dfrac{2x-1}{6} = \dfrac{x-3}{2} + \dfrac{2}{3}$

13 $\dfrac{x-2}{3} + \dfrac{2x-1}{2} = \dfrac{17}{6}$

14 $\dfrac{2x-3}{3} - \dfrac{2x+1}{6} + \dfrac{3}{2} = 0$

15 $\dfrac{3x-2}{2} = \dfrac{x-3}{3} + \dfrac{7}{6}$

--- Her 30.1 ---

(a) Gadawodd Mr Bowen ei asedau i gael eu rhannu rhwng tri pherson.
Gadawodd draean i Iolo, hanner i Siwan a'r gweddill, £75 000, i Meleri.
Defnyddiwch algebra i ddarganfod cyfanswm yr hyn a adawodd.

(b) Mewn clwb chwaraeon mae saith yn fwy o ddynion nag sydd o ferched.
Mae chwarter nifer y merched yr yn fath ag un pumed o nifer y dynion.
Defnyddiwch algebra i ddarganfod faint o ferched sydd yn y clwb chwaraeon.

Hafaliadau sydd â'r enwadur yn anhysbysyn

Mewn rhai hafaliadau yr enwadur fydd yr anhysbysyn. Y cam cyntaf i ddatrys hafaliadau o'r fath yw lluosi trwodd â'r enwadur.

ENGHRAIFFT 30.5

Datryswch yr hafaliad $\dfrac{200}{x} = 8$.

Datrysiad

$$\frac{200}{x} = 8$$

$$200 = 8x \qquad \text{Yn gyntaf lluoswch y ddwy ochr â'r enwadur, sef } x.$$

$$8x = 200 \qquad \text{Cyfnewidiwch ochrau'r hafaliad fel bo'r term } x \text{ ar y chwith.}$$

$$x = 25 \qquad \text{Rhannwch ddwy ochr yr hafaliad â chyfernod } x, \text{ sef } 25.$$

Os yw'r hafaliad yn cynnwys mwy nag un enwadur, mae angen lluosi trwodd â LlCLl yr holl enwaduron.

ENGHRAIFFT 30.6

Datryswch yr hafaliad $\dfrac{3}{2x} = \dfrac{6}{5}$.

Datrysiad

$$\frac{3}{2x} = \frac{6}{5}$$

$$10x \times \frac{3}{2x} = 10x \times \frac{6}{5} \qquad \text{Lluoswch y ddwy ochr â LlCLl } 2x \text{ a } 5, \text{ sef } 10x.$$

$$15 = 12x \qquad \text{Cyfnewidiwch ochrau'r hafaliad fel bo'r term } x \text{ ar y chwith.}$$

$$12x = 15$$

$$x = \frac{15}{12} \qquad \text{Rhannwch y ddwy ochr â chyfernod } x, \text{ sef } 12.$$

$$x = \frac{5}{4} \qquad \text{Canslwch y ffracsiwn trwy rannu â'r ffactor cyffredin, sef } 3.$$

$$x = 1\tfrac{1}{4} \qquad \text{Rhowch yr ateb fel rhif cymysg.}$$

Nid yw'r hafaliadau hyn yn anodd os byddwch yn cyflawni pob cam.

Dylech osgoi'r gwall cyffredin o fynd, er enghraifft, o $\dfrac{2}{x} = 8$ i $x = 4$

yn hytrach nag $x = \frac{1}{4}$.

Hafaliadau sy'n cynnwys degolion

Pan fydd hafaliad yn cynnwys degolion, efallai na fydd y datrysiad yn union.

ENGHRAIFFT 30.7

Datryswch yr hafaliad $3.6x = 8.7$.
Rhowch eich ateb yn gywir i 3 ffigur ystyrlon.

Datrysiad

$3.6x = 8.7$

$\quad x = 8.7 \div 3.6$ Rhannwch y ddwy ochr â 3.6.

$\quad x = 2.416\,666\ ...$

$\quad x = 2.42$ (i 3 ffig. yst.)   Talgrynnwch yr ateb i'r manwl cywirdeb priodol.

YMARFER 30.2

Datryswch bob un o'r hafaliadau hyn.
Lle nad yw'r ateb yn union, rhowch eich ateb yn gywir i 3 ffigur ystyrlon.

1 $\dfrac{20}{x} = 5$ **2** $\dfrac{4}{x} = 12$ **3** $\dfrac{75}{2x} = 3$ **4** $\dfrac{16}{3x} = \dfrac{1}{6}$

5 $\dfrac{2}{3x} = \dfrac{4}{3}$ **6** $3.5x = 9.6$ **7** $5.2x = 25$ **8** $\dfrac{x}{3.4} = 2.7$

9 $2.3(x - 1.2) = 4.6$ **10** $\dfrac{3.4}{x} = 12$

Her 30.2

Hyd llinyn yw 84 cm. Mae'n cael ei dorri'n x o ddarnau o hyd cyfartal.

Hyd llinyn arall yw 60 cm ac mae hwnnw'n cael ei dorri'n wyth darn, gyda phob darn $\frac{1}{2}$ cm yn hirach na darnau'r llinyn 84 cm.

Defnyddiwch algebra i ddarganfod gwerth x.

Anhafaleddau

Ym Mhennod 7 dysgoch sut i ddatrys anhafaleddau syml.

Yn gyffredinol, mae anhafaleddau yn dilyn yr un rheolau â hafaliadau. Er enghraifft, byddwn yn trin ffracsiynau mewn anhafaleddau fel y byddwn yn trin ffracsiynau mewn hafaliadau.

ENGHRAIFFT 30.8

Datryswch yr anhafaledd $\frac{x}{3} \leqslant 2x - 3$.

Datrysiad

$\frac{x}{3} \leqslant 2x - 3$	
$x \leqslant 3(2x - 3)$	Lluoswch y ddwy ochr â'r enwadur, sef 3.
$x \leqslant 6x - 9$	Ehangwch y cromfachau.
$9 \leqslant 5x$	Casglwch y termau x ar yr ochr sydd â'r term x mwyaf a'r termau rhifiadol ar yr ochr arall.
$1.8 \leqslant x$	Rhannwch y ddwy ochr â chyfernod x, sef 5.
$x \geqslant 1.8$	Ailysgrifennwch yr anhafaledd fel bo x ar y chwith. Rhaid cofio troi'r arwydd anhafaledd hefyd.

Mae un ffordd, fodd bynnag, lle mae'r rheolau ar gyfer anhafaleddau yn wahanol i'r rheolau ar gyfer hafaliadau: pan fyddwn yn lluosi neu'n rhannu â rhif negatif, mae angen troi'r arwydd anhafaledd.

ENGHRAIFFT 30.9

Datryswch yr anhafaledd $2 - 3x > 8$.

Datrysiad

$2 - 3x > 8$	
$-3x > 6$	Tynnwch 2 o'r ddwy ochr.
$x < -2$	Rhannu'r ddwy ochr â chyfernod x, sef -3. Oherwydd eich bod yn rhannu â rhif negatif, mae angen troi'r arwydd anhafaledd.

(a) Er mwyn gweld pam mae'r dull a ddefnyddiom yn Enghraifft 30.9 yn gweithio, datryswch yr anhafaledd $2 - 3x > 8$ trwy adio $3x$ at y ddwy ochr.

(b) Nawr rhowch gynnig ar y ddau ddull i ddatrys yr anhafaleddau hyn.
   (i) $4 - x < 7$ (ii) $4 > 3 - 7x$

AWGRYM

Os nad ydych yn siŵr pa ffordd y dylai'r arwydd anhafaledd fod, gwiriwch trwy roi prawf ar rif sy'n bodloni'r datrysiad yn yr anhafaledd gwreiddiol.

Er enghraifft, yn Enghraifft 30.9, y datrysiad yw $x < -2$. Dewiswch rif sy'n bodloni'r datrysiad hwn, er enghraifft $n = -10$. Rhowch y rhif hwn yn yr anhafaledd gwreiddiol, $2 - 3x > 8$.

Pan fo $x = -10$, $2 - 3 \times (-10) > 8$
$$32 > 8 \quad \checkmark$$

YMARFER 30.3

Datryswch bob un o'r anhafaleddau hyn.

1 $3(2x - 6) > 12 - 4x$

2 $12(x - 4) \leqslant 3(2x - 6)$

3 $\dfrac{x}{2} < 3x - 10$

4 $\dfrac{2x}{3} < 3x - 14$

5 $\dfrac{3x}{2} > \dfrac{x}{4} + 2$

6 $\dfrac{x}{2} \geqslant \dfrac{3x}{4} - 2$

7 $\dfrac{1}{2}(2 - x) < 9$

8 $7 - \dfrac{x}{3} \geqslant 3$

9 $4 - x \leqslant 7 - 2x$

10 $3.4x - 5 \leqslant 2.1x$

Her 30.3

Mae Mared yn dymuno trefnu disgo ar gyfer cynifer o'i ffrindiau ag sy'n bosibl.

Mae'n costio £75 i logi'r cyfarpar disgo ac mae'r bwyd yn costio £3.50 am bob person. Dim ond £150 sydd ganddi i'w wario.

Defnyddiwch algebra i ddarganfod y nifer mwyaf o bobl sy'n gallu mynd i'r disgo.

Datrys anhafaleddau sydd â dau anhysbysyn

Sylwi 30.2

Ar gyfer pob un o'r anhafaleddau hyn, ysgrifennwch dri neu bedwar pâr posibl o werthoedd ar gyfer x ac y.

(a) $x + y < 5$ **(b)** $3x + y > 10$ **(c)** $2x + 3y \leqslant 12$

Mae nifer mawr iawn o atebion posibl i Sylwi 30.2!

Sylwi 30.3

Ar gyfer pob un o'r parau hyn o anhafaleddau, ysgrifennwch ddau bâr posibl o werthoedd ar gyfer x ac y.

Rhaid i'r gwerthoedd fodloni'r ddau anhafaledd ar yr un pryd.

(a) $2x + 3y \leqslant 6$ ac $x > y$ **(b)** $4x - 2y > 5$ ac $x + y < 6$
(c) $5x + 4y < 20$ ac $2x + y > 4$

Gan na allwn restru'r holl atebion posibl, mae'n well o lawer eu lluniadu ar graff a dangos y gwerthoedd posibl trwy liwio rhanbarth.

Sylwi 30.4

(a) Lluniadwch bâr o echelinau a'u labelu o -4 i 4 ar gyfer x ac y.
Lluniadwch a labelwch y llinell $x = 2$, a labelwch yn glir y rhanbarthau $x \leqslant 2$ ac $x \geqslant 2$.

(b) Lluniadwch bâr o echelinau a'u labelu o -4 i 4 ar gyfer x ac y.
Lluniadwch a labelwch y llinell $y = x + 2$, a labelwch yn glir y rhanbarthau $y \leqslant x + 2$ ac $y \geqslant x + 2$.

(c) Lluniadwch bâr o echelinau a'u labelu o 0 i 6 ar gyfer x ac y.
Lluniadwch a labelwch y llinell $3x + 2y = 12$, a labelwch yn glir y rhanbarthau $3x + 2y \leqslant 12$ a $3x + 2y \geqslant 12$.

Gallwn gynrychioli anhafaledd ar graff trwy lunio graff y llinell a labelu'r rhanbarth sy'n bodloni'r anhafaledd.

Yn aml mae'r rhanbarth *nad yw'n* bodloni'r anhafaledd yn cael ei liwio; mae'r rhanbarth *sy'n* bodloni'r anhafaledd yn cael ei adael heb ei liwio.

Gall sawl anhafaledd gael eu cynrychioli ar yr un echelinau gan ddangos y rhanbarth lle mae'r gwerthoedd x ac y yn bodloni'r anhafaleddau i gyd.

Lluniadwch bâr o echelinau a'u labelu o 0 i 8 ar gyfer x ac y.
Dangoswch, trwy liwio, y rhanbarth lle mae $x \geqslant 0$, $y \geqslant 0$ ac $x + 2y \leqslant 8$.

Datrysiad

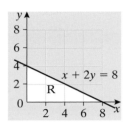

Yn gyntaf tynnwch y llinell $x + 2y = 8$.

Yna lliwiwch y rhanbarthau $x \leqslant 0$, $y \leqslant 0$, ac $x + 2y \geqslant 8$. Dyma'r rhanbarthau *nad oes eu hangen* ar gyfer y datrysiad, hynny yw lle *nad yw* gwerthoedd x ac y yn bodloni'r anhafaleddau.

Labelwch y rhanbarth sy'n ofynnol, lle mae gwerthoedd x ac y yn bodloni pob un o'r tri anhafaledd, yn R.

AWGRYM

Ar ôl tynnu llinell, profwch i weld pa ochr yw'r rhanbarth sy'n ofynnol: dewiswch bwynt syml ar un ochr i'r llinell a gweld a yw'n bodloni'r anhafaledd ai peidio.

Pan fydd anhafaledd yn cynnwys yr arwyddion $<$ neu $>$, *ni* fydd y pwyntiau ar y llinell yn cael eu cynnwys yn y datrysiad. Er enghraifft, os yw $x < 2$, nid yw'r pwyntiau $(2, -2)$, $(2, -1)$, $(2, 0)$, $(2, 1)$, $(2, 2)$ ac yn y blaen yn bodloni'r anhafaledd. Gall anhafaleddau sy'n cynnwys yr arwyddion $<$ neu $>$ gael eu cynrychioli ar graff gan ddefnyddio llinell doredig.

Lluniadwch bâr o echelinau a'u labelu o 0 i 5 ar gyfer x ac y.
Dangoswch, trwy liwio, y rhanbarth lle mae $x \geqslant 0$, $y \geqslant 0$, $5x + 4y < 20$ a $2x + y > 4$.

Datrysiad

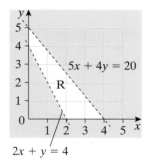

Tynnwch y ddwy linell $5x + 4y = 20$ a $2x + y = 4$.

Gan eu bod yn cynrychioli'r anhafaleddau $5x + 4y < 20$ a $2x + y > 4$ dylai'r llinellau fod yn doredig yn hytrach na solet.

Labelwch y rhain yn glir.

Lliwiwch y rhanbarthau $x \leqslant 0$, $y \leqslant 0$, $5x + 4y > 20$ a $2x + y < 4$.

Labelwch y rhanbarth sy'n ofynnol yn R.

1 Lluniadwch bâr o echelinau a'u labelu o 0 i 6 ar gyfer x ac y.
Dangoswch, trwy liwio, y rhanbarth lle mae $x \geqslant 0$, $y \geqslant 0$ ac $x + 2y \leqslant 6$.

2 Lluniadwch bâr o echelinau a'u labelu o -3 i 4 ar gyfer x ac y.
Dangoswch, trwy liwio, y rhanbarth lle mae $x \geqslant 0$, $y \leqslant 3$ a $y \geqslant 2x - 3$.

3 Lluniadwch bâr o echelinau a'u labelu o -4 i 4 ar gyfer x ac y.
Dangoswch, trwy liwio, y rhanbarth lle mae $x > -2$, $y < 3$ ac $y > 2x$.

4 Lluniadwch bâr o echelinau a'u labelu o 0 i 6 ar gyfer x ac y.
Dangoswch, trwy liwio, y rhanbarth lle mae $x < 4$, $y < 3$ a $3x + 4y > 12$.

5 Lluniadwch bâr o echelinau a'u labelu o -1 i 5 ar gyfer x ac y.
Dangoswch, trwy liwio, y rhanbarth lle mae $y \geqslant 0$, $y \leqslant x + 1$ a $3x + 5y < 15$.

Her 30.4

Ym mhriodas Gerallt a Nia mae angen mynd â 56 o bobl i'r wledd briodas.

Mae gan y cwmni ceir Carlog 9 car pedair-sedd sy'n costio £25 yr un a 5 car wyth-sedd sy'n costio £35 yr un.

Mae Gerallt a Nia yn llogi x o geir pedair-sedd ac y o geir wyth-sedd.

(a) Un anhafaledd yw $x \leqslant 9$.
Ysgrifennwch ddau anhafaledd arall y mae'n rhaid eu bodloni.

(b) Lluniwch y tri anhafaledd hyn ar graff a lliwiwch y rhanbarthau nad oes eu hangen.

(c) Darganfyddwch y cyfuniad o geir sy'n costio leiaf.
Nodwch faint o bob math o gar y dylai Gerallt a Nia eu llogi, a chyfanswm y gost.

RYDYCH WEDI DYSGU

- er mwyn datrys hafaliadau sy'n cynnwys ffracsiynau, y byddwch yn gyntaf yn lluosi pob term yn yr hafaliad â lluosrif cyffredin lleiaf yr enwaduron, yn ehangu unrhyw gromfachau ac yna'n ad-drefnu yn ôl yr arfer
- bod anhafaleddau llinol yn cael eu datrys trwy ddefnyddio'r un rheolau ag sydd ar gyfer hafaliadau, ar wahân i'r ffaith bod rhaid troi'r arwydd anhafaledd pan fyddwch yn lluosi neu'n rhannu â rhif negatif
- er mwyn darlunio nifer o anhafaleddau ar graff, y byddwch yn tynnu'r llinellau ac yn lliwio'r rhanbarthau nad oes eu hangen. Bydd llinell doredig yn cynrychioli anhafaleddau sy'n cynnwys yr arwyddion $<$ neu $>$

Ar gyfer cwestiynau **1–4** datryswch yr hafaliad neu'r anhafaledd.
Lle nad yw'r ateb yn union, rhowch eich ateb yn gywir i 3 ffigur ystyrlon.

1 $4(2x - 5) = 3(4 - x) + 1$

2 $2(x - 3) = x - 1$

3 $\dfrac{3x}{2} = 2 + x$

4 $\dfrac{x}{2} = 3x + 5$

5 $\dfrac{x}{2} = \dfrac{3x}{4} - \dfrac{1}{2}$

6 $\dfrac{3x}{2} = \dfrac{3x - 2}{5} + 1$

7 $\dfrac{2x - 1}{6} = \dfrac{2(x - 3)}{3} + 1$

8 $\dfrac{4}{x} = 24$

9 $\dfrac{75}{2x} = 5$

10 $7.3x = 18.2$

11 $3.6x - 2.4 = 7.6$

12 $\dfrac{7x}{2} < 3x + 2$

13 $2(x - 4) \leqslant 3(2x - 3)$

14 $2.5x - 7.3 > 4.2$

15 Lluniadwch bâr o echelinau a'u labelu o 0 i 6 ar gyfer x ac o -2 i 10 ar gyfer y.
Dangoswch, trwy liwio, y rhanbarth lle mae $x > 0$, $y > 3x - 2$ a $4x + 3y < 24$.

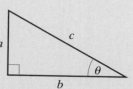
Darganfod hydoedd ac onglau mewn tri dimensiwn

Gallwn ddarganfod hydoedd ac onglau gwrthrych **3-D** trwy nodi **trionglau ongl sgwâr** o fewn y gwrthrych a defnyddio **theorem Pythagoras** neu **drigonometreg**.

ENGHRAIFFT 31.1

Uchder polyn fflag fertigol, VO, yw 12 m. Mae wedi'i roi'n sownd yn y ddaear gan dair rhaff sydd â'u hyd yn hafal.

Mae'r rhaffau'n cyrraedd y ddaear yn A, B ac C, 2 m o waelod y polyn fflag.

Mae'r ddaear yn llorweddol.

Cyfrifwch
(a) hyd un o'r rhaffau, VA.
(b) yr ongl y mae'n ei gwneud â'r ddaear, $V\hat{A}O$.

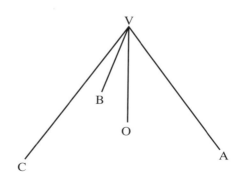

Yn gyntaf lluniadwch ddiagram.

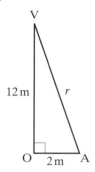

> **AWGRYM**
>
> Mewn diagram 3-D, yn aml nid yw onglau sgwâr yn edrych fel onglau sgwâr.
>
> Dewch o hyd i'r onglau sgwâr a lluniadwch ddiagram 2-D o driongl perthnasol.

(a) $r^2 = 12^2 + 2^2$
$r^2 = 148$
$r = \sqrt{148}$
$r = 12.2$ m (i 1 lle degol)

Defnyddiwch theorem Pythagoras i ddarganfod hyd y rhaff.

(b) $\tan V\hat{A}O = \dfrac{12}{2}$
$= 6$

Defnyddiwch drigonometreg i ddarganfod $V\hat{A}O$.

Ongl VAO $= \tan^{-1} 6$
$= 80.5°$ (i 1 lle degol)

Defnyddiwch y botymau $\boxed{\text{SHIFT}}$ $\boxed{\text{tan}}$ ar gyfrifiannell i gael y swyddogaeth wrthdro. Efallai y bydd wedi'i labelu'n arctan, invtan neu $\tan^{-1}$.

ENGHRAIFFT 31.2

Cyfrifwch hyd croeslin y ciwboid hwn.

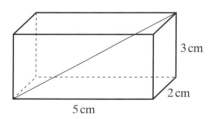

Datrysiad

Yn gyntaf nodwch driongl ongl sgwâr perthnasol.

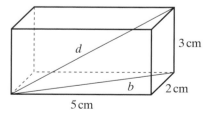 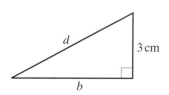

$d^2 = b^2 + 3^2$ (1)   Defnyddiwch theorem Pythagoras i gysylltu ochrau'r triongl. Ni allwch ddatrys yr hafaliad hwn eto gan nad ydych yn gwybod gwerth b, felly labelwch yr hafaliad yn (1).

b yw hyd croeslin sylfaen y ciwboid.

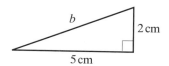

$b^2 = 5^2 + 2^2$ (2)
$b^2 = 29$
$d^2 = b^2 + 3^2$ (1)
$d^2 = 29 + 9$
$d^2 = 38$
$d = \sqrt{38}$
$d = 6.2$ cm (i 1 lle degol)

Defnyddiwch theorem Pythagoras i lunio ail hafaliad sy'n cysylltu ochrau'r triongl hwn a'i ddefnyddio i ddarganfod b^2. Amnewidiwch b^2 yn hafaliad (1).

AWGRYM

Cofiwch gynnwys yr unedau yn eich ateb.

Blwch profi 31.1

Defnyddiwch ddull tebyg i'r dull yn Enghraifft 31.2 i ddangos mai hyd croeslin ciwboid sy'n mesur a cm wrth b cm wrth c cm yw $\sqrt{a^2 + b^2 + c^2}$.

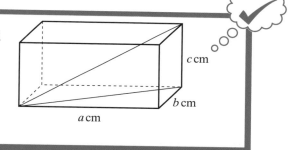

Gallwch ddefnyddio'r fformiwla:

Mae hyd croeslin ciwboid sy'n mesur a cm wrth b cm wrth c cm yn $\sqrt{a^2 + b^2 + c^2}$

wrth weithio gyda chyfesurynnau mewn tri dimensiwn.

YMARFER 31.1

1 Cyfrifwch hyd croeslin ciwboid sy'n mesur 5 cm wrth 8 cm wrth 3 cm.

2 Cyfrifwch hyd croeslin ciwb sydd â'i ochrau'n 5.6 cm.

3 Mae blwch yn giwboid sydd â'i sylfaen yn 6 cm wrth 15 cm.
   Mae pensil sydd â'i hyd yn 17 cm yn ffitio'n union yn y blwch.
   Cyfrifwch uchder y blwch.

4 Hyd ymylon goleddol pyramid sylfaen sgwâr yw 9.5 cm.
   Hyd croesliniau ei sylfaen yw 8.4 cm.
   Cyfrifwch uchder fertigol y pyramid.

5 Mae gan byramid sylfaen betryal sydd â'i hochrau'n 8.2 cm a 7.6 cm. Ei uchder yw 6.5 cm. Yr un hyd sydd i bob un o'i ymylon goleddol. Cyfrifwch hyd ymyl goleddol.

6 Lletem drionglog yw ABCDEF.
Mae'r wynebau ABFE, BCDF ac ACDE yn betryalau.
(a) Cyfrifwch hyd CE.
(b) Cyfrifwch bob un o'r onglau hyn.

    (i) $\widehat{CAB}$ **(ii)** $\widehat{CEB}$

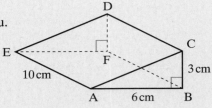

7 Mae gan y pyramid OABCD sylfaen betryal lorweddol ABCD fel y gwelwch yn y diagram.

Mae O yn fertigol uwchlaw A.

Cyfrifwch
(a) hyd OC.
(b) $\widehat{OCA}$.

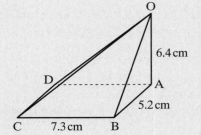

8 Mae mast fertigol, MT, â'i waelod, M, ar ddaear lorweddol. Mae wedi ei gynnal gan wifren, AT, sy'n gwneud ongl o 65° â'r llorweddol ac sydd â'i hyd yn 12 m, a dwy wifren arall, BT ac CT, lle mae A, B ac C ar y ddaear.

Mae BM = 4.2 m.

Cyfrifwch
(a) uchder y mast.
(b) yr ongl y mae BT yn ei gwneud â'r ddaear.
(c) hyd y wifren BT.

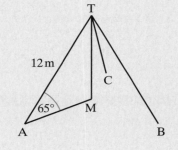

RYDYCH WEDI DYSGU

- **sut i ddarganfod hydoedd ac onglau mewn siapiau 3-D trwy ddarganfod trionglau ongl sgwâr a defnyddio theorem Pythagoras neu drigonometreg fel y bo'n briodol**
- **mai hyd croeslin ciwboid sy'n mesur a cm wrth b cm wrth c cm yw $\sqrt{a^2 + b^2 + c^2}$**

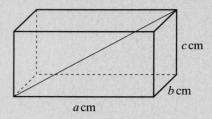

1 Cyfrifwch hyd croeslin ciwboid sy'n mesur 5.8 cm wrth 6.7 cm wrth 3.8 cm.

2 Hyd croeslin ciwboid yw 12.4 cm.
Mae sylfaen y ciwboid yn sgwâr sydd â'i ochrau'n 5.3 cm.
Cyfrifwch uchder y ciwboid.

3 Radiws sylfaen silindr yw 3.7 cm.
Mae pensil sydd â'i hyd yn 15.6 cm yn ffitio'n union i mewn i'r silindr.
(a) Cyfrifwch yr ongl rhwng y pensil a sylfaen y silindr.
(b) Cyfrifwch uchder y silindr.

4 Mae Angharad yn sefyll 30 m i'r gorllewin o dŵr eglwys.
Mae hi'n mesur ongl godiad pen uchaf y tŵr o lefel y ddaear yn 52°.
(a) Cyfrifwch uchder y tŵr.
Wedyn mae Angharad yn cerdded 25 m i'r de i bwynt B.
(b) Cyfrifwch y pellter rhyngddi, yn B, a'r tŵr.
(c) Cyfrifwch ongl godiad pen uchaf y tŵr o B.

5 Yn y ciwboid hwn mae AB = 12 cm, BC = 5 cm ac CG = 7 cm.
Cyfrifwch

(a) $A\widehat{B}E$.
(b) hyd EG.
(c) hyd EC.
(ch) $G\widehat{E}C$.

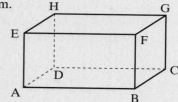

6 Mae'r tŷ gwydr ategol hwn yn brism, a thrapesiwm yw ei drawstoriad.
(a) Cyfrifwch hyd ymyl goleddol y to.
(b) Cyfrifwch yr ongl rhwng y to a'r wal y mae'r tŷ gwydr wedi cael ei adeiladu yn ei herbyn.

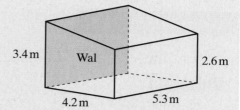

7 Uchder pyramid yw 7.5 cm a hyd ochrau ei sylfaen sgwâr yw 6.3 cm.
(a) Cyfrifwch hyd un o ymylon goleddol y pyramid.
(b) Cyfrifwch yr ongl y mae ymyl goleddol yn ei gwneud â'r fertigol.

8 Mae gan byramid sylfaen betryal sydd â'i hochrau'n 3.6 cm a 5.2 cm.
Mae'r wynebau sydd â'u hyd yn 5.2 cm yn gwneud ongl o 62° â'r sylfaen.
Cyfrifwch
(a) uchder y pyramid.
(b) yr ongl y mae un o ymylon goleddol y pyramid yn ei gwneud â'r sylfaen.

Fformiwlâu lle mae'r testun newydd i'w gael fwy nag unwaith

Ym mhob un o'r fformiwlâu yr ydych wedi'u had-drefnu hyd yma roedd y testun newydd i'w gael unwaith yn unig. Er enghraifft, rydych yn gwybod yn barod sut i wneud t yn destun $v = u + at$.

Mae angen i chi allu ad-drefnu hefyd fformiwlâu lle mae'r testun newydd i'w gael fwy nag unwaith. Mewn achosion o'r fath, rhaid casglu'r holl dermau sy'n cynnwys y testun newydd at ei gilydd.

ENGHRAIFFT 32.1

Ad-drefnwch y fformiwla $mxy = y + 4x$ i wneud x yn destun.

Datrysiad

$$mxy = y + 4x$$

$$mxy - 4x = y \qquad \text{Tynnwch } 4x \text{ o'r ddwy ochr fel bo'r termau } x \text{ gyda'i gilydd.}$$

$$x(my - 4) = y \qquad \text{Ffactoriwch yr ochr chwith, gan roi'r ffactor cyffredin, sef } x, \text{ y tu allan.}$$

$$x = \frac{y}{my - 4} \qquad \text{Rhannwch y ddwy ochr â } (my - 4).$$

Weithiau nid yw'n amlwg ar unwaith fod y testun newydd yn ymddangos fwy nag unwaith.

Ad-drefnwch y fformiwla $m = \dfrac{1}{x} + \dfrac{4}{y}$ i wneud x yn destun.

Datrysiad

$$m = \frac{1}{x} + \frac{4}{y}$$

$$mxy = y + 4x \qquad \text{Lluoswch y ddwy ochr ag } xy \text{ i gael gwared â'r ffracsiynau.}$$

$$mxy - 4x = y \qquad \text{Nawr mae'r fformiwla yn yr un ffurf ag yn Enghraifft 32.1.}$$

$$x(my - 4) = y$$

$$x = \frac{y}{my - 4}$$

Hefyd gallwn ad-drefnu fformiwlâu fel yr un yn Enghraifft 32.2 trwy ddefnyddio dull gwahanol.

Ad-drefnwch y fformiwla $m = \dfrac{1}{x} + \dfrac{4}{y}$ i wneud x yn destun.

Datrysiad

$$m = \frac{1}{x} + \frac{4}{y}$$

$$m - \frac{4}{y} = \frac{1}{x} \qquad \text{Tynnwch } \frac{4}{y} \text{ o'r ddwy ochr.}$$

$$\frac{1}{x} = m - \frac{4}{y} \qquad \text{Cyfnewidiwch yr ochrau fel bo'r term } x \text{ ar y chwith.}$$

$$\frac{1}{x} = \frac{my - 4}{y} \qquad \text{Ad-drefnwch yr ochr dde dros enwadur cyffredin.}$$

$$x = \frac{y}{my - 4} \qquad \text{Gwrthdrowch y ddwy ochr.}$$

Cofiwch mai dim ond os ffracsiwn sengl sydd ar ddwy ochr y gallwn wneud hyn.

Ad-drefnwch bob un o'r fformiwlâu hyn i wneud y llythyren yn y cromfachau yn destun.

1 $pq - rs = rt$ (r)

2 $A = P + \dfrac{PRT}{100}$ (P)

3 $3(x - 5) = y(4 - 3x)$ (x)

4 $pq + r = rq - p$ (p)

5 $pq + r = rq - p$ (r)

6 $y = x + \dfrac{px}{q}$ (x)

7 $s = ut + \dfrac{at}{2}$ (t)

8 $\dfrac{a}{2x + 1} = \dfrac{b}{3x - 1}$ (x)

9 $s = \dfrac{uv}{u + v}$ (u)

10 $\dfrac{1}{f} = \dfrac{1}{u} + \dfrac{1}{v}$ (v)

11 $3 = \dfrac{4f + 5g}{2f + e}$ (f)

12 $\dfrac{2b + c}{3b - c} = 5a$ (b)

Fformiwlâu lle mae'r testun newydd wedi'i godi i bŵer

Hefyd mae angen i chi allu ad-drefnu fformiwlâu lle mae'r testun newydd wedi'i godi i bŵer.

Yn yr achosion hyn bydd angen defnyddio'r gweithrediad gwrthdro ar yr adeg briodol. Er enghraifft, yn achos $\sqrt{x}$, bydd angen sgwario; yn achos x^2 bydd angen cymryd yr ail isradd.

ENGHRAIFFT 32.4

Ad-drefnwch y fformiwla $v = y + \sqrt{\dfrac{p}{x}}$ i wneud x yn destun.

Datrysiad

$v = y + \sqrt{\dfrac{p}{x}}$ Pan fydd fformiwla'n cynnwys pŵer neu isradd, ad-drefnwch y fformiwla i gael y term hwnnw ar ei ben ei hun.

$v - y = \sqrt{\dfrac{p}{x}}$ Yn yr achos hwn, tynnwch y o'r ddwy ochr fel bo $\sqrt{\dfrac{p}{x}}$ ar ei ben ei hun.

$(v - y)^2 = \dfrac{p}{x}$ Sgwariwch y ddwy ochr. Yn yr achos hwn nid oes angen ehangu $(v - y)^2$.

$x(v - y)^2 = p$ Lluoswch y ddwy ochr ag x.

$x = \dfrac{p}{(v - y)^2}$ Rhannwch y ddwy ochr â $(v - y)^2$.

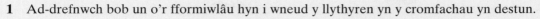
1 Ad-drefnwch bob un o'r fformiwlâu hyn i wneud y llythyren yn y cromfachau yn destun.

(a) $y = 3x^2 - 4$ $\qquad$ (x) $\qquad$ (b) $t = 2\pi\sqrt{\dfrac{l}{g}}$ $\qquad$ (l)

(c) $A = \pi r\sqrt{h^2 + r^2}$ $\qquad$ (h) $\qquad$ (ch) $v^2 - u^2 = 2as$ $\qquad$ (u)

(d) $V = \frac{1}{3}\pi r^2 h$ $\qquad$ (r) $\qquad$ (dd) $s = 15 - \frac{1}{2}at^2$ $\qquad$ (t)

2 Y fformiwla ar gyfer cyfaint silindr yw $C = \pi r^2 u$, ac yma r yw radiws y silindr ac u yw ei uchder.
  (a) Darganfyddwch gyfaint silindr sydd â'i radiws yn 12 cm a'i uchder yn 20 cm.
      Rhowch eich ateb i 2 ffigur ystyrlon.
  (b) Ad-drefnwch y fformiwla i wneud r yn destun.
  (c) Beth yw radiws silindr sydd â'i gyfaint yn 500 cm^3 a'i uchder yn 5 cm?
      Rhowch eich ateb i 3 ffigur ystyrlon.

3 Y fformiwla ar gyfer darganfod hyd, d, croeslin ciwboid sydd â'i ddimensiynau'n x, y a z yw $d = \sqrt{x^2 + y^2 + z^2}$.
  (a) Darganfyddwch d pan fo $x = 2$, $y = 3$ a $z = 4$.
  (b) Beth yw hyd croeslin bloc ciwboid o goncrit sydd â'i ddimensiynau'n 2 m, 3 m a 75 cm?
  (c) Ad-drefnwch y fformiwla i wneud x yn destun.
  (ch) Darganfyddwch x pan fo $d = 0.86$ m, $y = 0.25$ m a $z = 0.41$ m.

Her 32.1

(a) Y fformiwla ar gyfer arwynebedd arwyneb silindr caeedig yw $A = 2\pi r(r + u)$,
    ac yma r yw radiws y silindr ac u yw ei uchder.
    Beth sy'n digwydd os ceisiwch wneud r yn destun?

(b) Mae $S = \frac{1}{2}n(n + 1)$ yn rhoi cyfanswm, S, yr n cyntaf o gyfanrifau positif.
    Darganfyddwch n pan fo $S = 325$.

RYDYCH WEDI DYSGU

- wrth ad-drefnu fformiwla lle mae'r testun newydd i'w gael fwy nag unwaith, y byddwch yn casglu'r holl dermau sy'n cynnwys y testun newydd at ei gilydd
- pan fydd fformiwla'n cynnwys pŵer neu isradd, y byddwch yn ad-drefnu'r fformiwla i gael y term hwnnw ar ei ben ei hun
- pan fydd y testun newydd wedi'i godi i bŵer, y byddwch yn defnyddio'r gweithrediad gwrthdro. Er enghraifft, yn achos $\sqrt{x}$, sgwario; yn achos x^2 cymryd yr ail isradd.

1 Ad-drefnwch bob un o'r fformiwlâu hyn i wneud y llythyren yn y cromfachau yn destun.

(a) $r = \dfrac{a}{a + b}$ $\quad (a)$

(b) $t = 2\pi \sqrt{\dfrac{l}{g}}$ $\quad (g)$

(c) $\dfrac{1}{f} = \dfrac{1}{u} + \dfrac{1}{v}$ $\quad (u)$

(ch) $x + a = \dfrac{x + b}{c}$ $\quad (x)$

(d) $a - b = \dfrac{a + 2}{b}$ $\quad (a)$

(dd) $\dfrac{y + x}{y - x} = 3$ $\quad (y)$

(e) $ab + bc + a = 0$ $\quad (a)$

(f) $2x = \sqrt{x^2 + y}$ $\quad (x)$

(ff) $\sqrt{\dfrac{x + 1}{x}} = y$ $\quad (x)$

(g) $p = 2\left[\dfrac{n - (r + 1)}{n - 1}\right]$ $\quad (n)$

(ng) $y = \dfrac{x - np}{\sqrt{npq}}$ $\quad (q)$

(h) $F = \dfrac{x^2}{1 - x^2}$ $\quad (x)$

(i) $s = \sqrt{\dfrac{x^2 + y^2}{n}}$ $\quad (y)$

(l) $m = \dfrac{ax + by}{a + b}$ $\quad (b)$

2 Y fformiwla ar gyfer cyfaint sffêr yw $C = \frac{4}{3}\pi r^3$.
   (a) Darganfyddwch C os yw $r = 5$.
   (b) Gwnewch r yn destun y fformiwla.
   (c) Darganfyddwch radiws sffêr sydd â'i gyfaint yn 3500 m³.

33 → CYFRANNEDD AC AMRYWIAD

YN Y BENNOD HON

- **Datrys problemau gan ddefnyddio cyfrannedd syml**
- **Datrys problemau gan ddefnyddio cyfrannedd (amrywiad) sy'n fwy cymhleth**

DYLECH WYBOD YN BAROD

- **sut i ddefnyddio cymhareb**
- **sut i ddefnyddio ffracsiynau yn lluosyddion**
- **sut i drin mynegiadau algebraidd syml**

Cyfrannedd union

Daethoch ar draws **cyfrannedd** ym Mhennod 8 lle dysgoch sut i ddefnyddio cymarebau i ddatrys problemau.

Yn y math hwn o broblem, mae'r ddau faint yn cynyddu ar yr un gyfradd: er enghraifft, os oes angen 200 g o geirch i wneud swp bach o 10 fflapjac, mae angen 400 g o geirch i wneud swp mawr o 20 fflapjac.

Pwysau'r ceirch sydd eu hangen ar gyfer y swp mawr = pwysau'r ceirch sydd eu hangen ar gyfer y swp bach $\times 2$
Nifer y fflapjacs yn y swp mawr = nifer y fflapjacs yn y swp bach $\times 2$
Mae'r ddau faint yn cael eu lluosi â'r un rhif, sef y **lluosydd**.

Er mwyn darganfod y lluosydd, byddwn yn rhannu un o'r parau o feintiau. Er enghraifft, $\frac{400}{200} = 2$ neu $\frac{20}{10} = 2$.

Felly ffordd gyflymach o ddatrys y math hwn o broblem yw darganfod y lluosydd a'i ddefnyddio i ddarganfod y maint anhysbys. Mae'r ail ddull yn gyflymach na'r dull cyntaf am ei fod yn cyfuno dau gam yn un.

ENGHRAIFFT 33.1

Mae car yn defnyddio 20 litr o betrol wrth wneud taith o 160 o filltiroedd. Faint o litrau o betrol fyddai'n cael eu defnyddio wrth wneud taith debyg o 360 o filltiroedd?

Datrysiad

Dull 1

Dyma'r dull a ddysgoch ym Mhennod 8.

$160 : 360 = 4 : 9$ Yn gyntaf ysgrifennwch y gymhareb sy'n cysylltu pellterau teithio'r ddwy daith a'i rhannu â 40 fel y bydd yn ei ffurf symlaf.

$20 \div 4 = 5$ Rhannwch swm y petrol sydd ei angen ar gyfer y daith gyntaf â rhan gyntaf y gymhareb, sef 4.

$5 \times 9 = 45$ Lluoswch ail ran y gymhareb â 5.

Byddai 45 litr o betrol yn cael eu defnyddio wrth wneud taith o 360 o filltiroedd.

Dull 2

$\dfrac{360}{160} = \dfrac{9}{4}$ Ysgrifennwch bellterau teithio'r ddwy daith fel ffracsiwn.

     Mae angen darganfod y petrol sydd ei angen ar gyfer taith o 360 o filltiroedd, felly gwnewch 360 yn rhifiadur a 160 yn enwadur. Canslwch y ffracsiwn i'w ffurf symlaf.

$20 \times \dfrac{9}{4} = 45$ Lluoswch swm y petrol sydd ei angen ar gyfer y daith gyntaf â'r lluosydd.

Byddai 45 litr o betrol yn cael eu defnyddio wrth wneud taith o 360 o filltiroedd.

Sylwch eich bod wedi rhannu â 4 ac yna lluosi â 9 yn Null 1.

Yn achos Dull 2 rydych wedi lluosi â $\dfrac{9}{4}$, gan gyfuno'r ddau gam yn un.

Mae cwestiynau o'r math hwn yn enghreifftiau o **gyfrannedd union**. Wrth i un maint gynyddu (milltiroedd a deithiwyd, x), rhaid i'r llall gynyddu hefyd (y petrol a ddefnyddiwyd, y). Yn syml, po fwyaf o filltiroedd y byddwch yn teithio, mwyaf i gyd o betrol y byddwch yn ei ddefnyddio.

Gallwn ysgrifennu'r berthynas hon fel $y \propto x$, sy'n cael ei fynegi mewn geiriau fel hyn: 'mae y mewn cyfrannedd union ag x' neu 'mae y yn amrywio'n union fel x'.

Mae'r graff hwn yn dangos cyfrannedd union.

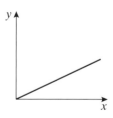

Gallai graddiant y llinell fod yn unrhyw werth positif (yn dibynnu ar y lluosydd) ond bydd y llinell yn mynd trwy'r tarddbwynt bob tro.

Byddwn yn galw'r lluosydd yn **gysonyn cyfrannedd** weithiau ac yn defnyddio'r llythyren k i'w gynrychioli.

Mae peiriant turio yn gallu cloddio ffos sydd â'i hyd yn 560 metr mewn 21 diwrnod. Faint o amser y byddai'r peiriant yn ei gymryd i gloddio ffos sydd â'i hyd yn 240 metr?

Datrysiad

$$\frac{240}{560} = \frac{3}{7}$$

Yn gyntaf darganfyddwch y lluosydd a'i ganslo i'w ffurf symlaf.

Rydych eisiau darganfod yr amser sydd ei angen i gloddio ffos 240 m, felly gwnewch 240 yn rhifiadur y ffracsiwn a 560 yn enwadur.

$$21 \times \frac{3}{7} = 9 \text{ diwrnod}$$

Lluoswch yr amser hysbys â'r lluosydd i ddarganfod yr amser anhysbys.

YMARFER 33.1

Ar gyfer pob un o'r cwestiynau hyn:
(a) ysgrifennwch y lluosydd.
(b) cyfrifwch y maint y gofynnir amdano.

1 Mae trên yn teithio 165 metr mewn 3 eiliad.
Pa mor bell y byddai'n teithio mewn 8 eiliad?

2 Mae awyren yn teithio 216 o filltiroedd mewn 27 munud.
Pa mor bell y teithiodd mewn 12 munud?

3 Mae £50 yn werth $90.
Faint mae £175 yn werth?

4 Mae 28 o risiau gan ysgol sydd â'i hyd yn 7 metr.
Faint o risiau fyddai gan ysgol sydd â'i hyd yn 5 metr?

5 Màs llinyn sydd â'i hyd yn 27 metr yw 351 gram.
Beth yw màs 15 metr o'r llinyn?

6 Gall cwningen gloddio twnnel sydd â'i hyd yn 4 metr mewn cyfanswm o 26 awr.
Faint o amser y byddai'n ei gymryd iddi gloddio twnnel sydd â'i hyd yn 7 metr?

7 Mae garddluniwr yn gallu peintio 15 o baneli ffens mewn 6 awr.
Faint o oriau y byddai'n eu cymryd i beintio 40 o baneli ffens?

8 Cost 12 o getris argraffydd yw £90.00.
Beth yw cost pump o'r cetris hyn?

9 Mae carped sydd â'i arwynebedd yn 18 m² yn costio £441.
Beth yw cost 14 m² o'r un carped?

10 Màs darn o bren balsa sydd â'i gyfaint yn 2.5 m³ yw 495 cilogram.
Beth yw màs darn o bren balsa sydd â'i gyfaint yn 0.9 m³?

Cyfrannedd gwrthdro

Nid yw'n wir bob tro yn achos cyfrannedd fod y naill faint yn cynyddu wrth i'r llall gynyddu.

Weithiau, wrth i'r naill faint gynyddu, bydd y llall yn lleihau.

Mewn achosion o'r fath, mae angen rhannu â'r lluosydd, yn hytrach na lluosi.

ENGHRAIFFT 33.3

Os gall tri pheiriant turio gloddio twll mewn 8 awr, faint o amser y byddai pedwar peiriant turio yn ei gymryd i gloddio'r twll?

Datrysiad

Yn amlwg, gan fod mwy o beiriannau turio i gael eu defnyddio, bydd y cloddio'n cymryd llai o amser.

Y lluosydd yw $\frac{4}{3}$.

$8 \div \frac{4}{3} = 6$ awr   Rhannwch yr amser hysbys â'r lluosydd i ddarganfod yr amser anhysbys.

Mae cwestiynau o'r math hwn yn enghreifftiau o **gyfrannedd gwrthdro**. Wrth i un maint gynyddu (nifer y peiriannau turio, x) mae'r maint arall yn lleihau (oriau a gymerwyd, y). Yn syml, po fwyaf o beiriannau turio sydd gennych, lleiaf i gyd o amser sydd ei angen i gloddio'r twll.

Gallwn ysgrifennu'r berthynas hon fel $y \propto \frac{1}{x}$, sy'n cael ei fynegi mewn geiriau fel hyn: 'mae y mewn cyfrannedd gwrthdro ag x' neu 'mae y yn amrywio'n wrthdro i x'.

Mae'r graff hwn yn dangos cyfrannedd gwrthdro.

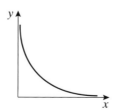

Ar gyfer pob un o'r cwestiynau hyn
(a) ysgrifennwch y lluosydd.
(b) cyfrifwch y maint y gofynnir amdano.

1 Mae taith yn cymryd 18 munud ar fuanedd cyson o 32 cilometr yr awr.
Faint o amser y byddai'r daith yn ei gymryd ar fuanedd cyson o 48 cilometr yr awr?

2 Mae'n cymryd tîm o 8 dyn 6 wythnos i beintio pont.
Faint o amser y byddai'r peintio'n ei gymryd pe bai 12 dyn?

3 Fel arfer caiff pwll ei lenwi gan ddefnyddio 4 falf fewnfa mewn cyfnod o 18 awr.
Ni all un o'r falfiau gael ei defnyddio.
Faint o amser y bydd yn ei gymryd i lenwi'r pwll gan ddefnyddio 3 falf yn unig?

4 Gellir cwblhau taith mewn 44 munud ar fuanedd cyfartalog o 50 milltir yr awr.
Faint o amser y byddai'r un daith yn ei gymryd ar fuanedd cyfartalog o 40 milltir yr awr?

5 Mae cyflenwad o wair yn ddigon i fwydo 12 ceffyl am 15 diwrnod.
Am faint y byddai'r un cyflenwad yn bwydo 20 ceffyl?

6 Mae'n cymryd 3 pheiriant medi 6 awr i fedi cnwd o wenith.
Faint o amser y byddai'n ei gymryd i fedi'r gwenith pe bai 2 beiriant yn unig ar gael?

7 Ar y daith allan sy'n rhan o daith ddwyffordd mae beiciwr yn teithio ar fuanedd
cyfartalog o 12 cilometr yr awr am gyfnod o 4 awr.
Cymerodd y daith yn ôl 3 awr.
Beth oedd y buanedd cyfartalog ar gyfer y daith yn ôl?

8 Mae'n cymryd tîm o 18 dyn 21 wythnos i gloddio camlas.
Faint o amser y byddai'n ei gymryd i gloddio'r gamlas pe bai 14 dyn?

9 Gellir defnyddio 6 phwmp i wacáu tanc mewn cyfnod o 18 awr.
Faint o amser y bydd yn ei gymryd i wacáu'r tanc gan ddefnyddio 8 pwmp?

10 Mae criw o 9 o osodwyr brics yn gallu adeiladu wal mewn 20 diwrnod.
Faint o amser y byddai criw o 15 o osodwyr brics yn ei gymryd i adeiladu'r wal?

Her 33.1

Mae amser cwblhau ras mewn cyfrannedd gwrthdro â'r buanedd.

Beth sy'n digwydd i'r amser cwblhau os caiff y buanedd

(a) ei ddyblu?   **(b)** ei haneru?   **(c)** ei gynyddu 20%?

Darganfod fformiwlâu

Yn Enghraifft 33.2 mae y mewn cyfrannedd union ag x ($y \propto x$).

Metrau a diwrnodau yw'r newidynnau, a gallwn eu hysgrifennu mewn tabl.

x (metrau)	560	240
y (diwrnodau)	21	9

Y pâr cyntaf o werthoedd x ac y yw 560 a 21. Y gymhareb $\dfrac{y}{x}$ yw $\dfrac{21}{560}$, neu $\dfrac{3}{80}$ yn ei ffurf symlaf.

Yr ail bâr o werthoedd x ac y yw 240 a 9. Y gymhareb $\dfrac{y}{x}$ yw $\dfrac{9}{240}$, neu $\dfrac{3}{80}$ yn ei ffurf symlaf.

Byddai'r un gymhareb gyson (k) yn berthnasol i bob pâr o werthoedd x ac y.

Felly y fformiwla ar gyfer y berthynas hon yw $y = \dfrac{3}{80}x$.

Y fformiwla ar gyfer unrhyw berthynas o gyfrannedd union yw $y = kx$.

Yn Enghraifft 33.3, mae y mewn cyfrannedd gwrthdro ag x $\left(y \propto \dfrac{1}{x} \right)$.

Peiriannau turio (x) ac oriau (y) yw'r newidynnau a gallwn eu hysgrifennu mewn tabl.

x (peiriannau turio)	3	4
y (oriau)	8	6

Y pâr cyntaf o werthoedd x ac y yw 3 ac 8. Gwerth xy yw 24.
Yr ail bâr o werthoedd x ac y yw 4 a 6. Gwerth xy yw 24.

Byddai'r un cysonyn (k) yn berthnasol i bob pâr o werthoedd x ac y.

Felly y fformiwla ar gyfer y berthynas hon yw $xy = 24$ neu $y = \dfrac{24}{x}$.

Y fformiwla ar gyfer unrhyw berthynas o gyfrannedd gwrthdro yw $xy = k$ neu $y = \dfrac{k}{x}$.

ENGHRAIFFT 33.4

Ar gyfer pob un o'r perthnasoedd hyn:

(i) nodwch y math o gyfrannedd.

(ii) darganfyddwch y fformiwla.

(iii) darganfyddwch y gwerth y sydd heb ei gynnwys yn y tabl.

(a)

x	6	10	22
y	15	25	

(b)

x	20	15	12
y	6	8	

Datrysiad

(a) (i) Cyfrannedd union   Wrth i x gynyddu, mae y yn cynyddu hefyd.

(ii) $y = \dfrac{5}{2}x$ $\dfrac{15}{6} = \dfrac{5}{2}, \dfrac{25}{10} = \dfrac{5}{2}$

(iii) $y = \dfrac{5}{2} \times 22$

$\quad = 55$

(b) (i) Cyfrannedd gwrthdro   Wrth i x leihau, mae y yn cynyddu.

(ii) $y = \dfrac{120}{x}$ $20 \times 6 = 120, 15 \times 8 = 120$

(iii) $y = \dfrac{120}{12}$

$\quad = 10$

YMARFER 33.3

Ar gyfer pob un o'r perthnasoedd hyn:

(i) nodwch y math o gyfrannedd.

(ii) darganfyddwch y fformiwla.

(iii) lle bo'n briodol, darganfyddwch y gwerth y sydd heb ei gynnwys yn y tabl.

1

x	40	200
y	3	15

2

x	4	7	10
y	28	49	

3

x	12	20
y	16	25

4

x	20	90	150
y	8	36	

5

x	18	15
y	66	55

6

x	40	24	15
y	6	10	

7

x	30	18.75
y	5	8

8

x	60	80	200
y	24	18	

9

x	10	24
y	36	15

10

x	72	96	160
y	25	18.75	

━ Her 33.2 ━

Mae'r newidynnau A a B yn y fath fodd fel bod $B = 50$ pan fo $A = 20$.

(a) (i) Ysgrifennwch fformiwla lle mae A mewn cyfrannedd union â B.
(ii) Ysgrifennwch fformiwla lle mae A mewn cyfrannedd gwrthdro â B.

(b) Cyfrifwch B pan fo $A = 25$ ar gyfer y naill a'r llall o'r ddwy fformiwla a gawsoch yn **(a)**.

Mathau eraill o gyfrannedd

Rydych wedi gweld os yw $y \propto x$, yna wrth i x gynyddu mae y yn cynyddu hefyd.

Ar gyfer y berthynas ganlynol, wrth i werth x gynyddu mae gwerth y yn cynyddu hefyd.

x	4	12
y	8	72

Fodd bynnag, nid oes cysonyn sy'n cysylltu pob pâr o werthoedd x ac y.

Yn achos y pâr cyntaf o werthoedd y lluosydd yw 2.
Yn achos yr ail bâr o werthoedd y lluosydd yw 6.
Felly nid yw hyn yn enghraifft o $y \propto x$.

Mae'r berthynas hon yn enghraifft o $y \propto x^2$.

Mae'r graff hwn yn dangos $y \propto x^2$

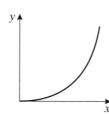

Bydd graddiant y gromlin yn bositif a bydd y gromlin yn mynd trwy'r tarddbwynt bob tro.

$y \propto x^2$

Darganfyddwch y fformiwla ar gyfer

x	4	12
y	8	72

Datrysiad

Y fformiwla ar gyfer y berthynas hon yw $y = kx^2$, lle mae k yn gysonyn (cysonyn cyfrannedd).

$y = kx^2$ I ddarganfod gwerth k, rhowch werth x yn 4 a gwerth
$8 = k \times 4^2$ y yn 8 yn yr hafaliad.
$8 = k \times 16$ Gallech ddefnyddio $x = 12$ ac $y = 72$ yn lle'r uchod.
$k = 0.5$

Y fformiwla yw $y = \frac{1}{2}x^2$.

Gwiriwch y fformiwla trwy roi'r ail bâr o werthoedd yn yr hafaliad.

$y = \frac{1}{2}x^2$
$72 = \frac{1}{2} \times 12^2$
$72 = 72$ ✓

Rydych wedi gweld os yw $y \propto \dfrac{1}{x}$, yna wrth i x gynyddu mae y yn lleihau.

Ar gyfer y berthynas ganlynol, wrth i werth x gynyddu mae gwerth y yn lleihau.

x	5	10
y	8	2

Fodd bynnag, yn achos y pâr cyntaf o werthoedd $xy = 40$.
Yn achos yr ail bâr o werthoedd $xy = 20$.

Felly nid yw hyn yn enghraifft o $y \propto \dfrac{1}{x}$.

Mae'r berthynas hon yn enghraifft o $y \propto \dfrac{1}{x^2}$.

Mae'r graff hwn yn dangos $y \propto \dfrac{1}{x^2}$.

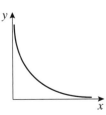

Mae graddiant y gromlin yn negatif.

$y \propto \dfrac{1}{x^2}$

Darganfyddwch y fformiwla ar gyfer

x	5	10
y	8	2

Datrysiad

Y fformiwla ar gyfer y berthynas hon yw $x^2y = k$, lle mae k yn gysonyn.

$x^2y = k$ I ddarganfod gwerth k, rhowch werth x yn 5
$5^2 \times 8 = k$ a gwerth y yn 8 yn yr hafaliad.
$25 \times 8 = k$ Gallech ddefnyddio $x = 10$ ac $y = 2$ yn lle'r uchod.
$k = 200$

Y fformiwla yw $x^2y = 200$ neu $y = \dfrac{200}{x^2}$.

Gwiriwch y fformiwla trwy roi'r ail bâr o werthoedd yn yr hafaliad.

$x^2y = 200$
$10^2 \times 2 = 200$
$200 = 200$ ✓

YMARFER 33.4

Ar gyfer pob un o'r perthnasoedd hyn
(a) nodwch y math o gyfrannedd.
(b) darganfyddwch y fformiwla.
(c) lle bo'n briodol, darganfyddwch y gwerth y sydd heb ei gynnwys yn y tabl.

Awgrym: Mae'r ymarfer hwn yn cynnwys pob un o'r pedwar math o gyfrannedd a welsoch yn y bennod hon.

1

x	4	6
y	16	36

2

x	2	5	8
y	8	50	

3

x	6	9
y	12	27

4

x	5	25	35
y	10	250	

5

x	3	6
y	10.8	43.2

6

x	3	6	15
y	25	6.25	

7

x	5	10
y	50	12.5

8

x	2	5	10
y	5	0.8	

9

x	10	20
y	8	2

10

x	8	10	16
y	4	2.56	

■ Her 33.3 ■

Mae rhagor eto o fathau o gyfranedd yn ogystal ag $y \propto x$, $y \propto \dfrac{1}{x}$, $y \propto x^2$ ac $y \propto \dfrac{1}{x^2}$.

Ar gyfer pob un o'r perthnasoedd yn rhannau **(a)** i **(ch)**

(i) nodwch y math o gyfranedd.

(ii) darganfyddwch y fformiwla.

(a)

x	2	5
y	24	375

(b)

x	4	25
y	5	12.5

(c)

x	2	4
y	256	32

(ch)

x	4	25
y	5	2

(d) Mae lori yn cael ei phrofi mewn twnnel gwynt.

Mae gwrthiant y gwynt mewn cyfrannedd â sgwâr buanedd y lori.

Beth sy'n digwydd i wrthiant y gwynt os caiff buanedd y lori

(i) ei haneru?

(ii) ei gynyddu 50%?

(dd) Mae marblen yn cael ei rholio i lawr llethr.

Ar ôl teithio d metr i lawr y llethr, buanedd y farblen yw v metr yr eiliad, lle mae v mewn cyfrannedd ag ail isradd d.

O wybod bod $v = 3.5$ pan fo $d = 3$, cyfrifwch v pan fo $d = 5$.

Mae'r tablau isod yn dangos enghreifftiau o'r amrywiadau canlynol.

$$y \propto x^2, \ y \propto \frac{1}{x^2}, \ y \propto \sqrt{x} \text{ ac } y \propto x^3$$

Ar gyfer pob un o'r perthnasoedd hyn:
(i) nodwch y math o gyfrannedd.
(ii) darganfyddwch y fformiwla.

(a)

x	16	25
y	12	15

(b)

x	2	4
y	12	48

(c)

x	2	3
y	40	135

(ch)

x	3	6
y	4	1

(d)

x	3	6
y	9	72

(dd)

x	4	16
y	8	16

(e)

x	3	10
y	5	0.45

(f)

x	10	8
y	150	96

(a) Mae'n cymryd tîm o 8 dyn 6 diwrnod i gloddio ffos sydd â'i hyd yn 60 metr.
Faint o amser y byddai'n cymryd 10 dyn i gloddio ffos debyg sydd â'i hyd yn 50 metr?

(b) Fel arfer caiff pwll 2250 m³ ei lenwi gan ddefnyddio 4 falf fewnfa mewn cyfnod o 18 awr.
Faint o amser y byddai'n ei gymryd i lenwi pwll 1500 m³ gan ddefnyddio 3 falf debyg?

(c) Mae'n bosibl gwneud cyfanswm o 3200 o wasieri mewn 42 munud gan ddefnyddio 5 peiriant tyllu.
Faint o amser y byddai'n cymryd 3 pheiriant tebyg i wneud 4800 o wasieri?

(ch) Mae cyfanswm o 90 bwrn gwair yn ddigon i fwydo 12 ceffyl am 15 diwrnod.
Faint o fyrnau gwair y byddai eu hangen i fwydo 10 ceffyl am 8 diwrnod?

- **bod cyfrannedd union yn berthynas linol lle bydd un maint yn cynyddu wrth i'r llall gynyddu**

  os yw *y* mewn cyfrannedd union ag *x*, $y \propto x$, yr hafaliad yw $y = kx$ lle mae *k* yn gysonyn
- **bod cyfrannedd gwrthdro yn berthynas aflinol lle bydd un maint yn lleihau wrth i'r llall gynyddu**

  os yw *y* mewn cyfrannedd gwrthdro ag *x*, $y \propto \dfrac{1}{x}$, yr hafaliad yw $y = \dfrac{k}{x}$ lle mae *k* yn gysonyn

- **bod mathau eraill o amrywiad, er enghraifft $y \propto x^2$ ac $y \propto \dfrac{1}{x^2}$**

YMARFER CYMYSG 33

1 **(a)** Mae olwyn beic yn cylchdroi 115 o weithiau ar daith o 300 metr.
Faint o gylchdroeon y bydd yr olwyn yn eu gwneud yn ystod taith o 420 metr?

(b) Mae trên yn teithio 260 metr mewn 5 eiliad.
Pa mor bell y bydd y trên yn teithio ar yr un buanedd mewn 19 eiliad?

(c) Mae car sy'n mynd ar fuanedd cyson yn teithio 38 milltir mewn 57 munud.
Pa mor bell y teithiodd mewn 24 munud?

(ch) Màs cerdyn sydd â'i arwynebedd yn 640 centimetr sgwâr yw 16 gram.
Beth yw màs 1000 centimetr sgwâr o'r cerdyn?

(d) Mae peintio wal sydd â'i harwynebedd yn 18 m^2 yn defnyddio 6.3 litr o baent.
Faint o baent sydd ei angen i beintio wal sydd â'i harwynebedd yn 28 m^2?

2 **(a)** Mae'n cymryd tîm o 5 dyn 8 awr i osod llwybr.
Faint o amser y byddai'n cymryd pedwar dyn i osod y llwybr?

(b) Gall tanc gael ei wacáu gan ddefnyddio 5 pwmp mewn cyfnod o 21 awr.
Faint o amser y bydd yn ei gymryd i wacáu'r tanc gan ddefnyddio 6 phwmp?

(c) Gall tas o wair fwydo 33 ceffyl am 12 diwrnod.
Am faint y byddai'r un das o wair yn bwydo 44 ceffyl?

(ch) Mae cyflenwad o olew yn ddigon i redeg 6 generadur am 12 diwrnod.
Am faint y byddai'r un cyflenwad yn rhedeg 8 generadur?

(d) Gall criw o 15 o osodwyr brics adeiladu wal mewn 8 diwrnod.
Faint o amser y byddai criw o 12 o osodwyr brics yn ei gymryd i adeiladu'r wal?

3   Ar gyfer pob un o'r perthnasoedd hyn
    (i)   nodwch y math o gyfranedd.
    (ii) darganfyddwch y fformiwla.
    (iii) lle bo'n briodol, darganfyddwch y gwerth y sydd heb ei gynnwys yn y tabl.

(a)

x	2	10
y	8	40

(b)

x	4	20	32
y	15	75	

(c)

x	6	15
y	4	10

(ch)

x	30	125	275
y	6	25	

(d)

x	3	6
y	4	2

(dd)

x	4	6	10
y	6	4	

4   Mae cerigyn yn cael ei daflu i fyny yn fertigol â buanedd o b metr yr eiliad. Mae'r cerigyn yn cyrraedd uchder mwyaf o u metr cyn disgyn yn fertigol. Mae'n hysbys bod u mewn cyfranedd union â sgwâr b.
    (a)   O wybod bod cerigyn sy'n cael ei daflu â buanedd o 10 metr yr eiliad yn cyrraedd uchder mwyaf o 5 metr, darganfyddwch fynegiad ar gyfer u yn nhermau b.
    (b)   Cyfrifwch yr uchder mwyaf a gyrhaeddir pan fydd cerigyn yn cael ei daflu â buanedd o 3.5 metr yr eiliad.
    (c)   Mae'r cerigyn yn cyrraedd uchder mwyaf o 4.5 metr. Ar ba fuanedd y taflwyd y cerigyn?

5   O wybod bod y mewn cyfranedd gwrthdro ag x, a bod $y = 6$ pan fo $x = 4$,
    (a)   darganfyddwch fynegiad ar gyfer y yn nhermau x.
    (b)   cyfrifwch y pan fo $x = \frac{1}{2}$.

6   Mae nam ar beiriant pacio. Mae'r pellter, p metr, y bydd y cludfelt yn symud cyn i'r gloch rybudd ganu mewn cyfranedd gwrthdro â sgwâr ei fuanedd, b metr yr eiliad. Canodd y gloch rybudd pan oedd y buanedd yn 5 metr yr eiliad a'r pellter y symudodd y cludfelt yn 10 m.
    (a)   Darganfyddwch fynegiad ar gyfer p yn nhermau b.
    (b)   Cyfrifwch:
        (i) p pan fo $b = 10$ metr yr eiliad.   **(ii)** b pan fo $p = \frac{1}{4}$ m.

34 → HAFALIADAU LLINOL

YN Y BENNOD HON

- **Hafaliad llinell syth yn y ffurf $y = mx + c$**
- **Graddiannau llinellau syth sy'n berpendicwlar i'w gilydd**

DYLECH WYBOD YN BAROD

- **sut i lunio graffiau llinellau syth o wybod eu hafaliadau**
- **sut i ddarganfod graddiant graff llinellau syth**
- **sut i ddarganfod hafaliad llinell yn y ffurf $y = mx + c$, o wybod y graddiant a'r rhyngdoriad y**
- **bod gan linellau paralel yr un graddiant**
- **sut i amnewid (rhoi rhifau yn lle llythrennau) mewn hafaliadau a sut i drin hafaliadau**

Darganfod hafaliad llinell syth yn y ffurf $y = mx + c$

Prawf sydyn 34.1

Darganfyddwch raddiant y llinell sy'n uno pob un o'r parau hyn o bwyntiau.

(a) $(0, 2)$ a $(2, 8)$ **(b)** $(2, 3)$ a $(3, 7)$ **(c)** $(0, 2)$ a $(2, -2)$
(ch) $(-3, -1)$ a $(-1, -5)$ **(d)** $(-1, 1)$ a $(-5, -1)$

Prawf sydyn 34.2

Darganfyddwch raddiant a rhyngdoriad y pob un o'r llinellau hyn.

(a) $y = 2x - 5$ **(b)** $2y = 4x - 9$ **(c)** $6x + 2y = 5$
(ch) $3x - 4y = 6$ **(d)** $2x + 4y = 5$

Dysgoch sut i ddarganfod hafaliad llinell syth ym Mhennod 21.

Darganfyddwch hafaliad y llinell syth hon.

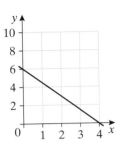

Datrysiad

Graddiant, $m = \dfrac{\text{cynnydd mewn } y}{\text{cynnydd mewn } x}$ Yn gyntaf darganfyddwch raddiant y llinell.

$$= \frac{-6}{4} = -\frac{3}{2}$$

rhyngdoriad y, sef $c = 6$ Mae'r llinell yn croesi'r echelin y yn $(0, 6)$.

$$y = mx + c$$ Amnewidiwch m ac c yn yr hafaliad ar gyfer llinell syth.

$$y = -\tfrac{3}{2}x + 6$$ Lluoswch y ddwy ochr â 2 i gael gwared â'r ffracsiwn.

$$2y = -3x + 12$$ Adiwch $3x$ at y ddwy ochr i gael gwared â'r term negatif.

$$3x + 2y = 12$$

Darganfyddwch hafaliad y llinell sydd â'r graddiant $-\tfrac{2}{3}$, ac sy'n mynd trwy'r pwynt $(4, 0)$.

Datrysiad

Hafaliad llinell syth yw $y = mx + c$.

Yr hafaliad yw $y = -\tfrac{2}{3}x + c$.   Rydym yn gwybod y graddiant, m.

$$y = -\tfrac{2}{3}x + c$$ I ddarganfod y rhyngdoriad y, sef c, rhowch gyfesurynnau'r

$$0 = -\tfrac{2}{3} \times 4 + c$$ pwynt penodol ($x = 4$ ac $y = 0$) yn yr hafaliad.

$$0 = -\tfrac{8}{3} + c$$

$$c = \tfrac{8}{3}$$

Felly $y = -\tfrac{2}{3}x + \tfrac{8}{3}$ Lluoswch y ddwy ochr â 3 i gael gwared â'r ffracsiwn.

$$3y = -2x + 8$$ Adiwch $2x$ at y ddwy ochr i gael gwared â'r term negatif.

$$2x + 3y = 8$$

Darganfyddwch hafaliad y llinell sy'n mynd trwy (4, 6) a (6, 2).

Datrysiad

Graddiant, $m = \dfrac{\text{cynnydd mewn } y}{\text{cynnydd mewn } x}$ Yn gyntaf darganfyddwch raddiant y llinell.

$$= \frac{2-6}{6-4}$$

$$= \frac{-4}{2}$$

$$= -2$$

Yr hafaliad yw $y = -2x + c$

$$y = -2x + c$$
$$6 = -2 \times 4 + c$$
$$6 = -8 + c$$
$$6 + 8 = c$$
$$c = 14$$

I ddarganfod y rhyngdoriad y, sef c, rhowch gyfesurynnau un o'r pwyntiau penodol (yma $x = 4$ ac $y = 6$) yn yr hafaliad.

Felly $y = -2x + 14$ Adiwch $2x$ at y ddwy ochr i gael gwared â'r term negatif.
$$2x + y = 14$$

Gallech hefyd fod wedi darganfod hafaliad y llinell yn Enghraifft 34.3 trwy dynnu'r llinell trwy'r ddau bwynt a'i hestyn at y man lle mae'n torri'r echelin y, ac yna darganfod y graddiant a'r rhyngdoriad y o'r graff.

AWGRYM

Dylech allu darganfod hafaliad llinell heb dynnu'r llinell, ond mae'n ddefnyddiol lluniadu hynny fel braslun er mwyn gwirio.

◎ YMARFER 34.1

Darganfyddwch hafaliad pob un o'r llinellau syth hyn.

1

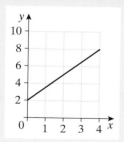

2

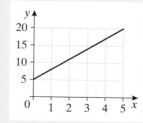

3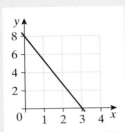

4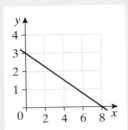

5 Llinell â graddiant $\frac{2}{3}$, sy'n mynd trwy'r pwynt $(2, 3)$.

6 Llinell â graddiant $-\frac{3}{4}$, sy'n mynd trwy'r pwynt $(3, 0)$.

7 Llinell sy'n mynd trwy $(1, 4)$ a $(4, 7)$.

8 Llinell sy'n mynd trwy $(2, 3)$ a $(5, 9)$.

9 Llinell sy'n mynd trwy $(-1, 5)$ a $(3, -7)$.

10 Llinell sy'n mynd trwy $(3, 1)$ a $(6, -1)$.

Her 34.1

(a) Edrychwch ar y ddau graff hyn.

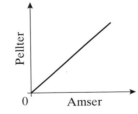

Beth mae graddiant pob un o'r graffiau hyn yn ei gynrychioli?

(b) Mae gronyn yn cyflymu ar $40 \, \text{m/s}^2$ (metrau yr eiliad sgwâr).
Ei gyflymder cychwynnol oedd $25 \, \text{m/s}$.
Darganfyddwch yr hafaliad sy'n cysylltu'r cyflymder, v, a'r amser, t.

(c) Caiff pêl ei thaflu i'r awyr.
Ei chyflymder ar ôl dwy eiliad yw $15 \, \text{m/s}$.
Yr arafiad o ganlyniad i ddisgyrchiant yw $10 \, \text{m/s}^2$.
Darganfyddwch yr hafaliad sy'n cysylltu'r cyflymder, v, a'r amser, t.

Archwilio graddiannau

Sylwi 34.1

(a) Lluniadwch bob un o'r parau canlynol o linellau ar bâr gwahanol o echelinau.
Defnyddiwch werthoedd x ac y o -6 i 6.

(i) $y = x$ ac $y = -x$

(ii) $y = 2x$ ac $y = -\frac{1}{2}x$

(iii) $y = 5x$ ac $y = -\frac{1}{5}x$

(iv) $y = 4x$ ac $y = -0.25x$

(v) $y = 2x$ ac $x + 2y = 6$

(b) Beth welwch chi ym mhob pâr a luniadwyd gennych?
Allwch chi weld cysylltiad rhyngddynt?
Darganfyddwch fwy o barau sy'n rhoi'r un canlyniad.

Dysgoch ym Mhennod 21 fod gan **linellau paralel** yr un graddiant.

Mae yna gysylltiad hefyd rhwng graddiannau **llinellau perpendicwlar**.

Os oes gan linell raddiant m, yna graddiant y llinell berpendicwlar yw $-\dfrac{1}{m}$.

Lluoswm y ddau raddiant yw -1.

Blwch profi 34.1

Defnyddiwch briodweddau trionglau i brofi os oes gan linell raddiant m,
yna graddiant y llinell berpendicwlar yw $-\dfrac{1}{m}$.

Datrysiad

Mae dwy linell, AB ac CD, yn croesi ar ongl sgwâr yn P.

Gadewch i raddiant AB fod yn $m = \dfrac{BC}{AC}$ ac i raddiant CD fod

yn $n = -\dfrac{AD}{AC}$.

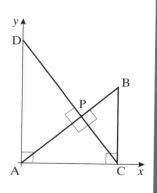

Yn y trionglau ABC ac ADC:
Mae ongl ACB = ongl DAC.
Mae ongl BAC = ongl ADC.
Felly mae'r trionglau ABC
ac ADC yn gyflun.

Mae'r ddwy'n 90°.
Mae'r ddwy'n 90° − ongl PAD.
Maen nhw'n hafalonglog.

yn parhau ...

■ Prawf sydyn 34.3 ■

Ar bâr o echelinau, lluniadwch ddwy linell sy'n berpendicwlar. Gwiriwch fod eu graddiannau'n bodloni'r rheol uchod.

Gwnewch hyn eto ar gyfer parau gwahanol o linellau.

AWGRYM

Wrth dynnu llinellau perpendicwlar, gwnewch yn siŵr fod y raddfa yr un fath ar y ddwy echelin.

Os byddwn yn gwybod hafaliad llinell, gallwn ddarganfod hafaliad unrhyw linell sydd naill ai'n baralel iddi neu'n berpendicwlar iddi.

ENGHRAIFFT 34.4

Darganfyddwch hafaliad y llinell sy'n baralel i'r llinell $2y = 3x + 4$ ac sy'n mynd trwy'r pwynt $(3, 2)$.

Datrysiad

Graddiant y llinell $2y = 3x + 4$ yw 1.5.
Felly, hafaliad y llinell baralel yw $y = 1.5x + c$.
(Mae gan y llinell baralel yr un graddiant.)

$y = 1.5x + c$ I ddarganfod y rhyngdoriad y, sef c, rhowch
$2 = 1.5 \times 3 + c$ gyfesurynnau'r pwynt penodol ($x = 3$ ac $y = 2$)
$2 = 4.5 + c$ yn yr hafaliad.
$c = 2 - 4.5$
$c = -2.5$

Felly $\quad y = 1.5x - 2.5$ Lluoswch y ddwy ochr â 2 i wneud yr holl gyfernodau'n
$\qquad\quad 2y = 3x - 5$ rhifau cyfan.

ENGHRAIFFT 34.5

Darganfyddwch hafaliad y llinell sy'n croesi'r llinell $y = 2x - 5$ ar ongl sgwâr yn y pwynt (3, 1).

Datrysiad

Graddiant y llinell $y = 2x - 5$ yw 2.

Graddiant y llinell berpendicwlar yw $-\frac{1}{2}$.

(Gan mai graddiant y llinell berpendicwlar yw $-\frac{1}{m}$.)

Felly hafaliad y llinell berpendicwlar yw $y = -\frac{1}{2}x + c$.

$$y = -\frac{1}{2}x + c$$
$$1 = -\frac{1}{2} \times 3 + c$$
$$2 = -3 + 2c$$
$$2c = 5$$
$$c = 2.5$$

I ddarganfod y rhyngdoriad y, sef c, rhowch gyfesurynnau'r pwynt penodol ($x = 3$, $y = 1$) yn yr hafaliad.

Felly $\quad y = -\frac{1}{2}x + 2.5$

$\quad\quad x + 2y = 5$

Lluoswch y ddwy ochr â 2 i wneud yr holl gyfernodau'n rhifau cyfan.

AWGRYM

Bydd llinell sy'n baralel i $y = mx + c$ yn y ffurf $y = mx + d$, lle mae c a d yn gysonion.

Bydd llinell sy'n berpendicwlar i $y = mx + c$ yn y ffurf $y = -\frac{1}{m}x + e$, lle mae c ac e yn gysonion.

ENGHRAIFFT 34.6

Lluniadwch bâr o echelinau a'u labelu o 0 i 4 ar gyfer x ac o -1 i 7 ar gyfer y.
Lluniadwch linell $y = 2x - 1$. Lluniadwch hefyd:
(a) llinell sy'n baralel i $y = 2x - 1$.
(b) llinell sy'n berpendicwlar i $y = 2x - 1$.
Darganfyddwch hafaliadau'r ddwy linell.

Mae llawer o ddatrysiadau i'r cwestiwn hwn.

Y llinellau sydd wedi eu lluniadu ar y diagram hwn yw

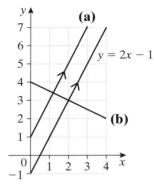

(a) $y = 2x + 1$ Paralel i $y = 2x - 1$, felly yr un graddiant, y rhyngdoriad y yw 1.

(b) $y = -\frac{1}{2}x + 4$ Perpendicwlar i $y = 2x - 1$, felly y graddiant yw $-\frac{1}{2}$, y rhyngdoriad y yw 4.

$x + 2y = 8$

◎ YMARFER 34.2

1 Darganfyddwch raddiant llinell sy'n berpendicwlar i'r llinell sy'n uno pob un o'r parau hyn o bwyntiau.

    (a) $(1, 2)$ a $(5, -6)$ **(b)** $(2, 4)$ a $(3, 8)$ **(c)** $(-2, 1)$ a $(2, -4)$

2 Darganfyddwch hafaliad y llinell sy'n mynd trwy $(1, 5)$ ac sy'n baralel i $y = 3x - 3$.

3 Darganfyddwch hafaliad y llinell sy'n mynd trwy $(0, 3)$ ac sy'n baralel i $3x + 2y = 7$.

4 Lluniadwch y llinell $y = 2x$.
Ar yr un graff, lluniadwch linell sy'n baralel iddi a llinell sy'n berpendicwlar iddi. Darganfyddwch hafaliad y naill a'r llall o'r llinellau hyn.

5 **(a)** Lluniadwch y llinell $x + 3y = 6$. Nodwch ei graddiant.
    (b) Lluniadwch linell sy'n berpendicwlar iddi. Nodwch ei graddiant.

6 Darganfyddwch hafaliad y llinell sy'n mynd trwy $(1, 5)$ ac sy'n berpendicwlar i $y = 3x - 1$.

7 Darganfyddwch hafaliad y llinell sy'n mynd trwy $(0, 3)$ ac sy'n berpendicwlar i $2y + 3x = 7$.

8 Pa rai o'r llinellau hyn sydd

    (a) yn baralel?   **(b)** yn berpendicwlar?

    $y = 4x + 3$ $2y - 3x = 5$ $6y + 4x = 1$ $4x - y = 5$

9 Mae dwy linell yn croesi ar ongl sgwâr yn y pwynt $(5, 3)$. Mae un yn mynd trwy $(6, 0)$. Beth yw hafaliad y llinell arall?

10 Yn y diagram mae AB a BC yn ddwy o ochrau'r sgwâr ABCD. Cyfrifwch

(a) hafaliad y llinell AD.
(b) hafaliad y llinell DC.
(c) cyfesurynnau D.

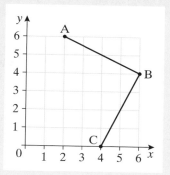

Her 34.2

(a) Beth sy'n digwydd pan fyddwch yn ceisio datrys yr hafaliadau cydamserol hyn?

$$2x - y = 2$$
$$2x - y = -1$$

(b) Eglurwch y canlyniad yn nhermau graffiau'r llinellau.

RYDYCH WEDI DYSGU

- sut i ddarganfod hafaliad unrhyw linell syth yn y ffurf $y = mx + c$
- os oes gan linellau perpendicwlar y graddiannau m ac n, fod $m = -\dfrac{1}{n}$

1 Lluniadwch bob un o'r llinellau hyn ar bâr gwahanol o echelinau.
   Defnyddiwch werthoedd x ac y fel y nodwyd.
   (a) $2x + 3y = 9$ x: 0 i 5 y: 0 i 5
   (b) $5x + 2y + 10 = 0$ x: −2 i 0 y: −5 i 0

2 Darganfyddwch hafaliad pob un o'r llinellau hyn.

   (a)

   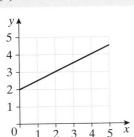

   (b)

   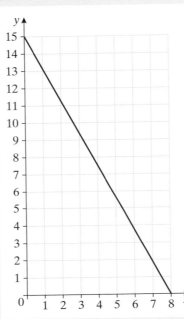

   (c)

   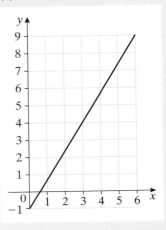

3 Darganfyddwch hafaliad pob un o'r llinellau hyn.
   (a) llinell â graddiant 3 sy'n mynd trwy $(0, 2)$.
   (b) llinell â graddiant −2 sy'n mynd trwy $(1, 4)$.
   (c) llinell â graddiant $\frac{1}{2}$, sy'n mynd trwy $(2, 6)$.

4 Darganfyddwch raddiant pob un o'r llinellau hyn.

   (a) $y = 4x - 1$ **(b)** $5y = 2x + 3$ **(c)** $2x + 3y = 18$ **(ch)** $6x + y = 4$

5 Darganfyddwch hafaliad y llinell sy'n uno pob un o'r parau hyn o bwyntiau.

   (a) $(4, 0)$ a $(6, 5)$ **(b)** $(1, 2)$ a $(6, 4)$ **(c)** $(2, 3)$ a $(5, -6)$

6 Darganfyddwch hafaliad pob un o dair ochr y triongl ABC.

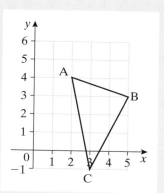

7 Darganfyddwch hafaliad y llinellau hyn.
   (a) llinell sy'n baralel i $y = 7x + 4$ ac sy'n mynd trwy $(5, 1)$.
   (b) llinell sy'n baralel i $2y = 5x + 4$ ac sy'n mynd trwy $(4, 0)$.
   (c) llinell sy'n baralel i $5x + 4y = 3$ ac sy'n mynd trwy $(2, -1)$.

8 Darganfyddwch hafaliad y llinellau hyn.
   (a) llinell sy'n berpendicwlar i $y = 2x + 4$ ac sy'n mynd trwy $(2, 1)$.
   (b) llinell sy'n berpendicwlar i $3y = 2x + 7$ ac sy'n mynd trwy $(0, 1)$.
   (c) llinell sy'n berpendicwlar i $2x + 5y = 4$ ac sy'n mynd trwy $(1, -3)$.

9 Lluniadwch echelinau a'u labelu o 0 i 8 ar gyfer x ac y.
   (a) **(i)** Lluniadwch y llinell sy'n mynd trwy $(0, 8)$ a $(6, 0)$.
   　　(ii) Beth yw hafaliad y llinell hon?
   (b) **(i)** Lluniadwch y llinell baralel sy'n mynd trwy $(0, 6)$.
   　　(ii) Ble mae'r llinell hon yn croesi'r echelin x?
   (c) **(i)** Lluniadwch y llinell sy'n berpendicwlar i'r ddwy linell hyn ac sy'n mynd trwy'r tarddbwynt.
   　　(ii) Beth yw hafaliad y llinell hon?

10 Tair o gorneli paralelogram yw A $(1, 6)$, B $(3, 4)$ ac C $(5, 8)$.
   (a) Darganfyddwch hafaliad AD.
   (b) Heb lunio'r graff, darganfyddwch gyfesurynnau D.

35 → CYFATHIANT A PHRAWF

YN Y BENNOD HON

- **Datrys problemau geometreg a rhoi rhesymau/prawf ar gyfer eich datrysiadau**
- **Adnabod trionglau cyfath a gweithio gyda nhw**

DYLECH WYBOD YN BAROD

- **y ffeithiau am onglau yn achos llinellau paralel: bod onglau eiledol, *a* a *b*, yn hafal a bod onglau cyfatebol, *a* ac *c*, yn hafal**

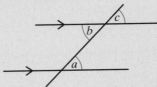

- **bod yr onglau mewn triongl yn adio i 180°**
- **bod yr onglau ar linell syth yn adio i 180°**
- **bod ongl allanol triongl yn hafal i swm yr onglau mewnol cyferbyn**

Priodweddau onglau trionglau

Ym Mhennod 3 dysgoch sut i ddefnyddio priodweddau llinellau paralel i brofi bod yr onglau mewn triongl yn adio i 180°.

Prawf sydyn 35.1

Defnyddiwch y diagram i ysgrifennu prawf bod yr onglau mewn triongl yn adio i 180°. Cofiwch roi rheswm dros bob cam.

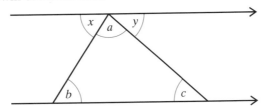

Ym Mhennod 3 gwelsoch un ffordd o brofi bod ongl allanol triongl yn hafal i swm yr onglau mewnol cyferbyn. Mae dull arall o brofi'r ffaith hon yn defnyddio priodweddau llinellau paralel.

Defnyddiwch briodweddau llinellau
paralel i brofi bod ongl allanol triongl
yn hafal i swm yr onglau mewnol cyferbyn.

Datrysiad

Caiff llinell sy'n baralel i AB ei llunio o C,
fel yn y diagram.

$a = y$ Onglau cyfatebol
$b = x$ Onglau eiledol

Felly
$a + b = x + y$ Gan fod yr onglau mewn triongl yn adio i $180°$ a bod yr onglau ar linell
                syth yn adio i $180°$.

Mae hyn yn profi bod ongl allanol triongl yn hafal i swm yr onglau mewnol cyferbyn.

Trionglau cyfath

Ym Mhennod 27 dysgoch fod dau driongl yn **gyflun** os yw eu honglau i gyd
yr un fath. Os yw onglau'r ddau driongl yr un fath, mae eu hochrau i gyd yn
yr un gymhareb. Maent â'r un siâp ond nid o reidrwydd â'r un maint.

Mae dau driongl yn **gyfath** os ydynt â'r un siâp ac â'r un maint. Mae hynny'n
golygu y byddant yn ffitio yn union ar ben ei gilydd pan fydd un ohonynt yn
cael ei gylchdroi, ei adlewyrchu neu ei drawsfudo.

Ar gyfer pob un o'r trionglau canlynol:

(i) Lluniwch y triongl.
Bydd angen defnyddio cwmpas ar gyfer rhai ohonynt.

(ii) Cymharwch bob un o'r trionglau â thrionglau aelodau
eraill o'r dosbarth.
Ydyn nhw i gyd yn gyfath?

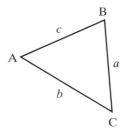

(a) $a = 4\,cm$, $b = 5\,cm$, $c = 6\,cm$
(b) $A = 50°$, $b = 5\,cm$, $c = 6\,cm$
(c) $A = 50°$, $B = 60°$, $c = 6\,cm$
(ch) $A = 90°$, $a = 10\,cm$, $b = 6\,cm$
(d) $A = 20°$, $a = 6\,cm$, $b = 10\,cm$

Mae dau driongl yn gyfath os caiff unrhyw un o'r amodau hyn ei fodloni.

- Mae tair ochr un triongl yn hafal i dair ochr gyfatebol y triongl arall (ochr, ochr, ochr).

 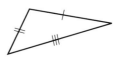

- Mae dwy o ochrau un triongl a'r ongl gynwysedig yn hafal i ddwy o ochrau'r triongl arall a'u hongl gynwysedig (ochr, ongl, ochr).

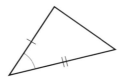 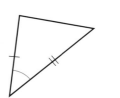

- Mae dwy o onglau un triongl a'r ochr rhyngddynt yn hafal i ddwy o onglau'r triongl arall a'r ochr rhyngddynt (ongl, ochr, ongl).

- Mae yna ongl sgwâr yn y naill driongl a'r llall ac mae hypotenws ac un o ochrau eraill y naill driongl yn hafal i hypotenws ac un o ochrau'r llall (ongl sgwâr, hypotenws, ochr).

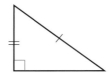 

ENGHRAIFFT 35.1

Nodwch a ydy pob un o'r parau hyn o drionglau yn gyfath ai peidio. Os ydy'r trionglau'n gyfath, rhowch reswm dros eich ateb.

(a)

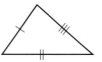

(b)

(c)

 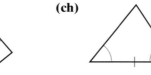

(ch)

(d)

(dd)

Datrysiad

(a) Cyfath: ochr, ochr, ochr
(b) Cyfath: ochr, ongl, ochr
(c) Ddim yn gyfath
(ch) Cyfath : ongl, ochr, ongl
(d) Ddim yn gyfath
(dd) Cyfath: mae'r onglau sydd heb eu nodi yn hafal hefyd, ongl, ochr, ongl

Blwch profi 35.2

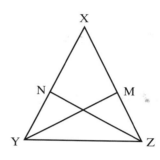

Mae'r triongl XYZ yn isosgeles gydag XY = XZ.

Mae hanerydd ongl Y yn cyfarfod ag XZ yn M; mae hanerydd ongl Z yn cyfarfod ag XY yn N.

Profwch fod YM = ZN.

Datrysiad

Mae $X\hat{Y}Z = X\hat{Z}Y$

felly
$M\hat{Y}Z = N\hat{Z}Y$.

Mae onglau sail triongl isosgeles yn hafal.

Gan fod YM yn haneru $X\hat{Y}Z$ a bod ZN yn haneru $X\hat{Z}Y$.

Yn y trionglau YMZ a ZNY, mae YZ yn gyffredin.

Felly mae'r trionglau YMZ a ZNY yn gyfath. Ongl, ochr, ongl

Felly mae YM = ZN.

YMARFER 35.1

1 Mae ABC yn driongl isosgeles gydag AC = BC.
Mae X ac Y yn bwyntiau ar AC a BC fel bod
CX = CY.

Profwch fod y triongl CXB yn gyfath â'r triongl CYA.

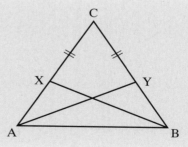

2 Yn y diagram hwn mae DX = XC,
DV = ZC ac mae AB yn baralel i DC.

Profwch fod y triongl DBZ yn gyfath
â'r triongl CAV.

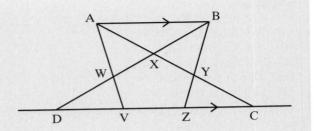

3 Mae'r ddau driongl hyn yn gyfath.

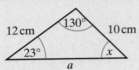

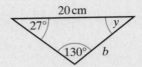

(a) Ysgrifennwch hyd yr ochrau *a* a *b*.
(b) Ysgrifennwch faint yr onglau *x* ac *y*.

4 Rhombws yw PQRS. Mae PQ = QR = RS = SP.
Mae PQ yn baralel i RS, mae QR yn baralel i PS.
(a) Profwch fod
    (i) y trionglau PQX ac RSX yn gyfath.
    (ii) y trionglau PSX a QRX yn gyfath.
(b) Profwch mai X yw canolbwynt SQ a PR,
    a thrwy hynny fod croesliniau rhombws
    yn croestorri ar ongl sgwâr.

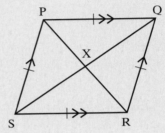

5 Pa ddau o'r trionglau hyn sy'n gyfath?

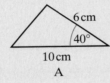

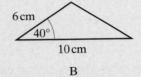

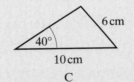

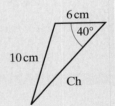

6 Sgwâr yw ABCD. P, Q, R ac S yw canolbwyntiau'r
ochrau.

Profwch mai sgwâr yw'r pedrochr PQRS.

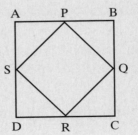

7 Yn y diagram hwn CD yw hanerydd A$\hat{C}$B ac mae AE yn baralel i DC.

Profwch fod AC = CE.

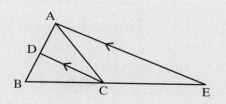

8 Yn y diagram hwn mae AB = AC, mae CD yn baralel i BA, mae CD = CB ac mae B$\hat{A}$C = 40°.

Cyfrifwch faint yr ongl DBC, gan roi rhesymau dros eich ateb.

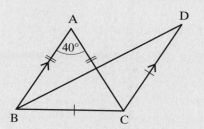

9 Yn y diagram hwn, mae C$\hat{B}$X = 122°, D$\hat{E}$C = 33° ac mae AX yn baralel i DY.

Cyfrifwch faint B$\hat{A}$D a B$\hat{C}$Y, gan roi rhesymau dros eich ateb.

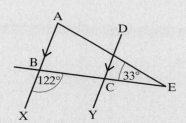

10 Yn y triongl ABC, mae BD yn haneru'r ongl A$\hat{B}$C, A$\hat{C}$B = 80° ac mae BD = BC.

Profwch fod B$\hat{A}$C = 60°.

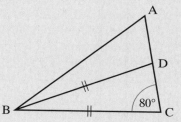

11 Triongl ongl sgwâr yw ABC. Mae A$\hat{C}$B = 55° ac mae'r ongl PQC = 90°.

Profwch fod yr ongl a = 145°.

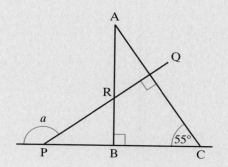

Her 35.1

Lluniadwch driongl sydd ag un ochr yn 6 cm ac sydd â'r onglau 35°, 66° a 79°.

Cymharwch eich triongl â thrionglau aelodau eraill o'r dosbarth.
Ydyn nhw i gyd yn gyfath? Os 'Nac ydynt' yw'r ateb, faint o drionglau gwahanol sydd?

Ydy'r trionglau i gyd yn gyflun?

Her 35.2

Mae ffigurau plân eraill ar wahân i drionglau, er enghraifft petryalau ac octagonau, yn gallu bod yn gyfath.

Mae gan ddau betryal yr un arwynebedd a'r un perimedr.
Ydy hyn yn golygu bod yn rhaid iddynt fod yn gyfath?
Eglurwch eich ateb.

RYDYCH WEDI DYSGU

- bod dau driongl yn gyfath os yw un o'r pedwar gosodiad hyn yn wir
  - bod tair ochr gyfatebol y trionglau yn hafal (ochr, ochr, ochr)
  - bod dwy ochr a'r ongl gynwysedig yn y ddau driongl yn hafal (ochr, ongl, ochr)
  - bod dwy ongl a'r ochr rhyngddynt yn y ddau driongl yn hafal (ongl, ochr, ongl)
  - bod y ddau driongl yn rhai ongl sgwâr a bod yr hypotenws ac un ochr arall yn y ddau driongl yn hafal (ongl sgwâr, hypotenws, ochr)

1   Yn y diagram hwn mae PQ yn baralel i SR,
    mae SP = SR, SP̂R = 66° a PQ̂S = 22°.

    Darganfyddwch faint yr onglau *x*, *y*, *z*, gan roi
    rhesymau dros eich atebion.

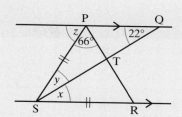

2   Cyfrifwch faint yr onglau *x*, *y* a *z*, gan roi rhesymau
    dros eich atebion.

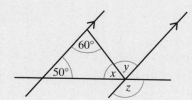

3   Pedrochr yw ABCD. Mae CB̂A = 70°,
    BÂD = 80° ac AD̂C = 130°.
    Mae CA yn haneru DĈB.

    Profwch fod y triongl CAB yn isosgeles.

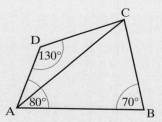

4   Darganfyddwch faint yr onglau *a* a *b*, gan roi
    rhesymau dros eich atebion.

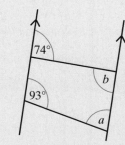

5   Darganfyddwch faint *x*, gan roi rhesymau dros
    eich ateb.

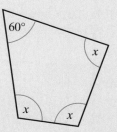

6   Defnyddiwch drionglau cyfath i brofi bod croesliniau barcut yn croesi ar ongl sgwâr.

7   Mae dwy linell syth, AB ac CD, yn haneru ei gilydd ar ongl sgwâr yn E.
    Profwch fod hyd y llinellau syth AC, CB, BD a DA yn hafal.

Datrys hafaliadau cwadratig

Ym Mhennod 15 dysgoch fod ffwythiant **cwadratig** yn ffwythiant lle mae pŵer uchaf x yn 2, ac ym Mhennod 28 dysgoch sut i **ffactorio** mynegiad cwadratig.

Mae angen i chi allu datrys hafaliadau cwadratig hefyd.

Sylwi 36.1

Darganfyddwch ddau rif sy'n lluosi â'i gilydd i roi sero.

Os yw dau rif, A a B, o fath fel bod A × B = 0, naill ai mae A = 0 neu mae B = 0.

Gallwn ddefnyddio'r ffaith hon i ddatrys hafaliadau lle mae'r ochr chwith wedi ei ffactorio ac mae'r ochr dde yn sero.

ENGHRAIFFT 36.1

Datryswch bob un o'r mynegiadau cwadratig hyn.
(a) $x(x - 3) = 0$
(b) $(x + 2)(x - 3) = 0$
(c) $(2x - 5)(x + 1) = 0$

Datrysiad

(a) $x(x - 3) = 0$

Naill ai $x = 0$ neu $x - 3 = 0$ Y ddau ffactor yw x ac $x - 3$.

                Os yw $x - 3 = 0$

                    $x = 3$

Mae dau ddatrysiad posibl i'r hafaliad: $x = 0$ neu $x = 3$.

Mae'r ddau ateb hyn yn ddatrysiadau dilys i'r hafaliad.

(b) $(x + 2)(x - 3) = 0$

Naill ai $x + 2 = 0$ neu $x - 3 = 0$

   Os yw $x + 2 = 0$ Os yw $x - 3 = 0$

           $x = -2$ $x = 3$

Datrysiadau: $x = -2$ neu $x = 3$

(c) $(2x - 5)(x + 1) = 0$

Naill ai $2x - 5 = 0$ neu $x + 1 = 0$

   Os yw $2x - 5 = 0$ Os yw $x + 1 = 0$

            $2x = 5$ $x = -1$

             $x = 2\frac{1}{2}$

Datrysiadau: $x = 2\frac{1}{2}$ neu $x = -1$

AWGRYM

Mae dau ddatrysiad i hafaliad cwadratig bob tro, er y gallant fod yr un fath.

AWGRYM

Mae arwydd yr ateb yn groes i'r arwydd sydd yn y set o gromfachau.

⊙ YMARFER 36.1

Datryswch bob un o'r hafaliadau cwadratig hyn.

1 $x(x + 2) = 0$ **2** $(x - 5)(x - 1) = 0$

3 $(x - 4)(x + 3) = 0$ **4** $(x + 2)(x + 7) = 0$

5 $2x(x - 3) = 0$ **6** $(x + 4)(x - 4) = 0$

7 $(x + 10)(x - 6) = 0$ **8** $(x - 7)(2x - 3) = 0$

9 $(x + 4)(2x - 1) = 0$ **10** $(2x - 5)(3x + 1) = 0$

11 $(3x + 7)(2x - 9) = 0$ **12** $5x(4x + 1) = 0$

Datrys hafaliadau cwadratig trwy ffactorio

Os yw ochr chwith hafaliad cwadratig heb ei ffactorio yn barod, byddwn
yn ei ffactorio yn gyntaf.

ENGHRAIFFT 36.2

Datryswch bob un o'r hafaliadau cwadratig hyn.

(a) $x^2 + 5x = 0$ **(b)** $x^2 - 25 = 0$ **(c)** $x^2 - 5x + 6 = 0$

(ch) $2x^2 - 7x - 15 = 0$ **(d)** $x^2 - 6x + 9 = 0$

Datrysiad

(a) $x^2 + 5x = 0$

       $x(x + 5) = 0$ Rhowch y ffactor cyffredin, sef x, y tu allan.

      $x = 0$ neu $x + 5 = 0$

                            $x = -5$

Datrysiadau: $x = 0$ neu $x = -5$

(b) $x^2 - 25 = 0$

    $(x - 5)(x + 5) = 0$ Dyma'r gwahaniaeth rhwng dau sgwâr.

      $x - 5 = 0$ neu $x + 5 = 0$

          $x = 5$ $x = -5$

Datrysiadau: $x = 5$ neu $x = -5$

> **AWGRYM**
>
> Gallwn ysgrifennu'r datrysiadau hyn fel
> $x = \pm 5$.

(c) $x^2 - 5x + 6 = 0$

    $(x - 2)(x - 3) = 0$ Ffactoriwch trwy ddefnyddio dau bâr o gromfachau.

      $x - 2 = 0$ neu $x - 3 = 0$

         $x = 2$ $x = 3$

Datrysiadau: $x = 2$ neu $x = 3$

(ch) $2x^2 - 7x - 15 = 0$

    $(2x + 3)(x - 5) = 0$ Ffactoriwch trwy ddefnyddio dau bâr o gromfachau.

           $2x + 3 = 0$ neu $x - 5 = 0$

              $2x = -3$ $x = 5$

                $x = -1\frac{1}{2}$

Datrysiadau: $x = -1\frac{1}{2}$ neu $x = 5$

(d)

$$x^2 - 6x + 9 = 0$$
$$(x - 3)(x - 3) = 0$$
$$x - 3 = 0 \quad \text{neu} \quad x - 3 = 0$$
$$x = 3 \qquad\qquad x = 3$$

Ffactoriwch trwy ddefnyddio dau bâr o gromfachau.

Datrysiad: $x = 3$

Mae'r ddau ddatrysiad yr un fath pan fydd y mynegiad cwadratig yn ffactorio'n 'sgwâr perffaith', yn yr achos hwn $(x - 3)^2$. Weithiau byddwn yn defnyddio'r term 'datrysiad wedi'i ailadrodd' am hyn.

AWGRYM

Gall y gwahaniaeth rhwng dau sgwâr gael ei ddatrys trwy ddull arall.

Er enghraifft,

$$x^2 - 25 = 0$$
$$x^2 = 25 \qquad \text{Adiwch 25 at y ddwy ochr.}$$
$$x = \pm 5 \qquad \text{Cymerwch ail isradd y ddwy ochr.}$$

Os byddwch yn defnyddio'r dull hwn, gwnewch yn siŵr na fyddwch yn anghofio'r datrysiad negatif.

YMARFER 36.2

Datryswch bob un o'r hafaliadau cwadratig hyn.

1 $x^2 + 3x + 2 = 0$

2 $x^2 - 6x + 8 = 0$

3 $x^2 + 3x - 4 = 0$

4 $x^2 - 4x - 5 = 0$

5 $x^2 + x - 12 = 0$

6 $x^2 + 7x = 0$

7 $x^2 - 8x + 15 = 0$

8 $x^2 - 4x - 21 = 0$

9 $2x^2 - 8x = 0$

10 $x^2 - 36 = 0$

11 $x^2 + 10x + 16 = 0$

12 $x^2 - 5x - 24 = 0$

13 $x^2 + 5x - 6 = 0$

14 $x^2 - 11x + 18 = 0$

15 $4x^2 - 25 = 0$

16 $x^2 + 8x - 20 = 0$

17 $3x^2 - x = 0$

18 $x^2 - 7x - 30 = 0$

19 $3x^2 + 15x = 0$

20 $x^2 - 9x + 20 = 0$

21 $3x^2 + 4x + 1 = 0$

22 $2x^2 - 7x + 3 = 0$

23 $2x^2 + 3x - 5 = 0$

24 $3x^2 + 7x + 2 = 0$

25 $2x^2 - x - 6 = 0$

26 $3x^2 - 11x + 6 = 0$

27 $5x^2 - 24x - 5 = 0$

28 $6x^2 + x - 2 = 0$

29 $x^2 - 10x + 25 = 0$

30 $15x^2 - 4x - 3 = 0$

31 $2x^2 - 200 = 0$

32 $81 - 4x^2 = 0$

33 $6x^2 - 5x - 6 = 0$

Hafaliadau y mae angen eu had-drefnu yn gyntaf

Os nad yw'r hafaliad yn y ffurf lle mae'r ochr dde'n sero, byddwn yn ei ad-drefnu cyn ffactorio.

ENGHRAIFFT 36.3

Datryswch bob un o'r hafaliadau cwadratig hyn.

(a) $x^2 + 4x = 5$ **(b)** $x^2 = 5x - 6$ **(c)** $3x - x^2 - 2 = 0$

Datrysiad

(a)
$$x^2 + 4x = 5$$
$$x^2 + 4x - 5 = 0$$
$$(x + 5)(x - 1) = 0$$

Tynnwch 5 o'r ddwy ochr.
Ffactoriwch trwy ddefnyddio dwy set o gromfachau.

$$x + 5 = 0 \quad \text{neu} \quad x - 1 = 0$$
$$x = -5 \qquad\qquad x = 1$$

Datrysiadau: $x = -5$ neu $x = 1$

(b)
$$x^2 = 5x - 6$$
$$x^2 - 5x = -6$$
$$x^2 - 5x + 6 = 0$$
$$(x - 2)(x - 3) = 0$$

Tynnwch $5x$ o'r ddwy ochr.
Adiwch 6 at y ddwy ochr.

$$x - 2 = 0 \quad \text{neu} \quad x - 3 = 0$$
$$x = 2 \qquad\qquad x = 3$$

Datrysiadau: $x = 2$ neu $x = 3$

(c)
$$3x - x^2 - 2 = 0$$

Er bod ochr dde'r hafaliad hwn yn sero, mae trefn y termau a'r ffaith bod y term x^2 yn negatif yn broblem.

$$3x - 2 = x^2$$
$$-2 = x^2 - 3x$$
$$0 = x^2 - 3x + 2$$
$$x^2 - 3x + 2 = 0$$
$$(x - 2)(x - 1) = 0$$

Adiwch x^2 at y ddwy ochr.
Tynnwch $3x$ o'r ddwy ochr.
Adiwch 2 at y ddwy ochr.
Cyfnewidiwch yr ochrau fel bo'r sero ar y dde.
Ffactoriwch trwy ddefnyddio dwy set o gromfachau.

$$x - 2 = 0 \quad \text{neu} \quad x - 1 = 0$$
$$x = 2 \qquad\qquad x = 1$$

Datrysiadau: $x = 2$ neu $x = 1$

AWGRYM

Yn lle ad-drefnu'r hafaliad yn Enghraifft 36.3 rhan **(c)**, gallech luosi'r ddwy ochr â -1, sy'n rhoi $-3x + x^2 + 2 = 0$.

Datryswch bob un o'r hafaliadau cwadratig hyn.

1 $x^2 - x = 12$ **2** $x^2 = 3x + 10$ **3** $x^2 = 5x + 14$ **4** $x^2 = 7x - 6$

5 $x^2 = 6x$ **6** $x^2 = 5 - 4x$ **7** $x^2 = 8 + 2x$ **8** $2x^2 = 2 - 3x$

9 $15 + 2x - x^2 = 0$ **10** $4 - 3x - x^2 = 0$

Her 36.1

Rwy'n meddwl am rif. Rwy'n adio 6 ato. Rwy'n lluosi'r canlyniad â'r rhif gwreiddiol ac yn adio 3. Yr ateb yw 58.

Ysgrifennwch hafaliad a'i ddatrys i ddarganfod y rhif gwreiddiol.

Her 36.2

Mae'r diagram yn dangos corlan betryal sydd â ffensin ar dair ochr a wal ar y bedwaredd ochr.

(a) Os oes 50 m o ffensin, darganfyddwch hyd y gorlan yn nhermau x.

(b) Os yw arwynebedd y gorlan yn 272 m², ysgrifennwch hafaliad yn nhermau x a dangoswch ei fod yn symleiddio i

$$x^2 - 25x + 136 = 0.$$

(c) Datryswch eich hafaliad i ddarganfod hyd a lled y gorlan.

Her 36.3

Arwynebedd y triongl yw 6.5 cm².

(a) Ysgrifennwch hafaliad yn nhermau x a'i symleiddio.

(b) Trwy hynny datryswch yr hafaliad i ddarganfod hydoedd AB a BC.

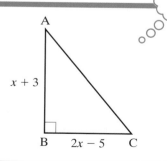

Cwblhau'r sgwâr

(a) Ehangwch a symleiddiwch bob un o'r mynegiadau hyn.
  (i) $(x + m)^2$ **(ii)** $(x - m)^2$

(b) Copïwch bob un o'r hafaliadau hyn a llenwch y bylchau.
Defnyddiwch eich atebion i ran **(a)**.

  (i) $(x + 1)^2 = x^2 + \text{.......} + 1$ **(ii)** $(x + 3)^2 = x^2 + \text{.......} + 9$

  (iii) $(x - 2)^2 = x^2 - \text{.......} + 4$ **(iv)** $(x - 5)^2 = x^2 - \text{.......} + 25$

  (v) $(x + 4)^2 = x^2 + \text{.......} + \text{.......}$ **(vi)** $(x - 10)^2 = x^2 - \text{.......} + \text{.......}$

  (vii) $(x + \frac{1}{2})^2 = x^2 + \text{.......} + \text{.......}$

(c) Edrychwch ar eich atebion i ran **(b)**.
  (i) Os yw $(x + m)^2 = x^2 + nx + m^2$, beth yw'r berthynas rhwng m ac n?
  (ii) Os yw $(x - m)^2 = x^2 - nx + m^2$, beth yw'r berthynas rhwng m ac n?

(ch) Copïwch bob un o'r hafaliadau hyn a llenwch y bylchau.
Defnyddiwch eich atebion i ran **(c)**.

  (i) $x^2 + 4x + 4 = (x + \text{.......})^2$ **(ii)** $x^2 - 6x + 9 = (x - \text{.......})^2$

  (iii) $x^2 + 10x + 25 = (x + \text{.......})^2$ **(iv)** $x^2 - 12x + 36 = (x - \text{.......})^2$

  (v) $x^2 - 8x + 16 = (x - \text{.......})^2$ **(vi)** $x^2 + 14x + 49 = (x + \text{.......})^2$

(d) Copïwch bob un o'r hafaliadau hyn a llenwch y bylchau.
Defnyddiwch eich atebion i ran **(ch)**.

  (i) $x^2 + 4x = (x + \text{.......})^2 - \text{.......}$ **(ii)** $x^2 - 6x = (x - \text{.......})^2 - \text{.......}$

  (iii) $x^2 + 10x = (x + \text{.......})^2 - \text{.......}$ **(iv)** $x^2 - 12x = (x - \text{.......})^2 - \text{.......}$

  (v) $x^2 - 8x = (x - \text{.......})^2 - \text{.......}$ **(vi)** $x^2 + 14x = (x + \text{.......})^2 - \text{.......}$

Gallwn ddatrys hafaliad cwadratig nad yw'n ffactorio trwy **gwblhau'r sgwâr**.

Mae hyn yn golygu ysgrifennu ochr chwith yr hafaliad yn y ffurf $(x \pm m)^2 \pm n$, fel y gwnaethoch yn rhan **(d)** o Sylwi 36.2.

ENGHRAIFFT 36.4

(a) Ysgrifennwch bob un o'r mynegiadau cwadratig hyn yn y ffurf $(x \pm m)^2 \pm n$.
  (i) $x^2 + 6x$ **(ii)** $x^2 - 2x$ **(iii)** $x^2 + 3x$

(b) Ysgrifennwch bob un o'r mynegiadau cwadratig hyn yn y ffurf $(x \pm m)^2 \pm n$.
Defnyddiwch eich atebion i ran **(a)**.
  (i) $x^2 + 6x + 10$ **(ii)** $x^2 - 2x - 3$ **(iii)** $x^2 + 3x - 2$

Datrysiad

(a) (i) $m = 6 \div 2$

  $= 3$ Mae m bob amser yn hanner cyfernod x.

  $n = 3^2$

  $= 9$ Mae n bob amser yn hafal i m^2.

  Felly $x^2 + 6x = (x + 3)^2 - 9$ Mae'r arwydd yn y set o gromfachau bob amser yr un fath â'r arwydd o flaen y term x.

(ii) $m = 2 \div 2$

  $= 1$

  $n = 1^2$

  $= 1$

  Felly $x^2 - 2x = (x - 1)^2 - 1$

(iii) $m = 3 \div 2$

  $= 1.5$

  $n = 1.5^2$

  $= 2.25$

  Felly $x^2 + 3x = (x + 1.5)^2 - 2.25$

(b) (i) Gan fod $x^2 + 6x = (x + 3)^2 - 9$

  wedyn $x^2 + 6x + 10 = (x + 3)^2 - 9 + 10$ Gan fod 10 wedi cael ei adio at yr ochr chwith, mae angen adio 10 at yr ochr dde er mwyn cadw'r hafaledd.

  $x^2 + 6x + 10 = (x + 3)^2 + 1$

(ii) Gan fod $x^2 - 2x = (x - 1)^2 - 1$

  wedyn $x^2 - 2x - 3 = (x - 1)^2 - 1 - 3$ Y tro hwn mae angen tynnu 3 o'r ochr dde.

  $= (x - 1)^2 - 4$

(iii) Gan fod $x^2 + 3x = (x + 1.5)^2 - 2.25$

  wedyn $x^2 + 3x - 4 = (x + 1.5)^2 - 2.25 - 4$ Tynnwch 4 o'r ochr dde.

  $= (x + 1.5)^2 - 6.25$

AWGRYM

Efallai y bydd disgwyl i chi ysgrifennu mynegiad cwadratig yn y ffurf $(x + m)^2 + n$. Cofiwch y gallai m ac n fod yn bositif neu'n negatif.

Neu efallai y bydd cwestiwn yn gofyn i chi 'gwblhau'r sgwâr'. Mae hynny'n golygu 'ysgrifennu'r mynegiad cwadratig yn y ffurf $(x + m)^2 + n$'.

YMARFER 36.4

1 **(a)** Ysgrifennwch bob un o'r mynegiadau cwadratig hyn yn y ffurf $(x + m)^2 + n$.

     (i) $x^2 + 8x$ **(ii)** $x^2 - 10x$ **(iii)** $x^2 + 12x$ **(iv)** $x^2 + x$

   (b) Ysgrifennwch bob un o'r mynegiadau cwadratig hyn yn y ffurf $(x + m)^2 + n$. Defnyddiwch eich atebion i ran **(a)**.

     (i) $x^2 + 8x - 3$ **(ii)** $x^2 - 10x + 31$ **(iii)** $x^2 + 12x - 5$ **(iv)** $x^2 + x + 2$

2 Ar gyfer pob un o'r mynegiadau cwadratig hyn, cwblhewch y sgwâr.

(a) $x^2 + 2x - 3$ (b) $x^2 + 4x - 1$ (c) $x^2 - 6x + 12$

(ch) $x^2 + 10x - 6$ (d) $x^2 - 20x - 50$ (dd) $x^2 + 12x - 1$

(e) $x^2 + 8x + 19$ (f) $x^2 - 3x - 3$ (ff) $x^2 + 5x + 10$

Her 36.4

(a) Cwblhewch y sgwâr i fynegi $4x^2 + 12x - 7$ yn y ffurf $(kx + m)^2 - n$, lle mae k, m ac n yn gyfanrifau positif.

(b) Defnyddiwch eich ateb i ran (a) i ddatrys $4x^2 + 12x - 7 = 0$.

Her 36.5

(a) Cwblhewch y canlynol i ysgrifennu $3x^2 + 6x - 10$ yn y ffurf $k(x + m)^2 - n$, lle mae k, m ac n yn gyfanrifau positif.

$$\begin{aligned}
3x^2 + 6x - 10 &= 3(x^2 + \text{.......}) - 10 \\
&= 3[(x + \text{.......})^2 - \text{.......}] - 10 \\
&= 3(x + \text{.......})^2 - \text{.......} - 10 \\
&= 3(x + \text{.......})^2 - \text{.......}
\end{aligned}$$

(b) Defnyddiwch ddull tebyg i ysgrifennu $2x^2 + 8x - 5$ yn y ffurf $k(x + m)^2 - n$, lle mae k, m ac n yn gyfanrifau positif.

Her 36.6

(a) Beth yw gwerth lleiaf posibl $(x - 3)^2$?
Beth fyddai gwerth x yn yr achos hwnnw?

(b) Beth yw gwerth lleiaf posibl $(x - 3)^2 + 5$?

(c) Beth yw gwerth lleiaf posibl $(x - 3)^2 - 2$?

(ch) Beth yw gwerth lleiaf posibl $(x + 2)^2 + 4$?
Beth fyddai gwerth x yn yr achos hwnnw?

(d) Beth yw gwerth lleiaf posibl $(x - 1)^2 - 6$?
Beth fyddai gwerth x yn yr achos hwnnw?

(dd) Beth yw gwerth lleiaf posibl $(x + m)^2 + n$?
Beth fyddai gwerth x yn yr achos hwnnw?

Datrys hafaliadau cwadratig trwy gwblhau'r sgwâr

Nid yw rhai hafaliadau cwadratig yn ffactorio. Fodd bynnag, os yw'r hafaliad ar ffurf sgwâr wedi'i gwblhau, gall gael ei ddatrys yn hawdd. Rhaid cofio gwneud yr un gweithrediad i'r cyfan o'r ddwy ochr.

ENGHRAIFFT 36.5

Datryswch bob un o'r hafaliadau cwadratig hyn.
(a) $(x - 3)^2 - 8 = 0$
(b) $(x + 2)^2 - 11 = 0$

Datrysiad

(a) $(x - 3)^2 - 8 = 0$

$$(x - 3)^2 = 8 \qquad \text{Adiwch 8 at y ddwy ochr.}$$
$$x - 3 = \pm\sqrt{8} \qquad \text{Cymerwch ail isradd y ddwy ochr.}$$
$$x = \pm\sqrt{8} + 3 \qquad \text{Adiwch 3 at y ddwy ochr.}$$
$$x = +5.83 \text{ neu } x = 0.17 \text{ (i 2 le degol)}$$

AWGRYM

Gan nad yw 8 yn rhif sgwâr perffaith, nid yw'r ateb terfynol i ran (a) yn union a rhaid ei dalgrynnu. Mae'r ateb union yn llinell flaenorol y datrysiad, lle mae wedi ei roi ar **ffurf swrd**: $x = \pm\sqrt{8} + 3$. Byddwch yn dysgu mwy am syrdiau ym Mhennod 38.

(b) $(x + 2)^2 - 11 = 0$

$$(x + 2)^2 = 11 \qquad \text{Adiwch 11 at ddwy ochr.}$$
$$x + 2 = \pm\sqrt{11} \qquad \text{Cymerwch ail isradd y ddwy ochr.}$$
$$x = \pm\sqrt{11} - 2 \qquad \text{Tynnwch 2 o'r ddwy ochr.}$$
$$x = 1.32 \text{ neu } x = -5.32 \text{ (i 2 le degol)}$$

Os nad yw'r hafaliad ar ffurf sgwâr wedi'i gwblhau, mae angen cwblhau'r sgwâr yn gyntaf.

ENGHRAIFFT 36.6

Datryswch bob un o'r hafaliadau cwadratig hyn.

(a) $x^2 - 8x + 10 = 0$

(b) $x^2 + 10x - 9 = 0$

Datrysiad

(a)
$$x^2 - 8x + 10 = 0$$
$$(x - 4)^2 - 16 + 10 = 0 \qquad \text{Yn gyntaf cwblhewch y sgwâr.}$$
$$(x - 4)^2 - 6 = 0$$
$$(x - 4)^2 = 6 \qquad \text{Adiwch 6 at y ddwy ochr.}$$
$$x - 4 = \pm\sqrt{6} \qquad \text{Cymerwch ail isradd y ddwy ochr.}$$
$$x = \pm\sqrt{6} + 4 \qquad \text{Adiwch 4 at y ddwy ochr.}$$
$$x = 6.45 \text{ neu } x = 1.55 \text{ (i 2 le degol)}$$

(b)
$$x^2 + 10x - 9 = 0$$
$$(x + 5)^2 - 25 - 9 = 0 \qquad \text{Yn gyntaf cwblhewch y sgwâr.}$$
$$(x + 5)^2 - 34 = 0$$
$$(x + 5)^2 = 34 \qquad \text{Adiwch 34 at y ddwy ochr.}$$
$$x + 5 = \pm\sqrt{34} \qquad \text{Cymerwch ail isradd y ddwy ochr.}$$
$$x = \pm\sqrt{34} - 5 \qquad \text{Tynnwch 5 o'r ddwy ochr.}$$
$$x = 0.83 \text{ neu } x = -10.83 \text{ (i 2 le degol)}$$

AWGRYM

Os bydd cwestiwn yn gofyn i chi ddatrys hafaliad cwadratig gan roi eich datrysiadau i nifer o leoedd degol neu ffigurau ystyrlon, mae bron yn sicr na fydd yn ffactorio.

YMARFER 36.5

Yn yr ymarfer hwn, rhowch eich holl atebion yn gywir i 2 le degol.

1 Datryswch bob un o'r hafaliadau cwadratig hyn.

(a) $(x - 3)^2 - 10 = 0$ (b) $(x + 1)^2 - 2 = 0$

(c) $(x + 6)^2 - 28 = 0$ (ch) $(x + 4)^2 - 17 = 0$

2 Ar gyfer pob un o'r hafaliadau cwadratig hyn, yn gyntaf cwblhewch y sgwâr ac wedyn datryswch yr hafaliad.

(a) $x^2 - 4x - 10 = 0$ (b) $x^2 + 8x + 11 = 0$ (c) $x^2 - 2x - 7 = 0$

(ch) $x^2 - 10x + 19 = 0$ (d) $x^2 - 12x + 21 = 0$ (dd) $x^2 + 4x - 6 = 0$

(e) $x^2 + 8x + 13 = 0$ (f) $x^2 + 20x + 50 = 0$ (ff) $x^2 - 3x - 11 = 0$

Datrys hafaliadau cwadratig trwy ddefnyddio'r fformiwla

Gallwn ddefnyddio'r dull cwblhau'r sgwâr i ddatrys yr hafaliad cwadratig cyffredinol

$$ax^2 + bx + c = 0.$$

Mae hyn yn arwain at y datrysiad cyffredinol o'r hafaliad cwadratig hwn, sef y **fformiwla gwadratig**.

$$x = \frac{-b \pm \sqrt{b^2 - 4ac}}{2a}$$

AWGRYM

Cofiwch fod $\pm$ yn golygu 'plws neu minws'. Byddwch yn cael y ddau ddatrysiad i'r hafaliad trwy ddefnyddio'r fformiwla gyda $+$ neu $-$ ar wahân.

Nid oes angen i chi wybod sut i brofi'r fformiwla hon, ond gallwch ei wneud trwy gwblhau'r sgwâr.

Gallwn ddefnyddio'r fformiwla i ddatrys hafaliadau cwadratig nad ydynt yn ffactorio.

ENGHRAIFFT 36.7

Datryswch bob un o'r hafaliadau cwadratig hyn. Rhowch eich atebion yn gywir i 2 le degol.
(a) $x^2 + 6x + 2 = 0$ **(b)** $2x^2 - 9x + 5 = 0$ **(c)** $3x^2 - 2x - 7 = 0$

Datrysiad

(a) $x^2 + 6x + 2 = 0$
$a = 1, b = 6$ ac $c = 2$

$$x = \frac{-b \pm \sqrt{b^2 - 4ac}}{2a}$$

$$x = \frac{-6 \pm \sqrt{6^2 - 4 \times 1 \times 2}}{2 \times 1}$$

Rhowch $a = 1, b = 6$ ac $c = 2$ yn yr hafaliad.

$$x = \frac{-6 \pm \sqrt{36 - 8}}{2} = \frac{-6 \pm \sqrt{28}}{2}$$

$$x = \frac{-6 + \sqrt{28}}{2} \quad \text{neu} \quad x = \frac{-6 - \sqrt{28}}{2}$$

Darganfyddwch y ddau ddatrysiad.

$x = -0.35$ neu $x = -5.65$ (i 2 le degol)

AWGRYM

Os ysgrifennwch y fformiwla bob tro y gwnewch yr ychydig o gwestiynau cyntaf, byddwch yn ei dysgu yn haws o lawer.

(b) $2x^2 - 9x + 5 = 0$

$a = 2, b = -9$ ac $c = 5$

$$x = \frac{-b \pm \sqrt{b^2 - 4ac}}{2a}$$

$$x = \frac{9 \pm \sqrt{(-9)^2 - 4 \times 2 \times 5}}{2 \times 2}$$ Rhowch $a = 2, b = -9$ ac $c = 5$ yn yr hafaliad.

$$x = \frac{9 \pm \sqrt{81 - 40}}{4}$$

$$x = \frac{9 \pm \sqrt{41}}{4}$$

$$x = \frac{9 + \sqrt{41}}{4} \quad \text{neu } x = \frac{9 - \sqrt{41}}{4}$$ Darganfyddwch y ddau ddatrysiad.

$x = 3.85$ neu $x = 0.65$ (i 2 le degol)

> **AWGRYM**
>
> Wrth wneud cyfrifiad fel $\dfrac{9 - \sqrt{41}}{4}$ ar gyfrifiannell, cofiwch wasgu'r botwm $\boxed{=}$ ar ôl cyfrifo'r rhifiadur a chyn rhannu â 4, fel arall fe gewch yr ateb anghywir.

(c) $3x^2 - 2x - 7 = 0$

$a = 3, b = -2$ ac $c = -7$

$$x = \frac{-b \pm \sqrt{b^2 - 4ac}}{2a}$$

$$x = \frac{2 \pm \sqrt{(-2)^2 - 4 \times 3 \times (-7)}}{2 \times 3}$$ Rhowch $a = 3, b = -2$ ac $c = -7$ yn yr hafaliad.

$$x = \frac{2 \pm \sqrt{4 + 84}}{6}$$

$$x = \frac{2 \pm \sqrt{88}}{6}$$

$$x = \frac{2 + \sqrt{88}}{6} \quad \text{neu} \quad x = \frac{2 - \sqrt{88}}{6}$$ Darganfyddwch y ddau ddatrysiad.

$x = 1.90$ neu $x = -1.23$ (i 2 le degol)

> **AWGRYM**
>
> Os yw'r ail isradd a gewch chi'n rhif cyfan, yna gallwch ffactorio'r hafaliad.

Hafaliadau cwadratig heb ddatrysiadau real

Os byddwn yn sgwario rhif, bydd y canlyniad yn bositif bob tro, oherwydd bod $+ \times + = +$ a bod $- \times - = +$. Mae hynny'n golygu nad yw ail isradd rhif negatif yn rhif **real**.

Felly, os byddwn yn defnyddio'r fformiwla i ddatrys hafaliad cwadratig a bod y rhif y tu mewn i'r ail isradd ($b^2 - 4ac$) yn mynd yn negatif, nid oes unrhyw ddatrysiadau real i'r hafaliad.

Gallai graff hafaliad cwadratig o'r fath edrych fel hyn.

Sylwch nad yw'r gromlin yn croesi'r echelin x, felly nid oes unrhyw bwynt lle mae $y = 0$.

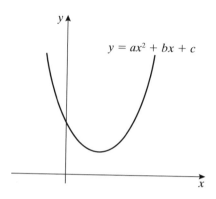

$y = ax^2 + bx + c$

AWGRYM

Yn Ymarfer 36.6 mae ychydig o gwestiynau sydd heb ddatrysiadau real. Fodd bynnag, os bydd cwestiwn yn gofyn i chi ddatrys hafaliad bydd datrysiadau iddo fel arfer. Os bydd y rhif y tu mewn i'r ail isradd yn mynd yn negatif, efallai eich bod wedi gwneud camgymeriad; ewch yn ôl a gwiriwch eich gwaith cyfrifo.

YMARFER 36.6

Datryswch bob un o'r hafaliadau cwadratig hyn trwy ddefnyddio'r fformiwla.
Rhowch eich atebion yn gywir i ddau le degol.
Os nad oes datrysiadau real, nodwch hynny.

1 $x^2 + 8x + 5 = 0$

2 $x^2 - 5x + 3 = 0$

3 $x^2 + 7x - 5 = 0$

4 $x^2 - x - 3 = 0$

5 $2x^2 + 10x + 5 = 0$

6 $x^2 + 3x + 6 = 0$

7 $2x^2 + 4x - 7 = 0$

8 $3x^2 + 8x + 1 = 0$

9 $3x^2 - 6x - 4 = 0$

10 $2x^2 - 9x + 8 = 0$

11 $6x^2 + 3x - 1 = 0$

12 $5x^2 + 8x - 5 = 0$

13 $4x^2 - 12x + 7 = 0$

14 $3x^2 - 5x + 4 = 0$

15 $2x^2 + x - 20 = 0$

16 $7x^2 + 3x - 1 = 0$

17 $x^2 - 2x - 100 = 0$

18 $5x^2 + 11x + 3 = 0$

19 $4x^2 + 7x + 6 = 0$

20 $3x^2 - 6x - 8 = 0$

21 $x^2 + 10x + 11 = 0$

Mae oedran mam Siân yn ddwywaith oedran Siân.

Mae Siân yn cyfrifo mai 1000 yn fras fydd lluoswm eu hoedrannau ymhen 5 mlynedd.

(a) Ysgrifennwch hafaliad yn nhermau x.

(b) Datryswch eich hafaliad i ddarganfod oedran Siân ar hyn o bryd.

RYDYCH WEDI DYSGU

- er mwyn datrys hafaliad cwadratig trwy ffactorio, y byddwch yn casglu'r holl dermau ar un ochr, yn ffactorio'r mynegiad ac yn dod o hyd i'r datrysiad trwy hafalu pob ffactor i sero
- y gallwch ddatrys hafaliad cwadratig nad yw'n ffactorio trwy gwblhau'r sgwâr: ysgrifennu'r hafaliad yn y ffurf $(x \pm m)^2 = n$, lle mae m yn hafal i hanner cyfernod x ac mae n yn hafal i m^2; wedyn cymryd ail isradd y ddwy ochr
- y gallwch hefyd ddatrys hafaliad cwadratig nad yw'n ffactorio trwy ddefnyddio'r fformiwla

  $x = \dfrac{-b \pm \sqrt{b^2 - 4ac}}{2a}$, lle mae a, b ac c yn cynrychioli'r cyfernodau yn yr hafaliad

  $ax^2 + bx + c = 0$

- nad oes datrysiadau real os yw $b^2 - 4ac < 0$

YMARFER CYMYSG 36

1 Datryswch bob un o'r hafaliadau cwadratig hyn.
   (a) $x(x - 6) = 0$　　　　　　　　**(b)** $(x + 3)(x - 7) = 0$
   (c) $(2x + 5)(x - 4) = 0$　　　　**(ch)** $(3x + 4)(5x + 1) = 0$

2 Datryswch bob un o'r hafaliadau cwadratig hyn trwy ffactorio.
   (a) $x^2 + 9x = 0$　　　**(b)** $x^2 - 49 = 0$　　　**(c)** $x^2 + 5x + 4 = 0$
   (ch) $x^2 + 7x - 8 = 0$　**(d)** $x^2 - 9x + 14 = 0$

3 Datryswch bob un o'r hafaliadau cwadratig hyn trwy ffactorio.
   (a) $3x^2 - 12x = 0$　　**(b)** $4x^2 - 25 = 0$　　**(c)** $2x^2 - 5x - 3 = 0$
   (ch) $3x^2 - 7x + 2 = 0$　**(d)** $3x^2 - 5x - 12 = 0$

4 Datryswch bob un o'r hafaliadau cwadratig hyn trwy ad-drefnu a ffactorio.
   (a) $x^2 = 7x$　　　　　**(b)** $x^2 + 3x = 4$　　　**(c)** $x^2 + 7 = 8x$
   (ch) $x^2 = 9x - 20$　　**(d)** $6x^2 = 1 - x$

5 Ysgrifennwch bob un o'r mynegiadau hyn yn y ffurf $(x + m)^2 + n$.

    (a) $x^2 - 2x + 7$ **(b)** $x^2 + 8x - 10$

    (c) $x^2 - 4x - 9$ **(ch)** $x^2 - 5x + 1$

6 Datryswch bob un o'r hafaliadau hyn trwy gwblhau'r sgwâr.
Rhowch eich atebion yn gywir i 2 le degol.

    (a) $x^2 - 6x + 4 = 0$ **(b)** $x^2 + 10x + 5 = 0$

    (c) $x^2 - 4x - 3 = 0$ **(ch)** $x^2 + 3x - 1 = 0$

7 Datryswch bob un o'r hafaliadau hyn trwy ddefnyddio'r fformiwla gwadratig.
Rhowch eich atebion yn gywir i 2 le degol.

    (a) $x^2 - 4x + 2 = 0$ **(b)** $x^2 + 9x + 5 = 0$

    (c) $x^2 - 7x - 4 = 0$ **(ch)** $3x^2 + 6x - 5 = 0$

8 Pa rai o'r hafaliadau hyn sydd heb ddatrysiadau? Dangoswch eich gwaith cyfrifo.

    (a) $x^2 - 4x - 7 = 0$ **(b)** $x^2 + 3x + 4 = 0$

    (c) $x^2 - 5x + 8 = 0$ **(ch)** $4x^2 + 3x - 1 = 0$

9 Arwynebedd y petryal hwn yw 33 cm².

Ysgrifennwch hafaliad yn nhermau x a'i ddatrys
i ddarganfod mesuriadau'r petryal.

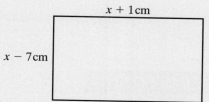

10 Rwy'n meddwl am rif. Rwy'n ei ddyblu ac yn tynnu 3.
Wedyn rwy'n lluosi â'r rhif gwreiddiol.
Yr ateb yw 77.
Tybiwch mai x oedd y rhif gwreiddiol.
Ysgrifennwch hafaliad yn nhermau x a'i ddatrys i ddarganfod y rhif y dechreuais ag ef.

11 Uchder ciwboid yw x cm, ei hyd yw $(x + 3)$ cm a'i led yw $(x + 2)$ cm.
Arwynebedd arwyneb y ciwboid yw 242 cm².

    (a) Dangoswch fod x yn bodloni'r hafaliad $5x^2 + 15x - 236 = 0$.

    (b) Defnyddiwch ddull y fformiwla i ddatrys yr hafaliad $5x^2 + 15x - 236 = 0$, gan roi
datrysiadau i ddau le degol.

    (c) Trwy hynny ysgrifennwch fesuriadau'r ciwboid.

12 (a) Dangoswch fod hypotenws y triongl ongl sgwâr yn y
diagram yn $\sqrt{2(x^2 + 4x + 8)}$.

    (b) Ysgrifennwch hafaliad yn nhermau x a'i ddatrys
i ddarganfod gwerth x yn gywir i un lle degol,
o wybod bod arwynebedd y triongl yn 45.6 cm².

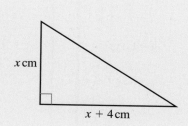

- **Datrys hafaliadau cydamserol pan fo'r ddau hafaliad yn llinol**

- **sut i ddatrys hafaliadau cwadratig trwy ffactorio**

Datrys hafaliadau cydamserol trwy ddefnyddio'r dull dileu

Dysgoch sut i ddatrys **hafaliadau cydamserol** trwy ddefnyddio'r dull dileu ym Mhennod 21.

ENGHRAIFFT 37.1

Datryswch bob un o'r parau hyn o hafaliadau cydamserol.

(a) $3x - 2y = 14$
$x + 2y = 10$

(b) $2x + 3y = 21$
$2x + y = 11$

Datrysiad

(a)

$3x - 2y = 14$	(1)
$x + 2y = 10$	(2)
$4x \quad\;\;\; = 24$	(1) + (2)
$x \quad\;\; = 6$	

Cofiwch labelu'r hafaliadau'n (1) a (2).
Mae'r cyfernodau y yn y ddau hafaliad yr un maint, sef 2. Gan fod y ddau arwydd yn wahanol, bydd y ddau derm y yn cael eu dileu (yn canslo'i gilydd) os caiff y ddau hafaliad eu hadio.

Rhowch $x = 6$ yn (2)
$6 + 2y = 10$
$\quad 2y = 4$
$\quad\; y = 2$

Gallech roi $x = 6$ yn hafaliad (1) yn lle hyn, ond yn yr enghraifft hon mae'n haws defnyddio hafaliad (2).

Y datrysiad yw $x = 6$, $y = 2$

Gwiriwch yn (1)
$3x - 2y = 18 - 4$
$\quad\quad\quad = 14 ✓$

AWGRYM

Gwiriwch eich datrysiad bob tro trwy ddefnyddio'r hafaliad arall.

(b)

$$2x + 3y = 21 \quad (1)$$
$$\underline{2x + y = 11} \quad (2)$$
$$2y = 10 \quad (1) - (2)$$
$$y = 5$$

Y tro hwn x sydd â'r un cyfernod, 2, yn y ddau hafaliad. Gan fod y ddau arwydd yr un fath, bydd y ddau derm x yn cael eu dileu os caiff y naill hafaliad ei dynnu o'r llall.

Rhowch $y = 5$ yn (1)
$$2x + 15 = 21$$
$$2x = 6$$
$$x = 3$$

Y datrysiad yw $x = 3$, $y = 5$

Gwiriwch yn (2)
$$2x + y = 6 + 5$$
$$= 11 \checkmark$$

AWGRYM

Rhaid i gyfernodau naill ai x neu y fod yr un maint, boed yn bositif neu'n negatif. Os yw'r arwyddion yn wahanol, adiwch yr hafaliadau. Os yw'r arwyddion yr un fath, tynnwch y naill hafaliad o'r llall.

Dysgoch hefyd sut i ddatrys hafaliadau cydamserol lle nad oes gan y naill anhysbysyn na'r llall (x neu y) yr un cyfernod yn y ddau hafaliad. Mewn achosion o'r fath mae angen lluosi un o'r hafaliadau yn gyntaf.

ENGHRAIFFT 37.2

Datryswch bob un o'r parau hyn o hafaliadau cydamserol.

(a) $5x + 3y = 4$
 $2x - y = -5$

(b) $4x + 5y = 30$
 $2x - 3y = 4$

Datrysiad

(a)

$$5x + 3y = 4 \quad (1)$$
$$2x - y = -5 \quad (2)$$

Yn yr enghraifft hon mae cyfernodau x ac y yn wahanol yn y ddau hafaliad.

$$6x - 3y = -15 \quad (2) \times 3 = (3)$$

Lluoswch hafaliad (2) â 3 i wneud cyfernod y yr un fath ag yn hafaliad (1).
Rhaid cofio lluosi *pob* term yn yr hafaliad â 3.
Mae'r arwyddion yn wahanol, felly adiwch.

$$5x + 3y = 4 \quad (1)$$
$$\underline{6x - 3y = -15} \quad (3)$$
$$11x = -11 \quad (1) + (3)$$
$$x = -1$$

Rhowch $x = -1$ yn (1)
$$-5 + 3y = 4$$
$$3y = 9$$
$$y = 3$$

Y datrysiad yw $x = -1$, $y = 3$

Gwiriwch yn (2)
$$2x - y = -2 - 3$$
$$= -5 \checkmark$$

(b) $4x + 5y = 30$ (1)

     $2x - 3y = 4$ (2)

     $4x - 6y = 8$ $(2) \times 2 = (3)$ Lluoswch hafaliad (2) â 2 i wneud cyfernod x yr un fath ag yn hafaliad (1).

     $4x + 5y = 30$ (1)   Mae'r arwyddion yr un fath, felly tynnwch.

     $\underline{4x - 6y = 8}$ (3)   Byddwch yn ofalus â'r arwyddion. $5y - (-6y) = 11y$.

        $11y = 22$ $(1) - (3)$

          $y = 2$

Rhowch $y = 2$ yn (1)

    $4x + 10 = 30$

       $4x = 20$

        $x = 5$

Y datrysiad yw $x = 5$, $y = 2$

Gwiriwch yn (2)

$2x - 3y = 10 - 6$

        $= 4$ ✓

Yn y ddau bâr o hafaliadau yn Enghraifft 37.2, gallwn wneud cyfernod un o'r gwerthoedd (x neu y) yr un fath trwy luosi un o'r hafaliadau. Weithiau nid yw hynny'n bosibl, a rhaid lluosi'r ddau hafaliad â rhif gwahanol.

ENGHRAIFFT 37.3

Datryswch yr hafaliadau cydamserol $2x + 5y = -4$ a $3x + 4y = 1$.

Datrysiad

$2x + 5y = -4$ (1)

$3x + 4y = 1$ (2)

Yn yr enghraifft hon ni allwch wneud cyfernod y termau x na'r termau y yr un fath trwy luosi un hafaliad yn unig. Y rheswm yw nad yw 2 yn un o ffactorau 3 (cyfernodau x) ac nad yw 4 yn un o ffactorau 5 (cyfernodau y).

Edrychwch yn hytrach ar gyfernodau x. Rydych yn gwybod bod $2 \times 3 = 6$. Felly, os lluoswch hafaliad (1) â 3 a lluosi hafaliad (2) â 2, bydd y termau x yn y ddau hafaliad yr un fath, sef $6x$.

Dewis arall fyddai gwneud y termau y yr un fath trwy luosi hafaliad (1) â 4 a lluosi hafaliad (2) â 5, ond mae'r rhifau hyn yn fwy: yn achos y pâr hwn o hafaliadau, bydd y rhifyddeg yn haws os gwnewch y termau x yr un fath.

$6x + 15y = -12$ $(1) \times 3 = (3)$ Mae'r arwyddion yr un fath, felly tynnwch.

$\underline{6x + 8y = 2}$ $(2) \times 2 = (4)$

$7y = -14$ $(3) - (4)$

$y = -2$

Rhowch $y = -2$ yn (1)

$2x - 10 = -4$

$2x = 6$

$x = 3$

Gwiriwch yn (2)

$3x + 4y = 9 - 8$

$ = 1 \checkmark$

Datryswch bob un o'r parau hyn o hafaliadau cydamserol.

1 $5x + y = 7$
     $3x + y = 5$

2 $4x - 3y = 7$
     $2x + 3y = 17$

3 $4x + 2y = 16$
     $x + 2y = 10$

4 $2x + 3y = 3$
     $2x - y = 7$

5 $3x + 2y = 7$
     $3x - y = -8$

6 $2x + 3y = 14$
     $4x - 3y = 1$

7 $-3x + 2y = 0$
     $3x - 4y = 6$

8 $x + 5y = 9$
     $2x + 3y = 11$

9 $5x - 2y = 19$
     $3x + y = 18$

10 $4x + y = 8$
      $7x + 3y = 9$

11 $2x - 3y = 8$
      $x + 2y = -10$

12 $2x + 6y = 34$
      $4x - 2y = 5$

13 $2x + 3y = 10$
      $5x - 6y = 16$

14 $2x + 3y = 0$
      $8x + 9y = -1$

15 $7x + 8y = 19$
      $3x - 2y = -19$

16 $3x + 4y = 15$
      $x - 6y = -6$

17 $3x - 4y = 14$
      $5x - 8y = 30$

18 $3x + 5y = 21$
      $4x + 3y = 17$

19 $3x - 2y = 17$
      $2x + 7y = 3$

20 $5x - 2y = 26$
      $3x - 5y = 27$

21 $2x + 4y = 5$
      $5x + 7y = 8$

Her 37.1 ?

Aeth Mr a Mrs Bowen i'r sinema gyda'u tri phlentyn. Cyfanswm eu tâl mynediad oedd £20.

Aeth Mr a Mrs Khan i'r sinema hefyd gyda'u mab, sy'n oedolyn, a'i wraig a'r ddwy wyres. Cyfanswm eu tâl mynediad oedd £28.

Gadewch i'r tâl mynediad ar gyfer oedolyn fod yn £x a'r tâl mynediad ar gyfer plentyn fod yn £y.

(a) Ysgrifennwch ddau hafaliad yn nhermau x ac y.

(b) Datryswch eich hafaliadau yn gydamserol i ddarganfod y tâl mynediad ar gyfer oedolion a phlant.

Her 37.2 ?

Mae Mrs Jones yn prynu tuniau o gola a lemonêd ar gyfer parti pen-blwydd ei merch.

Mae'n prynu x o duniau o gola ac y o duniau o lemonêd. Mae'n prynu cyfanswm o 32 o duniau.

Pris cola yw 50c y tun a phris lemonêd yw 40c y tun. Cyfanswm ei gwariant yw £14.80.

Ysgrifennwch bâr o hafaliadau cydamserol a'u datrys i ddarganfod faint o bob tun y mae Mrs Jones yn ei brynu.

Awgrym: Byddwch yn ofalus gyda'r unedau a symleiddiwch un o'r hafaliadau cyn ei ddatrys.

Datrys hafaliadau cydamserol trwy amnewid

Gall hafaliadau cydamserol hefyd gael eu datrys yn algebraidd trwy **amnewid**.

Mae hyn yn golygu gwneud x neu y yn destun un o'r hafaliadau, ac amnewid hyn yn yr hafaliad arall.

Yn achos rhai mathau o hafaliad dyma'r dull hawsaf neu'r unig ddull posibl.

ENGHRAIFFT 37.4

Datryswch yr hafaliadau cydamserol $2x + 3y = 21$ a $2x + y = 11$.

Datrysiad

$2x + 3y = 21$ (1)
$2x + y = 11$ (2)
$y = 11 - 2x$ (2)   Yn gyntaf gwnewch y yn destun hafaliad (2) trwy dynnu $2x$ o'r ddwy ochr.

Amnewidiwch y yn hafaliad (1).

$$2x + 3y = 21 \quad (1)$$
$$2x + 3(11 - 2x) = 21$$

$2x + 33 - 6x = 21$	Ehangwch y cromfachau.
$33 - 4x = 21$	Casglwch y termau x at ei gilydd.
$33 = 21 + 4x$	Adiwch $4x$ at y ddwy ochr.
$12 = 4x$	Tynnwch 21 o'r ddwy ochr.
$3 = x$	Rhannwch y ddwy ochr â 4.

Rhowch $x = 3$ yn y fersiwn ad-drefnedig o hafaliad (2).
$$y = 11 - 2x$$
$$y = 11 - 6$$
$$y = 5$$

Y datrysiad yw $x = 3$, $y = 5$

Os edrychwch yn ôl ar Enghraifft 37.1 rhan **(b)** fe welwch mai dyma'r un datrysiad a gawsom wrth ddefnyddio'r dull dileu.

Fel arfer mae amnewid yn ddull hirach a mwy anodd na dileu, yn enwedig gan fod ad-drefnu un o'r hafaliadau yn aml yn creu ffracsiynau.

Fodd bynnag, os x neu y yw testun un o'r hafaliadau neu'r ddau ohonynt, dyma'r dull hawsaf.

ENGHRAIFFT 37.5

Datryswch bob un o'r parau hyn o hafaliadau cydamserol.
(a) $2x + 5y = 4$
    $x = 3y - 9$

(b) $y = 3x - 17$
    $y = 8 - 2x$

Datrysiad

(a) $2x + 5y = 4 \quad (1)$
    $x = 3y - 9 \quad (2)$

Amnewidiwch x o hafaliad (2) yn hafaliad (1).
$$2(3y - 9) + 5y = 4$$

$6y - 18 + 5y = 4$	Ehangwch y cromfachau.
$11y - 18 = 4$	Casglwch y termau y at ei gilydd.
$11y = 22$	Adiwch 18 at y ddwy ochr.
$y = 2$	Rhannwch y ddwy ochr â 2.

Rhowch $y = 2$ yn hafaliad (1)
$$x = 6 - 9$$
$$x = -3$$

Y datrysiad yw $x = -3$, $y = 2$

(b) $y = 3x - 17$ (1)

    $y = 8 - 2x$ (2)

Amnewidiwch y o hafaliad (1) yn hafaliad (2)

$3x - 17 = 8 - 2x$

$5x - 17 = 8$ Adiwch $2x$ at y ddwy ochr.

   $5x = 25$ Adiwch 17 at y ddwy ochr.

    $x = 5$ Rhannwch y ddwy ochr â 5.

Rhowch $x = 5$ yn hafaliad (1)

$y = 15 - 17$

$y = -2$

Y datrysiad yw $x = 5$, $y = -2$

◎ YMARFER 37.2

1   Datryswch bob un o'r parau hyn o hafaliadau cydamserol trwy amnewid.

   (a) $y = 2x - 3$ **(b)** $y = 2x - 7$ **(c)** $y = x + 7$

         $y = 3x - 5$ $y = 8 - 3x$ $2x + y = 1$

  (ch) $y = 3x - 9$ **(d)** $7x - y = 10$ **(dd)** $y = 2x - 10$

         $5x + 2y = 4$ $y = x + 2$ $7x - 2y = 29$

RYDYCH WEDI DYSGU

- er mwyn datrys hafaliadau cydamserol trwy ddileu, y byddwch yn gwneud cyfernodau naill ai x neu y yr un maint, boed yn bositif neu'n negatif, yn y ddau hafaliad trwy luosi un hafaliad (neu weithiau y ddau) â rhif, yna adio neu dynnu'r hafaliadau. Os yw'r arwyddion yn wahanol, byddwch yn adio'r hafaliadau. Os yw'r arwyddion yr un fath, byddwch yn tynnu'r naill hafaliad o'r llall. Wedyn byddwch yn amnewid y gwerth x neu y yr ydych wedi ei ddarganfod i mewn i'r naill hafaliad neu'r llall i ddarganfod y gwerth arall
- er mwyn datrys hafaliadau cydamserol trwy amnewid, y byddwch yn gyntaf yn gwneud x neu y yn destun un o'r hafaliadau, wedyn yn amnewid o'r hafaliad hwn i'r hafaliad arall. Byddwch yn datrys yr hafaliad newydd i ddarganfod y neu x, wedyn byddwch yn darganfod y gwerth arall trwy amnewid y gwerth sydd gennych i'r hafaliad sydd wedi'i drawsffurfio

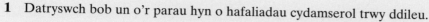

1   Datryswch bob un o'r parau hyn o hafaliadau cydamserol trwy ddileu.

   (a) $3x - y = 10$ **(b)** $2x + 3y = -3$ **(c)** $3x - 2y = -11$ **(ch)** $4x - 3y = 7$

        $2x + y = 5$ $4x - y = 8$ $x + 5y = 2$ $3x + 2y = 18$

2   Datryswch bob un o'r parau hyn o hafaliadau cydamserol trwy amnewid.

   (a) $y = 3x + 5$ **(b)** $y = 4x + 1$

        $x = y - 3$ $y = x - 11$

3   Aeth Iwan a Sara i siop defnyddiau ysgrifennu.

   Prynodd Iwan 3 phensil a 2 lyfr ysgrifennu. Cyfanswm y gost oedd £1.55.

   Prynodd Sara 4 pensil ac un llyfr ysgrifennu. Cyfanswm y gost oedd £1.40.

   Gadewch i gost pensil fod yn x ceiniog a chost llyfr ysgrifennu fod yn y ceiniog.

   (a) Ysgrifennwch ddau hafaliad yn nhermau x ac y i gynrychioli pryniant Iwan a Sara.

       Awgrym: Byddwch yn ofalus â'r unedau.

   (b) Datryswch yr hafaliadau i ddarganfod cost pensil a chost llyfr ysgrifennu.

YN Y BENNOD HON

YN Y BENNOD HON

- **Gwahaniaethu rhwng degolion terfynus a degolion cylchol**
- **Gwahaniaethu rhwng rhifau cymarebol a rhifau anghymarebol**
- **Cynrychioli degolion cylchol fel ffracsiynau**
- **Defnyddio syrdiau mewn cyfrifiadau union**
- **Rhesymoli ffracsiynau syml sydd â swrd yn enwadur**

DYLECH WYBOD YN BAROD

- sut i ysgrifennu degolion terfynus fel ffracsiynau yn eu ffurf symlaf
- sut i ddarganfod ffactorau cysefin rhif
- sut i weithio gydag indecsau
- sut i ehangu mynegiadau cwadratig
- sut i ddatrys hafaliad cwadratig nad yw'n ffactorio

Degolion terfynus a chylchol

Prawf sydyn 38.1

Heb ddefnyddio cyfrifiannell, darganfyddwch y degolyn sy'n gywerth â phob un o'r ffracsiynau hyn.

(a) $\frac{2}{5}$ **(b)** $\frac{2}{3}$ **(c)** $\frac{3}{8}$ **(ch)** $\frac{7}{40}$ **(d)** $\frac{2}{9}$ **(dd)** $\frac{7}{16}$

Mae rhai o'r degolion yn gylchol.

Oeddech chi'n gwybod cyn dechrau pa ddegolion fyddai'n derfynus a pha rai fyddai'n gylchol?

Ym Mhennod 4 dysgoch y bydd ffracsiwn yn rhoi degolyn terfynus os ffactorau 10 yw'r unig ffactorau sydd gan enwadur y ffracsiwn. Os oes gan enwadur ffracsiwn ffactorau nad ydynt yn ffactorau 10, bydd yn rhoi degolyn cylchol.

Dyma'r rheswm: pan fydd degolyn terfynus yn cael ei ysgrifennu fel ffracsiwn, rhaid i'r enwadur fod yn bŵer 10.

Ffactorau cysefin 10 yw 2 a 5. Felly ffactorau cysefin pŵer 10 yw pwerau 2 a 5.

Os caiff y ffracsiwn ei ganslo, dim ond â phwerau 2 a/neu 5 y gellir rhannu'r rhifiadur a'r enwadur.

Felly rhaid i ffactorau cysefin yr enwadur fod yn bwerau 2 a/neu 5.

Er enghraifft, $0.265 = \frac{265}{1000}$ 1000 wedi'i ysgrifennu fel lluoswm ffactorau cysefin yw $2^3 \times 5^3$.

$ = \frac{53}{200}$ Ffactor cyffredin mwyaf 265 a 1000 yw 5.

Ffactorau cysefin 200 yw 2^3 a 5^2.

Felly, i weld a allwn ysgrifennu ffracsiwn fel degolyn terfynus, byddwn yn ei ysgrifennu yn ei ffurf symlaf ac yn edrych ar ffactorau ei enwadur. Os 2 a 5 yw'r unig ffactorau cysefin, bydd y degolyn yn derfynus. Os nad 2 a 5 yw'r unig ffactorau cysefin, bydd y degolyn yn gylchol.

ENGHRAIFFT 38.1

Nodwch a fydd pob un o'r ffracsiynau hyn yn rhoi degolyn terfynus neu ddegolyn cylchol.

(a) $\frac{4}{25}$ **(b)** $\frac{3}{15}$ **(c)** $\frac{7}{40}$ **(ch)** $\frac{8}{11}$ **(d)** $\frac{29}{30}$

Datrysiad

(a)   Mae $\frac{4}{25}$ yn derfynus. $25 = 5^2$

(b)   Mae $\frac{3}{15}$ yn derfynus. $\frac{3}{15} = \frac{1}{5}$

(c)   Mae $\frac{7}{40}$ yn derfynus. $40 = 2^3 \times 5$

(ch) Mae $\frac{8}{11}$ yn gylchol   Mae 11 yn gysefin

(d)   Mae $\frac{29}{30}$ yn gylchol. $30 = 2 \times 3 \times 5$

Byddwn yn defnyddio dotiau i ddangos bod degolyn yn gylchol.

Os dim ond un digid sy'n gylchol (h.y. yn ailddigwydd), byddwn yn rhoi dot uwchlaw'r digid hwnnw y tro cyntaf y bydd yn digwydd ar ôl y pwynt degol. Er enghraifft, caiff 0.166 666 ... ei ysgrifennu fel $0.1\dot{6}$ a chaiff 3.333 333 ... ei ysgrifennu fel $3.\dot{3}$.

Os yw grŵp o ddigidau yn gylchol, byddwn yn rhoi dot uwchlaw'r digidau cyntaf ac olaf yn y grŵp. Er enghraifft, caiff 0.012 612 612 ... ei ysgrifennu fel $0.0\dot{1}2\dot{6}$.

Term arall am grŵp o ddigidau cylchol yw **cyfnod**.

ENGHRAIFFT 38.2

Ysgrifennwch $\frac{3}{11}$ fel degolyn cylchol.

Datrysiad

$$11\overline{)3.0^80^30^80^30^8}$$
$$0.2\ 7\ 2\ 7\ 2$$

Felly $\frac{3}{11} = 0.\dot{2}\dot{7}$

Her 38.1

(a) Ysgrifennwch bob un o'r ffracsiynau hyn fel degolyn.

$$\frac{1}{7}, \frac{2}{7}, \frac{3}{7}, \frac{4}{7}, \frac{5}{7}, \frac{6}{7}$$

Mae'r degolion hyn yn gylchol. Pa batrymau a welwch?

(b) Ysgrifennwch bob un o'r ffracsiynau hyn fel degolyn.

$$\frac{1}{13}, \frac{2}{13}, \frac{3}{13}, \frac{4}{13}, \frac{5}{13}$$

Allwch chi ragfynegi'r canlyniadau ar gyfer $\frac{6}{13}$ hyd at $\frac{12}{13}$?

Cyfrifwch nhw i wirio eich rhagfynegiadau.

(c) Ysgrifennwch y ffracsiynau $\frac{1}{17}$ hyd at $\frac{4}{17}$ fel degolion a rhagfynegwch y canlyniadau ar gyfer $\frac{5}{17}$ hyd at $\frac{16}{17}$.

Gallwn ysgrifennu'r holl ddegolion cylchol fel ffracsiynau.

ENGHRAIFFT 38.3

Ysgrifennwch $0.\dot{4}0\dot{2}$ fel ffracsiwn yn ei ffurf symlaf.

Datrysiad

Gadewch i $a = 0.\dot{4}0\dot{2}$	(1)	
$1000a = 402.\dot{4}0\dot{2}$	(2)	Lluoswch a â 1000 i symud y patrwm cylchol ymlaen un cyfnod cyfan.

$$1000a = 402.\dot{4}0\dot{2}$$
$$\underline{\quad a = \quad 0.\dot{4}0\dot{2}}$$

Tynnwch a o $1000a$. Bydd hyn yn dileu'r digidau ar ôl y pwynt degol. Er eu bod yn mynd ymlaen am byth, maent yr un fath.

$999a = 402$ $(2) - (1)$ Nawr mae gennych hafaliad syml y gellir ei ddatrys yn hawdd.

$a = \frac{402}{999}$ Rhannwch y ddwy ochr â 999.

$a = \frac{134}{333}$ Rhaid cofio rhoi'r ateb yn ei ffurf symlaf.

AWGRYM

Gwiriwch eich ateb trwy rannu 134 â 333 ar gyfrifiannell.

Gallwn ddefnyddio'r un dull ar gyfer pob degolyn cylchol.

Os dim ond rhan o'r degolyn sy'n gylchol, gwnewch yn siŵr eich bod yn lluosi â phŵer 10 fel y bydd y patrwm cylchol yn symud ymlaen un cyfnod cyfan yn union.

ENGHRAIFFT 38.4

Ysgrifennwch $0.4\dot{2}$ fel ffracsiwn yn ei ffurf symlaf.

Datrysiad

Gadewch i $a = 0.4\dot{2}$ (1)

$10a = 4.2\dot{2}$ (2)   Lluoswch a â 10 i symud y patrwm cylchol ymlaen un cyfnod cyfan. Nid oes angen symud y patrwm ymlaen fel y bydd yn ymddangos cyn y pwynt degol, er y bydd yn aml yn gwneud hynny, fel yn Enghraifft 38.3.

$10a = 4.2\dot{2}$ (2)   Tynnwch a o $10a$ i ddileu'r digidau cylchol.

$a = 0.4\dot{2}$ (1)

$9a = 3.8$ (2) − (1)   Datryswch yr hafaliad sy'n ganlyniad i hyn.

$a = \frac{3.8}{9}$ Nid yw hwn yn ffracsiwn.

$a = \frac{38}{90}$ Lluoswch rifiadur ac enwadur y ffracsiwn â 10 i gael gwared â'r degolyn.

$a = \frac{19}{45}$ Rhaid cofio rhoi'r ateb yn ei ffurf symlaf.

YMARFER 38.1

1 Pa rai o'r ffracsiynau hyn sy'n gywerth â degolion cylchol?

    (a) $\frac{4}{15}$ **(b)** $\frac{3}{20}$ **(c)** $\frac{4}{35}$ **(ch)** $\frac{9}{125}$ **(d)** $\frac{11}{16}$

2 Darganfyddwch y degolyn sy'n gywerth â phob un o'r ffracsiynau yng nghwestiwn **1**.

3 Os byddwch yn ysgrifennu'r ffracsiynau hyn fel degolion, pa rai fydd yn derfynus?

    (a) $\frac{2}{5}$ **(b)** $\frac{17}{20}$ **(c)** $\frac{38}{125}$ **(ch)** $\frac{7}{18}$ **(d)** $\frac{3}{8}$

4 Darganfyddwch y degolyn sy'n gywerth â phob un o'r ffracsiynau yng nghwestiwn **3**.

5 Darganfyddwch y ffracsiwn sy'n gywerth â phob un o'r degolion terfynus hyn. Ysgrifennwch bob ffracsiwn yn ei ffurf symlaf.

    (a) 0.12   **(b)** 0.205   **(c)** 0.375   **(ch)** 0.3125

6 Darganfyddwch y ffracsiwn sy'n gywerth â phob un o'r degolion cylchol hyn. Ysgrifennwch bob ffracsiwn yn ei ffurf symlaf.

    (a) $0.\dot{4}$ **(b)** $0.\dot{7}$ **(c)** $0.1\dot{2}$ **(ch)** $0.4\dot{7}$

7 Darganfyddwch y ffracsiwn sy'n gywerth â phob un o'r degolion cylchol hyn. Ysgrifennwch bob ffracsiwn yn ei ffurf symlaf.

    (a) $0.\dot{3}\dot{5}$ **(b)** $0.\dot{5}\dot{4}$ **(c)** $0.\dot{1}\dot{2}$ **(ch)** $0.\dot{1}\dot{7}$

8 Darganfyddwch y ffracsiwn sy'n gywerth â phob un o'r degolion cylchol hyn. Ysgrifennwch bob ffracsiwn yn ei ffurf symlaf.

    (a) $0.\dot{1}0\dot{8}$ **(b)** $0.\dot{1}2\dot{3}$ **(c)** $0.0\dot{7}$ **(ch)** $0.\dot{0}9\dot{3}$

Her 38.2

Gweithiwch mewn parau.

Ewch ati i ymarfer eich sgiliau rhannu trwy ysgrifennu rhai ffracsiynau fel degolion cylchol.

Awgrym: Cofiwch y bydd unrhyw ffracsiwn lle mae gan yr enwadur ffactorau cysefin ar wahân i 2 a 5 yn gylchol.

Rhowch eich degolion cylchol i'ch partner a'i herio i'w troi nhw'n ôl yn ffracsiynau.

Her 38.3

(a) O wybod bod $\frac{5}{33} = 0.\dot{1}\dot{5}$, ysgrifennwch $\frac{5}{330}$ fel degolyn cylchol.

(b) O wybod bod $\frac{70}{333} = 0.\dot{2}1\dot{0}$, ysgrifennwch $\frac{7}{333}$ fel degolyn cylchol.

Syrdiau

Ystyr rhif **cymarebol** yw rhif y gallwn ei ysgrifennu fel ffracsiwn cyffredin, $\frac{m}{n}$, lle mae m ac n yn gyfanrifau.

Ni all rhif **anghymarebol** gael ei ysgrifennu yn y ffurf hon. Mae degolion nad ydynt yn derfynus nac yn gylchol yn rhifau anghymarebol. Er enghraifft, mae π ac $\sqrt{6}$ yn rhifau anghymarebol.

Rhifau anghymarebol wedi'u mynegi ar ffurf israddau yw **syrdiau**. Er enghraifft, $\sqrt{c}$ neu $a + b\sqrt{c}$, lle mae c yn gyfanrif nad yw'n rhif sgwâr perffaith ac mae a a b yn gymarebol.

Daethoch ar draws syrdiau ym Mhennod 36 wrth ddatrys hafaliadau cwadratig nad ydynt yn ffactorio.

Wrth weithio gyda syrdiau, byddwn yn trin rhannau cymarebol ac anghymarebol y mynegiad ar wahân.

Ysgrifennwch bob un o'r rhain yn y ffurf $\sqrt{a}$.

(a) $\sqrt{3} \times \sqrt{5}$ **(b)** $(\sqrt{2})^3$

Datrysiad

(a) $\sqrt{3} \times \sqrt{5} = \sqrt{15}$ Defnyddiwch y canlyniad $\sqrt{a} \times \sqrt{b} = \sqrt{ab}$.

(b) $(\sqrt{2})^3 = \sqrt{8}$

Gallwn symleiddio rhai syrdiau trwy roi'r ffactorau sgwâr perffaith y tu allan.

Symleiddiwch y rhain.

(a) $\sqrt{18}$ **(b)** $\sqrt{48}$

Datrysiad

(a) $\sqrt{18} = \sqrt{9 \times 2}$ Mae 18 yn lluoswm 9, sy'n rhif sgwâr perffaith, a 2.

$\phantom{\sqrt{18}} = \sqrt{9} \times \sqrt{2}$

$\phantom{\sqrt{18}} = 3\sqrt{2}$

(b) $\sqrt{48} = \sqrt{16 \times 3}$ Mae 48 yn lluoswm 16, sy'n rhif sgwâr perffaith, a 3.

$\phantom{\sqrt{48}} = \sqrt{16} \times \sqrt{3}$

$\phantom{\sqrt{48}} = 4\sqrt{3}$

AWGRYM

Os nad oeddech wedi gweld bod 16 yn ffactor o 48, gallech fod wedi symleiddio $\sqrt{48}$ mewn camau.

$\sqrt{48} = \sqrt{4 \times 12}$

$\phantom{\sqrt{48}} = \sqrt{4 \times 4 \times 3}$

$\phantom{\sqrt{48}} = 4\sqrt{3}$

Symleiddiwch $\sqrt{50} + \sqrt{8}$.

Datrysiad

$\sqrt{50} + \sqrt{8} = \sqrt{25 \times 2} + \sqrt{4 \times 2}$

$\phantom{\sqrt{50} + \sqrt{8}} = 5\sqrt{2} + 2\sqrt{2}$

$\phantom{\sqrt{50} + \sqrt{8}} = 7\sqrt{2}$

Weithiau bydd angen defnyddio eich sgiliau ehangu mynegiadau cwadratig.

ENGHRAIFFT 38.8

Mae $p = 3 + 5\sqrt{2}$ ac mae $q = 4 - 7\sqrt{2}$.

Darganfyddwch, yn y ffurf $a + b\sqrt{2}$, werth

(a) $p + q$.   **(b)** pq.   **(c)** p^2.

Datrysiad

(a) $p + q = 3 + 5\sqrt{2} + 4 - 7\sqrt{2}$ $3 + 4 = 7$ a $5\sqrt{2} - 7\sqrt{2} = -2\sqrt{2}$.
$ = 7 - 2\sqrt{2}$

(b) $pq = (3 + 5\sqrt{2})(4 - 7\sqrt{2})$ Ehangwch y cromfachau yn y ffordd arferol.
$ = 12 + 20\sqrt{2} - 21\sqrt{2} - 35 \times 2$ Wrth luosi $5\sqrt{2}$ â $-7\sqrt{2}$, defnyddiwch y canlyniad
$ = -58 - \sqrt{2}$ $\sqrt{a} \times \sqrt{a} = a$.

(c) $p^2 = (3 + 5\sqrt{2})(3 + 5\sqrt{2})$ Ehangwch y cromfachau yn y ffordd arferol.
$ = 9 + 15\sqrt{2} + 15\sqrt{2} + 25 \times 2$ Eto defnyddiwch y canlyniad $\sqrt{a} \times \sqrt{a} = a$.
$ = 59 + 30\sqrt{2}$

Lle bo ail isradd yn enwadur ffracsiwn, efallai y bydd gofyn i chi symleiddio trwy **resymoli'r enwadur**.

Mae hyn yn golygu lluosi'r rhifiadur a'r enwadur â ffactor sy'n achosi i rifiadur y ffracsiwn fod yn rhif cymarebol. Wrth luosi'r rhifiadur a'r enwadur â'r un rhif, ni fydd gwerth y ffracsiwn yn newid.

Os yw'r enwadur yn y ffurf $a\sqrt{b}$, byddwn yn lluosi'r rhifiadur a'r enwadur ag $\sqrt{b}$, ac yn symleiddio.

ENGHRAIFFT 38.9

Symleiddiwch bob un o'r rhain trwy resymoli'r enwadur.

(a) $\dfrac{2}{\sqrt{6}}$ **(b)** $\dfrac{8\sqrt{3}}{\sqrt{2}}$

Datrysiad

(a) $\dfrac{2}{\sqrt{6}} = \dfrac{2}{\sqrt{6}} \times \dfrac{\sqrt{6}}{\sqrt{6}}$ Lluoswch y rhifiadur a'r enwadur ag $\sqrt{6}$.

$\phantom{\dfrac{2}{\sqrt{6}}} = \dfrac{2\sqrt{6}}{6}$ Defnyddiwch y canlyniad $\sqrt{a} \times \sqrt{a} = a$.

$\phantom{\dfrac{2}{\sqrt{6}}} = \dfrac{\sqrt{6}}{3}$

(b) $\dfrac{8\sqrt{3}}{\sqrt{2}} = \dfrac{8\sqrt{3}}{\sqrt{2}} \times \dfrac{\sqrt{2}}{\sqrt{2}}$ Lluoswch y rhifiadur a'r enwadur ag $\sqrt{2}$.

$\qquad\quad = \dfrac{8\sqrt{6}}{2}$

$\qquad\quad = 4\sqrt{6}$

◎ YMARFER 38.2

1 Symleiddiwch y rhain.

  (a) $\sqrt{3} + 5\sqrt{3}$ **(b)** $12\sqrt{5} - 3\sqrt{5}$ **(c)** $6\sqrt{5} - \sqrt{5}$

  (ch) $\sqrt{2} \times 6\sqrt{2}$ **(d)** $5\sqrt{3} \times \sqrt{7}$ **(dd)** $3\sqrt{2} \times \sqrt{8}$

2 Ysgrifennwch bob un o'r mynegiadau hyn yn y ffurf $a\sqrt{b}$, lle mae b yn gyfanrif sydd mor fach â phosibl.

  (a) $\sqrt{50}$ **(b)** $2\sqrt{125}$ **(c)** $6\sqrt{32}$

  (ch) $5\sqrt{54}$ **(d)** $\sqrt{90}$ **(dd)** $\sqrt{2000}$

3 Symleiddiwch y rhain.

  (a) $\sqrt{12} + 5\sqrt{3}$ **(b)** $8\sqrt{5} - \sqrt{45}$ **(c)** $\sqrt{8} + 3\sqrt{2}$

  (ch) $\sqrt{60} \times 2\sqrt{3}$ **(d)** $\sqrt{32} \times \sqrt{18}$ **(dd)** $5\sqrt{30} \times \sqrt{60}$

4 Ehangwch a symleiddiwch y rhain.

  (a) $\sqrt{3}(2 + \sqrt{3})$ **(b)** $2\sqrt{5}(\sqrt{2} + \sqrt{5})$

  (c) $4\sqrt{7}(3 + \sqrt{14})$ **(ch)** $5\sqrt{2}(\sqrt{8} + \sqrt{6})$

5 Ehangwch a symleiddiwch y rhain.

  (a) $(1 + 2\sqrt{3})(2 + 5\sqrt{3})$ **(b)** $(3 - \sqrt{2})(5 + \sqrt{2})$

  (c) $(6 - 2\sqrt{5})(3 + \sqrt{5})$ **(ch)** $(\sqrt{6} + 2)(\sqrt{6} + 3)$

  (d) $(\sqrt{11} + 1)(\sqrt{11} - 1)$ **(dd)** $(10 - \sqrt{7})(3 - 2\sqrt{7})$

6 Darganfyddwch werth pob un o'r mynegiadau hyn pan fo $m = 2 + 5\sqrt{3}$ ac $n = 3 - 7\sqrt{3}$. Nodwch a yw eich ateb yn gymarebol neu'n anghymarebol.

  (a) $4m$ **(b)** $m + n$ **(c)** $3m - 2n$ **(ch)** mn

7 Darganfyddwch werth pob un o'r mynegiadau hyn pan fo $p = 3 + 5\sqrt{2}$ a $q = 3 - 5\sqrt{2}$. Nodwch a yw eich ateb yn gymarebol neu'n anghymarebol.

  (a) $3q$ **(b)** $\sqrt{2}p$ **(c)** $p + q$

  (ch) pq **(d)** p^2 **(dd)** q^2

8 Dangoswch fod $(10 - 3\sqrt{7})(10 + 3\sqrt{7})$ yn gymarebol, gan ddarganfod ei werth.

9 Rhesymolwch yr enwadur a symleiddiwch bob un o'r canlynol.

(a) $\dfrac{10}{\sqrt{2}}$

(b) $\dfrac{2}{\sqrt{10}}$

(c) $\dfrac{4}{3\sqrt{10}}$

(ch) $\dfrac{14}{5\sqrt{8}}$

(d) $\dfrac{2\sqrt{3}}{3\sqrt{2}}$

(dd) $\dfrac{12\sqrt{6}}{7\sqrt{15}}$

10 Rhesymolwch yr enwadur a symleiddiwch bob un o'r canlynol.

(a) $\dfrac{6 + 3\sqrt{2}}{\sqrt{2}}$

(b) $\dfrac{15 + \sqrt{5}}{2\sqrt{5}}$

(c) $\dfrac{12 + 3\sqrt{2}}{2\sqrt{3}}$

(ch) $\dfrac{5 + 2\sqrt{3}}{\sqrt{6}}$

Her 38.4

Gallwch resymoli enwadur sydd yn y ffurf $a \pm b\sqrt{c}$ trwy luosi rhifiadur ac enwadur y ffracsiwn ag $a \mp b\sqrt{c}$.

Er enghraifft, i resymoli enwadur $\dfrac{3\sqrt{5}}{2 + \sqrt{5}}$, lluoswch â $\dfrac{2 - \sqrt{5}}{2 - \sqrt{5}}$.

I resymoli enwadur $\dfrac{\sqrt{3}}{6 - 5\sqrt{3}}$, lluoswch â $\dfrac{6 + 5\sqrt{3}}{6 + 5\sqrt{3}}$.

Pam mae'r dull hwn yn gweithio?

RYDYCH WEDI DYSGU

- y gallwch ysgrifennu ffracsiwn fel degolyn terfynus os, yn ei ffurf symlaf, mai 2 a 5 yw unig ffactorau cysefin yr enwadur
- y gallwch ysgrifennu degolyn cylchol fel ffracsiwn trwy luosi â'r pŵer 10 cywir i symud y patrwm cylchol ymlaen un 'cyfnod' cyfan, wedyn tynnu'r degolyn gwreiddiol a rhannu'r hafaliad sy'n ganlyniad i hyn i gael y ffracsiwn
- bod syrdiau'n rhifau anghymarebol y gellir eu mynegi ar ffurf isradd
- bod syrdiau'n gallu cael eu hadio a'u tynnu trwy adio'u rhannau cymarebol ac anghymarebol ar wahân
- y gallwch symleiddio rhai syrdiau trwy roi'r ffactor sy'n rhif sgwâr perffaith y tu allan i'r ail isradd
- wrth luosi neu rannu neu symleiddio syrdiau y bydd angen i chi yn aml ddefnyddio'r canlyniadau hyn:
  $$\sqrt{a} \times \sqrt{a} = a \text{ ac } \sqrt{a} \times \sqrt{b} = \sqrt{ab}$$
- pan fo swrd yn ffracsiwn sydd ag enwadur yn y ffurf $a\sqrt{b}$, y gallwch resymoli'r enwadur trwy luosi'r rhifiadur a'r enwadur ag $\sqrt{b}$

1 Pa rai o'r ffracsiynau hyn sy'n gywerth â degolion cylchol?

    (a) $\frac{5}{6}$ **(b)** $\frac{5}{8}$ **(c)** $\frac{5}{18}$ **(ch)** $\frac{11}{25}$ **(d)** $\frac{11}{15}$

2 Darganfyddwch y degolyn sy'n gywerth â phob un o'r ffracsiynau yng nghwestiwn **1**.

3 Darganfyddwch y ffracsiwn sy'n gywerth â phob un o'r degolion terfynus hyn. Ysgrifennwch bob ffracsiwn yn ei ffurf symlaf.

    (a) 0.72   **(b)** 0.325   **(c)** 0.625   **(ch)** 0.192

4 Darganfyddwch y ffracsiwn sy'n gywerth â phob un o'r degolion cylchol hyn. Ysgrifennwch bob ffracsiwn yn ei ffurf symlaf.

    (a) $0.\dot{4}$ **(b)** $0.5\dot{4}$ **(c)** $0.\dot{5}\dot{4}$ **(ch)** $0.\dot{5}0\dot{4}$

5 Ysgrifennwch bob un o'r rhain yn y ffurf $a\sqrt{b}$, lle mae b yn gyfanrif sydd mor fach â phosibl.

    (a) $\sqrt{32}$ **(b)** $2\sqrt{75}$ **(c)** $5\sqrt{18}$
    (ch) $\sqrt{108}$ **(d)** $\sqrt{60}$ **(dd)** $\sqrt{675}$

6 Symleiddiwch y rhain.

    (a) $\sqrt{18} + 4\sqrt{2}$ **(b)** $6\sqrt{5} - \sqrt{20}$ **(c)** $\sqrt{48} + 3\sqrt{3}$
    (ch) $\sqrt{90} \times 2\sqrt{10}$ **(d)** $\sqrt{8} \times \sqrt{24}$ **(dd)** $4\sqrt{15} \times \sqrt{3}$

7 Ehangwch a symleiddiwch y rhain.

    (a) $\sqrt{2}(5 + \sqrt{2})$ **(b)** $3\sqrt{5}(\sqrt{3} + 2\sqrt{5})$ **(c)** $2\sqrt{11}(1 + \sqrt{22})$ **(ch)** $3\sqrt{3}(\sqrt{6} + \sqrt{12})$

8 Ehangwch a symleiddiwch y rhain.

    (a) $(1 + 5\sqrt{3})(2 + \sqrt{3})$ **(b)** $(4 - \sqrt{2})(1 + \sqrt{2})$ **(c)** $(4 - 3\sqrt{5})(1 + \sqrt{5})$
    (ch) $(\sqrt{7} + 5)(\sqrt{7} + 2)$ **(d)** $(\sqrt{5} + 1)(\sqrt{5} - 1)$ **(dd)** $(8 - \sqrt{3})(5 - 2\sqrt{3})$

9 Darganfyddwch werth pob un o'r mynegiadau hyn pan fo $p = 7 + 2\sqrt{3}$ a $q = 7 - 2\sqrt{3}$. Nodwch a yw eich ateb yn gymarebol neu'n anghymarebol.

    (a) $6q$ **(b)** $5\sqrt{3}p$ **(c)** $p - q$
    (ch) pq **(d)** p^2 **(dd)** q^2

10 Rhesymolwch yr enwadur a symleiddiwch bob un o'r canlynol.

    (a) $\dfrac{8}{\sqrt{2}}$ **(b)** $\dfrac{6}{\sqrt{15}}$ **(c)** $\dfrac{5}{4\sqrt{10}}$

    (ch) $\dfrac{2 + \sqrt{5}}{\sqrt{5}}$ **(d)** $\dfrac{12 + \sqrt{3}}{\sqrt{3}}$ **(dd)** $\dfrac{42 + \sqrt{21}}{3\sqrt{7}}$

Graddiant cromlin

Gallwn ddod o hyd i raddiant cromlin mewn pwynt penodol trwy ystyried terfyn graddiant cyfres o gordiau o'r pwynt hwnnw ar y gromlin. Fodd bynnag, caiff dull 'â'r llygad' ei ddefnyddio yn aml. Mae'r dull hwn yn cynnwys lluniadu tangiad i'r gromlin yn y pwynt gofynnol. Wedyn mae graddiant y tangiad yn hafal i raddiant y gromlin yn y pwynt hwnnw. Fodd bynnag, gall hyn fod yn wallus oherwydd i'r tangiad gael ei luniadu 'â'r llygad'.

Mae graddiant y tangiad yn y pwynt (x, y) ar y gromlin yn hafal i raddiant y gromlin yn y pwynt (x, y).

$$\text{Graddiant} = \frac{y_2 - y_1}{x_2 - x_1}$$

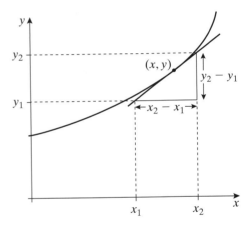

ENGHRAIFFT 39.1

Mae'r graff yn dangos y gromlin $y = 4x^2 + 10$. Darganfyddwch raddiant y gromlin yn y pwynt $(2, 26)$.

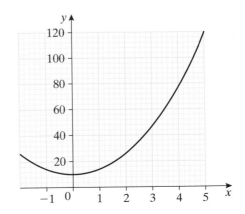

Rhaid llunio graff manwl gywir o $y = 4x^2 + 10$ ar bapur graff. Gan fod y cwestiwn yn gofyn am y graddiant yn y pwynt $x = 2$, dim ond adran o'r graff o amgylch y pwynt hwnnw y mae angen ei lluniadu, dyweder o $x = 0$ i $x = 4$.

Caiff y tangiad yn y pwynt hwnnw ei luniadu. Gan mai llinell syth yw'r tangiad, ei raddiant yw'r gwahaniaeth yn y gwerthoedd y wedi ei rannu gan y gwahaniaeth yn y gwerthoedd x.

Graddiant y gromlin yn y pwynt $x = 2$ yw

$$\frac{42 - 10}{3 - 1} = 16$$

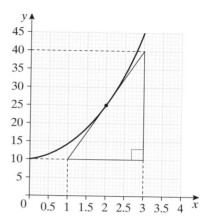

Arwynebedd dan gromlin

Gallwn ddarganfod gwerth bras yr arwynebedd dan gromlin trwy luniadu mesurynnau i wahanu'r arwynebedd yn siapiau sy'n brasamcanu at drapesiymau. Mae cyfanswm arwynebeddau'r trapesiymau yn rhoi arwynebedd bras dan y gromlin.

ENGHRAIFFT 39.2

Defnyddiwch 3 stribed i amcangyfrif arwynebedd y rhanbarth sydd wedi'i amgáu gan y gromlin $y = \dfrac{10}{x}$ a'r echelin x rhwng $x = 1$ ac $x = 4$.

Lluniadwch y mesurynnau $x = 1$, $x = 2$, $x = 3$ ac $x = 4$ ar y graff i ffurfio tri thrapesiwm.

Cyfrifwch werthoedd y y gromlin $y = \dfrac{10}{x}$ yn y pwyntiau $x = 1$, $x = 2$, $x = 3$ a $x = 4$.

Pan fo $x = 1$, $y = \frac{10}{1} = 10$

$\qquad x = 2$, $y = \frac{10}{2} = 5$

$\qquad x = 3$, $y = \frac{10}{3} = 3\frac{1}{3}$

$\qquad x = 4$, $y = \frac{10}{4} = 2.5$

$\qquad$ ac ati.

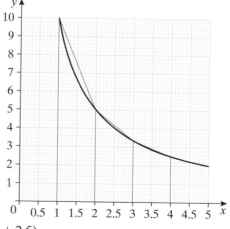

Nawr cyfrifwch arwynebedd pob un o'r trapesiymau gan ddefnyddio'r fformiwla $\frac{1}{2}h(a + b)$, lle mae a a b yn hydoedd yr ochrau paralel ac h yw'r pellter perpendicwlar rhyngddynt.

Mae'r arwynebedd bras dan y gromlin yn hafal i gyfanswm arwynebeddau'r trapesiymau.

Arwynebedd cyfan bras $\approx \frac{1}{2} \times 1 \times (10 + 5)$
$\qquad\qquad + \frac{1}{2} \times 1 \times (5 + 3\frac{1}{3}) + \frac{1}{2} \times 1 \times (3\frac{1}{3} + 2.5)$
$\qquad\qquad = 14.6$ uned sgwâr

Her 39.1

Y Rheol Trapesiwm

Amcangyfrifwch yr arwynebedd dan gromlin gan ddefnyddio stribedi sydd â hyd hafal, h, ac sydd â'r mesurynnau $x = x_0$, $x = x_1$, $x = x_2$, $x = x_3$ ac $x = x_4$ o wybod bod (x_0, y_0), (x_1, y_1), (x_2, y_2), (x_3, y_3) ac (x_4, y_4) yn bwyntiau ar y gromlin.

Allwch chi ysgrifennu fformiwla ar gyfer amcangyfrif yr arwynebedd dan gromlin gan ddefnyddio unrhyw nifer o stribedi sydd â hyd hafal? Dyma'r hyn a elwir y Rheol Trapesiwm.

Graffiau cyflymder–amser

Ym Mhennod 15 gwelsoch rai graffiau am sefyllfaoedd yn y byd go iawn, gan gynnwys graffiau pellter–amser. Gwelsoch hefyd sut y caiff cyfradd y newid ei chynrychioli ar y graff. Yn achos graffiau pellter–amser, y gyfradd newid yw'r buanedd neu, yn fwy cywir, y **cyflymder**. Mae cyfeiriad i gyflymder, ond nid i fuanedd. Mae gan y cyfeiriad gwrthdro raddiant negatif, fel y gwelsoch ym Mhennod 21.

ENGHRAIFFT 39.3

Dyma graff pellter–amser ar gyfer gronyn bach sy'n symud mewn llinell syth.

Disgrifiwch fudiant y gronyn.

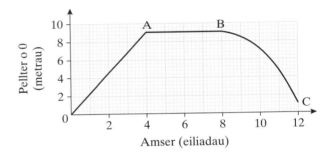

Datrysiad

O 0 i A mae'r gronyn yn symud 9 metr mewn 4 eiliad ar gyflymder cyson.

(Mae cyflymder cyson yn golygu bod y cyflymder yr un fath bob amser.)

O A i B mae'r gronyn yn sefydlog.

O B i C mae'r gronyn yn symud yn ôl tuag at y man cychwyn, felly mae ganddo gyflymder negatif. Nid yw'r cyflymder yn gyson. Mae'r pellter yn lleihau yn araf ar y cychwyn ac yna'n fwy cyflym.

Yn Enghraifft 39.1 cyfradd newid y pellter yw'r cyflymder ond nid yw'r cyflymder o B i C yn gyson.

Sylwi 39.1

(a) Cyfrifwch gyflymder cyfartalog y gronyn yn Enghraifft 39.1 rhwng yr amserau:
(i) 0 a 2 eiliad.   **(ii)** 2 a 4 eiliad.
Beth welwch chi?

(b) Nawr cyfrifwch gyflymder cyfartalog y gronyn rhwng yr amserau:
(i) 8 a 9 eiliad.   **(ii)** 9 a 10 eiliad.
(iii) 10 ac 11 eiliad.   **(iv)** 11 ac 12 eiliad.
Beth welwch chi nawr?

Pan nad yw'r cyflymder yn gyson, mae yna gyflymiad (sydd weithiau'n cael ei alw yn arafiad pan fo'n negatif). Y term am gyfradd newid cyflymder yw **cyflymiad**.

ENGHRAIFFT 39.4

Graff cyflymder–amser ar gyfer symudiad y gronyn yw'r graff hwn.
Disgrifiwch y symudiad.

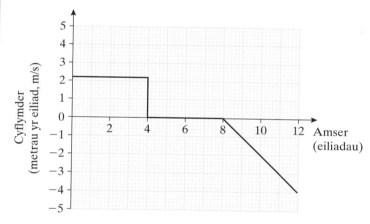

Pan fo $t = 4$ mae'r cyflymder yn dod yn sero ar unwaith. Wrth gwrs ni allai hynny ddigwydd mewn gwirionedd, ond mae'n arferol dangos newidiadau cyflym mewn cyflymder yn y ffordd hon er symlrwydd.

Datrysiad

O $t = 0$ i $t = 4$, mae'r cyflymder yn gyson ar 2.2 m/s. Nid oes cyflymiad.
O $t = 4$ i $t = 8$, mae'r cyflymder yn sero.
O $t = 8$ i $t = 12$, mae'r cyflymder yn lleihau (yn cynyddu tuag yn ôl) â chyflymiad cyson.

Y cyflymiad yw graddiant y llinell $= \dfrac{-4}{4} = -1$ m/s².

AWGRYM

Unedau cyflymder yw metrau yr eiliad, sef m/s neu ms⁻¹.
Unedau cyflymiad yw metrau yr eiliad yr eiliad, sef m/s² neu ms⁻².

Tangiadau i amcangyfrif cyfraddau newid

Gallwn ddarganfod y cyflymder ar unrhyw amser penodol o graff pellter–amser trwy luniadu'r tangiad ar y gromlin ar yr amser penodol hwnnw ac yna cyfrifo'r graddiant.

Mae graddiant cromlin pellter–amser yn rhoi'r cyflymder, sef cyfradd newid pellter gydag amser.

Gall y cyflymiad ar unrhyw amser penodol gael ei ddarganfod o graff cyflymder–amser trwy luniadu'r tangiad ar y gromlin ar yr amser penodol hwnnw a chyfrifo'r graddiant.

Mae graddiant cromlin cyflymder–amser yn rhoi'r cyflymiad, sef cyfradd newid cyflymder gydag amser.

ENGHRAIFFT 39.5

Mae'r graff pellter–amser yn dangos taith rhwng 1 p.m. a 7 p.m.
Darganfyddwch amcangyfrif ar gyfer y cyflymder mewn km/awr am 2 p.m.

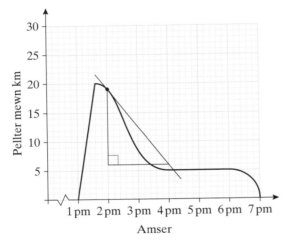

Datrysiad

Sylwch fod yna raddiant negatif am 2 p.m. Mae hyn yn dangos y daith yn ôl.
Lluniadwch y tangiad i'r gromlin am 2 p.m. i gyfrifo'r graddiant.
Mae unedau'r ateb yn bwysig. Dylai'r gwahaniaeth yn y pellter wedi ei rannu â'r gwahaniaeth yn yr amser roi km/awr, felly dylai'r gwerthoedd gael eu darllen yn yr unedau cywir neu gael eu trawsnewid i fod yn yr unedau cywir.

$$\text{Cyflymder} \approx -\frac{12.8}{2}$$

$$= -6.4 \, \text{km/awr}$$

Arwynebedd dan graff cyflymder–amser

Mae'r arwynebedd dan graff cyflymder–amser yn cynrychioli'r pellter teithio.

ENGHRAIFFT 39.6

Mae'r graff isod yn dangos cyflymder–amser gronyn. Darganfyddwch yn fras pellter teithio'r gronyn yn y 40 eiliad cyntaf, gan ddefnyddio mesurynnau bob 10 eiliad.

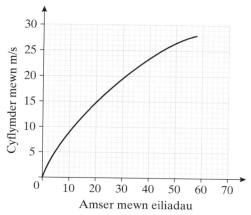

Datrysiad

Gwahanwch yr arwynebedd yn stribedi â hyd 10 eiliad, o'r amser 0 eiliad i'r amser 40 eiliad. Y pellter teithio bras yn y 40 eiliad cyntaf yw cyfanswm arwynebeddau'r triongl a'r tri thrapesiwm.

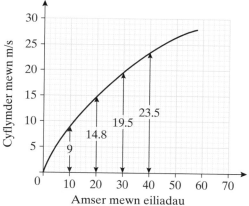

Yn ôl y Rheol Trapesiwm:

Y pellter teithio bras $\approx \frac{1}{2} \times 10 \times \{0 + 2 \times (9 + 14.8 + 19.5) + 23.5\}$

$\qquad\qquad\qquad = 550.5$ km

Neu fel cyfanswm yr arwynebeddau

$\qquad \frac{1}{2} \times 10 \times 9 + \frac{1}{2} \times 10 \times (9 + 14.8) + \frac{1}{2} \times 10 \times (14.8 + 19.5) + \frac{1}{2} \times 10 \times (19.5 + 23.5)$

$\qquad = 45 + 119 + 171.5 + 215$

$\qquad = 550.5$ km

1 (a) Lluniwch graff cyflymder–amser gyda'r echelin Amser (t) o 0 i 10 eiliad a'r echelin Cyflymder (v) o 0 i 20 m/s.
Dangoswch y cyflymder yn cynyddu o 0 m/s ar $t = 0$ i 18 m/s pan fo $t = 10$.
(b) Cyfrifwch y cyflymiad.

2 (a) Lluniwch graff cyflymder–amser gyda'r echelin Amser (t) o 0 i 10 eiliad a'r echelin Cyflymder (v) o −10 i 10 m/s.
Dangoswch gyflymder cyson o 6 m/s o $t = 0$ i $t = 3$ a chyflymiad cyson o −1.5 m/s^2 o $t = 3$ i $t = 10$.
(b) Beth yw'r cyflymder pan fo $t = 10$?

3 Disgrifiwch yr hyn sy'n digwydd yn y graff cyflymder–amser hwn.
Cymerwch ddarlleniadau priodol a dangoswch eich gwaith cyfrifo.

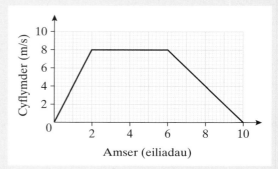

4 Dyma graff pellter–amser.
Lluniwch y graff cyflymder–amser cywerth.

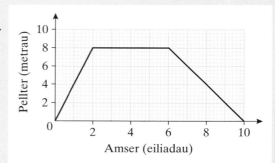

5 (a) Lluniwch graff $y = x^2 - 5x$, ar gyfer gwerthoedd x o $x = -1$ i $x = 6$.
(b) Defnyddiwch eich graff i ddarganfod graddiant y tangiad i'r gromlin yn y pwynt $x = 2$.
(c) Darganfyddwch werth x lle bo graddiant y gromlin yn sero.

6 (a) Lluniwch graff $y = x^2 + 3x + 4$ rhwng $x = 0$ ac $x = 4$.
(b) Darganfyddwch werth bras ar gyfer yr arwynebedd dan y gromlin $y = x^2 + 3x + 4$ rhwng $x = 0$ ac $x = 4$ trwy ystyried y mesurynnau $x = 0$, $x = 1$, $x = 2$, $x = 3$ ac $x = 4$ i rannu'r arwynebedd yn stribedi â hyd hafal.
(c) Gan roi rheswm dros eich ateb, nodwch a yw eich gwerth bras ar gyfer yr arwynebedd dan y gromlin $y = x^2 + 3x + 4$ rhwng $x = 0$ ac $x = 4$ yn fwy neu'n llai na'r gwerth gwirioneddol ar gyfer yr arwynebedd.

7 Mae'r graff cyflymder–amser hwn yn dangos cyflymder gronyn, o'r amser $t = 0$ eiliad i'r amser $t = 100$ eiliad.

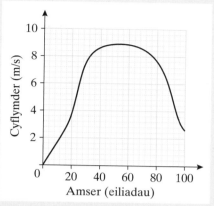

(a) Cyfrifwch y cyflymiad ar yr amser $t = 70$ eiliad.

(b) Cyfrifwch yn fras y pellter teithio cyfan yn y 30 eiliad cyntaf trwy wahanu'r arwynebedd yn 3 stribed â hyd hafal.

8 Mae'r graff pellter–amser yn dangos taith rhwng 1 p.m. a 4 p.m. Darganfyddwch amcangyfrif ar gyfer y cyflymder mewn km/awr am 2.30 p.m.

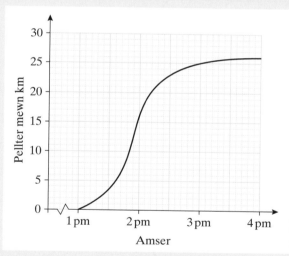

Defnyddio graffiau i ddatrys hafaliadau cydamserol

Ym Mhennod 21 gwelsoch sut i ddefnyddio graffiau i ddatrys pâr o hafaliadau llinol trwy ddarganfod y man lle mae'r llinellau'n croestorri (croesi).
Ym Mhennod 15 gwnaethoch lunio graffiau cwadratig. Gallwn ddatrys pâr o hafaliadau cydamserol lle mae'r naill yn llinol a'r llall yn gwadratig trwy lunio'r graffiau a gweld lle mae'r llinell yn croesi'r gromlin. Gwelwn, yn y rhan fwyaf o achosion, fod y llinell yn croesi'r gromlin ddwywaith.

ENGHRAIFFT 39.7

Datryswch yr hafaliadau cydamserol $y = x^2 + 3x - 7$ ac $y = x - 3$ yn graffigol.
Cymerwch werthoedd x o -5 i 2.

Datrysiad

Yn gyntaf lluniwch dabl gwerthoedd ar gyfer y ddau hafaliad.

x	-5	-4	-3	-2	-1	0	1	2
x^2	25	16	9	4	1	0	1	4
$+3x$	-15	-12	-9	-6	-3	0	3	6
-7	-7	-7	-7	-7	-7	-7	-7	-7
$y = x^2 + 3x - 7$	3	-3	-7	-9	-9	-7	-3	3

x	-5	0	2
$y = x - 3$	-8	-3	-1

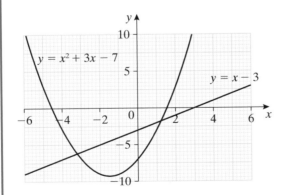

Gallwch weld o'r graff fod y llinell yn croesi'r gromlin yn $(-3.2, -6.2)$ ac $(1.2, -1.8)$.

Y datrysiadau, yn fras, yw $x = -3.2$, $y = -6.2$ ac $x = 1.2$, $y = -1.8$.

1 (a) Lluniwch graff $y = x^2 - 5x + 5$ ar gyfer gwerthoedd x o -2 i 5.
   (b) Ar yr un echelinau tynnwch y llinell $y = 9 - 2x$.
   (c) Ysgrifennwch gyfesurynnau'r pwyntiau lle mae'r llinell a'r gromlin yn croestorri.
   (ch) Ysgrifennwch gyfesurynnau'r pwynt ar y gromlin lle mae'r graddiant yn sero.

2 (a) Lluniwch graff $y = x^2 - 3x - 1$ ar gyfer gwerthoedd x o -4 i 3.
   (b) Ar yr un echelinau tynnwch y llinell $y + 4x = 5$.
   (c) Ysgrifennwch gyfesurynnau'r pwyntiau lle mae'r llinell a'r gromlin yn croestorri.
   (ch) Ysgrifennwch gyfesurynnau'r pwynt ar y gromlin lle mae'r graddiant yn sero.

3 (a) Lluniwch graff $y = x^2 + 3$ ar gyfer gwerthoedd x o -2 i 5.
   (b) Ar yr un echelinau tynnwch y llinell $y = 3x + 7$.
   (c) Ysgrifennwch gyfesurynnau'r pwyntiau lle mae'r llinell a'r gromlin yn croestorri.

4 (a) Lluniwch graff $y = x^2 - 2x + 3$ ar gyfer gwerthoedd x o 0 i 6.
   (b) Ar yr un echelinau tynnwch y llinell $y = 4x + 1$.
   (c) Ysgrifennwch gyfesurynnau'r pwyntiau lle mae'r llinell a'r gromlin yn croestorri.

Defnyddio graffiau i ddatrys hafaliadau cwadratig

Efallai eich bod wedi llunio graff cwadratig ac yna'n gorfod datrys hafaliad sy'n wahanol i'r graff sydd gennych. Yn hytrach na llunio graff arall, gall fod yn bosibl ad-drefnu'r hafaliad i gael defnyddio'r graff sydd gennych.

ENGHRAIFFT 39.8

(a) Lluniwch graff $y = 2x^2 - x - 3$ ar gyfer gwerthoedd x rhwng -3 a 4.
(b) Defnyddiwch y graff hwn i ddatrys yr hafaliadau hyn
   (i) $2x^2 - x - 3 = 6$ (ii) $2x^2 - x = x + 5$

Datrysiad

(a)

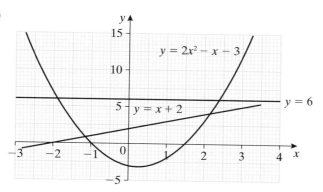

(b) (i) I ddatrys $2x^2 - x - 3 = 6$ byddwch yn tynnu'r llinell $y = 6$ ar yr un echelinau.
Yn y pwyntiau lle mae'r llinell a'r gromlin yn croestorri mae $y = 6$ a
$2x^2 - x - 3$ ac felly mae $2x^2 - x - 3 = 6$.
Mae'r gromlin a'r llinell yn croesi yn fras lle mae $x = -1.9$ ac $x = 2.4$.

(ii) I ddatrys $2x^2 - x = x + 5$ rhaid ad-drefnu'r hafaliad fel bod $2x^2 - x - 3$ ar yr ochr chwith.
Gwnewch hyn trwy dynnu 3 o'r ddwy ochr.

$$2x^2 - x = x + 5$$
$$2x^2 - x - 3 = x + 5 - 3$$
$$2x^2 - x - 3 = x + 2$$

Nawr tynnwch y llinell $y = x + 2$.
Y pwyntiau lle mae'r llinell a'r gromlin yn croestorri yw'r datrysiad i
$2x^2 - x = x + 5$.

Mae'r gromlin a'r llinell yn croesi yn fras lle mae $x = -1.2$ ac $x = 2.2$.

⊙ YMARFER 39.3

1 (a) Lluniwch graff $y = x^2 - 2x - 3$ ar gyfer gwerthoedd x o -2 i 4.
(b) Defnyddiwch eich graff i ddatrys yr hafaliadau hyn.
  (i) $x^2 - 2x - 3 = 0$ **(ii)** $x^2 - 2x - 3 = -2$
  (iii) $x^2 - 2x - 3 = x$ **(iv)** $x^2 - 2x - 5 = 0$

2 (a) Lluniwch graff $y = x^2 - 2x + 2$ ar gyfer gwerthoedd x o -2 i 4.
(b) Defnyddiwch eich graff i ddatrys yr hafaliadau hyn.
  (i) $x^2 - 2x + 2 = 8$ **(ii)** $x^2 - 2x + 2 = 5 - x$
  (iii) $x^2 - 2x - 5 = 0$

3 (a) Lluniwch graff $y = 2x^2 + 3x - 9$ ar gyfer gwerthoedd x o -3 i 2.
(b) Defnyddiwch eich graff i ddatrys yr hafaliadau hyn.
  (i) $2x^2 + 3x - 9 = -1$ **(ii)** $2x^2 + 3x - 4 = 0$

4 (a) Lluniwch graff $y = x^2 - 5x + 3$ ar gyfer gwerthoedd x o -2 i 8.
(b) Defnyddiwch eich graff i ddatrys yr hafaliadau hyn.
  (i) $x^2 - 5x + 3 = 0$ **(ii)** $x^2 - 5x + 3 = 5$
  (iii) $x^2 - 7x + 3 = 0$

Ar gyfer y cwestiynau sy'n weddill peidiwch â llunio graffiau.

5 Mae graff $y = x^2 - 8x + 2$ wedi cael ei lunio eisoes.
Pa linell arall y mae angen ei thynnu er mwyn datrys yr hafaliad $x^2 - 8x + 6 = 0$?

6 Mae graff $y = x^3 - 2x^2$ wedi cael ei lunio eisoes.
Pa gromlin arall y mae angen ei lluniadu er mwyn datrys yr hafaliad $x^3 - x^2 - 4x + 3 = 0$?

Her 39.2

(a) Lluniwch graff $y = x^3 - x$.

(b) Beth yw gwreiddiau $x^3 - x = 0$?

(c) Ar yr un echelinau tynnwch y llinellau hyn.

(i) $y = \frac{1}{2}$ **(ii)** $y = 5$ **(iii)** $y = 2x$

(ch) Ysgrifennwch yr hafaliadau y rhoddir eu gwreiddiau (neu ddatrysiadau) gan y gwahanol groestorfannau.

(d) Faint o wreiddiau sydd gan bob hafaliad?

(dd) Beth y gallwch chi ei ddweud am nifer y gwreiddiau sydd gan yr hafaliadau $x^3 - x = kx$ ac $x^3 - x = k$?

Lluniadu ac adnabod cromliniau eraill

Mae gwahanol fathau o ffwythiannau ac mae gan bob un ei siâp nodweddiadol ei hun. Hyd yma rydym wedi gweld ffwythiannau llinol, sy'n rhoi graffiau llinell syth, a ffwythiannau cwadratig, sydd, fel y gwelsoch ym Mhennod 15, yn rhoi parabola pan fyddant yn cael eu lluniadu. Byddwn yn gweld graffiau ffwythiannau trigonometregol ym Mhennod 40.

Yn yr adran hon fe welwch graffiau ffwythiannau ciwbig, esbonyddol a chilyddol. Ffwythiannau sydd ag x wedi'i giwbio fel y pŵer uchaf o x yw ffwythiannau ciwbig.

ENGHRAIFFT 39.9

Lluniadwch graff $y = x^3$.

Datrysiad

Yn gyntaf lluniwch dabl gwerthoedd.

x	-3	-2	-1	0	1	2	3
y	-27	-8	-1	0	1	8	27

Wedyn plotiwch y pwyntiau a'u huno â chromlin lefn.

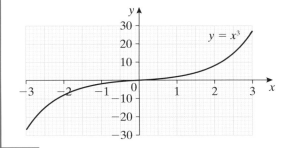

Enghreifftiau o ffwythiannau esbonyddol yw'r ddwy enghraifft nesaf.
Gwelsoch y rhain ym Mhennod 29.

ENGHRAIFFT 39.10

Mae nifer y bacteria mewn hydoddiant yn dyblu bob awr.
Y nifer sy'n bresennol wrth ddechrau amseru yw 300.
Lluniwch graff i ddangos nifer y bacteria yn yr hydoddiant dros gyfnod
o 4 awr.

Datrysiad

Yn gyntaf lluniwch dabl gwerthoedd ar gyfer nifer y bacteria yn yr
hydoddiant.

Nifer yr oriau (a)	0	1	2	3	4
Nifer y bacteria (n)	300	600	1200	2400	4800

Wedyn plotiwch y pwyntiau a'u huno â chromlin lefn.

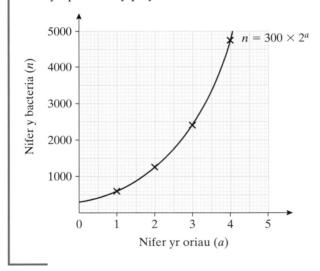

Mae'r graff yn Enghraifft 39.10 yn gromlin esbonyddol.

Yr hafaliad yw $n = 300 \times 2^a$.

Y rheswm dros y 300 yn yr hafaliad yw mai dyma'r gwerth cychwynnol.

Mae'r 2 yno am fod nifer y bacteria yn dyblu bob awr.

Mae $n = 300 \times 2^a$ yn hafaliad esbonyddol nodweddiadol.

(a) Lluniwch graff $y = 3^x$ ar gyfer gwerthoedd x o -2 i 3.
(b) Defnyddiwch eich graff i amcangyfrif gwerth y pan fo $x = 2.4$.
(c) Defnyddiwch eich graff i amcangyfrif y datrysiad i'r hafaliad $3^x = 20$.

Datrysiad

Yn gyntaf lluniwch dabl gwerthoedd.

x	-2	-1	0	1	2	3
y	0.111	0.333	1	3	9	27

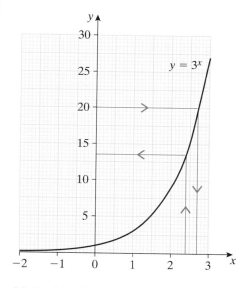

(b) Byddwch yn darllen gwerthoedd o'r graff yn y ffordd arferol.
Pan fo $x = 2.4$, $y = 13.5$.

(c) Y datrysiad i'r hafaliad $3^x = 20$ yw gwerth x pan fo $y = 20$.
O'r graff fe welwch fod hyn yn $x = 2.7$.

Ffwythiant arall a welsoch o'r blaen yw'r ffwythiant cilyddol. Mae dwy gangen i graff ffwythiant cilyddol, fel y mae'r enghraifft nesaf yn ei ddangos.

Lluniwch graff $y = \dfrac{2}{x}$ ar gyfer gwerthoedd x o -4 i 4.

Datrysiad

Dyma'r tabl gwerthoedd.

x	-4	-3	-2	-1	0	1	2	3	4
y	-0.5	-0.7	-1	-2	–	2	1	0.7	0.5

Sylwch pan fo x yn sero na allwn ddarganfod gwerth y; mae'r gwerth yn anfeidredd.

Mae'n anodd asesu lle i dynnu'r llinell rhwng y gwerthoedd -1 a $+1$ felly mae'n ddefnyddiol cyfrifo gwerthoedd y pan fo x yn -0.5 a $+0.5$.

Pan fo $x = -0.5$, $y = -4$.
Pan fo $x = 0.5$, $y = 4$.

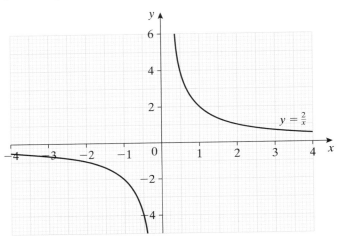

Cafodd y data yn y tabl eu cofnodi yn ystod arbrawf. Maent yn ganlyniadau ar gyfer y ddau newidyn x ac y.

x	1	2	3	4	5
y	30.9	52.2	86.8	136.3	199.0

Mae'n hysbys bod y yn hafal yn fras i $ax^2 + b$.
Lluniwch graff i amcangyfrif gwerthoedd a a b, a thrwy hynny ysgrifennwch y berthynas rhwng x ac y.

x	1	2	3	4	5
x^2	1	4	9	16	25
y	30.9	52.2	86.8	136.3	199.0

Mae plotio'r graff $y = ax^2 + b$ yn dangos y berthynas fras.

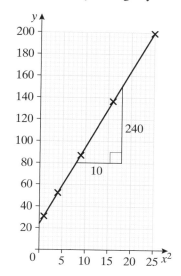

Trwy gymharu â hafaliad llinell syth, sef $y = mx + c$, gallwn ddiddwytho mai

a yw'r graddiant, a

b yw'r croestorfan â'r echelin y.

Felly mae $a = \dfrac{\text{y gwahaniaeth yn y gwerthoedd } y}{\text{y gwahaniaeth yn y gwerthoedd } x} = 7$ a $b = 24$

Felly $y = 7x^2 + 24$.

O wybod bod y graff yn cynrychioli'r berthynas $y = pq^x$, darganfyddwch werthoedd p a q a thrwy hynny ysgrifennwch y berthynas yn nhermau x ac y.

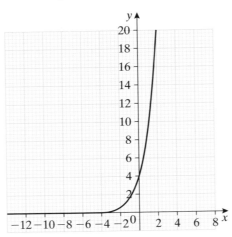

Datrysiad

O'r graff, pan fo $x = 0$, $y = 4$, felly $4 = pq^0$.
Gan fod $q^0 = 1$, $4 = p \times 1$, sy'n rhoi $p = 4$.
Felly rydych yn gwybod bod $y = 4q^x$.
Gan ddewis gwerth arall ar gyfer x darllenwch y gwerth y o'r graff, er enghraifft:
pan fo $x = 1$, $y = 12$, felly trwy amnewid y rhain yn $y = 4q^x$ gwelwn fod $12 = 4 \times q^1$.
Mae hyn yn rhoi $q = 3$.
Y berthynas yw $y = 4 \times 3^x$.

YMARFER 39.4

1 **(a)** Lluniwch graff $y = x^3$ ar gyfer gwerthoedd x rhwng -4 a 4.
   (b) Defnyddiwch eich graff i ddatrys yr hafaliad $x^3 - 4x = 0$.
   (c) Lluniwch graff $y = x^3 - 4x$.

2 Mae poblogaeth rhywogaeth benodol o aderyn yn gostwng 20% bob 10 mlynedd.
   (a) Copïwch y tabl gwerthoedd a'i gwblhau.

Blwyddyn (b)	1970	1980	1990	2000	2010
Nifer yr adar (n)	50 000		32 000		

   (b) Lluniwch graff i ddangos y berthynas hon.
   (c) Ysgrifennwch yr hafaliad ar gyfer y berthynas hon.

3 **(a)** Lluniwch graff $y = 2^{-x}$ ar gyfer gwerthoedd x o -4 i 2.

(b) Defnyddiwch eich graff i amcangyfrif:

(i) gwerth y pan fo $x = 0.5$.

(ii) y datrysiad i'r hafaliad $2^{-x} = 10$.

4 Mae'r tabl yn dangos nifer rhywogaeth benodol o anifail mewn parc.

Blwyddyn (b)	2000	2001	2002	2003	2004	2005
Nifer yr anifeiliaid (n)	2	6	18	54		

(a) Darganfyddwch y fformiwla ar gyfer n yn nhermau b.

(b) Copïwch y tabl a'i gwblhau.

5 **(a)** Plotiwch graff $y = 2^x$ ar gyfer gwerthoedd x o -2 i 5.

(b) Defnyddiwch eich graff i amcangyfrif:

(i) gwerth y pan fo $x = 3.2$.

(ii) datrysiad yr hafaliad $2^x = 10$.

6 **(a)** Lluniwch graff $y = \dfrac{3}{x}$.

(b) Defnyddiwch eich graff i amcangyfrif gwerth y pan fo $x = 1.8$.

7 Cafodd y data yn y tabl eu cofnodi yn ystod arbrawf.

Mae'r tabl yn dangos y canlyniadau ar gyfer y ddau newidyn x ac y.

x	1	2	3	4
y	29.1	25.9	21.0	14.2

(a) Ar bapur graff plotiwch werthoedd y yn erbyn x^2.

(b) Cyn dechrau'r arbrawf roedd yn hysbys bod y yn hafal yn fras i $ax^2 + b$.

Defnyddiwch eich graff i amcangyfrif a a b.

Her 39.3

(a) Mae radon yn nwy sy'n bodoli'n naturiol yn y ddaear ac yn dod i'r wyneb trwy greigiau mewn rhai rhannau o'r wlad.

Mae'r nwy yn ymbelydrol ac mae ganddo hanner oes o 4 eiliad.

Felly os oes 500 o atomau o radon mewn sampl o nwy, 4 eiliad yn ddiweddarach bydd hanner y nifer hwnnw, felly bydd 250 o atomau o radon yn y sampl.

Y fformiwla ar gyfer n, nifer yr atomau sy'n weddill ar ôl amser t eiliad, yw $n = 1000 \times 2^{-\frac{1}{4}t}$.

(i) Copïwch y tabl gwerthoedd hwn a'i gwblhau.

t	0	4	8	12	16	20
n						

yn parhau …

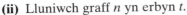

    (ii) Lluniwch graff n yn erbyn t.

    (iii) Defnyddiwch eich graff i amcangyfrif yr amser, mewn eiliadau, pan fo nifer yr atomau yn 300.

(b) Màs elfen ymbelydrol arall erbyn hyn yw 50 gram.

    Mae ei gyfradd dadfeilio yn lleihau ei fàs, m gram, 20% bob blwyddyn.

    (i) Ysgrifennwch fformiwla ar gyfer y màs ar ôl t o flynyddoedd.

    (ii) Trwy lunio graff m yn erbyn t, amcangyfrifwch yr amserau pan oedd y màs yn 70 g a phan fydd y màs yn 35 g.

    Rhowch eich atebion yn gywir i'r ddegfed ran agosaf o flwyddyn.

RYDYCH WEDI DYSGU

- sut i ddehongli graffiau cyflymder–amser a graffiau pellter–amser
- sut i ddatrys hafaliadau cydamserol yn graffigol, trwy blotio'r graffiau a darganfod y croestorfannau
- wrth ddefnyddio graffiau i ddatrys hafaliadau, y byddwch yn ad-drefnu'r hafaliad sydd i gael ei ddatrys fel bo'r hafaliad sydd wedi ei blotio eisoes ar yr ochr chwith
- beth yw siâp graffiau ciwbig, esbonyddol a chilyddol
- sut i ddarganfod ffwythiannau mathemategol o setiau o ddata

---

◉ YMARFER CYMYSG 39

1 Disgrifiwch yr hyn sy'n digwydd yn y graff cyflymder–amser hwn.

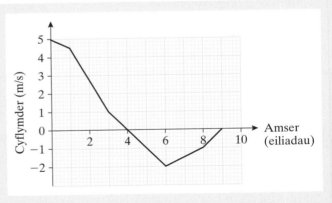

2 (a) Lluniwch graff $y = x^2 - 5x + 3$ ar gyfer gwerthoedd x o -2 i 4.

    (b) Ar yr un echelinau tynnwch y llinell $7x + 2y = 11$.

    (c) Ysgrifennwch gyfesurynnau'r pwyntiau lle mae'r llinell a'r gromlin yn croestorri.

3 (a) Lluniwch graff $y = x^2 - 2x$ ar gyfer gwerthoedd x o -1 i 4.

    (b) Defnyddiwch eich graff i ddatrys yr hafaliad $x^2 - 2x = x + 1$.

4 **(a)** Lluniwch graff $y = x^2 - 7x$ ar gyfer gwerthoedd x o 0 i 7.
   (b) Defnyddiwch eich graff i ddatrys yr hafaliadau hyn.
      (i) $x^2 - 7x + 9 = 0$ **(ii)** $x^2 - 5x + 1 = 0$

5 **(a)** Lluniwch graff $y = x^2 - 4x + 3$ ar gyfer gwerthoedd x o −2 i 8.
   (b) Defnyddiwch eich graff i ddatrys yr hafaliad $x^2 - 4x + 1 = 0$.

6 **(a)** Lluniwch graff $y = x^3 - 1$ ar gyfer gwerthoedd x o −3 i 3.
   (b) Defnyddiwch eich graff i ddatrys yr hafaliadau hyn.
      (i) $x^3 - 2 = 0$ **(ii)** $x^3 - x - 1 = 0$

7 **(a)** Copïwch a chwblhewch y tabl gwerthoedd ar gyfer $y = 4^{-x}$.

x	−2.5	−2	−1.5	−1	−0.5	0	0.5	1
y		16		4			0.5	

   (b) Plotiwch graff $y = 4^{-x}$ ar gyfer gwerthoedd x o −2.5 i 1.
   (c) Defnyddiwch eich graff i amcangyfrif:
      (i) gwerth y pan fo $x = -1.8$.
      (ii) datrysiad yr hafaliad $4^{-x} = 25$.

8 Lluniwch graff $y = 3x^3 + 2x - 3$ yn fanwl gywir ar gyfer gwerthoedd x o −2 i 3.
   O'ch graff amcangyfrifwch raddiant y gromlin yn y pwyntiau $x = -1$ a $x = 2$.

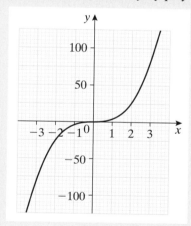

9 Dyma graff $y = x^3 - 4x^2 - 7x + 10$.

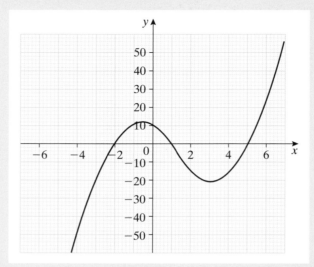

Defnyddiwch y rheol trapesiwm â 4 stribed i amcangyfrif arwynebedd y rhanbarth sydd wedi'i amgáu gan y gromlin a'r echelin x rhwng $x = 1$ a $x = 5$.

10 Mae'r graff pellter–amser yn dangos taith rhwng 2 p.m. a 5 p.m.
Darganfyddwch y cyflymder am 3 p.m.

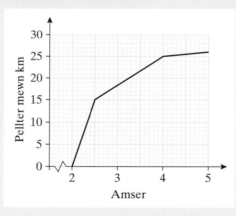

11 O'r graff cyflymder–amser isod darganfyddwch yn fras y pellter teithio yn yr 20 eiliad cyntaf gan ddefnyddio mesurynnau bob 5 eiliad.

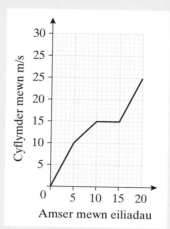

12 Cafodd y data yn y tabl eu cofnodi yn ystod arbrawf.
Dyma'r canlyniadau ar gyfer y ddau newidyn x ac y.

x	1	2	3	4	5
y	3.98	34.12	83.87	155.01	243.96

(a) Ar bapur graff plotiwch werthoedd y yn erbyn gwerthoedd x^2.

(b) Cyn dechrau'r arbrawf roedd yn hysbys eisoes fod y yn hafal yn fras i $ax^2 + b$.
Defnyddiwch eich graff i ddarganfod y berthynas fras rhwng y ac x^2.

13 O wybod bod y graff yn cynrychioli'r berthynas $y = pq^x$, darganfyddwch werthoedd p a q a thrwy hynny ysgrifennwch y berthynas yn nhermau x ac y.

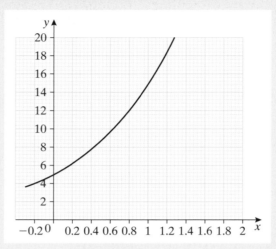

40 → TRIGONOMETREG 2

YN Y BENNOD HON

- Darganfod arwynebeddau, onglau a hydoedd mewn trionglau heb ongl sgwâr
- Graffiau ffwythiannau trigonometregol

DYLECH WYBOD YN BAROD

- sut i ddarganfod arwynebedd triongl ongl sgwâr
- trigonometreg sylfaenol o fewn trionglau ongl sgwâr

Arwynebedd triongl

Ar gyfer unrhyw driongl ongl sgwâr, gallwn ddarganfod arwynebedd y triongl gan ddefnyddio'r fformiwla:

$$\text{Arwynebedd} = \tfrac{1}{2} \times \text{sail} \times \text{uchder} = \tfrac{1}{2} \times AB \times AC.$$

Ar gyfer triongl heb ongl sgwâr, gallwn ddefnyddio'r fformiwla i ddarganfod arwynebedd y triongl os ydym yn gwybod uchder perpendicwlar y triongl. Y rheswm yw y gall y triongl gael ei rannu'n ddau driongl ongl sgwâr.

$$\begin{aligned}
\text{Arwynebedd} &= (\tfrac{1}{2} \times AD \times CD) + (\tfrac{1}{2} \times DB \times CD) \\
&= (\tfrac{1}{2} \times CD) \times (AD + DB) \\
&= \tfrac{1}{2} \times CD \times AB \\
&= \tfrac{1}{2} \times \text{sail} \times \text{uchder}
\end{aligned}$$

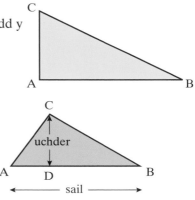

Ni allwn ddarganfod arwynebedd triongl trwy ddefnyddio'r fformiwla pan nad ydym yn gwybod yr uchder perpendicwlar. Mae angen dull arall.

Mae yna gonfensiwn ar gyfer labelu ochrau ac onglau triongl. Byddwn yn labelu'r onglau â phriflythrennau. Caiff yr ochr gyferbyn ag ongl ei labelu â'r un llythyren ond yn llythyren fach.

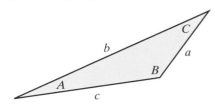

- Lluniadwch unrhyw driongl heb ongl sgwâr.
- Labelwch y triongl yn unol â'r confensiwn.
- Mesurwch yn fanwl gywir bob un o ochrau ac onglau eich triongl.
- Ar gyfer eich triongl cyfrifwch $ab \sin C$, $bc \sin A$ ac $ac \sin B$.

(a) Beth welwch chi?
(b) Cymharwch eich atebion ag atebion myfyrwyr eraill.

AWGRYM

Mae $ab \sin C$ yn golygu $a \times b \times \sin C$.

Fformiwla gyffredinol ar gyfer arwynebedd triongl

Mae ACD yn driongl ongl sgwâr.

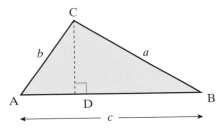

Fel y dysgoch ym Mhennod 24, mae'n bosibl darganfod hyd CD trwy ddefnyddio trigonometreg syml.

$$\sin A = \frac{\text{Cyferbyn}}{\text{Hypotenws}} = \frac{CD}{b}$$

felly $\qquad CD = b \sin A$

Nawr gallwn ysgrifennu fformiwla i ddarganfod arwynebedd unrhyw driongl.

$$\begin{aligned}
\text{Arwynebedd} &= \tfrac{1}{2} \times \text{sail} \times \text{uchder} \\
&= \tfrac{1}{2} \times AB \times CD \\
&= \tfrac{1}{2} \times c \times b \sin A \\
&= \tfrac{1}{2}bc \sin A
\end{aligned}$$

Gan ddefnyddio ochrau gwahanol yn sail cawn dri fersiwn gwahanol o'r fformiwla.

$$\text{Arwynebedd} = \tfrac{1}{2}bc \sin A$$
$$\text{Arwynebedd} = \tfrac{1}{2}ac \sin B$$
$$\text{Arwynebedd} = \tfrac{1}{2}ab \sin C$$

ENGHRAIFFT 40.1

Darganfyddwch arwynebedd
y triongl hwn.

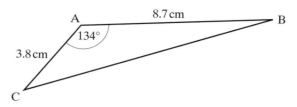

Datrysiad

Rydych yn gwybod ongl A, felly y fersiwn o'r fformiwla i'w ddefnyddio yw

$$\text{Arwynebedd} = \frac{1}{2} \times b \times c \sin A$$
$$= \frac{1}{2} \times 3.8 \times 8.7 \times \sin 134°$$
$$= 11.9 \text{ cm}^2$$

YMARFER 40.1

1   Darganfyddwch arwynebedd pob un o'r trionglau hyn.

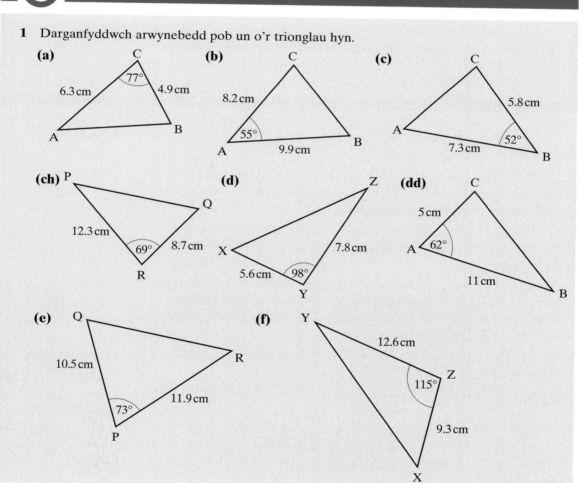

2 **(a)** Mewn triongl ABC, mae $a = 5$ cm, $b = 6$ cm a'r arwynebedd yw 11 cm^2.
Darganfyddwch faint yr ongl C.

(b) Mewn triongl PQR, mae $p = 6.4$ cm, $r = 7.8$ cm a'r arwynebedd yw 23.4 cm^2.
Darganfyddwch faint yr ongl Q.

(c) Mewn triongl XYZ, mae $y = 10.7$ cm, $z = 7.6$ cm a'r arwynebedd yw 16.9 cm^2.
Darganfyddwch faint yr ongl X.

3 **(a)** Mewn triongl ABC, mae $a = 27$ cm, mae ongl B yn 54° a'r arwynebedd yw 345 cm^2.
Darganfyddwch hyd yr ochr c.

(b) Mewn triongl PQR, mae $r = 9.3$ cm, mae ongl P yn 123° a'r arwynebedd yw 74.1 cm^2.
Darganfyddwch hyd yr ochr q.

Her 40.1

(a) Mewn triongl ABC, hyd yr ochr AC yw 13.7 cm, hyd yr ochr BC yw 8.7 cm a'r
arwynebedd yw 50 cm^2.
Cyfrifwch faint yr ongl ACB.

(b) Mewn triongl ABC, hyd yr ochr AB yw 8.9 cm, maint ongl ABC yw 78° a'r arwynebedd
yw 29.2 cm^2.
Cyfrifwch hyd yr ochr BC.

Y rheol sin

Mae'r fformiwla gyffredinol yn gweithio ar gyfer darganfod arwynebedd
unrhyw driongl lle mae hydoedd dwy o'r ochrau a maint yr ongl
rhyngddynt (yr ongl **gynwysedig**) yn hysbys.

Os yw'r ongl a roddir yn un nad yw'n gynwysedig neu os rhoddir dwy
ongl a hyd un ochr yn unig, mae angen darganfod yn gyntaf yr
wybodaeth goll.

Mae dwy reol y gallwn eu defnyddio i ddarganfod gwybodaeth goll mewn
perthynas â thrionglau heb ongl sgwâr, sef y **rheol sin** a'r **rheol cosin**.
Maent yn cael eu henwi fel hyn oherwydd y ffwythiant trigonometregol y
mae'r ddwy reol yn dibynnu arno.

Mae'r rheol sin yn seiliedig ar y berthynas rhwng ongl a'r ochr gyferbyn â
hi yn y triongl.

Mae dwy ffurf i'r rheol sin. Dyma'r ffurf i'w defnyddio i ddarganfod
hyd ochrau:

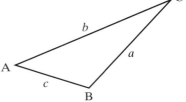

$$\frac{a}{\sin A} = \frac{b}{\sin B} = \frac{c}{\sin C}$$

Ar gyfer darganfod maint onglau byddwn yn defnyddio'r ffurf hon:

$$\frac{\sin A}{a} = \frac{\sin B}{b} = \frac{\sin C}{c}$$

Defnyddiwn unrhyw ddau o'r ffracsiynau ar yr un pryd.

Mae'n ddefnyddiol dysgu a chofio'r rheol sin ond nid yw'n hanfodol gwneud hynny. Bydd y fersiwn cyntaf yn cael ei ddarparu mewn arholiad a'r fersiwn cyntaf hwnnw wedi'i wrthdroi yw'r ail fersiwn.

Mae'r rheol sin yn gweithio ar gyfer unrhyw driongl lle rydym yn gwybod
- hydoedd dwy ochr ac ongl nad yw'n gynwysedig
- hyd un ochr a meintiau unrhyw ddwy ongl (gan fod hynny'n golygu ein bod yn gwybod mewn gwirionedd y tair ongl).

Blwch profi 40.1

Mae'n hawdd profi'r rheol sin, er na fydd gofyn i chi wneud hynny mewn arholiad.

Yn y triongl ADC, $AD = b \sin C$.
Yn y triongl ADB, $AD = c \sin B$.

Felly $b \sin C = c \sin B$

neu $\dfrac{b}{\sin B} = \dfrac{c}{\sin C}$

Bydd defnyddio perpendicwlar arall yn golygu defnyddio a ac A.

ENGHRAIFFT 40.2

Darganfyddwch faint yr onglau a'r ochrau coll yn y diagramau hyn.

(a)

(b)

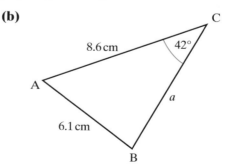

Datrysiad

(a) Ochr *a*

Y ffracsiynau i'w defnyddio yw $\dfrac{a}{\sin A} = \dfrac{c}{\sin C}$.

$$\frac{a}{\sin 47} = \frac{5.2}{\sin 36}$$

$$a = \frac{5.2 \times \sin 47}{\sin 36}$$

$$a = 6.47 \text{ cm}$$

Ongl *B*

Mae ongl $B = 97°$, gan fod onglau triongl yn adio i $180°$.

Ochr *b*

$$\frac{b}{\sin B} = \frac{c}{\sin C}$$

$$\frac{b}{\sin 97} = \frac{5.2}{\sin 36}$$

$$b = \frac{5.2 \times \sin 97}{\sin 36}$$

$$b = 8.78 \text{ cm}$$

(b) Ongl *B*

Defnyddiwch y ffurf arall ar y rheol sin gan eich bod eisiau darganfod ongl.

$$\frac{\sin B}{b} = \frac{\sin C}{c}$$

$$\frac{\sin B}{8.6} = \frac{\sin 42}{6.1}$$

$$\sin B = \frac{8.6 \times \sin 42}{6.1}$$

$$B = 70.6°$$

Ongl *A*

Mae ongl $A = 67.4°$, gan fod onglau triongl yn adio i $180°$.

Ochr *a*

$$\frac{a}{\sin A} = \frac{c}{\sin C}$$

$$\frac{a}{\sin 67.4} = \frac{6.1}{\sin 42}$$

$$a = \frac{6.1 \times \sin 67.4}{\sin 42}$$

$$a = 8.42 \text{ cm}$$

> **AWGRYM**
> Yn eich gwaith cyfrifo, lle bo'n bosibl defnyddiwch yr ochrau a'r onglau sy'n cael eu rhoi i chi, yn hytrach na'r rhai rydych wedi eu cyfrifo.

1 Darganfyddwch faint pob un o'r onglau a'r ochrau sydd wedi'u nodi.

(a)
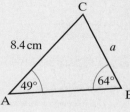

(b)
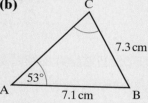

(c)
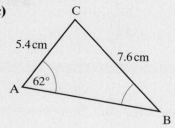

(ch)
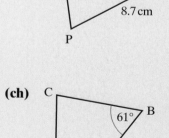

(d)
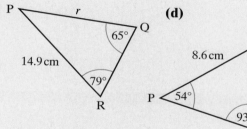

(dd)
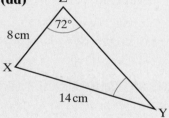

2 Darganfyddwch faint pob un o'r ochrau a'r onglau nad ydynt wedi'u nodi yn y diagramau hyn.

(a)
(b)
(c)

(ch)
(d)
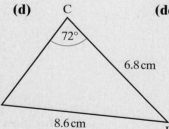
(dd)

Her 40.2

Mae'r diagram yn cynrychioli afon.

Mae cyfeiriant coeden ar un lan yn cael ei
fesur o ddau bwynt ar y lan arall, R ac S,
sydd â phellter o 50 metr rhyngddynt.

Cyfrifwch led yr afon.

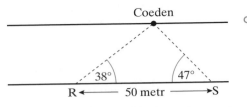

Her 40.3

Mae ffermwr yn gwneud corlan drionglog a'i ffin yw ffens sydd â'i hyd yn 59 metr,
perth sydd â'i hyd yn 68 metr a wal.

Yr ongl rhwng y wal a'r berth yw 49°.

(a) Cyfrifwch hyd y wal, yn gywir i'r metr agosaf.

(b) Darganfyddwch arwynebedd y gorlan.

Y rheol cosin

Mae'r rheol cosin yn seiliedig ar y berthynas rhwng dwy o ochrau
triongl a'r ongl sy'n gynwysedig rhyngddynt.

I ddarganfod hyd ochrau, bydd y rheol cosin fel arfer yn cael ei
hysgrifennu fel hyn.

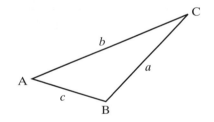

$$a^2 = b^2 + c^2 - 2bc \cos A$$
$$b^2 = a^2 + c^2 - 2ac \cos B$$
$$c^2 = a^2 + b^2 - 2ab \cos C$$

I ddarganfod maint onglau, bydd y rheol cosin fel arfer yn cael ei
hysgrifennu fel hyn.

$$\cos A = \frac{b^2 + c^2 - a^2}{2bc}$$

$$\cos B = \frac{a^2 + c^2 - b^2}{2ac}$$

$$\cos C = \frac{a^2 + b^2 - c^2}{2ab}$$

Eto, mae'n ddefnyddiol dysgu'r rheol cosin ond nid yw'n hanfodol
gwneud hynny. Bydd un fersiwn o'r naill ffurf a'r llall ar y rheol cosin yn
cael ei ddarparu mewn arholiad. Bydd angen i chi gofio, fodd bynnag, sut
i'w trin.

Mae'r rheol cosin yn gweithio ar gyfer unrhyw driongl lle rydym yn gwybod
- hydoedd y tair ochr.
- hydoedd dwy o'r ochrau a maint yr ongl gynwysedig.

Blwch profi 40.2

Eto, nid oes angen i chi allu profi'r rheol cosin mewn arholiad. Mae'n ddigon hawdd ei phrofi, fodd bynnag, gan ddefnyddio Pythagoras.

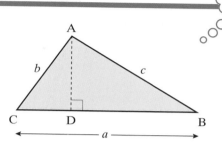

Yn y triongl ADC, $\quad b^2 = AD^2 + DC^2$

$\qquad\qquad\qquad DC = a - BD$

Felly $\qquad\qquad DC^2 = a^2 - 2a BD + BD^2$

Yn y triongl ADB, $\quad AD^2 = c^2 - BD^2$

a $\qquad\qquad\qquad BD = c \cos B$

Felly $\qquad\qquad DC^2 = a^2 - 2ac \cos B + BD^2$

felly $\qquad\qquad\quad b^2 = c^2 - BD^2 + a^2 - 2ac \cos B + BD^2$

felly $\qquad\qquad\quad b^2 = c^2 + a^2 - 2ac \cos B$

ENGHRAIFFT 40.3

Darganfyddwch faint pob un o'r onglau a'r ochrau coll yn y diagramau hyn.

(a)

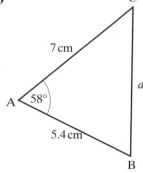

(b)

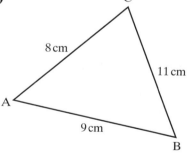

Datrysiad

(a) Ochr a

$a^2 = b^2 + c^2 - 2bc \cos A$

$a^2 = 7^2 + 5.4^2 - 2 \times 7 \times 5.4 \times \cos 58°$

$a^2 = 49 + 29.16 - 40.06$

$a^2 = 38.1$

$a = 6.2$ cm

Ongl B

$$\cos B = \frac{a^2 + c^2 - b^2}{2ac}$$

$$\cos B = \frac{38.1 + 5.4^2 - 7^2}{2 \times 6.2 \times 5.4}$$

$$\cos B = \frac{18.26}{66.96}$$

$$B = 74.2°$$

Ongl C
Mae ongl $C = 47.8°$, gan fod onglau triongl yn adio i $180°$.

(b) Ongl A

$$\cos A = \frac{b^2 + c^2 - a^2}{2bc}$$

$$\cos A = \frac{8^2 + 9^2 - 11^2}{2 \times 8 \times 9}$$

$$\cos A = \frac{24}{144}$$

$$A = 80.4°$$

Ongl B

$$\cos B = \frac{a^2 + c^2 - b^2}{2ac}$$

$$\cos B = \frac{11^2 + 9^2 - 8^2}{2 \times 11 \times 9}$$

$$\cos B = \frac{138}{198}$$

$$B = 45.8°$$

Ongl C
Mae ongl $C = 53.8°$, gan fod onglau triongl yn adio i $180°$.

YMARFER 40.3

1 Darganfyddwch faint pob un o'r ochrau a'r onglau sydd wedi'u nodi yn y diagramau hyn.

(a)

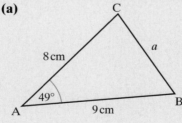

(b)

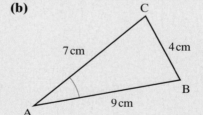

(c)

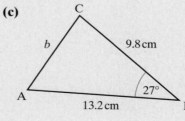

(ch)

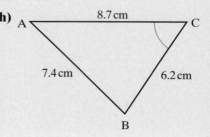

2 Darganfyddwch faint pob un o'r ochrau a'r onglau sydd heb eu nodi yn y diagramau hyn.

(a)

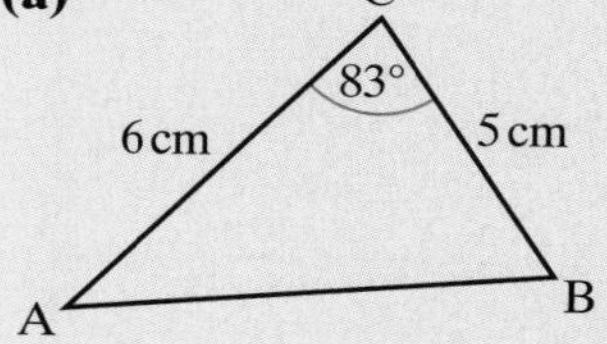

(b)

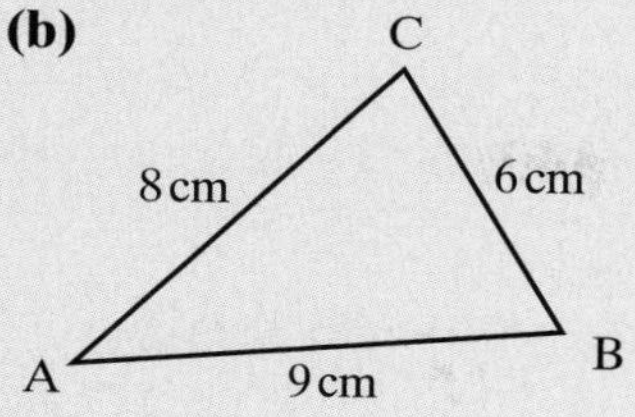

(c)

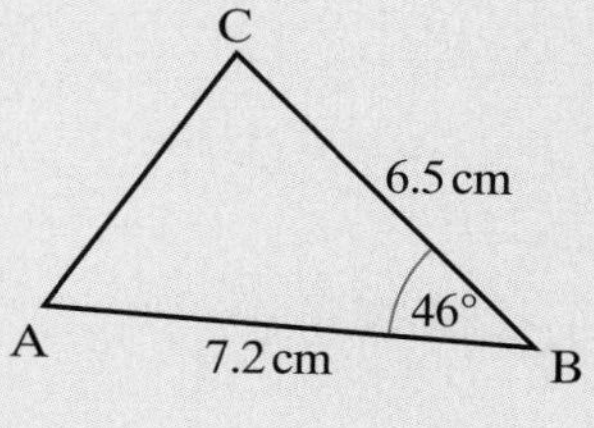

(ch)

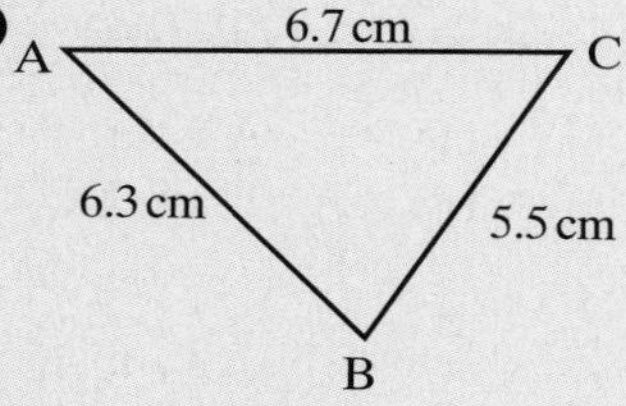

(d)

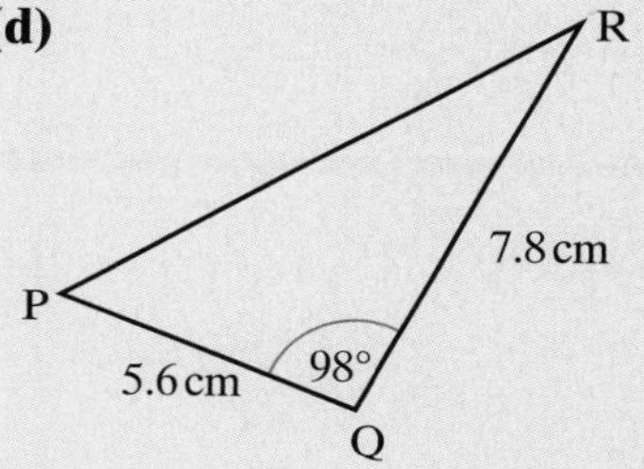

(dd)

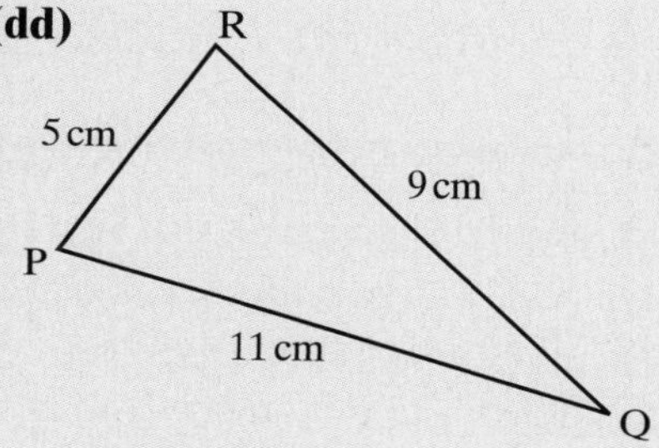

(e)

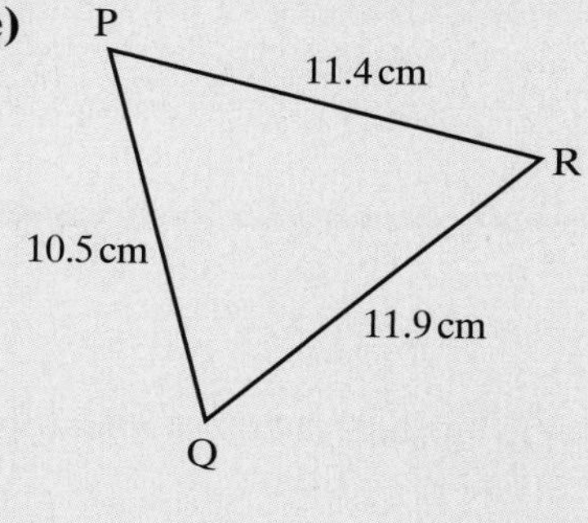

(f)

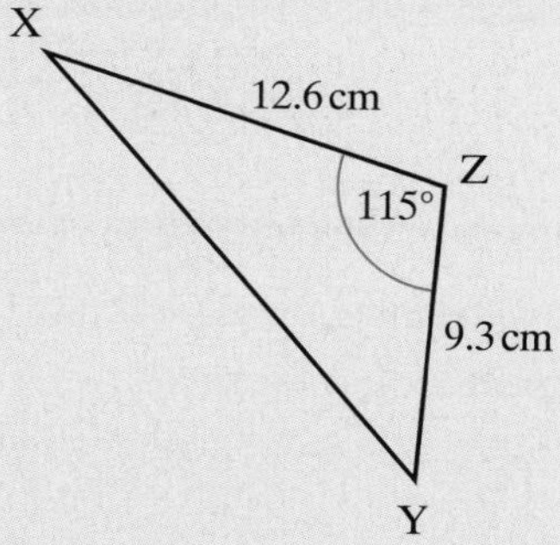

(ff)

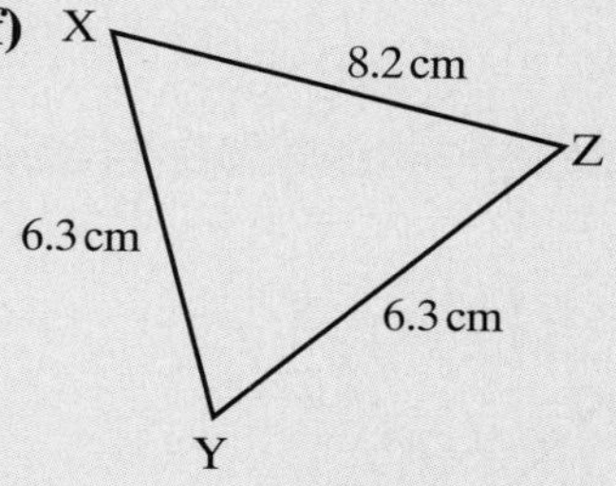

(g)

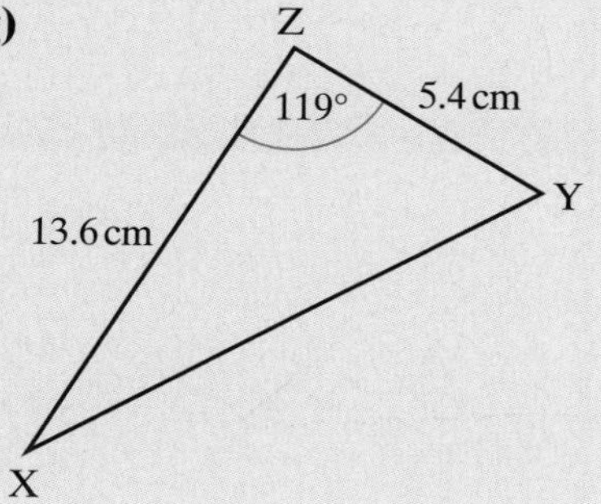

3 **(a)** Mewn triongl ABC, mae $a = 23$ cm, $b = 19.4$ cm ac mae ongl C yn $54°$.
Darganfyddwch hyd AB.

(b) Mewn triongl PQR, mae $p = 12$ cm, $q = 13.4$ cm ac $r = 15.6$ cm.
Darganfyddwch faint yr ongl Q.

4 Ciwboid yw ABCDEFGH.
Mae ABC yn driongl sydd wedi'i gynnwys
yn y ciwboid.
Cyfrifwch faint yr onglau hyn.
(a) Ongl ACH
(b) Ongl AHC
(c) Ongl CAH

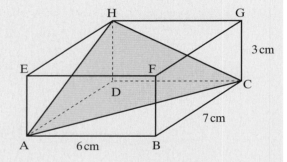

Her 40.4

Mae rhedwr yn cymryd rhan mewn ras. Siâp triongl sydd i'r cwrs.

Mae tri phostyn X, Y a Z yn nodi corneli'r triongl.

Mae ongl XYZ yn $54°$, mae XY yn 100 metr ac mae YZ yn 120 metr.

Beth yw hyd y ras?

Her 40.5

Mae harbwr (H) 1500 metr i'r de o oleudy (G).

Mae cwch cyflym yn teithio tuag at H.

Pan gaiff y cwch cyflym ei weld gyntaf o'r goleudy mae ei gyfeiriant yn $060°$ a'i bellter yn 2800 m o G.

Cyfrifwch bellter y cwch cyflym o'r harbwr ar yr adeg pan gafodd ei weld gyntaf o'r goleudy.

Graffiau ffwythiannau trigonometregol

Wrth ddefnyddio'r rheol sin a'r rheol cosin yn yr adrannau blaenorol byddwch, o bryd i'w gilydd, wedi bod yn gweithio ag onglau sy'n fwy na 90° a bydd y cyfrifiannell wedi rhoi i chi werth sin neu werth cos yr onglau hyn. Mae hynny'n bosibl am fod gwerthoedd sin a cos yn dilyn patrwm ailadroddol. Ystyriwch y sefyllfa ganlynol.

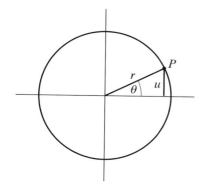

$$\sin \theta = \frac{u}{r}$$

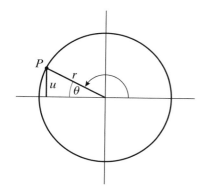

Mae cylchdroi'r radiws yn glocwedd nes y bydd uchder P yn u eto yn arwain at y diagram ar y chwith.

$$\sin (180 - \theta) = \frac{u}{r}$$

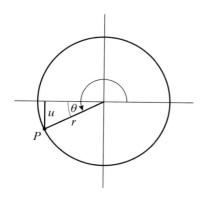

Mae cylchdroi'r radiws yn wrthglocwedd nes y bydd uchder P yn u eto yn arwain at y diagram ar y chwith.

$$\sin (180 + \theta) = \frac{-u}{r}$$

Byddai cylchdroad ychwanegol i $(360 - \theta)$

yn cynhyrchu $\sin (360 - \theta) = \dfrac{-u}{r}$

Gallwn ailadrodd y patrwm hwn ar gyfer unrhyw uchder u (gwerthoedd gwahanol o θ). Bydd plotio gwerth u yn erbyn gwerth θ, ar gyfer pob ongl θ, yn cynhyrchu'r graff canlynol. Y term amdano yw'r **gromlin sin**.

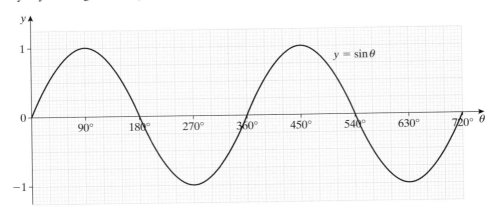

Y term am uchder (neu ddyfnder) y don o sero yw'r **arg**. Y term am y pellter y mae'r don yn ailadrodd ei hun drosto yw'r **cyfnod**.

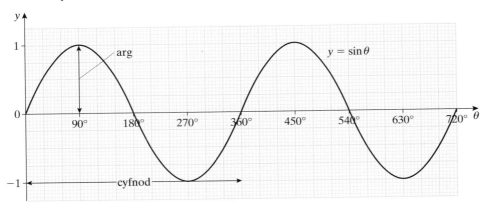

Mae'n sgìl defnyddiol gallu braslunio'r gromlin sin ac, am y rheswm hwnnw, dylech geisio cofio nodweddion sylfaenol y gromlin.

Mae ffurf debyg i'r gromlin cosin, fel y gwelwch yn y diagram isod.

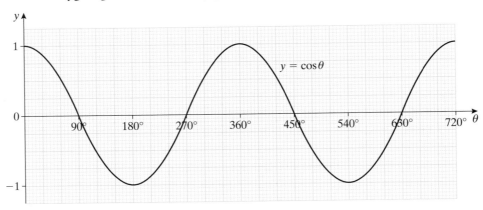

Cromlin cos θ yw cromlin sin x wedi ei thrawsfudo 90°.
Pam, yn eich barn chi, y mae hynny'n wir?

Gallwn lunio diagram tebyg ar gyfer tan θ ond nid yw hwnnw'n cynhyrchu cromlin ddi-dor, fel y gwelwch yn y diagram isod.

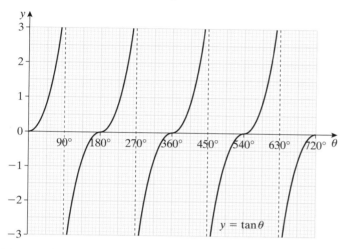

Nid oes patrwm ailadroddol i'r diagram ar gyfer y ffwythiant tan θ fel yr un ar gyfer sin θ a cos θ. Ei gyfnod yw 180°, fel y mae'r llinellau toredig fertigol (**asymptotau**) yn dangos.

ENGHRAIFFT 40.4

Lluniwch yn fanwl gywir graff $y = \sin \theta$ ar gyfer gwerthoedd θ o $-180°$ i $180°$.
O'ch graff darllenwch yr holl werthoedd θ yn yr amrediad hwn lle mae $\sin \theta = 0.4$.

Datrysiad

Lluniadwch y gromlin a'r llinell $y = 0.4$.

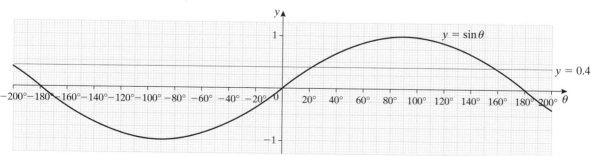

Darllenwch werthoedd θ lle mae'r gromlin a'r llinell yn croestorri.
O'r graff y datrysiadau bras posibl yw 24° a 156°.

Sylwch: pe byddech yn darganfod $\sin^{-1} 0.4$ trwy ddefnyddio cyfrifiannell gwyddonol byddech yn cael un datrysiad yn unig sef $23.6°$.

Byddai lluniadu'r gromlin a'r llinell ar gyfrifiannell graffig yn eich galluogi i weld y ddau ddatrysiad. Gwiriwch eich bod yn deall y swyddogaethau *ZOOM*, *TRACE* ac *INTERSECT* ar gyfrifiannell graffig.

◉ YMARFER 40.4

1 (a) Brasluniwch graff $y = \sin \theta$ ar gyfer gwerthoedd θ o $0°$ i $540°$.
   (b) Ar gyfer pa werthoedd θ yn yr amrediad hwn y mae $\sin \theta = 0.5$?

2 (a) Brasluniwch graff $y = \cos \theta$ ar gyfer gwerthoedd θ o $-180°$ i $360°$.
   (b) Ar gyfer pa werthoedd θ yn yr amrediad hwn y mae $\cos \theta = -0.5$?

3 (a) Lluniwch yn fanwl gywir graff $y = \sin \theta$ ar gyfer gwerthoedd θ o $-180°$ i $180°$.
   (b) O'ch graff darllenwch yr holl werthoedd θ lle mae $\sin \theta = 0.7$.

4 (a) Lluniwch yn fanwl gywir graff $y = \cos \theta$ ar gyfer gwerthoedd θ o $0°$ i $540°$.
   (b) O'ch graff darllenwch yr holl werthoedd θ lle mae $\cos \theta = -0.4$.

5 Un datrysiad i $\sin \theta = 0.8$ yw yn fras $53°$.
   Gan ddefnyddio cymesuredd y gromlin sin yn unig, darganfyddwch yr onglau eraill rhwng $0°$ a $720°$ sydd hefyd yn bodloni'r hafaliad $\sin \theta = 0.8$.

6 (a) Brasluniwch graff $y = \tan \theta$ ar gyfer gwerthoedd θ o $0°$ i $360°$.
   (b) O'ch graff darganfyddwch yr onglau lle mae $\tan \theta = 1.2$.

Ffwythiannau trigonometregol eraill

Mae'r graff isod yn dangos y cromliniau $y = \sin \theta$ ac $y = 4 \sin \theta$, h.y. $4 \times (\sin \theta)$.

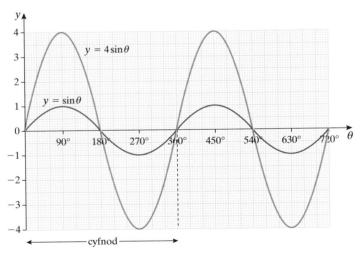

Gallwn weld bod arg y gromlin werdd, $y = 4\sin\theta$, bedair gwaith yn fwy nag arg y gromlin $y = \sin\theta$. Y rheswm yw ein bod yn plotio 4 wedi'i luosi â $\sin\theta$ ac mae hynny'n cael yr effaith o estyn y gromlin i'r cyfeiriad y â ffactor graddfa 4.

Mae ffactorau graddfa ffracsiynol fel $y = \frac{1}{2}\sin\theta$ yn cael yr effaith o gywasgu'r gromlin gan fod yr arg wedi ei haneru ac o ganlyniad bydd yr holl werthoedd y yn llai.

Yn y ddau achos mae cyfnod y graff yn aros yr un fath.

Mae'r graff isod yn dangos y cromliniau $y = \cos\theta$ ac $y = \cos 4\theta$, h.y. $\cos(4 \times \theta)$. Sylwch ar y gwahaniaeth rhwng y graff hwn a'r graff uchod.

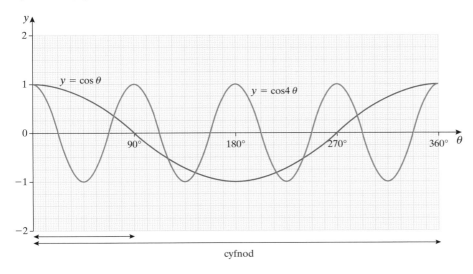

Gwelwn fod cyfnod y gromlin werdd, $y = \cos 4\theta$, yn chwarter cyfnod y gromlin $y = \cos\theta$. Y rheswm yw ein bod yn plotio $\cos(4 \times \theta)$ ac mae hynny'n cael yr effaith o gywasgu'r gromlin i'r cyfeiriad θ â ffactor graddfa 4.

Mae ffactorau graddfa ffracsiynol fel $y = \cos\frac{1}{2}\theta$ yn cael yr effaith o estyn y gromlin i'r cyfeiriad θ. Y rheswm yw fod yr ongl i bob diben wedi'i haneru ac o ganlyniad bydd yr holl werthoedd θ yn llai.

Yn y ddau achos mae arg y graff yn aros yr un fath.

Ar gyfer pob graff o'r math $y = A \sin B\theta$ ac $y = A \cos B\theta$,

arg y gromlin yw A a chyfnod y gromlin yw $\dfrac{360}{B}$.

Lluniwch graff $y = 2 \sin 3\theta$ rhwng $0°$ a $360°$.
Darganfyddwch ddatrysiadau ar gyfer $2 \sin 3\theta = 1.5$ rhwng $150°$ a $270°$
(a) o'ch graff.
(b) â'ch cyfrifiannell, gan roi eich atebion i 1 lle degol.

Datrysiad

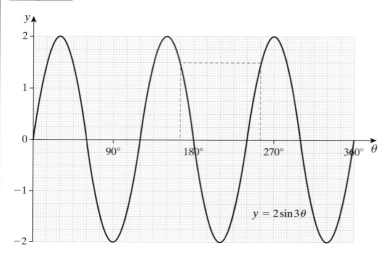

(a) Tua $165°$ a $255°$.

(b) $166.2°$ a $253.8°$.

YMARFER 40.5

1 Darganfyddwch arg a chyfnod pob un o'r cromliniau hyn.
   (a) $y = 3 \sin \theta$ (b) $y = \cos 5\theta$ (c) $y = 3 \sin 4\theta$
   (ch) $y = 4 \sin \frac{1}{2}\theta$ (d) $y = 5 \cos 3\theta$ (dd) $y = 2 \cos 0.8\theta$

2 Lluniwch graff $y = 3 \cos \theta$ ar gyfer gwerthoedd θ o $0°$ i $180°$.

3 Lluniwch graff $y = \sin 2\theta$ ar gyfer gwerthoedd θ o $0°$ i $180°$.

4 Brasluniwch graff $y = \cos 2\theta$ ar gyfer gwerthoedd θ o $0°$ i $360°$.

5 Brasluniwch graff $y = 2.5 \sin \theta$ ar gyfer gwerthoedd θ o $0°$ i $360°$.

6 Darganfyddwch ddatrysiadau ar gyfer $\cos 3\theta = -0.5$ rhwng $0°$ ac $180°$.

Gan ddefnyddio'r raddfa 1 cm yn cynrychioli 30°, lluniadwch gromlin $y = \sin 2x$ ar gyfer gwerthoedd x o 0° i 360°.

Gellir modelu llif y llanw ar unrhyw ddiwrnod penodol gan y gromlin $y = \sin 2x$.

Mae penllanw cyntaf diwrnod yn digwydd am 3 a.m.

Beth yw amser:

(a) y penllanw nesaf?

(b) y ddau drai y diwrnod hwnnw?

(a) Ar un set o echelinau, brasluniwch graffiau o $y = 1.2 \sin \theta$ ac $y = \cos 0.8\theta$ ar gyfer gwerthoedd θ o 0° i 360°.

(b) O'ch graff darganfyddwch y datrysiadau i'r hafaliad $1.2 \sin \theta = \cos 0.8\theta$.

RYDYCH WEDI DYSGU

- **y confensiwn ar gyfer labelu onglau ac ochrau mewn triongl**

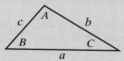

- **bod arwynebedd unrhyw driongl** $= \frac{1}{2} bc \sin A$
- **bod y rheol sin yn cael ei defnyddio i gyfrifo ochrau neu onglau mewn trionglau heb ongl sgwâr pan fyddwch yn gwybod**
  - ◆ **hydoedd dwy ochr a maint ongl nad yw'n gynwysedig**
  - ◆ **hyd un ochr a meintiau unrhyw ddwy ongl**
- **y gallwch ysgrifennu'r rheol sin fel** $\dfrac{a}{\sin A} = \dfrac{b}{\sin B} = \dfrac{c}{\sin C}$ **neu** $\dfrac{\sin A}{a} = \dfrac{\sin B}{b} = \dfrac{\sin C}{c}$
- **bod y rheol cosin yn cael ei defnyddio i gyfrifo ochrau neu onglau mewn trionglau heb ongl sgwâr pan fyddwch yn gwybod**
  - ◆ **hydoedd y tair ochr**
  - ◆ **hyd dwy ochr a maint yr ongl gynwysedig**
- **y gallwch ysgrifennu'r rheol cosin fel** $\cos A = \dfrac{b^2 + c^2 - a^2}{2bc}$

- mai arg graff trigonometregol yw uchder (neu ddyfnder) mwyaf y gromlin
- mai cyfnod graff trigonometregol yw'r pellter y mae'r gromlin yn symud cyn ailadrodd ei hun

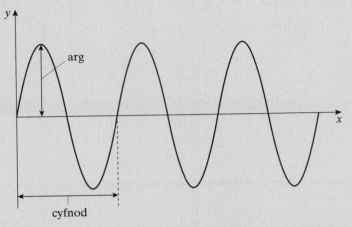

- yn achos pob graff o'r math $y = A \sin B\theta$ ac $y = A \cos B\theta$, mai'r arg yw A a'r cyfnod, mewn graddau, yw $\dfrac{360}{B}$

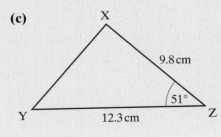

YMARFER CYMYSG 40

1 Cyfrifwch arwynebedd pob un o'r trionglau hyn.

(a)

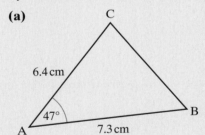

(b)

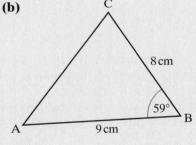

(c)

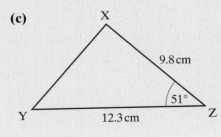

(ch)

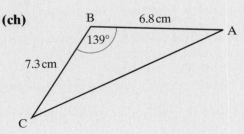

2 (a) Mewn triongl ABC, mae $a = 9$ cm, $b = 11$ cm a'r arwynebedd yw 20 cm². Darganfyddwch faint yr ongl C.

(b) Mewn triongl PQR, mae $p = 10.4$ cm, $r = 12.4$ cm a'r arwynebedd yw 33.2 cm². Darganfyddwch faint yr ongl Q.

(c) Mewn triongl XYZ, mae $y = 15.3$ cm, $z = 9.4$ cm a'r arwynebedd yw 68.8 cm². Darganfyddwch faint yr ongl X.

3 (a) Mewn triongl ABC, mae $a = 15$ cm, mae ongl B yn 49° a'r arwynebedd yw 45 cm². Darganfyddwch hyd AB

(b) Mewn triongl XYZ, mae $x = 18.4$ cm, mae ongl Y yn 96° a'r arwynebedd yw 148.2 cm². Darganfyddwch hyd XY.

4 Darganfyddwch faint pob un o'r onglau a'r ochrau sydd wedi'u nodi yn y diagramau hyn.

(a)

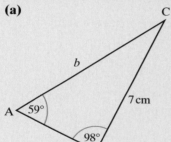

(b)

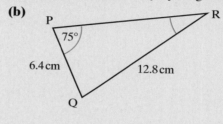

(c)

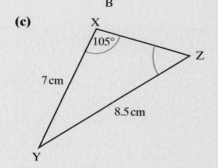

(ch)

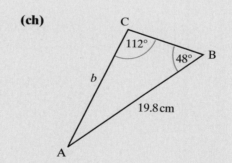

5 Darganfyddwch faint pob un o'r ochrau a'r onglau nad ydynt wedi'u nodi yn y diagramau hyn.

(a)

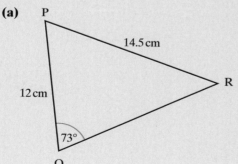

(b)

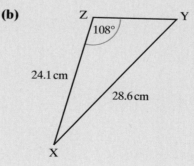

(c)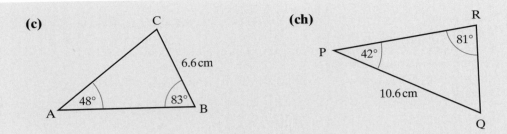

(ch)

6 Mewn triongl XYZ, mae'r ongl XYZ yn 43°, mae'r ongl ZXY yn 65° ac mae'r ochr YZ yn 8.3 cm.
   Cyfrifwch hyd ochr hiraf y triongl.

7 Darganfyddwch faint yr onglau a'r ochrau sydd wedi'u nodi yn y diagramau hyn.

(a)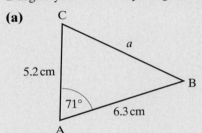

(b)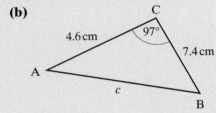

(c)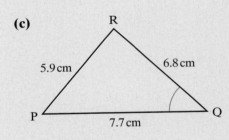

(ch)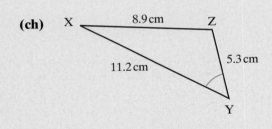

8 Darganfyddwch faint pob un o'r ochrau a'r onglau nad ydynt wedi'u nodi yn y diagramau hyn.

(a)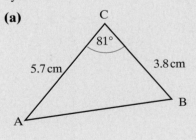

(b)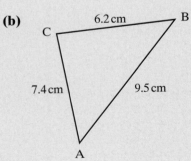

(c)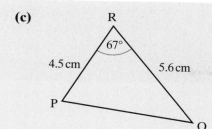

(ch)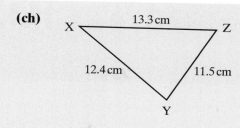

9 Hyd ochrau triongl anghyfochrog yw 53 metr, 74 metr ac 85 metr. Cyfrifwch feintiau onglau'r triongl.

10 Ciwboid yw ABCDEFGH. M yw canolbwynt CD. Mae AHM yn driongl sydd wedi'i gynnwys yn y ciwboid. Cyfrifwch faint yr onglau hyn.

(a) Ongl AHM

(b) Ongl HMA

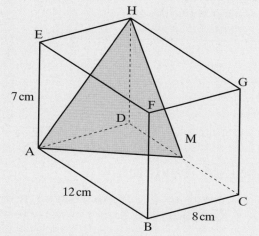

11 (a) **(i)** Brasluniwch graff $y = \sin \theta$ ar gyfer gwerthoedd θ o 0° i 360°.

   (ii) Ar gyfer pa werthoedd θ yn yr amrediad hwn y mae $\sin \theta = 0.7$?

(b) **(i)** Lluniwch yn fanwl gywir graff $y = \cos \theta$ ar gyfer gwerthoedd θ o −180° i 180°.

   (ii) Ar gyfer pa werthoedd θ yn yr amrediad hwn y mae $\cos \theta = -0.3$?

(c) Un datrysiad i $\cos \theta = -0.6$ yw yn fras 127°.
Gan ddefnyddio cymesuredd y gromlin cosin yn unig, darganfyddwch yr onglau eraill rhwng 0° a 720° sydd hefyd yn bodloni'r hafaliad $\cos \theta = -0.6$.

(ch) **(i)** Brasluniwch graff $y = \tan \theta$ ar gyfer gwerthoedd θ o −180° i 180°.

   (ii) O'ch graff darganfyddwch yr onglau lle mae $\tan \theta = 2$.

(d) Darganfyddwch arg a chyfnod pob un o'r cromliniau hyn.

   (i) $y = 3 \sin \theta$ **(ii)** $y = \cos 5\theta$ **(iii)** $y = 3 \sin 4\theta$
   (iv) $y = 4 \sin \frac{1}{2}\theta$ **(v)** $y = 5 \cos \frac{2}{3}\theta$ **(vi)** $y = 2 \cos 0.8\theta$
   (vii) $y = 5 \cos 3\theta$ **(viii)** $y = 2 \cos 0.6\theta$

(dd) Brasluniwch y cromliniau hyn.

   (i) $y = 3 \sin \theta$ ar gyfer gwerthoedd θ o 0° i 180°.

   (ii) $y = \cos 4\theta$ ar gyfer gwerthoedd θ o 0° i 180°.

   (iii) $y = 3 \cos 2\theta$ ar gyfer gwerthoedd θ o 0° i 360°.

   (iv) $y = 0.5 \sin 3\theta$ ar gyfer gwerthoedd θ o 0° i 360°.

(e) Darganfyddwch ddatrysiadau $\sin 5\theta = 0.4$ rhwng −180° ac 180°.

DYLECH WYBOD YN BAROD

- sut i lunio graffiau ffwythiannau llinol, cwadratig a chiwbig
- sut i lunio graffiau ffwythiannau trigonometregol
- siâp graffiau sylfaenol fel $y = x^2$, $y = x^3$ ac $y = \sin\theta$
- sut i drawsffurfio siapiau trwy adlewyrchiad, trawsfudiad ac estyniad unffordd
- sut i ehangu (cywasgu) cromfachau

Nodiant ffwythiannau

Ystyr $y = f(x)$ yw fod y yn **ffwythiant** o x. Byddwn yn ddarllen $f(x)$ fel 'f o x'. Ar gyfer unrhyw werth x, mae gan ffwythiant un gwerth yn unig.

Os yw $y = x^2 + 2$ yna $f(x) = x^2 + 2$.
Pan fo $x = 3$ byddwn yn ysgrifennu gwerth y ffwythiant fel $f(3)$.
Felly $f(3) = 3^2 + 2 = 9 + 2 = 11$.

ENGHRAIFFT 41.1

$f(x) = 3x^2 + 2$. Darganfyddwch werth pob un o'r rhain.
(a) $f(4)$ **(b)** $f(-1)$

Datrysiad

(a) $f(4) = 3 \times 4^2 + 2$
$= 3 \times 16 + 2$
$= 48 + 2 = 50$

(b) $f(-1) = 3 \times (-1)^2 + 2$
$= 3 \times 1 + 2$
$= 3 + 2 = 5$

ENGHRAIFFT 41.2

$g(x) = 5x + 6$

(a) Datryswch $g(x) = 8$

(b) Ysgrifennwch fynegiad ar gyfer pob un o'r rhain.

    (i) $g(3x)$ **(ii)** $3g(x)$

Datrysiad

(a) $5x + 6 = 8$

       $5x = 2$

        $x = \frac{2}{5}$

(b) (i) I ddarganfod $g(3x)$, byddwn yn rhoi $3x$ yn lle x.

      $g(3x) = 5 \times (3x) + 6$

            $= 15x + 6$

   (ii) I ddarganfod $3g(x)$, byddwn yn lluosi $g(x)$ â 3.

      $3g(x) = 3 \times (5x + 6)$

           $= 15x + 18$

ENGHRAIFFT 41.3

$h(x) = x^2 - 6$. Ysgrifennwch fynegiad ar gyfer pob un o'r rhain.

(a) $2h(x)$ **(b)** $h(2x)$ **(c)** $h(x) + 3$ **(ch)** $h(x + 3)$

Datrysiad

(a) $2h(x) = 2 \times (x^2 - 6)$ **(b)** $h(2x) = (2x)^2 - 6$

           $= 2x^2 - 12$ $= 4x^2 - 6$

(c) $h(x) + 3 = x^2 - 6 + 3$ **(ch)** $h(x + 3) = (x + 3)^2 - 6$

              $= x^2 - 3$ $= x^2 + 6x + 9 - 6$

                                           $= x^2 + 6x + 3$

YMARFER 41.1

1 $f(x) = x^2 - 5$. Darganfyddwch werth pob un o'r rhain.

    (a) $f(3)$ **(b)** $f(-2)$

2 $g(x) = 3x^2 - 2x + 1$. Darganfyddwch werth pob un o'r rhain.

    (a) $g(3)$ **(b)** $g(-2)$ **(c)** $g(0)$

3 $h(x) = 2x - 5$

    (a) Datryswch $h(x) = 7$.

    (b) Ysgrifennwch fynegiad ar gyfer pob un o'r rhain.

        (i) $h(x - 2)$ **(ii)** $h(2x)$

4 $f(x) = 7 - 3x$

    (a) Datryswch $f(x) = 1$.

    (b) Ysgrifennwch fynegiad ar gyfer pob un o'r rhain.

        (i) $3f(x)$ **(ii)** $f(x + 3)$

5 $g(x) = 4x - 3$

    (a) Datryswch $g(x) = 0$.

    (b) Ysgrifennwch fynegiad ar gyfer pob un o'r rhain.

        (i) $g(x + 5)$ **(ii)** $g(x) + 5$

6 $h(x) = x^2 - 2$

    (a) Datryswch $h(x) = 7$.

    (b) Ysgrifennwch fynegiad ar gyfer pob un o'r rhain.

        (i) $h(x + 1)$ **(ii)** $h(x) + 1$

7 $f(x) = 3x^2 - 2x$

    (a) Darganfyddwch werth $f(-4)$.

    (b) Ysgrifennwch fynegiad ar gyfer pob un o'r rhain.

        (i) $f(x - 1)$ **(ii)** $f(2x)$

8 $g(x) = x^2 - 3x$

    (a) Datryswch $g(x) = 4$.

    (b) Ysgrifennwch fynegiad ar gyfer pob un o'r rhain.

        (i) $g(2x)$ **(ii)** $g(x + 1)$

Her 41.1

Ffwythiant ffwythiant

Mae $fg(x)$ yn golygu darganfod yn gyntaf $g(x) = y$ ac wedyn darganfod $f(y)$.
Byddwn yn dechrau bob tro â'r ffwythiant sydd agosaf at y cromfachau.

Er enghraifft, $f(x) = 2x - 5$ ac $g(x) = x^2 - 1$.

I ddarganfod $fg(3)$ byddwn yn darganfod $g(3) = 8$, wedyn $f(8) = 11$.

I ddarganfod $fg(x)$ byddwn yn darganfod $f(x^2 - 1) = 2(x^2 - 1) - 5 = 2x^2 - 7$.

I ddarganfod $gf(x)$ byddwn yn darganfod $g(2x - 5) = (2x - 5)^2 - 1 = 4x^2 - 20x + 24$.

Nawr rhowch gynnig ar y rhain.

O wybod bod $f(x) = 3x + 2$, $g(x) = x^2$ ac $h(x) = x^2 - 2x$, cyfrifwch y rhain.

  (a) $fg(2)$ **(b)** $gf(2)$ **(c)** $gh(3)$ **(ch)** $gh(-2)$ **(d)** $fgh(-1)$

  (dd) $fg(x)$ **(e)** $gf(x)$ **(f)** $fh(x)$ **(ff)** $hg(x)$ **(g)** $fgh(x)$

Trawsfudiadau

Sylwi 41.1

Os yw'n bosibl, defnyddiwch feddalwedd llunio graffiau i lunio'r graffiau yn y dasg hon ac argraffwch nhw. Fel arall, lluniwch y graffiau ar bapur graff.

Os bydd eich grid yn mynd yn rhy llawn, dechreuwch un newydd.

Adran 1

(a) Ar gyfer y ffwythiant $f(x) = x^2$
- plotiwch graff $y = f(x)$.
- ar yr un echelinau, plotiwch graff $y = f(x) + 2$.

(b) Pa drawsffurfiad sy'n mapio $y = f(x)$ ar ben $y = f(x) + 2$?

(c) Ar yr un echelinau, plotiwch graffiau eraill yn y ffurf $y = f(x) + a$, lle gall a gymryd unrhyw werth. Rhowch gynnig ar werthoedd a sy'n bositif, yn negatif ac yn ffracsiynol.

(ch) Disgrifiwch y trawsffurfiad sy'n mapio $y = f(x)$ ar ben $y = f(x) + a$.

Adran 2

(a) Ar gyfer y ffwythiant $f(x) = x^2$
- plotiwch graff $y = f(x)$ ar grid newydd.
- ar yr un echelinau, plotiwch graff $y = f(x + 1)$.

(b) Pa drawsffurfiad sy'n mapio $y = f(x)$ ar ben $y = f(x + 1)$?

(c) Ar yr un echelinau, plotiwch $y = f(x - 2)$ ac $y = f(x + 2)$.

(ch) Arbrofwch ymhellach nes y gallwch ddisgrifio'r trawsffurfiad sy'n mapio graff $y = f(x)$ ar ben $y = f(x + a)$ ar gyfer unrhyw werth a.

Adran 3

Beth sy'n digwydd os newidiwch y ffwythiant?

Gweithiwch trwy adrannau 1 a 2 eto, gan ddefnyddio $y = \sin \theta$ ar gyfer $\theta = -360°$ i $\theta = 360°$.

Disgrifiwch yr hyn a welwch.

Trawsfudiadau yn baralel i'r echelin y

Mae'r diagram yn dangos graffiau $y = x^2$, $y = x^2 + 4$ ac $y = x^2 - 5$.

Mae graff $y = x^2$ yn mynd trwy'r tarddbwynt.

Mae gan graff $y = x^2 + 4$ yr un siâp ac mae'n mynd trwy'r pwynt $(0, 4)$.

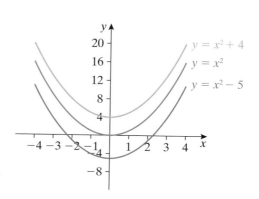

Mae gan graff $y = x^2 - 5$ yr un siâp hefyd ond mae'n mynd trwy'r pwynt $(0, -5)$.

Gallwn weld mai $y = x^2 + 4$ yw graff $y = x^2$ wedi'i drawsfudo â $\begin{pmatrix} 0 \\ 4 \end{pmatrix}$

ac mai $y = x^2 - 5$ yw graff $y = x^2$ wedi'i drawsfudo â $\begin{pmatrix} 0 \\ -5 \end{pmatrix}$.

Mae hyn yn wir am bob teulu o graffiau. Gallwn gyffredinoli'r canlyniad.

> Graff $y = \mathrm{f}(x) + a$ yw graff $y = \mathrm{f}(x)$ wedi'i drawsfudo â $\begin{pmatrix} 0 \\ a \end{pmatrix}$.

AWGRYM

Mae'r graffiau yn yr adran hon wedi eu llunio'n fanwl gywir ond gallwch fraslunio graffiau oni bai bod y cwestiwn yn gofyn i chi wneud fel arall.

Trawsfudiadau yn baralel i'r echelin x

Mae'r diagram yn dangos graffiau $y = x^2$, $y = (x + 3)^2$ ac $y = (x - 2)^2$.

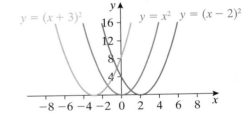

Mae graff $y = x^2$ yn mynd trwy'r tarddbwynt.

Mae gan graff $y = (x + 3)^2$ yr un siâp ac mae'n mynd trwy'r pwynt $(-3, 0)$.

Mae gan graff $y = (x - 2)^2$ yr un siâp hefyd ond mae'n mynd trwy'r pwynt $(2, 0)$.

Gallwn weld mai $y = (x + 3)^2$ yw graff $y = x^2$ wedi'i drawsfudo â $\begin{pmatrix} -3 \\ 0 \end{pmatrix}$

ac mai $y = (x - 2)^2$ yw graff $y = x^2$ wedi'i drawsfudo â $\begin{pmatrix} 2 \\ 0 \end{pmatrix}$.

Mae hyn yn wir am bob teulu o graffiau. Gallwn gyffredinoli'r canlyniad.

> Graff $y = \mathrm{f}(x + a)$ yw graff $y = \mathrm{f}(x)$ wedi'i drawsfudo â $\begin{pmatrix} -a \\ 0 \end{pmatrix}$.

AWGRYM

Mae'n ddefnyddiol dysgu'r canlyniadau hyn ond dylech hefyd allu eu cyfrifo nhw pan fydd angen.

ENGHRAIFFT 41.4

(a) Brasluniwch y graffiau hyn ar yr un diagram.
 (i) $y = x^2$ **(ii)** $y = x^2 - 4$
(b) Nodwch y trawsffurfiad sy'n mapio $y = x^2$ ar ben $y = x^2 - 4$.

Datrysiad

(a)

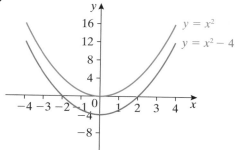

(b) Mae'r trawsffurfiad yn drawsfudiad o $\begin{pmatrix} 0 \\ -4 \end{pmatrix}$.

ENGHRAIFFT 41.5

Cromlin sin wedi'i thrawsffurfio yw'r graff hwn. Darganfyddwch ei hafaliad.

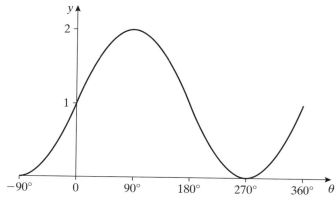

Datrysiad

Mae graff $y = \sin \theta$ yn mynd trwy'r tarddbwynt.

Mae'r graff yn y diagram wedi ei drawsfudo â $\begin{pmatrix} 0 \\ 1 \end{pmatrix}$ felly ei hafaliad yw $y = \sin \theta + 1$.

Darganfyddwch y trawsfudiad sy'n mapio $y = x^3$ ar ben $y = (x - 5)^3 + 6$.

Datrysiad

Y trawsffurfiad sy'n mapio $y = x^3$ ar ben $y = (x - 5)^3$ yw trawsfudiad â $\begin{pmatrix} 5 \\ 0 \end{pmatrix}$.

Y trawsffurfiad sy'n mapio $y = (x - 5)^3$ ar ben $y = (x - 5)^3 + 6$ yw trawsfudiad â $\begin{pmatrix} 0 \\ 6 \end{pmatrix}$.

Felly y trawsffurfiad sy'n mapio $y = x^3$ ar ben $y = (x - 5)^3 + 6$ yw trawsfudiad â $\begin{pmatrix} 5 \\ 6 \end{pmatrix}$.

YMARFER 41.2

1 **(a)** Brasluniwch y graffiau hyn ar yr un diagram.
  (i) $y = x^2$ **(ii)** $y = (x - 5)^2$
  (b) Nodwch y trawsffurfiad sy'n mapio $y = x^2$ ar ben $y = (x - 5)^2$.

2 **(a)** Brasluniwch y graffiau hyn ar yr un diagram.
  (i) $y = -x^2$ **(ii)** $y = -x^2 - 4$
  (b) Nodwch y trawsffurfiad sy'n mapio $y = -x^2$ ar ben $y = -x^2 - 4$.

3 **(a)** Brasluniwch y graffiau hyn ar yr un diagram.
  (i) $y = x^2$ **(ii)** $y = (x + 2)^2$ **(iii)** $y = (x + 2)^2 - 3$
  (b) Nodwch y trawsffurfiad sy'n mapio $y = x^2$ ar ben $y = (x + 2)^2 - 3$.

4 **(a)** Brasluniwch ganlyniad trawsfudo graff $y = \sin \theta$ â $\begin{pmatrix} 0 \\ -1 \end{pmatrix}$ ar gyfer $\theta = 0°$ i $\theta = 360°$.
  (b) Nodwch hafaliad y graff wedi'i drawsffurfio.

5 Nodwch hafaliad $y = x^2$ ar ôl iddo gael ei drawsfudo â
  (a) $\begin{pmatrix} 0 \\ -5 \end{pmatrix}$.   **(b)** $\begin{pmatrix} 2 \\ 0 \end{pmatrix}$.

6 Mae'r diagram yn dangos graff $y = f(x)$.
  Copïwch y diagram a lluniwch y graffiau hyn ar yr un echelinau.
  (a) $y = f(x) - 2$
  (b) $y = f(x - 2)$

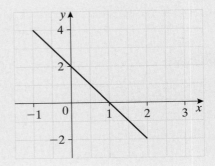

7 Mae'r diagram yn dangos graff $y = g(x)$.
Copïwch y diagram a brasluniwch y graffiau
hyn ar yr un echelinau.

(a) $y = g(x + 1)$

(b) $y = g(x) + 1$

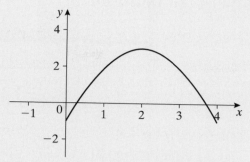

8 Nodwch hafaliad graff $y = x^2$ ar ôl iddo gael ei drawsfudo â $\binom{1}{2}$.

9 Mae'r diagram yn dangos graff cromlin cosin wedi'i thrawsffurfio. Nodwch ei hafaliad.

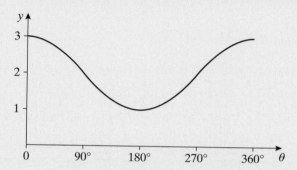

10 Mae graff $y = x^2$ yn cael ei drawsfudo â $\binom{-2}{3}$.

(a) Nodwch hafaliad y graff wedi'i drawsffurfio.

(b) Dangoswch sut y gall yr hafaliad hwn gael ei ysgrifennu fel $y = x^2 + 4x + 7$.

Her 41.2

(a) Brasluniwch graffiau $y = \sin \theta$ ac $y = \cos \theta$ ar yr un echelinau.

(b) (i) Trwy ystyried y trawsffurfiad angenrheidiol, darganfyddwch werth ar
gyfer a fel bo $\cos \theta = \sin (\theta + a)$.

(ii) Ymchwiliwch i weld a oes yna werthoedd posibl eraill o a.

(c) Ymchwiliwch i werthoedd posibl o b fel bo $\sin \theta = \cos (\theta + b)$.

Estyniadau unffordd

Sylwi 41.2

Os yw'n bosibl, defnyddiwch feddalwedd llunio graffiau i lunio'r graffiau yn y dasg hon ac argraffwch nhw. Fel arall, lluniwch y graffiau ar bapur graff.

Os bydd eich grid yn mynd yn rhy llawn, dechreuwch un newydd.

Adran 1

(a) Ar gyfer y ffwythiant $f(x) = x^2 - 2x$
- plotiwch graff $y = f(x)$.
- ar yr un echelinau, plotiwch graffiau $y = 2f(x)$ ac $y = 3f(x)$.

(b) Arbrofwch ymhellach nes y gallwch ddisgrifio'r trawsffurfiad sy'n mapio graff $y = f(x)$ ar ben $y = kf(x)$ ar gyfer unrhyw werth k.

Adran 2

(a) Ar gyfer y ffwythiant $f(x) = x^2 - 2x$
- plotiwch graff $y = f(x)$.
- ar yr un echelinau, plotiwch graff $y = f(2x)$ (h.y. $y = 4x^2 - 4x$).
- hefyd ar yr un echelinau, plotiwch $y = f\left(\dfrac{x}{2}\right)$ ac $y = f(-3x)$.

(b) Arbrofwch ymhellach nes y gallwch ddisgrifio'r trawsffurfiad sy'n mapio graff $y = f(x)$ ar ben $y = f(kx)$ ar gyfer unrhyw werth k.

Mae'r diagram yn dangos graffiau $y = \sin\theta$ ac $y = 3\sin\theta$.

I fynd o $y = \sin\theta$ i $y = 3\sin\theta$, mae'r graff wedi cael ei estyn yn baralel i'r echelin y â ffactor graddfa 3.

Mae hyn yn enghraifft o'r egwyddor gyffredinol ganlynol.

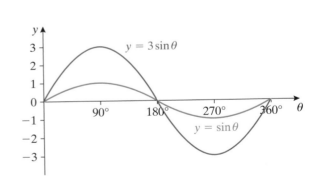

> Mae graff $y = kf(x)$ yn estyniad unffordd o graff $y = f(x)$ yn baralel i'r echelin y â ffactor graddfa k.

Mae'r diagram yn dangos graffiau $y = \cos\theta$ ac $y = \cos 2\theta$.

Mae graff $y = \cos\theta$ yn dangos un cyfnod o'r gromlin. O'i gymharu â hynny, mae graff $y = \cos 2\theta$ yn dangos dau gyfnod o'r gromlin dros yr un amrediad. Mae hyn yn estyniad unffordd yn baralel i'r echelin x â ffactor graddfa $\frac{1}{2}$.

Mae hyn yn enghraifft o'r egwyddor gyffredinol ganlynol.

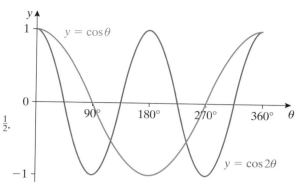

Mae graff $y = f(kx)$ yn estyniad unffordd o graff $y = f(x)$ yn baralel i'r echelin x â ffactor graddfa $\dfrac{1}{k}$.

Gallwn ddisgrifio estyniad unffordd â ffactor graddfa $k = -1$ yn fwy syml fel adlewyrchiad.

Os yw $y = f(x)$ yn $y = x^2$ yna mae $y = -f(x)$ yn $y = -x^2$.

Gallwn weld bod graff $y = -x^2$ yn adlewyrchiad o $y = x^2$ yn yr echelin x.

Mae hyn yn enghraifft o'r egwyddor gyffredinol ganlynol.

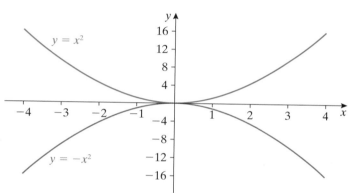

Mae graff $y = -f(x)$ yn adlewyrchiad o graff $y = f(x)$ yn yr echelin x.

Os yw $y = f(x)$ yn $y = 2x + 3$ yna mae $y = f(-x)$ yn $y = -2x + 3$.

Gallwn weld bod $y = -2x + 3$ yn adlewyrchiad o $y = 2x + 3$ yn yr echelin y.

Mae hyn yn enghraifft o'r egwyddor gyffredinol ganlynol.

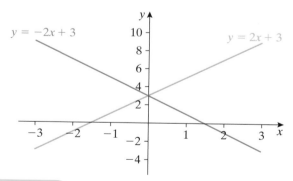

Mae graff $y = f(-x)$ yn adlewyrchiad o graff $y = f(x)$ yn yr echelin y.

AWGRYM

Mae'n ddefnyddiol dysgu'r canlyniadau hyn ond dylech hefyd allu eu cyfrifo pan fydd angen.

ENGHRAIFFT 41.7

(a) Brasluniwch ar yr un diagram graffiau $y = \cos\theta$ ac $y = -\cos\theta$, ar gyfer $0° \leqslant \theta \leqslant 360°$.

(b) Disgrifiwch y trawsffurfiad sy'n mapio $y = \cos\theta$ ar ben $y = -\cos\theta$.

Datrysiad

(a)

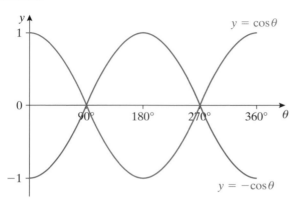

(b) Y trawsffurfiad sy'n mapio $y = \cos\theta$ ar ben $y = -\cos\theta$ yw adlewyrchiad yn yr echelin x.

ENGHRAIFFT 41.8

Disgrifiwch y trawsffurfiad sy'n mapio graff $y = h(x)$ ar ben pob un o'r graffiau hyn.

(a) $y = h(x) - 2$ **(b)** $y = 3h(x)$ **(c)** $y = h(0.5x)$ **(ch)** $y = 4h(2x)$

Datrysiad

(a) Trawsfudiad o $\begin{pmatrix} 0 \\ -2 \end{pmatrix}$.

(b) Estyniad unffordd yn baralel i'r echelin y â ffactor graddfa 3.

(c) Estyniad unffordd yn baralel i'r echelin x â ffactor graddfa 2.

(ch) Estyniad unffordd yn baralel i'r echelin x â ffactor graddfa 0.5 ac estyniad unffordd yn baralel i'r echelin y â ffactor graddfa 4.

Hafaliad y graff hwn yw $y = k \sin m\theta$. Darganfyddwch k ac m.

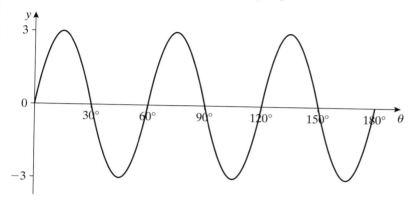

Datrysiad

Mae'r graff yn cael ei estyn yn baralel i'r echelin y â ffactor graddfa 3, felly mae $k = 3$.

Cyfnod y gromlin sin hon yw $60°$.

Mae gan graff $y = \sin \theta$ gyfnod o $360°$. Felly y ffactor graddfa yw $\frac{1}{6}$.

Mae'r graff yn cael ei estyn yn baralel i'r echelin x â ffactor graddfa $\frac{1}{6}$, felly mae $m = 6$.

YMARFER 41.3

1 **(a)** Brasluniwch ar yr un echelinau graffiau $y = \sin \theta$ ac $y = -\sin \theta$, ar gyfer $0 \le \theta \le 360°$.
   (b) Disgrifiwch y trawsffurfiad sy'n mapio $y = \sin \theta$ ar ben $y = -\sin \theta$.

2 **(a)** Brasluniwch ar yr un echelinau graffiau $y = \sin \theta$ ac $y = \sin \dfrac{\theta}{2}$, ar gyfer $\le \theta \le 360°$.

   (b) Disgrifiwch y trawsffurfiad sy'n mapio $y = \sin \theta$ ar ben $y = \sin \dfrac{\theta}{2}$.

3 Disgrifiwch y trawsffurfiad sy'n mapio
   (a) $y = \cos \theta + 1$ ar ben $y = -\cos \theta - 1$.
   (b) $y = x + 2$ ar ben $y = -x + 2$.
   (c) $y = x^2$ ar ben $y = 5x^2$.

4 Mae graff $y = \cos\theta$ yn cael ei drawsffurfio ag estyniad unffordd yn baralel i'r echelin x â ffactor graddfa $\frac{1}{3}$.
Nodwch hafaliad y graff sy'n ganlyniad i hyn.

5 Nodwch hafaliad graff $y = x^2 + 5$ ar ôl y trawsffurfiadau hyn.
   (a) Adlewyrchiad yn yr echelin y
   (b) Adlewyrchiad yn yr echelin x

6 Nodwch hafaliad graff $y = x + 2$ ar ôl y trawsffurfiadau hyn.
   (a) Estyniad unffordd yn baralel i'r echelin y â ffactor graddfa 3
   (b) Estyniad unffordd yn baralel i'r echelin x â ffactor graddfa $\frac{1}{2}$

7 Disgrifiwch y trawsffurfiad sy'n mapio graff $y = \mathrm{f}(x)$ ar ben pob un o'r graffiau hyn.
   (a) $y = \mathrm{f}(x) + 1$ **(b)** $y = 3\mathrm{f}(x)$
   (c) $y = \mathrm{f}(2x)$ **(ch)** $y = 5\mathrm{f}(3x)$

8 $y = -x^2 + 2x$. Darganfyddwch hafaliad y graff ar ôl y trawsffurfiadau hyn.
   (a) Adlewyrchiad yn yr echelin x
   (b) Adlewyrchiad yn yr echelin y
   (c) Trawsfudiad o 3 yn baralel i'r echelin x

9 Mae graff $y = x^2$ yn cael ei estyn yn baralel i'r echelin x â ffactor graddfa 2.
   (a) Nodwch hafaliad y graff sy'n ganlyniad i hyn.
   (b) I beth y mae'r pwynt $(1, 1)$ yn mapio dan y trawsffurfiad hwn?
   (c) Beth yw ffactor graddfa estyniad yn baralel i'r echelin y sy'n mapio $y = x^2$ ar ben yr un graff?
   (ch) I beth y mae'r pwynt $(1, 1)$ yn mapio dan y trawsffurfiad hwn?

10 Hafaliad y graff hwn yw $y = \sin k\theta$. Darganfyddwch k.

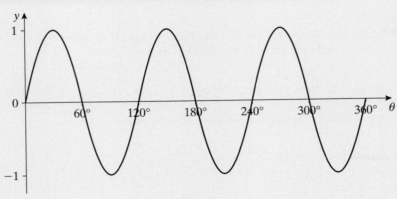

- mai graff f(x) + a yw graff f(x) wedi'i drawsfudo â $\begin{pmatrix} 0 \\ a \end{pmatrix}$

- mai graff y = f(x + a) yw graff y = f(x) wedi'i drawsfudo â $\begin{pmatrix} -a \\ 0 \end{pmatrix}$

- bod graff y = kf(x) yn estyniad unffordd o graff y = f(x) yn baralel i'r echelin y â ffactor graddfa k

- bod graff y = f(kx) yn estyniad unffordd o graff y = f(x) yn baralel i'r echelin x â ffactor graddfa $\dfrac{1}{k}$

- bod graff y = $-$f(x) yn adlewyrchiad o graff y = f(x) yn yr echelin x
- bod graff y = f($-x$) yn adlewyrchiad o graff y = f(x) yn yr echelin y

YMARFER CYMYSG 41

1 f(x) = $2x - 1$.
   (a) Datryswch f(x) = 0.
   (b) Darganfyddwch fynegiad ar gyfer pob un o'r rhain.
      (i) f(x + 5)   **(ii)** f(x) + 5

2 g(x) = $x^2 + 6$.
   (a) Datryswch g(x) = 7.
   (b) Darganfyddwch fynegiad ar gyfer pob un o'r rhain.
      (i) g(x + 1)   **(ii)** g($2x$) + 1

3 h(x) = $x^2 - 2x$.
   (a) Darganfyddwch werth h(-4).
   (b) Darganfyddwch fynegiad ar gyfer pob un o'r rhain.
      (i) h(x − 2)   **(ii)** h($2x$) + 3

4 **(a)** Ar yr un set o echelinau, brasluniwch graffiau y = x^2 ac y = $x^2 - 4$.
   (b) Disgrifiwch y trawsffurfiad sy'n mapio y = x^2 ar ben y = $x^2 - 4$.

5 Mae graff y = $2x - 3$ yn cael ei drawsfudo â $\begin{pmatrix} 1 \\ 2 \end{pmatrix}$.

   Darganfyddwch hafaliad y graff wedi'i drawsffurfio.

6 Brasluniwch graff y = $\sin \theta$ ar ôl iddo gael ei drawsfudo â $\begin{pmatrix} 0 \\ -1 \end{pmatrix}$.

7 Disgrifiwch y trawsfudiad sy'n mapio graff $y = g(x)$ ar ben pob un o'r graffiau hyn.

(a) $y = g(x + 1)$

(b) $y = g(3x)$

(c) $y = 4g(x)$

(ch) $y = g(-x)$

8 Nodwch hafaliad graff $y = \cos \theta$ ar ôl pob un o'r trawsffurfiadau hyn.

(a) Trawsfudiad â $\begin{pmatrix} 0 \\ 3 \end{pmatrix}$

(b) Estyniad unffordd yn baralel i'r echelin x â ffactor graddfa 0.25.

9 Nodwch hafaliad graff $y = x^3 + 5$ ar ôl iddo gael ei adlewyrchu

(a) yn yr echelin x.

(b) yn yr echelin y.

10 Mae graff $y = x^2$ yn cael ei drawsfudo â $\begin{pmatrix} 3 \\ 1 \end{pmatrix}$ ac yna'n cael ei estyn â ffactor graddfa 2 yn baralel i'r echelin y.

(a) Darganfyddwch hafaliad y gromlin sy'n ganlyniad i hyn ac ysgrifennwch ef mor syml â phosibl.

(b) Darganfyddwch gyfesurynnau pwynt isaf y gromlin hon.

11 Mae'r diagram yn dangos braslun $y = x^2$.
Copïwch y braslun ac ar yr un diagram brasluniwch y cromliniau

(i) $y = (x - 3)^2$.

(ii) $y = -(x - 3)^2$.

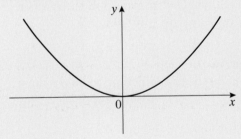

12 Mae'r diagram yn dangos braslun $y = f(x)$.
Copïwch y braslun ac ar yr un diagram brasluniwch y gromlin $y = f(x) + 2$.
Marciwch yn glir gyfesurynnau'r pwynt lle mae'r gromlin yn croesi'r echelin y.

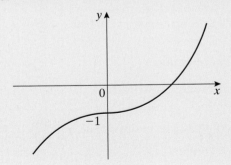

HYD, ARWYNEBEDD A CHYFAINT

- **Defnyddio dadansoddiad dimensiynau i wahaniaethu rhwng fformiwlâu ar gyfer hyd, arwynebedd a chyfaint**
- **Darganfod hyd arc ac arwynebedd sector o gylch**
- **Cyfrifo arwynebedd arwyneb a chyfaint conau, pyramidau a sfferau**
- **Cyfrifo arwynebedd arwyneb a chyfaint siapiau cyfansawdd**

- **yn achos cylch â radiws r, fod y cylchedd $= 2\pi r$**
- **yn achos cylch â radiws r, fod yr arwynebedd $= \pi r^2$**
- **bod arwynebedd trapesiwm $= \frac{1}{2}(a + b)u$**
- **bod cyfaint prism $=$ arwynebedd trawstoriad $\times$ hyd**
- **bod arwynebedd triongl ABC $= \frac{1}{2}ab \sin C$**
- **sut i ad-drefnu fformiwlâu**
- **sut i ddarganfod hyd croeslin ciwboid**

Dadansoddiad dimensiynau

Sylwi 42.1

Ysgrifennwch yr holl fformiwlâu y gallwch eu cofio ar gyfer hyd, arwynebedd a chyfaint, gan gadw pob un o'r categorïau hyn mewn rhestr wahanol.

Cynhwyswch y fformiwlâu a welwch uchod.

Edrychwch ar y fformiwlâu ym mhob grŵp i weld beth sy'n gyffredin iddynt.

O edrych ar ddimensiynau'r fformiwlâu:

rhif $\times$ hyd = hyd (1 dimensiwn)
hyd + hyd = hyd (1 dimensiwn)
hyd $\times$ hyd = arwynebedd (2 ddimensiwn)
hyd $\times$ hyd $\times$ hyd = cyfaint (3 dimensiwn)
arwynebedd $\times$ hyd = cyfaint (3 dimensiwn)

Gwiriwch fod y rheolau hyn yn cyd-fynd â'r holl fformiwlâu a ysgrifennoch wrth i chi ateb Sylwi 42.1.

AWGRYM

Mae edrych ar ddimensiynau yn gallu eich helpu i gofio fformiwlâu. Er enghraifft, gallwch weld a yw arwynebedd cylch yn πr^2 neu'n $2\pi r$ os ydych wedi anghofio pa un sy'n gywir. Cofiwch fod π yn rhif ac nad oes ganddo ddimensiynau.

Mae edrych ar nifer y dimensiynau yn gallu eich helpu hefyd i gofio pa unedau i'w defnyddio. Er enghraifft:

cm ar gyfer hyd (1 dimensiwn)
cm^2 ar gyfer arwynebedd (2 ddimensiwn)
cm^3 ar gyfer cyfaint (3 dimensiwn)

ENGHRAIFFT 42.1

Mae a, b, h ac r yn hydoedd.
Penderfynwch a yw pob un o'r fformiwlâu hyn yn cynrychioli hyd, arwynebedd, cyfaint neu ddim un o'r rhain.

(a) $r + 2h$　　　**(b)** $\frac{1}{2}(a + b)h$　　　**(c)** $r^2 + 2\pi r$　　　**(ch)** $\frac{4}{3}\pi r^3$

Datrysiad

(a) hyd + hyd = hyd

(b) (hyd + hyd) × hyd = hyd × hyd = arwynebedd

(c) arwynebedd + hyd = disynnwyr

(ch) hyd^3 = cyfaint

◉ YMARFER 42.1

Trwy'r ymarfer hwn i gyd, mae llythrennau mewn mynegiadau algebraidd yn cynrychioli hydoedd ac nid oes gan rifau ddimensiynau.

1 Pa un/rai o'r mynegiadau canlynol allai fod yn hyd?
　(a) $3r$　　　　　　**(b)** $a + 2b$　　　　　　**(c)** rh

2 Pa un/rai o'r mynegiadau canlynol allai fod yn arwynebedd?
　(a) $bc - a^2$　　　　**(b)** $\pi h(a^2 + b^2)$　　　**(c)** $\frac{1}{3}\pi r^2$

3 Pa un/rai o'r mynegiadau canlynol allai fod yn gyfaint?
　(a) $2\pi r^2$　　　　**(b)** $3ab(c + d)$　　　**(c)** $\frac{1}{3}\pi r^2 h$

4 Nodwch a yw'r mynegiadau hyn yn cynrychioli hyd, arwynebedd neu gyfaint.
　(a) $a + p$　　　　　**(b)** $\pi r^2 h$　　　　　**(c)** πrl

5 Nodwch a yw'r mynegiadau hyn yn cynrychioli hyd, arwynebedd neu gyfaint neu a yw'n ddisynnwyr.
　(a) $8c^3$　　　**(b)** $6c^2$　　　**(c)** $4c + \pi r^2$　　　**(ch)** $12c$

Arcau a sectorau

Rhan o gylchyn cylch yw **arc**.

Mae'r siâp yn y diagram yn **sector** cylch.
Caiff ei ffurfio gan arc a dau radiws.

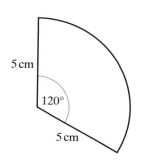

5 cm

120°

5 cm

Mae unrhyw sector yn ffracsiwn $\frac{\theta}{360}$ o gylch, lle mae θ yn ongl y sector, fel y mae'r diagram yn ei ddangos.

Arwynebedd y sector yw'r ffracsiwn hwnnw o arwynebedd y cylch.

Hyd yr arc yw'r ffracsiwn hwnnw o gylchedd y cylch.

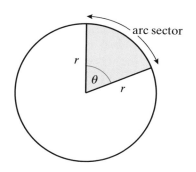

arc sector

r

θ

r

$$\text{Arwynebedd sector} = \frac{\theta}{360} \times \pi r^2$$

$$\text{Hyd arc y sector} = \frac{\theta}{360} \times 2\pi r$$

Cyfrifwch arwynebedd a pherimedr y sector hwn.

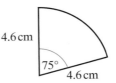

4.6 cm

75°

4.6 cm

Datrysiad

Arwynebedd y sector $= \dfrac{\theta}{360} \times \pi r^2$

$\qquad\qquad\qquad = \dfrac{75}{360} \times \pi \times 4.6^2$

$\qquad\qquad\qquad = 13.8 \text{ cm}^2$ i 1 lle degol

Perimedr $=$ hyd yr arc $+ 2 \times 4.6$

$\qquad\quad = \dfrac{\theta}{360} \times 2\pi r + 2 \times 4.6$

$\qquad\quad = \dfrac{75}{360} \times 2\pi \times 4.6 + 2 \times 4.6$

$\qquad\quad = 15.2 \text{ cm}$ i 1 lle degol

Arwynebedd sector yw 92 cm^2. Ongl y sector yw 210°.
Darganfyddwch radiws y cylch.

Datrysiad

Arwynebedd y sector $= \dfrac{\theta}{360} \times \pi r^2$

$\qquad\qquad 92 \;= \dfrac{210}{360} \times \pi r^2$

$\qquad \dfrac{92 \times 360}{210 \times \pi} = r^2$

$\qquad\qquad r = \sqrt{\dfrac{92 \times 360}{210 \times \pi}}$

$\qquad\qquad\quad = 7.1 \text{ cm}$ i 1 lle degol

AWGRYM

Mae datrys hafaliad fel hwn yn cynnwys ad-drefnu'r hafaliad. Os yw'n well gennych, gallwch ad-drefnu'r fformiwla cyn amnewid.

1 Darganfyddwch hyd arc pob un o'r sectorau hyn. Rhowch eich atebion i'r milimetr agosaf.

(a)

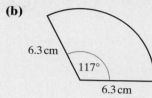

5.4 cm
65°
5.4 cm

(b)

6.3 cm
117°
6.3 cm

(c)

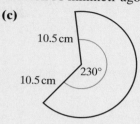

10.5 cm
230°
10.5 cm

2 Darganfyddwch arwynebedd pob un o'r sectorau yng nghwestiwn **1**.

3 Darganfyddwch ongl y sector ym mhob un o'r sectorau hyn. Rhowch eich atebion i'r radd agosaf.

(a)

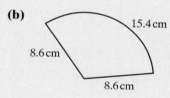

6.5 cm
7.2 cm
7.2 cm

(b)

15.4 cm
8.6 cm
8.6 cm

(c)

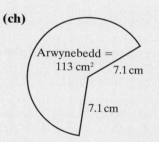

3.6 cm
Arwynebedd = 10.3 cm²
3.6 cm

(ch)

Arwynebedd = 113 cm²
7.1 cm
7.1 cm

4 Darganfyddwch radiws pob un o'r sectorau hyn.

(a)

3.8 cm
24°

(b)

14.1 cm
118°

(c)

21.8 cm
145°

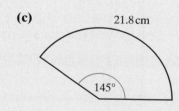
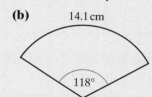

5 Darganfyddwch radiws pob un o'r sectorau hyn.

(a)

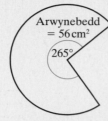

Arwynebedd
= 56 cm²

265°

(b)

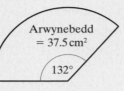

Arwynebedd
= 37.5 cm²

132°

(c)

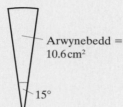

Arwynebedd =
10.6 cm²

15°

(ch)

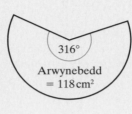

316°

Arwynebedd
= 118 cm²

6 Radiws cylch yw 6.2 cm a hyd arc sector o'r cylch yw 20.2 cm.
Cyfrifwch ongl y sector a thrwy hynny darganfyddwch arwynebedd y sector.

7 Mae clustog â siâp sector iddi ac ongl y sector yw 150°. Mae'r radiws yn 45 cm.
Mae ymylwaith wedi'i wnïo o amgylch y glustog. Beth yw hyd yr ymylwaith?

Pyramidau, conau a sfferau

Sylwi 42.2

(a) Torrwch sector o gylch sydd â'i radiws yn 12 cm. Dylai pawb ddewis onglau gwahanol i'w sectorau.

(b) Gludiwch yr ymylon syth at ei gilydd i ffurfio côn.

(c) Cyfrifwch hyd arc eich sector.
Dyma gylchedd sylfaen eich côn.

(ch) Cyfrifwch radiws sylfaen eich côn.
Gwiriwch eich ateb trwy fesur eich côn.

(d) Arwynebedd y sector yw arwynebedd arwyneb crwm y côn. Cyfrifwch hwn hefyd.

Her 42.2

Yn lle 12 cm yn Sylwi 42.2, defnyddiwch l ar gyfer uchder goledd y côn.
Gan ddefnyddio θ ar gyfer ongl y sector, darganfyddwch radiws, r, sylfaen y côn yn nhermau g a θ.
Yna darganfyddwch arwynebedd y sector yn nhermau r ac g.

Dyma ychydig o fformiwlâu ar gyfer pyramidau a chonau.

Arwynebedd arwyneb crwm côn $= \pi r l$

Cyfaint pyramid $= \frac{1}{3} \times$ arwynebedd y sylfaen $\times$ uchder

Mae côn yn fath arbennig o byramid â sylfaen gron.

Cyfaint côn $= \frac{1}{3} \pi r^2 u$

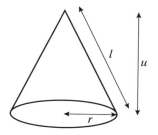

ENGHRAIFFT 42.4

Mae gan byramid sylfaen betryal 8 cm wrth 5 cm ac uchder y pyramid yw 9 cm. Cyfrifwch ei gyfaint.

Datrysiad

Cyfaint $= \frac{1}{3} \times$ arwynebedd y sylfaen $\times$ uchder

$\qquad = \frac{1}{3} \times (8 \times 5) \times 9$

$\qquad = 120$ cm³

ENGHRAIFFT 42.5

Uchder goledd côn yw 6.8 cm ac arwynebedd arwyneb crwm y côn yw 91 cm². Darganfyddwch radiws, r, ei sylfaen.

Datrysiad

Arwynebedd arwyneb crwm $= \pi r l$

$\qquad 91 = \pi r \times 6.8$

$\qquad r = \dfrac{91}{\pi \times 6.8}$

$\qquad\quad = 4.3$ cm i'r milimetr agosaf

Sffêr yw'r siâp arall y byddwch yn dod ar ei draws. Mae profi'r fformiwlâu ar gyfer sffêr y tu hwnt i faes y cwrs hwn, ond dyma'r canlyniadau y bydd eu hangen arnoch.

$$\text{Cyfaint sffêr} = \tfrac{4}{3}\pi r^3$$
$$\text{Arwynebedd arwyneb sffêr} = 4\pi r^2$$

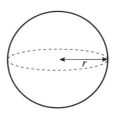

ENGHRAIFFT 42.6

Mae powlen yn siâp hemisffer sydd â'i ddiamedr yn 25 cm.
Cyfrifwch gyfaint y bowlen mewn litrau.

Datrysiad

$$\text{Cyfaint hemisffer} = \tfrac{1}{2} \times \text{Cyfaint sffêr}$$
$$= \tfrac{2}{3}\pi r^3$$

$$\text{Felly cyfaint y bowlen} = \tfrac{2}{3}\pi \times 12.5^3$$
$$= 4090.6\ldots \text{ cm}^3 \qquad (1 \text{ litr} = 1000 \text{ cm}^3)$$
$$= 4.09 \text{ litr i 3 ffigur ystyrlon}$$

YMARFER 42.3

1 Darganfyddwch arwynebedd arwyneb crwm pob un o'r conau hyn.
   Rhowch eich atebion i 3 ffigur ystyrlon.

(a)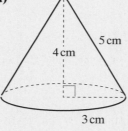
5 cm
4 cm
3 cm

(b)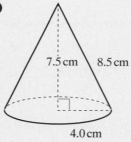
7.5 cm 8.5 cm
4.0 cm

(c)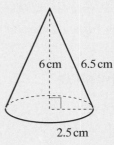
6 cm 6.5 cm
2.5 cm

2 Cyfrifwch gyfaint pob un o'r conau yng nghwestiwn **1**.

3 Cyfrifwch gyfaint pob un o'r pyramidau sylfaen sgwâr neu sylfaen betryal hyn.

(a)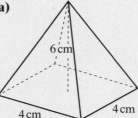
6 cm
4 cm 4 cm

(b)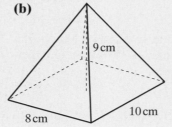
9 cm
8 cm 10 cm

(c)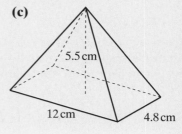
5.5 cm
12 cm 4.8 cm

4 Radiws sylfaen côn solet yw 4.2 cm ac uchder goledd y côn yw 7.8 cm.
Cyfrifwch ei arwynebedd arwyneb cyfan.

5 Mae gan byramid sylfaen sgwâr sydd â'i hochrau'n 8 cm. Cyfaint y pyramid yw 256 cm^3.
Darganfyddwch ei uchder.

6 Darganfyddwch radiws sylfaen pob un o'r conau hyn.
   (a) Cyfaint 114 cm^3, uchder 8.2 cm   **(b)** Cyfaint 52.9 cm^3, uchder 5.4 cm
   (c) Cyfaint 500 cm^3, uchder 12.5 cm

7 Mae côn yn cael ei ffurfio o sector cylch (fel yn Sylwi 42.2).
Darganfyddwch radiws sylfaen y côn sy'n cael ei wneud â'r sectorau hyn.
   (a) Radiws 5.8 cm, ongl 162°   **(b)** Radiws 9.7 cm, ongl 210°
   (c) Radiws 12.1 cm, ongl 295°

8 Darganfyddwch arwynebedd arwyneb pob un o'r sfferau hyn.
   (a) Radiws 5.1 cm   **(b)** Radiws 8.2 cm   **(c)** Diamedr 20 cm

9 Darganfyddwch gyfaint pob un o'r sfferau yng nghwestiwn **8**.

10 Darganfyddwch radiws pob un o'r sfferau hyn.
   (a) Arwynebedd arwyneb 900 cm^2 **(b)** Arwynebedd arwyneb 665 cm^2
   (c) Cyfaint 1200 cm^3 **(ch)** Cyfaint 8000 cm^3

Her 42.3

Faint o farblis gwydr â'u radiws yn 8 mm y gellir eu gwneud o 500 cm^3 o wydr tawdd?

Her 42.4

Mae cyfaint sffêr sydd â'i radiws yn 12.8 cm yr un fath â chyfaint côn sydd â'i
radiws yn 8.0 cm. Darganfyddwch uchder y côn.

Siapiau cyfansawdd a phroblemau

Yn yr adran hon bydd angen ichi gymhwyso'r hyn a ddysgoch yn barod
at siapiau mwy cymhleth ac at broblemau sy'n cynnwys siapiau.

Dwy enghraifft bwysig o siapiau cyfansawdd yw segment cylch a
ffrwstwm côn.

Y term am linell sydd wedi'i thynnu rhwng unrhyw ddau bwynt ar gylchyn cylch yw **cord**.

Mae cord yn rhannu cylch yn ddau **segment**, sef y segment **mwyaf** (yr un gwyn yn y diagram) a'r segment **lleiaf** (yr un gwyrdd).

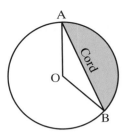

Arwynebedd y segment gwyrdd = Arwynebedd y sector AOB − Arwynebedd y triongl AOB

ENGHRAIFFT 42.7

Cyfrifwch arwynebedd y segment a ddangosir yn y diagram.

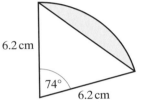

6.2 cm

74°

6.2 cm

Datrysiad

Arwynebedd y sector $= \dfrac{\theta}{360} \times \pi r^2$

$\qquad = \dfrac{74}{360} \times \pi \times 6.2^2$

$\qquad = 24.823\ldots$ cm²

Arwynebedd y triongl $= \frac{1}{2}ab \sin C$

$\qquad = \frac{1}{2} \times 6.2^2 \times \sin 74°$

$\qquad = 18.475\ldots$ cm²

Arwynebedd y segment = Arwynebedd y sector − Arwynebedd y triongl

$\qquad = 24.823\ldots - 18.475\ldots$

$\qquad = 6.35$ cm² i 3 ffigur ystyrlon

Ffrwstwm côn yw'r siâp sy'n weddill pan fydd rhan uchaf y côn wedi ei thynnu ymaith.

Mae'r cylch ar ben uchaf y ffrwstwm mewn plân sy'n baralel i'r sylfaen.

Cyfaint y ffrwstwm = Cyfaint y côn cyfan − Cyfaint y côn coll

ENGHRAIFFT 42.8

Darganfyddwch gyfaint y ffrwstwm sy'n weddill pan fydd côn â'i uchder yn 8 cm yn cael ei dynnu oddi ar gôn â'i uchder yn 12 cm a radiws ei sylfaen yn 6 cm.

Datrysiad

Yn gyntaf, defnyddiwch drionglau cyflun i ddarganfod radiws, r cm, y côn sydd wedi ei dynnu.

$$\frac{r}{8} = \frac{6}{12}$$
$$r = 4$$

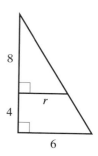

Yna darganfyddwch gyfaint y ffrwstwm.

Cyfaint y ffrwstwm = Cyfaint y côn cyfan − Cyfaint y côn coll
$$= \tfrac{1}{3}\pi r^2 u_1 - \tfrac{1}{3}\pi r^2 u_2$$
$$= \tfrac{1}{3}\pi \times 6^2 \times 12 - \tfrac{1}{3}\pi \times 4^2 \times 8$$
$$= 318 \text{ cm}^3 \text{ i 3 ffigur ystyrlon}$$

Efallai y bydd problemau eraill ynglŷn â siapiau yn defnyddio siapiau mwy syml ond bydd angen sawl cam i ddatrys y broblem, fel yn yr enghraifft nesaf.

ENGHRAIFFT 42.9

Radiws sylfaen côn yw 5.6 cm a chyfaint y côn yw 82 cm³.
(a) Cyfrifwch ei uchder.
(b) Cyfrifwch hefyd ei uchder goledd a thrwy hynny darganfyddwch ei arwynebedd arwyneb crwm.

Datrysiad

Cyfaint y côn $= \tfrac{1}{3}\pi r^2 u$

$$82 = \tfrac{1}{3}\pi \times 5.6^2 \times u$$
$$\frac{3 \times 82}{\pi \times 5.6^2} = u$$
$$u = 2.496\ldots$$
$$= 2.5 \text{ cm i 1 lle degol}$$

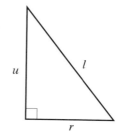

Defnyddiwch theorem Pythagoras
$$l^2 = r^2 + u^2 = 5.6^2 + 2.496\ldots^2$$
$$= 37.59\ldots$$
$$l = \sqrt{37.59}\ldots = 6.13\ldots$$
$$= 6.1 \text{ cm i 1 lle degol}$$

AWGRYM

Pan fyddwch yn defnyddio canlyniad mewn gwaith cyfrifo pellach, gwnewch yn siŵr eich bod yn defnyddio'r gwerth heb ei dalgrynnu. Peidiwch â chlirio'r cyfrifiannell nes eich bod yn siŵr na fydd angen y canlyniad arnoch eto.

Arwynebedd arwyneb crwm $= \pi rl = \pi \times 5.6 \times 6.13\ldots$
$$= 108 \text{ cm}^2 \text{ i 3 ffigur ystrylon}$$

Gall rhai problemau ddefnyddio algebra, fel yn yr her nesaf.

Her 42.5

Mae gan arwynebedd arwyneb crwm silindr sydd â'i radiws yn *r* cm a'i uchder yn *u* cm yr un arwynebedd arwyneb â chiwb sydd â'i ochrau'n *r* cm.

Darganfyddwch *u* yn nhermau *r*.

◉ YMARFER 42.4

1 Cyfrifwch arwynebedd pob un o'r segmentau oren.

(a)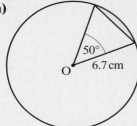

(b)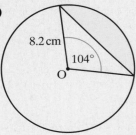

(c)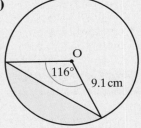

2 Mae seilo grawn â siâp silindr sydd â'i uchder yn 25 m a'i radiws yn 4 m ac sydd â hemisffer ar ei ben.
Cyfrifwch gyfaint y seilo.

3 Cyfrifwch arwynebedd pob un o'r segmentau mwyaf, h.y. y segmentau gwyrdd.

(a)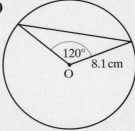

(b)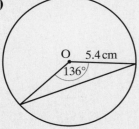

(c)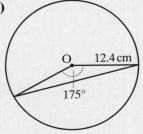

4 Mae darn o gaws yn brism â'i uchder yn 7 cm.
Mae ei drawstoriad yn sector o gylch â'i radiws yn 15 cm ac ongl y sector yw 72°.
Cyfrifwch gyfaint y darn o gaws.

5 Cyfrifwch uchder perpendicwlar pob un o'r conau hyn a thrwy hynny darganfyddwch eu cyfaint.

(a)

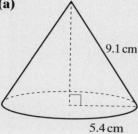

9.1 cm

5.4 cm

(b)

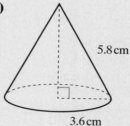

5.8 cm

3.6 cm

(c)

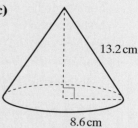

13.2 cm

8.6 cm

6 Radiws sylfaen côn solet yw 6.9 cm ac uchder y côn yw 8.2 cm.
  (a) Cyfrifwch ei gyfaint.
  (b) Darganfyddwch ei uchder goledd a thrwy hynny ei arwynebedd arwyneb cyfan.

7 Mae ymyl uchaf pot blodau yn gylch â'i radiws yn 10 cm.
  Mae ei sylfaen yn gylch â'i radiws yn 8 cm.
  Uchder y pot blodau yw 10 cm.
  (a) Dangoswch fod y pot blodau yn ffrwstwm côn gwrthdro sydd
    ag uchder cyfan o 50 cm a sylfaen â'i radiws yn 10 cm.
  (b) Cyfrifwch faint o litrau o bridd y gall y pot blodau eu cynnwys.

8 Uchder côn yw 20 cm a radiws ei sylfaen yw 12 cm.
  Mae rhan uchaf y côn yn cael ei dorri ymaith i adael ffrwstwm â'i uchder yn 5 cm.
  Darganfyddwch gyfaint y ffrwstwm hwn.

9 Hyd ochrau sylfaen sgwâr pyramid yw 10.4 cm a hyd ei holl ymylon sy'n goleddu yw 8.8 cm.
  Cyfrifwch uchder perpendicwlar a chyfaint y pyramid.

10 Mae côn gwag yn cael ei ffurfio o sector â'i ongl yn 300° a'i radiws yn 12.5 cm.
  Gan ddangos eich dull yn glir, cyfrifwch gyfaint y côn.

> ## RYDYCH WEDI DYSGU
>
> - **bod arwynebedd arwyneb crwm silindr = $2\pi r u$**
> - **dimensiynau fformiwlâu:**
>   - ◆ **rhif × hyd = hyd (1 dimensiwn)**
>   - ◆ **hyd + hyd = hyd (1 dimensiwn)**
>   - ◆ **hyd × hyd = arwynebedd (2 ddimensiwn)**
>   - ◆ **hyd × hyd × hyd = cyfaint (3 dimensiwn)**
>   - ◆ **arwynebedd × hyd = cyfaint (3 dimensiwn)**
> - **bod arwynebedd sector = $\dfrac{\theta}{360} \times \pi r^2$**
> - **bod hyd arc sector = $\dfrac{\theta}{360} \times 2\pi r$**

- bod cyfaint pyramid $= \frac{1}{3} \times$ arwynebedd y sylfaen $\times$ uchder
- bod cyfaint côn $= \frac{1}{3}\pi r^2 u$
- bod arwynebedd arwyneb crwm côn $= \pi rl$
- bod cyfaint sffêr $= \frac{4}{3}\pi r^3$
- bod arwynebedd arwyneb sffêr $= 4\pi r^2$
- bod arwynebedd segment lleiaf $=$ arwynebedd y sector $-$ arwynebedd y triongl
- bod cyfaint ffrwstwm $=$ cyfaint y côn cyfan $-$ cyfaint y côn coll

◎ YMARFER CYMYSG 42

1 Uchder prism yw 72 cm a'i gyfaint yw 13 320 cm³.
Cyfrifwch arwynebedd ei drawstoriad.

2 Cyfaint ciwb yw 729 cm³.
Cyfrifwch hyd ei groeslin a'i arwynebedd arwyneb cyfan.

3 Mae bin sbwriel yn silindr â'i ddiamedr yn 22 cm a'i uchder yn 36 cm.
Cyfrifwch arwynebedd arwyneb cyfan rhan allanol y bin.

4 Mae'r llythrennau yn y fformiwlâu hyn i gyd yn cynrychioli hydoedd.
Pa un/rai o'r fformiwlâu sy'n cynrychioli hyd?

  (a) $\sqrt{6a^2}$ **(b)** $\dfrac{4bc}{d}$ **(c)** $2a(c + d)$ **(ch)** $\dfrac{2\pi a}{5}$

5 Dosbarthwch y fformiwlâu hyn yn rhai sy'n cynrychioli hyd, arwynebedd, cyfaint neu ddim un o'r rhain. Mae'r llythrennau yn y fformiwlâu i gyd yn cynrychioli hydoedd.

  (a) $\sqrt{a^2 + b^2}$ **(b)** $a^2(2a + b)$ **(c)** $\pi(4a + 3bc)$ **(ch)** $\pi a^2 + 3ac$

6 Cyfrifwch hyd yr arc a'r arwynebedd ar gyfer pob un o'r sectorau hyn.
  (a) Radiws 6.2 cm, ongl y sector 62°
  (b) Radiws 7.8 cm, ongl y sector 256°

7 Darganfyddwch ongl y sector ar gyfer pob un o'r sectorau hyn.
  (a) Radiws 4.6 cm, hyd yr arc 9.2 cm
  (b) Radiws 5.7 cm, arwynebedd 85.6 cm²

8 Mae top troi yn gôn gwrthdro solet sydd â'i uchder yn 12.5 cm a radiws ei sylfaen yn 6.7 cm.
Darganfyddwch ei arwynebedd arwyneb cyfan.

9 Cyfaint sffêr yw 127 cm³.
Darganfyddwch ei radiws.

10 Mae bin sbwriel yn ffrwstwm côn.
Radiws ei ran uchaf yw 20 cm, radiws ei ran isaf yw 15 cm a'i uchder yw 40 cm.
Darganfyddwch gyfaint y sbwriel y gall ei gynnwys.

11 Radiws sffêr yw 3.5 cm. Radiws sylfaen côn sydd â'i gyfaint yn hafal i gyfaint y sffêr yw 4.5 cm. Cyfrifwch uchder y côn.

YN Y BENNOD HON

- **Y rheol adio ar gyfer digwyddiadau cydanghynhwysol,**
  T(A neu B) = T(A) + T(B)
- **Y rheol luosi ar gyfer digwyddiadau annibynnol, T(A a B) = T(A) × T(B)**
- **Diagramau canghennog tebygolrwydd**
- **Darganfod tebygolrwydd digwyddiadau dibynnol**

DYLECH WYBOD YN BAROD

- **y gall tebygolrwydd gael ei fynegi fel ffracsiwn neu fel degolyn**
- **sut i ddarganfod tebygolrwydd o set o ganlyniadau sydd yr un mor debygol**
- **bod T(na fydd canlyniad yn digwydd) = 1 − T(y bydd y canlyniad yn digwydd)**
- **sut i adio, tynnu a lluosi degolion**
- **sut i adio, tynnu a lluosi ffracsiynau**

Y rheol adio ar gyfer digwyddiadau cydanghynhwysol

Mae digwyddiadau A a B yn **gydanghynhwysol** os na all A a B ddigwydd ar yr un pryd.

Ar gyfer digwyddiadau cydanghynhwysol A a B,

$$T(A \text{ neu } B) = T(A) + T(B)$$

Weithiau mae'r rheol adio yn cael ei galw'n rheol 'neu'.

> **AWGRYM**
>
> Cofiwch: ystyr T(A) yw'r tebygolrwydd y bydd A yn digwydd.

ENGHRAIFFT 43.1

Y tebygolrwydd y bydd tîm hoci'r ysgol yn ennill eu gêm nesaf yw 0.4.
Y tebygolrwydd y bydd tîm hoci'r ysgol yn cael gêm gyfartal yn eu gêm nesaf yw 0.3.
Beth yw'r tebygolrwydd y byddant yn ennill neu'n cael gêm gyfartal yn eu gêm nesaf?

Datrysiad

Mae'r canlyniadau'n gydanghynhwysol gan na allant ennill a chael gêm gyfartal yn eu gêm nesaf.

$$T(\text{ennill neu gêm gyfartal}) = T(\text{ennill}) + T(\text{gêm gyfartal})$$
$$= 0.4 + 0.3 = 0.7$$

Weithiau nid yw dau ddigwyddiad yn gwbl ar wahân felly nid ydynt yn gydanghynhwysol. Yn yr achosion hynny ni allwn adio tebygolrwydd y ddau ddigwyddiad.

ENGHRAIFFT 43.2

Mae un cerdyn yn cael ei dynnu ar hap o becyn cyffredin o 52.
Beth yw'r tebygolrwydd y bydd hwn
(a) yn gerdyn coch?
(b) yn âs?
(c) yn gerdyn coch neu'n âs?

Datrysiad

(a) $T(\text{cerdyn coch}) = \frac{26}{52} = \frac{1}{2}$

(b) $T(\text{âs}) = \frac{4}{52} = \frac{1}{13}$

(c) Mae 26 cerdyn coch (gan gynnwys 2 âs) a 2 âs du.
Mae hynny'n gwneud 28 canlyniad ffafriol.
$T(\text{cerdyn coch neu âs}) = \frac{28}{52} = \frac{7}{13}$

Byddai'n anghywir defnyddio'r rheol adio yn Enghraifft 43.2 oherwydd nad yw'r ddau ddigwyddiad, cerdyn coch ac âs, yn gydanghynhwysol. Maent yn gallu digwydd gyda'i gilydd (pan fo'r cerdyn yn âs calonnau neu'n âs diemyntau). Oherwydd hynny rhaid cyfrifo'r tebygolrwydd sy'n ofynnol trwy gyfrifo nifer y canlyniadau ffafriol.

Sylwch fod $\frac{26}{52} + \frac{4}{52} \neq \frac{28}{52}$

> **AWGRYM**
>
> Mae'n bwysig nodi y gellir ateb llawer o gwestiynau sy'n cynnwys digwyddiadau cydanghynhwysol heb ddefnyddio'r rheol adio. Weithiau nid oes angen gwneud dim mwy na chyfrif nifer y canlyniadau ffafriol.

Prawf sydyn 43.1

Mae dis teg yn cael ei daflu.
Rhowch y digwyddiadau canlynol mewn parau fel bod y naill ddigwyddiad a'r llall mewn pâr yn gydanghynhwysol.

A: Cael 6
C: Cael un o ffactorau 4
D: Cael odrif

B: Cael rhif cysefin
Ch: Cael 2
Dd: Cael rhif sy'n fwy na 4

Y rheol luosi ar gyfer digwyddiadau annibynnol

Mae dau ganlyniad yn **annibynnol** pan na fydd canlyniad y digwyddiad cyntaf yn effeithio ar ganlyniad yr ail ddigwyddiad.

Ar gyfer dau ddigwyddiad annibynnol A a B,

$$T(A \text{ a } B) = T(A) \times T(B)$$

Weithiau mae'r rheol luosi yn cael ei galw'n rheol 'ac'.

ENGHRAIFFT 43.3

Mae dis yn cael ei daflu ddwywaith.
Beth yw'r tebygolrwydd y bydd chwech yn cael ei daflu gyda'r ddau dafliad?

Datrysiad

Gan nad yw canlyniad y tafliad cyntaf yn effeithio ar ganlyniad yr ail dafliad, mae'r rhain yn ddigwyddiadau annibynnol.

$T(\text{dau chwech}) = T(\text{chwech a chwech}) = T(\text{chwech}) \times T(\text{chwech}) = \frac{1}{6} \times \frac{1}{6} = \frac{1}{36}$

ENGHRAIFFT 43.4

Mae'n hysbys mai'r tebygolrwydd y bydd math penodol o had yn egino yw 0.8.
Beth yw'r tebygolrwydd y bydd pedwar hedyn sy'n cael eu hau i gyd yn egino?

Datrysiad

$T(\text{4 hedyn yn egino}) = T(\text{hedyn 1 a hedyn 2 a hedyn 3 a hedyn 4 yn egino})$
$$= 0.8 \times 0.8 \times 0.8 \times 0.8$$
$$= 0.4096$$

ENGHRAIFFT 43.5

Mae chwe chownter du a phedwar cownter gwyn mewn bag.
Mae Elin yn dewis cownter ar hap, yn nodi ei liw ac yn ei ddychwelyd.
Yna mae'n dewis cownter arall.
Beth yw'r tebygolrwydd y bydd hi'n dewis un cownter o'r naill liw a'r llall?

Datrysiad

Gan fod y cownter yn cael ei ddychwelyd, mae'r ail ddewis yn annibynnol ar y cyntaf. Mae'r tebygolrwydd yn aros yr un fath bob tro y bydd hi'n dewis.

Byddai'n bosibl dewis un cownter o'r naill liw a'r llall mewn dwy ffordd wahanol:

du yna gwyn

neu   gwyn yna du.

T(un cownter o'r naill liw a'r llall) = T(du **a** gwyn) **neu** T(gwyn **a** du)

$$= T(du) \times T(gwyn) + T(gwyn) \times T(du)$$
$$= \frac{6}{10} \times \frac{4}{10} + \frac{4}{10} \times \frac{6}{10}$$
$$= \frac{24}{100} + \frac{24}{100}$$
$$= \frac{48}{100} = \frac{12}{25}$$

Prawf sydyn 43.2

Dyma daflen ateb i'r adran amlddewis mewn cwis tafarn.

Nid yw tîm Berwyn yn dda iawn ac maent yn penderfynu dyfalu'r atebion.

Beth yw'r tebygolrwydd y byddant yn dyfalu pob un o'r pum ateb yn gywir?

TAFLEN ATEB

1. (a)	(b)	(c)	
2. (a)	(b)		
3. (a)	(b)	(c)	
4. (a)	(b)	(c)	(ch)
5. (a)	(b)		

YMARFER 43.1

1 Mae bag yn cynnwys deg pêl goch, pum pêl las ac wyth pêl werdd.
Beth yw tebygolrwydd dewis

(a) pêl goch neu bêl las? (b) pêl werdd neu bêl goch?

2 Pan fydd Mrs Smith yn mynd i'r dref y tebygolrwydd y bydd hi'n mynd ar y bws yw 0.5, yn mynd mewn tacsi yw 0.35 ac yn cerdded yw 0.15.
Beth yw'r tebygolrwydd y bydd hi'n mynd i'r dref

(a) ar y bws neu mewn tacsi? (b) ar y bws neu'n cerdded?

3 Mewn unrhyw swp o gyfrifiaduron sy'n cael ei wneud gan gwmni, mae tebygolrwyddau nifer y diffygion ym mhob cyfrifiadur fel hyn:

Nifer y diffygion	0	1	2	3	4	5
Tebygolrwydd	0.44	0.39	0.14	0.02	0.008	0.002

Beth yw'r tebygolrwydd y bydd gan unrhyw gyfrifiadur arbennig

(a) 1 diffyg neu 2? (b) 2, 3 neu 4 diffyg? (c) nifer odrif o ddiffygion?
(ch) llai na 2 ddiffyg? (d) o leiaf 1 diffyg?

4 Yn ôl adroddiad y tywydd ar Sianel 10

Y tebygolrwydd o law ddydd Sadwrn yw $\frac{3}{5}$ a'r tebygolrwydd o law ddydd Sul yw $\frac{1}{2}$.
Mae hynny'n golygu ei bod hi'n sicr o lawio ddydd Sadwrn neu ddydd Sul.

Eglurwch pam mae'r adroddiad yn anghywir. Pa gamgymeriad y maent wedi ei wneud?

5 Mae darn arian yn cael ei daflu ac mae dis yn cael ei daflu.
Beth yw'r tebygolrwydd o gael 'tu pen' yn achos y darn arian ac odrif yn achos y dis?

6 Mae troellwr â'r rhifau 1 i 5 arno.
Mae'r troellwr yn cael ei droi deirgwaith.
Beth yw'r tebygolrwydd y bydd y troellwr yn
glanio ar 1 bob tro?

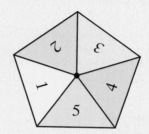

7 Y tebygolrwydd y bydd Heulwen yn ennill y ras 100 metr yw 0.4.
Y tebygolrwydd y bydd Robert yn ennill y ras 400 metr yw 0.3.
Beth yw'r tebygolrwydd

(a) y bydd Heulwen a Robert yn ennill eu ras?

(b) na fydd y naill na'r llall ohonynt yn ennill eu ras?

8 Mae pob un o lythrennau'r gair DILYNIANNAU yn cael ei ysgrifennu ar gerdyn.
Mae'r cardiau'n cael eu cymysgu ac mae un yn cael ei ddewis.
Yna caiff y cerdyn hwn ei ddychwelyd i'r pecyn sy'n cael ei gymysgu eto.
Caiff ail gerdyn ei ddewis.
Beth yw'r tebygolrwydd bod y ddau gerdyn ill dau yn

(a) L?   **(b)** N?   **(c)** llafariad?

9 Mae blwch yn cynnwys nifer mawr o gownteri coch a nifer mawr o gownteri du.
Mae 25% o'r cownteri yn goch.
Dewisir cownter o'r blwch, nodir ei liw ac yna dychwelir y cownter i'r blwch.
Yna dewisir ail gownter.
Beth yw'r tebygolrwydd

(a) bod y ddau gownter yn goch?

(b) bod y ddau gownter yn ddu?

(c) y bydd un cownter o'r naill liw a'r llall yn cael ei ddewis?

10 Y tebygolrwydd y bydd chwaraewr dartiau yn sgorio bwl yw 0.6.
Mae ganddo dri thafliad at y bwrdd dartiau.
Beth yw'r tebygolrwydd

(a) y bydd yn sgorio bwl bob tro?

(b) na fydd yn sgorio bwl o gwbl?

(c) y bydd yn sgorio bwl gyda dau o'i dri thafliad?

Diagramau canghennog tebygolrwydd

Pan fyddwn yn delio â dau neu fwy o ddigwyddiadau, gallwn ddangos y canlyniadau posibl a'u tebygolrwyddau ar ddiagram canghennog. Caiff 'canghennau' eu lluniadu i ddangos y posibiliadau ar gyfer pob digwyddiad. Gallai rhai o'r cwestiynau yn Ymarfer 43.1 fod wedi cael eu hateb gan ddefnyddio diagram canghennog tebygolrwydd.

Gall y dull hwn fod yn ffordd ddefnyddiol o arddangos y gwahanol ganlyniadau posibl sydd i gyfres o ddigwyddiadau a gall gael ei estyn, os oes angen, i ystyried unrhyw ddigwyddiadau dilynol.

> **AWGRYM**
>
> Gall diagram canghennog edrych yn anniben iawn os na fyddwch yn ofalus gyda'r cyflwyniad. Rhowch ddigon o le i'r diagram a gwnewch yn siŵr na fyddwch yn lluniadu'r canghennau yn rhy agos at ei gilydd.

ENGHRAIFFT 43.6

Y tebygolrwydd y bydd fy larwm yn fy nihuno unrhyw fore yw 0.7.
(a) Lluniadwch ddiagram canghennog tebygolrwydd i ddangos a gaf fy nihuno gan fy larwm ar ddau ddiwrnod.
(b) Defnyddiwch y diagram canghennog i gyfrifo'r tebygolrwydd y caf fy nihuno gan fy larwm
   (i) y ddau ddiwrnod.
   (ii) un yn unig o'r diwrnodau.

Datrysiad

(a)

Diwrnod cyntaf	Ail ddiwrnod	Canlyniad	Tebygolrwydd
	Dihuno (0.7)	DD	$0.7 \times 0.7 = 0.49$
Dihuno (0.7)	Heb fy nihuno (0.3)	DH	$0.7 \times 0.3 = 0.21$
Heb fy nihuno (0.3)	Dihuno (0.7)	HD	$0.3 \times 0.7 = 0.21$
	Heb fy nihuno (0.3)	HH	$0.3 \times 0.3 = 0.09$

> **AWGRYM**
>
> Sylwch sut y gallwch ddefnyddio llythrennau i wneud y gwaith yn llai anniben.

Byddwn yn *lluosi* y tebygolrwyddau wrth ddilyn pob llwybr *ar hyd* canghennau'r goeden.

Byddwn yn *adio* y tebygolrwyddau *i lawr* pan fydd gennym ddiddordeb mewn mwy nag un canlyniad posibl.

> **AWGRYM**
>
> Gwiriad da i weld a ydych wedi cwblhau'r canghennau'n gywir yw adio'r tebygolrwyddau terfynol. Dylai'r cyfanswm fod yn 1.

(b) (i) T(cael fy nihuno y ddau ddiwrnod) $= 0.7 \times 0.7 = 0.49$

(ii) T(cael fy nihuno un o'r diwrnodau) $= 0.7 \times 0.3 + 0.3 \times 0.7$
$$= 0.21 + 0.21 = 0.42$$

ENGHRAIFFT 43.7

Mae bag yn cynnwys pum pêl goch a thair pêl werdd.
Dewisir pêl o'r bag ar hap. Nodir ei lliw ac yna dychwelir y bêl i'r bag.
Yna dewisir ail bêl.
Beth yw'r tebygolrwydd y bydd
(a) y ddwy bêl yn wyrdd?
(b) y ddwy bêl yr un lliw?
(c) o leiaf un o'r peli'n goch?

Datrysiad

Pêl gyntaf	Ail bêl	Canlyniad	Tebygolrwydd

coch — $\frac{5}{8}$ — coch — CC — $\frac{5}{8} \times \frac{5}{8} = \frac{25}{64}$

coch — $\frac{3}{8}$ — gwyrdd — CG — $\frac{5}{8} \times \frac{3}{8} = \frac{15}{64}$

gwyrdd — $\frac{5}{8}$ — coch — GC — $\frac{3}{8} \times \frac{5}{8} = \frac{15}{64}$

gwyrdd — $\frac{3}{8}$ — gwyrdd — GG — $\frac{3}{8} \times \frac{3}{8} = \frac{9}{64}$

(a) T(y ddwy'n wyrdd) $= \frac{9}{64}$

(b) T(y ddwy yr un lliw) $=$ T(y ddwy'n wyrdd) $+$ T(y ddwy'n goch)
$$= \frac{9}{64} + \frac{25}{64}$$
$$= \frac{34}{64} = \frac{17}{32}$$

(c) T(o leiaf un yn goch) $=$ T(un yn goch) $+$ T(y ddwy'n goch)
$$= \frac{15}{64} + \frac{15}{64} + \frac{25}{64} = \frac{55}{64}$$
Neu
T(o leiaf un yn goch) $= 1 -$ T(dim un yn goch)
$$= 1 - \frac{9}{64} = \frac{55}{64}$$

> **AWGRYM**
>
> Peidiwch â chanslo ffracsiynau nes cyrraedd eich ateb terfynol. Bydd hi'n haws eu hadio pan fydd ganddynt yr un enwadur.

1 Mae Tomos yn chwarae gêm fwrdd lle caiff dau ddis eu taflu bob tro.
I ddechrau'r gêm rhaid iddo daflu'r ddau ddis a chael dau chwech.

   (a) Copïwch a chwblhewch y diagram canghennog.

Dis cyntaf	Ail ddis	Canlyniad	Tebygolrwydd
	Chwech	CC	
Chwech			
	Ddim yn chwech	CD	
	Chwech	DC	
Ddim yn chwech			
	Ddim yn chwech	DD	

   (b) Defnyddiwch y diagram canghennog i gyfrifo'r tebygolrwydd y bydd Tomos

      (i)   yn cael dau chwech.

      (ii) yn cael un chwech yn unig.

2 Y tebygolrwydd y bydd y bws i'r ysgol yn hwyr unrhyw ddiwrnod yw 0.2.

   (a) Lluniadwch ddiagram canghennog i ddangos y bws yn hwyr neu heb fod yn hwyr ar ddau ddiwrnod.

   (b) Cyfrifwch y tebygolrwydd

      (i)   na fydd y bws yn hwyr y naill ddiwrnod na'r llall.

      (ii) y bydd y bws yn hwyr o leiaf un o'r ddau ddiwrnod.

3 Mae saith disg du a thri disg gwyn mewn bag.
Dewisir disg, nodir ei liw ac yna dychwelir y disg i'r bag.
Yna dewisir ail ddisg.

   (a) Lluniadwch ddiagram canghennog tebygolrwydd i ddangos canlyniadau'r ddau ddewis.

   (b) Defnyddiwch y diagram canghennog i ddarganfod y tebygolrwydd

      (i)   bod y ddau ddisg yn ddu.

      (ii)   bod y ddau ddisg yr un lliw.

      (iii) bod o leiaf un disg yn wyn.

4 Y tebygolrwydd y bydd tîm yr ysgol yn ennill unrhyw gêm yw 0.5, y tebygolrwydd y bydd yn cael gêm gyfartal mewn unrhyw gêm yw 0.3 a'r tebygolrwydd y bydd yn colli unrhyw gêm yw 0.2.

    (a) Copïwch a chwblhewch y diagram canghennog i ddangos canlyniadau'r ddwy gêm nesaf.

Gêm gyntaf	Ail gêm	Canlyniad	Tebygolrwydd

```
                    E
         E          G
                    C
                    E
         G          G
                    C
                    E
         C          G
                    C
```

    (b) Cyfrifwch y tebygolrwydd

        (i) y bydd y tîm yn ennill y ddwy gêm.

        (ii) y bydd y tîm yn ennill un o'r ddwy gêm.

        (iii) y bydd canlyniadau'r ddwy gêm yr un fath.

5 Mae darn arian yn cael ei daflu deirgwaith.

    (a) Lluniadwch ddiagram canghennog â thair set o ganghennau i ddangos yr holl ganlyniadau posibl.

    (b) Cyfrifwch y tebygolrwydd

        (i) mai tri 'phen' fydd y canlyniad.

        (ii) y bydd y canlyniad yn cynnwys dau 'ben' yn union.

        (iii) y bydd y canlyniad yn cynnwys o leiaf dwy 'gynffon'.

Her 43.1

Mae x o beli coch ac y o beli glas mewn bag.

Dewisir pêl ar hap o'r bag.

Dychwelir y bêl a dewisir pêl o'r bag eto.

Beth yw tebygolrwydd dewis

(a) un bêl o'r naill liw a'r llall?

(b) dwy bêl o'r un lliw?

Rhowch eich atebion yn nhermau x ac y fel ffracsiwn sengl yn ei ffurf symlaf.

Digwyddiadau dibynnol

Hyd yma yn y bennod hon, nid oedd canlyniad y digwyddiad cyntaf yn dylanwadu ar ganlyniad yr ail ddigwyddiad. Fodd bynnag, mae llawer o sefyllfaoedd lle mae canlyniad yr ail ddigwyddiad yn ddibynnol ar yr hyn a ddigwyddodd yn y digwyddiad cyntaf. Rydym yn galw'r rhain yn **ddigwyddiadau dibynnol**. Defnyddiwn y term **tebygolrwydd amodol** am debygolrwydd yr ail ddigwyddiad gan fod canlyniad y digwyddiad cyntaf yn dylanwadu arno.

Gallwn ddefnyddio diagramau canghennog i gynrychioli digwyddiadau dibynnol hefyd, fel y mae'r enghreifftiau nesaf yn ei ddangos.

ENGHRAIFFT 43.8

Mae 10 bachgen a 15 merch mewn dosbarth Mathemateg.
Mae dau fyfyriwr i gael eu dewis ar hap i gynrychioli'r dosbarth mewn cystadleuaeth.
Beth yw'r tebygolrwydd y bydd y tîm yn cynnwys un bachgen ac un ferch?

Datrysiad

Mae'r tebygolrwyddau ar gyfer yr ail ddigwyddiad allan o 24 gan fod un o'r myfyrwyr wedi cael ei ddewis yn barod yn y dewis cyntaf ac felly dim ond 24 sy'n weddill ar gyfer yr ail ddewis.

Dewis cyntaf	Ail ddewis	Canlyniad	Tebygolrwydd
	Bachgen $\frac{9}{24}$	BB	$\frac{10}{25} \times \frac{9}{24} = \frac{90}{600}$
Bachgen $\frac{10}{25}$			
	Merch $\frac{15}{24}$	BM	$\frac{10}{25} \times \frac{15}{24} = \frac{150}{600}$
	Bachgen $\frac{10}{24}$	MB	$\frac{15}{25} \times \frac{10}{24} = \frac{150}{600}$
Merch $\frac{15}{25}$			
	Merch $\frac{14}{24}$	MM	$\frac{15}{25} \times \frac{14}{24} = \frac{210}{600}$

T(un bachgen ac un ferch) $= \frac{150}{600} + \frac{150}{600} = \frac{300}{600} = \frac{1}{2}$

ENGHRAIFFT 43.9

Mae'r dewis a wnaf rhwng dal y bws i'r gwaith neu beidio yn dibynnu ar y tywydd.
Y tebygolrwydd y bydd hi'n glawio ar unrhyw ddiwrnod yw 0.3.
Pan fydd hi'n glawio, y tebygolrwydd y byddaf yn dal y bws i'r gwaith yw 0.9.
Pan na fydd hi'n glawio, y tebygolrwydd y byddaf yn dal y bws yw 0.2.
Beth yw'r tebygolrwydd y byddaf yn dal y bws ar unrhyw ddiwrnod penodol?

Tywydd	Cludiant	Canlyniad	Tebygolrwydd

0.9 — Bws — GB — $0.3 \times 0.9 = 0.27$

Glawio

0.3

0.1 — Ddim bws — GD — $0.3 \times 0.1 = 0.03$

0.2 — Bws — DB — $0.7 \times 0.2 = 0.14$

0.7

Ddim yn glawio

0.8 — Ddim bws — DD — $0.7 \times 0.8 = 0.56$

$T(\text{dal y bws}) = 0.27 + 0.14 = 0.41$

YMARFER 43.3

1 Mae saith pêl felen a phedair pêl goch mewn blwch.
Dewisir pêl ar hap ac ni chaiff ei dychwelyd.
Yna dewisir ail bêl.

(a) Lluniadwch ddiagram canghennog tebygolrwydd i ddangos yr holl ganlyniadau posibl.

(b) Darganfyddwch y tebygolrwydd

   (i) y bydd y ddwy bêl yn felyn.

   (ii) y bydd un bêl o'r naill liw a'r llall.

2 Mae 500 o gydrannau electronig mewn blwch.
Mae'n hysbys bod 100 yn ddiffygiol.
Dewisir dwy gydran ar hap heb eu dychwelyd.
Beth yw'r tebygolrwydd

(a) bod y ddwy'n ddiffygiol?

(b) bod o leiaf un yn ddiffygiol?

3 Mae Lisa a Siwan yn chwarae gêm o dennis.
Y tebygolrwydd y bydd Lisa'n ennill y gêm gyntaf yw 0.7.
Os bydd hi'n ennill y gêm gyntaf, y tebygolrwydd y bydd hi'n ennill yr ail gêm yw 0.7.
Os bydd hi'n colli'r gêm gyntaf, y tebygolrwydd y bydd hi'n ennill yr ail gêm yw 0.5.

(a) Lluniadwch ddiagram canghennog tebygolrwydd i ddangos yr holl ganlyniadau posibl.

(b) Beth yw'r tebygolrwydd

   (i) y bydd Lisa'n ennill y ddwy gêm?

   (ii) y bydd Siwan yn ennill y ddwy gêm?

   (iii) y bydd Lisa a Siwan yn ennill un gêm yr un?

4   Y tebygolrwydd y bydd tîm pêl fasged yr ysgol yn ennill eu gêm nesaf yw 0.6.
Os byddant yn ennill eu gêm nesaf, y tebygolrwydd y byddant yn ennill y gêm ganlynol yw 0.7, fel arall mae'n 0.4.
Beth yw'r tebygolrwydd

(a) y byddant yn ennill eu dwy gêm nesaf?

(b) y byddant yn ennill un o'u dwy gêm nesaf?

5   Mewn ffair ysgol, mae tri deg o docynnau â'r rhifau 1 i 30 arnynt yn cael eu rhoi mewn blwch.
Mae pobl yn talu i ddewis tocyn o'r blwch.
Bydd tocyn sy'n cael ei dynnu o'r blwch yn ennill gwobr os yw ei rif yn lluosrif 5.
Ar ôl cael ei dynnu o'r blwch ni chaiff tocyn ei ddychwelyd.
Mae Llew yn dewis tri thocyn o'r blwch, un ar ôl y llall.
Beth yw'r tebygolrwydd

(a) na fydd dim o'i docynnau'n ennill gwobr?

(b) y bydd o leiaf un o'i docynnau'n ennill gwobr?

(c) y bydd dau o'i docynnau'n ennill gwobr?

Her 43.2

Mae Frodo yn chwilio mewn castell am ystafell y trysor.

Mae ganddo bum allwedd a dim ond un ohonynt fydd yn agor y drws i'r trysor.

Nid yw'n gwybod pa allwedd fydd yn agor y drws.

Mae Frodo yn rhoi cynnig ar yr allweddi yn eu tro.

Beth yw'r tebygolrwydd

(a)   y bydd yr allwedd gyntaf y bydd yn rhoi cynnig arni yn agor y drws?

(b)   na fydd yr allwedd gyntaf yn agor y drws ond y bydd yr ail un yn ei agor?

(c)   y bydd y drydedd allwedd y bydd yn rhoi cynnig arni yn agor y drws?

(ch) y bydd y bedwaredd allwedd y bydd yn rhoi cynnig arni yn agor y drws?

(d)   y bydd y bumed allwedd y bydd yn rhoi cynnig arni yn agor y drws?

Her 43.3

Mae x o beli coch ac y o beli glas mewn bag.

Dewisir pêl ar hap o'r bag.

Yna dewisir pêl arall heb ddychwelyd y bêl gyntaf.

Beth yw'r tebygolrwydd o ddewis

(a) un bêl o'r naill liw a'r llall?

(b) dwy bêl o'r un lliw?

Rhowch eich atebion yn nhermau x ac y fel ffracsiwn sengl yn ei ffurf symlaf.

- yn achos digwyddiadau cydanghynhwysol A a B, fod T(A neu B) = T(A) + T(B)
- yn achos digwyddiadau annibynnol A a B, fod T(A a B) = T(A) × T(B)
- sut i ddefnyddio diagramau canghennog tebygolrwydd
- yn achos digwyddiadau dibynnol, fod tebygolrwyddau amodol yn cael eu defnyddio

YMARFER CYMYSG 43

1 Mewn ysgol, rhaid i bob myfyriwr astudio celf, cerddoriaeth neu ddrama.
Mae 60% o'r myfyrwyr yn astudio celf ac mae 25% o'r myfyrwyr yn astudio cerddoriaeth.
Mae myfyriwr yn cael ei ddewis ar hap.
Beth yw'r tebygolrwydd y bydd y myfyriwr yn astudio

   (a) celf neu gerddoriaeth?   **(b)** drama neu gerddoriaeth?

2 Mae tun bisgedi yn cynnwys deg bisged siocled, wyth bisged hufen a saith bisged blaen.
Mae bisged yn cael ei dewis ar hap o'r tun.
Beth yw'r tebygolrwydd y bydd hi

   (a) yn fisged siocled neu blaen?   **(b)** y bydd hi'n fisged hufen neu blaen?

3 Yn ystod unrhyw wythnos, rwy'n mynd â brechdanau i'r ysgol ar gyfer fy nghinio, rwy'n cael pryd yn ffreutur yr ysgol neu rwy'n mynd adref i gael cinio.
Y tebygolrwydd y byddaf yn mynd â brechdanau i'r ysgol ar gyfer fy nghinio yw 0.4 a'r tebygolrwydd y byddaf yn cael pryd yn ffreutur yr ysgol yw 0.1.
Beth yw'r tebygolrwydd y byddaf ar gyfer fy nghinio un diwrnod

   (a) naill ai'n mynd â brechdanau neu'n mynd i ffreutur yr ysgol?

   (b) naill ai'n mynd â brechdanau neu'n mynd adref?

4 Mae troellwr â'r rhifau 1 i 5 arno.
O droi'r troellwr ddwywaith beth yw'r tebygolrwydd y byddaf yn cael

   (a) 1 ar y tro cyntaf a 5 ar yr ail dro?

   (b) 3 neu 4 ar bob un o'r ddau dro?

   (c) eilrif ar y tro cyntaf ac odrif ar yr ail dro?

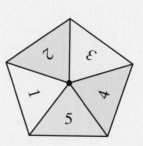

5 Mae un bag yn cynnwys dau gownter coch, un cownter oren a phedwar cownter melyn.
Mae ail fag yn cynnwys un cownter gwyrdd, dau gownter du a thri chownter porffor.
Tynnir un cownter ar hap o'r naill fag a'r llall.
Beth yw'r tebygolrwydd y bydd

   (a) un yn oren ac un yn wyrdd?

   (b) un yn goch ac un yn borffor?

   (c) un naill ai'n goch neu'n felyn ac un naill ai'n ddu neu'n borffor?

6 Caiff dis cyffredin ei daflu deirgwaith.
Beth yw'r tebygolrwydd o gael tri chwech?

7 Mae dau ddisg du a thri disg gwyn mewn bag.
Dewisir disg, nodir ei liw ac yna dychwelir y disg i'r bag.
Yna dewisir ail ddisg.
   (a) Lluniadwch ddiagram canghennog tebygolrwydd i ddangos canlyniadau'r ddau ddewis.
   (b) Defnyddiwch y diagram canghennog i ddarganfod y tebygolrwydd
      (i) bod y ddau ddisg yn ddu.
      (ii) bod y ddau ddisg o'r un lliw.
      (iii) bod un disg o'r naill liw a'r llall.

8 Bydd 70% o'r planhigion sy'n cael eu tyfu o swp mawr o had yn cael blodyn coch.
Caiff dau blanhigyn a dyfwyd o'r swp hwn eu dewis ar hap a nodir lliw'r blodau a gynhyrchwyd.
   (a) Copïwch a chwblhewch y diagram canghennog.

Planhigyn cyntaf	Ail blanhigyn	Canlyniad	Tebygolrwydd

Coch — Coch — CC
Coch — Ddim yn goch — CD
Ddim yn goch — Coch — DC
Ddim yn goch — Ddim yn goch — CC

   (b) Defnyddiwch y diagram canghennog i gyfrifo'r tebygolrwydd
      (i) nad oes blodau coch gan y naill blanhigyn na'r llall.
      (ii) bod blodau coch gan un o'r planhigion.

9 Mae blwch bach o siocled yn cynnwys pedwar siocled â chanol caled a phum siocled â chanol meddal.
Mae un siocled yn cael ei dynnu ar hap o'r blwch a'i fwyta.
Yna caiff ail siocled ei dynnu.
Beth yw'r tebygolrwydd
   (a) bod y ddau ganol o'r un fath?   **(b)** bod un canol yn galed a'r llall yn feddal?

10 Mae dau ffiws mewn cylched.
Y tebygolrwydd y bydd y ffiws cyntaf yn chwythu yw 0.2.
Os bydd y ffiws cyntaf yn chwythu, y tebygolrwydd y bydd yr ail ffiws yn chwythu yw 0.7, fel arall mae'n 0.1.
Beth yw'r tebygolrwydd
   (a) y bydd y ddau ffiws yn chwythu?   **(b)** y bydd un o'r ddau ffiws yn chwythu?

44 → FECTORAU

<table>
<tr><td>

YN Y BENNOD HON

- **Fectorau colofn**
- **Fectorau yn cynrychioli mesurau sydd â maint a chyfeiriad**
- **Adio a thynnu fectorau**
- **Lluosi fector â mesur sgalar**
- **Defnyddio fectorau i ddatrys problemau geometreg**

</td><td>

DYLECH WYBOD YN BAROD

- **sut i ddefnyddio fectorau colofn i gynrychioli trawsfudiadau**
- **geometreg trionglau, sgwariau, petryalau a pharalelogramau**
- **sut i symleiddio a ffactorio mynegiadau algebraidd**

</td></tr>
</table>

Diffiniad fector

Mae fector yn unrhyw fesur sydd â **maint** a **chyfeiriad**.

Mae mesurau fector yn cynnwys trawsfudiad (newid safle), cyflymder, cyflymiad a grym.

Mae gan saeth faint (hyd) a chyfeiriad, ac felly byddwn yn defnyddio saeth i gynrychioli fector ar ddiagram.

Caiff fectorau eu labelu naill ai trwy ddefnyddio'r ddau bwynt terfyn a saeth neu ddefnyddio llythyren fach.

$$\overrightarrow{AB} = \mathbf{a}$$

Mewn gwerslyfrau a phapurau arholiad pan fydd fectorau'n cael eu cynrychioli gan un llythyren, bydd y llythyren honno mewn teip trwm. Pan fyddwch yn ysgrifennu fector yn y ffurf hon dylech ddefnyddio llinell dan y llythyren: $\overrightarrow{AB} = \underline{a}$.

Gwiriwch y nodiant sydd mewn papurau arholiad fel y byddwch yn siŵr eich bod yn deall y nodiant ar gyfer fectorau.

Fectorau colofn

Os bydd fector yn cael ei luniadu ar grid yna gellir ei gynrychioli gan fector colofn $\begin{pmatrix} p \\ q \end{pmatrix}$, lle mai p yw'r dadleoliad i'r cyfeiriad x, a q yw'r dadleoliad i'r cyfeiriad y.

Yn y diagram mae

$$\overrightarrow{AB} = \begin{pmatrix} 3 \\ 2 \end{pmatrix}, \overrightarrow{CD} = \begin{pmatrix} -1 \\ 3 \end{pmatrix} \quad \text{ac} \quad \overrightarrow{EF} = \begin{pmatrix} -4 \\ 1 \end{pmatrix}.$$

Sylwch fod y confensiynau yr un fath ag ar gyfer cyfesurynnau.

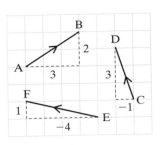

> Cyfeiriad (llorweddol) *x* yn gyntaf: i'r dde yn bositif, i'r chwith yn negatif.
> Cyfeiriad (fertigol) *y* yn ail: i fyny yn bositif, i lawr yn negatif.

Yn achos fectorau, byddwn yn ysgrifennu'r rhifau yn fertigol yn hytrach nag ochr yn ochr fel y gwelsom gyda chyfesurynnau. Sylwch hefyd fod cyfesurynnau yn berthynol i darddbwynt, tra bo fectorau yn berthynol i fan cychwyn y fector.

Prawf sydyn 44.1

(a) Ysgrifennwch y fectorau colofn sy'n cynrychioli pob un o'r fectorau hyn.

$\overrightarrow{AB}$, $\overrightarrow{BA}$, $\overrightarrow{AC}$, $\overrightarrow{EB}$, $\overrightarrow{BC}$, $\overrightarrow{CA}$, $\overrightarrow{EC}$, $\overrightarrow{CD}$, $\overrightarrow{DE}$ ac $\overrightarrow{ED}$

(b) $\overrightarrow{XY} = \begin{pmatrix} a \\ b \end{pmatrix}$.

Ysgrifennwch y fector colofn ar gyfer $\overrightarrow{YX}$.

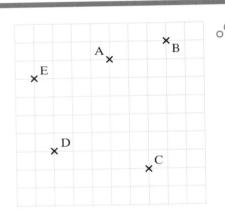

Lluosi fector â sgalar

Sylwi 44.1

(a) Lluniadwch y fectorau $\begin{pmatrix} 2 \\ 3 \end{pmatrix}$, $\begin{pmatrix} 4 \\ 6 \end{pmatrix}$, $\begin{pmatrix} 6 \\ 9 \end{pmatrix}$, $\begin{pmatrix} -2 \\ -3 \end{pmatrix}$ a $\begin{pmatrix} -4 \\ -6 \end{pmatrix}$ ar bapur sgwariau.

Cofiwch y saethau.
Beth welwch chi?

(b) Ar ddarn arall o bapur sgwariau lluniadwch y fectorau hyn.

$\begin{pmatrix} -1 \\ 2 \end{pmatrix}$, $\begin{pmatrix} -2 \\ 4 \end{pmatrix}$, $\begin{pmatrix} -3 \\ 6 \end{pmatrix}$, $\begin{pmatrix} 1 \\ -2 \end{pmatrix}$ a $\begin{pmatrix} 2 \\ -4 \end{pmatrix}$

Beth welwch chi?

Byddwn yn defnyddio'r term **sgalar** i ddisgrifio mesur sydd â maint ond sydd heb gyfeiriad.

Edrychwch eto ar y fectorau a wnaethoch yn Sylwi 44.1.

Roedd y tri fector cyntaf ym mhob achos yn baralel i'w gilydd, hynny yw, i'r un cyfeiriad, ac roedd y ddau olaf yn groes i'w gilydd.

Y rheswm dros hyn yw fod, er enghraifft, $\begin{pmatrix} 4 \\ 6 \end{pmatrix} = 2\begin{pmatrix} 2 \\ 3 \end{pmatrix}$ a bod $\begin{pmatrix} 6 \\ 9 \end{pmatrix} = 3\begin{pmatrix} 2 \\ 3 \end{pmatrix}$.

Mae $\begin{pmatrix} 4 \\ 6 \end{pmatrix}$ yn ddwywaith hyd $\begin{pmatrix} 2 \\ 3 \end{pmatrix}$ ac mae $\begin{pmatrix} 6 \\ 9 \end{pmatrix}$ yn deirgwaith hyd $\begin{pmatrix} 2 \\ 3 \end{pmatrix}$.

Mae lluosi fector â sgalar yn cynhyrchu fector i'r un cyfeiriad ond yn hirach yn ôl ffactor sy'n hafal i'r sgalar.

Mae'r ddau fector olaf yn y ddwy set yn mynd yn groes i'r fector gwreiddiol.

Y rheswm yw fod, er enghraifft, $\begin{pmatrix} 1 \\ -2 \end{pmatrix} = -\begin{pmatrix} -1 \\ 2 \end{pmatrix}$ a bod $\begin{pmatrix} 2 \\ -4 \end{pmatrix} = -2\begin{pmatrix} -1 \\ 2 \end{pmatrix}$.

Yn y diagram, mae'r fector **b** i'r un cyfeiriad ag **a** ac yn deirgwaith ei hyd.

Felly, mae   **b** = 3**a**.

Mae'r fector **c** yn mynd yn groes i **a** ac yn ddwywaith ei hyd.

Felly, mae   **c** = −2**a**.

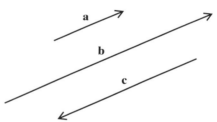

Her 44.1   ?

Defnyddiwch y fectorau **a**, **b** ac **c** o'r diagram uchod i ddarganfod y sgalar, k, ym mhob un o'r achosion hyn.
(Awgrym: bydd angen ffracsiynau arnoch.)

(a) **a** = k**c**   **(b)** **a** = k**b**   **(c)** **b** = k**c**   **(ch)** **c** = k**b**

ENGHRAIFFT 44.1

Darganfyddwch y fector colofn sy'n mapio
(a) $(2, 1)$ ar ben $(5, 6)$.
(b) $(-1, 6)$ ar ben $(5, 2)$.

Datrysiad

(a) Mae'r cyfesuryn x wedi newid o 2 i 5, felly y cynnydd yw 3.
Mae'r cyfesuryn y wedi newid o 1 i 6, felly y cynnydd yw 5.

Y fector yw $\begin{pmatrix} 3 \\ 5 \end{pmatrix}$.

(b) Mae'r cyfesuryn x wedi newid o -1 i 5, felly y cynnydd yw 6.
Mae'r cyfesuryn y wedi newid o 6 i 2, felly y lleihad yw 4.

Y fector yw $\begin{pmatrix} 6 \\ -4 \end{pmatrix}$.

> **AWGRYM**
> Fel y gwelwch, nid oes angen plotio'r pwyntiau i ateb y cwestiwn hwn. Fodd bynnag, efallai y byddai'n well gennych wneud hynny.

ENGHRAIFFT 44.2

Ysgrifennwch bob un o'r fectorau hyn yn nhermau **a**.
$\overrightarrow{AB}, \overrightarrow{CD}, \overrightarrow{EF}, \overrightarrow{GH}, \overrightarrow{IJ}$

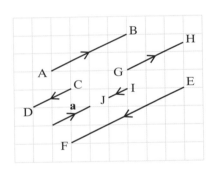

Datrysiad

$\overrightarrow{AB} = 2\mathbf{a}, \quad \overrightarrow{CD} = -\mathbf{a}, \quad \overrightarrow{EF} = -3\mathbf{a}, \quad \overrightarrow{GH} = \tfrac{3}{2}\mathbf{a}, \quad \overrightarrow{IJ} = -\tfrac{1}{2}\mathbf{a}$

Os ydym yn gwybod bod $\overrightarrow{AB} = k\overrightarrow{CD}$, gallwn gasglu bod
- $\overrightarrow{AB}$ yn baralel i $\overrightarrow{CD}$
- $\overrightarrow{AB}$ yn k gwaith hyd $\overrightarrow{CD}$.

Os ydym yn gwybod bod $\overrightarrow{AB} = k\overrightarrow{AC}$ a bod pwynt cyffredin A, gallwn gasglu bod
- A, B ac C mewn llinell syth
- $\overrightarrow{AB}$ yn k gwaith hyd $\overrightarrow{AC}$.

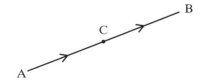

1 Ar bapur sgwariau, lluniadwch a labelwch fectorau i gynrychioli'r fectorau colofn hyn.
Cofiwch roi'r saethau.

$$\mathbf{a} = \begin{pmatrix} 5 \\ 2 \end{pmatrix}, \quad \mathbf{b} = \begin{pmatrix} 3 \\ -4 \end{pmatrix}, \quad \mathbf{c} = \begin{pmatrix} -3 \\ 1 \end{pmatrix}, \quad \mathbf{d} = \begin{pmatrix} 4 \\ 0 \end{pmatrix}, \quad \mathbf{e} = \begin{pmatrix} 0 \\ -3 \end{pmatrix}, \quad \mathbf{f} = \begin{pmatrix} -2 \\ -4 \end{pmatrix}$$

2 Ysgrifennwch fectorau colofn i gynrychioli'r
fectorau hyn.

(a) $\overrightarrow{AB}$ (b) $\overrightarrow{BA}$ (c) $\overrightarrow{EA}$ (ch) $\overrightarrow{AC}$

(d) $\overrightarrow{BC}$ (dd) $\overrightarrow{ED}$ (e) $\overrightarrow{AD}$ (f) $\overrightarrow{BE}$

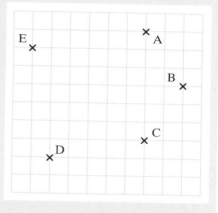

3 Darganfyddwch y fector colofn sy'n mapio'r pwynt
(a) (2, 5) ar ben (6, 5).   (b) (0, 2) ar ben (5, 5).   (c) (6, 2) ar ben (2, 7).
(ch) (−1, 4) ar ben (5, 1).   (d) (5, 1) ar ben (3, −4)   (dd) (−6, 3) ar ben (−2, −1).

4 Ysgrifennwch bob un o'r fectorau hyn yn nhermau **a** neu **b** fel sydd yn y diagram.
(a) $\overrightarrow{AB}$ (b) $\overrightarrow{CD}$ (c) $\overrightarrow{EF}$ (ch) $\overrightarrow{GH}$
(d) $\overrightarrow{IJ}$ (dd) $\overrightarrow{KL}$ (e) $\overrightarrow{MN}$ (f) $\overrightarrow{PQ}$

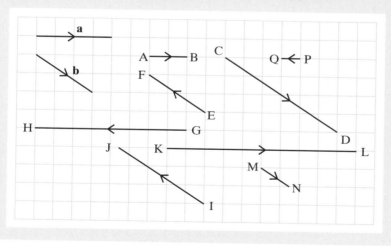

5 Paralelogram yw OABC.
D, E, F ac G yw canolbwyntiau'r ochrau.

Mae $\overrightarrow{OA} = \mathbf{a}$ ac mae $\overrightarrow{OC} = \mathbf{c}$.

Ysgrifennwch bob un o'r fectorau hyn yn nhermau **a** neu **c**.

(a) $\overrightarrow{AO}$ **(b)** $\overrightarrow{CF}$ **(c)** $\overrightarrow{AB}$

(ch) $\overrightarrow{DA}$ **(d)** $\overrightarrow{BE}$ **(dd)** $\overrightarrow{BF}$

6 Copïwch a chwblhewch y tabl hwn.

	Pwynt gwreiddiol	**Fector**	**Pwynt newydd**
(a)	$(2, 4)$	$\begin{pmatrix} 3 \\ 2 \end{pmatrix}$	
(b)	$(3, 2)$	$\begin{pmatrix} 5 \\ -1 \end{pmatrix}$	
(c)	$(6, 3)$	$\begin{pmatrix} -4 \\ -2 \end{pmatrix}$	
(ch)	$(-1, 5)$	$\begin{pmatrix} 3 \\ -4 \end{pmatrix}$	
(d)	$(-4, -3)$	$\begin{pmatrix} 5 \\ -2 \end{pmatrix}$	
(dd)	$(6, -2)$	$\begin{pmatrix} 2 \\ -4 \end{pmatrix}$	

Adio a thynnu fectorau

Gallwn ddefnyddio rheol y triongl i adio a thynnu fectorau.

Adio

Yn y diagram

$$\overrightarrow{AB} + \overrightarrow{BC} = \overrightarrow{AC}$$

neu $\mathbf{p} + \mathbf{q} = \mathbf{r}$.

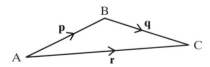

Yn y diagram hwn, paralelogram yw ABCD ac felly mae $\overrightarrow{AB} = \overrightarrow{DC}$ ac mae $\overrightarrow{BC} = \overrightarrow{AD}$.

Sylwch fod

$$\overrightarrow{AB} + \overrightarrow{BC} = \overrightarrow{AC} \text{ a bod } \overrightarrow{AD} + \overrightarrow{DC} = \overrightarrow{AC}.$$

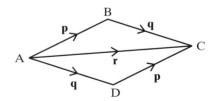

Mae hynny'n golygu bod

$$\mathbf{p} + \mathbf{q} = \mathbf{r} \text{ a bod } \mathbf{q} + \mathbf{p} = \mathbf{r}.$$

Hynny yw, does dim gwahaniaeth ym mha drefn y byddwn yn adio fectorau.

Gallwn estyn y rheol i adio mwy na dau fector.

$$\overrightarrow{AB} + \overrightarrow{BC} + \overrightarrow{CD} + \overrightarrow{DE} = \overrightarrow{AE}$$

Sylwch fod llythyren olaf pob fector yr un fath â llythyren gyntaf y fector nesaf.

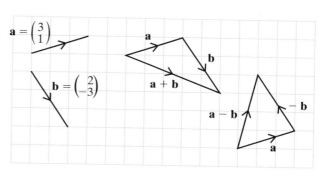

Tynnu

I dynnu fectorau byddwn yn defnyddio'r ffaith bod $\mathbf{p} - \mathbf{q} = \mathbf{p} + (-\mathbf{q})$.

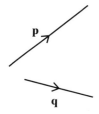

Adio a thynnu fectorau colofn

Yn y diagram, mae $\mathbf{a} = \begin{pmatrix} 3 \\ 1 \end{pmatrix}$ ac mae $\mathbf{b} = \begin{pmatrix} 2 \\ -3 \end{pmatrix}$.

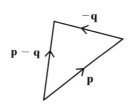

Gallwn weld bod

$$\mathbf{a} + \mathbf{b} = \begin{pmatrix} 3 \\ 1 \end{pmatrix} + \begin{pmatrix} 2 \\ -3 \end{pmatrix} = \begin{pmatrix} 5 \\ -2 \end{pmatrix}$$

a bod $\quad \mathbf{a} - \mathbf{b} = \mathbf{a} + (-\mathbf{b}) = \begin{pmatrix} 3 \\ 1 \end{pmatrix} - \begin{pmatrix} 2 \\ -3 \end{pmatrix} = \begin{pmatrix} 1 \\ 4 \end{pmatrix}.$

Felly, i adio neu dynnu fectorau colofn, byddwn yn adio neu'n tynnu'r cydrannau.

$$\begin{pmatrix} a \\ b \end{pmatrix} + \begin{pmatrix} c \\ d \end{pmatrix} = \begin{pmatrix} a + c \\ b + d \end{pmatrix} \text{ ac } \begin{pmatrix} a \\ b \end{pmatrix} - \begin{pmatrix} c \\ d \end{pmatrix} = \begin{pmatrix} a - c \\ b - d \end{pmatrix}$$

Darganfyddwch 5 llwybr gwahanol o A i E gan ddefnyddio un neu fwy o'r pwyntiau B, C a D.

Yn achos pob un o'ch llwybrau ysgrifennwch yr adiadau fectorau a gwiriwch fod yr holl fectorau colofn yn adio i'r fector colofn ar gyfer $\overrightarrow{AE}$.

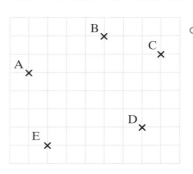

ENGHRAIFFT 44.3

Paralelogram yw OABC.
D, E, F ac G yw canolbwyntiau'r ochrau.
Mae $\overrightarrow{OA} = \mathbf{a}$ ac mae $\overrightarrow{OC} = \mathbf{c}$
Ysgrifennwch bob un o'r fectorau hyn yn nhermau
a neu **c**.

(a) $\overrightarrow{OB}$ **(b)** $\overrightarrow{OE}$ **(c)** $\overrightarrow{AC}$

(ch) $\overrightarrow{GA}$ **(d)** $\overrightarrow{BD}$ **(dd)** $\overrightarrow{EF}$

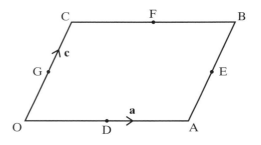

Datrysiad

(a) $\overrightarrow{OB} = \overrightarrow{OA} + \overrightarrow{AB} = \mathbf{a} + \mathbf{c}$ **(b)** $\overrightarrow{OE} = \overrightarrow{OA} + \overrightarrow{AE} = \mathbf{a} + \frac{1}{2}\mathbf{c}$

Pan fyddwch yn mynd i'r cyfeiriad sy'n ddirgroes i gyfeiriad y saeth, byddwch yn defnyddio'r fector negatif.

(c) $\overrightarrow{AC} = \overrightarrow{AO} + \overrightarrow{OC} = -\mathbf{a} + \mathbf{c}$ **(ch)** $\overrightarrow{GA} = \overrightarrow{GO} + \overrightarrow{OA} = -\frac{1}{2}\mathbf{c} + \mathbf{a}$

(d) $\overrightarrow{BD} = \overrightarrow{BA} + \overrightarrow{AD} = -\mathbf{c} - \frac{1}{2}\mathbf{a}$ **(dd)** $\overrightarrow{EF} = \overrightarrow{EB} + \overrightarrow{BF} = \frac{1}{2}\mathbf{c} - \frac{1}{2}\mathbf{a}$

> **AWGRYM**
>
> Wrth weithio gyda fector fel $\overrightarrow{GA}$ uchod, efallai fod yna lwybr arall yn mynd trwy bwyntiau eraill. Er enghraifft, gallem fod wedi defnyddio $\overrightarrow{GC} + \overrightarrow{CB} + \overrightarrow{BA}$ ond mae $\overrightarrow{GO} + \overrightarrow{OA}$ yn fyrrach ac nid oes angen ei symleiddio.

I symleiddio fectorau rydym yn defnyddio rheolau arferol algebra. Mae'r enghraifft nesaf yn dangos hyn.

Yn y diagram, M yw canolbwynt AB.

Mae $\overrightarrow{OA} = \mathbf{a}$ ac mae $\overrightarrow{OB} = \mathbf{b}$

Darganfyddwch bob un o'r fectorau hyn yn ei ffurf symlaf yn nhermau $\mathbf{a}$ a $\mathbf{b}$.

(a) $\overrightarrow{AB}$ **(b)** $\overrightarrow{OM}$

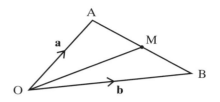

Datrysiad

(a) $\overrightarrow{AB} = \overrightarrow{AO} + \overrightarrow{OB}$

       $= -\mathbf{a} + \mathbf{b}$

(b) $\overrightarrow{OM} = \overrightarrow{OA} + \overrightarrow{AM}$

         $= \mathbf{a} + \frac{1}{2}(-\mathbf{a} + \mathbf{b})$

         $= \mathbf{a} - \frac{1}{2}\mathbf{a} + \frac{1}{2}\mathbf{b}$

         $= \frac{1}{2}\mathbf{a} + \frac{1}{2}\mathbf{b}$

YMARFER 44.2

1 Mae'r diagram yn dangos y fectorau $\mathbf{a}$ a $\mathbf{b}$.

   (a) Lluniadwch y fectorau $\mathbf{a}$ a $\mathbf{b}$ ar bapur sgwariau.

   (b) Lluniadwch fectorau i gynrychioli'r canlynol.

      (i) $\mathbf{a} + \mathbf{b}$ **(ii)** $\mathbf{a} - \mathbf{b}$ **(iii)** $\mathbf{a} + 2\mathbf{b}$

      (iv) $\mathbf{b} - 2\mathbf{a}$ **(v)** $\mathbf{b} + \frac{1}{2}\mathbf{a}$

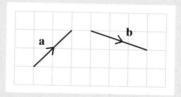

2 Mae $\mathbf{a} = \begin{pmatrix} 4 \\ 2 \end{pmatrix}$, $\mathbf{b} = \begin{pmatrix} 2 \\ -5 \end{pmatrix}$ ac $\mathbf{c} = \begin{pmatrix} -3 \\ 0 \end{pmatrix}$.

   Cyfrifwch y rhain.

   (a) $\mathbf{a} + \mathbf{b}$ **(b)** $\mathbf{a} - \mathbf{b}$ **(c)** $3\mathbf{a} + 2\mathbf{b}$

   (ch) $2\mathbf{b} - \mathbf{c}$ **(d)** $\mathbf{b} + \frac{1}{2}\mathbf{a} - 2\mathbf{c}$ **(dd)** $3\mathbf{c} - 2\mathbf{b} + \mathbf{a}$

3 Paralelogram yw ABCD.

   E, F, G ac H yw canolbwyntiau'r ochrau.

   Mae $\overrightarrow{AB} = \mathbf{p}$ ac mae $\overrightarrow{AD} = \mathbf{q}$.

   Darganfyddwch bob un o'r fectorau hyn yn nhermau $\mathbf{p}$ a $\mathbf{q}$.

   (a) $\overrightarrow{AC}$ **(b)** $\overrightarrow{HB}$

   (c) $\overrightarrow{GA}$ **(ch)** $\overrightarrow{FE}$

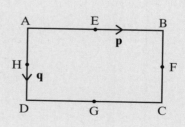

4 Mae ABCDEF yn hecsagon rheolaidd.

O yw canol yr hecsagon.

Mae $\overrightarrow{OA} = \mathbf{a}$ ac mae $\overrightarrow{OB} = \mathbf{b}$

Darganfyddwch bob un o'r fectorau hyn yn nhermau **a** a/neu **b**.

(a) $\overrightarrow{FA}$ (b) $\overrightarrow{BD}$

(c) $\overrightarrow{AB}$ (ch) $\overrightarrow{AC}$

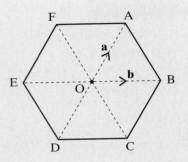

5 Yn y diagram, mae P draean o'r ffordd ar hyd AB.

Mae $\overrightarrow{OA} = \mathbf{a}$ ac mae $\overrightarrow{OB} = \mathbf{b}$

Darganfyddwch bob un o'r fectorau hyn, mor syml â phosibl, yn nhermau **a** a **b**.

(a) $\overrightarrow{AB}$ (b) $\overrightarrow{AP}$ (c) $\overrightarrow{OP}$

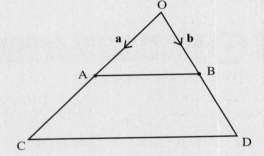

6 Yn y diagram, A yw canolbwynt OC a B yw canolbwynt OD.

Mae $\overrightarrow{OA} = \mathbf{a}$ ac mae $\overrightarrow{OB} = \mathbf{b}$

(a) Darganfyddwch bob un o'r fectorau hyn yn nhermau **a** a **b**.

(i) $\overrightarrow{AB}$ (ii) $\overrightarrow{CD}$

(b) Pa gasgliad y gallwch ddod iddo ynglŷn â'r llinellau AB a CD?

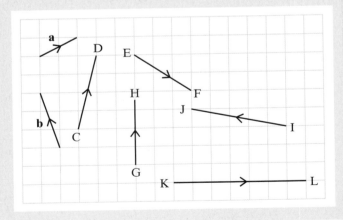

7 Ysgrifennwch bob un o'r fectorau hyn yn nhermau **a** a **b**.

(a) $\overrightarrow{CD}$

(b) $\overrightarrow{EF}$

(c) $\overrightarrow{GH}$

(ch) $\overrightarrow{IJ}$

(d) $\overrightarrow{KL}$

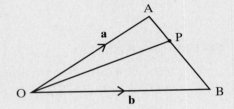

8 Yn y diagram, mae $\vec{OA} = \vec{AD} = \vec{CB} = \vec{BE} = \mathbf{a}$
ac mae $\vec{OC} = \vec{AB} = \vec{DE} = \mathbf{c}$.
Mae F yn bwynt fel bod AF : FC yn y gymhareb 1 : 2.

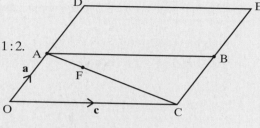

(a) Darganfyddwch bob un o'r fectorau
hyn yn nhermau **a** ac **c**.
Symleiddiwch eich atebion lle bo'n bosibl.

    (i) $\vec{OE}$ **(ii)** $\vec{AC}$ **(iii)** $\vec{OF}$

(b) Pa ddwy ffaith y gallwch eu casglu ynglŷn â'r pwyntiau O, F ac E?

Her 44.3

Mae llong yn hwylio 80 km ar gyfeiriant 030° o A i B.

Wedyn mae'n hwylio 100 km ar gyfeiriant 110° o B i C.

(a) Gwnewch *fraslun* yn dangos taith y llong.

Cymerwch 1 km i'r Dwyrain i gynrychioli 1 uned i'r cyfeiriad x ac 1 km i'r Gogledd i gynrychioli 1 uned i'r cyfeiriad y.

(b) Defnyddiwch drigonometreg i ddarganfod fectorau colofn ar gyfer $\vec{AB}$ a $\vec{BC}$.

(c) Darganfyddwch y fector colofn ar gyfer $\vec{AC}$.

(ch) Darganfyddwch y pellter AC a chyfeiriant C o A.

(d) Cyfrifwch yr ongl ABC.

(dd) Defnyddiwch y rheol cosin a'r rheol sin i wirio'ch atebion i ran **(ch)**.

Her 44.4

D, E ac F yw canolbwyntiau ochrau'r triongl ABC.
Mae $\vec{OA} = \mathbf{a}$ ac mae $\vec{OB} = \mathbf{b}$

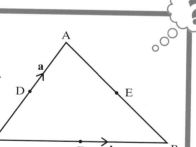

(a) Darganfyddwch y fectorau $\vec{OE}$, $\vec{AF}$ a $\vec{BD}$ yn nhermau **a** a **b**.
Symleiddiwch eich atebion.

(b) (i) Mae'r pwynt P yn rhannu OE yn ôl y gymhareb 2 : 1.
Darganfyddwch $\vec{OP}$ yn nhermau **a** a **b**.
Symleiddiwch eich ateb.

    (ii) Mae'r pwynt Q yn rhannu AF yn ôl y gymhareb 2 : 1.
Darganfyddwch $\vec{OQ}$ yn nhermau **a** a **b**.
Symleiddiwch eich ateb.

    (iii) Mae'r pwynt R yn rhannu BD yn ôl y gymhareb 2 : 1.
Darganfyddwch $\vec{OR}$ yn nhermau **a** a **b**.
Symleiddiwch eich ateb.

(c) Pa gasgliad y gallwch ddod iddo ynglŷn â'r pwyntiau P, Q ac R?

- bod gan fector faint a chyfeiriad
- bod fector yn gallu cael ei gynrychioli gan fector colofn $\begin{pmatrix} p \\ q \end{pmatrix}$ lle mai p yw'r dadleoliad i'r cyfeiriad x, a q yw'r dadleoliad i'r cyfeiriad y
- bod fectorau yn cael eu labelu gan ddefnyddio'u dau bwynt terfyn â saeth uwchben neu ddefnyddio llythrennau bach trwm (llythrennau bach wedi'u tanlinellu pan gânt eu hysgrifennu)

$\overrightarrow{AB} = \mathbf{a}$

- os yw dau fector yn hafal, y byddant â'r un hyd ac yn mynd i'r un cyfeiriad
- os yw $\mathbf{b} = -\mathbf{a}$, fod fector $\mathbf{b}$ â'r un hyd ag $\mathbf{a}$ ond i'r cyfeiriad arall
- os yw $\overrightarrow{AB} = k\overrightarrow{CD}$, fod $\overrightarrow{AB}$ yn baralel i $\overrightarrow{CD}$ ac yn k gwaith hyd $\overrightarrow{CD}$
- os yw $\overrightarrow{AB} = k\overrightarrow{AC}$, fod A, B ac C mewn llinell syth a bod $\overrightarrow{AB}$ yn k gwaith hyd $\overrightarrow{AC}$
- i luosi fector colofn â sgalar (neu rif), y byddwch yn lluosi'r ddwy gydran â'r rhif hwnnw
- bod fectorau'n cael eu hadio a'u tynnu gan ddefnyddio rheol y triongl

$\overrightarrow{AB} + \overrightarrow{BC} = \overrightarrow{AC}$

neu $\quad \mathbf{p} + \mathbf{q} = \mathbf{r}$

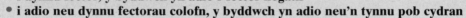

- i dynnu fector, y byddwch yn adio'r fector negatif
- i adio neu dynnu fectorau colofn, y byddwch yn adio neu'n tynnu pob cydran

YMARFER CYMYSG 44

1 (a) Ar grid cyfesurynnau gyda'r ddwy echelin wedi'u labelu o 0 i 8, plotiwch y pwyntiau A(2, 1), B(6, 3), C(8, 8) a D(4, 6) a'u cysylltu i ffurfio'r pedrochr ABCD.

   (b) Darganfyddwch y fectorau $\overrightarrow{AB}$, $\overrightarrow{BC}$, $\overrightarrow{DC}$ ac $\overrightarrow{AD}$.

   (c) Beth welwch chi?

   (ch) Pa enw arbennig sydd gan y pedrochr ABCD?

2 (a) Darganfyddwch y fector colofn sy'n mapio'r pwynt

   (i) (1, 4) ar ben (3, 7).   (ii) (5, 4) ar ben (2, 6).   (iii) (−1, 5) ar ben (−3, −1).

   (b) Darganfyddwch gyfesurynnau'r pwynt newydd pan fydd y pwynt (3, −2) yn cael ei drawsfudo â'r fectorau hyn.

   (i) $\begin{pmatrix} 2 \\ 5 \end{pmatrix}$ (ii) $\begin{pmatrix} 4 \\ -3 \end{pmatrix}$ (iii) $\begin{pmatrix} -5 \\ -2 \end{pmatrix}$

3 Mae'r diagram yn dangos y fectorau **a** a **b**.

(a) Lluniadwch y fectorau **a** a **b** ar bapur sgwariau.

(b) Lluniadwch fectorau i gynrychioli'r canlynol.

    (i) 3**a**   **(ii)** −2**b**   **(iii)** **a** + 3**b**

    (iv) 3**b** − **a**   **(v)** 2**b** + 1$\frac{1}{2}$**a**

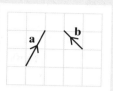

4 Ysgrifennwch bob un o'r fectorau hyn yn nhermau **a** a/neu **b**.

(a) $\overrightarrow{AB}$

(b) $\overrightarrow{CD}$

(c) $\overrightarrow{EF}$

(ch) $\overrightarrow{GH}$

(d) $\overrightarrow{IJ}$

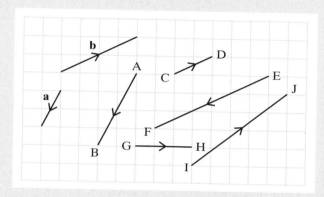

5 Mae **a** = $\begin{pmatrix} 0 \\ 2 \end{pmatrix}$, **b** = $\begin{pmatrix} -3 \\ 4 \end{pmatrix}$ ac **c** = $\begin{pmatrix} 2 \\ -6 \end{pmatrix}$.

Cyfrifwch y rhain.

(a) **a** + **b**   (b) **a** − **c**   (c) 3**b** + $\frac{1}{2}$**c**

(ch) **b** − 3**c** + 2**a**   (d) 3**c** + 2**b** + 5**a**

6 Yn y diagram, mae $\overrightarrow{OA}$ = **a** ac mae $\overrightarrow{OB}$ = **b**.

Mae OC = 2 × CB

Darganfyddwch bob un o'r fectorau hyn yn nhermau **a** a **b**.

(a) $\overrightarrow{BA}$ (b) $\overrightarrow{CA}$

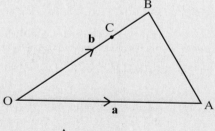

7 Mae'r llinellau AB ac CD yn haneru ei gilydd.

Mae $\overrightarrow{AB}$ = **p** ac mae $\overrightarrow{CD}$ = **q**.

(a) Darganfyddwch bob un o'r fectorau hyn yn nhermau **p** a **q**.

    (i) $\overrightarrow{AD}$ **(ii)** $\overrightarrow{CB}$

(b) Pa gasgliad y gallwch ddod iddo ynglŷn â'r siâp ADBC?

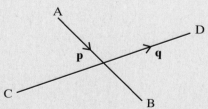

8 Mae P yn rhannu AB yn ôl y gymhareb 3 : 2.
Mae $\vec{OA}$ = **a** ac mae $\vec{OB}$ = **b**
Darganfyddwch bob un o'r fectorau hyn yn
nhermau **a** a **b**.

(a) $\vec{AB}$ **(b)** $\vec{AP}$ **(c)** $\vec{OP}$

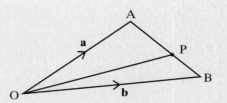

9 Petryal yw ABCD ac M yw canolbwynt BC.
Mae $\vec{DE}$ = 2$\vec{DC}$, $\vec{AB}$ = **p** ac $\vec{AD}$ = **q**.

(a) Darganfyddwch bob un o'r fectorau hyn yn
     nhermau **p** a **q**.
     (i) $\vec{AM}$ **(ii)** $\vec{AE}$

(b) Pa ddwy ffaith y gallwch eu casglu ynglŷn
     â'r pwyntiau A, M ac E?

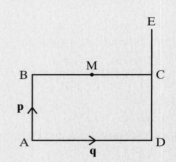

10 P, Q, R ac S yw canolbwyntiau ochrau'r
pedrochr OABC.
Mae $\vec{OA}$ = **a**, $\vec{OB}$ = **b** ac $\vec{OC}$ = **c**.

(a) Darganfyddwch bob un o'r fectorau hyn
     yn nhermau **a** a/neu **b**.
     Symleiddiwch eich ateb lle bo'n bosibl.
     (i) $\vec{PA}$ **(ii)** $\vec{AB}$
     (iii) $\vec{AQ}$ **(iv)** $\vec{PQ}$

(b) Darganfyddwch bob un o'r fectorau hyn
     yn nhermau **b** a/neu **c**.
     Symleiddiwch eich atebion lle bo'n bosibl.
     (i) $\vec{SC}$ **(ii)** $\vec{CB}$
     (iii) $\vec{CR}$ **(iv)** $\vec{SR}$

(c) Pa gasgliad y gallwch ddod iddo ynglŷn â'r pedrochr PQRS?

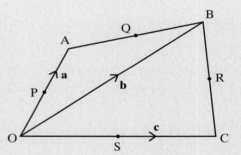

YN Y BENNOD HON

- Ffactorio a chanslo mynegiadau algebraidd
- Trin ffracsiynau algebraidd
- Datrys hafaliadau sy'n cynnwys ffracsiynau algebraidd

DYLECH WYBOD YN BAROD

- sut i gyflawni gweithrediadau ar ffracsiynau rhif
- sut i ffactorio mynegiadau llinol
- sut i ffactorio mynegiadau cwadratig
- sut i ddatrys hafaliadau

Adio a thynnu ffracsiynau algebraidd

Wrth adio ffracsiynau rhifiadol, fel $\frac{3}{8} + \frac{7}{13}$, y cam cyntaf yw ysgrifennu'r ffracsiynau ag enwadur cyffredin. Yn yr enghraifft uchod, yr enwadur cyffredin yw 104 sef (8×13) a rhaid i rifiadur ac enwadur pob term gael ei luosi â'r ffactor priodol i roi'r enwadur hwn.

$$\frac{3}{8} + \frac{7}{13} = \frac{3 \times 13}{104} + \frac{7 \times 8}{104}$$ Ysgrifennwch enwadur cyffredin i'r ffracsiynau.

$$= \frac{39 + 56}{104}$$ Adiwch y rhifiaduron.

$$= \frac{95}{104}$$

Mae'r rheolau ar gyfer trin ffracsiynau algebraidd yn union yr un fath â'r rheolau ar gyfer trin ffracsiynau rhifiadol, fel y gwelwn yn yr enghreifftiau nesaf. Yn Enghraifft 45.1 rhifau yw'r ddau enwadur; yn Enghraifft 45.2 mae un o'r enwaduron yn fynegiad algebraidd, ond fel y gwelwch, mae'r dechneg yr un fath.

Symleiddiwch $\dfrac{x+3}{2} + \dfrac{x+2}{3}$.

Datrysiad

$\dfrac{x+3}{2} + \dfrac{x+2}{3}$ — Darganfyddwch yr enwadur cyffredin, sef 6.

$= \dfrac{3(x+3)}{6} + \dfrac{2(x+2)}{6}$ — Lluoswch bob rhifiadur ac enwadur â'r ffactor priodol.

$= \dfrac{3x+9+2x+4}{6}$ — Ehangwch y cromfachau ac yna cyfunwch y ffracsiynau (gan fod yr enwaduron yr un fath erbyn hyn).

$= \dfrac{5x+13}{6}$ — Symleiddiwch trwy gasglu termau tebyg at ei gilydd.

Symleiddiwch $\dfrac{2}{x-3} + \dfrac{x+2}{5}$.

Weithiau, yn hytrach na'r gair 'symleiddiwch', fe welwch 'ysgrifennwch fel ffracsiwn sengl'.

Datrysiad

$\dfrac{2}{x-3} + \dfrac{x+2}{5}$ — Darganfyddwch yr enwadur cyffredin trwy luosi'r ddau enwadur â'i gilydd: $5(x-3)$.

$= \dfrac{2 \times 5}{5(x-3)} + \dfrac{(x+2)(x-3)}{5(x-3)}$ — Lluoswch bob rhifiadur ac enwadur â'r ffactor priodol.

$= \dfrac{10 + x^2 - 3x + 2x - 6}{5(x-3)}$ — Ehangwch y cromfachau yn y rhifiadur ac yna cyfunwch y ffracsiynau.

$= \dfrac{x^2 - x + 4}{5(x-3)}$ — Symleiddiwch trwy gasglu termau tebyg at ei gilydd.

Ni fydd y rhifiadur yn ffactorio ac felly ni allwn symleiddio'r mynegiad ymhellach.

YMARFER 45.1

Symleiddiwch y rhain.

1 $\dfrac{x+1}{2} + \dfrac{x-2}{3}$

2 $\dfrac{x+3}{5} - \dfrac{x+1}{2}$

3 $\dfrac{x-2}{4} + \dfrac{x-5}{3}$

4 $\dfrac{3x+2}{4} - \dfrac{2x-5}{2}$

5 $\dfrac{x+2}{3} + \dfrac{2}{x-1}$

6 $\dfrac{1}{x-2} - \dfrac{x+3}{4}$

7 $\dfrac{2x+3}{3} - \dfrac{2}{x-5}$

8 $\dfrac{3x+2}{4x-1} + \dfrac{2}{7}$

9 $\dfrac{5+3x}{2x-3} + \dfrac{1}{4}$

Adio a thynnu ffracsiynau algebraidd mwy cymhleth

Yn yr adran flaenorol dysgoch sut i adio a thynnu ffracsiynau algebraidd pan fydd y ddau enwadur yn rhifau a phan fydd un yn unig o'r enwaduron yn fynegiad algebraidd.

Yn yr adran hon, mynegiadau algebraidd yw'r ddau enwadur. Yr allwedd i drin y ffracsiynau hyn hefyd yw darganfod yr enwadur cyffredin ac, yn yr un modd ag o'r blaen, y ffordd i wneud hyn yw lluosi'r enwaduron.

ENGHRAIFFT 45.3

Symleiddiwch $\dfrac{2}{x} + \dfrac{3}{x+2}$.

Datrysiad

$\dfrac{2}{x} + \dfrac{3}{x+2}$
  Darganfyddwch yr enwadur cyffredin: $x(x+2)$.

$= \dfrac{2(x+2)}{x(x+2)} + \dfrac{3(x)}{x(x+2)}$
  Lluoswch bob rhifiadur ac enwadur â'r ffactor priodol.

$= \dfrac{2x+4+3x}{x(x+2)}$
  Ehangwch y cromfachau ac yna cyfunwch y ffracsiynau.

$= \dfrac{5x+4}{x(x+2)}$
  Symleiddiwch trwy gasglu termau tebyg at ei gilydd.

Symleiddiwch $\dfrac{x-3}{x+2} + \dfrac{x-4}{x+1}$.

Datrysiad

$$\dfrac{x-3}{x+2} + \dfrac{x-4}{x+1}$$

Darganfyddwch yr enwadur cyffredin: $(x+2)(x+1)$.

$$= \dfrac{(x-3)(x+1)}{(x+2)(x+1)} + \dfrac{(x-4)(x+2)}{(x+2)(x+1)}$$

Lluoswch bob rhifiadur ac enwadur â'r ffactor priodol.

$$= \dfrac{x^2 + x - 3x - 3 + x^2 + 2x - 4x - 8}{(x+2)(x+1)}$$

Ehangwch y cromfachau yn y rhifiaduron ac yna cyfunwch y ffracsiynau.

$$= \dfrac{2x^2 - 4x - 11}{(x+2)(x+1)}$$

Symleiddiwch trwy gasglu termau tebyg at ei gilydd.

Yn yr enghraifft nesaf mae angen cam ychwanegol oherwydd bod y rhifiadur yn ffactorio.

Symleiddiwch $\dfrac{8-9x}{2x-1} + \dfrac{6x+23}{x+4}$.

Datrysiad

$$\dfrac{8-9x}{2x-1} + \dfrac{6x+23}{x+4}$$

Darganfyddwch yr enwadur cyffredin: $(2x-1)(x+4)$.

$$= \dfrac{(8-9x)(x+4)}{(2x-1)(x+4)} + \dfrac{(6x+23)(2x-1)}{(2x-1)(x+4)}$$

Lluoswch bob rhifiadur ac enwadur â'r ffactor priodol.

$$= \dfrac{-9x^2 - 28x + 32 + 12x^2 + 40x - 23}{(2x-1)(x+4)}$$

Ehangwch y cromfachau yn y rhifiaduron ac yna cyfunwch y ffracsiynau.

$$= \dfrac{3x^2 + 12x + 9}{(2x-1)(x+4)}$$

Symleiddiwch trwy gasglu termau tebyg at ei gilydd.

$$= \dfrac{3(x+1)(x+3)}{(2x-1)(x+4)}$$

Ffactoriwch y rhifiadur.

Symleiddiwch y rhain.

1 $\dfrac{2}{x+1} + \dfrac{1}{x+2}$ **2** $\dfrac{2}{x+3} + \dfrac{x+1}{x}$ **3** $\dfrac{x+2}{3x} + \dfrac{x}{x+3}$ **4** $\dfrac{x+3}{x-4} + \dfrac{x-3}{x+4}$

5 $\dfrac{3}{x+2} - \dfrac{2}{x-1}$ **6** $\dfrac{1}{x-2} - \dfrac{x+3}{x-4}$ **7** $\dfrac{2x+3}{x-3} - \dfrac{x-2}{x-5}$ **8** $\dfrac{x+2}{3x-4} + \dfrac{x-3}{x+2}$

9 $\dfrac{2}{2x+1} + \dfrac{3x+5}{x+2}$ **10** $\dfrac{4x+17}{x+3} - \dfrac{2x-15}{x-3}$ **11** $\dfrac{2x-5}{3x-2} - \dfrac{3x+2}{5x-4}$ **12** $\dfrac{3x-4}{x+1} - \dfrac{x+2}{5x+3}$

Her 45.1   ?

Symleiddiwch y rhain.

(a) $\dfrac{3}{x+2} + \dfrac{x}{x+3} + \dfrac{3}{4}$ **(b)** $\dfrac{x+2}{3x} + \dfrac{x-3}{x+2} - \dfrac{4}{x-1}$ **(c)** $\dfrac{x+1}{x-6} - \dfrac{x-3}{3x+4} - \dfrac{x+5}{5x-2}$

Datrys hafaliadau sy'n cynnwys ffracsiynau algebraidd

Mae'r rheolau ar gyfer trin hafaliadau sy'n cynnwys ffracsiynau algebraidd yn union yr un fath â'r rheolau ar gyfer trin hafaliadau sy'n cynnwys ffracsiynau rhifiadol, fel y gwelwch yn yr enghreifftiau nesaf.

ENGHRAIFFT 45.6

Datryswch $\dfrac{2x-3}{4} - \dfrac{x+1}{3} = 1$.

Datrysiad

$\dfrac{2x-3}{4} - \dfrac{x+1}{3} = 1$ Darganfyddwch enwadur cyffredin, sef 12.

$3(2x-3) - 4(x+1) = 12 \times 1$ Lluoswch bob term yn yr hafaliad â'r enwadur cyffredin.

$6x - 9 - 4x - 4 = 12$ Ehangwch y cromfachau.

$2x = 25$ Symleiddiwch trwy gasglu termau tebyg at ei gilydd.

$x = 12.5$ Datryswch yr hafaliad.

ENGHRAIFFT 45.7

Datryswch $\dfrac{x+4}{x-1} = \dfrac{x}{x-3}$.

Datrysiad

$$\dfrac{x+4}{x-1} = \dfrac{x}{x-3}$$ Darganfyddwch yr enwadur cyffredin: $(x-1)(x-3)$.

$$(x+4)(x-3) = x(x-1)$$ Lluoswch y ddwy ochr â'r enwadur cyffredin.

$$x^2 + 4x - 3x - 12 = x^2 - x$$ Ehangwch y cromfachau.

$$2x = 12$$ Symleiddiwch trwy gasglu termau tebyg at ei gilydd.

$$x = 6$$ Datryswch yr hafaliad.

Yn yr enghraifft nesaf, mae'r hafaliad a gawn ar ôl dileu'r ffracsiynau yn hafaliad cwadratig (sy'n golygu bod term x^2 ynddo). Dysgoch sut i ddatrys hafaliadau cwadratig ym Mhennod 36.

ENGHRAIFFT 45.8

Datryswch $\dfrac{2}{x} - \dfrac{3}{2x-1} = \dfrac{1}{3x+2}$.

Datrysiad

$$\dfrac{2}{x} - \dfrac{3}{2x-1} = \dfrac{1}{3x+2}$$ Darganfyddwch yr enwadur cyffredin: $x(2x-1)(3x+1)$.

$$2(2x-1)(3x+2) - 3(x)(3x+2) = x(2x-1)$$ Lluoswch bob term yn yr hafaliad â'r enwadur cyffredin.

$$12x^2 + 2x - 4 - 9x^2 - 6x = 2x^2 - x$$ Ehangwch y cromfachau.

$$x^2 - 3x - 4 = 0$$ Symleiddiwch trwy gasglu termau tebyg at ei gilydd.

$$(x-4)(x+1) = 0$$ Ffactoriwch y mynegiad sy'n ganlyniad i hyn.

$$x = 4 \text{ neu } x = -1$$ Datryswch trwy ddarganfod y *ddau* ddatrysiad.

Datryswch $\dfrac{2x + 3}{x - 1} = \dfrac{x + 1}{2x + 3}$.

Datrysiad

$$\frac{2x + 3}{x - 1} = \frac{x + 1}{2x + 3}$$

Darganfyddwch yr enwadur cyffredin: $(x - 1)(2x + 3)$.

$$(2x + 3)^2 = (x - 1)(x + 1)$$

Lluoswch bob term yn yr hafaliad â'r enwadur cyffredin.

$$4x^2 + 12x + 9 = x^2 - 1$$

Ehangwch y cromfachau.

$$3x^2 + 12x + 10 = 0$$

Symleiddiwch trwy gasglu termau tebyg at ei gilydd.

$$x = \frac{-12 \pm \sqrt{12^2 - 4 \times 3 \times 10}}{2 \times 3}$$

Datryswch yr hafaliad trwy ddefnyddio'r fformiwla gan nad yw'r mynegiad yn ffactorio.

$x = -1.18$ neu $x = -2.82$, yn gywir i 2 le degol.

YMARFER 45.3

Datryswch y rhain.

1 $\dfrac{x + 3}{2} - \dfrac{x + 4}{3} = 1$

2 $\dfrac{6}{x - 4} = \dfrac{5}{x - 3}$

3 $\dfrac{1}{2x + 3} = \dfrac{1}{3x - 2}$

4 $\dfrac{4}{x} + \dfrac{1}{x - 3} = 1$

5 $\dfrac{x}{x + 3} - \dfrac{x - 2}{8} = \dfrac{1}{4}$

6 $\dfrac{2x}{x - 3} - \dfrac{x}{x - 2} = 3$

7 $\dfrac{2}{x} + \dfrac{1}{x + 1} = 5$

8 $\dfrac{x}{x - 2} - 2x = 3$

9 $\dfrac{2x}{x - 5} + \dfrac{x - 1}{3x} = 2$

Her 45.2

Cost llogi minibws ar gyfer taith ddydd Mercher oedd £120.

Talodd pob un o'r teithwyr yr un swm.

Ddydd Sadwrn, roedd cost llogi'r minibws yr un fath ond teithiodd dau yn llai o bobl a bu'n rhaid i bob person dalu £2 yn fwy nag a wnaethant ddydd Mercher.

Faint o bobl oedd ar y daith ddydd Mercher?

- er mwyn adio neu dynnu ffracsiynau algebraidd, y byddwch yn gyntaf yn ysgrifennu enwadur cyffredin i'r ffracsiynau ac yna'n symleiddio
- er mwyn datrys hafaliadau sy'n cynnwys ffracsiynau algebraidd, y byddwch yn gyntaf yn lluosi pob term yn yr hafaliadau â'r enwadur cyffredin, ac yna'n symleiddio, yn ad-drefnu ac yn datrys

YMARFER CYMYSG 45

1 Symleiddiwch y rhain.

(a) $\dfrac{x-3}{3} + \dfrac{x+2}{2}$

(b) $\dfrac{x-3}{2} - \dfrac{x+5}{3}$

(c) $\dfrac{x+4}{5} - \dfrac{3}{2x}$

(ch) $\dfrac{3}{4x-1} + \dfrac{1}{3x+2}$

2 Symleiddiwch y rhain.

(a) $\dfrac{5}{x+4} - \dfrac{3}{x+2}$

(b) $\dfrac{x}{x+2} + \dfrac{x-1}{3}$

(c) $\dfrac{x-2}{x} + \dfrac{3x}{x+2}$

(ch) $\dfrac{2x+3}{x-1} + \dfrac{4-x}{3x-5}$

3 Datryswch y rhain.

(a) $\dfrac{x+2}{3} - \dfrac{x-3}{2} = 2$

(b) $\dfrac{3}{2(2x-1)} = \dfrac{4}{3x+2}$

(c) $\dfrac{2x-1}{3} + \dfrac{x-2}{6} = \dfrac{3x}{4}$

(ch) $2 - \dfrac{2}{x-3} = \dfrac{8}{x}$

4 Datryswch y rhain. Rhowch eich atebion yn gywir i 3 lle degol.

(a) $\dfrac{1}{3x-2} = \dfrac{2x+3}{x-1}$

(b) $\dfrac{3x-1}{x+2} = \dfrac{1-2x}{x+1}$

Mae'r perpendicwlar o'r canol i gord yn haneru'r cord

Ym Mhennod 35 dysgoch sut i brofi bod trionglau'n **gyfath**. Defnyddiwn drionglau cyfath i brofi bod y perpendicwlar o ganol cylch i gord yn haneru'r cord. Cofiwch mai ystyr **haneru** yw rhannu'n ddwy ran hafal.

Yn gyffredinol byddwn yn defnyddio'r llythyren O i gynrychioli canol y cylch.

Blwch profi 46.1

Edrychwch ar y trionglau OAM ac OBM.

Mae OA yn gyffredin i'r ddau driongl.

OA = OB

(Mae'r ddau ohonynt yn radiws y cylch.)

$\stackrel{\wedge}{OMA} = \stackrel{\wedge}{OMB} = 90°$

(Rhoddir hynny)

Felly mae'r trionglau OAM ac OBM yn gyfath.

(Ongl sgwâr, hypotenws, ochr)

Felly mae AM = BM.

Felly mae'r cord wedi'i haneru.

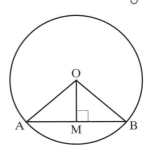

Gallwn ddefnyddio priodweddau cylchoedd i ddatrys problemau geometreg. Mae'r enghraifft nesaf yn dangos sut y gallwn ddefnyddio'r ffaith bod y perpendicwlar o ganol cylch i gord yn haneru'r cord.

Darganfyddwch hyd y cord PQ.
Rhowch reswm dros bob cam o'ch gwaith.

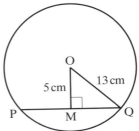

Datrysiad

$MQ = \sqrt{13^2 - 5^2}$ (Trwy theorem Pythagoras)

$\quad = \sqrt{144}$

$\quad = 12\text{ cm}$

$PQ = 2MQ$ (Mae'r perpendicwlar o'r canol yn haneru'r cord.)

$\quad = 24\text{ cm}$

Mae'r ongl a gynhelir gan arc yng nghanol cylch yn ddwywaith yr ongl y mae'r arc yn ei chynnal ar unrhyw bwynt ar y cylchyn

Mae'r prawf bod yr ongl a gynhelir gan arc yng nghanol cylch yn ddwywaith yr ongl y mae'r arc yn ei chynnal ar unrhyw bwynt ar y cylchyn, yn defnyddio'r ffeithiau am drionglau a welsoch ym Mhennod 3.
Mae **a gynhelir gan** yn fynegiad mathemategol sy'n golygu 'gyferbyn â'.

Blwch profi 46.2

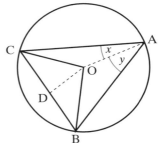

Gadewn i $\hat{CAO} = x$ a $\hat{BAO} = y$.

Wedyn mae $\hat{CAB} = x + y$.

Mae'r trionglau OAB ac OAC yn isosgeles
(Mae OA, OB ac OC yn radiysau'r cylch.)

Mae $\hat{ACO} = x$ ac $\hat{ABO} = y$
(Onglau sail trionglau isosgeles)

$\hat{DOC} = \hat{OAC} + \hat{OCA} = 2x$
$\hat{DOB} = \hat{OAB} + \hat{OBA} = 2y$

(Mae ongl allanol triongl yn hafal i swm yr onglau mewnol cyferbyn.)

$\hat{COB} = \hat{DOC} + \hat{DOB}$
$\quad\quad = 2x + 2y = 2(x + y)$
$\quad\quad = 2 \times \hat{CAB}$

Felly mae'r ongl yn y canol yn ddwywaith yr ongl ar y cylchyn.

Mae Enghraifft 46.2 yn dangos cymhwysiad cyffredin o'r ffaith bod yr ongl a gynhelir gan arc yng nghanol cylch yn ddwywaith yr ongl y mae'r arc yn ei chynnal ar unrhyw bwynt ar y cylchyn.

ENGHRAIFFT 46.2

Darganfyddwch $\hat{ACB}$.
Rhowch reswm dros bob cam o'ch gwaith.

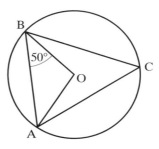

Datrysiad

Mae'r triongl OAB yn isosgeles.   (Mae OA ac OB yn radiysau.)
$\hat{BOA} = 180 - (50 + 50) = 80°$ (Swm onglau triongl yw 180°.)
$\hat{BCA} = 40°$ (Mae'r ongl yn y canol yn ddwywaith yr ongl ar y cylchyn.)

Mae'r ongl a gynhelir ar y cylchyn mewn hanner cylch yn ongl sgwâr

Mae'r prawf hwn yn achos arbennig o'r prawf bod yr ongl a gynhelir gan arc yng nghanol cylch yn ddwywaith yr ongl y mae'r arc yn ei chynnal ar unrhyw bwynt ar y cylchyn.

Blwch profi 46.3

$\hat{AOB} = 2 \times \hat{APB}$ (Mae'r ongl yn y canol yn ddwywaith yr ongl ar y cylchyn.)

$\hat{AOB} = 180°$ (Diamedr yw AB.)

$\hat{APB} = 90°$ (Hanner $\hat{AOB}$)

Felly mae'r ongl mewn hanner cylch yn 90°.

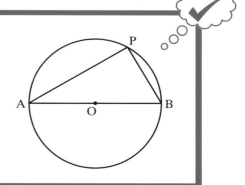

Yn aml mae'r theorem hon yn cael ei defnyddio ar y cyd â swm onglau triongl, fel y mae'r enghraifft nesaf yn ei ddangos.

Cyfrifwch faint yr ongl x.
Rhowch reswm dros bob cam o'ch gwaith.

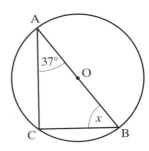

Datrysiad

$\stackrel{\wedge}{ACB} = 90°$ (Mae'r ongl mewn hanner cylch yn ongl sgwâr.)

$x = 180 - (90 + 37)$ (Swm onglau triongl yw 180°.)

$x = 53°$

Mae onglau yn yr un segment mewn cylch yn hafal

Mae'r prawf bod onglau yn yr un segment mewn cylch yn hafal hefyd yn defnyddio'r prawf bod yr ongl yn y canol yn ddwywaith yr ongl ar y cylchyn. Ym Mhennod 6 dysgoch fod **segment** yn cael ei ffurfio pan fydd cord yn rhannu cylch yn ddwy ran. Yn y diagram ym Mlwch Profi 46.4 mae'r cord rhwng A a B.

Blwch profi 46.4

$\stackrel{\wedge}{AOB} = 2 \times \stackrel{\wedge}{APB}$ (Mae'r ongl yn y canol yn ddwywaith yr ongl ar y cylchyn.)

$\stackrel{\wedge}{AOB} = 2 \times \stackrel{\wedge}{AQB}$ (Mae'r ongl yn y canol yn ddwywaith yr ongl ar y cylchyn.)

$\stackrel{\wedge}{APB} = \stackrel{\wedge}{AQB}$ (Gan fod y ddau'n hafal i $\frac{1}{2} \times$ Ongl $\stackrel{\wedge}{AOB}$.)

Felly mae onglau yn yr un segment yn hafal.

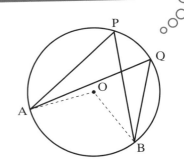

I ddefnyddio'r briodwedd hon, rhaid nodi onglau a gynhelir gan yr un arc gan fod y rhain yn yr un segment. Mae'r enghraifft nesaf yn dangos hyn.

Darganfyddwch feintiau yr onglau *a*, *b* ac *c*.
Rhowch reswm dros bob cam o'ch gwaith.

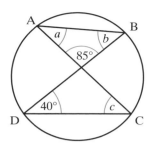

Datrysiad

$a = \stackrel{\wedge}{BDC} = 40°$ (Mae onglau yn yr un segment yn hafal.)

$b = 180 - (40 + 85) = 55°$ (Swm onglau triongl yw 180°.)

$c = b = 55°$ (Mae onglau yn yr un segment yn hafal.)

Her 46.1

Mae Alun (A), Bryn (B), Ceri (C) a Dewi (D) yn pysgota ar lan llyn crwn.

Mae ynys fach (Y) yng nghanol y llyn.

Mae Alun, yr ynys a Dewi mewn llinell o'r De i'r Gogledd.

Mae Bryn, yr ynys a Ceri mewn llinell syth.

Mae Ceri ar gyfeiriant 038° o Alun.

(a) Beth yw cyfeiriant Ceri o Bryn?

(b) Darganfyddwch yr onglau DBC ac CDA.

Rhowch reswm dros bob cam o'ch gwaith.

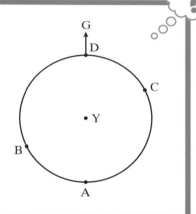

Mae onglau cyferbyn pedrochr cylchol yn adio i 180°

Pedrochr sydd â phob un o'i fertigau ar gylchyn cylch yw **pedrochr cylchol**.
Mae'r prawf bod onglau cyferbyn pedrochr cylchol yn adio i 180° yn dibynnu
eto ar y prawf bod yr ongl yn y canol yn ddwywaith yr ongl ar y cylchyn.

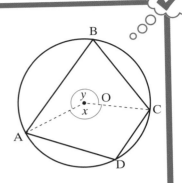

$$A\hat{B}C = \tfrac{1}{2}x$$

(Mae'r ongl yn y canol yn ddwywaith yr ongl ar y cylchyn.)

$$A\hat{D}C = \tfrac{1}{2}y$$

(Mae'r ongl yn y canol yn ddwywaith yr ongl ar y cylchyn.)

$$x + y = 360°$$

(Mae'r onglau o amgylch pwynt yn adio i 360°.)

$$A\hat{B}C + A\hat{D}C = \tfrac{1}{2}(x + y)$$
$$A\hat{B}C + A\hat{D}C = 180°$$

Felly mae onglau cyferbyn pedrochr cylchol yn adio i 180°.

Mae'r enghraifft nesaf yn dangos cymhwysiad nodweddiadol o'r prawf bod onglau cyferbyn pedrochr cylchol yn adio i 180°.

ENGHRAIFFT 46.5

Darganfyddwch feintiau yr onglau c a d.
Rhowch reswm dros bob cam o'ch gwaith.

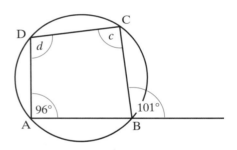

Datrysiad

$$c = 180 - 96 = 84°$$

(Mae onglau cyferbyn pedrochr cylchol yn adio i 180°.)

$$A\hat{B}C = 180 - 101 = 79°$$

(Mae onglau ar linell syth yn adio i 180°.)

$$d = 180 - 79 = 101°$$

(Mae onglau cyferbyn pedrochr cylchol yn adio i 180°.)

Pan gawn ni broblem geometreg rhaid penderfynu pa theoremau i'w defnyddio. Mae'r ymarfer nesaf yn rhoi cyfle i chi i ymarfer dewis a defnyddio'r theoremau a welsoch hyd yma.

Ym mhob un o'r cwestiynau, darganfyddwch faint yr ongl neu'r hyd sy'n cael ei nodi â llythyren fach. Trefnwch eich atebion fel yn yr enghreifftiau, gan roi rheswm dros bob cam o'ch gwaith.

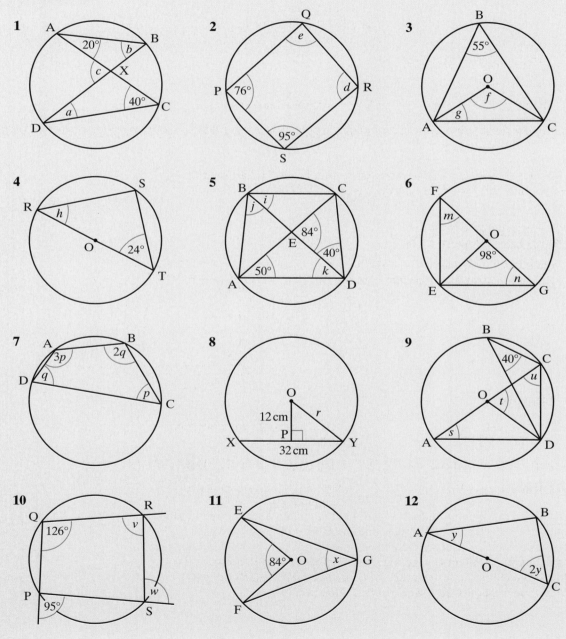

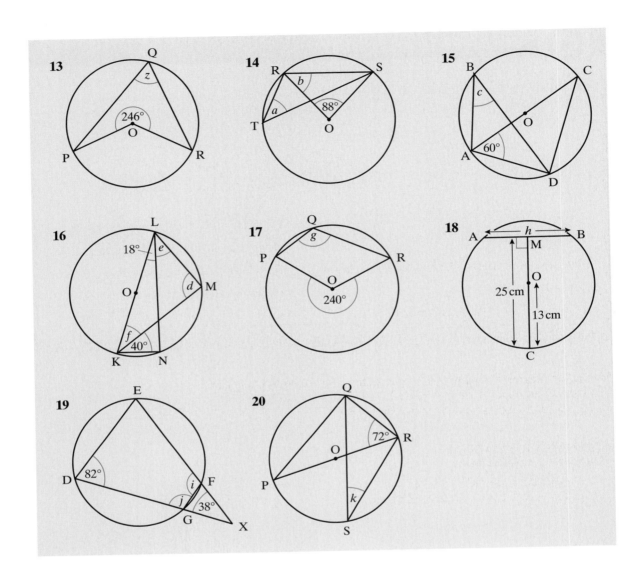

Mae hyd y ddau dangiad i gylch o bwynt allanol yn hafal

Dysgoch ym Mhennod 6 fod tangiad i gylch yn llinell sydd o'r braidd yn cyffwrdd â'r cylch a'i fod yn berpendicwlar i'r radiws yn y pwynt cyffwrdd. Gallwn ddefnyddio'r ffaith hon i brofi bod hyd y ddau dangiad i gylch o bwynt allanol yn hafal.

Edrychwch ar y trionglau OAT ac OBT.

Mae OT yn gyffredin i'r ddau driongl.

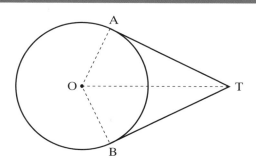

$O\hat{A}T = O\hat{B}T = 90°$ (Tangiad yn berpendicwlar i'r radiws.)

OA = OB   (Mae'r ddau yn radiysau'r cylch.)

Felly mae'r trionglau OAT ac OBT yn gyfath.   (Ongl sgwâr, hypotenws, ochr)

AT = BT   (Ochrau cyfatebol trionglau cyfath)

Felly mae hyd y tangiadau yn hafal.

Mae'n hawdd gweld pryd y bydd angen defnyddio'r theorem hon gan y bydd yna ddau dangiad (neu fwy) wedi eu lluniadu i'r cylch. Mae'r enghraifft nesaf yn dangos un cymhwysiad.

ENGHRAIFFT 46.6

Cyfrifwch faint yr ongl $O\hat{B}A$.
Rhowch reswm dros bob cam o'ch gwaith.

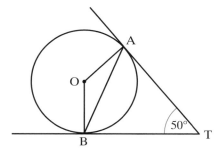

Datrysiad

TA = TB   (Tangiadau â hyd hafal)

$T\hat{B}A = T\hat{A}B$ (Onglau sail triongl isosgeles)

$T\hat{B}A = \frac{1}{2}(180 - 50) = 65°$ (Swm onglau triongl yw 180°.)

$O\hat{B}T = 90°$ (Mae tangiad yn berpendicwlar i'r radiws.)

$O\hat{B}A = 90 - 65 = 25°$

Mae sffêr o hufen iâ yn cael ei roi mewn côn gwag.

Mae'r diagram yn dangos trychiad trwy ganol yr hufen iâ a'r côn.

Mae ochrau'r côn yn dangiadau i'r sffêr.

(a) Darganfyddwch yr ongl x.

(b) Cyfrifwch uchder goledd, y cm, y côn.

Rhowch reswm dros bob cam o'ch gwaith.

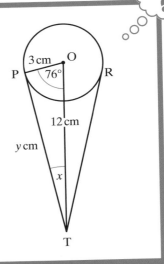

Mae'r ongl rhwng tangiad a chord yn hafal i'r ongl a gynhelir gan y cord yn y segment eiledol

Edrychwch ar y diagram ym Mlwch Profi 46.7 a nodwch yn gyntaf yr onglau a'r segmentau y mae'r pennawd uchod yn cyfeirio atynt. Pwynt cyffwrdd y tangiad yw A. Mae'r cord wedi ei luniadu o'r pwynt cyffwrdd, A, i bwynt arall ar y cylch, B. Mae'r ongl rhwng y tangiad a'r cord wedi ei labelu'n x. Mae'r cord yn rhannu'r cylch yn ddau segment. Mae un segment rhwng y cord a'r tangiad, yn yr achos hwn dyma'r segment lleiaf. Rydym yn galw'r segment arall yn **segment eiledol**.

Lluniadwch y diamedr o A i gwrdd â'r cylch eto yn C.

$A\hat{B}C = 90°$ (Mae'r ongl mewn hanner cylch yn 90°.)

$y + r = 90°$ (Swm onglau triongl yw 180°.)

$y + x = 90°$ (Mae tangiad yn berpendicwlar i'r radiws.)

Felly mae $x = r$

       $r = p$ (Onglau yn yr un segment)

Felly mae $x = p$

Felly mae'r ongl rhwng tangiad a chord yn hafal i'r ongl yn y segment eiledol.

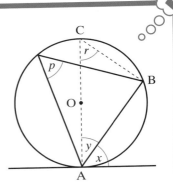

ENGHRAIFFT 46.7

Darganfyddwch yr onglau x ac y.
Rhowch reswm dros bob cam o'ch gwaith.

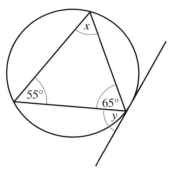

Datrysiad

$x = 180 - (55 + 65) = 60°$ (Mae'r onglau mewn triongl yn adio i 180°.)
$y = 60°$ (Ongl yn y segment eiledol.)

YMARFER 46.2

Ym mhob un o'r cwestiynau, darganfyddwch faint yr onglau sy'n cael eu nodi â llythyren fach.
Trefnwch eich atebion fel yn yr enghreifftiau, gan roi rheswm dros bob cam o'ch gwaith.

1

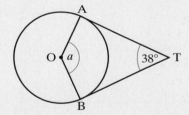

2

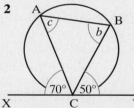

3

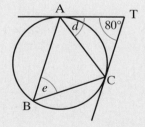

4

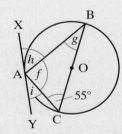

5

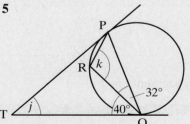

6

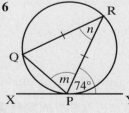

Mae'r ongl rhwng tangiad a chord yn hafal i'r ongl a gynhelir gan y cord yn y segment eiledol   631 ←••

7

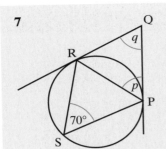

8

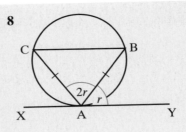

9

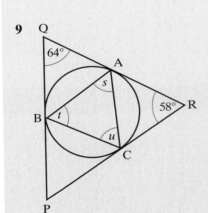

10

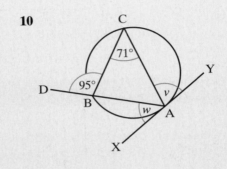

Ym mhob un o'r cwestiynau, darganfyddwch faint yr ongl neu'r hyd sy'n cael ei nodi â llythyren fach. Trefnwch eich atebion fel yn yr enghreifftiau, gan roi rheswm dros bob cam o'ch gwaith.

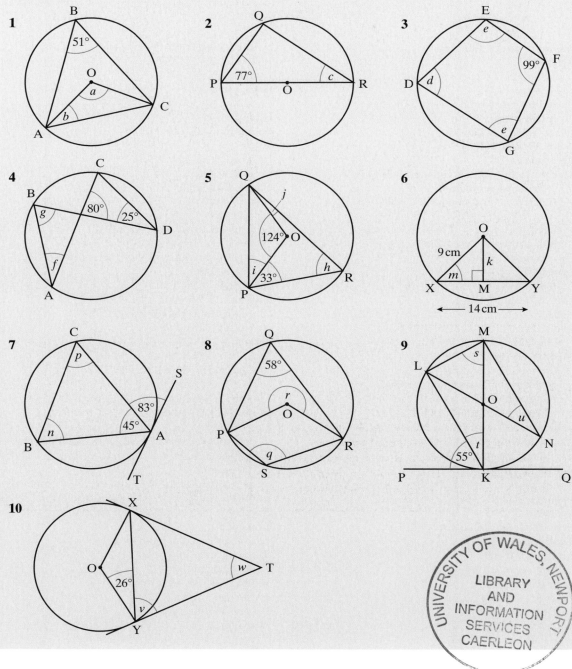

→ MYNEGAI